Ihre Arbeitshilfen zum Download:

Die folgenden Arbeitshilfen stehen für Sie zum Download bereit:

- Beispielreporte
- Übersichten
- Ausgewählte Studienergebnisse

Den Link sowie Ihren Zugangscode finden Sie am Buchende.

Die resiliente Organisation

Karsten Drath

Die resiliente Organisation

Wie sich das Immunsystem von Unternehmen stärken lässt

1. Auflage

Haufe Group
Freiburg · München · Stuttgart

Bibliografische Information der Deutschen Nationalbibliothek

Die Deutsche Nationalbibliothek verzeichnet diese Publikation in der Deutschen Nationalbibliografie; detaillierte bibliografische Daten sind im Internet über http://dnb.dnb.de abrufbar.

Print: ISBN 978-3-648-11064-5 Bestell-Nr. 10264-0001
ePub: ISBN 978-3-648-11065-2 Bestell-Nr. 10264-0100
ePDF: ISBN 978-3-648-11066-9 Bestell-Nr. 10264-0150

Karsten Drath
Die resiliente Organisation
1. Auflage 2018

www.haufe.de
info@haufe.de
Produktmanagement: Anne Rathgeber

Lektorat: Nicole Jähnichen, München
Satz: kühn & weyh Software GmbH, Satz und Medien, Freiburg
Umschlag: RED GmbH, Krailling

Inhaltsverzeichnis

Für unsere Kinder.

Es ist ein Privileg und Abenteuer, euch beim Aufbruch in das eigene Leben begleiten zu dürfen.

Vorwort von Kai Rösler

Resilienz – ein Begriff mit wachsender Bedeutung, um den sich ebenso viele Fragen wie kontroverse Diskussionen ranken. Im Grunde geht es um das diffizile Gleichgewicht zwischen der inneren Widerstandkraft und einer gewissen Flexibilität, um mit Veränderungen größeren und kleineren Ausmaßes zurechtzukommen und im Idealfall gestärkt aus ihnen hervorzugehen. Verlässt man jedoch den Weg dieser sehr allgemeinen Beschreibung, so wird dem Betrachter schnell deutlich, dass es im Kontext der persönlichen sowie organisationalen Resilienz viele Abzweigungen mit interessanten Methoden, Strukturen, Theorien, Modellen sowie praktischen Erfahrungen gibt. Oftmals wird dabei der Begriff Resilienz in Bereiche überführt, bei denen erst im zweiten oder sogar im dritten Moment deutlich wird, wie wichtig die Kombination aus Flexibilität und Widerstandsfähigkeit sein kann.

Genau einen solchen Moment gab es vor gut drei Jahren an einem kalten Novemberabend während meiner ersten Begegnung mit Karsten Drath in der Bastion von Schönborn in Mainz-Kastel. Direkt an der Theodor-Heuss-Brücke, welche die beiden Landeshauptstädte Mainz und Wiesbaden verbindet, begegneten wir uns – ein idealer Punkt, denn genau um das »Brückenbauen« ging es an diesem Abend. Ich hatte Karsten Drath aufgrund seiner Veröffentlichungen im Kontext Coaching sowie Resilienz schätzen gelernt und wollte nun mit ihm persönlich über die Bedeutung der organisationalen Widerstandsfähigkeit sprechen. Als Unternehmensberater mit dem Schwerpunkt auf internationalen Unternehmenstransformationen sowie als langjähriger Management Coach für die fachliche und persönliche Weiterentwicklung von Führungspersönlichkeiten bin ich überzeugt, dass die Fähigkeit zum Aufbau von Flexibilität und Widerstandsfähigkeit angesichts aktueller Entwicklungen von zentraler Bedeutung ist. In Bezug auf eine Organisation umfasst dies die strategischen Leitlinien, Prozesse, Rollen, Verantwortlichkeiten, die Menschen und nicht zuletzt auch die Informations-technologie (IT) und deren Infrastrukturen, um eine betriebliche Kontinuität und letzten Endes die unternehmensweite Widerstandsfähigkeit sicherzustellen und gestärkt aus Krisen hervorzugehen.

»Herr Rösler, wie bitte passt das denn im Kontext Resilienz zusammen?« Dies war eine der ersten Fragen, die mir Karsten Drath bereits nach wenigen Minuten stellte. Doch aus dieser und weiteren Fragen entwickelten sich binnen kürzester Zeit Antworten und aus Herrn Rösler wurde im Rahmen dieser »konspirativen Zusammenkunft« sehr schnell Kai, was schließlich in einem erfrischenden Erfahrungsaustausch mündete, den wir bis zum heutigen Tage aufrechterhalten. So starteten wir unsere Diskussion entlang der verschiedenen Facetten, in denen Unternehmen resilient, also widerstandsfähig und flexibel aufgebaut sein müssen, um auf organisatorische, regulatorische, technologische und prinzipiell anstehende Veränderungen proaktiv reagieren zu können. Schnell war klar, dass es sich hierbei um einen Prozess des Umdenkens und des Lernens handelt, in den die Führungsebene, aber auch jeder einzelne Mitarbeiter innerhalb einer Organisation von Anfang an eingebunden sein muss. Dieses erste Gespräch führte uns weiter auf eine Reise, bei der wir unsere privaten sowie beruflichen Erfahrungen einbrachten und die Erfolgsfaktoren organisationaler Resilienz erkannten. In erster Linie geht es um das wichtigste Gut, das eine gesunde Organisation zusammenhält: um Vertrauen auf allen Ebenen und zwischen allen Ebenen. Daneben gilt es das Operating Model innerhalb einer Organisation zu verstehen und für alle Mitarbeiter verständlich zu kommunizieren. Prozesse und Entscheidungsstrukturen entlang der gesamten Wertschöpfungskette bis hin zu intelligenten, selbstdenkenden und selbstlernenden IT-Strukturen sind so aufzubauen, dass Veränderungen frühzeitig erkannt und mit ihnen proaktiv umgegangen werden kann. Denn gerade die IT wird in Zukunft eine entscheidende Rolle im Sinne der Widerstandsfähigkeit von Organisationen einnehmen, wenn aus Daten Informationen sowie aus Informationen neues Wissen und damit Entscheidungsgrundlagen generiert werden.

Neben der Vertrauensbasis, der Kenntnis zur Funktionsweise des Operating Models geht es auch und in besonderem Maße um den Menschen selbst, der die Grundlage und den strategischen Erfolgsfaktor einer organisationalen Resilienz bildet. Ich verweise an dieser Stelle sehr gerne auf die Metapher des Bambus, der selbst unter extremen Belastungen hochflexibel bleibt und dabei nicht zerbricht. Er kehrt selbst nach stärkster Beanspruchung in seine Ursprungsform zurück. Karsten Drath nutzt in seinem Buch hierfür die Metapher eines erdbebensicheren Wolkenkratzers. Auch bei diesem geht es darum, ein »Brechen« unter allen Umständen zu vermeiden. Der Transfer dieser Metapher gelingt in nahezu jedem Bereich unseres täglichen Lebens, sei es im privaten oder im beruflichen Kontext.

Veränderungen, Anpassungen, Auseinandersetzungen und nicht zuletzt Stress-Situationen ereignen sich in unseren hochvolatilen Zeiten für Menschen und Organisationen in vielen Situationen mit steigender Tendenz. Wir stehen vor der herausfordernden Aufgabe und Fragestellung, wie der beschriebene Prozess der organisationalen Resilienz möglichst optimal begonnen und umgesetzt werden kann. Genau diesen Punkt greift Karsten Drath im vorliegenden Werk mit Bravour auf, indem er feststellt, dass es ein neues Bewusstsein bedarf für das Zusammenspiel von Organisationen und den Menschen, die allesamt diese Strukturen zum Leben erwecken. Hierzu liefert er entlang einer logischen Kette ein umfangreiches Rahmenwerk aus Theorien, Modellen und Beispielen sowie praktischen Antworten auf die Fragen, wie die organisationale Resilienz zu verstehen und aufzubauen ist.

Dass Veränderungen und Krisen, mit denen Organisationen und wir als Menschen in Zukunft konfrontiert werden, in ihrer Intensität sowie Häufigkeit zunehmen werden, steht außer Frage. Entscheidend wird jedoch sein, wie die zukünftigen Führungskräfte und Entscheidungsträger das hierfür notwendige Bewusstsein aufbauen und wie sie die notwendigen Veränderungen aktiv gestalten werden. Genau für diese Aspekte liefert Ihnen das vorliegende Buch von Karsten Drath außergewöhnliche Einblicke, Lösungsvorschläge und Modelle zur praktischen Umsetzung.

Zu lange schon haben wir unsere persönlichen und gesellschaftlichen Werte für Macht und monetären Erfolg geopfert. Es ist an der Zeit, unsere organisationale und persönliche Resilienz in den Vordergrund zu stellen.

Viel Spaß und Leichtigkeit bei der spannenden Reise zum Aufbau Ihrer persönlichen und organisationalen Resilienz wünscht Ihnen

Kai Rösler, Associate Partner, Practice Leader IBM Resiliency Consulting Services DACH at IBM

Vorwort von Prof. Dr. Jutta Heller

In einem Umfeld ständiger Veränderung navigieren Unternehmen immer zwischen zwei Polen: Sie müssen ihre Sicherheit stärken, Risikofaktoren frühzeitig wahrnehmen und Gefahren vorbeugen. Gleichzeitig müssen sie flexibel genug sein, um ihr Kerngeschäft auch bei unerwarteten Vorkommnissen eine gewisse Zeit aufrechterhalten zu können. Die steigende Komplexität einer VUKA-Welt fordert einen bewussten Umgang mit Veränderungsmaßnahmen im Unternehmen, um beide Pole – sowohl Sicherheit als auch Flexibilität – auszubauen. Es geht um eine Kulturveränderung hin zur resilienten Organisation.

Eine neue ISO-Norm zu organisationaler Resilienz aus dem Jahr 2017 gibt Unternehmen konkrete Handlungsempfehlungen dafür: »Organisationale Resilienz ist die Fähigkeit einer Organisation, etwas abzufedern und sich in einer verändernden Umgebung anzupassen, um so zu ermöglichen, ihre Ziele zu erreichen, zu überleben und zu gedeihen. Resilientere (belastbarere) Organisationen können Bedrohungen und Chancen – aufgrund von plötzlichen oder allmählichen Veränderungen im internen und externen Kontext – antizipieren und darauf reagieren.« (DIN ISO 22316:2017)

Diese Definition beinhaltet bereits die großen Themen, welche die Widerstandsfähigkeit von Organisationen ausmachen: Organisationen brauchen Sicherheit, um Einbrüche abfedern zu können. Sie brauchen aber gleichzeitig viel Flexibilität, um sich an die sich ständig verändernden Bedingungen anzupassen.

Mit neun Elementen organisationaler Resilienz bietet die ISO-Norm einen ersten Standard, der in der ORES-Resilienz-Studie 2018 bestätigt werden konnte. Bei dieser Studie haben Karsten Drath und ich gemeinsam mit unseren VerbandskollegInnen sehr konstruktiv zusammengearbeitet.

Karstens Konzept zu organisationaler Resilienz ist durchaus ein umfassendes Konstrukt, das die Komplexität von Organisationen erfasst und letztlich handhabbar macht.

Wie und wo kann nun ein Unternehmen konkret ansetzen? Vielfach wird aktuell eine Zuständigkeit für Resilienz beim Betrieblichen Gesundheitsmanagement gesehen. Selbst wenn dieses strategisch und ganzheitlich gedacht wird, greift eine solche Verortung zu kurz. Im Bereich Personalentwicklung wird bisher meist auf individuelle Resilienz gesetzt, mit Multiplikatoren-Konzepten ist eine Ausweitung auf organisationale Resilienz möglich. Letztlich braucht es einen interdisziplinären und koordinierten Ansatz, damit Individuen, Teams und die Gesamtorganisation sich für Herausforderungen und Krisen gut aufstellen können. Hierzu bietet Karsten Drath abschließend konkrete Empfehlungen, angefangen von der Strategieentwicklung über die Kultur-Entwicklung und Unternehmensgesundheit bis hin zum Business Continuity Management.

Karsten Drath gelingt eine umfassende Rundum-Beleuchtung von Unternehmensentwicklungen und gesellschaftlichen Entwicklungen, angefangen bei der vorindustriellen Phase über die Welt, in der wir heute leben mit all ihren kollektiven Anpassungsstörungen, bis hin zur vierten industriellen Revolution, in der hoffentlich eine Abkehr von der Selbstzerstörung erfolgt. Dieses Buch ist eine wahre Fundgrube für all diejenigen, die auf der Suche nach gründlich recherchierten Theorien und Beispielen sind.

Ich teile mit ihm die Meinung, dass wir nicht weitermachen können wie bisher, wenn die Menschheit langfristig überleben soll. Sogenannte lebendige Organisationen können ein Vorbild sein; bereits kleine Änderungen hinsichtlich Werteorientierung, verfügbarer Energien sowie Achtsamkeit gegenüber sich selbst, anderen und dem Umfeld können einen Unterschied machen.

In der oben zitierten Definition der ISO-Norm zu organisationaler Resilienz wird von »Überleben« und »Gedeihen« gesprochen. Ein reines Re-Agieren auf äußere Einflüsse reicht heute höchstens noch zum »Überleben«. Setzen Sie, liebe Leserin, lieber Leser, daher besser auf Strategien zum »Gedeihen«. Und dazu werden Sie in diesem Buch viele Anregungen finden.

Prof. Dr. Jutta Heller
Beraterin für individuelle und organisationale Resilienz mit eigener Akademie
Erste Vorsitzende ORES Verband für Organisationale Resilienz e. V.

Vorwort von Prof. Dr. Gerhard Fatzer

»Burnout« ist zu einem Synonym unserer Gesellschaft geworden. In der Schweiz sind mittlerweile fast 65 % der Arbeitnehmer oder Manager davon betroffen. Resilienz ist in diesem Zusammenhang zum neuen Zauberwort avanciert.

Karsten Drath hat diesem Thema nicht einfach nur ein neues Buch beigefügt, sondern als einer der ersten beschrieben, welche Faktoren in einer Organisation zu »Stress« und »Burnout« führen. Die Kernfrage in diesem Zusammenhang lautet: »Ist die Person nicht genügend stressfähig oder sogar -resistent oder liegt es an der Organisation und den Arbeitsbedingungen?«. In der Schweiz wird mittlerweile sowohl in Tageszeitungen als auch politisch diskutiert, »ob die Firma verantwortlich ist für Stress und Burnout« (so z. B. Tages Anzeiger vom August 2018). Eine gute Frage, da Versicherungen mittlerweile qua Taggeldversicherung verursachte Zahlungen als Hauptanteil ihrer Versicherungsleistung angeben. Das heißt, das Thema Stress und Burnout ist zu einem volkswirtschaftlichen Faktor geworden. Zwischenzeitlich beschreibt auch der bekannte Schweizer Kinderpsychologe Remo Largo die Schule als »Lernort«, wo fast jeder zweite Schüler unter Stress oder Burn Out leide« (Sonntagszeitung vom 19. August 2018).

In diesem Kontext ist es wichtig, dass Karsten Drath in seinem Buch sehr detailliert und kenntnisreich ausführt, wie Resilienz in Organisationen entstehen kann. Die Ausführungen sind durch eine Vielzahl von Übersichten und Visualisierungen untermalt. Aufschlussreich ist vor allem die Beschreibung der Mechanismen aus dem Bereich natürlicher Systeme, die uns vor Augen führen, wie Stress ab- und Resilienz aufgebaut werden kann. Für mich als Organisationsentwickler und Coach ist die Verbindung von »individueller und organisationaler Resilienz« besonders spannend.

Drath analysiert die Auswirkungen der dritten und vierten industriellen Revolution, die VUCA-Welt, und zeigt ausgehend davon Möglichkeiten auf, wie eine Unternehmenskultur organisationale Resilienz aufbauen kann. Er führt uns anhand von Entwicklungsmodellen der Organisation vor Augen, dass Stress und Burnout ganz normale Bestandteile bestimmter Entwicklungsphasen sind. Hier hätte ich mir noch mehr von den grundlegenden Ansätzen von Ed Schein gewünscht, der mit seinem Konzept Humble Leadership eine Führungsphilosophie der Zukunft entwickelt hat. Karsten Drath stützt sich hier stark auf die Entwicklungsmodelle von Lievegoed und Glasl, die meiner Meinung nach etwas in die Jahre gekommen sind. Schein bietet da aktuelleres

Material, das zudem auf einer unendlich breiten Erfahrung beruht und weltweit angewendet wird. Die »Theorie U« seines M.I.T.-Kollegen Otto Scharmer ist ebenfalls ein Versuch, diese Faktoren in ein schönes Modell zu gießen, das momentan weltweit Furore macht.

Karsten Draths Ausführungen, wie in der Natur oder in den lebenden Systemen »organisationale Resilienz« entstehen kann, sind sehr spannend und erhellend. Das von ihm und seinen Kollegen entwickelte FIRE-Modell der organisationalen Resilienz gießt alles in einen stimmigen Rahmen.

Mich hat die Arbeit von Karsten Drath und seiner Firma »Leadership Choices« sowie die Arbeit beim Berufsverband für organisationale Resilienz ORES u. a. gemeinsam mit Prof. Jutta Heller sehr beeindruckt. Sie ist ein Beispiel einer gelungenen und nachhaltigen Verbindung von »individueller und organisationaler Entwicklung« – nicht zu technisch, aber auch in keinster Weise esoterisch, wie dies manchmal in der heutigen Coaching-Welle daherkommt. Sie ist ein überaus gelungener Versuch, die Entwicklung von Menschen, Teams und ganzen Organisationen im Bereich der »Resilienz« darzustellen.

Ich habe selbst diverse Programme in der Schweiz zum Umgang mit Stress und Burnout kennengelernt. Der meiner Ansicht nach beste Ansatz sind die Programme der Klinik Hohenegg und Gais. Dort ist der Ansatz der individuellen Entwicklung von Resilienz wunderbar ausgebaut. Der Bereich der »organisationalen Resilienz« fehlt aber vorerst noch. Hier leistet das Buch von Karsten Drath Pionierarbeit.

Ich wünsche dem Buch viel Erfolg und weite Verbreitung auf dem Weg zu Unternehmen oder Organisationen, welche menschlich sind und resilient.

Prof. Dr. Gerhard Fatzer, Gründer des TRIAS-Instituts, Zürich, Gastdozent u. a. am Massachusetts Institute of Technology, Boston

Einleitung

Es scheint ja freilich keiner von uns beiden etwas Schönes und Gutes zu wissen, aber dieser meint, etwas zu wissen, ohne darüber ein Wissen zu haben, ich aber, wie ich eben nicht weiß, so meine ich es auch nicht. Ich scheine also wenigstens um ein kleines Stück weiser zu sein als er, daß ich, was ich nicht weiß, auch nicht zu wissen meine.
(Sokrates, griechischer Philosoph, 469 bis 399 v. Chr.)

Die meisten meiner bisherigen Bücher, wie beispielsweise »Coaching und seine Wurzeln«, »Resilienz in der Unternehmensführung«, »Neuroleadership« oder »Die Spielregeln des Erfolgs«, beschäftigten sich einerseits mit individuellem Wachstum und andererseits mit der Beziehung des Individuums zu seiner Umwelt. Hier geht es nun zum ersten Mal um die Umwelt an sich, genauer gesagt um die Unternehmensumwelt. Warum es zu dieser Entwicklung kam, werde ich später noch erläutern.

Oft werde ich einigermaßen ungläubig gefragt, warum ich überhaupt Bücher schreibe und dann auch noch Sachbücher, von denen man wirklich nicht leben kann. Ich denke, dass viele Autoren schreiben, weil sie etwas zu wissen glauben und die Menschheit daran teilhaben lassen möchten. Dies trifft für mich nur bedingt zu. Ich finde am Schreiben einen anderen Aspekt spannend. Es bietet eine hervorragende Möglichkeit des Selbststudiums und die Chance, mit dem eigenen Nicht-Wissen konstruktiv umzugehen, sich also neue Zusammenhänge zu erarbeiten und bisher unbekannte Sachverhalte zu verstehen. Es ermöglicht, sich einen eigenen Standpunkt zu erarbeiten, ohne einfach von anderen gewonnene Ansichten oder Schlussfolgerungen ungeprüft zu übernehmen. Die monate- und teilweise jahrelange tiefe Beschäftigung mit einem Thema empfinde ich als einen reinen Luxus, auch wenn das Ringen damit in der Entstehungsphase eines Buches nicht immer vergnüglich ist. Von daher hat der Prozess des Schreibens für mich auch immer etwas von Selbstfindung, allein schon deshalb, weil man seinen ganzen Selbstzweifeln und Dämonen ausgesetzt ist. Besonders interessant und herausfordernd finde ich immer die Phase, wenn das Buch schon auf *amazon* und anderen Portalen vorbestellbar ist, obwohl man selbst noch mitten im Schreiben ist. Auch die ersten Rezensionen sind oft emotional schwierig, da man seine Gedankenwelt unbekannten Menschen anbietet und dafür dann bewertet wird. Schreiben ist für mich daher auch immer geistiger und emotionaler Ausdauersport und eine gute Schule für die eigene Demut.

Warum dieses Buch?

Das Leben kann nur im Rückblick verstanden,
aber nur mit dem Blick voraus gelebt werden.
(Søren Kierkegaard, dänischer Philosoph und Theologe, 1813 bis 1855)

Doch warum noch ein Buch über Resilienz? Das Thema »Umgang mit Krisen und Rückschlägen« interessiert mich seit jeher, und das hat, wie so oft, auch bei mir persönliche Gründe, die ich Ihnen gerne schildern möchte. Als ich aufwuchs, waren viele Dinge in meiner Familie in Ordnung und einige waren es nicht, genau wie das bei vielen anderen Jugendlichen auch heute der Fall ist. Als Kind hatte ich immer irgendwie gespürt, dass ich gewollt und geliebt wurde, aber es gab über viele Jahre einfach zu viel Alkohol und Betablocker zu Hause. Dies schuf ein Umfeld von Sucht und Co-Abhängigkeit – und ich war Teil davon, ohne es zu verstehen. Als Familie erschufen wir eine Fassade, die wir der Außenwelt präsentierten. Dazu gehörte auch, dass ich keine Freunde mit nach Hause brachte. Über die wirklich wichtigen Dinge wie Emotionen sprachen wir nicht. Als Kind passte ich mich an und fand das auch nicht ungewöhnlich. Ich hatte ja keine Vergleiche. Wenn zu Hause alles fragil und zerbrechlich ist, sind Kinder meist nicht sehr rebellisch. Sie spüren, dass die eigenen Eltern einfach keine Kapazität mehr haben, um mit irgendwelchen weiteren Schwierigkeiten fertig zu werden. Zumindest war das bei mir der Fall.

Einige Wochen waren schlimmer als andere. Ich erinnere mich an mindestens drei Situationen, in denen meine Mutter wegen akuter Vergiftung vom Notarzt ins Krankenhaus gebracht wurde. Einmal sogar, als ich gerade mitten im Abitur steckte. Selbst wenn ich mich an so etwas vermeintlich gewöhnt hatte, war das keine schöne Situation für mich. Jegliche Versuche, über Sucht zu sprechen und einen Verbündeten in meinem Vater zu finden, blieben erfolglos. Natürlich hat mich dieses Klima von Sucht und Schweigen nachhaltig geprägt. Ich hatte so gut wie kein Selbstbewusstsein, war oft depressiv, und es wäre wahrscheinlich ein Leichtes gewesen, ein paar falsche Entscheidungen zu treffen. Es gab jedoch einige zentrale Ereignisse, die mir geholfen haben, einen guten Weg für mich selbst zu finden.

Über einen Schulfreund erfuhr ich von einer Organisation namens *zis*, einer gemeinnützigen Organisation, die vor inzwischen mehr als 60 Jahren gegründet wurde und auch heute noch existiert. Seit 1956 vergibt zis Studienreisestipendien an junge Menschen zwischen 16 und 20 Jahren. Man bewirbt sich mit einem Land und einem Studienthema, das einen interessiert. Schulnoten spielten bei der Vergabe damals wie heute keine Rolle, was gut für mich war.

Wurde das Projekt akzeptiert, erhielt man damals umgerechnet etwa 325 Euro (650 DM zu dieser Zeit) als Stipendium. Heutzutage gibt es luxuriöse 600 Euro, doch wie damals darf man immer noch kein eigenes Geld mitnehmen, muss alleine reisen und mindestens vier Wochen im Ausland bleiben. Darüber hinaus muss man eine Abschlussarbeit zur Studienreise verfassen und Tagebuch führen, um seine Erlebnisse, Gedanken und Emotionen festzuhalten. Die gesamte Idee geht auf den französischen Architekten Jean Walter zurück. 1899 radelte dieser um die 6.000 Kilometer von Paris nach Istanbul und retour, nur weil er die Hagia Sophia sehen wollte. Da er nicht viel Geld hatte, verdiente er sich seinen Lebensunterhalt unterwegs mit Trompetespielen auf der Straße. Er erlebte diese Reise als ein sehr schwieriges, aber auch äußerst aufregendes Unterfangen, das seine Perspektive auf das Leben nachhaltig verändern sollte. Ungefähr 40 Jahre später, inzwischen war er erfolgreich und wohlhabend, gründete Walter eine Organisation, die jungen Menschen Reisestipendien gewährte, um ihnen die Möglichkeit zu geben, ein ähnliches Abenteuer zu erleben. Etwa zehn Jahre nach dem Ende des Zweiten Weltkriegs war diese Idee Inspiration für die Gründung der Organisation *zis* an der Schule Schloss Salem. Verantwortlich dafür zeichnete Marina Ewald, eine Lehrerin an der renommierten Privatschule am Bodensee, die in der Anfangsphase die Stipendien aus eigener Tasche finanzierte.

Meine erste zis-Reise habe ich mit 17 Jahren zum Thema »Fischerei an der Westküste Schottlands« unternommen. Ich mochte eigentlich keinen Fisch, wollte aber unbedingt die tolle Küstenlandschaft mit ihren Fjorden sehen. Um mit dem Geld auszukommen, bin ich mit dem Fahrrad gereist und habe insgesamt rund 1.700 Kilometer zurückgelegt. Ich hatte unterwegs keinen einzigen platten Reifen; allerdings brach mir bei Inverness die Hinterachse. Eine Woche lebte und arbeitete ich mit Fischern im Küstenort Mallaig, was enorm spannend war. Für dieses Projekt wurde ich mit einem zweiten zis-Stipendium ausgezeichnet. Diesmal beschloß ich, nach Island aufzubrechen, um dort das wissenschaftliche Walfangprogramm zu studieren. Das war zu dieser Zeit ein sehr politisches und emotionales Thema. Für diese Reise bekam ich 400 Euro pro Monat. Es gab jedoch ein kleines Problem: Man kommt mit 400 Euro nicht nach Island, auch damals vor nunmehr 30 Jahren nicht. Das einzige, was dieses Unterfangen weniger aussichtlos aussehen ließ, war ein Empfehlungsschreiben von der UNESCO. Mit diesem gerüstet kontaktierte ich die isländische Botschaft und bat sie darum, mich idealerweise kostenlos nach Island zu bringen. Ich wurde natürlich abgewimmelt. Also rief ich wieder an und das Spiel wiederholte sich einige Wochen. Doch ich ließ nicht locker. Schließlich ließ man mir ausrichten, ich könne in zwei Tagen an Bord eines Trawlers gehen, der Bremerhaven mit Kurs auf Reykjavik verlassen würde. Man vergaß nicht hinzuzufügen, dass ich bitte nicht mehr anrufen solle. Also fuhr ich zwei Tage später Richtung Norden, um ein ziemlich rostiges Fangschiff zu besteigen. Als wir abgelegt hatten, wurde das Wetter sehr unangenehm. Drei ganze Tage war ich seekrank, bis wir schließlich die Hauptstadt von Island erreichten. Als wir angekommen waren, lebte ich noch einige Tage im Hafen von Reykjavik auf dem Trawler. Das lag einerseits an dem kalten Wetter, da es im Mai noch schneite und ich das Geld für ein Hostel nicht hatte. Der eigentliche Grund war jedoch, dass mich die Einwanderungsbehörde abschieben wollte, weil ich nicht genug Geld dabeihatte, um meine Heimreise zu bezahlen. Vorschrift ist Vorschrift, auch in Island. Zu dieser Zeit sah ich zudem aus wie ein typischer Aktivist von Greenpeace oder Sea Shepherd, einer militanten Abspaltung der Ökoaktivisten. Im Jahr zuvor hatten diese im Hafen von Reykjavik zwei Walfangschiffe mit Haftminen versenkt und die zentrale Walfangstation sabotiert, was der Walfangindustrie Schäden in Millionenhöhe zugefügt hatte. Um alles noch schlimmer zu machen, reiste just zu dieser Zeit der Papst in Island und ich wurde als potenzielles Sicherheitsrisiko angesehen. Das Einzige, was mich davor bewahren konnte, abgeschoben zu werden, war ein Einladungsschreiben, das mir das Ministerium für Fischerei während der Vorbereitung dieser Reise geschickt hatte. Allerdings lag dieser rettende Brief 3.000 Kilometer entfernt bei mir zu Hause. An sich ja kein Problem, sagen Sie? Damals schon, denn all dies ereignete sich zu einer Zeit, in der es noch keine E-Mails und Mobiltelefone gab. Und sogar Faxgeräte waren nichts, was man zu Hause hatte. Man musste zur Post gehen, um ein Fax zu senden. Und man brauchte dazu eine internationale Vorwahl. Alles in allem war das eine ziemlich große Sache. Stellen Sie sich den Aufruhr vor, den meine Situation bei meiner Familie verursacht hat. Meine Eltern waren krank vor Angst und machten sich große Sorgen um ihren einzigen Sohn. Als das Einladungsschreiben dann schließlich eintraf und ich von den Einwanderungsbehörden ins Land gelassen wurde, nutzte ich gleich den guten Kontakt, den ich bei der ganzen Angelegenheit zu einer netten Dame in der deutschen Botschaft aufgebaut hatte: In einer Zeitschrift hatte ich ein Interview mit Islands Staatspräsidentin Vigdís Finnbogadóttir (der Name bedeutet »Tochter von Finnboga«) über das wissenschaftliche Walfangprogramm gelesen. Also fragte ich die Dame in der Botschaft freundlich, ob sie es für möglich halte, dass ich mit eben dieser Staatspräsidentin über ihre Position in dieser Sache sprechen könne. Ich erinnere mich noch, wie sie mich mit einer Mischung aus Irritation und Belustigung ansah. Und doch: Ein paar Tage später hatte ich mein Treffen mit dem Staatsoberhaupt. Ich wurde sogar aufgefordert, mich in das goldene Buch Islands einzutragen. Es mag erwähnenswert sein, dass keines meiner Kleidungsstücke auch nur annähernd einem Anzug oder etwas vergleichbar Formalem ähnelte. Ich saß in alten Jeans, abgetragener Jacke und Wanderschuhen im riesigen Büro der Präsidentin. Das Treffen verlief jedoch gut und es öffnete mir sogar die Möglichkeit, auf Islands zentraler Walfangstation zu arbeiten, die im Jahr zuvor sabotiert worden war. Die Erlebnisse dort waren so intensiv, dass ich danach ein paar Monate lang kein Fleisch mehr essen wollte. Rückblickend waren diese Erfahrungen, die ich auf den beiden Reisen machen durfte, für meine Entwicklung von unschätzbarem Wert. Doch das sollte ich erst sehr viel später verstehen.

Auf die Reisen folgten eine Schreinerlehre, ein Ingenieurstudium, die erste unternehmerische Selbstständigkeit, danach ein Berufseinstieg in der Unternehmensberatung Andersen Consulting (heute accenture), ein berufsbegleitendes MBA-Studium und eine zügige Karriere im Management bei Bombardier und Perot Systems.

Durch meine Reisen hatte ich früh verstanden, dass ich mich besser fühlte, wenn ich Leistung bringe. Das gab mir das Selbstbewusstsein, das ich von innen heraus nicht hatte. Diese Sucht nach Leistung gipfelte darin, dass ich neben meinem anstrengenden Job im Management und meiner Familie mit zwei kleinen Töchtern über zwei Jahre auf einen Ironman trainierte und diesen dann auch absolvierte. Solch ein Training ist sehr zeitintensiv und besteht im Wesentlichen aus langen Trainingseinheiten wie Marathonläufen und Triathlon-Wettkämpfen. Ein Ironman selbst bedeutet 3,8 Kilometer Schwimmen, 180 Kilometer Radfahren und dann noch einen Marathon zum Schluss. Parallel kriselte es sowohl im Job als auch in der Ehe. Das alles ging nicht einfach so an mir vorbei. Eines Tages wachte ich auf und hatte einen Großteil meines Hörvermögens verloren. Das war so ziemlich das erste Mal in meinem Leben, dass mir mein Körper nicht gehorchte und dass ich ein Problem nicht mit weniger Schlaf und mehr Arbeit oder Training lösen konnte. Zum Glück verlief alles glimpflich, aber die Erfahrung steckte mir in den Knochen. Die Krise im Job wurde durch meinen langen krankheitsbedingten Ausfall nicht geringer. Ich war zuständig für ein großes internationales Change-Programm mit rund 200 Mitarbeitern an verschiedenen Standorten in der Welt. Ich hatte Kritiker, die fanden, das Programm sei schlecht geführt und zudem zu teuer. Am meinem Stuhl wurde gesägt, was ich nicht wahrhaben wollte. Mein Management deckte mir nicht den Rücken und wenige Monate später wurde ich von heute auf morgen freigestellt. Ich war wie vor den Kopf geschlagen und fühlte mich wie ein Fisch auf dem Trockenen. Also begann ich, mein erstes Buch zu schreiben, um diese Erlebnisse zu verarbeiten und etwas irgendwie Sinnvolles zu tun. Parallel dazu ließ ich mich zum Coach ausbilden. Bald nahm ich auch wieder eine Managementaufgabe an: Durch eine Verkettung von Umständen wurde ich in den nächsten Jahren zum Leiter einer Beratungseinheit von Dell, die ich von der »grünen Wiese« hatte aufbauen dürfen. Diese Aufgabe bereitete mir einerseits Freude, da ich das Thema Menschenführung sehr schätze und für ungemein anspruchsvoll halte. Andererseits merkte ich, dass es meine Berufung war, mit Menschen auf Augenhöhe zu arbeiten, um sie in ihrer Entwicklung zu unterstützen. Mit meiner Ehe ging es in dieser Zeit weiter bergab und eine neue Frau trat in mein Leben. Es folgten Trennung und Auszug aus dem gemeinsamen Haus. Meine beiden Töchter zu verlassen, brach mir fast das Herz, aber der Schritt war trotzdem richtig. Ich fing in einem leeren Appartement auf einer Luftmatratze wieder von vorne an. Rückblickend kann ich diese Zeit wohl als echte Lebenskrise bezeichnen. Auch meine neue Partnerin hatte Kinder und wir versuchten behutsam, eine Patchwork-Familie aufzubauen. Nicht ganz einfach, wenn man knapp 200 Kilometer voneinander entfernt lebt und zudem durch eine Trennung geht. Zum Glück mochten sich unsere Kinder von Anfang an. Doch die schwere Zeit ging weiter: Meine neue Partnerin verlor einen ihrer Brüder, der ihr sehr nahestand, durch einen Hirntumor. Bei ihr selbst wurde wenige Zeit später Brustkrebs diagnostiziert. Während sie durch Operationen und Bestrahlung ging, suchte ich nach einem Haus für unsere gemeinsame Zukunft. Die Nähe zum Tod verändert die Perspektive auf das Leben. Mir wurde klar, dass ich etwas tun wollte, was wirklich wichtig und bedeutsam ist. Doch dafür musste ich Dell und meine Position schließlich verlassen, was mir nicht leichtfiel.

Ich wechselte zur frisch gegründeten Unternehmensberatung Leadership Choices und wurde dort einer der ersten Partner. Da ich das Gefühl hatte, dass mir noch viel Grundlagenwissen im Bereich Psychologie fehlte, absolvierte ich eine Ausbildung zum Psychotherapeuten, was für mich zu einer echten Offenbarung wurde. Ich verstand viele Zusammenhänge, die ich vorher nicht gesehen hatte, und mir wurde klar, dass auch noch einiges an eigener Entwicklungsarbeit vor mir lag, beispielsweise nicht immer der Fleißigste und Schlaueste sein zu wollen. Dort stolperte ich auch zum ersten Mal über den Begriff »Resilienz«. Das Thema zog mich sofort in seinen Bann. Ich war schon immer davon fasziniert, wie verschiedene Menschen mit Krisen gänzlich anders umgehen. Vor allem wollte ich aufgrund meiner eigenen Geschichte verstehen, wie man lernen kann, besser im Umgang mit solchen Rückschlägen zu werden. Heute bin ich als einer der Managing Partner von Leadership Choices unter anderem für den Bereich Resilienz zuständig. Meine Kollegen und ich beraten Topmanager und ihre Teams darin, wie sie besser mit Krisen umgehen können.

Das heißt allerdings keineswegs, dass ich selbst nun restlos resilient bin und dass Stress und Herausforderungen einfach an mir abperlen. Was ich allerdings im Laufe der Jahre verändern konnte, ist, dass mein Selbstwert jetzt weniger davon abhängt, was andere von mir denken. Er speist sich aus einer inneren Überzeugung, auf die ich die meiste Zeit Zugriff habe. Das schafft eine Menge innerer Freiheit. Eine weitere Entwicklung der letzten Jahre ist, dass ich das Privileg habe, fast nur noch Dinge zu tun, die wirklich sinnvoll sind. Dafür bin ich ungemein dankbar.

So wichtig individuelles Wachstum für mich ist, so wurde mir allerdings in den letzten Jahren auch deutlich, dass individuelle Resilienz nicht die Antwort auf alle Fragen sein kann. Die meisten Manager, mit denen wir arbeiten, sind bereits ziemlich belastbar und widerstandsfähig, bevor sie zu uns kommen. Wenn sie leiden, dann liegt das zum großen Teil nicht ausschließlich daran, dass sie zu sensibel sind, schädliche Überzeugungen in sich tragen oder insgesamt nicht gut für sich sorgen. In Wahrheit fußt die Ursache vielmehr meist in einem Unternehmensumfeld, das die Endlichkeit von Ressourcen und die Menschlichkeit im Umgang miteinander aus dem Blick verloren hat. Natürlich macht es dennoch immer Sinn, die individuelle Resilienz weiter zu stärken, aber ohne eine Veränderung im System an sich behandelt diese Arbeit oftmals lediglich die Symptome.

Doch lässt sich solch eine Organisation überhaupt verändern und falls ja, wie stellt man das an? Geht es darum, die vielbeschriebene Kultur zu ändern? Geht das überhaupt? Und in welche Richtung soll sie sich überhaupt entwickeln? Oder reicht es vielleicht, wenn man versucht, die Webfehler in der Unternehmens-DNA zu reparieren? Und unabhängig davon, wie lässt sich so eine Veränderung mit handfesten betriebswirtschaftlichen Argumenten begründen? Mir ist natürlich klar, dass ohne eine solide Analyse, belastbare Modelle und einen klaren Business Case, also eine Wirtschaftlichkeitsrechnung, alle Versuche der Weiterentwicklung von Unternehmen durch Kritiker als esoterisches »Bäumeumarmen« abgetan werden, selbst wenn die Initiative von ganz oben kommt. Was es braucht, ist ein neues Bewusstsein, ein anders gearteter Blick auf Unternehmen und die Menschen in ihnen. Während eines Vortrags entstand in meinem Kopf die Metapher des »Immunsystems von Unternehmen«. Vielleicht geht es ja gar nicht um eine vermeintlich perfekte Kultur, hervorragende Führung und erstklassige Prozesse. Vielleicht reicht es ja, das Äquivalent eines Immunsystems im Unternehmen zu stärken, um den Rest durch die Selbstheilungskräfte erledigen zu lassen, die dann freigesetzt werden und im Unternehmen wirken können. Doch wie lässt sich ein solches Immunsystem überhaupt finden, geschweige denn beeinflussen? Diese Fragestellungen haben mich lange beschäftigt. Sie führten schlussendlich zu dem Buch, das Sie in den Händen halten.

Was Sie in diesem Buch erwartet

Die Arbeit als CEO bedeutet zumeist das Straucheln von einer Krise zu nächsten.
(Peter Bauer, ehemaliger CEO von Infineon, Vorsitzender des Aufsichtsrats von Osram)

Wie ich bereits erwähnte, bin ich von Hause aus Ingenieur, also Techniker. Ich mag es, wenn Dinge transparent, logisch und nachvollziehbar sind. Im Umkehrschluss habe ich meine Schwierigkeiten mit unbelegten Behauptungen und allzu groben Vereinfachungen. Ich finde Strukturen und Modelle hilfreich, solange sie mit gesundem Menschenverstand und dem Bewusstsein angewendet werden, dass jedes Modell eine Vereinfachung der Realität darstellt und es von daher seine Grenzen hat. Deswegen betrachte ich gewissermaßen Geisteswissenschaften aus einer naturwissenschaftlich-technischen Perspektive, was für manche eigenwillig erscheinen mag. Ein sehr freundlicher Kollege hat mich einmal nach einem meiner Vorträge mit den Worten abmoderiert: »Ich habe noch nie an einem Abend von einem Ingenieur so viel über Psychologie gelernt wie heute.« Es ist diesem evidenzgestützten Ansatz geschuldet, dass Sie in diesem Buch viele Grafiken, Diagramme und Schaubilder finden werden. Dies dient zum einen der Illustration und zum anderen möchte ich damit meine Gedankengänge nachvollziehbar und für Sie überprüfbar machen. Mir ist dabei durchaus bewusst, dass sich nicht alles in Ursache-Wirkung-Kausalitäten abbilden lässt. Allerdings finde ich es auch nicht hilfreich, wenn komplexe Zusammenhänge nur aufgrund der Tatsache, dass sie eben komplex sind, gar nicht durch Daten und Fakten untermauert werden.

In meiner Zeit bei Bombardier waren meine Erfahrungen mit Führung sehr konkret und unmittelbar. Ich führte eine Organisation von insgesamt 200 Mitarbeitern, die alle an einem großen Veränderungsprogramm arbeiteten. Ich hatte ein gutes Gespür dafür, wie sich meine Entscheidungen oder die Beschlüsse des Topmanagements über uns auf das Team auswirken würden. Und falls dies einmal nicht so war, konnte ich einfach durch die Flure laufen und mit den Kolleginnen und Kollegen sprechen. Dies änderte sich, als ich Verantwortung für eine komplexere Linienorganisation übernahm. Als ich bei Perot Systems und später bei Dell eine Beratungseinheit leitete, fühlte ich mich immer leicht unwohl, da ich nie ein wirklich fundiertes Gefühl dafür hatte, wie es wirklich um den Bereich stand. Die Informationen waren meist lückenhaft und zudem häufig widersprüchlich. Die Menschen sagten das eine, die Zahlen oft etwas gänzlich anderes. Auch hatte ich selten den Eindruck, wirklich zu steuern oder die volle Kontrolle zu haben. Vielmehr überwog das Gefühl, aus verschiedenen Richtungen ferngesteuert zu werden. Das konnten Budgetkürzungen oder ungeplante Kosten sein, die von »oben« durchgereicht wurden, Probleme mit der Auslastungssituation, schlechte Monatsergebnisse, interne Konflikte, Kündigungen von Leistungsträgern oder aber Kundeneskalationen aufgrund schieflaufender Projekte. Die Führungsarbeit meiner Kollegen und mir bestand im Wesentlichen in dem Versuch, eine Krise nach der anderen zu lösen. Dies war oftmals unbefriedigend, da ich die meiste Zeit über keinen klaren Plan verfügte, wohin der Bereich sich eigentlich entwickeln sollte. Ich konnte beobachten, dass es den Kollegen in meinem direkten Umfeld keineswegs besser erging. Sie hatten sich nur oftmals bereits damit abgefunden. Natürlich hatte ich während meines MBA etwas über Führung, Strategie und Organizational Design gelernt, doch ich war derart vom Tagesgeschäft getrieben, dass zumeist gar keine Gelegenheit und Zeit bestand, das eigene Handeln kritisch zu reflektieren. Ich wurde das Gefühl nicht los, einfach zu wenig über die Prinzipien des Innenlebens von Organisationen zu verstehen: Bildlich gesprochen sah ich zwar jede Menge Häuser, da mir aber ein Stadtplan fehlte, hatte ich keinerlei Vorstellung davon, welche Abbiegung ich als nächste nehmen sollte. Ich traf zwar oft gute Entscheidungen, doch dies meist aus dem Bauch heraus und zudem weit weniger souverän, als es nach außen den Anschein erweckte. Kommt Ihnen das bekannt vor? Nach nunmehr zwölf Jahren Arbeit als Coach mit Topmanagern kann ich mit ziemlicher Sicherheit sagen, dass es den meisten von Ihnen oft auch so geht.

Unternehmensberatern und auch Coaches mangelt es im Allgemeinen nicht an Selbstbewusstsein. In meiner Zeit bei Andersen Consulting war ich Teil des Kompetenzbereichs *Change Management*. Dort vertrat man die These, dass man die internen Verhaltensmuster und die Kultur einer komplexen Organisation in eine gewünschte Richtung verändern könne, wenn man nur genug externe Berater einsetzt und die Resistance to Change überwindet. Ich konnte diesen Ansatz nie wirklich nachvollziehen, hatte aber auch keine Alternative zur Hand. Und außerdem machten diese Projekte als Berater ja durchaus Spaß. Heute habe ich häufig mit einer anderen Art von Unternehmensberatern zu tun, den Organisationsentwicklern. Die Berufsbezeichnung impliziert hier bereits die Grundannahme, dass sich eine Organisation und ihre Kultur durch externe Begleitung zielgerichtet verändern lassen, und zwar in der Regel ohne Austausch der handelnden Personen. Die Grundannahme ist hier, dass sich ein Unternehmen durch Interventionen wie Team Coachings, Design Thinking Workshops oder World Cafès auf einen bestimmten Entwicklungspfad bringen lässt. Ich kann mir das bei einem kleinen Bereich oder einem mittelständischen Unternehmen durchaus in gewissen Grenzen vorstellen. Geht es jedoch um Großkonzerne wie Siemens, Ford oder IBM, fehlt mir sowohl der Glaube als auch die Evidenz.

Wie Sie noch sehen werden, bietet der Ansatz der organisationalen Resilienz hier eine durchaus bedenkenswerte Alternative. Erlauben Sie mir einen Vergleich mit der Medizin: Die klassisch-westliche Schulmedizin beschäftigt sich im Wesentlichen mit der sogenannten Pathogenese, also mit dem Entstehen von Krankheiten und ihrer Bekämpfung. Dies entspricht in etwa der klassischen Unternehmensberatung bei Organisationen. Es gibt ein Problem – wie beispielsweise mangelnde Effizienz – und das muss beseitigt werden, z.B. durch Personalabbau, Restrukturierung oder Personalentwicklungsmaßnahmen. Der Ansatz der östlichen Medizin beschäftigt sich darüber hinaus auch mit den Faktoren, die uns gesund bleiben lassen. Der aus Israel stammende Soziologe Aaron Antonovsky hat hierfür den Begriff der Salutogenese geprägt. Die zugrundeliegende Annahme besagt, dass sich ein Körper am besten selbst gesund erhält, wenn man ihn durch geeignete Maßnahmen, wie der Steigerung des Immunsystems und dem Ausgleich innerer Energieströme, dazu in die Lage versetzt. Das Prinzip der Resilienz folgt dem gleichen Prinzip, denn es fokussiert darauf, wie ein beispielsweise biologisches System trotz widriger Umstände intakt und handlungsfähig bleiben kann. Was passiert, wenn man diesen spannenden Ansatz auf Organisationen anwendet? Es versetzt uns in die Lage, nicht mehr das Problem an sich zu adressieren, sondern vielmehr die tieferliegenden Webfehler, welche die Entstehung des Problems erst ermöglicht haben, zu korrigieren. Dies entspräche also der Stärkung des organisationalen Immunsystems. Folgt man diesem Denkansatz, dann wäre eine Organisation in der Lage, sich selbst gesund und handlungsfähig zu erhalten, wenn man die richtigen Rahmenbedingungen dafür schafft.

Um nicht weniger geht es in diesem Buch.

Ich wünsche Ihnen eine spannende und aufschlussreiche Lektüre!
Ihr Karsten Drath

Erster Teil: Die Grundlagen organisationaler Resilienz

1 Was Wolkenkratzer mit Resilienz zu tun haben

Der Ingenieur berücksichtigt die Bodenbewegungen, die auftreten werden, und bewertet die Anforderungen der zu planenden Struktur unter Berücksichtigung der örtlichen Untergrundbedingungen.
(Charles Francis Richter, US-amerikanischer Seismologe, 1900 bis 1985)

Darf ich Sie zu einem Gedankenexperiment einladen? Stellen Sie sich bitte einmal vor, Sie wären ein sehr großes Hochhaus von schlanker und eleganter Gestalt. Mit über einem halben Kilometer Höhe wären Sie zu Ihrer besten Zeit sogar das höchste Gebäude der Welt gewesen. Hochhäuser in ihrer Nachbarschaft überragen Sie um mehrere hundert Meter und lassen diese klein aussehen. Ach ja, und Ihr Zuhause wäre in Asien, genauer in Taipeh, der Hauptstadt von Taiwan. Was wäre Ihre größte Sorge? Nun kommen Ihnen vielleicht Wirbelstürme in den Sinn oder Springfluten, denn Taiwan ist eine Insel. Das sind zweifelsohne echte Herausforderungen, aber es wäre nicht Ihr größtes Problem. Viel mehr Gedanken würden Sie sich über Erdbeben machen. Im letzten Jahr hat in Taipeh die Erde 75 Mal gebebt. Das jüngste Beben erreichte sogar einen Wert von 6,4 auf der nach dem US-amerikanischen Seismologen Charles Richter benannten Richter-Skala. Das stärkste weltweit jemals gemessene Beben hatte einen Wert von 9,6. Es handelt sich hier also durchaus um einen sehr hohen Wert. Bei Beben dieser Stärke werden aus der Erdkruste schlagartig enorme Kräfte mit einem großen Zerstörungspotenzial freigesetzt. Wie würden Sie mit solch einem Erdbeben umgehen? Wie würden Sie es überstehen, und zwar nicht nur gerade so, sondern vielmehr souverän? Nun könnte man auf den Gedanken kommen, dass man so ein Gebäude am besten sehr stabil und starr baut. Dicke Betonmauern könnten vor Erdbeben schützen. Tatsächlich ist Stabilität ein wichtiger Faktor, wenn es um die Bewältigung von Erschütterungen geht. Allerdings erhöht ein zu hohes Maß an Stabilität und Starrheit die Anfälligkeit für Risse, da die Erschütterungen des Erdbebens sich so ungehindert im Gebäude fortpflanzen können. Bei einer Höhe von über 500 Metern könnte diese Bewegungsenergie in einem starren Hochhaus eine Menge Schaden anrichten. Das wäre wie bei einem Eiszapfen, den man gegen ein Hindernis schlägt. Er zerspringt in tausend kleine Stücke. Also besser auf Flexibilität oder Elastizität setzen! Die Flügel einer Boeing 747 biegen sich schließlich auch durch, wenn das Flugzeug erst einmal in der Luft ist, und das bei einem Leergewicht von immerhin gut 180 Tonnen. Flexibilität macht also zweifelsohne viel Sinn. Allerdings würde die Gebäudetechnik in Form von Aufzügen, Treppenhäusern, Rohrleitungen und Klimaschächten stark leiden, wenn das Gebäude zu elastisch auf Erschütterungen reagiert und sich von der einen auf die andere Seite neigt wie eine Stange Rhabarber, die man an der Wurzel hält und hin und her schlackert.

Vielleicht würde Ihnen aber auch das Konzept der Dämpfung von Schwingungen in den Sinn kommen, was gewissermaßen eine Kombination aus Stabilität und Flexibilität bedeutet. Hierbei wird Bewegungsenergie durch Reibung in Wärmeenergie umgewandelt. Aber das allein ist noch nicht das Entscheidende. Da es ja nicht nur darum geht, ein Erdbeben irgendwie auszuhalten, sondern sich dynamisch darauf einzustellen, müssen zusätzlich noch die Elemente Außenwahrnehmung und Selbststeuerung hinzukommen.

Schauen wir uns einmal an, wie dies in dem Gebäude gelöst wurde, dessen Konstruktion Sie eben gedanklich übernommen haben. Hierbei handelt es um einen Wolkenkratzer namens Taipei 101, dem Sitz des Finanzzentrums von Taiwan. Dieses Gebäude verfügt über 101 Stockwerke und war von seiner Eröffnung 2004 bis zum Bau des Burj Khalifa im Jahr 2007 das höchste Gebäude der Welt. Die Konstruktionsweise des Taipei 101 ist besonders interessant, denn er verfügt über ein sogenanntes Tilgerpendel. Zwischen dem 88. und dem 92. Stockwerk ist eine 660 Tonnen schwere Stahlkugel an Stahlseilen aufgehängt, die aus 30 Stahlscheiben besteht und einen Durchmesser von fünf Metern hat. Das entspricht dem Gewicht von dreieinhalb Boeing 747. Die Stahlkugel ruht dabei auf Stahlzylindern, welche die entstehenden Schwingungen dämpfen. Kommt es zu einem Erdbeben, so nimmt die intelligente Steuerungstechnik des Gebäudes die Richtung des Epizentrums und die Amplitude der Erschütterungen wahr und versetzt das Pendel in eine entsprechende Gegenschwingung, die die Erschütterungen des Erdbebens weitestgehend neutralisiert. Stellen Sie sich nun vor, es käme tatsächlich zu einem Erdbeben der Stärke 4, was dort regelmäßig passiert, und Sie befänden sich just zu diesem Zeitpunkt im 88. Stock eben dieses Hochhauses. Wie wahrscheinlich ist es Ihrer Meinung nach, dass Sie den Aufenthalt dort unbeschwert genießen können? Wahrscheinlich würden Sie eine Heidenangst haben, denn die Schockwellen des Erdbebens würden bei einer Gebäudehöhe von mehr als 500 Metern zu einer Auslenkung von mehreren Metern gegenüber der Mittelachse führen. Diese Bewegungen würden wiederum kompensiert durch ein zig Tonnen schweres Pendel, das hin- und herschwingt. Alles in allem kein besonders entspannendes Szenario, oder? Doch trotz alledem funktioniert es. Das Gebäude Taipei 101 ist nach wie vor intakt und zieht Jahr für Jahr Tausende interessierte Besucher aus der ganzen Welt an.

1.1 Was hat es mit Resilienz auf sich?

Für jedes noch so komplexe Problem gibt es eine ganz einfache Lösung, doch die ist meistens falsch.
(Albert Einstein, deutscher Physiker und Nobelpreisträger, 1897 bis 1955)

Aus dem Beispiel mit dem Wolkenkratzer lassen sich zahlreiche Grundprinzipien ableiten, die für das Verständnis des Konzepts *Resilienz* im Kontext von komplexen Systemen sehr bedeutsam sind.

Das Wort »Resilienz« hat seinen Ursprung im Lateinischen. Das Verb »resilire« bedeutet dabei so viel wie »zurückspringen« oder »abprallen«. Der Begriff kommt ursprünglich aus der Materialwissenschaft, wo er die Fähigkeit eines Körpers beschreibt, auf eine Einwirkung von außen elastisch zu reagieren, und anschließend wieder seine ursprüngliche Form einzunehmen. Heute wird der Begriff auch in anderen Disziplinen genutzt, um die Widerstandsfähigkeit von komplexen System wie Biotopen, IT-Netzwerken, Lieferketten sowie städtischen Infrastrukturen gegenüber schädlichen Einwirkungen von außen zu beschreiben. Auch in die Psychologie hat er mittlerweile Einzug gefunden. Er steht dort für die Fähigkeit eines Menschen, effektiv und achtsam mit Krisen und Rückschlägen umzugehen.

Auch wenn es verlockend ist, eine einzige Definition für alle möglichen Anwendungsfälle dieses Konzeptes zu liefern, möchte ich mich hier zunächst auf die Widerstandsfähigkeit von komplexen Systemen beschränken, denn die Tücke einfacher Antworten liegt meist im Detail. Ich werde im Kapitel »Von individueller zu organisationaler Resilienz« noch näher auf die individuellen Aspekte von Resilienz zu sprechen kommen. In Bezug auf Systeme lässt sich festhalten, dass Resilienz etwas mit der Fähigkeit zu tun hat, Krisen erfolgreich zu überstehen. Darüber hinaus geht es aber auch darum, mögliche Krisen zu antizipieren und durch geeignete Gegenmaßnahmen zu vermeiden oder abzuschwächen. Es handelt sich hierbei um einen dynamischen Anpassungsprozess, mit dem sich ein System an Veränderungen in seiner Umgebung anpasst, so wie das Tilgerpendel mit seinen Gegenschwingungen. Die Ergebnisse dieser Krisenintelligenz sind dabei im Wesentlichen Langlebigkeit und Anpassungsfähigkeit, nicht aber bedingungslose Unverwundbarkeit. Wenn der Wolkenkratzer Taipei 101 von einem Erdbeben heimgesucht wird, dann ist dies trotz Vorbereitung, Gegenmaßnahmen und spezieller Konstruktion, ab einer bestimmten Stärke immer äußerst unangenehm für die Menschen, die in diesem Gebäude arbeiten. Und es gibt zudem keinerlei Garantie dafür, dass die Konstruktion hält, wenn die nächste ruckartige tektonische Verschiebung doch zu stark ist für das Hochhaus.

Resilienz lässt sich immer nur im Nachhinein diagnostizieren und sie ist auch kein Garant für die erfolgreiche Bewältigung zukünftiger Krisen. Doch das Konzept kann durchaus ein relevanter Indikator und auch ein Konstruktionsprinzip sein. Die Faktoren, die Resilienz von Systemen ausmachen, haben dabei mit einer Mischung aus einerseits Stabilität und Robustheit und andererseits Flexibilität und Agilität zu tun. Diese Kombination lässt sich auch als Kompensation bzw. Schwingungsdämpfung verstehen, die vermeidet, dass die Erschütterungen sich in Wechselwirkung mit anderen systemimmanenten Faktoren gegenseitig verstärken und aufschaukeln. Die Dämpfung einer Schwingung ist in der Grafik 001 abgebildet.

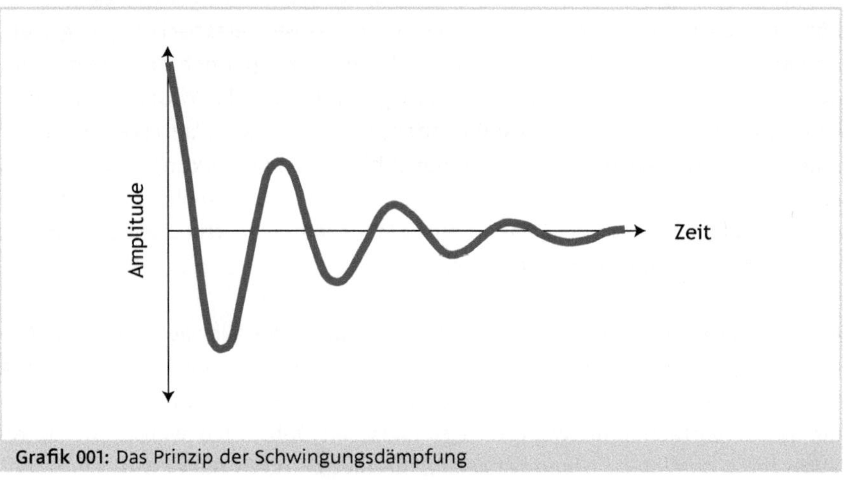

Grafik 001: Das Prinzip der Schwingungsdämpfung

Das Konzept der Resilienz von Systemen besteht darüber hinaus aus zwei unterschiedlichen Komponenten, nämlich dem reaktiven und dem proaktiven Teil, wie in der Grafik 002 dargestellt. Denn neben der Fähigkeit, Erschütterungen von außen auszuhalten, geht es auch immer um den Versuch, diese vollständig zu vermeiden. Hier hat ein Wolkenkratzer definitiv schlechte Karten, da man ihn nicht einfach außerhalb der Erdbebenzone platzieren kann. Bei anderen Systemen ist dies eher möglich, wie wir noch sehen werden. Falls Ausweichen keine Option ist, bleibt zumindest noch das aktive Gegensteuern, z.B. durch die Anpassung der Pendelschwingung. Dies wird auch als Antizipation bezeichnet. Dazu bedarf es der Wahrnehmung von Variablen in der Umgebung, wie beispielsweise der Stärke des Erdbebens, die dann zur Steuerung interner Prozesse herangezogen werden. Kompensation und Antizipation stellen somit zwei zentrale Bewältigungsstrategien bei Krisen dar.

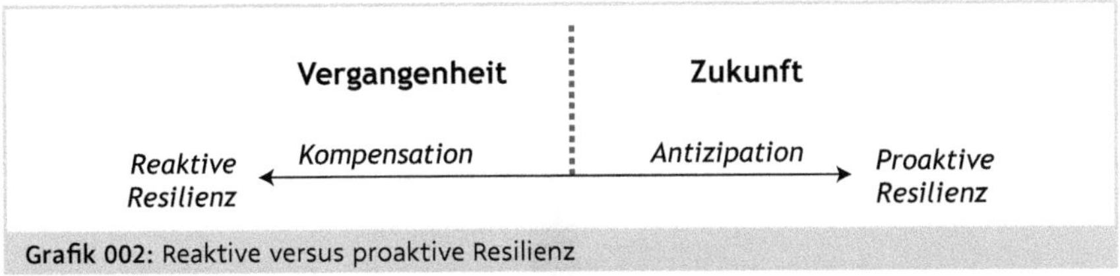

Grafik 002: Reaktive versus proaktive Resilienz

Bei der Resilienz von Systemen handelt es sich um einen dynamischen Anpassungsprozess des Systems an sein Umfeld. Schauen wir uns diesen Anpassungsvorgang anhand unseres Wolkenkratzer-Beispiels etwas genauer an, um grundlegende Prinzipien der Widerstandsfähigkeit von Systemen zu erkennen.

Die Grafik 003 soll diese verdeutlichen. Einerseits gibt es sogenannte Input-Variablen in Form von Schwingungen. Das System nutzt aufgrund seiner fortgeschrittenen Konstruktion die zwei Bewältigungsstrategien Antizipation und Kompensation. Aufgrund der Beschaffenheit des Gebäudes, z. B. seiner Höhe und seiner Ausstattung an Gebäudetechnik, verfügt es dabei über gewisse Schutz- und Risikofaktoren. Das 600 Tonnen schwere Pendel ist solch ein Schutzfaktor, während die Abhängigkeit von elektrischem Strom in der Gebäudesteuerung ein Risikofaktor ist. Im System selbst gibt es zudem zahlreiche Wechselwirkungen, z. B. zwischen den verschiedenen Komponenten der Gebäudetechnik, wie den 64 verschiedenen Hochgeschwindigkeitsaufzügen, und auch wegen der mehreren Tausend Menschen, die im Gebäude arbeiten. So macht es beispielsweise für die Gewichtsverteilung einen großen Unterschied, ob diese sich zum Zeitpunkt eines Erdbebens allesamt im 101. Stock oder im Erdgeschoss befinden.

Wie bereits beschrieben, lässt sich die tatsächliche Resilienz eines Hochhauses oder jedes anderen Systems erst nach einer bewältigten Krise feststellen. Sie äußert sich durch seine fortwährende strukturelle Integrität und dadurch, dass alle Bewohner wohlauf sind. Damit wird deutlich, dass es sich bei der Resilienz eines Systems um eine Output-Variable handelt. Diese Erkenntnis wird später noch wichtig sein, um verschiedene Missverständnisse in Bezug auf resiliente Unternehmen aufzuklären.

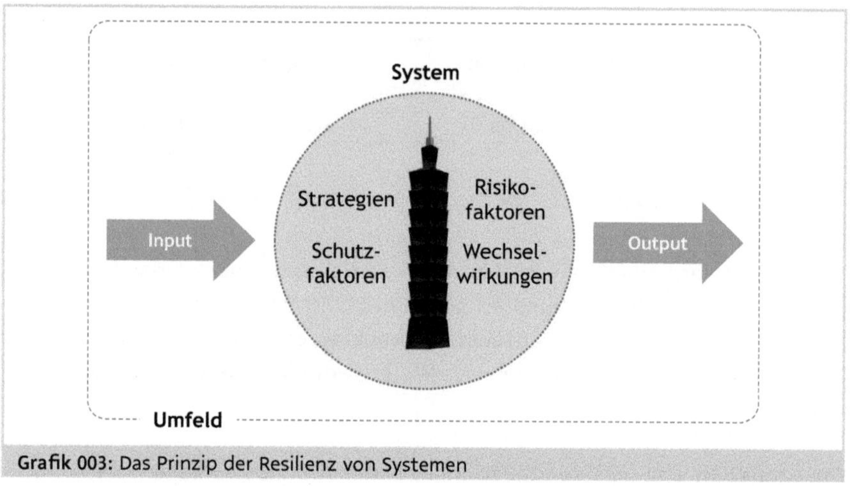

Grafik 003: Das Prinzip der Resilienz von Systemen

1.2 Unternehmen: unberechenbare komplexe Systeme

Soziologen haben in Untersuchungen herausgefunden, dass eine natürliche Gruppe Menschen, die nur von Klatsch zusammengehalten wird, maximal aus 150 Personen bestehen kann. Das ist bis heute die magische Obergrenze unserer natürlichen Organisationsfähigkeit. Bis zu einer Größe von 150 Personen reichen enge Bekanntschaften und Gerüchte als Kitt für Gemeinschaften, Unternehmen, soziale Netzwerke und militärische Einheiten aus und es sind keine Rangabzeichen, Titel und Gesetzbücher nötig, um Ordnung zu halten.
(Yuval Noah Harari, israelischer Historiker)

Nicht nur Wolkenkratzer in Erdbebengebieten stellen komplexe Systeme dar. Auch Unternehmen lassen sich als solche beschreiben, da sie von zahlreichen internen und externen Wechselwirkungen beeinflusst werden.

Wenn man sich näher mit der Entwicklung der menschlichen Zivilisation beschäftigt, fällt auf, dass Unternehmen ein relativ junges Phänomen sind. Die ersten festen menschlichen Siedlungen entstanden in Europa um 10.000 vor Christi Geburt, also vor rund 12.000 Jahren. Zu diesem Zeitpunkt gab es noch kaum eine Aufgabenteilung unter den Bewohnern und die zentrale Organisationsform war die Familie bzw. der Stamm. Jeder machte alles, so gut sie oder er eben konnte, von der Aufzucht des Nachwuchses einmal abgesehen. Das war in der Regel Sache der Frauen. Dies ging viele Tausend Jahre so. Die weltweit ältesten Unternehmen als eine besondere Form der Aufgabenteilung und

Spezialisierung entstanden dann zunächst in Japan. Im Jahre 578 nach Christus wurde in Osaka Kongō Gumi Co., Ltd. gegründet, ein Bauunternehmen, das bis 2006 eigenständig war und dann vom Baukonzern Takamatsu übernommen wurde. In Europa wurde im Jahre 803 mit dem St. Peter Stiftskeller das älteste Unternehmen in Salzburg, Österreich, ins Leben gerufen. Die ersten Großkonzerne, die nach den Prinzipien der Marktwirtschaft operierten, entstanden hingegen erst sehr viel später, der deutsche Konzern Siemens beispielsweise erst im Jahr 1847, also vor gut 170 Jahren. Stellt man sich die letzten 12.000 Jahre menschlicher Zivilisation als 24 Stunden vor, dann gibt es moderne Unternehmen erst seit rund 20 Minuten.

Doch zurück zu unserem Vergleich: Genau wie Hochhäuser können Unternehmen von Erschütterungen in ihrem Umfeld beeinträchtigt und in Mitleidenschaft gezogen werden. Ein Beispiel für eine solche Erschütterung war die globale Finanzkrise 2007/08, auf die ich später noch eingehen werde. Unternehmen sind neben ihren internen Abläufen und Strukturen, wie Abteilungen, Hierarchieebenen und Landesgesellschaften, vielfältig mit ihrer Umwelt verflochten. Zu dieser gehören beispielsweise Lieferanten, Kunden, Mitarbeiter, Wettbewerber, Anteilseigner, Städte sowie auch Gesetzgeber und die Gerichtsbarkeit. Auch die Unternehmen selbst sind komplex: Aufgrund der mannigfaltigen Wechselwirkungen und verschiedenen Interessenlagen der einzelnen Stakeholder gibt es keinen klaren Zusammenhang zwischen Ursache und Wirkung mehr. Dadurch entwickeln sich Systeme mitunter in überraschender, weil nicht vorhersehbarer Art und Weise.

Beispiel !

Während die Unternehmensleitung eine Maximierung von Markanteil, Umsatz und Gewinn anstrebt, versuchen die Wettbewerber am Markt das Gleiche für sich zu erreichen. Die Anteilseigner interessiert hingegen vor allem der Aktienkurs und die jährliche Gewinnausschüttung. Die Arbeitnehmer streben Selbstverwirklichung und die Sicherung ihrer Arbeitsplätze an. Das Interesse der Lieferanten ist es wiederum, möglichst langfristig für ein Unternehmen zu arbeiten und einen guten Deckungsbeitrag zu erzielen. Dem gegenüber steht der Wunsch der Kunden, günstigere Preise oder bessere Funktionalität zu erhalten. Die Vertreter der Städte oder Kommunen möchten möglichst viel Gewerbesteuer einnehmen und Arbeitsplätze schaffen oder zumindest erhalten, während die Gesetzgebung an der Einhaltung aller rechtlichen Rahmenbedingungen interessiert ist.

Die Entwicklung eines Unternehmens vollzieht sich also unter Einwirkung all dieser und noch mehr Stakeholder und ihrer Interessen. Da sie aufgrund dieser Dynamik an sich nicht planbar ist, wird dieses Phänomen in Expertenkreisen auch als Emergenz bezeichnet. Die einzelnen Parteien mit ihren Eigeninteressen werden in der Forschung Agenten genannt, wenn sie sich außerhalb des Systems befinden. und Organe, wenn sie Teil des Systems sind.

Wie das Phänomen Emergenz wirkt, zeigt folgendes Experiment: Fünf Menschen stehen in einer Reihe Schulter an Schulter eng nebeneinander. Weitere fünf stehen ihnen frontal gegenüber, sodass sie ein Spalier bilden. Jeder der Experimentteilnehmer zeigt mit einer Hand und ausgestrecktem Zeigefinger zu seinem Gegenüber. Dadurch entsteht zwischen den beiden Reihen eine Art Auflage bestehend aus den zehn Zeigefingern der Teilnehmer. Auf diese wird nun ein langer Bambusstab gelegt. Die Teilnehmer erhalten zwei Anweisungen:

- Erstens muss der Zeigefinger immer Kontakt mit dem Bambusstab haben.
- Zweitens müssen die Teilnehmer gemeinsam dafür sorgen, dass der Bambusstab auf dem Boden abgelegt wird.

Wir kennen also die Organe des Systems, die zehn Teilnehmer. Wir können auch sehen, was diese tun, d.h., wir haben volle Transparenz. Alle haben die gleichen Aufgaben erhalten. Die Regeln des Experiments sind klar, es gibt keine Hidden Agendas. Wir sollten also in der Lage sein, mit Leichtigkeit vorherzusagen, wie sich dieses System verhalten wird. Wenn wir die möglichen Entwicklungen auf die wahrscheinlichsten eingrenzen, sind drei Szenarien möglich:

1. Der Bambusstab bewegt sich nach unten.
2. Der Bambusstab bewegt sich weder nach oben noch nach unten.
3. Der Bambusstab bewegt sich nach oben.

Nun gibt der Leiter des Experiments das Kommando »Los!«. Was passiert? Die naheliegende Antwort wäre, dass alle Systemteilnehmer gemeinsam dafür sorgen, dass der Stab auf den Boden abgelegt wird, dass also Szenario Nr. 1 eintritt. Doch das passiert nicht. Der Stab bleibt auch nicht auf der gleichen Höhe. Vielmehr tritt eine völlig unerwartete und unlogisch erscheinende Entwicklung ein. Je motivierter die Teilnehmer sind, desto schneller steigt der Stab nach oben. Dies geschieht gegen ihren Willen und meist unter großem Geschrei. Jeder schaut zunächst irritiert und später verärgert auf den Nachbarn, um herauszufinden, wer den Stab in die Höhe schiebt. Aber es gibt keinen offensichtlich Schuldigen, was damit zu tun hat, dass jeder Proband zu jeder Zeit den Kontakt von Zeigefinger zu Stab halten muss.

Dieses Experiment vermittelt sehr gut das Emergenz-Prinzip von Systemen. Obwohl es nur wenige Organe gibt und zudem alle Systemteilnehmer das gleiche Ergebnis anstreben, tritt zunächst genau das Gegenteil ein. Erst wenn dieses Phänomen verstanden ist und die Teilnehmer sich in Ruhe darüber ausgetauscht und Verhaltensregeln erarbeitet haben, sind sie in einem zweiten, dritten oder manchmal auch erst in einem vierten Versuch in der Lage, den Stab schließlich in Richtung Boden zu bewegen. Doch dazu müssen sie zunächst die Regeln des Systems verstehen und sich darin üben, gemeinsam wider ihre eigene Intuition zu handeln. Die Qualität der Kommunikation und das Vertrauen zueinander spielen hierbei eine zentrale Rolle. Ebenso braucht es eine Form von klarer Führung.

Ein Unternehmen ist ungleich größer, intransparenter und komplexer als das System im Experiment. Wenn es uns also bereits schwerfällt, das Ergebnis eines einfachen Verhaltensexperiments vorherzusagen, wie sollen wir die Resultate des Verhaltens von komplexen Unternehmen prognostizieren? Die Antwort darauf ist klar: Wir können es (meist) nicht. Wir können nur genau beobachten, was passiert, und möglichst zeitnah gegensteuern, wenn das gewünschte Ergebnis nicht eintritt. Zahlreiche Wissenschaftsdisziplinen beschäftigen sich damit, komplexe Systeme und die Interaktion eben dieser Agenten und Organe beschreibbar und vorhersagbar zu machen. Dazu gehören die Ansätze der Systemtheorie aus der Soziologie, die Spieltheorie aus der Ökonomie und die Thermodynamik sowie die Regelungstechnik aus den Ingenieurwissenschaften. So unterschiedlich sie alle auch sind, eines haben sie gemeinsam: eine komplizierte und abstrakte Sprache, die den Leser schnell das Weite suchen lässt. Die Soziologie nimmt dabei eine gewisse Vorreiterrolle ein.

Beispiel: Die Sprache der Soziologie !

Aus Niklas Luhmann »Zur Nicht-Kommunizierbarkeit von Aufrichtigkeit«: »Denn wenn man nicht sagen kann, dass man nicht meint, was man sagt, weil man dann nicht wissen kann, dass andere nicht wissen können, was gemeint ist, wenn man sagt, dass man nicht meint, was man sagt, kann man auch nicht sagen, dass man meint, was man sagt, weil dies dann entweder eine überflüssige und verdächtige Verdopplung ist oder die Negation einer ohnehin inkommunikablen Negation.«
Alles klar? Sinngemäß und ein wenig einfacher ausgedrückt bedeutet der Satz, dass man mit Sprache allein kein Vertrauen erzeugen kann, sondern nur, wenn Handeln und Sprache im Einklang miteinander sind.

Doch keine Sorge, solche Formulierungen werden Sie hier nicht finden. Für unsere Zwecke reicht zum Verständnis von komplexen Systemen ein deutlich pragmatischerer, leichter zu fassender Ansatz aus.

Stellen wir uns dazu zunächst die Frage, was eigentlich ein Unternehmen ausmacht. Sind es die Menschen? Ja, einerseits schon. Andererseits könnten Sie binnen eines Jahres die gesamte Belegschaft eines Unternehmens austauschen und letzteres wäre immer noch da. Es wäre sicher irgendwie anders, aber es wäre existent. So ein umfassender Wechsel ist in Ländern wie Brasilien, Indien oder China übrigens aufgrund der hohen Fluktuation ganz normal. Sind es die Maschinen und Gebäude? Auch diese ließen sich austauschen, ohne dass das Unternehmen notwendigerweise von der Bildfläche verschwinden würde. So etwas passiert beispielsweise, wenn Unternehmen von Naturkatastrophen betroffen sind. Wie sieht es mit den Produkten und Dienstleistungen aus? Angenommen, sie alle würde sich ändern – das Unternehmen hätte dann zwar ein anderes Gesicht, es würde aber immer noch existieren. Gleiches gilt zweifelsohne auch für den Namen und das Markenzeichen einer Firma. So geschehen beim deutschen Industriekonzern Mannesmann, der sich in den 1990er-Jahren vom Hersteller von Stahlröhren zu einem Mobilfunkunternehmen wandelte, bevor er schließlich von der britischen Vodafone aufgekauft wurde. Der Unternehmenskern von Mannesmann besteht noch immer, nur eben in anderer Form. Ein Unternehmen ist also augenscheinlich mehr als nur die Personen und Dinge, die man sehen kann. Es sind auch seine Geschichten, seine Reputation, seine Kultur und sein Menschenbild.

Lassen Sie mich das an einem Beispiel verdeutlichen. Angenommen, zwei Ingenieure, die für das gleiche Unternehmen, sagen wir BMW, arbeiten, treffen sich zum ersten Mal. Allein die Tatsache, dass sie den gleichen Arbeitgeber, also eine Gemeinsamkeit haben, sorgt dafür, dass sie bereit sind, einander zu vertrauen und zu kooperieren, und das, obwohl sie sich nicht kennen. Stellen wir uns nun vor, dass einer von beiden für Audi arbeitet, dem schärfsten Konkurrenten von BMW. Zweifelsohne würden wir ein völlig anderes Verhalten beobachten, das eher auf Misstrauen und Abgrenzung basiert. Der Glaube an eine gemeinsame Identität und an eine gemeinsame Vorgeschichte hat also ebenso mit einem Unternehmen zu tun wie die Produkte, die es herstellt.

Ein Unternehmen findet zudem auf verschiedenen Ebenen statt, die miteinander in Wechselwirkung stehen. Der Mensch ist als einzelner Mitarbeiter gewissermaßen die kleinste Einheit davon. Er kommuniziert mit anderen Menschen in seinem Umfeld. Die nächste Ebene ist das Arbeitsumfeld, also beispielsweise das Team oder der Bereich, in dem ein Mitarbeiter agiert. Dieses ist Teil eines größeren Umfelds. Letzteres agiert wiederum in einer noch größeren Einheit, der Organisation an sich, die mit dem Organisationskontext mit seinen zahlreichen Stakeholdern in Wechselwirkung steht. Daraus ergeben sich die drei Kontaktflächen »Individuum – Umfeld«, »Umfeld – Organisation« und »Organisation – Kontext«, an denen die wesentlichen Wechselwirkungen im Kontext organisationaler Systeme auftreten.

Sie mögen einwenden, dass sich damit sehr große Organisationen aufgrund ihrer komplexen Struktur und ihrer Verflechtungen nicht vollständig beschreiben lassen. Sie haben natürlich recht. Es handelt sich hier um eine Vereinfachung. Deren Hintergrund ist, dass Menschen selbst in einem großen Konzern nur zu einer relativ kleinen Anzahl von Personen intensive Beziehungen aufbauen und pflegen können. Der israelische Historiker Yuval Noah Harari beschreibt in seinem äußerst lesenswerten Buch »Eine kurze Geschichte der Menschheit«, dass sowohl unsere evolutionären Vorfahren als auch wir moderne Menschen mit maximal 150 Personen in engem Austausch stehen können, ohne auf Hierarchien oder Rangabzeichen zurückgreifen zu müssen. Wenn eine natürliche Gruppe, wie z. B. der Stamm Yanomami im Grenzgebiet von Brasilien und Venezuela, über dieses Maß hinaus anwächst, dann zerfällt sie so lange in Kleingruppen, bis sich wieder das natürliche Gleichgewicht an Beziehungen eingestellt hat. Aus diesem Grunde ist die Unterteilung in Individuum, Umfeld und Organisation eine vertretbare Vereinfachung. Die Organisation an sich steht wiederum mit der Außenwelt mit ihren zahlreichen Stakeholdern in Wechselwirkung. Waren, Dienstleistungen, Produkte, Geldmittel, Patente, Anlagen und Gebäude gehören ebenfalls zu einem Unternehmen und sind unter dem Begriff Ressourcen zusammengefasst. Diese Logik ist in der Grafik 004 dargestellt.

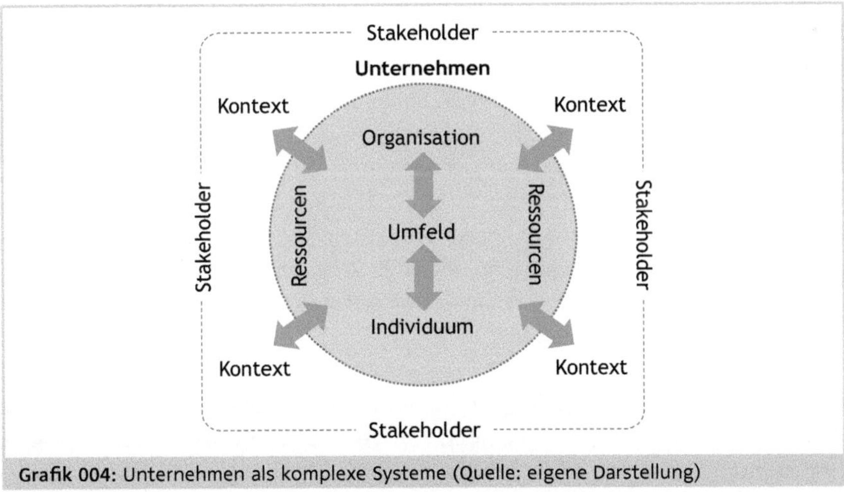

Grafik 004: Unternehmen als komplexe Systeme (Quelle: eigene Darstellung)

Auch wenn aufgrund der hohen Komplexität die Zusammenhänge zwischen Ursache und Wirkung mitunter unklar und nicht vorhersehbar sind, können Unternehmen sehr wohl Ziele verfolgen und sich zu diesem Zweck selbst organisieren. Sie können eine Unternehmensführung ausprägen und stabile Aufbau- und Ablauforganisationen entwickeln. Sie sind in der Lage, dabei

Informationen zu verarbeiten und dadurch zu lernen. Durch die unternehmensinterne Zusammenarbeit entsteht mit der Zeit eine Art und Weise, wie man miteinander umgeht. Diese wird als Kultur bezeichnet. Soweit zum Grundsätzlichen. Darüber hinaus sind Unternehmen als offene Systeme aber auch ein Teil der Gesellschaft, in der sie agieren. Sie werden von der Gesellschaft geprägt, z. B. durch die Werte der Menschen, und sie prägen die Gesellschaft, z. B. durch technische Innovationen wie Elektroautos oder Smartphones. Unternehmen sind von gesellschaftlichen Problemen betroffen, z. B. von einem steigenden Durchschnittsalter in den Industrieländern, und sie verursachen gesellschaftliche Probleme, beispielsweise durch den Ausstoß von Kohlendioxid. Unternehmen sind von gesetzlichen Rahmenbedingungen wie dem Urheberrechtsschutz oder Umweltauflagen tangiert und sie beeinflussen Gesetzesinitiativen durch ihre Beratung und Lobbyarbeit. Unternehmen lassen sich daher nicht losgelöst von der Gesellschaft betrachten.

1.3 Was den Menschen widerstandsfähig macht

Resilienz ist eher ein Prozess als ein Endergebnis.
(Emmy Werner, US-amerikanische Psychologin, 1929 bis 2017)

Die Beschäftigung mit dem Phänomen Resilienz ist keine ganz neue Entwicklung, wie wir bereits im Kapitel »Was hat es mit Resilienz auf sich?« gesehen haben. Es kann als das Verdienst von Emmy Werner angesehen werden, dass es sich auch in der Psychologie etablierte. Bereits 1955 begann die US-amerikanische Entwicklungspsychologin mit einer Langzeitstudie, in der sie den gesamten Geburtenjahrgang der Insel Kauai zum Studienobjekt machte. Sie verfolgte die Entwicklung der knapp 700 Kinder über einen Zeitraum von insgesamt 30 Jahren und gewann so wichtige Erkenntnisse zu Schutzfaktoren, die einen Teil dieser Kinder auch aus schwierigsten Elternhäusern gesund und erfolgreich hervorgehen ließen.

Als Werner ihre Forschungstätigkeit an der University of California in der Nähe von Sacramento antrat, galt die noch von den frühen Behavioristen geprägte Lehrmeinung, dass vor allem eine unzureichende mütterliche frühkindliche Obhut und mangelnde emotionale Ansprache (der Vater spielte in dieser Entwicklungstheorie keine sonderliche Rolle) automatisch zu einer späteren Fehlentwicklung des Kindes in Richtung psychischer oder sozialer Probleme führen würden. Dies wurde auch immer wieder wissenschaftlich untermauert, indem in zahlreichen Studien nachgewiesen wurde, dass seelisch kranke, kriminelle oder auf andere Art auffällig gewordene Jugendliche in einem sehr großen Anteil der Fälle aus einem problematischen Elternhaus stammten. Allerdings verbarg sich hinter diesem Forschungsansatz ein logischer Fehler. Man schloss quasi aus der Tatsache, dass alle Postautos gelb sind, unzulässigerweise, dass alle gelben Autos auch Postautos sind. Es lagen aber in der Tat bis dato keine Erkenntnisse darüber vor, ob Kinder aus problematischen Elternhäusern sich tatsächlich in jedem Falle auch problematisch entwickeln. Werner wollte diese methodische Schwäche umgehen, indem sie eine gesamte Population an Kindern, d.h. einen vollständigen und repräsentativen Querschnitt der Bevölkerung, über einen langen Zeitraum beobachtete und in einer Längsschnittstudie den tatsächlichen Zusammenhang zwischen Elternhaus und Entwicklung der Kinder untersuchte. In einer Ära ohne Internet, E-Mail oder soziale Medien war dies ein erhebliches logistisches und damit auch kostentechnisches Problem. Wie sollte man so viele Menschen über einen so langen Zeitraum verfolgen können, wenn sie sich in alle Winde verstreuten? Es brauchte eine Art von Begrenzung, damit dieses Problem im Studiendesign zu bewältigen war. Die Lösung fand sich dann etwa 4.000 Kilometer weiter westlich auf der Hawaii-Insel Kauai. Als Werner und ihr Team 1955 mit der Erhebung begannen, war Hawaii noch nicht der 50. Bundesstaat der USA, und es gab dort noch keinen Massentourismus. Die Menschen lebten entweder von Landwirtschaft, Fischerei, oder waren bei den US-amerikanischen Streitkräften, die dort bereits ihre Pazifikflotte stationiert hatten. Die Verhältnisse auf der landschaftlich malerischen Insel Kauai waren zum Teil geprägt von Arbeitslosigkeit, Armut, Kriminalität und Drogenmissbrauch. Werner und ihr interdisziplinäres Team aus Psychologen, Kinderärzten, Krankenschwestern und Sozialarbeitern erfassten insgesamt 698 Kinder, die 1955 geboren wurden, und erhoben ihre Daten im Alter von 1, 2, 10, 18, 32 und 40 Jahren. 210 von ihnen, das entspricht 30%, wuchsen dabei unter schwierigen Bedingungen auf. Arbeitslosigkeit, Armut, Vernachlässigung, Scheidung, Misshandlungen prägten ihre Kindheit. Erwartungsgemäß bestätigte sich zunächst die Annahme, dass ein Großteil dieser Kinder aus problematischen Elternhäusern, etwa zwei Drittel, zwischen dem 10. und 18. Lebensjahr durch Lern- und Verhaltensprobleme auffiel, mit dem Gesetz in Konflikt geriet oder unter psychischen Problemen litt. Sehr erstaunlich war hingegen, dass sich ein Drittel der Kinder normal entwickelte. Sie absolvierten ihre Schulausbildung mit Erfolg, machten eine Ausbildung, fanden Arbeit, gingen eine Beziehung ein und gründeten schließlich eine Familie. Sie waren in das soziale Leben eingebunden, wurden nicht straffällig und entwickelten keine psychischen Störungen. Die bis dahin geltende Annahme, dass sich ein Kind aus problematischem Elternhaus zwangsläufig negativ entwickelt, wurde 1992 durch die Publikation der Arbeit von Werner in dem Buch »Overcoming the Odds: High Risk Children from Birth to Adulthood« nachhaltig widerlegt, was einer kleinen Sensation gleichkam. Noch spannender war natürlich die Frage, was denn diese »resilienten Kinder« gemeinsam hatten.

Wie Werner feststellte, verfügten sie über sogenannte Schutzfaktoren, die die negativen Auswirkungen widriger Umstände abmilderten.

- Schutzfaktor »Vertrauensvolle Beziehungen«: Da die Eltern häufig nicht als Rollenvorbild oder Bezugsperson taugten, suchten sich diese Kinder meist andere Vertrauenspersonen, zu denen sie eine emotionale Beziehung aufbauen konnten. Das konnten Geschwister oder Großeltern sein oder auch Nachbarn, Lehrer oder Pfarrer. Wichtig bei dieser Beziehung war vor allem die Erfahrung, dass jemand an das Kind glaubte und ihm die Bestätigung gab, etwas wert zu sein.
- Schutzfaktor »Rollenvorbilder«: Auch fungierten die meist gleichgeschlechtlichen Bezugspersonen unbewusst als Rollenvorbilder, von denen das Kind lernen konnte, Herausforderungen offensiv zu begegnen und Probleme konstruktiv zu bewältigen. In dieser Beziehung konnte es zudem seine Gefühle zum Ausdruck bringen, was wichtig für die emotionale Stabilität ist, und durch Befolgung konkreter Ratschläge schwierige Situationen vermindern.
- Schutzfaktor »Übernahme von Verantwortung«: Die Kinder, die sich trotz widriger Umstände normal entwickelten, hatten weiterhin gemeinsam, dass sie früh Verantwortung übernahmen, z. B. für die Betreuung jüngerer Geschwister oder für ein Amt in der Schule. Durch diese Verantwortung lernten sie früh, sich weniger auf sich selbst und die eigenen Probleme zu fokussieren. Auch erlebten sie das Engagement für andere häufig als eine Quelle von Sinn und positiver Bestätigung.
- Schutzfaktor »Realistische Erwartungen«: Die Kinder zeichneten sich auch dadurch aus, dass sie ihre Lage realistisch einschätzten und sich anspruchsvolle, aber realistische Ziele setzten, die sie letztendlich meist auch erreichten.
- Schutzfaktor »Selbstbewusstsein«: Durch die Erfahrung, dass sie durch ihren Einsatz und ihr Engagement selbst etwas bewirken konnten und dass sie für bestimmtes Verhalten Anerkennung von Gleichaltrigen erhielten, entwickelten diese Kinder zumeist ein gesundes und realistisches Selbstbewusstsein und das Gefühl von Selbstwirksamkeit.
- Schutzfaktor »Soziale Persönlichkeit«: Auch individuelle Eigenschaften der Persönlichkeit spielten eine Rolle. So verfügten die resilienten Kinder meist über ein eher ausgeglichenes und ruhiges Temperament. Zudem hatten sie die Fähigkeit, offen auf andere zuzugehen und sich damit Quellen der Unterstützung selbst zu erschließen.

Eine weitere Erkenntnis aus den von Emmy Werner und ihrem Team erhobenen Daten war, dass individuelle Resilienz nicht nur in der Kindheit wirkt. Ein großer Teil der Heranwachsenden, die sich zunächst problematisch entwickelt hatten und durch Kriminalität oder Drogensucht aufgefallen waren, führte im

Alter zwischen 32 und 40 Jahren ein normales, erfolgreiches Leben. Es waren dabei überdurchschnittlich häufig Frauen, denen es gelang, sich durch Weiterbildung, stabile Beziehungen oder religiöses Engagement von ihrem negativen Umfeld zu distanzieren.

Die Arbeit von Emmy Werner und ihrem Team verschob grundlegend den Fokus der Entwicklungspsychologie weg von der Fragestellung »Was lässt Menschen im Leben scheitern?«, hin zu der Blickrichtung »Was lässt Menschen im Leben erfolgreich sein?«. Die Erkenntnisse von Werner wurden bis heute in zahlreichen Studien weltweit bestätigt. Eine dieser Untersuchungen ist die »Bielefelder Invulnerabilitätsstudie« von 1989, in der ein Team um den deutschen Psychologen und Kriminologen Friedrich Lösel 144 Heimkinder im Alter von 14 bis 17 Jahren in einer Querschnittsstudie erfasste und gemeinsam mit den dortigen Erzieherinnen untersuchte. In dieser Gruppe von Jugendlichen aus insgesamt 27 Heimen entwickelten sich 54% problematisch, während 46% eine positive Entwicklung nahmen. Die herausgearbeiteten Schutzfaktoren dieser Kinder bestätigen dabei die zuvor dargestellten Erkenntnisse Werners. Damit kamen sowohl Werner als auch Lösel und einige andere unabhängig voneinander zu sehr ähnlichen Erkenntnissen, was die verschiedenen Faktoren von individueller Resilienz angeht.

1.4 Die Resilienz natürlicher Systeme

Es ist nicht die stärkste Spezies, die überlebt, auch nicht die intelligenteste, sondern diejenige, die am besten auf Veränderungen reagiert.
(Charles Robert Darwin, englischer Naturforscher, 1809 bis 1882)

Wir Menschen haben natürliche Systeme selbstverständlich nicht erfunden, das war die Natur selbst. Wir haben lediglich Begrifflichkeiten entwickelt, um sie zu beschreiben und haben aufgrund intensiver Beobachtung in verschiedenen Wissensdisziplinen einige Gesetzmäßigkeiten ableiten können, welche die Resilienz verschiedenster Arten von Systemen beeinflussen. Da alle Systeme zumindest theoretisch den gleichen Gesetzesmäßigkeiten der Systemtheorie unterliegen, sollte es möglich sein, Resilienzfaktoren aus der einen Wissensdisziplin auch auf andere anzuwenden. Systeme in der Natur unterscheiden sich dabei dergestalt von Systemen, die vom Menschen erschaffen wurden, dass sie keinem bewussten Willen, Ziel oder Sinn unterliegen, wenn man mal vom Überlebensinstinkt absieht. So möchte eine Sumpflandschaft nicht zum Marktführer unter den Biotopen werden und ein Mischwald seine Konkurrenten nicht in Artenvielfalt übertreffen. Dies ist natürlich zu berücksichtigen, bevor man den Versuch startet, Resilienzprinzipien allgemeingültig anzuwenden. Schauen wir uns diese Einflussfaktoren im Folgenden etwas genauer an.

1.4.1 Ökologie: Was macht Ökosysteme widerstandsfähig?

Haben Sie sich schon einmal Gedanken darüber gemacht, was einen See, einen Wald oder den Bestand einer bestimmten Spezies widerstandsfähig macht? Hier gibt es einige interessante Erkenntnisse zu gewinnen, die für das Verständnis der Resilienz von Systemen sehr aufschlussreich sind. Biologen beschreiben die Resilienz eines Ökosystems als seine Kapazität, trotz der Einwirkung von Störungen seine grundlegende Organisationsweise aufrechtzuerhalten und nicht in einen anderen Systemzustand überzugehen. Diese Widerstandsfähigkeit von Artengemeinschaften hat dabei mit verschiedenen Resilienzprinzipien zu tun, die in ähnlicher Weise auch auf andere Systeme zutreffen.

1.4.1.1 Schutzfaktor »Vernetzung, Interdependenz & Koevolution«

Die Analyse von Ökosystemen aus der Systemperspektive ist in der Biologie vergleichsweise neu. Traditionell betrachteten Biologen das Vorkommen einzelner Pflanzen- und Tierarten, sogenannter Populationen, isoliert, quasi als eine örtlich begrenzte lockere Ansammlung bestimmter Spezies, die sich aufgrund historischer Entwicklungen zufällig den gleichen Lebensraum teilen. Die moderne Forschung kommt allerdings immer mehr zu der Erkenntnis, dass die meisten Spezies sich nicht unabhängig voneinander und zufällig entwickeln, sondern vielmehr in Abhängigkeit von- und in Wechselwirkung miteinander. Dies wird auch als Interdependenz bezeichnet. Dies gilt zum einen für die Entwicklung der verschiedenen Spezies in einem bestimmten Ökosystem, andererseits aber auch für die Evolution der Arten an sich, die sich sehr wahrscheinlich ebenfalls nicht in Isolation weiterentwickelt haben. Der Fachbegriff hierfür lautet Koevolution. Gemeint ist die gemeinsame Entwicklung mehrerer Spezies, die nicht kreuzbar sind und dennoch in enger ökologischer Wechselwirkung miteinander stehen. Interdependenz und Koevolution sind wichtig, damit sich ein Ökosystem an das es umgebende Territorium anpassen kann, was eine wichtige Voraussetzung für die Resilienz dieses Systems ist. Innerhalb eines Ökosystems stehen die unterschiedlichen Arten auf verschiedene Weise in Wechselwirkung miteinander.

Beispiel

!

Die eine Spezies dient der anderen als Nahrung, wie beispielsweise die Maus dem Mäusebussard. Andere Arten fungieren als Wohnraum, wie die Fichte dem Buntspecht, der sich jedes Jahr eine neue Bruthöhle baut. Die alten Höhlen bieten wiederum Arten wie dem Star, der Hummel oder dem Siebenschläfer ein Nest.

Ein anderer Aspekt von Vernetztheit und Koevolution ist die Symbiose (griech. »gemeinsam leben«). Bei dieser Form von Interdependenz und Koevolution kooperieren mehrere unterschiedliche Arten systematisch miteinander und erhöhen so die Wahrscheinlichkeit zu überleben. Je nach Grad der Intensität werden Symbiosen in drei Gruppen eingeteilt:

- **Allianz:** Beide Arten ziehen hier einen Vorteil aus gelegentlicher Kooperation. Sie sind allerdings nicht aufeinander angewiesen. Dies gilt beispielsweise für den Wasserbüffel und den Madenhacker, einen Vogel, der sich unter anderem von Hautparasiten von Großtieren ernährt. Das Wildtier verliert dank des Vogels seine schädigenden Parasiten und der Madenhacker erhält im Austausch dazu Nahrung.
- **Mutualismus:** Hier geht es um eine regelmäßige Kooperation, die jedoch nicht überlebensnotwendig für die jeweiligen Arten ist. So »melken« beispielsweise verschiedene Ameisenarten Blattläuse und gewinnen damit Honigtau als Nahrung. Im Gegenzug bewachen die Ameisen die Blattläuse vor Fressfeinden.
- **Eusymbiose:** Die einzelnen Arten sind hier ohne ihren Symbiosepartner nicht lebensfähig. Dies gilt beispielsweise für Flechten, die aus der Kooperation einer Algen- mit einer Pilzart entstehen. Algen brauchen Wasser, um zu überleben. Dieses wird vom Pilz geliefert. Im Austausch betreibt die Alge Photosynthese und stellt dem Pilz damit Nährstoffe zur Verfügung.

Interdependenz und Koevolution sind wichtige Prinzipien, um die Anpassungsfähigkeit und damit die Resilienz von Ökosystemen zu erklären. Die Vorstellung, dass einzelne Spezies systematisch miteinander kooperieren und sich im Laufe der Evolution immer mehr aufeinander abgestimmt haben, ist faszinierend, insbesondere, wenn man bedenkt, dass diese Arten als nicht sonderlich intelligenzbegabt gelten. Mit menschlicher und damit bewusster Kooperation hat das jedoch nichts zu tun. Man darf nicht vergessen, dass sie nicht willentlich erfolgt, sondern das Ergebnis eines Ausleseprozesses ist, in denen die Exemplare einer Spezies, die sich nicht anpassen können, früher sterben und daher weniger Gelegenheiten dazu haben, ihre Erbinformationen weiterzugeben.

1.4.1.2 Schutzfaktor »Heterogenität, Dezentralität & Mobilität«

Für ein Ökosystem ist ein vollständiges Systemversagen, beispielsweise infolge eines Waldbrands, einer Überschwemmung oder dem großflächigen Einwirken schädlicher Substanzen, die mit Abstand größte Bedrohung für den Fortbestand aller darin lebenden Arten. Dieser Risikofaktor wird unter anderem durch die Beschaffenheit des Territoriums, d.h. durch die Heterogenität von Bodenbeschaffenheit, Vegetation, Mikroklima und Topographie, beeinflusst. So ist ein Waldgebiet ohne natürliche Barrieren wie Flüssen oder Geländeversprüngen bzw. künstlichen Hindernissen, wie Brandschneisen oder Straßen, viel stärker von den Folgen eines Waldbrands betroffen als ein Wald mit solchen Geländemerkmalen. Des Weiteren bietet ein verschiedenartiger, also heterogener Lebensraum, mehr sogenannte ökologische Nischen, was die Grundlage für eine hohe Artenvielfalt ist.

Ein weiterer Faktor, der in der Lage ist, die Auswirkungen einer Naturkatastrophe auf ein Ökosystem abzufedern, ist die Mobilität der darin lebenden pflanzlichen und tierischen Arten, also ihre Verbreitungsmechanismen. Je höher die Mobilität, desto eher wird ein Territorium nach einer Naturkatastrophe wieder besiedelt und damit vor Erosion und Versteppung bewahrt.

1.4.1.3 Schutzfaktor »Diversität«

Der amerikanische Ökologe Robert MacArthur stellte durch seine Forschungen in den 1960er-Jahren fest, dass die Resilienz von Ökosystemen mit der Zunahme von verschiedenen Arten innerhalb eines Systems zunimmt. Je vielfältiger und komplexer dabei die Artengemeinschaften sind, desto weniger anfällig sind sie für schädliche Auswirkungen von außen, wie beispielsweise Schädlingsbefall, Rückgang der Nährstoffe oder saurer Regen. Der Effekt der Biodiversität wird dabei noch verstärkt, wenn die vorhandenen Arten sehr unterschiedlich auf einen bestimmten Störfaktor reagieren. Umgekehrt gilt, dass eine geringere Artenvielfalt und eine stärkere Ähnlichkeit der vorhandenen Arten in Bezug auf ihre Toleranz gegenüber Störeinflüssen sich negativ auf die Resilienz von Ökosystemen auswirken.

! **Beispiel: Monokulturen und Resilienz**

In den 1980er-Jahren war das Thema Waldsterben in Europa in aller Munde. Die Ursache dafür wurde größtenteils im sauren Regen gesehen, der unter anderem durch hohe Schwefelkonzentrationen in Industrieabgasen entstand. Besonders betroffen waren davon die damals sehr verbreiteten Fichtenmonokulturen, was großen wirtschaftlichen Schaden für die Forstwirtschaft mit sich brachte. Nachdem in den folgenden Jahren durch gesetzliche Verordnungen flächendeckend Schwefelfilter nachgerüstet und gleichzeitig die Monokulturen durch Mischwälder ersetzt wurden, konnte das Waldsterben vollständig gestoppt werden. In der gleichen Zeit wurden die Bestände der amerikanischen Kastanie in großen Teilen der USA durch die sogenannte Kastanienfäule sehr stark dezimiert. Die Kastanienwälder, in denen praktisch keine anderen Baumarten vorkamen, waren dabei am stärksten betroffen. Waldgebiete, in denen sich beispielsweise auch Eichen und Hickory, eine Walnussart, fanden, blieben dagegen weitgehend vom schädlichen Pilzbefall verschont.

Das Konzept der Biodiversität führte zu völlig neuen Ansätzen beim Artenschutz. Man versucht heute nicht länger eine einzelne gefährdete Art zu schützen, sondern bemüht sich, den Schutz auf das gesamte Ökosystem auszuweiten, von dem diese Art ein Bestandteil ist. Damit schützt man auch gleichzeitig weitere Arten, die aktuell noch nicht so stark bedroht sind.

1.4.1.4 Schutzfaktor »Redundanz«

Ein weiteres Phänomen der Resilienz in Ökosystemen ist das Prinzip der Redundanz. Damit ist die mehrfache Absicherung einzelner Dienste in einer Artengemeinschaft gemeint. Ein solcher Dienst beschreibt dabei die Funktion, die eine bestimmte Art in einem Ökosystem übernimmt. Dazu gehört beispielsweise die Produktion von Biomasse durch Photosynthese unter Zuhilfenahme von Kohlendioxid, zahlreicher Mineralien und Wasser. Ein anderer Dienst besteht im Verzehr von Biomasse beispielsweise durch Pflanzenfresser wie Rehe oder indirekt auch durch Fleischfresser wie Füchse. Andere Dienste beschäftigen sich mit dem Zerkleinern und Verstoffwechseln organischer Substanz, beispielsweise durch Regenwürmer. Und wieder andere haben damit zu tun, die zerkleinerte Biomasse in ihre anorganischen Ausgangsstoffe (wie beispielsweise Magnesium, Calcium oder Phosphor) zu zerlegen, damit diese erneut zur Produktion von Biomasse verwendet werden können. Dieser letzte Dienst wird durch Pilze und Bakterien geleistet. Je mehr verschiedene Arten jeden der Dienste dieses komplexen Kreislaufs abdecken, desto resilienter ist ein Ökosystem, denn dadurch werden sogenannte Single Points of Failure vermieden. Durch die redundante Auslegung wird das Gesamtsystem nicht in Mitleidenschaft gezogen, wenn eine Spezies ausfällt.

1.4.1.5 Schutzfaktor »Kompensation«

Ein weiteres Charakteristikum von Ökosystemen, das sich positiv auf deren Resilienz auswirkt, wird auch als Pufferkapazität oder Kompensation bezeichnet. Wird ein Ökosystem beispielsweise durch die Einwirkung von Säuren belastet, so fällt auf, dass dies nicht unweigerlich zu einem Absinken des pH-Werts und damit zu einer Versauerung des Gewässers oder des Bodens führt. Vielmehr bleiben die Werte trotz einer erheblichen schädlichen Einwirkung über eine lange Zeit annähernd konstant, was die Funktionsweise des Ökosystems weiter aufrechterhält. Dies hat mit einer chemischen Besonderheit von wässrigen Lösungen zu tun. Sie verfügen über eine sogenannte Pufferkapazität. Erst wenn die Belastung des Systems dessen Pufferkapazität übersteigt, ändert sich der pH-Wert und es stellt sich ein neues Gleichgewicht ein. Dies ist beispielsweise der Fall, wenn ein See infolge zu hoher Belastung mit Düngemitteln plötzlich »umkippt«. In diesem Fall nimmt die Konzentration von Phosphat im Wasser zu, wodurch das Algenwachstum rapide ansteigt. Das führt wiederum dazu, dass der Sauerstoffgehalt des Wassers zurückgeht, was sich durch ein plötzliches Fischsterben bemerkbar macht.

1.4.2 Zoologie: Was macht Tierpopulationen resilient?

Soweit zur Widerstandsfähigkeit von Ökosystemen. Doch welche Faktoren sichern eigentlich den Fortbestand einer bestimmten Art, wenn die Umgebung sich verändert? Aus der Zoologie wissen wir, dass für einzelne Tierpopulationen der Verlust ihres Lebensraums, beispielsweise durch Landwirtschaft sowie Städte- und Straßenbau und auch die übermäßige Ausbeutung durch den Menschen, etwa durch Überfischung, der größte Risikofaktor ist. Weitere Risikofaktoren liegen in der wachsenden Umweltverschmutzung und den Auswirkungen des Klimawandels. Doch welche Wirkmechanismen sorgen dafür, dass manche Arten aussterben, während andere fortbestehen?

1.4.2.1 Schutzfaktor »Anpassungsfähigkeit«

Ein wesentlicher Faktor, der die Resilienz von Tierpopulationen beeinflusst, ist ihre Anpassungsfähigkeit an sich verändernde Umweltbedingungen. Dies lässt sich besonders bei Arten beobachten, die in einen neuen Lebensraum einwandern oder eingeschleppt werden. Ob sich die Neuankömmlinge, auch Neobiota genannt, im neuen Territorium etablieren können, hängt maßgeblich davon ab, ob sie eine ökologische Nische besetzen können. Bisher gingen Forscher davon aus, dass die Reproduktionsrate der entscheidende Faktor sei, der bestimmt, ob sich eine neue Art in einer bereits besetzten Nische durchsetzen kann. So nahm man an, dass sich die Art mit der höchsten Reproduktionsrate durchsetzt. Spanische Forscher konnten allerdings mittlerweile anhand von 2.700 eingewanderten Vogelarten nachweisen, dass dies nicht stimmt. Mit ihrer Studie, die im Fachmagazin »Science« veröffentlicht wurde, konnten sie vielmehr zeigen, dass sich diejenigen Arten behaupten, die den Zeitpunkt der Paarung und der Eiablage am besten an die lokal vorherrschenden Umweltbedingungen anpassen können. Bei Fischpopulationen sind ähnliche Phänomene zu beobachten. Bei besonders widerstandsfähigen Arten fällt auf, dass die Reproduktionsrate sich an das zur Verfügung stehende Nahrungsangebot anpasst. Ist viel Nahrung vorhanden oder wird der eigene Bestand durch Überfischung stark dezimiert, was ebenfalls zu einem Überangebot an Nahrung führt, steigt die Reproduktionsrate. Wird der Bestand dagegen so groß, dass die Nahrungsreserven zur Neige gehen, nimmt diese Rate deutlich ab, sodass die Population auch wieder schrumpfen kann.

Ein weiterer Aspekt von Anpassungsfähigkeit liegt darin begründet, wie festgelegt bestimmte Tiere in ihrer Nahrungswahl sind. So ist der als stark gefährdet geltende chinesische Panda vor allem deshalb vom Aussterben bedroht, weil er sich hauptsächlich von Bambus ernährt und die Bambuswälder durch Landwirtschaft und Bebauung zunehmend dezimiert werden. Wesentlich flexibler, was Lebensraum und Nahrung anbelangt, ist der nordamerikanische Waschbär, ein überwiegend nachtaktives Raubtier, das ursprünglich in gewässerreichen Laub- und Mischwäldern vorkam. Bei diesem Tier handelt es sich um einen sogenannten Kulturfolger, dem es gelungen ist, sich an das Leben in der Nähe menschlicher Siedlungen anzupassen, nachdem sein natürlicher Lebensraum immer mehr zurückgedrängt wurde. Diese Entwicklung wurde dabei erstmals in den 1920er-Jahren in einem Vorort von Cincinnati, Ohio, beobachtet. Heute gilt der Waschbär aufgrund seiner stark angewachsenen Population in vielen Staaten der USA als regelrechte Plage.

1.4.2.2 Schutzfaktor »Bricolage, Kommunikation & Lernen«

Zu den Besonderheiten von Tieren zählt außerdem ihre Fähigkeit zu lernen, und dies gilt keineswegs nur für Menschenaffen, unsere nächsten Verwandten. Der neuseeländische Biochemiker und Molekularbiologe Allan Wilson steuerte hierzu mit seiner Arbeit bedeutsame Erkenntnisse bei. Er konnte nachweisen, dass drei Faktoren gegeben sein müssen, damit Tiere lernen können, sich an ihre Umgebung anzupassen:

- **Faktor Nr. 1:** Zumindest einige Exemplare einer bestimmten Art müssen das Potenzial haben, durch Herumprobieren neue Fähigkeiten zu erwerben. Dies können beispielsweise Rabenvögel sein, die gelernt haben, mithilfe von Steinen Nüsse zu knacken. Der französische Anthropologie Claude Lévi-Strauss schlug hierfür den Begriff der Bricolage vor, was wörtlich übersetzt »zusammenfummeln« bedeutet.

- **Faktor Nr. 2:** Die Mitglieder einer Spezies müssen zum einen mobil sein und zudem auch Gruppen bilden, sodass die Möglichkeit zur Kommunikation entsteht.
- **Faktor Nr. 3:** Die Spezies muss die Fähigkeit zur Kommunikation haben, um das Erlernte vom Individuum auf die gesamte Gemeinschaft zu übertragen. Dies geschieht dabei nicht genetisch, sondern typischerweise durch Demonstration und Nachahmung.

!

Beispiel: Keine Sahne für Rotkehlchen

Im späten 19. Jahrhundert wurde in Großbritannien die Milch von Milchmännern gebracht. Die Milchflaschen waren offen und die Sahne, die sich oben absetzte, wurde ziemlich schnell vor allem für zwei Vogelarten zu einer Delikatesse, nämlich Meisen und Rotkehlchen. In den 1930er-Jahren begannen die Milchmänner schließlich, die Flaschen mit dünnen Aluminiumkappen abzudecken, sodass die Vögel nicht mehr an die Sahne kamen. 20 Jahre später hatte die gesamte Meisenpopulation Großbritanniens, etwa eine Million Tiere, gelernt, die Abdeckungen zu öffnen. Die Rotkehlchen hingegen hatten diese Fähigkeit nicht erworben. Woran lag das? Rotkehlchen probieren genauso viel aus wie Meisen und mobil sind sie auch. Der Grund lag vielmehr darin begründet, dass Rotkehlchen Einzelgänger in ihrem Territorium sind. Zwar findet zwischen einzelnen Exemplaren eine Menge an Kommunikation statt, doch diese dient vorrangig der Abgrenzung und Verteidigung des eigenen Reviers. Da die Rotkehlchen keine Gruppen bilden, konnte auch in 20 Jahren weder Austausch noch Lernen in ausreichendem Maße stattfinden.

1.4.3 Immunologie: Was stärkt unser Immunsystem?

Soweit zur Resilienz von Systemen, die wir in der Natur beobachten können. Doch wie verhält es sich eigentlich mit Systemen, die wir in uns tragen, wie beispielsweise dem Immunsystem? Stark vereinfacht sorgt es dafür, dass der Mensch nicht krank wird. Dies tut es, indem es Krankheitserreger, Mikroorganismen, körperfremde Substanzen, abgestorbene oder degenerierte körpereigene Zellen aufspürt und diese identifiziert, um dann eine geeignete Immunabwehr zu stimulieren, die die schädlichen Eindringlinge abtötet und entsorgt. Die Immunabwehr vollzieht sich dabei zum einen unspezifisch, d.h. breit gestreut, und zum anderen spezifisch für bestimmte Krankheitserreger wie Viren. Das Immunsystem lernt im Laufe des Lebens mit jeder Infektion dazu und besteht aus einem sehr komplexen Netzwerk aus verschiedenen Organen, Zelltypen und Botenstoffen. Doch welche Faktoren beeinträchtigen die Funktionsweise dieses komplexen Systems?

1.4.3.1 Schutzfaktor »Positive innere Haltung«

Ein wesentlicher Aspekt, der die Effektivität der menschlichen Immunabwehr beeinträchtigt, ist die Psyche. Die Forschungsrichtung der Psychoneuroimmunologie beschäftigt sich damit, wie Psyche, Nervensystem und die körpereigene Abwehr zusammenwirken. Wenn eine Person z.B. eine schwierige Situation als Belastung oder Überforderung empfindet, kommt es zu einer negativen Beeinträchtigung der Immunabwehr. Dies ist etwa bei Menschen der Fall, die einen nahestehenden Freund oder Verwandten verloren haben. Auch bei Angehörigen, die über Jahre Alzheimer-Patienten pflegen, lässt sich dieses Phänomen beobachten. Die Pflege bringt nicht nur eine hohe Anspannung mit sich, sondern stellt auch eine hohe psychische Belastung dar, da man tatenlos zusehen muss, wie der geliebte Mensch allmählich vergisst, wer man ist. Während lange anhaltender und als negativ empfundener Stress das Immunsystem schwächt, können kurze, eher als Herausforderung wahrgenommene Stress-Phasen das Immunsystem nachweislich stärken. Verschiedene Experimente mit Menschen, die zum ersten Mal mit einem Fallschirm aus 4.000 Meter Höhe sprangen, zeigen übereinstimmend, dass akuter Stress die Effektivität der unspezifischen Immunantwort des Körpers steigert.

1.4.3.2 Schutzfaktor »Wechsel Belastung – Entlastung«

Ein weiterer Faktor, der das Immunsystem aktiviert, ist eine regelmäßige und moderate körperliche Belastung. Sport kurbelt also das Immunsystem an. Insbesondere die Anzahl der natürlichen Killerzellen wird dadurch erhöht. Bei trainierten Menschen sind die sogenannten Killerzellen, ein Bestandteil der unspezifischen Immunantwort, aktiver als bei untrainierten Menschen. Evolutionsbiologisch macht dies Sinn, da unsere Vorfahren, die noch als Jäger und Sammler umherzogen, öfter gefährlichen Situationen ausgesetzt waren, die Kampf oder Flucht erforderten. Dies führte häufig zu kleineren Verletzungen und damit zum Kontakt mit Krankheitserregern. Eine erhöhte Einsatzbereitschaft des unspezifischen Immunsystems war für solche Situationen ein effektiver Schutz. Allerdings ist für die Effektivität des Immunsystems wichtig, dass auf eine Phase der Anspannung, also das Training oder eben die Jagd, eine Phase der Entspannung folgt. Ansonsten kommt es zu einer Abnahme der Wirksamkeit.

Auch Saunabesuche rüsten den Organismus gegen Viren und Bakterien. Der abhärtende Effekt setzt etwa nach einem Vierteljahr regelmäßigen Schwitzens ein, flaut allerdings auch genauso schnell wieder ab, wenn man damit aufhört. Das Vorteilhafte beim Saunieren ist die Wechselbelastung. Nach dem Hitzereiz sorgt der Kältereiz der anschließenden Dusche dafür, dass das Herz-Kreislauf-System trainiert wird. Das regt die Durchblutung an, wodurch mehr Zellen des Immunsystems zu den Schleimhäuten des Nasen- und Rachenraums gelangen, die dauerhaft Viren und Bakterien ausgesetzt sind.

1.5 Allgemeine Resilienzprinzipien

»Fluctuat nec mergitur« – Sie schwankt, aber geht nicht unter.
(Devise auf dem Wappen der Stadt Paris)

Soweit also zu einigen Resilienzprinzipien, die sich aus der Beobachtung von in der Natur vorkommenden System ableiten lassen. Wir haben uns außerdem damit auseinandergesetzt, wie künstliche Systeme mit Belastungen umgehen. Wenn wir diese Erkenntnisse hinsichtlich der Funktionsweise von Systemen zusammentragen, erhalten wir einen ersten Überblick über Resilienzprinzipien, die möglicherweise auch auf andere komplexe Systeme wie Unternehmen übertragbar sind.

Überblick: Allgemeine Resilienzprinzipien	
Antizipation	Die Kompetenz, Entwicklungen im Umfeld wahrzunehmen, verbessert die Fähigkeit, angemessen und frühzeitig darauf zu reagieren.
Kompensation	Die Fähigkeit, negative Einwirkungen von außen abzufedern, stellt die Selbststeuerung des Systems sicher.
Stabilität	Mithilfe von Robustheit gegen Erschütterungen von außen wird die innere Struktur aufrechterhalten.
Flexibilität	Durch das Mitschwingen der Struktur werden Schockwellen weniger zerstörerisch.
Vernetzung, Interdependenz & Koevolution	Fähigkeit, sich durch Vernetzung, Wechselwirkung und gemeinsame Entwicklung optimal an die Umgebung anzupassen.
Heterogenität, Dezentralität & Mobilität	Je unterschiedlicher die interne Struktur ist, desto mehr Möglichkeiten gibt es, völlig unterschiedliche Qualitäten zu kultivieren.
Diversität	Das Zusammenwirken von Systemteilnehmern mit unterschiedlichen Qualitäten und Verhaltensweisen erhöht die Widerstandsfähigkeit des Gesamtsystems.
Redundanz	Wenn verschiedene Dienste eines Systems jeweils durch mehrere Systemteilnehmer abgedeckt werden, steigt seine Kapazität für die Bewältigung von schädlichen Einwirkungen.

Überblick: Allgemeine Resilienzprinzipien	
Kompensation	Durch Puffermechanismen können Systeme schädliche Einwirkungen für eine bestimmte Zeit tolerieren, ohne ihre Funktionsweise einzubüßen.
Anpassungsfähigkeit	Die Fähigkeit, sich an wechselnde Umgebungsbedingungen anzupassen, erhöht die Resilienz eines Systems.
Bricolage, Kommunikation & Lernen	Zufälliges Lernen aus Erfahrungen ist für das Gesamtsystem nur dann hilfreich, wenn Informationen willentlich in der Gruppe geteilt werden.
Innere Haltung	Die Einstellung gegenüber äußeren Belastungen entscheidet, ob diese auf das Gesamtsystem eher negativ oder eher positiv wirken.
Wechsel Belastung – Entlastung	Die Widerstandsfähigkeit eines Systems kann durch einen Wechsel zwischen moderater Anspannung und Entspannung trainiert werden.

Das ist doch schon eine ganz beachtliche Ausbeute. Bevor wir uns nun aber näher mit der Funktionsweise organisationaler Resilienz und ihren Schutz- und Risikofaktoren befassen, möchte ich mit Ihnen zunächst einen Blick auf die Welt werfen, in der wir leben und in der auch alle Unternehmen agieren. Unternehmen sind keine Inseln, die außerhalb der Gesellschaft existieren. Vielmehr sind sie ein integraler Bestandteil davon. Da viele Organisationen global agieren und damit den Einflussbereich nationaler Regierungen überschreiten, kommt ihnen eine spezielle Rolle bei der Bewältigung der Aufgaben zu, vor denen die menschliche Gesellschaft aktuell steht. Sie können entweder ein Teil des Problems sein und die ihnen zur Verfügung stehenden Gestaltungsmöglichkeiten ausschließlich zur Optimierung ihres eigenen kurzfristigen Nutzens einsetzen, oder sie können Teil der Lösung sein und mit ihren Möglichkeiten die Zukunft der Menschheit als Spezies absichern und ihre Entwicklung weiter voranbringen. Wie diese Wahl ausfällt, hat entscheidend mit der Weltsicht zu tun, die das Management vorlebt und die so im gesamten Unternehmen vorherrschend wird. Es gibt Hinweise darauf, dass diese Weltsicht Auswirkungen auf die Resilienz einer Organisation hat. Darauf werde ich im Kapitel »Wie sich Unternehmen entwickeln« noch näher eingehen.

Zusammenfassung

Resilienz beschreibt die Fähigkeit eines Systems, mit negativen Einwirkungen von außen oder innen auf eine Art und Weise umgehen zu können, die den eigenen Fortbestand gewährleistet, und zwar auf Dauer. Unternehmen sind komplexe Systeme, die durch Emergenz bestimmt werden. Dies bedeutet, dass es aufgrund der Vielzahl der internen und externen Wechselwirkungen oftmals keinen klar erkennbaren Zusammenhang zwischen Steuerungsimpulsen als Inputgröße und resultierendem Systemverhalten als Outputgröße gibt. Gemäß der Systemtheorie funktioniert zwar jedes komplexe System anders und ist bis zu einem gewissen Grad unberechenbar, aber es gibt dennoch Gesetzmäßigkeiten, die sich in gewissen Grenzen von einem System auf ein anderes übertragen lassen. Und so lassen sich bei Individuen, Ökosystemen, Tierpopulationen und dem menschlichen Immunsystem Resilienzfaktoren identifizieren, die gleichermaßen auch für Organisationen gelten. Bei diesen handelt es sich um die sogenannten allgemeinen Resilienzprinzipien.

2 Die Welt, in der wir leben

No news are good news.
(James Howell, britischer Historiker und Schriftsteller, 1594 bis 1666)

Wir, also Sie und ich, aber auch alle Organisationen und Unternehmen, leben in wahrhaft interessanten Zeiten, die geprägt sind von großen und verwirrenden Widersprüchen. Zum ersten Mal in der Geschichte der Menschheit sind wir aufgrund unserer Fähigkeiten in der Lage, ein Paradies auf Erden zu schaffen, und zwar in allen Teilen der bewohnten Welt. Wir sind aufgrund unserer technischen, medizinischen und wirtschaftlichen Fähigkeiten prinzipiell in der Lage, die Geißeln der Menschheitsgeschichte wie Krieg, Diktatur, Armut und Seuchen endgültig auszurotten. Dies klingt überraschend, nicht wahr? Wie oft lesen wir in der Zeitung Dinge wie »Kein Krieg in Litauen«, »Wachsender Wohlstand in Nordafrika« oder »Porsche engagiert sich für den Umweltschutz?«. Die Antwort: Nie. Aus den Nachrichten sind wir andere, überwiegend negative Schlagzeilen gewöhnt. Das hat zwei wesentliche Gründe.

Der erste ist wirtschaftlicher Natur. Sie kennen sicher das Bonmot: »No news are good news«. Es geht auf den britischen Historiker James Howell zurück, der bereits 1640 schrieb: »Ich halte es mit der italienischen Einstellung ›Nulla nuova, buona nuova‹.« Übersetzt heißt das in etwa: »Keine Neuigkeiten, gute Neuigkeiten«. Noch heute funktioniert die Medienindustrie nach diesem Grundsatz, denn es geht schließlich darum, Auflage zu erzielen, oder, in der heutigen Zeit, Klicks im Internet.

Beispiel !

So erzielt das Nachrichtenjournal »Der Spiegel«, ein deutsches Magazin mit dem Anspruch auf kritischen, investigativen Journalismus und einem starken Fokus auf den gesellschaftlichen Missständen und Versäumnissen von Menschen in Politik und Wirtschaft im Quartal eine Auflage von rund 730.000 Exemplaren. Die Zeitschrift »Brand Eins«, ebenfalls aus Deutschland und auch ein Blatt, das für guten, investigativen Journalismus steht, konzentriert sich dagegen ganz bewusst auf die Dinge in Gesellschaft und Wirtschaft, die funktionieren. Dieses Magazin erreicht aber nur eine Auflage von 88.000, also nur rund ein Achtel des kritischen Pendants.

Aber warum lesen wir schlechte Nachrichten so gerne? Warum faszinieren uns Katastrophen und menschliches Leid so viel mehr als positive Entwicklungen wie Frieden und Wohlstand? Die Genforschung liefert hier eine durchaus überraschende Antwort. Menschen der westlichen Welt (und manche würden sagen: Deutsche im Speziellen) zeichnen sich kollektiv durch eine Neigung zur Negativität aus (engl. Negativity Bias). Dies kann zumindest teilweise mit einer bestimmten Gensequenz begründet werden, die mit diesem Hang ins Düstere in Verbindung gebracht wird. Und so überrascht es auch wenig, dass eben dieses Gen mit dem kryptischen Namen 5-HTTLPR überdurchschnittlich häufig bei Weißen kaukasischer Abstammung zu finden ist, also Europäern und all ihren internationalen Abkömmlingen. Böse Zungen behaupten, dass alle unsere Vorfahren ohne diese Disposition zum Negativen von Säbelzahntigern und ähnlichen Bedrohungen aus der Erbfolge entfernt wurden und deswegen ihre DNA nicht weitergeben konnten. Aber das ist reine Spekulation.

Wie ich auch noch auf den folgenden Seiten zeigen werde, gibt es also durchaus mehr positive Entwicklungen in der Welt, als wir aufgrund von gesellschaftlichen und psychologischen Filtern wahrnehmen. Andererseits bringen es aber genau diese Entwicklungen mit sich, dass wir als Spezies zur gleichen Zeit dabei sind, die Erde dauerhaft so zu verändern, dass sie für Menschen und andere Lebewesen immer weniger bewohnbar werden wird. Doch dazu komme ich noch.

2.1 Grund zur Hoffnung

Die starke Hoffnung ist ein viel größeres Stimulans des Lebens als irgendein einzelnes wirklich eintretendes Glück.
(Friedrich Wilhelm Nietzsche, deutscher Philosoph und Schriftsteller, 1844 bis 1900)

2.1.1 Das Fenster des Friedens

Die Geschichte der Menschheit ist eine Geschichte von Kriegen. Schauen wir uns diese These etwas genauer an. Eine Generation ist eine vage Maßeinheit, mit der man die Geschichte menschlicher Entwicklungen in Zeitspannen von grob 30 Jahren einteilen kann. Darauf basierend lässt sich feststellen, dass die letzten zwei Generationen seit Ende des Zweiten Weltkriegs 1945 die ersten in der Geschichte der modernen westlichen Welt sind, die keinen Krieg auf eigenem Grund und Boden erlebt haben. Natürlich gab es bereits früher Zeiten, in denen kein Krieg herrschte. Aber auch in diesen raren Perioden musste die Bevölkerung ständig davon ausgehen, dass bald wieder ein neuer gewalttätiger Konflikt ausbrechen würde. Das zerstörerische Potenzial und weltweite Leid des ersten »totalen Krieges« und die atomaren Schrecken des darauffolgenden Kalten Krieges haben die Menschheit jedoch offensichtlich zum Umdenken bewogen.

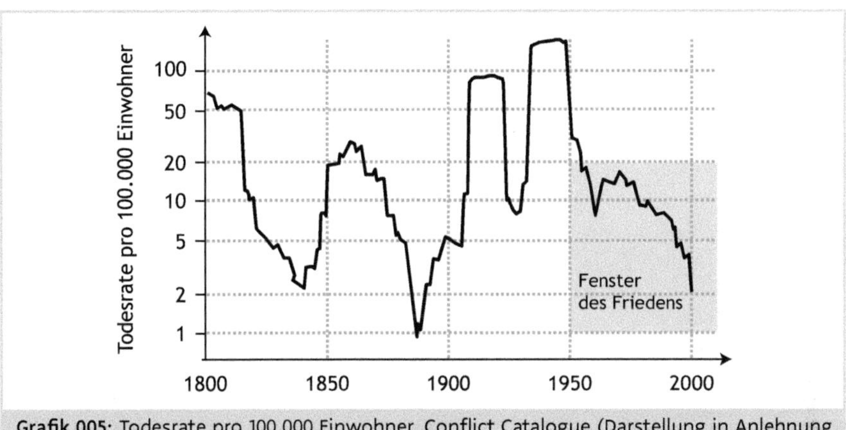

Grafik 005: Todesrate pro 100.000 Einwohner, Conflict Catalogue (Darstellung in Anlehnung an Max Roser)

Die Grafik 005 zeigt die sogenannte Todesrate seit 1800. Diese Kennzahl beschreibt die Anzahl der zivilen und militärischen Todesfälle weltweit je 100.000 Einwohner. Das »Fenster des Friedens« ist dort deutlich sichtbar. Natürlich gibt es nach wie vor Kriege auf der Welt. Aber dennoch: Faktisch sterben heute weltweit weniger als 2 von 100.000 Einwohnern aufgrund von kriegerischen Auseinandersetzungen. Das ist einer der niedrigsten Werte seit 1400, dem Beginn dieser Aufzeichnungen. Wichtiger als das ist aber, dass wir in der längsten friedlichen Periode seit dem ausgehenden Mittelalter leben. Meine Generation und auch die, die heute heranwächst, kennt Krieg nur aus Erzählungen und aus den Nachrichten. Wir bilden die ersten beiden aufeinanderfolgenden Generationen seit Hunderten von Jahren, die im Frieden aufgewachsen sind, und, was noch wichtiger ist, diesen Zustand auch für normal halten. Diese Entwicklung in Richtung Frieden betrifft übrigens nicht nur Todesfälle infolge kriegerischer Auseinandersetzungen, sondern auch Tötungsdelikte allgemein. Französische, englische oder deutsche Bürger laufen statistisch gesehen heute 60 Mal weniger Gefahr, von einem Mitmenschen erschlagen zu werden, als das im Jahr 1300 der Fall war.

2.1.2 Zunehmender Wohlstand

Aber es ist nicht nur allein der Frieden, den die Menschheit in den letzten Jahrhunderten hervorgebracht hat. Seit Anfang der modernen Zeitrechnung hat auch der Wohlstand der Völker weltweit kontinuierlich zugenommen. Auf dem Weg von der Agrargesellschaft über die Industrialisierung bis hin zur Dienstleistungsgesellschaft und dem Informationszeitalter ist es der Menschheit gelungen, das Maß an Wertschöpfung durch Landwirtschaft, Produktion und Dienstleistungen um einen Faktor von rund 7.000 zu steigern. Betrachtet man das Bruttoinlandsprodukt (BIP) pro Einwohner über die letzten 2.000 Jahre in der Grafik 006, so wird dies sehr gut deutlich.

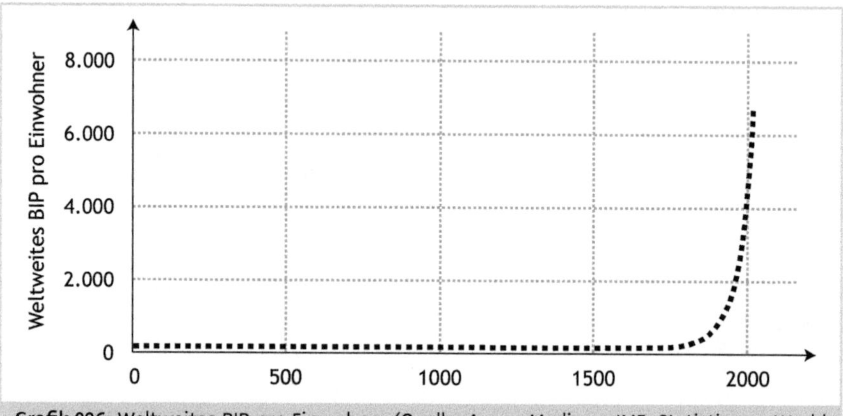

Grafik 006: Weltweites BIP pro Einwohner (Quelle: Angus Madison; IMF; Statistics on World Population GDP and per capita GDP 1-2008 AD)

Aber nicht nur der durchschnittliche Wohlstand der Weltbevölkerung hat in den vergangenen 2.000 Jahren drastisch zugenommen. Auch extreme Formen der Armut, die zu systematischer Mangelernährung, Hungersnöten und hoher Kindersterblichkeit führen, sind auf dem Rückzug. Die Weltbank definiert diejenigen Menschen als in extremer Armut lebend, die ein tägliches Pro-Kopf-Einkommen von weniger als 1,9 US-Dollar zur Verfügung haben. Im Jahr 1820, also vor rund 200 Jahren, gab es auf der Welt rund 1,1 Milliarden Menschen, von denen 91%, d.h. 1,0 Milliarden, in extremer Armut lebten. Im Jahre 2015 existierten noch immer 705 Millionen Menschen unterhalb dieser Grenze. Keine Frage, das sind 705 Millionen Menschen zu viel. Allerdings ist seit dem Jahre 1820 die Weltbevölkerung von 1,1 auf 7,35 Milliarden Menschen angewachsen. Damit ist die Häufigkeit extremer Armut von 91 auf knapp 10% der Weltbevölkerung gesunken. Dieser Trend gilt nicht nur für extreme Armut, sondern auch für moderate Formen, wie die Grafik 007 verdeutlicht.

Im gleichen Maße wie die Armut ging auch die Kindersterblichkeit zurück. Starben im Jahre 1820 noch 43 von 100 Kindern, bevor sie das fünfte Lebensjahr erreichten, so waren es 2015 nur noch 4 von 100. Eine dramatische Verbesserung, die neben gestiegenem Wohlstand und durchgängiger Ernährung auch auf eine funktionierende Gesundheitsversorgung sowie auf besseren impfbedingten Schutz gegen potenziell tödliche Kinderkrankheiten zurückzuführen ist.

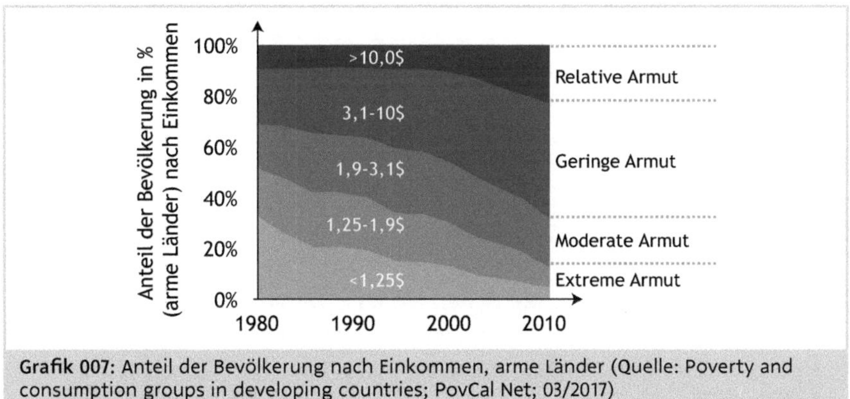

Grafik 007: Anteil der Bevölkerung nach Einkommen, arme Länder (Quelle: Poverty and consumption groups in developing countries; PovCal Net; 03/2017)

2.1.3 Mehr Bildung und Demokratie

Aufgrund der gesellschaftlichen Entwicklung in den letzten 200 Jahren hat außerdem weltweit das Maß an grundlegender Bildung und damit auch an Demokratisierung zugenommen. Hatten im Jahre 1820 nur 17% der Bevölkerung Zugang zu einfacher Schulbildung, so waren es 1900 bereits rund 30% und 2015 stolze 86%. Mit der Bildung nahmen – mit etwas zeitlichem Versatz – die Fähigkeit und der Wille zum eigenständigen und kritischen Denken zu, was Willkür-Regimen und Diktaturen das Leben immer schwerer machte und der weltweiten Verbreitung von Demokratien den Weg bereitete. Die Zahlen sprechen auch hier eine deutliche Sprache: Während 1820 lediglich 1% der Weltbevölkerung in einer Demokratie lebte, so waren es im Jahre 1900 immerhin 12% und 2015 ganze 56%. Die Grafik 008 verdeutlicht diese Entwicklung.

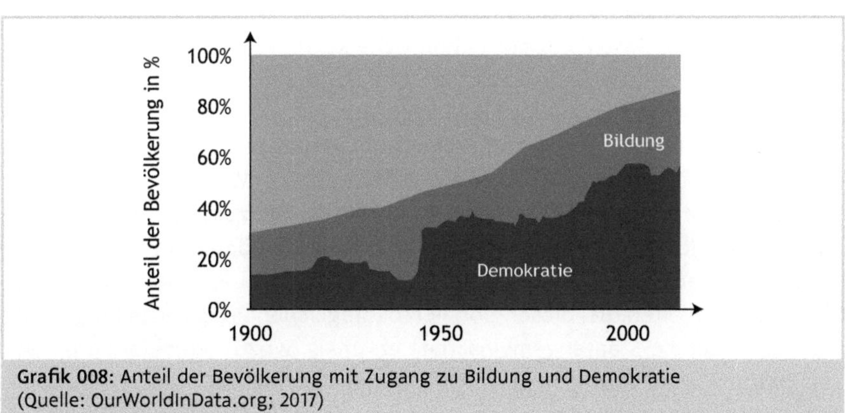

Grafik 008: Anteil der Bevölkerung mit Zugang zu Bildung und Demokratie (Quelle: OurWorldInData.org; 2017)

Dieser positive Trend umfasst dabei auch andere Menschenrechte, beispielsweise das Recht auf Freiheit und Selbstverwirklichung. So war im Jahr 1600 die Sklaverei weltweit noch stark verbreitet, während sie heute in den meisten Teilen der Welt keine Rolle mehr spielt.

2.1.4 Schrumpfendes Ozonloch

Ein großes Problem mit uns Menschen ist, dass wir vornehmlich nach egoistischen Motiven handeln, d. h., wir tun statistisch gesehen in der Regel das, was uns aufgrund unseres Wertesystems als vorteilhaft für uns selbst erscheint. Ausnahmen im Verhalten, vor allem um die Weihnachtszeit, bestätigen diese Regel nur. Von daher ist es seit jeher fraglich, ob die Menschheit kollektiv in der Lage ist, globale Umweltprobleme in den Griff zu bekommen, denn diese erfordern zumeist eine kollektive Verhaltensänderung wider die vordergründigen, egoistischen Interessen.

Ein solches Umweltproblem ist das sogenannte Ozonloch. Zur Erinnerung: In den 1980er-Jahren hatten britische Polarforscher über dem Südpol eine signifikante Ausdünnung der Ozonkonzentration entdeckt. Das war besorgniserregend, denn die Ozonhülle schützt uns vor der gefährlichen Ultraviolett-Strahlung und damit vor Hautkrebs. Der Mainzer Atmosphärenchemiker Paul Crutzen und zwei Kollegen, die dafür später den Nobelpreis erhielten, waren in der Lage, die Ursache für das Schwinden der Ozonhülle zu identifizieren. Sie fanden heraus, dass industriell hergestellte Fluorchlorkohlenwasserstoffe (FCKWs), die schon seit Langem in der Industrie als Treib- und Kühlmittel eingesetzt wurden, sich über die Jahrzehnte in der Atmosphäre angesammelt hatten. Aktiviert durch die Lichteinstrahlung am Ende der Polarnacht wurde dann durch diese Gase eine fatale chemische Kettenreaktion in Gang gesetzt, die schlussendlich das Ozon zersetzte. Das Ozonloch, wie es von der Presse getauft wurde, und seine Auswirkungen auf die Menschheit beherrschten über viele Jahre die öffentliche Diskussion. Hersteller von Kühlschränken, Haarsprays und ähnlichen Produkten wollten an der Weiterverwendung von FCKWs festhalten, denn Alternativen waren teuer und zum Teil noch nicht industriell erprobt. Demgegenüber standen Umweltverbände und Forscher, die vor den Konsequenzen warnten und zum Boykott von Produkten aufriefen, die FCKW enthielten. Bei dieser globalen ökologischen Problemstellung zeigte die internationale Staatengemeinschaft erstmals, wozu sie imstande ist. Mit dem »Montrealer Protokoll« von 1987 und den Nachbesserungen 1990 in London wurde binnen zehn Jahren ein bis dahin einmaliges weltweites Produktionsverbot für bestimmte FCKW-Verbindungen durchgesetzt. Heute, rund 30

Jahre später, sind die Konsequenzen sichtbar. Das Ozonloch über der Antarktis beginnt sich zu schließen, wie die Grafik 009 zeigt.

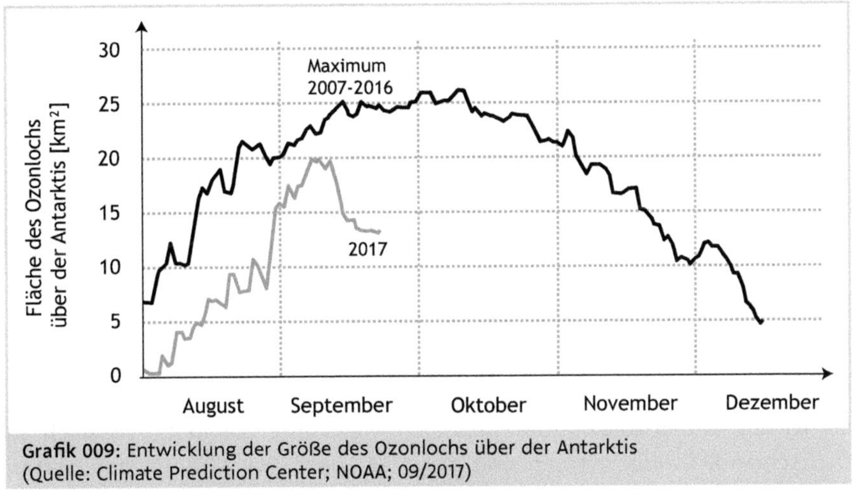

Grafik 009: Entwicklung der Größe des Ozonlochs über der Antarktis (Quelle: Climate Prediction Center; NOAA; 09/2017)

Die Werte für das Jahr 2017 liegen deutlich unterhalb der Maximalausprägung der letzten zehn Jahre, und internationale Forscher gehen davon aus, dass sich der Trend fortsetzen wird. Diese erfreuliche Entwicklung zeigt, dass die Menschheit durchaus in der Lage ist, sich konzertiert entgegen kurzsichtiger egoistischer Interessen zu entscheiden. Es braucht allerdings einen langen Atem. Das gibt Grund zur Hoffnung, dass dies auch bei anderen Problemen globaler Natur möglich sein wird.

2.1.5 Rückgang der Arbeitslosigkeit

Nachdem wir uns mit so elementaren Dingen wie Wohlstand, Bildung, Demokratie und Klima beschäftigt haben, erscheint es fast schon profan, sich nun der Arbeitslosigkeit in der westlichen Welt zuzuwenden. Doch tatsächlich ist diese seit Ende der 1970er-Jahre eines der größten sozialen Probleme in vielen westlichen Ländern, darunter auch Deutschland. Abseits der konjunkturellen Wellenbewegungen hatte sich die Zahl der Arbeitslosen hier Jahr für Jahr immer weiter erhöht, was teilweise in den Nachwirkungen der deutschen Wiedervereinigung begründet war. Aber auch hier lässt uns ein Blick in die Daten der jüngeren Vergangenheit Zuversicht schöpfen.

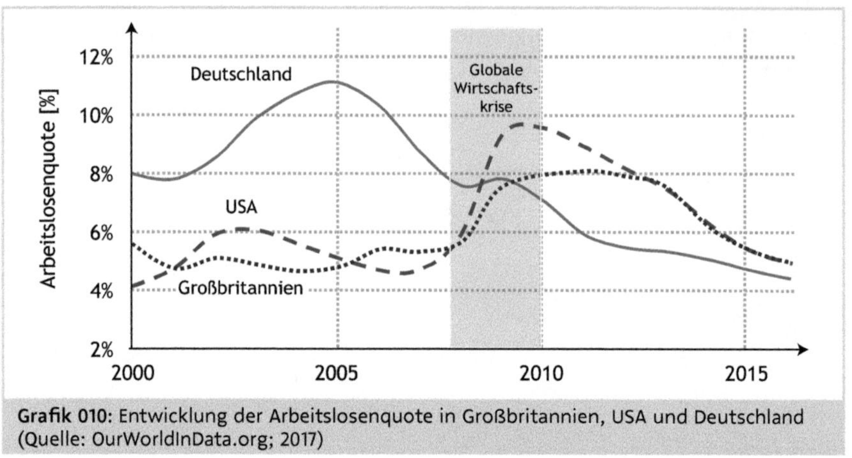

Grafik 010: Entwicklung der Arbeitslosenquote in Großbritannien, USA und Deutschland (Quelle: OurWorldInData.org; 2017)

So ist die Arbeitslosenquote in vielen westlichen Ländern, so auch in Deutschland, Großbritannien und den USA, nach Bewältigung der letzten globalen Wirtschaftskrise 2008/2009 rückläufig. In Deutschland lag die Zahl der Arbeitslosen bereits 2010 leicht unter dem Vorkrisenniveau und sank bis 2016 sogar weiter auf die niedrigste Rate seit der Wiedervereinigung ab. In den USA wurde 2017 ebenfalls das Level vor der Rezession erreicht. Auch die Arbeitslosigkeit in Großbritannien ist ungeachtet der Verunsicherung durch den geplanten EU-Austritt jüngst auf den tiefsten Stand seit 1975 gesunken. Damit liegt sie sogar unter dem Niveau vor der weltweiten Immobilien- und Bankenkrise.

Kritisch ist hingegen zu bemerken, dass in allen genannten Ländern eine Verschiebung von Vollzeit- hin zu Teilzeitstellen oder schlecht bezahlten Minijobs zu beobachten ist. Auch ist es größtenteils nicht gelungen, die Gruppe der Langzeitarbeitslosen, d.h. der Menschen, die länger als ein Jahr ohne Arbeit sind, wieder in das Arbeitsleben einzugliedern. Aber das schmälert trotzdem nicht die allgemein positive Entwicklung.

2.1.6 Kompetenter und kluger Nachwuchs

Und wie steht es um die Jugend, die Zukunft der Menschheit? Gilt hier das Prinzip »Früher war alles besser«? Unter den meisten Eltern, die ich kenne, herrscht der allgemeine Konsens, dass Kinder von heute häufiger technikabhängig und hyperaktiv sind als die Generationen vor ihnen. Sie haben die Fähigkeit verloren stillzusitzen und müssen stattdessen permanent online sein und sich von elektronischen Geräten stimulieren lassen, so die einhellige

Meinung der Älteren. Doch was bedeutet das für die wichtige Fähigkeit zur Impulskontrolle, die aus heutiger Perspektive ein wichtiger Indikator für Lebenstüchtigkeit ist?

Einer der Ersten, die sich mit der Impulskontrolle beschäftigten, war Walter Mischel, ein österreichischer Persönlichkeitspsychologe, der 1938 in die USA emigrierte und unter anderem in Harvard und Stanford lehrte. Dort führte er mit Vorschulkindern in den 1960er- und 1970er-Jahren Tests durch, die später als »Marshmallow-Experiment« bekannt werden sollten. Mitarbeiter seines Teams präsentierten dabei den Kindern in einer Einzelsitzung eine Süßigkeit, z. B. ein Marshmallow oder Keks, und erklärten ihnen, dass sie nun den Raum verlassen würden und dass das Kind die Süßigkeit entweder gleich essen könne, oder aber eine zweite Süßigkeit bekäme, wenn es so lange warte, bis der Mitarbeiter wieder zurück in den Raum käme. Den Kindern war dabei nicht bekannt, wie lange sie auf die Rückkehr des Mitarbeiters warten mussten. Typischerweise mussten sie diese schwierige Entscheidungssituation rund zehn Minuten aushalten, bis der Versuchsleiter wieder in den Raum kam. Die ersten Nachuntersuchungen der damaligen Versuchsteilnehmer erfolgten rund zehn Jahre nach dem Experiment. Mischel fand dabei überraschenderweise einen deutlichen Zusammenhang zwischen der Dauer, die die Kinder der süßen Versuchung widerstehen konnten, und ihrer schulischen Kompetenz und Lebenstüchtigkeit. So erzielten die Kinder mit einer ausgeprägten Impulskontrolle im Schnitt beispielsweise deutlich bessere Noten und höhere Schulabschlüsse. Spätere Untersuchungen zeigten, dass auch der berufliche Erfolg und sogar die körperliche Fitness damit in Zusammenhang standen. Wie würde wohl die heutige Jugend, rund 50 Jahre nach den ersten Experimenten, im Marshmallow-Test abschneiden? John Protzko, ein Forscher der University of California, hat genau dies untersucht. Er trug alle Ergebnisse zusammen, die in den letzten Jahrzehnten mithilfe von Marshmallow-Tests erfasst wurden. Parallel befragte er rund 260 Experten nach ihrer Prognose zum Ergebnis dieser Vergleichsstudie. Etwas über 50% der befragten Psychologen vermuteten, dass die heutigen Jugendlichen schlechter in Bezug auf Impulskontrolle abschneiden würden. 20% der Experten nahmen keine signifikanten Änderungen an und nur 16% glaubten, dass die heutige Jugend länger auf eine sofortige Belohnung warten kann als vorangegangene Generationen. Wie in der Grafik 011 zu sehen ist, stellte Protzko einen deutlichen und statistisch signifikanten Trend hin zum Positiven fest. Die Jugend von heute kann sich also in der Tat deutlich besser gedulden als wir zu unserer Zeit.

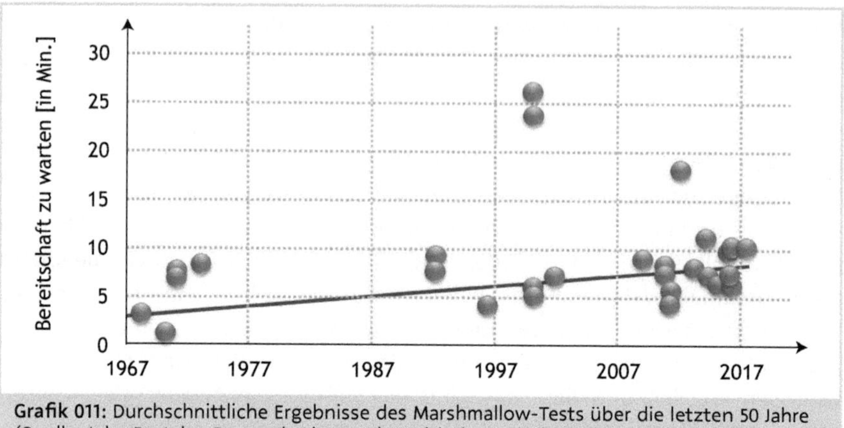

Grafik 011: Durchschnittliche Ergebnisse des Marshmallow-Tests über die letzten 50 Jahre (Quelle: John Protzko; Research Digest; The Britisch Psychological Society; 09/2017)

Doch wie konnten die Experten nur so falsch liegen? Ursache dafür ist eine weitverbreitete Wahrnehmungsverzerrung, vor der offensichtlich auch Psychologen nicht gefeit sind. Die Erinnerung von Menschen an ihre Fähigkeiten in der Kindheit wird sehr häufig von ihren heutigen Fähigkeiten als Erwachsene beeinflusst. Im Ergebnis schätzen also Erwachsene ihre eigenen Fähigkeiten als Kinder tendenziell höher ein, als sie es in Wirklichkeit waren.

Doch nicht nur die Fähigkeit zur Impulskontrolle hat sich verbessert. Eine ähnlich positive Tendenz über die zurückliegenden Jahrzehnte ist interessanterweise auch zu beobachten, wenn es um den Intelligenzquotienten (IQ) geht. Und obwohl die Ursachen für beide Phänomene nicht restlos geklärt sind, sind auch das Entwicklungen, die zuversichtlich stimmen. Doch damit noch nicht genug an Positivem: Auch die Rate des weltweiten Analphabetismus ist aufgrund des weltweit gestiegenen Zugangs zu Schulbildung rückläufig.

2.2 Grund zur Sorge

Und Gott schuf den Menschen ihm zum Bilde, zum Bilde Gottes schuf er ihn; männlich und weiblich schuf er sie. Und Gott segnete sie und sprach zu ihnen: Seid fruchtbar und mehret euch und füllet die Erde und machet sie euch untertan und herrschet über die Fische im Meer und über die Vögel des Himmels und über alles Lebendige, was auf Erden kriecht!
(Die Bibel, Schöpfungsgeschichte aus dem Ersten Buch Mose)

Wie wir gesehen haben, gibt es durchaus zahlreiche positive Tendenzen in vielen zentralen Bereichen unserer Gesellschaft. Aber wo Licht ist, da ist auch Schatten.

Keine Frage, wir Menschen haben uns die Erde untertan gemacht. Wir haben Küstenregionen, Grasland, Gebirge, Steppen und sogar Wüsten besiedelt und gelernt, die Natur zu beherrschen. Wir haben uns vermehrt und ausgebreitet – und dies trotz existenzgefährdender Krisen. So hat Stanley Ambrose, ein US-amerikanischer Professor für Anthropologie, beispielsweise die These aufgestellt, dass vor circa 74.000 Jahren eine gewaltige Explosion des Vulkans Toba auf der indonesischen Insel Sumatra durch eine gewaltige Ascheeruption und die damit einhergehende Verdunkelung der Sonne zu einem globalen Temperaturrückgang von mehr als 3,5 Grad führte. Infolgedessen kam es zu einer kurzen Eiszeit. Sie war der Grund, dass mehr als 90% der damaligen Erdbevölkerung starben. Sehr wahrscheinlich überlebten weltweit nur ein paar Tausend Menschen diese Kälteperiode, also weniger, als in einer Kleinstadt Menschen wohnen. Und doch ist trotz dieser und anderer Krisen die Entwicklung der Menschheit zu einer Erfolgsgeschichte geworden, zumindest gemäß dem biblischen Auftrag. Oder etwa nicht?

2.2.1 Endliche Ressourcen – unendliches Bevölkerungswachstum

Die zahlenmäßige Entwicklung der Menschheit in der Neuzeit ist ein Beispiel für exponentielles Wachstum. Als Menschen sind wir lineares Wachstum gewöhnt: Jeden Tag werden wir genau einen Tag älter. Das ist verlässlich, leicht zu prognostizieren und hilft bei der Planung von Geburtstagsfeiern. Bei linearem Wachstum ist die sogenannte Veränderungsrate konstant; sie beträgt in unserem Beispiel eben einen Tag, und zwar jeden Tag. Bei exponentiellem Wachstum verhält es sich etwas anders. Hier bleibt der Veränderungsfaktor konstant. Wenn eine Zelle sich teilt, dann werden aus einer Zelle zwei. Das heißt, der Veränderungsfaktor ist 2. Im nächsten Schritt werden es dann vier, dann acht, dann 16 und so weiter. Das klingt noch verständlich und irgendwie prognostizierbar. Aber es ist die Eigenart von exponentiellen Wachstum, dass es sich der menschlichen Logik entzieht. Denn dieselbe Eizelle sorgt nach nur 30 Teilungsvorgängen bereits für knapp 537 Millionen Nachfahren.

Vor 2.000 Jahren gab es schätzungsweise rund 300 Millionen Menschen auf der Erde. 1.000 Jahre später waren es rund 310 Millionen. Nachdem die Weltbevölkerung im ersten Jahrtausend unserer Zeitrechnung kaum zugenommen hatte, setzte im Mittelalter ein starkes Wachstum ein, das jedoch durch Epidemien wie Pest, Pocken und die Spanische Grippe ebenso stark gedämpft wurde. Im Durchschnitt betrug die Lebenserwartung damals nur 20 bis 40 Jahre. Die ständigen Kriege taten ihr Übriges dazu. Vor 500 Jahren, zu Beginn der Renaissance, zählte die Weltbevölkerung rund 500 Millionen Menschen. Nach 1700 setzte schließlich ein rapides Wachstum ein und zum ersten Mal in der Menschheitsgeschichte verdoppelte sich die Anzahl innerhalb von Jahrhunderten und schließlich Jahrzehnten. Mit Beginn der industriellen Revolution um das Jahr 1800 überschritt die Weltbevölkerung erstmalig die Marke von einer Milliarde Menschen. Und das Wachstum ging weiter. Mit fortschreitender Industrialisierung und dem Anwachsen der Städte vervielfachte sich die menschliche Population im 20. Jahrhundert schließlich annähernd um den Faktor 4. Die überwiegende Mehrheit des Bevölkerungswachstums findet derzeit in den weniger entwickelten und ärmeren Ländern der Welt statt. In einigen höher entwickelten Ländern der westlichen Welt und den früheren Staaten des Ostblocks sind die Zahlen dagegen rückläufig.

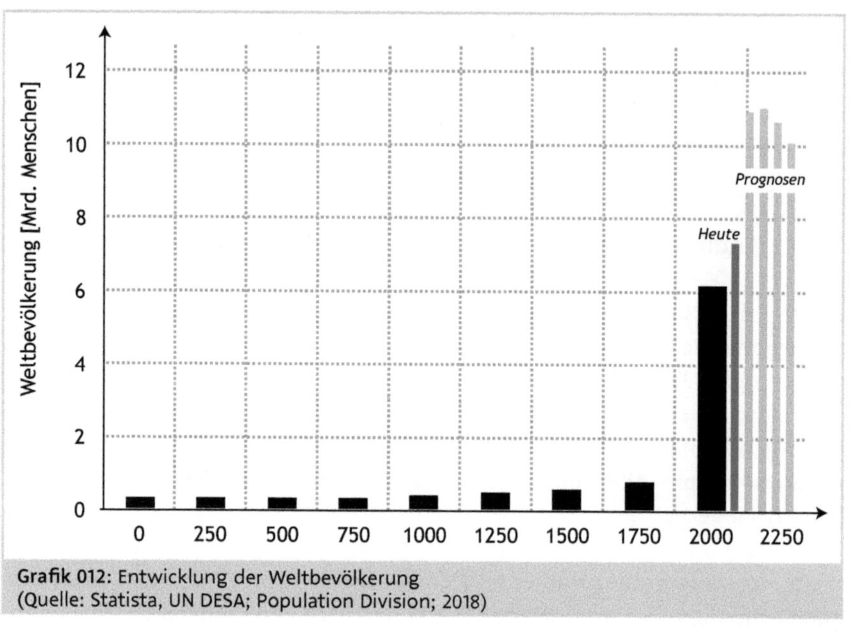

Grafik 012: Entwicklung der Weltbevölkerung
(Quelle: Statista, UN DESA; Population Division; 2018)

Aktuell leben geschätzte 7,3 Milliarden Menschen auf der Welt. Die UNO geht davon aus, dass die Weltbevölkerung bis 2025 auf 8,17 und bis 2100 auf 10,9 Milliarden Menschen anwachsen wird. Der Großteil des Wachstums wird dabei für Asien und Afrika vorhergesagt. Viel hängt von der Geburtenrate ab; ein Land von der Größe Chinas kann hier mit seiner Ein-Kind-Politik einen großen Unterschied machen. Amerika und Ozeanien werden, so die Expertenmeinungen, nur in geringem Maße wachsen, während die Bevölkerung in Europa sogar leicht zurückgehen wird. Vereinzelt wird prognostiziert, dass Nigeria 2100 mehr Einwohner haben wird als die USA. Viele Wissenschaftler gehen davon aus, dass bei rund 11 Milliarden Menschen das Bevölkerungswachstum sein Maximum erreicht haben wird. Reiner Klingholz, der Geschäftsführende Direktor des Berlin-Instituts für Bevölkerung und Entwicklung, ist der Meinung, dass dieser Zeitpunkt bereits in der zweiten Hälfte des 21. Jahrhunderts liegt. In den darauffolgenden Jahrhunderten würde die Weltbevölkerung dann wieder abnehmen. Doch das sind alles Prognosen, die sehr von unserem Verhalten und von zahllosen politischen Weichenstellungen abhängen.

Gerechnet vom ersten modernen Menschen an, dauerte es also rund 200.000 Jahre, bis die Weltbevölkerung auf eine Milliarde anwuchs. Für die restlichen sechs Milliarden Menschen brauchte es dann nur noch 200 Jahre. Das ist exponentielles Wachstum. Prinzipiell ist das kein Problem, wäre da nicht die Endlichkeit der Ressourcen wie Trinkwasser, Nahrungsmittel, Öl etc. Keiner kann genau sagen, wie viele Menschen das System Erde genau verträgt. Das ist von zu vielen Faktoren abhängig. Sicher ist aber, dass es eine Systemgrenze gibt. Ist diese erreicht, beginnt eine Population zu kollabieren und es kommt zu Hungernöten, Epidemien, Völkerwanderungen und Verteilungskriegen. Einiges davon findet bereits statt.

Ein kurzer Seitenblick zu den Einzellern macht das Prinzip der Endlichkeit deutlich. Da diese sich so schnell vermehren, lässt sich die Entwicklung ganzer Populationen hier sehr gut beobachten und systematisieren. Einzeller, wie z. B. Bakterien, vermehren sich nach einer bestimmten Logik. Nach einer anfänglichen Latenzphase, in der sich das Bakterium an seine Umgebung anpasst, folgt eine Phase exponentiellen Wachstums, die so lange anhält, bis die Kapazitätsgrenzen des Systems annähernd erreicht sind. Gehen der verfügbare Platz und die Menge an Nährstoffen zur Neige, stellt das Bakterium die Reproduktion so weit ein, bis sich absterbende und durch Zellteilung neu entstehende Bakterien die Waage halten. Sind die Nährstoffe des Systems schließlich aufgebraucht, setzt die letzte Phase, die Absterbephase ein: Die Bakterien verhungern oder sterben an den Ausscheidungsprodukten und Giftstoffen des eigenen Stoffwechsels. Wahrlich keine schöne Vorstellung.

Natürlich hinkt der Vergleich, denn wir sind sehr viel intelligenter als Einzeller und haben daher wesentlich mehr Möglichkeiten, die Entwicklung der Population zu steuern, z. B. über Aufklärung, Familienplanung, Empfängnisverhütung, Reduktion der Kindersterblichkeit, Verbesserung der Altersvorsorge etc. Das setzt jedoch voraus, dass wir uns dieser wahrlich großen Aufgaben als Menschheit auch annehmen. Ohne diese Steuerungsmechanismen würde sich unsere Bevölkerung ähnlich entwickeln, wie es auch Einzeller tun (siehe hierzu auch die Grafik 013). Das wäre keine schöne Perspektive für die Menschheit und so hat man es in der Bibel sicher auch nicht gemeint.

2.2.2 Steigender Meeresspiegel

Eine weitere Fähigkeit, die wir Menschen für gewöhnlich nicht so gut beherrschen, ist, das eigene Verhalten an sich langsam verändernden Variablen auszurichten, insbesondere wenn diese sich so unmerklich langsam verändern, dass erst künftige Generationen die Folgen spüren werden. Auch hier gibt es Parallelen zu weniger hoch entwickelten Spezies. So wird Fröschen nachgesagt, sich nach Leibeskräften zu wehren, wenn sie in heißes Wasser geworfen werden. Wird die Temperatur hingegen in kaum wahrnehmbaren Schritten erhöht, lassen sie das Ganze willfährig über sich ergehen, bis es schließlich zu spät ist und sie den Hitzetod sterben.

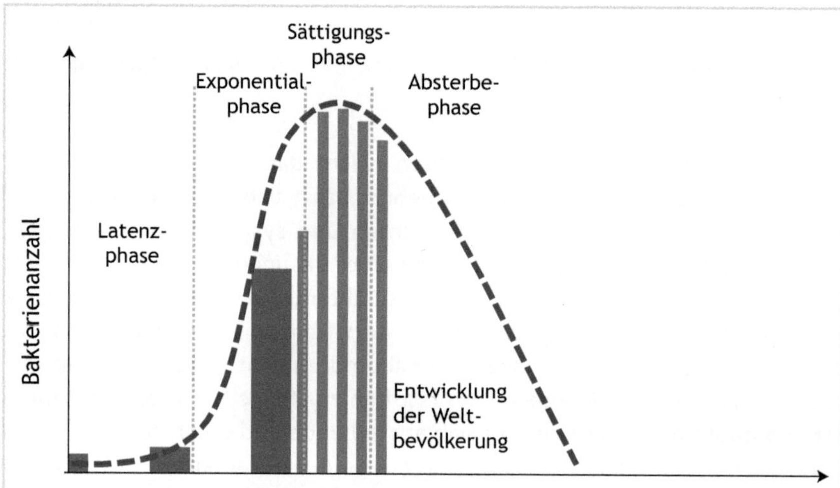

Grafik 013: Schematische Entwicklung einer Bakterienpopulation und Entwicklung der Weltbevölkerung zum Vergleich (Quelle: Statista, UN DESA; Population Division; 2018 & Cypionka, Heribert, Grundlagen der Mikrobiologie; Springer-Verlag, Heidelberg 2006)

In Bezug auf die globale Erwärmung und dem damit verbundenen Anstieg der Weltmeere verhält es sich bei uns Menschen ganz ähnlich. Die US-Forschungsorganisation Climate Central hat zur UN-Klimakonferenz 2015 eine Studie vorgelegt, die von einem weltweiten Temperaturanstieg zwischen 2 und 4°C ausgeht. Das klingt nicht viel. Einen Temperaturunterschied von 2°C kann man schließlich kaum wahrnehmen. Doch laut den Prognosen der Forscher führt das zu einem Anstieg des Meeresspiegels von 4,5 Metern. Bei 4°C gehen sie sogar von 7,4 Metern aus. Die ausgewiesenen Folgen sind verheerend. Ein Anstieg der Temperatur um nur 2°C wird weltweit 130 Millionen Menschen dazu zwingen, ihre Wohnungen, Häuser, Bauernhöfe und Geschäfte aufzugeben und umzusiedeln. Bei einem Anstieg um 4°C wären sogar zwischen 470 und 760 Millionen betroffen, also bis zu 10% der aktuellen Weltbevölkerung. Naturgemäß werden vor allem Küstenregionen betroffen sein. Allein in den Küstenstädten Chinas wären es je nach Szenario zwischen 64 und 145 Millionen Menschen. Aber auch Metropolen wie New York, Boston, London, Dublin, Hamburg oder Amsterdam werden nicht mehr wiederzuerkennen sein. Sylt, der Deutschen liebste Insel, wird ganz verschwinden, genau wie die meisten anderen Inseln in Nord- und Ostsee. Unklar ist die Geschwindigkeit, mit der sich die Erde erwärmen wird und damit die Polkappen und Gletscher abschmelzen. Hier bleiben die Forscher mit 200 bis 2.000 Jahren sehr vage, da dies sehr stark von der Menge an Treibhausgasen, allen voran Kohlendioxid, abhängt, die die einzelnen Staaten in der nächsten Zeit emittieren werden. Ein komplexes System wie das Klima entwickelt sich nur mit Verzögerung, sogenannten Latenzen. Es dauert mitunter viele Jahrzehnte, bis die Gase in der Atmosphäre aufsteigen und so ihre schädliche Wirkung entfalten.

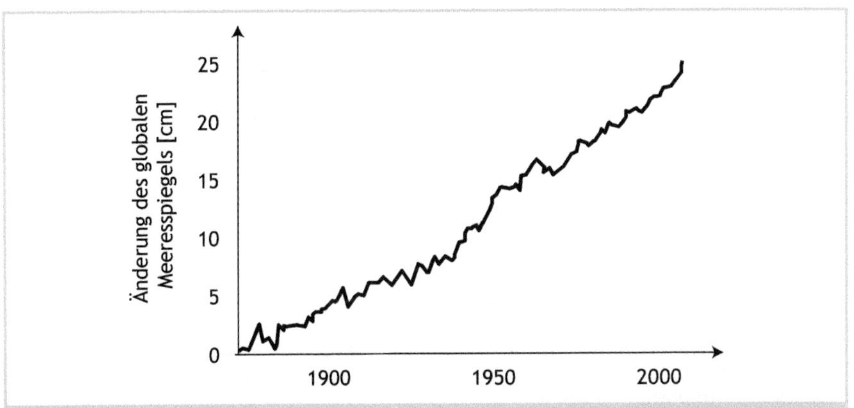

Grafik 014: Anstieg des Meeresspiegels in den letzten 150 Jahren (Quelle: Church, John A., und White, Neil J.: A 20th century acceleration in global sea-level rise; Geophysical Research Letters; 2006)

In den letzten 200 Jahren ist der Meeresspiegel weltweit um rund 0,25 Meter gestiegen, wie man in der Grafik 014 sehen kann. Dieser Viertelmeter hat sich bereits deutlich bemerkbar gemacht. So führte 2012 der Hurrikan Sandy zu einer riesigen Sturmflut in New York, die große Teile der Stadt überschwemmte. Aufgrund des Anstiegs der Pegel in den letzten 200 Jahre waren 10% mehr Häuser und Wohnung betroffen, als dies ohne diesen Anstieg der Fall gewesen wäre. Der Meeresspiegel erhöht sich heute etwa doppelt so schnell wie zu Beginn des 20. Jahrhunderts. Aktuell sind es 3 Millimeter pro Jahr.

Aber es ist nicht nur der Meeresspiegel allein. Pro Grad Erderwärmung verdunsten weltweit aus Flüssen, Seen und Meeren 7% mehr Oberflächenwasser, das in die Atmosphäre aufsteigt. Dadurch werden nicht nur extreme Wetterphänomene wie Unwetter und Sturmfluten häufiger und intensiver, das

Wasser verteilt sich auch anders. Dies kann zu Hitzewellen, Ernteausfällen und massiver Wasserknappheit in Regionen führen, in denen dies heute noch unbekannt ist. Steigende Temperaturen beeinflussen auch globale Windsysteme und Meeresströmungen. Ein sehr bekanntes Phänomen ist El Niño, bei dem der Humboldtstrom durch abgeschwächte Passatwinde zum Erliegen kommt. Diese Flaute sorgt dafür, dass vor der Küste Perus die Nahrungskette zusammenbricht und die dortigen Fischer ohne Fang nach Hause kommen.

Es ist eine Tatsache, dass extreme Wetterlagen weltweit seit etwa 1960 zunehmen. Seit dieser Zeit steigen auch die Schäden durch Naturkatastrophen überall auf der Welt an, wie aus der Grafik 015 deutlich wird.

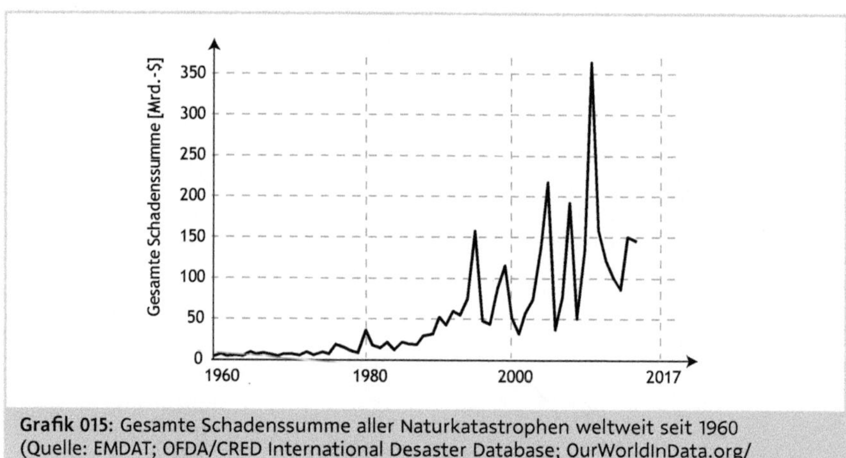

Grafik 015: Gesamte Schadenssumme aller Naturkatastrophen weltweit seit 1960 (Quelle: EMDAT; OFDA/CRED International Desaster Database; OurWorldInData.org/natural-catastrophes)

Das Perfide dabei: Um wieviel Grad die weltweite Temperatur in 200 oder mehr Jahren letztendlich ansteigen wird, können wir selbst beeinflussen. Alles hängt wesentlich von der Menge an Treibhausgasen ab, die in den nächsten Jahrzehnten in die Atmosphäre gelangen. Diese eindrücklichen Erkenntnisse verfehlten ihre Wirkung nicht, und zur Überraschung vieler wurde auf der UN-Klimakonferenz 2015 in Paris einstimmig beschlossen, dass die Erwärmung der Welt auf weniger als 2°C begrenzt werden soll. Dazu wurde vereinbart, den weltweiten Ausstoß an Kohlendioxid und anderen Treibhausgasen in der zweiten Hälfte des 21. Jahrhunderts nicht weiter anwachsen zu lassen. Ob dies ausreichend sein kann, um die Erwärmung zu stoppen, ist fraglich. Selbst wenn alle Länder ihre gesamten Klimaschutzziele erfüllen, und das ist alles andere als sicher, geht das UN-Umweltprogramm (Unep) im besten Fall von einer Erwärmung von rund 3°C aus. Dennoch ist das Pariser Abkommen zweifelsfrei ein bemerkenswerter Durchbruch in der weltweiten Klimapolitik und ein Zeichen dafür, dass die internationale Staatengemeinschaft durchaus willig ist, ihr Verhalten an sich langsam verändernde Variablen anzupassen.

Doch leider hält so ein lichter Moment mitunter nicht allzu lange und schon gar nicht bei allen Beteiligten an. Wir sind uns sicher einig, dass sich das Klima unserer Erde nicht so ohne Weiteres an eine UN-Resolution gebunden fühlen wird. Und es hilft auch nicht, dass die USA, vertreten durch ihren Präsidenten Donald Trump, keine zwei Jahre nach der Resolution ihren Ausstieg aus eben diesem Klimaabkommen verkündeten, da es »nicht fair« für amerikanische Arbeiter sei. Das ist umso bedauerlicher, als die USA nach China weltweit der größte Emittent von Kohlendioxid sind, wie die Grafik 016 zeigt.

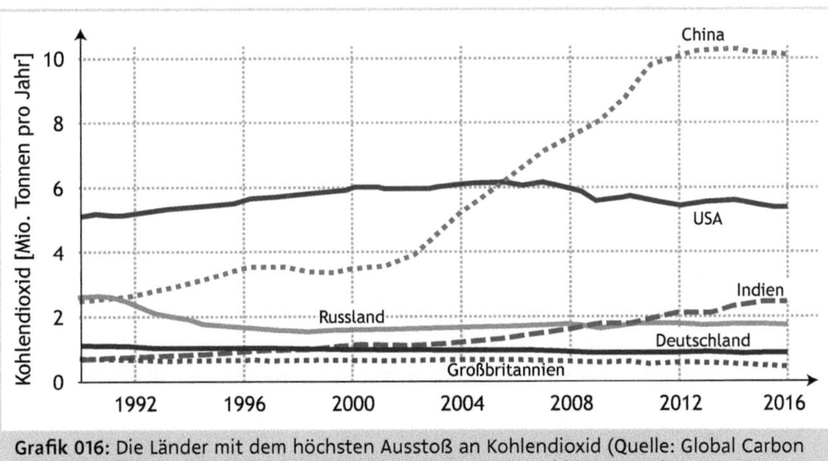

Grafik 016: Die Länder mit dem höchsten Ausstoß an Kohlendioxid (Quelle: Global Carbon Project; Carbon Dioxide Information Analysis Centre; OurWorldInData.org)

Unter Klimaforschern herrscht eine ungewöhnliche Einigkeit darüber, dass durch Menschenhand emittierte Treibhausgase wie Kohlendioxid wesentlich mitverantwortlich für den weltweiten Temperaturanstieg sind. In einer 2014 von John Cook an der University of Queensland durchgeführten Studie wurde ermittelt, dass 97% aller Klimaforscher in diesem Punkt übereinstimmen, auch wenn über den exakten Anteil des menschlichen Beitrags keine vollständige Einigkeit herrscht.

Allem Experten-Know-how zum Trotz gibt es Gegenstimmen, die alles daransetzen, den menschlichen Anteil an der Erderwärmung herunterzuspielen, so z.B. eine kleine, aber sehr wohlhabende Clique um die US-amerikanischen Gebrüder Koch. Charles und David Koch stehen Koch Industries vor, einem globalen Mischkonzern, der vor allem in CO_2-intensiven Industrien wie Erdöl, Erdgas, Chemie, Energie, Asphalt, Kunstdünger und Kunststoff tätig ist. Bereits der Mitgründer des Unternehmens Frank Koch betrieb Raffinerien in

Nazi-Deutschland und produzierte noch Benzin für die Deutschen, als die USA bereits in den Zweiten Weltkrieg eingetreten waren. Das Unternehmen ist heute mit über 100.000 Mitarbeitern die zweitgrößte nicht börsennotierte Gesellschaft in den Vereinigten Staaten. Die Gebrüder Koch sind nach der aktuellen Forbes-Liste mit einem geschätzten Vermögen von 48,3 Milliarden Dollar auf Platz 8 der weltweiten Milliardäre. Im letzten Präsidentschaftswahlkampf in den USA haben die Koch-Brüder die republikanischen Kandidaten, allen voran Donald Trump, mit geschätzten 900 Millionen Dollar unterstützt. Dennoch wird von allen Beteiligten eine mögliche Einflussnahme in das Reich der Unterstellung verwiesen.

Doch es sind nicht nur politische Kurzsichtigkeiten und Egoismen von einflussreichen Interessengruppen, die die Eindämmung der Erderwärmung erschweren werden. Rund ein Viertel der 146 Staaten, die infolge des Klimaabkommens von Paris nationale Klimaschutzpläne angekündigt oder verabschiedet haben, haben diese von finanzieller oder technischer Unterstützung durch die Industrienationen abhängig gemacht. Hierbei handelt es sich zu einem Großteil um sogenannte Schwellenländer, d. h. um ehemalige Entwicklungsländer, deren Pro-Kopf-Einkommen infolge fortgeschrittener Industrialisierung in der jüngsten Vergangenheit deutlich gestiegen ist. Zu diesen Ländern gehören beispielsweise Mexiko, Brasilien, Russland, Indien und China. In diesen Ländern hat sich der Ausstoß von CO_2 seit dem Jahr 2000 mit einem Wachstum von rund 110% mehr als verdoppelt, wie in der Grafik 017 ersichtlich wird.

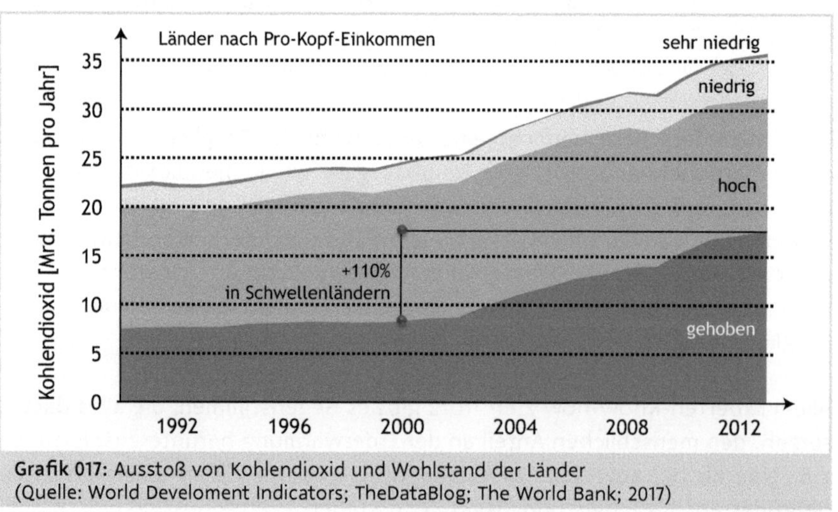

Grafik 017: Ausstoß von Kohlendioxid und Wohlstand der Länder
(Quelle: World Develoment Indicators; TheDataBlog; The World Bank; 2017)

Damit also die Willenserklärung von Paris Realität wird, ist also noch ein Berg an Herausforderungen zu bewältigen. Dies wird nur mit Unternehmenslenkern und Staatschefs zu meistern sein, die bereit sind, langfristig zu denken und ihr Handeln an sich langsam verändernden Variablen auszurichten. Ansonsten wird es uns ergehen wie dem unglückseligen Frosch. Glücklicherweise gibt es selbst in den USA namhafte Unternehmen wie Dow Chemical und General Electric, die sich nach wie vor für den Verbleib der USA in der UN-Klimakonferenz einsetzen. Also doch Grund zur Hoffnung.

2.2.3 Fortwährende Beschleunigung

Der dritte Grund zur Sorge, den ich hier anführen möchte, ist weniger existenziell, zumindest vordergründig. Er hat mit der zunehmenden Geschwindigkeit von Gesellschaften, Unternehmen und Individuen zu tun, mit ihrer schwindenden Fähigkeit, das Tempo bewusst zu drosseln. Dahinter steckt eine weitere kollektive Schwäche von uns Menschen, nämlich die oftmals wenig ausgebildete Fähigkeit, gut für uns selbst zu sorgen. Wenn man wie ich einerseits gerne auf dem Land lebt und andererseits beruflich in Metropolen der westlichen Welt wie London, Paris, Frankfurt oder Chicago unterwegs ist, dann fällt das enorme Tempo auf, mit dem sich die Menschen dort durch die Straßen bewegen, und ihr kollektiver Versuch, aus jeder Minute des Tages das Maximale herauszuholen: Frühstück im Gehen, auf einem Ohr Musik, parallel dazu ein kurzes Telefonat oder noch schnell eine WhatsApp absetzen und das Ganze in einer Geschwindigkeit, dass mir oft Hören und Sehen vergeht. Bereits das Zuschauen ist anstrengend und der Vergleich mit Hamstern im Laufrad drängt sich auf. Wenn mehrere dieser kleinen Tierchen gleichzeitig in einem Laufrad sind, dann lässt sich dieses nach kurzer Zeit kaum noch stoppen. Es wird immer schneller, weil immer einer der Hamster Gas gibt, obwohl er eigentlich nur Schritt halten möchte. Das geht so lange weiter, bis es die einzelnen Tiere schließlich aus dem Rad katapultiert. Der britische Psychologe Richard Wiseman von der University of Hertfordshire hat in einer Studie nachgewiesen, dass sich die Durchschnittsgeschwindigkeit von Fußgängern in einzelnen Metropolen durchaus signifikant unterscheidet, und weiter noch, dass diese innerhalb von 13 Jahren international um durchschnittlich 10% zugenommen hat. Gemeinsam mit seinem Team maß Wiseman zu vergleichbaren Ortszeiten am selben Wochentag die Zeit, die 35 zufällig ausgewählte Fußgänger benötigten, um knapp 20 Meter auf einem innerstädtischen Bürgersteig zurückzulegen. Die Wissenschaftler legten Wert darauf, dass dieser frei von Hindernissen und so gut zu begehen war, dass kein Slalom und kein Stau die Messwerte verfälschen konnten. Die Ergebnisse sind in der Grafik 018 dargestellt.

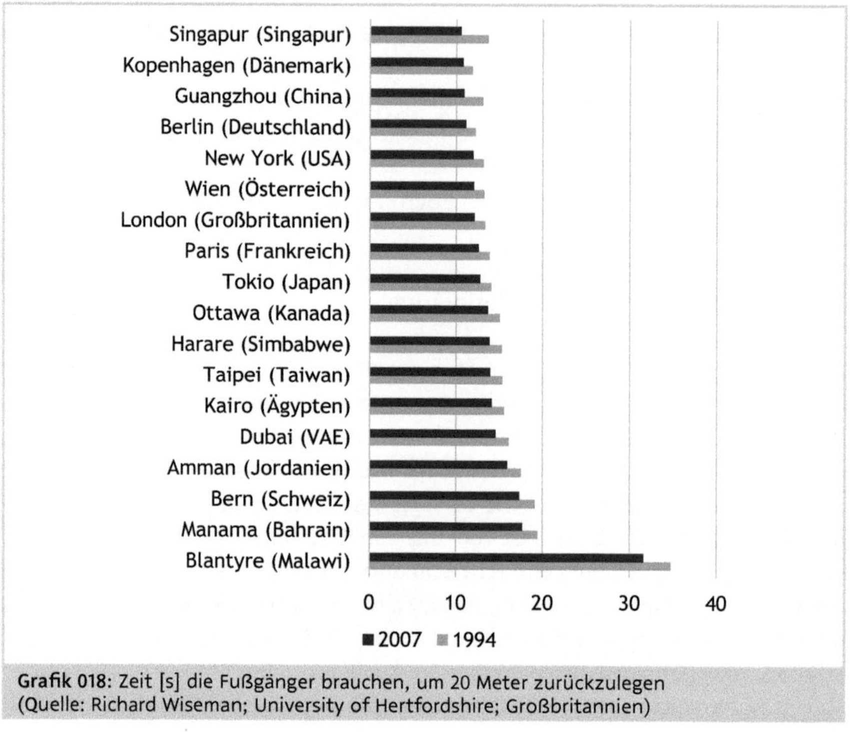

Grafik 018: Zeit [s] die Fußgänger brauchen, um 20 Meter zurückzulegen (Quelle: Richard Wiseman; University of Hertfordshire; Großbritannien)

Von allen Metropolen der Welt sind Fußgänger in Singapur am schnellsten unterwegs. Dort hat die Geschwindigkeit im Vergleich zur ersten Messung 13 Jahre zuvor um ganze 30% zugelegt. Nur wenig langsamer geht es in Berlin, New York, London und Paris zu. Hier hat sich das Tempo um 10% erhöht. Deutlich gemächlicher ist man hingegen in Blantyre in Malawi unterwegs. In dieser Stadt, die immerhin auch rund 750.000 Einwohner zählt, brauchen Fußgänger für die gleiche Strecke rund dreimal solange wie in Singapur.

Der in der durchorganisierten und technisierten Welt des Informationszeitalters gewachsene Effizienzdruck macht dabei auch vor den eigenen vier Wänden nicht halt. Ein Indikator dafür ist die Menge an Schlaf, die wir an Werktagen bekommen. 97% der Menschen brauchen zwischen sieben und acht Stunden Schlaf, um sich zu regenerieren und gesund zu bleiben. Ausreichender Schlaf ist wichtig für zentrale Funktionen wie das Immunsystem, den Stoffwechsel und die Psyche des Menschen. Chronischer Schlafmangel hat viele negative Folgen. Schläft man über viele Jahre regelmäßig weniger als sieben Stunden, so kann das langfristig zu verschiedenen Störungen von kognitiven Beeinträchtigungen über psychische Störungen wie Depressionen bis hin zu Herz-Kreislauf-Erkrankungen führen. Von der Beeinträchtigung der Lebensqualität ganz zu schweigen. Eine Studie der US-amerikanischen National Sleep Foundation zeigt, dass in Japan beunruhigende 66% der Bevölkerung dauerhaft zu wenig schlafen. Hier gibt es auch die höchste Selbstmordrate innerhalb der für die Studie ausgewählten Länder. In den USA bekommen mit 53% mehr als die Hälfte der Menschen regelmäßig zu wenig Schlaf, in Großbritannien sind es 39% und in Deutschland 36%.

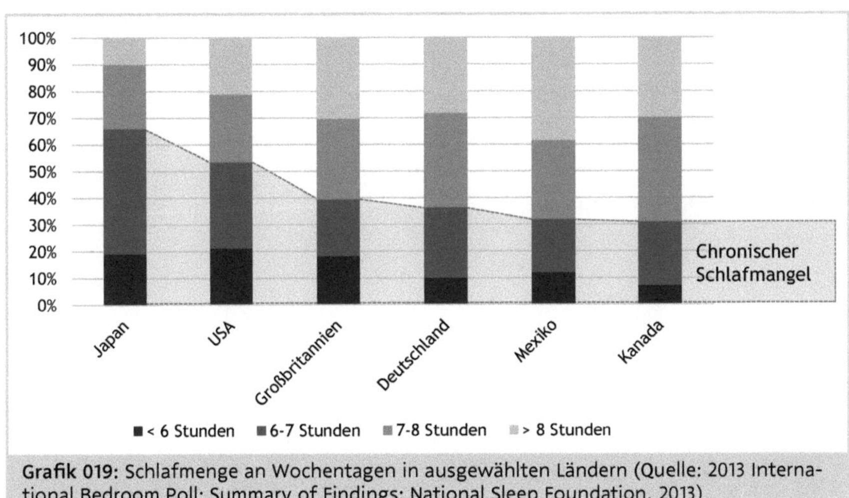

Grafik 019: Schlafmenge an Wochentagen in ausgewählten Ländern (Quelle: 2013 International Bedroom Poll; Summary of Findings; National Sleep Foundation, 2013)

Die Tendenz verschlechtert sich, wie andere Studien belegen. So hat in den USA die Häufigkeit, weniger als sechs Stunden zu schlafen, von 1985 bis 2015 um ganze 33% zugenommen, wie in der Grafik 020 zu sehen ist.

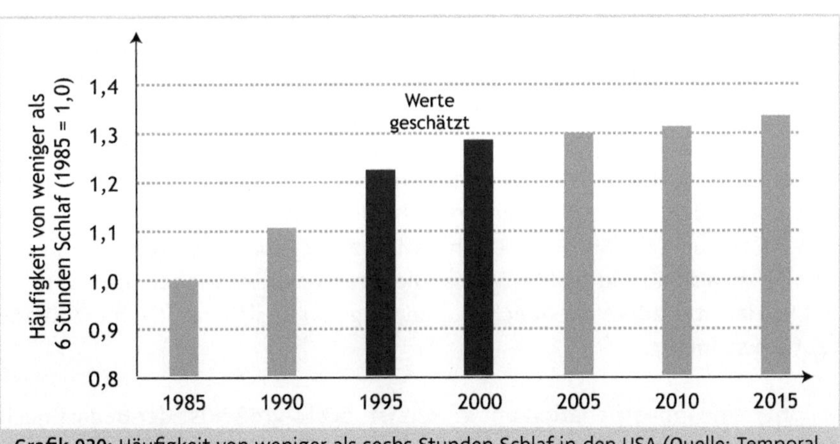

Grafik 020: Häufigkeit von weniger als sechs Stunden Schlaf in den USA (Quelle: Temporal changes in sleep duration among US adults aged ≥ 18 y, National Health Interview Survey)

Ähnliche Tendenzen sind auch für die anderen zuvor genannten Länder zu vermuten. Der Effizienzgedanke, der ja eigentlich ursprünglich aus der tayloristischen Fließbandproduktion kommt, hat sich augenscheinlich bereits sehr tief bis in unser Privatleben hineingearbeitet. Dabei ist zu viel Arbeit der Effizienz nachweislich abträglich. Dies konnte in einer Untersuchung in 35 hoch entwickelten Industrienationen, die sich zur OECD (Organisation für wirtschaftliche Zusammenarbeit und Entwicklung) zusammengeschlossen haben, gezeigt werden.

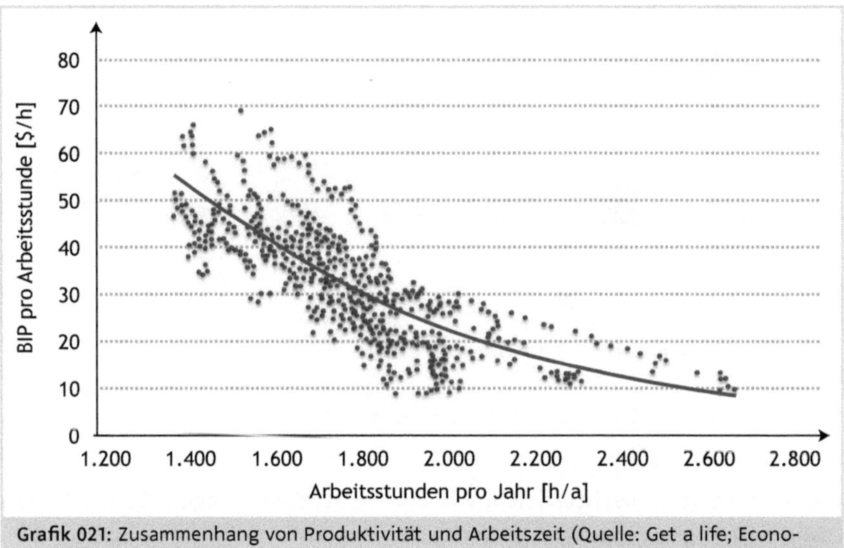

Grafik 021: Zusammenhang von Produktivität und Arbeitszeit (Quelle: Get a life; Economist.com; OECD; 09/2013)

Wie in der Grafik 021 zu sehen ist, haben Nationen mit vergleichsweise wenigen Arbeitsstunden pro Jahr eine bis zu siebenmal höhere Produktivität als die Länder, in denen sehr viel gearbeitet wird. Die Produktivität wird hierbei durch das Bruttoinlandsprodukt (BIP) pro geleisteter Arbeitsstunde ausgedrückt. Viel gearbeitet wird z.B. in Griechenland. Dort werden jährlich weit über 2.000 Arbeitsstunden erbracht. In Deutschland hingegen sind es im Schnitt nur 1.400 Stunden. Doch dafür ist die Produktivität hier um circa 70% höher als im Land der Akropolis. Die Deutschen verbringen also weniger Zeit im Hamsterrad als die Griechen. Allerdings dreht sich das Rad hierzulande deutlich schneller.

Je höher eine Industrienation entwickelt ist, desto größer ist der Bedarf nach bewusster Entschleunigung und nach einem Gegenwicht zur fortwährenden Produktivität. Geschieht dies nicht, droht die Gesellschaft als Ganzes zu erschöpfen. Doch es ist gar nicht so einfach, bewusst auf die Bremse zu treten, wenn einem die Angst im Nacken sitzt, z. B. weil Wirtschaftskrisen oder der zunehmende Wettbewerb den Fortbestand des eigenen Unternehmens massiv infrage stellen. Wenn das über viele Jahre andauert, kann das sogar zu psychischen Störungen wie einer Depression oder zum Burnout-Syndrom führen. Hier spricht die Entwicklung der letzten Jahre eine deutliche Sprache.

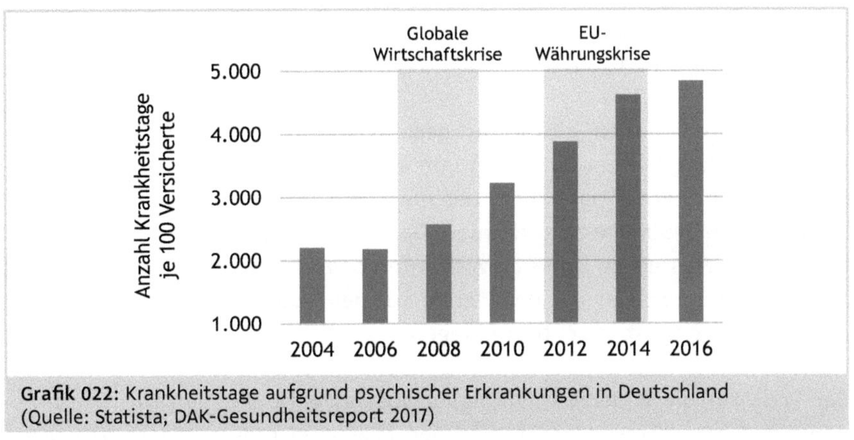

Grafik 022: Krankheitstage aufgrund psychischer Erkrankungen in Deutschland (Quelle: Statista; DAK-Gesundheitsreport 2017)

Die Grafik 022 zeigt die Gesamtzahl der Krankheitstage je 100 Krankenversicherte infolge psychischer Erkrankungen in der Zeit von 2004 bis 2016. Auch wenn die Zahlen in Deutschland seit 2014 mittlerweile leicht rückläufig sind, hat sich die Anzahl der jährlich diagnostizierten psychischen Erkrankungen seit Beginn der globalen Wirtschaftskrise 2007/2008 mehr als verdoppelt. Auch während der EU-Währungskrise, in der man das Auseinanderbrechen der gesamten europäischen Wirtschaftsunion fürchtete, stiegen die Zahlen deutlich weiter an. Sicherlich wird kein einziger der Betroffenen seine individuelle Erkrankung mit einer der beiden genannten Wirtschaftskrisen in Verbindung bringen. Dieser Zusammenhang ist in der Tat höchst indirekt und nur schwer nachzuweisen. Aber es erscheint nachvollziehbar, dass die Gefährdung der eigenen wirtschaftlichen Existenz uns als Menschen dazu veranlasst, eher härter zu arbeiten und auf vermeintlich unwichtige Details, wie bewusste Entschleunigung, eher zu verzichten. Und es ist ebenfalls nachgewiesen, dass ein hohes lange währendes Engagement, das durch Unsicherheit oder gar Angst motiviert ist, kurzfristig zu weniger Lebensqualität und mittelfristig zu mehr psychischen Erkrankungen wie Erschöpfungsdepressionen führen kann.

Jede gesellschaftliche Entwicklung führt mit der Zeit zu einer Gegenentwicklung. Und so erscheint es auch nur mehr als logisch, dass es in den letzten Jahren einen regelrechten Run auf Angebote zur bewussten Entschleunigung und Achtsamkeit gibt. Immer mehr Unternehmen aller Größen und Industrien springen auf den Zug auf und lassen ihren Mitarbeitern entsprechende Workshops und Seminare zuteilwerden. Prinzipiell ist das eine gute Entwicklung, aber sie adressiert Symptome auf der Ebene des Individuums. Die nächste Stufe muss es sein, den Aspekt der fortwährenden Beschleunigung auf gesellschaftlicher Ebene und vor allem in den Unternehmen selbst anzugehen, z. B. durch eine geeignete Unternehmensstrategie und eine Kultur der Achtsamkeit. Das ist ein langer, aber sehr lohnenswerter Weg, auf den ich später noch näher eingehen werde.

Wie wir gesehen haben, gibt es auf gesellschaftlicher Ebene zahlreiche positive Entwicklungen zum Guten hin und einige gravierende negative Entwicklungen, die das Potenzial haben, das menschliche Leben radikal zu beinflussen und auch in Summe zu gefährden. Dennoch besteht kein Grund, den Kopf in den Sand zu stecken und sich Weltuntergangsszenarien hinzugeben. Es ist ziemlich sicher, dass es mit dem Leben auf der Erde weitergehen wird, denn das Leben an sich ist kaum totzukriegen.

Der Preis für die widerstandsfähigste Spezies geht übrigens an den sogenannten Wasserbären, einen rund einen Millimeter großen Wasserbewohner mit echten Superkräften, der Biologen aufgrund seiner tapsig wirkenden Fortbewegung an Bären erinnert. Schlechte Zeiten wie Sauerstoffmangel oder veränderten Salzgehalt kann er durch eine Art Todesschlaf überstehen. Auch kann er seinen Körper anpassen und so auf geänderte Umweltbedingungen und Nahrungszufuhr reagieren. Er kann sogar einzelne seiner acht Gliedmaßen reproduzieren, sollten diese einmal abgetrennt werden.

Den zweiten Platz dürfte der Axolotl für sich beanspruchen, ein mexikanischer Schwanzlurch, der im Wasser lebt und etwa 25 Zentimeter lang wird. Auch diese Spezies verfügt über die Fähigkeit, Gliedmaßen, Organe und sogar Teile des Gehirns und Herzens wiederherzustellen. Doch von diesen Tieren zu lernen, wird uns schwerfallen, denn allein die grundlegende Kommunikation mit beiden Arten wird wohl kompliziert werden.

Viele Experten prognostizieren das Aussterben der menschlichen Art, schließlich sind auch die einstmals allesbeherrschenden Dinosaurier nach einer Periode von rund 170 Millionen Jahren ausgestorben, wenn auch sehr wahrscheinlich infolge eines Meteoriteneinschlags oder gewaltigen Vulkanausbruchs. Der Beginn menschlichen Lebens wird heute auf einen Zeitpunkt vor ungefähr 7 Millionen Jahren festgelegt. Der moderne Mensch existiert mittlerweile seit rund 2,8 Millionen Jahren, wie jüngste Funde von Kieferknochen in Äthiopien gezeigt haben. Wenn der Mensch als Spezies in dieser Zeit allerdings etwas unter Beweis gestellt hat, dann, dass er sich an verändernde Umweltbedingungen anpassen kann. Den Großteil unserer Vergangenheit waren wir nicht an der Spitze der Nahrungskette, sondern wir Menschen waren Nahrung, da wir den Lebensraum der afrikanischen Savanne mit mächtigen Jägern wie Höhlenlöwen, Säbelzahntigern und dem Arctodus, dem größten Bären, der jemals gelebt hat, teilten. Und wir haben nicht nur überlebt, sondern wir haben uns als Spezies durchgesetzt, wofür nach heutigen Erkenntnissen im Wesentlichen die Kultivierung des Feuermachens und Kochens verantwortlich war. Menschen können heute in Temperaturzonen mit Extremwerten von -30 bis +50 °C leben, in Sümpfen genauso wie in Wüsten und im Gebirge ebenso wie im Flachland. Wir können nachweislich ohne Elektrizität, Kühlschränke, Internet und Mobiltelefone überleben, denn all dies war vor 150 Jahren noch nicht erfunden. Wir sind vielleicht nicht die robusteste, aber sicherlich die erfinderischste und anpassungsfähigste Spezies, die je auf diesem Planeten gelebt hat. Von daher wird es für uns ziemlich sicher weitergehen. Dass es aber so bleibt wie bisher, ist nach Lage der hier gezeigten Fakten völlig ausgeschlossen. Doch wie genau wird es weitergehen? Bei aller Spekulation ist eines wohl sicher: So weitermachen wie bisher ist keine mögliche Option, wenn die Menschheit langfristig überleben soll.

2.2.4 Auseinanderdriftende Gesellschaft

Wie wir im Kapitel »Unternehmen: unberechenbare komplexe Systeme« gesehen haben, sind wir Menschen nicht in der Lage, ohne weitere Hilfsmittel Beziehungen zu mehr als 150 Menschen unterhalten. Wir können eine derartige Vielzahl von Kommunikationswegen schlicht nicht überblicken. Das bedeutet aber auch, dass es uns von Natur aus schwerfällt, uns mit größeren sozialen Gebilden als unserer Familie, unserem Verein oder der Nachbarschaft zu identifizieren. Denn alles, was größer ist, geht über die Gruppengröße einer steinzeitlichen Sippe hinaus. Und dennoch gibt es heute riesige Unternehmen, Nationalstaaten und internationale Vereinigungen wie die Vereinten Nationen oder die Europäische Union.

Wie kann das sein und vor allem funktionieren? Soziologen vermuten, dass die Menschheit allmählich die Fähigkeit entwickelt hat, Geschichten zu erzählen, um sich mit größeren, komplexeren und abstrakteren Ideen und Systemen zu identifizieren. Doch dies sind nicht irgendwelche Geschichten. Damit sie wirken, müssen sie spannend und emotionsgeladen sein und vom Kampf mit anderen Mächten, von Siegen und Niederlagen erzählen. Diese Mythen sorgen dafür, dass wir uns beispielsweise als Teil von General Electric, Daimler oder Toshiba fühlen, wenn wir irgendwann in unserer Vergangenheit ein Stück Papier mit Firmenlogo und dem Aufdruck »Arbeitsvertrag« unterzeichnet haben. Dies funktioniert umso besser, wenn wir unsere Zugehörigkeit fühlen können, beispielsweise, wenn wir die Geschichte erzählt bekommen, besonders zu sein, und mit anderen Unternehmen, also Menschen mit anderem Firmenlogo auf dem Arbeitsvertrag, im Wettbewerb zu stehen. Die allgemein akzeptierte Geschichte zu Währungen sorgt dafür, dass wir an sich wertlose Papierscheine gegen Waren tauschen können. Das erfordert vor allem Vertrauen. Der Mythos »Währung« sorgt auch dafür, dass wir diese Scheine in andere Scheine tauschen können, die in anderen Gegenden akzeptiert werden. Der Wert, den diese Scheine relativ zu unseren eigenen haben, macht dabei eine Aussage darüber, welches Volk wohlhabender ist. Die Geschichte von Völkern wiederum sorgt dafür, dass Menschen sich mit anderen Menschen verbunden fühlen, die in derselben Gegend geboren wurden. So fühlen sich US-Amerikaner als Teil von 322 Millionen anderen US-Amerikanern und Deutsche identifizieren sich mit ihren 83 Millionen Mitbürgern. Auch ein Brite oder ein Schweizer identifiziert sich mit seinen Landsleuten, obwohl innerhalb des jeweiligen Landes allerlei verschiedene Sprachen und Dialekte gesprochen werden. Man hat Meinungen zu anderen Völkern, und das sogar, ohne jemals einen Vertreter dieser Gruppe persönlich näher kennengelernt zu haben. Das funktioniert vor allem dann, wenn wir mit anderen Völkern im Wettstreit stehen, beispielsweise im Krieg, im Wettlauf zum Mond oder bei den Olympischen Spielen. Ein gemeinsames »Feindbild« schweißt zusammen und sorgt dafür, dass der Mythos »Volk« funktioniert.

Geschichten, die von allen geglaubt werden, sind also wichtig, um die Zugehörigkeit zu einem abstrakten sozialen System, das über die eigene Person und die jeweilige Sippe hinausgeht, aufzubauen und zu stabilisieren. Solche Geschichten werden von Politikern geprägt und von Medien ausgeschmückt. Durch die beständige Wiederholung wird der Mythos allmählich wahr. Er wird Teil des kollektiven Bewusstseins. Die Geschichte funktioniert aber nur dann, wenn sie emotional ist und beispielsweise von Wettstreit oder gemeinsamen Bedrohungen berichtet. Der Hollywood-Klassiker »Independance Day«, der vom deutschen Regisseur Roland Emmerich erdacht wurde, ist so eine Geschichte, in der sich die Menschheit vereint und sich gemeinsam gegen eine übermächtige Armada böser Aliens zur Wehr setzt. Wie bei jeder guten Heldengeschichte gibt es auch bei dieser ein erfolgreiches Ende. Sieht man von der Mindermeinung einiger Ufologen ab, sind Außerirdische jedoch aktuell nicht die größte Bedrohung für den Fortbestand der Menschheit. Und auch sonst bleibt die Geschichte Utopie, denn leider gelingt es uns Menschen noch nicht, uns durch emotionale Storys mit der gesamten Menschheit zu identifizieren. Das könnte darin begründet liegen, dass der größte Feind der Menschheit der Mensch selbst ist. Das lässt sich jedoch nur schwer in eine gute und griffige Geschichte verpacken.

Für manche mag ihr Dorf, ihre Stadt oder die Gegend, aus der sie stammen, die höchste Identitätsebene darstellen. Viele sehen sich selbstverständlich als Teil eines Volkes oder Landes. Wenige identifizieren sich gar mit dem Kontinent, auf dem sie geboren sind oder einer Staatengemeinschaft wie Europa, die ein ähnliches kulturelles Erbe teilt. Aber kaum ein Mensch identifiziert sich mit der gesamten Erdengemeinschaft. Das Problem dabei ist jedoch, dass wir die anstehenden Herausforderungen, die den Fortbestand der menschlichen Zivilisation infrage stellen, nur gemeinsam, also als menschliche Gesellschaft, die auf der Erde lebt, lösen können. Doch hierfür fehlen uns, wie gesagt, noch die Geschichten, die von allen geglaubt werden und die in der Lage sind, die Menschheit zu vereinen.

Leider ist auch keine Tendenz zu erkennen, die es leichter macht, solche Mythen zu etablieren. Im Gegenteil: Erstarkende nationalistische Strömungen in vielen Ländern auf der ganzen Welt betonen völkische Egoismen und schüren niedere Instinkte wie Angst und Hass, wodurch sie eher für Abgrenzung als für Vernetzung sorgen. Zudem gibt es gescheiterte Nationalstaaten, sogenannte Failed States, da sie für ihr Volk keine Sicherheit, Grundversorgung und Rechtsstaatlichkeit gewährleisten können. Länder wie Somalia, Jemen, Sudan und Syrien gelten damit als unrettbar abgehängt. Doch in ihnen leben zusammengenommen mehr Einwohner als beispielsweise in Deutschland. Ähnliches gilt für viele andere Entwicklungsländer, die berechtigterweise am steigenden weltweiten Wohlstand teilhaben möchten, denen aber der Zugang dazu fehlt.

Soziale Institutionen, die zumindest theoretisch die langfristigen Interessen von großen Teilen der Menschheit im Blick haben sollten und zudem über umfangreiche finanzielle Ressourcen und einen gewissen Einfluss verfügen, sind beispielsweise die Vereinten Nationen, die Europäische Union und der Internationale Währungsfonds. Doch diesen Organisationen fehlen die Umsetzungsmöglichkeiten, um die Herausforderungen der Menschheit angemessen zu adressieren.

Ein weiterer Aspekt in diesem Zusammenhang ist die Veränderung der Medienlandschaft. Heute beziehen bereits mehr als ein Drittel der Menschen in der westlichen Welt ihre Informationen primär aus dem Internet, Tendenz stark steigend. Während die professionelle Medienlandschaft zumindest theoretisch einen Informationsauftrag hat und im Austausch dafür vom Staat Pressefreiheit zugesichert bekommt, ist die Berichterstattung vor allem in den sozialen Medien bereits vom Grundsatz her populistisch und keinesfalls objektiv. Das bedeutet, es wird geposted, was die meisten Likes erzeugt, und subjektive Bedeutsamkeit geht vor objektiver Bedeutung. Soziale Medien und

Aggregatoren von Nachrichten richten sich dabei nach den Vorlieben ihrer Nutzer, welche sie aus deren Online-Verhalten ableiten. Menschen, die online liberales Gedankengut liken, erhalten dadurch vorrangig Informationen, die ebenfalls als liberal einzustufen sind, da diese am ehesten auf Gefallen bei den Nutzern stoßen und damit weitere Likes erhalten. Umgekehrt sind im Newsfeed nationalistisch eingestellter Menschen auch vorrangig entsprechende Inhalte zu finden. Der US-amerikanische Manager Eli Pariser hat hierfür den Begriff der Filterblasen geprägt. Menschen in Industrienationen bewegen sich laut seiner These zunehmend in einer digitalen Blase, in der sie ausschließlich mit solchen Informationen in Berührung kommen, die ihrem Weltbild entsprechen. Unglücklicherweise ist dies genau der Teil der Menschheit, der theoretisch das Potenzial hätte, die menschliche Gesellschaft weiterzuentwickeln. Im Umkehrschluss sind diese Menschen, also auch Sie und ich, ohne eigenes Zutun völlig unwissend, was das Weltbild einer vermeintlichen Gegenseite ist. Wie sonst sind unvorhergesehene Entwicklungen wie der sogenannte Brexit oder die für Europa überraschende Wahl von Donald Trump zum 45. US-Präsidenten erklärbar? Dieses populistische Grundprinzip des Internets gekoppelt mit den technischen Möglichkeiten der neuen Medien sorgt dafür, dass einzelne soziale Gruppierungen immer weiter auseinander und voneinander weg driften. Doch das ist genau die falsche Richtung, wenn wir als menschliche Gesellschaft unseren Fortbestand sichern wollen.

2.3 Unternehmen als Gestalter der Zukunft?

Probleme im Außen sind immer auch ein Spiegel der Probleme im Inneren.
(Otto Scharmer, deutschstämmiger Organisationsvordenker)

Wie wir im Kapitel »Grund zur Hoffnung« gesehen haben, ist die menschliche Spezies im Kollektiv durchaus in der Lage, Großes zu leisten. Dies ist umso bemerkenswerter, da wir uns auf individueller Ebene kaum von unseren Vorfahren unterscheiden, die vor 10.000 Jahren das Jäger- und Sammlertum zugunsten von festen Siedlungen und Landwirtschaft eingetauscht haben. Wir unterscheiden uns bemerkenswerterweise tatsächlich weder in der Größe unseres Gehirns noch in anderen physiologischen oder genetischen Merkmalen von unseren Ahnen aus der Jungsteinzeit. Anders formuliert würde ein Steinzeitmensch, der heute geboren wird und in einer normalen Familie aufwächst, sich ohne Weiteres in unsere heutige Gesellschaft einfügen können. Das bedeutet im Umkehrschluss, dass alle modernen Errungenschaften wie Technologie, aber auch Wertesysteme, Moralvorstellungen bis hin zu konkreten Gesellschafts- und Organisationsformen darauf basieren, dass wir uns als menschliche Spezies kollektiv entwickelt haben, wenn auch zumeist nicht geplant. Die Erkenntnis, dass gesellschaftliches Lernen nicht nur theoretisch möglich ist, sondern auch tatsächlich stattfindet, lässt es plausibel erscheinen, dass wir die hausgemachten globalen Herausforderungen, vor denen die Menschheit steht, zumindest prinzipiell bewältigen könnten. Wie wir noch im Kapitel »Wie Unternehmen entwickeln« sehen werden, sind kollektive, gesellschaftliche Entwicklungen immer auch das Resultat der Entwicklungsstufe, auf der sich die machtvollen, einflussreichen bzw. meinungsbildenden Personen einer Gesellschaft oder Organisation befinden. Oder anders ausgedrückt: Die Motive und Werte der Mächtigen geben den Rahmen für die Motive und Werte einer Gesellschaft oder Organisation vor.

Im Kapitel »Grund zur Sorge« haben wir uns damit beschäftigt, welche Herausforderungen uns bevorstehen. Diese haben im Kern mit vier Schwächen in der menschlichen Art zu denken zu tun:

1. Es fällt uns sehr schwer, mit exponentiellem Wachstum umzugehen, da wir es gewohnt sind, linear zu denken.
2. Es mangelt uns an der Fähigkeit, sich langsam entwickelnde Variablen wahrzunehmen.
3. Unsere Fähigkeit zu Abgrenzung und effektiver Selbstfürsorge ist nicht ausreichend ausgeprägt.
4. Wir haben Probleme damit, uns ohne einen gemeinsamen Feind mit mehr als 150 Menschen gleichzeitig verbunden zu fühlen.

All dies führt dazu, dass wir anstelle von globalen, kollektiven Interessen lieber lokale, egoistische Motive verfolgen. Diese vier Schwächen sind die Grundlage der Herausforderungen, die aktuell das Fortbestehen der menschlichen Zivilisation in ihrer heutigen Form infrage stellen. Es ist daher eher unwahrscheinlich, dass wir unsere Probleme mit derselben Denkweise lösen werden können, mit der wir globale Phänomene wie ansteigende Meeresspiegel und ein überbordendes Bevölkerungswachstum erst hervorgebracht haben. Doch wie lässt sich die kollektive Art zu denken und die dahinterliegende innere Haltung willentlich verändern? Als menschliche Spezies hatten wir noch nie zuvor so viele individuelle Freiheitsgrade wie heute. In immer mehr Ländern können Menschen heute selbst entscheiden, wie sie ihr Leben gestalten möchten. So sind die gesellschaftlichen Einschränkungen, wie sie beispielsweise die Ständeordnung des späten Mittelalters für die Berufs- aber auch Partnerwahl mit sich brachten, heute in weiten Teilen der Welt vollständig entfallen. Natürlich gibt es immer noch sehr viele Beschränkungen, was beispielsweise Chancengleichheit und soziale Gerechtigkeit angeht, doch insgesamt ist das Maß an individueller Freiheit heutzutage sehr viel größer als früher. Dies gilt insbesondere für Industrienationen und die meisten Schwellenländer. Doch ein Mehr an Freiheit ist nicht immer ausschließlich gut. Steigende Freiheitsgrade bedeuten auch weniger gemeinsame Werte- und Moralvorstellungen. Mit der fortschreitenden Verweltlichung der westlichen Gesellschaft geht nicht nur die moralische Gängelung durch die Kirche zurück, sie führt auch zu einem Auseinanderdriften von Moralvorstellungen und Wertekanon innerhalb der Bevölkerung. Wir müssen also im Vergleich zu früheren Generationen heute viel mehr Aufwand darauf verwenden, um für uns selbst herauszufinden, was richtig ist. Diese Entwicklung des inneren Kompasses macht die Wahl aus, vor der wir als menschliche Spezies stehen. Das »Selber-Denken« ist einerseits gut, denn es fördert Autonomie und Eigenständigkeit. Andererseits führt es dazu, dass viele Menschen sich nicht mehr an einstmals gemeinsame Werte wie Rücksichtnahme, Solidarität oder Integrität gebunden fühlen.

Am Massachusetts Institute of Technology (MIT) beschäftigt man sich bereits seit vielen Jahrzehnten mit gesellschaftlichen Veränderungsprozessen. Der deutschstämmige Sozialpsychologe Kurt Lewin lehrte hier von 1944 bis 1947 und entwickelte mit seinem 3-Phasen-Modell einen der noch heute gängigen Ansätze im Change Management, nach dem bei jeder willentlichen Veränderung eines Systems die Schritte »Auftauen«, »Verändern« und »Einfrieren« durchlaufen werden müssen. Auch der Schweizer Psychologe Edgar Schein forschte und lehrte hier. Er wurde stark von der Arbeit Lewins beeinflusst und gilt heute als einer der Begründer der Organisationsentwicklung. Mit seinem Modell zur Organisationskultur hat er erstmals psychologische Konzepte wie das Eisbergmodell von Sigmund Freud auf Organisationen angewendet.

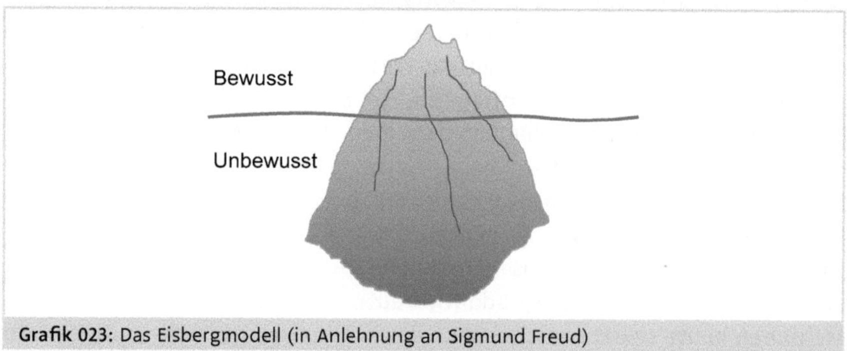

Grafik 023: Das Eisbergmodell (in Anlehnung an Sigmund Freud)

Nach seiner Theorie lässt sich die Kultur eines Unternehmens auf drei verschiedenen Ebenen beschreiben.

1. Sichtbare Verhaltensweisen, Erzeugnisse, Rituale, Mythen (bewusst)
2. Kollektive Werte, Gefühl für das »Richtige« (teilweise bewusst)
3. Grundannahmen hinsichtlich der Beziehung zu Menschen, Umwelt unter anderem (unbewusst)

Schein beschäftigte sich außerdem mit den Motiven, die Menschen dazu bringen, für eine Organisation zu arbeiten. Hierbei unterschied er unter anderem monetäre Interessen, das Streben nach Zugehörigkeit und die Suche nach Selbstverwirklichung.

Der US-Amerikaner Peter Senge, ebenfalls Organisationspsychologe am MIT, entwickelte basierend auf Scheins Arbeiten die Idee der Lernenden Organisation, die sich aus sich selbst heraus und in Wechselwirkung mit ihrem Umfeld auf verschiedenen Ebenen weiterentwickelt. Nach den Erkenntnissen Senges braucht es Fähigkeiten in fünf verschiedenen Disziplinen, um die archetypischen Verhaltensmuster von Systemen zu durchschauen und die Lernfähigkeit eines Unternehmens zu gewährleisten. Diese sind:

1. Individuelle Weiterentwicklung der handelnden Personen
2. Klarheit über die mentalen Modelle und Menschenbilder, die vorgelebt werden
3. Entwicklung einer gemeinsamen Vision, für die es sich zu lernen lohnt
4. Gemeinsames Lernen durch Reflexion im Team
5. Lernen, in Systemen zu denken

Basierend auf den Vorarbeiten von Lewin, Senge und Schein sowie den Ansätzen von Ken Wilber, die Sie noch im Kapitel »Wie sich Unternehmen entwickeln« kennenlernen werden, leitete schließlich der deutsche Wirtschaftswissenschaftler Claus Otto Scharmer, ebenfalls Professor am MIT, eine Methode ab, die dabei helfen könnte, unsere hinderlichen Denk- und Verhaltensmuster zu überwinden: die »Theorie U«.

2.3.1 Die Zukunft ins Hier und Jetzt bringen

Scharmer kommt in seiner Arbeit zu dem Schluss, dass die aktuellen gesellschaftlichen Herausforderungen nicht mit alten Denk- und Handlungsweisen gelöst werden können. Was es seiner Meinung nach braucht, ist ein neues Bewusstsein, das Menschen dazu in die Lage versetzt, anders als bisher auf kleine und große Problemstellungen zu reagieren. Hierzu bezieht er die Ebene eines höheren Bewusstseins mit ein, was in dieser Form ein Novum in der Entwicklung von Organisationen ist. Seinen Ansatz versteht er als soziale Technik, um das ego-getriebene Gewohnheitswissen und Gewohnheitshandeln von uns Menschen kritisch zu hinterfragen. Er bezeichnet den Zustand des Festhaltens an festgefahrenen Überzeugungen und routinemäßig eingeübten Verhaltensmustern als »Downloaden«. Aus diesem Zustand kann nach seiner Analyse kein neues Denken und Handeln entstehen.

Was es stattdessen braucht, ist ein aktives Loslassen von Überzeugungen und ein schrittweises Einlassen auf das, was aus Sicht eines größeren Kontextes entstehen will. Dieser Prozess lässt sich in Form des Buchstabens »U« darstellen; deswegen auch »Theorie U«. Dazu braucht es eine spezielle Form des Erspürens, die Scharmer als Presencing bezeichnet, also als eine Mischung aus Presence und Sensing bzw. Gegenwart und Erspüren. Das Element des Sensing ist dabei nicht nur in analytischer, sondern durchaus auch in kontemplativer Weise zu verstehen. Es geht darum, sich selbst sowie das eigene Wissen und Handeln in Wechselwirkung mit anderen in einem größeren Kontext zu erspüren. Hierbei integriert Scharmer Elemente der Achtsamkeit als eine nichtwertende Art der Wahrnehmung dessen, was gerade passiert.

Um zu erspüren, was aus gesellschaftlicher Sicht entstehen will, braucht es zunächst die bewusste Loslösung vom eigenen Ego, das häufig von negativen Emotionen wie Angst und Ablehnung gespeist wird. Diese bewusste, stufenweise Loslösung vom Heute bzw. dem Schon-Gewussten führt schließlich zum Boden des »U«, den er als den »Null-Punkt des Nicht-Wissens« bezeichnet. Durch das bewusste Ablegen von Überzeugungen und das Öffnen für das eigene Nicht-Wissen erhält die Intuition des Einzelnen einen Raum. Dieser Prozess des Leerwerdens ist im eigentlichen Sinne eine Meditationstechnik. So erscheinen die dazugehörigen Führungsprinzipien »Offener Geist – Offenes Herz – Offener Wille« auch eher ungewöhnlich, wenn man sie mit den klassischen Führungsgrundsätzen vergleicht. Der »Offene Geist« beschreibt dabei vor allem die Fähigkeit, alte Denkgewohnheiten loszulassen. Das »Offene Herz« bedeutet im Wesentlichen die Fähigkeit zu Empathie, die uns in die Lage versetzt, eine Situation aus der Perspektive eines anderen sehen zu können. Der »Offene Wille« meint die Bereitschaft, Altes loszulassen und Neues zu akzeptieren. Ziel dieses Loslassens und Kommenlassens ist es, aus einem Zustand der inneren Leere, unbewusste, schwache und kaum wahrnehmbare Intuitionen und Handlungsimpulse aufzunehmen, die dem weiteren Tun eine Richtung geben können, die mehr ist als die Fortschreibung des bisherigen Handelns. Für Scharmer ist das gemeinsame Tun dabei genauso wichtig wie die eigentliche Besinnung. Es ist der Versuch, bewusst das auszuprobieren, was man als richtig und relevant erspürt hat. Ohne diesen Schritt verändert sich nichts. Für Scharmer ist Presencing nicht nur ein theoretisches Modell, sondern der Versuch, weltweit Handlungsimpulse zu generieren, die dabei helfen können, den Fortbestand der menschlichen Zivilisation zu sichern.

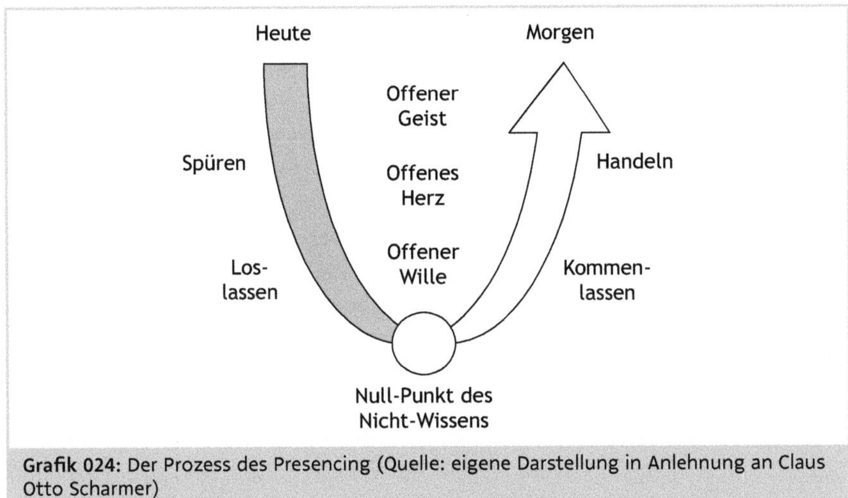

Grafik 024: Der Prozess des Presencing (Quelle: eigene Darstellung in Anlehnung an Claus Otto Scharmer)

Die erste Idee zur Theorie U, deren Funktionsweise in der Grafik 024 dargestellt ist, kam Scharmer durch eine wissenschaftliche Studie in den 1980er-Jahren, in der er rund 150 Topmanager befragte, welche Faktoren sich bei gelungenen Systemumstellungen als hilfreich erwiesen hatten. Das Ergebnis der Untersuchung war, dass Veränderungsprozesse, die sich aus Entwicklungen in der Vergangenheit speisten, häufig scheiterten. Erstaunlicherweise waren Change-Prozesse, die sich aus den Notwendigkeiten der Zukunft ableiteten, eher von Erfolg gekrönt. Seit vielen Jahren versucht Scharmer mit seinen U-Labs – das sind Großgruppenworkshops für Führungskräfte aus verschiedenen gesellschaftlichen Bereichen – weltweit Menschen miteinander zu vernetzen, die die Zukunft mitgestalten möchten. Er versucht mit seiner Arbeit, drei bis dato unverbundene gesellschaftliche Strömungen miteinander zu verbinden und durch gemeinsames Agieren größere und tiefergreifende Veränderungen zu ermöglichen:

1. die weltweite Bürgerrechts- und Friedensbewegung, in der Scharmer selbst aktiv war.
2. die systemische Organisationsforschung, die in Anknüpfung an Peter Senge, Edgar Schein und Kurt Lewin das Ziel hat, großflächige Entwicklungen in Systemen mit Modellen beschreib- und verstehbar zu machen. Das Leben in Systemen war für Scharmer schon früh wahrnehmbar. Seine Eltern betrieben einen Biobauernhof nach dem strengen Demeter-Standard. Die daraus resultierenden Auflagen lassen sich nur erfüllen, wenn Zulieferer, Handel und Direktkunden in Entscheidungen miteinbezogen werden und als Teil eines zusammenhängenden Hofsystems verstanden werden, zu dem auch Pflanzen, Tiere und Menschen gehören.

3. der Achtsamkeit und Kontemplation. Dazu gehören für Scharmer alle großen Weisheitstraditionen wie beispielsweise der Buddhismus und Konfuzianismus, aber auch die Lehren des österreichischen Philosophen und Esoterikers Rudolf Steiner, dem Begründer der Anthroposophie und der Waldorfschulen. Scharmer, der selber früher Waldorf-Schüler war, will mit dem von ihm mitgegründeten *Presencing Institute* eine Plattform bieten, um die verschiedenen Impulse auf der ganzen Welt miteinander zu vernetzen und zu verstärken, denn in den Medien und sozialen Netzwerken wird, wie wir bereits am Anfang dieses Kapitels gesehen haben, in der Regel nicht über positive gesellschaftliche Entwicklungen und konstruktive Impulse berichtet, sondern viel eher über Skandale und Katastrophen.

Scharmer geht es dabei um nicht weniger als ein Systemupdate des Kapitalismus. Zu den wichtigsten Aspekten dieses Updates gehört für ihn ein transparentes Geldwesen, das ausschließlich echter Wertschöpfung dient. Im Kapitel »Aus der Geschichte lernen: von Megatrends und VUKA-Zonen« werden wir uns noch ausführlicher mit der aus gesellschaftlicher Sicht oft destruktiven Wirkung der Kapitalmärkte beschäftigen. Für ihn steht im Fokus, Geld nicht mehr als Mittel zur Spekulation und Selbstbereicherung zu verwenden, sondern zur Ermöglichung gesellschaftlich sinnvoller Unternehmungen, wie es schon heute von vielen ethisch orientierten Geldhäusern praktiziert wird. Weitere Aspekte des Updates sind Maßnahmen, die allen Bürgern mehr Eigeninitiative ermöglichen. Dazu gehören ein freier Zugang zu Bildung sowie eine finanzielle und gesundheitliche Grundversorgung.

Was bedeutet das für konventionelle Unternehmen? Viele Manager, mit denen wir arbeiten, finden die Idee, ihr Handeln von einem höheren Bewusstsein oder gar ihrem Herz leiten zu lassen, äußerst befremdlich. Ebenso vielen anderen Nachwuchsführungskräften erscheint diese Idee absolut sinnvoll und quasi alternativlos.

2.3.2 Die Rolle der Unternehmen

Und in diesem Spannungsfeld bewegen sich nun Unternehmen, ganz egal, ob sie diese Polarität zwischen »altem Denken« und »neuem Denken« für sich wahrnehmen oder nicht. Können global agierende Großkonzerne in einer Zeit, in der Nationalstaaten zunehmend zu Nabelschau übergehen und internationale Organe ohne Biss sind, den Fortbestand unserer Zivilisation gewährleisten? Auch dies ist letztlich eine Frage organisationaler Resilienz. Aktuell sind sich die meisten Unternehmen dieser Verantwortung nicht wirklich bewusst oder sie ist lediglich ein Lippenbekenntnis. Das liegt aber nicht ausschließlich an den Unternehmen, sondern vielmehr auch an den Widersprüchen, die der sozialen Marktwirtschaft an sich bereits innewohnen.

Wie wir im Kapitel »Von individuellen zu kollektiven Bedürfnissen« noch sehen werden, ist der grundlegende Antrieb des Kapitalismus das Streben nach Wachstum und Profitmaximierung. Auf neurobiologischer Ebene entspricht dies dem menschlichen Grundbedürfnis nach Status und persönlicher Entwicklung, wie ich in meinem Buch »Neuroleadership« dargelegt habe. Diese Wirtschaftsordnung entspricht also in ihrem inneren Wirken einem bestimmten Aspekt der menschlichen Natur, zumindest, wenn man die herrschende Klasse betrachtet. Das ist auch das Rezept für den weltweiten Erfolg des freien Marktes mit seinen Regelkräften Angebot und Nachfrage. Doch dieses System hat auch einige sehr hässliche Seiten, wie wir heute wissen. Dazu gehören Ausbeutung, Kinderarbeit und Umweltzerstörung, um nur einige davon zu nennen. Um diese negativen gesellschaftlichen und sozialen Konsequenzen einzudämmen, wurden nationale und internationale Regularien geschaffen. Aus dem nach der Geburtsstätte der ersten industriellen Revolution benannten ungezähmten Manchester-Kapitalismus wurde so mit der Zeit die wesentlich zahmere soziale Marktwirtschaft.

Dahinter steht aber immer noch das Streben nach Wachstum und Profitmaximierung, eben nur moduliert durch Regularien. Besonders deutlich wird diese Weltsicht im Motto von Unternehmen wie Google. Im Jahr 2000 nahm das Unternehmen den Wahlspruch »Don't be evil« (Tue nichts Böses) in seinen Ethikkodex auf. Eigentlich ist gemeint »Strive for success and growth but don't be evil«, also »Strebe nach Wachstum und Erfolg, aber tue nichts Böses«. Dabei wird Google von seinen zahllosen Anhängern unter anderem auch aufgrund dieser von Ethik geprägten Weltsicht verehrt, auch wenn die Umsetzung in die Realität mitunter sehr zweifelhaft erscheinen mag. Diese Sichtweise stellt jedoch in der Tat eine ethische Weiterentwicklung gegenüber klassisch kapitalistischen Unternehmen dar. So lautete beispielsweise das Motto der Deutschen Bank über viele Jahrzehnte »Leistung aus Leidenschaft«. Von ethischer Verantwortung fehlt hier jede Spur, und das wurde auch im Agieren nach außen deutlich. So musste das internationale Geldhaus in der Zeit von 2012 bis 2016 rund 12,7 Milliarden Euro für Rechtsstreitigkeiten aufwenden. Das ist gut eine Milliarde mehr, als die Aktionäre der Bank in diesem Zeitraum an neuem Kapital anvertraut haben.

Natürlich ist auch Google wie jeder andere Konzern in Gerichtsverfahren verwickelt, allerdings werden die Dimensionen der Deutschen Bank dabei nicht erreicht. Im Rahmen einer Umstrukturierung des Konzerns im Jahre 2015 etablierte Google eine neue Holding namens Alphabet, unter der Neugründungen wie die Unternehmen Jigsaw (Betreuung von Unternehmensgründungen), Waymo (selbstfahrende Autos) und auch X (Grundlagenforschung) aufgehängt sind. Das Firmenmotto von Alphabet lautet »Do the right thing«, was wiederum eine ethische Weiterentwicklung gegenüber dem bisherigen Google-Motto ist, da es auf Immanuel Kants kategorischem Imperativ basiert. Der deutsche Philosoph hatte bereits im 18. Jahrhundert den Leitsatz »Handle nur nach derjenigen Maxime, durch die du zugleich wollen kannst, dass sie ein allgemeines Gesetz werde« zum Kern seiner Ethiklehre gemacht. Auch dieser Grundsatz entspricht dabei einem neurobiologischen Grundbedürfnis, nämlich dem nach Fairness und Angemessenheit.

Angesichts der globalen Herausforderungen, vor denen die Menschheit steht, hängt es also im Wesentlichen vom Weltbild der Großkonzerne ab, ob sie Teil der Lösung oder Teil des Problems sein wollen. Ist es das Prinzip der reinen Leistungsorientierung, der Versuch, nichts Böses zu tun, oder aber der Wille, das Richtige zu tun, der als Leitschnur für das eigene Handeln gelten soll? Ist alles erlaubt, was nicht explizit verboten ist, oder gibt es einen inneren ethischen Kompass, der den richtigen Weg zeigt? Entscheiden wir uns für die kurzsichtige Ich-Bezogenheit oder aber die weitsichtige Welt-Bezogenheit? Der in Deutschland geborene Philosoph Hans Jonas hat den kategorischen Imperativ Kants auf die zentrale Fragestellung unserer heutigen Zeit adaptiert. Von ihm stammt die Aussage »Handle so, dass die Wirkungen deiner Handlung nicht zerstörerisch sind für die künftige Möglichkeit solchen Lebens.« Wir haben die Wahl. Es ist eben diese Ambivalenz, welche die Zeit, in der wir leben, so spannend macht.

Im Kapitel »Wie sich Unternehmen entwickeln« werde ich noch näher auf die Rolle der Unternehmensintention und deren Bedeutung für die Resilienz von Unternehmen eingehen.

Zusammenfassung

Aus den Medien lernen wir, dass es viele bedrohliche Entwicklungen auf der Welt gibt, welche den Fortbestand der Menschheit ernsthaft infrage stellen. Dazu gehört beispielsweise das exponentielle Wachstum der Weltbevölkerung und die Erwärmung der Erdatmosphäre mit dem daraus resultierenden Anstieg des Meeresspiegels. Auch die fortwährende Beschleunigung des Arbeitens und Zusammenlebens sowie das zunehmende Auseinanderdriften verschiedener gesellschaftlicher Gruppen in den Industrienationen sind solche Tendenzen. Als Menschen neigen wir dazu, diesen negativen Entwicklungen mehr Gewicht beizumessen als positiven Strömungen oder Ereignissen, was sich auch in der Berichterstattung der Medien niederschlägt. Damit kann beim Einzelnen das Bild entstehen, dass die Menschheit ohnehin dem Untergang geweiht ist und dass es sich von daher nicht lohnt, sich für eine bessere Zukunft für kommende Generationen zu engagieren. Doch die Realität sieht anders aus. Zwar gibt es definitiv Entwicklungen, die ausgesprochen kritisch zu sehen sind und die den Fortbestand der menschlichen Zivilisation in seiner jetzigen Form bedrohen werden, aber es gibt auch zahlreiche positive Entwicklungen, die erst aufgrund der Weiterentwicklung der menschlichen Zivilisation möglich geworden, aber der breiten Öffentlichkeit weitgehend unbekannt sind. Dazu gehört beispielsweise die drastische Abnahme von kriegerischen Auseinandersetzungen und die deutliche Zunahme von Wohlstand, Bildung und Demokratie über die letzten Jahrhunderte. Auch das schrumpfende Ozonloch über der Antarktis sowie der Rückgang der Arbeitslosigkeit und die wachsende Fähigkeit zur Impulskontrolle bei heutigen Jugendlichen sind Entwicklungen, die positiv stimmen könnten, wenn sie denn hinreichend bekannt wären. Unter dem Strich haben wir also die Wahl, welche Perspektive wir einnehmen. Hierbei ist allerdings wichtig, dass wir nicht in den vorgefassten Meinungen alter Denkmuster verharren, sondern uns öffnen für die Sichtweisen anderer. Denn nur durch die Betonung und Stärkung von Gemeinsamkeiten der verschiedenen Nationalstaaten, sozialen Schichten und politischen Lager lässt sich eine gemeinsame Bewegung gestalten, die das Momentum entwickeln kann, um dringend benötigte globale Veränderungen einzuleiten. Internationalen Unternehmen kommt hierbei eine zunehmend größere Bedeutung und auch Verantwortung zu, da sie aktuell die einzigen global wirksamen Organisationen sind, die über die Mittel verfügen, wirklich nachhaltig etwas zum Besseren zu bewegen.

Wenn wir hingegen als menschliche Gemeinschaft aufhören, uns gemeinsam für eine Verbesserung der globalen Umstände einzusetzen, dann haben wir bereits jetzt verloren.

3 Aus der Geschichte lernen: von Megatrends und VUKA-Zonen

In der neuen Welt frisst nicht der große den kleinen Fisch, sondern der schnelle den langsamen.
(Klaus Schwab, deutscher Wirtschaftswissenschaftler und Präsident des World Economic Forums)

Klaus Schwab, der Gründer und Präsident des Weltwirtschaftsforums, hat in seiner Eröffnungsrede anlässlich des Jahrestreffens 2016 die vierte industrielle Revolution beschrieben. Damit war er sicher nicht der erste, der diese Umwälzung erwähnte. Interessant ist aber das Publikum, dem er seine Zukunftsprognose zumutete, nämlich der weltweiten politischen und wirtschaftlichen Führungselite, die sich alljährlich im verschneiten Davos einfindet. Nach Schwab wird sich unsere Art zu leben, zu arbeiten und miteinander umzugehen, in den nächsten Jahrzehnten grundlegend verändern, und dies wird sich in Ausmaß, Reichweite und Komplexität von allen vorherigen Umwälzungen unterscheiden. Eben eine echte Revolution.

Wird dem tatsächlich so sein? Werfen wir dafür zunächst einen Blick zurück, um die Geschichte der industriellen Megatrends zu verstehen. Dazu sei angemerkt, dass die Einordnung von Geschichte in bestimmte Phasen immer nur eine grobe Annäherung an die Realität sein kann. Geschichte verläuft für gewöhnlich kontinuierlich und nicht abschnittsweise. Manchmal sieht man jedoch erst aus der Retrospektive, wie sich die Ereignisse in relativ kurzer Zeit überschlagen haben, weil die Zeit reif war für eine neue Idee, aus der etwas Großes entstanden ist. Die Einordnung in Zyklen geschieht typischerweise im Nachhinein, viele hundert Jahre später, wenn keiner der betroffenen Personen mehr am Leben ist, um gegebenenfalls zu widersprechen. So darf es auch nicht verwundern, dass es zu der folgenden Eingruppierung auch alternative Deutungen gibt. Ich habe hier die Einteilung so vorgenommen, wie sie mir am logischsten und nachvollziehbarsten erscheint.

3.1 Leben vor der Industrie

Unter den Erwerbsquellen ist keine so edel, so ergiebig, so lieblich und so ehrenvoll für den freien Mann als die Landwirtschaft.
(Marcus Tullius Cicero, römischer Redner und Staatsmann, 106 bis 43 v. Chr.)

Die vorindustrielle Ära war vorwiegend geprägt von Landwirtschaft. Der Beginn der Bewirtschaftung von Ackerland ging einher mit dem Sesshaftwerden einzelner steinzeitlicher Stämme in Europa, die des Nomadentums überdrüssig geworden waren und erste permanente Siedlungen bildeten. Diese Entwicklung, die heute in etwa auf 8.000 v. Chr. datiert wird, hatte drastische Auswirkungen auf die Arbeitszeiten. Beobachtet man das soziale Leben heutiger Aborigines in Australien, der Buschmänner in Botswana oder Yanomami im Amazonasgebiet, so stellt man fest, dass jeder Einzelne nur etwa jeden zweiten Tag überhaupt arbeitet. Anthropologen schätzen daher die tägliche Arbeitszeit der steinzeitlichen Jäger und Sammler je nach Klimazone und Nahrungsangebot auf zwischen zwei und sechs Stunden. Mit diesem zeitlichen Aufwand ließ sich allerdings keine Landwirtschaft betreiben, um die wachsende Bevölkerung zu ernähren. Man geht heute davon aus, dass von Sonnenaufgang bis Sonnenuntergang auf Feld und Hof gearbeitet wurde, also zwischen acht und 17 Stunden. Von der sogenannten Mittelsteinzeit bis ins 17. Jahrhundert lebten die Menschen in Europa im Wesentlichen von Ackerbau, Viehzucht und in geringerem Umfang von Fischerei und Forstwirtschaft. Und dies taten sie teilweise mehr schlecht als recht. Trotz harter und langwieriger Arbeit kam es immer wieder zu Hungersnöten infolge von Ernteausfällen wegen Dürren oder Unwettern. Aufgrund zahlreicher kriegerischer Auseinandersetzungen wurden oft zudem Felder nicht bestellt oder Ernten vernichtet.

Eine größere Innovation gibt es ab etwa 8.000 v. Chr. zu verzeichnen. Etwa um diesen Zeitpunkt wurde damit begonnen, Ackerland innerhalb einer Vegetationsperiode mit Winter- und Sommergetreide zu bewirtschaften, was den Ernteertrag steigerte. Zu den wesentlichen technologischen Neuerungen gehörte die Erfindung des Pfluges um 4.000 v. Chr. Dieser wurde zunächst von Ochsen und später von wesentlich leistungsfähigeren Pferden gezogen. Auch das Düngen mit Mist dürfte um diese Zeit aufgekommen sein.

Eine noch bahnbrechendere Innovation stellte die Entwicklung des Rades dar, das zeitgleich in verschiedenen Kulturen etwa ab 3.500 v. Chr. auftauchte und den Transport von schweren Gütern ermöglichte. Eine weitere Verfahrensverbesserung war die Einführung der Mehrfelderwirtschaft, um die Regeneration des Bodens zu fördern. Darüber hinaus kam es zu Neuerungen im Bereich der Gewinnung von Ackerland. In Europa wurden einerseits die Waldrodung perfektioniert und andererseits das Trockenlegen von Sümpfen und Mooren mittels künstlich angelegter Entwässerung. Auch die Weiterverarbeitung des geernteten Getreides wurde verbessert.

Wasserbetriebene Mühlen hatte man schon bei den Römern eingesetzt, doch diese brauchten einen Bachlauf und ein gewisses Gefälle, um genug Energie für den Antrieb eines Mühlrads liefern zu können – Gegebenheiten, die nicht überall vorhanden waren. Gegen Ende des 12. Jahrhunderts tauchten dann in Europa die ersten vom Wasser unabhängigen Bockwindmühlen auf, mit denen sich Getreide bereits relativ industriell zu Mehl verarbeiten ließ. Der Beruf des Müllers war geboren. Auch andere Berufsbilder wie Schmied und Bäcker entstanden um diese Zeit.

Im Mittelalter bildeten die Bauern und Handwerker neben Klerus, Adel und Bürgern den sogenannten Dritten Stand, der eine zentrale Rolle in der Gesellschaft innehatte. Gegen Mitte des 15. Jahrhunderts erfand der deutsche Goldschmied Johannes Gutenberg den Buchdruck mit beweglichen Lettern. Damit war das erste kostengünstige Massenmedium geboren, und neue Ideen konnten sich nun in sehr viel kürzerer Zeit ausbreiten, als dies vorher der Fall gewesen war. Auch nahm die Alphabetisierungsquote unter der Landbevölkerung nun zu. Um die stark angewachsene Bevölkerung zu ernähren, kam es ab dem 16. bis ins 18. Jahrhundert zu einer immer höheren Intensivierung der Landwirtschaft. Zu den technologischen Verbesserungen zählten unter anderem der Bodenwendepflug und der Hufbeschlag bei Pferden, der diese ausdauernder und geländegängiger machte. Auch die Qualität und damit der Ertrag von Saatgut wurden systematisch verbessert. Dennoch lag die durchschnittliche Lebenserwartung damals bei kaum 35 Jahren. Ursachen hierfür waren neben der hohen Kindersterblichkeit die harte körperliche Arbeit und die fehlende Gesundheitsversorgung. Auch die oft einseitige Ernährung spielte eine Rolle, denn die Bauern aßen häufig nur das, was sie selbst gerade anbauten. Allzu idyllisch darf man sich diese Zeit also wohl nicht vorstellen.

3.2 Die erste industrielle Revolution

Der Widerspruch zwischen gesellschaftlicher Produktion und kapitalistischer Aneignung tritt an den Tag als Gegensatz von Proletariat und Bourgeoisie.
(Friedrich Engels, deutscher Philosoph und sozialistischer Politiker, 1820 bis 1895)

Im Jahre 1690 entwickelte der französische Physiker, Mathematiker und Erfinder Denis Papin den ersten Vorläufer der Dampfmaschine. Damit war es plötzlich möglich, Wärme in mechanische Arbeit umzuwandeln. Doch es sollte noch knapp 200 Jahre dauern, bis diese Erfindung die westliche Gesellschaft grundlegend veränderte. 1784 schuf der britische Pfarrer Edmond Cartwright den mechanischen Webstuhl – die Grundlage für erste Textilfabriken in Großbritannien. Großbritannien war zu dieser Zeit die Leitnation Europas und befand sich auf dem Höhepunkt der Kolonialisierung, also der Besetzung, Unterwerfung und Ausbeutung fremder Nationen und ihrer Bevölkerung. In den neu geschaffenen Fabriken wurde die Baumwolle aus den britischen Kolonien zunächst zu Garn versponnen, woraus dann verschiedene Arten von Stoffen gewebt wurden. Dadurch entstand das Berufsbild des Arbeiters. Die britischen, spanischen und portugiesischen Kolonien bildeten aufgrund ihrer intensiven Handelsbeziehungen zur »alten Welt« außerdem die Grundlage für die später einsetzende Globalisierung.

In der Folge wuchsen nicht nur die britischen Städte gewaltig an, da immer mehr Bauernsöhne und -töchter in die Städte zogen, um dort dem ärmlichen Landleben zu entgehen und ein Auskommen zu finden. Dies markierte den Übergang von der Agrarökonomie in das Zeitalter der Industrialisierung. Die Stadtbevölkerung entwickelte sich dabei sehr viel schneller als der Bedarf an Arbeitskräften und der vorhandene Wohnraum. Ausbeuterische Arbeitsbedingungen, große soziale Missstände und Umweltprobleme aufgrund der hohen Luftverschmutzung waren nur einige der negativen Folgen. Doch da die Lage der Landbevölkerung häufig noch trostloser war – diese litt unter Hungersnöten und nicht selten unter der Willkür ihrer Gutsherren –, waren Arbeiter in den Städten trotzdem quasi Massenware: leicht verfügbar und leicht austauschbar. Der Arbeitsrhythmus orientierte sich an den Maschinen und nicht an den Menschen, die sie bedienten. Durch den Wegfall sozialer Bezugssysteme wie Dorfgemeinschaften und Großfamilien nahm auch der psychosoziale Stress unter den Arbeitern zu.

Um 1850 arbeiteten viele Engländer, darunter auch Kinder, an sechs Tagen pro Woche zwischen 12 und 14 Stunden pro Tag. In Fabriken war es an der Tagesordnung, Verspätungen, Unachtsamkeiten und das Einschlafen am Arbeitsplatz mit drakonischen Strafen wie sofortiger Entlassung zu belegen, was in Ermangelung eines funktionierenden Sozialsystems unweigerlich zu Armut und Elend führte. Arbeiter hatten über viele Jahrzehnte keinerlei Lobby. Bis zum Ende des 19. Jahrhunderts konnten sie noch nicht einmal an Wahlen teilnehmen, da sie weder Land noch Häuser besaßen. Die Trennung der städtischen Gesellschaft in reiche Industrielle und arme Arbeiter brachte den reinen, ungeregelten Kapitalismus in seiner hässlichsten Form hervor.

Wie bereits erwähnt, erzeugt jede gesellschaftliche Strömung eine Gegenbewegung. Und so war es auch hier nicht anders. Der deutsche Journalist und Philosoph Friedrich Engels, Sohn eines erfolgreichen Textilfabrikanten, verbrachte einen Teil seiner kaufmännischen Ausbildung in Manchester. Dort lernte er die elenden Lebensumstände der Arbeiter kennen, was ihn auf Lebenszeit prägen sollte. Später begründete er gemeinsam mit dem deutschen

Philosophen Karl Marx die theoretische Grundlage für eine sozialistische Weltordnung, die die ausbeuterischen Missstände des Kapitalismus überwinden und die als Proletarier bezeichneten Arbeiter erlösen sollte. So waren die Industrialisierung und der sogenannte Manchester-Kapitalismus gewissermaßen die Ursachen für die Geburtsstunde der Arbeiterbewegung, aus der später Gewerkschaften, Sozialdemokratie sowie Sozialismus und schließlich Kommunismus entstanden. Der Rest ist Geschichte.

Trotz der miserablen Lebensumstände der Arbeiter stieg die Lebenserwartung in Großbritannien und in anderen Ländern, in denen die Industrialisierung Einzug hielt, während dieser Zeit kontinuierlich an. Wie in der Grafik 025 verdeutlicht, war in Großbritannien die mittlere Lebenserwartung bei Geburt zur Mitte des 19. Jahrhunderts mit circa 40 Jahren etwa halb so hoch wie im Jahr 2015.

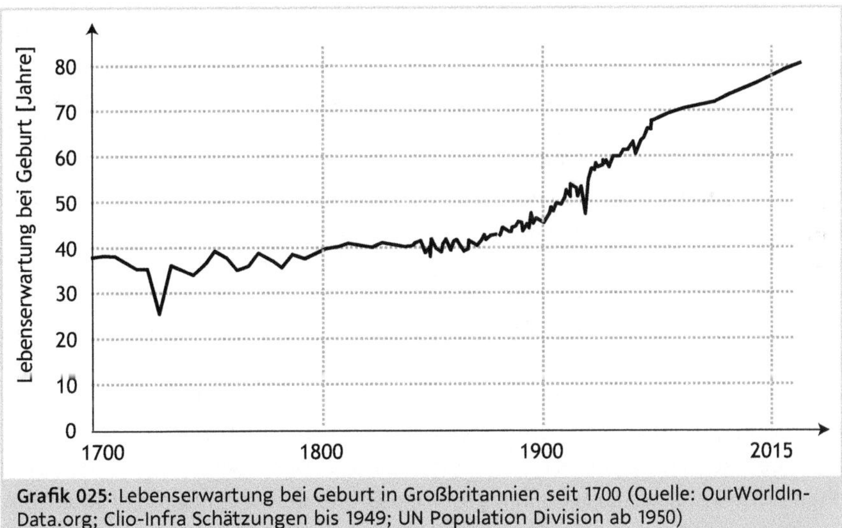

Grafik 025: Lebenserwartung bei Geburt in Großbritannien seit 1700 (Quelle: OurWorldInData.org; Clio-Infra Schätzungen bis 1949; UN Population Division ab 1950)

Lässt man die sozialen Missstände, die durch die Industrialisierung und Verstädterung entstanden sind, einmal kurz beiseite, sind dies gesellschaftliche Fortschritte, die nicht von der Hand zu weisen sind.

Die verbesserten Lebensumstände, die durch die erstarkende Arbeiterbewegung eingefordert und letztlich auch durchgesetzt wurden, äußerten sich unter anderem in zunehmender Hygiene und einem Zugang zu grundlegender medizinischer Versorgung. Auch wissenschaftliche Durchbrüche wie die Sterilisierung von flüssigen Lebensmitteln, heute auch bekannt als Pasteurisierung, sowie die Erfindung der Impfung, beides durch den französischen

Chemiker Louis Pasteur, sowie die Entdeckung der ersten Antibiotika durch den britischen Mediziner Alexander Fleming hatten einen großen Anteil daran.

3.3 Die zweite industrielle Revolution

In der Vergangenheit stand der Mensch als erstes; in der Zukunft muss das System an erster Stelle stehen. Der erste Gegenstand jedes guten Systems muss die Entwicklung erstklassiger Menschen sein.
(Frederick Winslow Taylor, US-amerikanischer Ingenieur und Begründer der Arbeitswissenschaft, 1865 bis 1915)

Einer der größten Nachteile von Dampfmaschinen war, dass Energieerzeugung und Energieverbraucher räumlich sehr dicht beieinander sein mussten, da die gewonnene Energie mechanisch übertragen wurde, z.B. durch sogenannte Transmissionsriemen oder einfache Getriebe. Dies machte ihren Einsatz zum einen kapitalintensiv und reduzierte zum anderen die möglichen Anwendungsfelder. Was fehlte, war eine Möglichkeit, Energie an einem Ort zu erzeugen und sie an einem oder besser noch vielen entfernten Orten zu verbrauchen. Für dieses Problem wurde Ende des 19. Jahrhundert eine Lösung gefunden. Innerhalb weniger Jahre gelang es dem Slowaken Ányos Jedlik (1851), dem Dänen Søren Hjorth (1854) und dem Deutschen Werner von Siemens (1866) eine Maschine zur Erzeugung elektrischen Stroms zu bauen und zu perfektionieren. Nun musste dieser Strom nur noch über weite Strecken transportiert werden. Bereits 20 Jahre später begründete der im heutigen Kroation geborene Nikola Tesla mithilfe seines US-amerikanischen Sponsors, dem Erfinder und Industriellen George Westinghouse, die elektrische Energieübertragung über große Entfernungen mittels Wechselstroms, die auch heute noch gebräuchlich ist. Diese und andere Innovationen, wie beispielsweise die chemische Verfahrenstechnik, legten den Grundstein zur Massenproduktion.

3.3.1 Die Industrie wird zur angewandten Wissenschaft

Kennzeichen dieser zweiten industriellen Revolution waren einerseits die stärkere industrielle Anwendung neuer physikalischer und chemischer Erkenntnisse und andererseits die Einführung neuartiger Arbeitsformen, wie z.B. dem Fließband durch den US-amerikanischen Automobilproduzenten Henry Ford und die Zerlegung von komplexen Fertigungsprozessen in einzelne Schritte durch den US-Amerikaner Frederick Winslow Taylor, den Begründer des wissenschaftlichen Managements. Der Mensch arbeitete zu diesen Zeiten im Takt des Fließbands, und zwar in einer auf die Sekunde vorgeschriebenen

Art und Weise. Auch die Tätigkeit in den Büros änderte sich. Gegen Ende des 19. Jahrhunderts fanden bereits manuelle Schreibmaschinen und erste Telefonapparate Verbreitung. Eilige Informationen wurden via Telegramm übermittelt, was viele Arbeitsprozesse beschleunigte. Durch die dampfbetriebene Schifffahrt und die aufkommende Luftfahrt wurde zudem der weltweite Transport von Gütern einfacher, schneller, gefahrloser und preiswerter. Die Welt wurde kleiner.

3.3.2 Erste Großkonzerne

In der Folge löste die Elektrizität die Dampfmaschine weltweit als Leittechnologie ab. Es entstanden die ersten Großkonzerne wie Siemens (1847), BASF (1865), Westinghouse (1886), General Electric (1892), British American Tobacco (1902), Ford (1903) und British Petroleum (1924), um nur einige zu nennen.

Das Fließband als Taktgeber der Serienproduktion wird seit jeher von Kritikern als unmenschlich beschrieben. Doch alle Versuche der Abkehr davon, wie die Fertigung ganzer Fahrzeuge in kleinen Teams und die Mitbestimmung der Arbeiter in der Fertigungssteuerung, sind im Laufe der Jahre aufgrund von zu hohen Kosten und Qualitätsproblemen gescheitert. Die Befürworter der Massenproduktion führen an, dass damit Wohlstand für alle möglich wird. Und beide Seiten haben recht. Die Produktion des ersten in Serie gefertigten Fahrzeugs, Fords berühmt gewordenem »Modell T«, wurde in 84 Arbeitsschritte zerlegt. Jeder Arbeiter verrichtete dabei nur wenige, immer gleiche Handgriffe. Das beschleunigte die Produktion enorm. Dank des Fließbands wurde die sogenannte Blechliesel nicht mehr in 12, sondern in zweieinhalb Stunden fertiggestellt. Der Preis fiel dadurch von 850 auf unglaublich günstige 370 Dollar, was nach heutiger Kaufkraft und Umrechnung etwa 6.500 Euro entspricht. Das Auto als Fortbewegungsmittel wurde so für viele Familien erschwinglich.

Doch die Arbeitszeiten waren lang und die Tätigkeiten monoton und kräftezehrend. In den ersten Jahren verzeichnete Ford in der Belegschaft eine Fluktuation von 90%. Arbeiter kündigten so schnell, dass man mit den Neueinstellungen kaum hinterherkam. Dieser Trend war nur durch Lohnerhöhung und geregelte Arbeitszeiten von acht Stunden im Dreischichtenbetrieb zu stoppen. Innerhalb kurzer Zeit konnte Ford einen Marktanteil von 50% erreichen. Doch Henry Ford ging noch wesentlich weiter. Er propagierte die Wertschöpfung seiner Art der Massenproduktion als Gegenentwurf zum Marxismus einerseits und zum nicht-wertschöpfenden Finanzkapitalismus andererseits. Nach seiner Philosophie ermöglichte das Fließband einem Großteil der Bevölkerung ein gutes Auskommen und auf der anderen Seite erschwingliche Produkte, die sich fast jeder leisten konnte. Ford prägte dafür den Begriff des »weißen Sozialismus«, eine heutzutage sehr kühn anmutende Wortschöpfung, deren Gebrauch heutige CEOs der Automobilindustrie vermutlich sofort aus dem Chefsessel katapultieren würde. Fords Kritik an der Gewinnmaximierung der Banken, die nach seiner Meinung nur ihr Geld arbeiten ließen, und ihren oftmals jüdischen Eigentümern, die er gleich mit abstrafte, machen ihn heute zu einer umstrittenen Persönlichkeit.

Mit dem Erfolg der Massenproduktion und der Industriekonzerne stieg der Wohlstand und die Arbeitsplätze wurden sicherer. Es entstanden Arbeitersiedlungen mit lauter kleinen Eigenheimen. Zur damaligen Zeit war das eine soziale Revolution. Die Grafik 026 verdeutlicht diese Entwicklung.

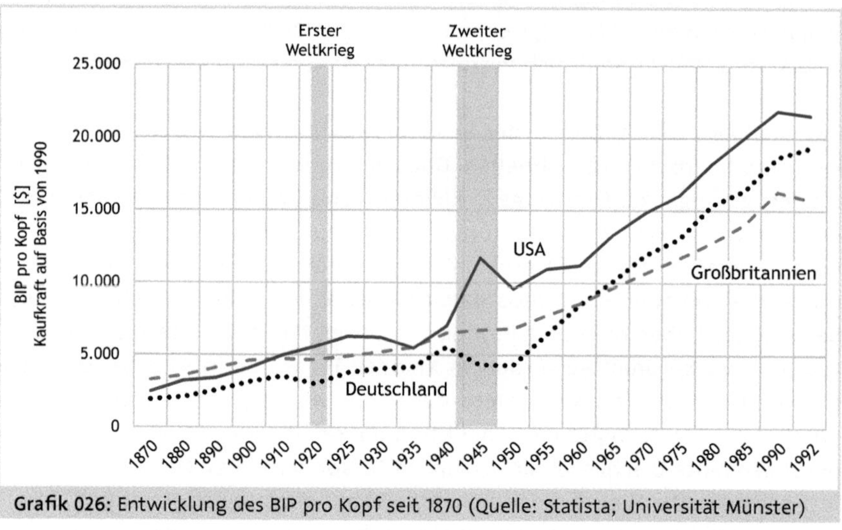

Grafik 026: Entwicklung des BIP pro Kopf seit 1870 (Quelle: Statista; Universität Münster)

So hat sich das Bruttoinlandsprodukt (BIP) pro Kopf in Deutschland, den USA und Großbritannien seit Beginn der zweiten industriellen Revolution in 120 Jahren grob verfünffacht, und das trotz zweier Weltkriege.

Hier sind naturgemäß auch bereits Effekte der dritten industriellen Revolution erfasst, die sich als logische Fortsetzung der Massenproduktion verstehen lässt.

3.3.3 Gestresste Menschen

Etwa ab dem ausgehenden 19. Jahrhundert wurde von Ärzten immer häufiger das Auftreten einer rätselhaften Krankheit beschrieben, der sogenannten Neurasthenie. Als Leitsymptome wurden diffuse somatische Beschwerden wie Kopfschmerzen, Konzentrationsstörungen, Freudlosigkeit, Schlafstörungen, erhöhte Reizbarkeit und die Unfähigkeit zu entspannen genannt. Falls Ihnen all dies bekannt vorkommt, so liegt das daran, dass es weitgehend die gleichen Anzeichen wie bei einer »modernen« Erschöpfungsdepression sind. In der Literatur schlug sie sich unter den verschiedensten Bezeichnungen nieder, z. B. »American Nervousness«. Der Begriff »Stress« war noch nicht erfunden. Dies geschah erst Mitte der 1930er-Jahre durch den österreichischen Mediziner Hans Selye, der erstmalig die Entstehung und Wirkungsweise von Stress beschrieb. Er stellte fest, dass so unterschiedliche Reize wie Kälte, Hitze, Kummer, Freude zunächst immer dieselbe identische Reaktion im Körper hervorrufen. Wenn es eine konkrete Problemstellung zu bewältigen gilt, stimuliert das Gehirn den Körper, aus dem Ruhezustand, der durch ein normales Niveau von Atmung, Puls, Blutdruck und Muskeltonus gekennzeichnet ist, in einen aktivierten Zustand zu wechseln. Früher war diese Aktivierung lebenswichtig, um auf eine Bedrohung, wie einen angreifenden Säbelzahntiger, oder bei der Jagd nach Mammuts blitzschnell und mit optimaler Leistungsbereitschaft zu reagieren, d. h. mit Kampf, Flucht oder Erstarrung. Heute wissen wir, dass für die Verarbeitung dieser heftigen Alarmreaktion die subjektive Wahrnehmung der Situation von besonderer Bedeutung ist. Wenn die Situation als positive Herausforderung verstanden wird, hilft die Energie der Stressreaktion dabei, Leistungsreserven zu mobilisieren. Wird die Situation allerdings als Überforderung wahrgenommen, treten mit der Zeit Gefühle wie Hilflosigkeit und Ausgeliefertsein auf, die mittelfristig zu Symptomen wie eben bei der Neurasthenie oder einer Erschöpfungsdepression führen können.

3.4 Die dritte industrielle Revolution

Ich denke, dass es weltweit einen Markt für vielleicht fünf Computer gibt.
(Thomas Watson, US-amerikanischer Manager, Ex-CEO von IBM, 1914 bis 1993)

Die dritte Revolution hat ihren Ursprung mitten im Zweiten Weltkrieg und entwickelte sich wesentlich schneller als ihre Vorläufer. Im Jahr 1938 baute der deutsche Bauingenieur und Erfinder Konrad Zuse den ersten voll funktionsfähigen Computer. Dieser Apparat konnte eine Rechenoperation pro Sekunde ausführen und hatte eine Taktfrequenz von 1 Hz. Zum Vergleich: Heutige Personal Computer erreichen Frequenzen von 3,3 GHz, d.h. 3.300.000.000 Hz. In den 1960er-Jahren kamen die ersten Großrechner auf den Markt. Sie bildeten die wesentliche Grundlage für die Raumfahrtprogramme der USA und UdSSR, in denen zahlreiche Rechenoperationen parallel durchgeführt werden mussten, um beispielsweise Flugbahnen zu berechnen.

3.4.1 Ein weltweites Netz

Schnell kam man zur Erkenntnis, dass Computer viel nutzbringender sind, wenn sie miteinander vernetzt werden. So beauftragte die US-Airforce das MIT (Massachusetts Institute of Technology) 1968 damit, ein dezentrales Netzwerk zu entwickeln, um strategisch wichtige Universitäten, die für das Verteidigungsministerium Forschungsprojekte durchführten, krisensicher miteinander zu verbinden. Dies war die Geburtsstunde des sogenannten ARPANET, dem Vorläufer des heutigen Internets.

1969 wurde der erste Taschenrechner in Serie produziert. 1973 wurde das erste Mobiltelefon von Motorola entwickelt, das aus heutiger Sicht lächerlich klobig und wenig leistungsfähig war. Gleiches galt für die ersten erschwinglichen und massentauglichen Personal Computer, die 1977 auf den Markt kamen. Etwa zeitgleich wurde das Internet auf Basis seines Vorläufers ARPANET für zivile Zwecke weiterentwickelt. Dies geschah mit dem Ziel, alle Universitäten miteinander zu verbinden, um internationale Forschungsprojekte zu vernetzen und so zu fördern. 1984 wurde in Karlsruhe die erste E-Mail gesendet und empfangen. In den 1990er-Jahren wurde mit dem Aufkommen grafischer Browser wie Netscape das Internet auch für Nicht-Informatiker zunehmend einfacher, was die Tür öffnete zur massenhaften und auch kommerziellen Nutzung. Nach einer anarchischen Phase, in der im virtuellen Raum illegale Musiktauschbörsen wie Napster wie Pilze aus dem Boden schossen, ahmte man im Netz zunächst nur die kommerzielle Logik von klassischen »Offline«-Geschäften nach. Erst im Laufe der Zeit entstand eine Internet-Ökonomie mit eigenen Gesetzmäßigkeiten, auf die ich später noch zurückkomme. Während im Jahr 1993 etwa 1% aller Informationen über das Internet ausgetauscht wurden, waren es 2000, also nur sieben Jahre danach, bereits 51%. 2007, weitere sieben Jahre später, waren es bereits geschätzte 97%. Ein weiteres Beispiel für exponentielles Wachstum, aber diesmal eines, das mit atemberaubender Geschwindigkeit in unser Leben Einzug hielt. Eine Entwicklung, die Gordon Moore, ein US-amerikanischer Chemiker und Physiker, bereits früh vorausgesagt hatte. Der Mitgründer des Halbleiterherstellers Intel postulierte, dass sich die Leistungsfähigkeit von Mikrochips, d.h. die Anzahl der Schaltkreiskomponenten auf einem integrierten Schaltkreis, aufgrund der technologischen Entwicklung und des marktwirtschaftlichen Wettbewerbsdrucks etwa alle 18 Monate verdoppelt. Mit dieser gewagten These, die als Mooresches Gesetz bekannt wurde, sollte er größtenteils recht behalten.

Das Internet entwickelte sich rasend schnell zum führenden Kommunikationsmedium. Es veränderte die Art, wie Menschen über Entfernungen miteinander kommunizieren und Neuigkeiten austauschen. Es veränderte den Handel, die Musikindustrie, die Zeitungsbranche, das Bankwesen, die Wissensvermittlung und viele andere Wirtschaftszweige. Einen wichtigen Beitrag dazu lieferten die beiden US-Amerikaner Larry Page und Sergey Brin. Sie hatten 1996 einen Suchalgorithmus entwickelt, der auf einem einfachen Prinzip basierte: Je öfter eine Website im Internet verlinkt ist, desto interessanter ist in der Regel ihr Inhalt. Auf Grundlage dieser relativ einfachen Erkenntnis konstruierten sie eine Suchmaschine, die der meist katalogbasierten Konkurrenz um Längen überlegen war. Dies war zugleich die Geburtsstunde von Google, einem der heute dominierenden Internet-Unternehmen.

Ein weiterer wichtiger Meilenstein war die Entwicklung des ersten sogenannten Smartphones. Mit dem iPhone von Apple kam 2007 ein Mobiltelefon auf den Markt, das über einen berührungsempfindlichen Farbbildschirm verfügte und mobil auf das Internet zugreifen konnte. Ähnliche Produkte hatte es schon vorher gegeben, aber nur das iPhone erreichte zunächst signifikante Marktanteile, was sicherlich auch in der charismatischen Person des US-amerikanischen Apple-Gründers Steve Jobs begründet lag, der aus jeder Produktpräsentation ein fast schon spirituelles Happening machte. Da man nun auch unterwegs auf das Internet zugreifen konnte, beschleunigte sich dessen Nutzung noch mehr. 2004 stellte der US-amerikanische Harvard-Student Mark Zuckerberg gemeinsam mit einigen Kommilitonen die Webseite TheFacebook online. Heute, d.h. nur 14 Jahre später, wird Facebook von mehr als 2 Milliarden Menschen mindestens einmal pro Monat besucht. Das entspricht einem Drittel der aktuellen Weltbevölkerung.

3.4.2 Die digitale Ökonomie

Bei all dem wird eines der Phänomene deutlich, das die Internet-Ökonomie ausmacht, nämlich der sogenannte Netzwerk-Effekt. Ein soziales Netzwerk macht nur dann Sinn, wenn die Menschen, mit denen man sich verlinken und Informationen austauschen möchte, dort ebenfalls Mitglied sind. TheFacebook fungierte zu Beginn als reines Jahrbuch. Da Harvard kein gedrucktes Jahrbuch herausgab, war es für die Studenten interessant, sich dort einzutragen, Bilder von sich selbst hochzuladen und sich mit Kommilitonen zu vernetzen, die man cool fand. Trendsetter meldeten sich als Erste an und luden wiederum ihre Freunde ein. Je mehr Freunde sie einluden, desto mehr Freunde luden noch mehr Freunde ein. Und da ist es wieder: das mächtige exponentielle Wachstum!

Der Beitritt in ein Netzwerk wird meist durch Mehrwertservices attraktiv gemacht. Die Mitglieder profitieren von Newsfeeds, Messaging-Funktionen, Online-Spielen, geschlossenen Nutzergruppen, Communityseiten etc. Dadurch wird ein anderer Aspekt des Netzwerk-Effekts deutlich: Mittelfristig gibt es je Zielgruppe nur ein einziges dominantes Netzwerk, das diese Nutzergruppe anspricht und zwar weltweit, da es im Internet keine echten Grenzen gibt. Alle anderen Netzwerke, allen voran regionale Anbieter, verschwinden mit der Zeit von der Bildfläche oder sehen sich gezwungen, sich auf eine kleine Nische zu fokussieren. So erging es auch den ehemaligen deutschen Wettbewerbern von Facebook, StudiVZ und Wer kennt Wen, die heute kaum noch jemand kennt.

Ein weiterer Aspekt der Internet-Ökonomie ist die sogenannte Plattform-Logik. Eine Plattform ist beispielsweise das Angebot von amazon, einem Unternehmen, das 1994 vom US-amerikanischen Unternehmer Jeff Bezos gegründet wurde. Auf einer Plattform wie dieser können Firmen und Privatpersonen ihre Produkte und Dienstleistungen anbieten. Dazu müssen sie sich den Regeln des Plattformbetreibers unterwerfen. Zahlreiche Vorgaben inhaltlicher, rechtlicher oder prozessualer Natur müssen von jedem Anbieter erfüllt werden, um in das Angebot aufgenommen zu werden. Auf den erzielten Umsatz wird zudem eine Provision erhoben. Wer die Plattform hat, hat die Macht. Die Verhandlungsmacht einzelner Anbieter gegenüber dem Plattformbetreiber tendiert mangels alternativer Kanäle gegen null, wohingegen Firmen wie amazon jederzeit Anbieter ohne große Konsequenzen aus dem Sortiment nehmen oder depriorisieren können, da kein einzelner Anbieter einen nennenswerten Anteil an ihrem Gesamtumsatz hat. Der Plattformbetreiber verfügt über alle Kontakt- und Bezahldaten der Endkunden, wohingegen der Anbieter zum austauschbaren Leistungserbringer wird. Das fördert den Wettbewerb und der ist gut für den Endkunden – und natürlich auch für den Betreiber der Plattform. Gleichzeitig lernt dieser als Vermittler von zahllosen Produkten und Dienstleistungen zudem die Bedürfnisse und Kaufgewohnheiten jedes einzelnen Kunden kennen und kann dieses Wissen beispielsweise für die gezielte Entwicklung und Vermarktung von Produkten verwenden, die von einem direkten Wettbewerber eines Anbieters stammen. Plattformen haben aber auch Vorteile für Anbieter, sonst wären sie nicht erfolgreich. So profitieren diese von einer Infrastruktur, die sie selbst nicht schaffen, warten und weiterentwickeln müssen. Viele könnten ihr Geschäft ohne die Plattform gar nicht betreiben. Sie empfinden es als Entlastung, sich keine eigenen Vertriebswege suchen oder gar aufbauen zu müssen. Hat sich eine Plattform erst einmal etabliert, führt kein Weg mehr an ihr vorbei. So überrascht es auch nicht, dass Jeff Bezos heute zu den reichsten Menschen der Welt zählt. Aufgrund der Gesetze der Internet-Ökonomie, d.h. dem Plattform- und dem Netzwerk-Effekt, stellen die Geschäftsmodelle von Unternehmen wie amazon ganze Branchen, wie z.B. den Buchhandel oder auch Warenhausketten infrage. Aber auch Zweige, an die man nicht gleich denkt, sind von Plattformen wie amazon betroffen. So beispielsweise die Pharmaindustrie, denn amazon steigt aktuell mit Eigenmarken in das Generika-Geschäft ein, produziert und vermarktet also nicht-verschreibungspflichtige Medikamente. Dabei bietet das Unternehmen bewusst Produkte an, die zu den etablierten Marken wie Aspirin und Ibuprofen referenzieren. Höchstwahrscheinlich wird auch dies ein Erfolg werden, denn die Plattform kann dafür sorgen, dass ihre eigenen Produkte höher im Ranking stehen als die Produkte des Wettbewerbs. Dieser Aspekt der Plattform-Ökonomie, der auch als Disruption bezeichnet wird, hat bereits zahllose Einzelunternehmen auf der ganzen Welt aufgeben lassen und beeinträchtigt auch die Umsätze von Großkonzernen. Die Grundlage, die diese radikale Veränderung überhaupt erst möglich macht, besteht darin, dass sich viele Kundenbedürfnisse mit den Möglichkeiten der Digitalisierung effektiver und einfacher befriedigen lassen als mit herkömmlichen Geschäftsmodellen. Nach und nach geraten immer Industrien unter den Innovationsdruck, sich selbst neu zu erfinden, wenn sie nicht von neuen Protagonisten vom Markt verdrängt werden wollen. Dies hat mitunter auch gesellschaftliche Auswirkungen. Ein Beispiel dafür ist die Appartment-Vermittlung Airbnb, eine weitere Plattform, die 2008 vom US-Amerikaner Brian Chesky und einigen Kollegen gegründet wurde. Mittlerweile werden vor allem in attraktiven Großstädten wie Berlin, London oder Mailand so viele Unterkünfte über Airbnb vermittelt, dass dies spürbar negative Effekte auf den lokalen Wohnungsmarkt hat. Anstatt eine Eigentumswohnung langfristig zu vermieten, ist es nämlich finanziell wesentlich attraktiver, diese via Internet-Plattform für kurze Zeiträume von spendierfreudigen Touristen buchen zu lassen. Das Kundenbedürfnis »höhere Mieten« wird also mit den digitalen Möglichkeiten effektiver befriedigt als über den bisherigen Markt.

3.4.3 Digitale Unternehmensabläufe

In den Unternehmen gab es bereits vor der kommerziellen Nutzung des Internets firmeninterne Netzwerke, sogenannte Local Area Networks (LAN), und natürlich auch Personal Computer. Diese wurden vornehmlich zur Textverarbeitung und Administration verwendet. Das von den beiden US-Amerikanern Bill

Gates und Paul Allen gegründete Unternehmen Microsoft lieferte hierfür mit Windows sowohl das Betriebssystem als auch die Software mit Produkten wie Word und Excel. Um Spezialprobleme zu lösen, brauchte man allerdings jedes Mal Programmierer, was sehr aufwendig war. Was fehlte, war eine integrierte Standardsoftware, mit der man kostengünstig die Unternehmensprozesse verschiedener Branchen abbilden und steuern konnte. Einer der weltweiten Vorreiter in diesem Bereich sollte die deutsche Firma SAP werden, die 1972 gegründet wurde. Das Gründerteam um die ehemaligen IBM-Mitarbeiter Hasso Plattner, Dietmar Hopp und drei weitere Kollegen entwickelte ein sogenanntes ERP-System (Enterprise Ressource Planning), mit dem es möglich war, komplexe Abläufe und Strukturen von Unternehmen zu managen. 1991, 19 Jahre nach der Gründung, gelang ihnen mit ihrer R/3 Unternehmenssoftware der weltweite Durchbruch, was den Umsatz binnen weniger Jahre verfünffachte. Heute dominiert SAP weltweit das ERP-Segment mit einem Marktanteil von rund 20%.

Auch industrielle Fertigungsverfahren waren von der Digitalisierung und Automatisierung betroffen. 1973 schuf das deutsche Unternehmen KUKA den ersten Industrieroboter, der über sechs elektromechanisch angetriebene Achsen verfügte und damit bereits enorm vielseitig in der Anwendung war. Roboter können heute schweißen, kleben, nieten, lackieren, heben, einsetzen, vereinzeln und vieles mehr. Sie sind besonders für die konstante Abarbeitung von schwierigen, gefährlichen und monotonen Arbeiten geeignet. In der Großserienfertigung der Automobilindustrie beträgt das Verhältnis zwischen Industrieroboter und Arbeitern heute schon 1:10. Tendenz steigend.

3.4.4 Intelligente Maschinen

Um die Jahrtausendwende wurden Computer und Smartphones sowohl in Firmen als auch Privathaushalten nicht nur allgegenwärtig, sie wurden zudem intelligenter. So gelang es dem vom US-amerikanischen IT-Unternehmen IBM entwickelten Schachcomputer Deep Blue 1996 zum ersten Mal in der Geschichte, den damals amtierenden Schachweltmeister Garri Kasparow in einem Match zu schlagen. 2011 gewann die künstliche Intelligenz Watson, ebenfalls von IBM, in der Quizshow Jeopardy! gegen zwei frühere Champions. Der US-amerikanische Ingenieur David Hanson, der sich ganz der Entwicklung von intelligenten Robotern mit menschenähnlichem Aussehen verschrieben hat, gründete 2013 in Hongkong die Firma Hanson Robotics. Nur wenige Jahre später stellte das Unternehmen seinen intelligenten Roboter Sophia vor, der gesprochene Fragen unvorbereitet verstehen und beantworten kann. Das gilt nicht nur für Fragen nach simplen Fakten, wie dem Wetter oder der Uhrzeit. Sophia verfügt sogar über Ansätze einer eigenen Meinung und kann mit anspruchsvollen mehrdeutigen Fragen umgehen, wie z. B.: »Was interessiert dich im Leben?«, oder: »Was denkst du über Beziehungen zu Menschen?«. »Ihr« Gesicht ist weiblich-menschlich und hat eine ziemlich ausgefeilte Mimik. 2017 wurde Sophia sogar die Staatsbürgerschaft von Saudi-Arabien verliehen, was umso pikanter ist, da der Roboter nicht die dort vorgeschriebene Verschleierung Abaya oder Hidschab trägt. Ganz zu schweigen von der Frage nach den Persönlichkeitsrechten künstlicher Intelligenz (KI).

3.4.5 Dienstleistungen auf dem Vormarsch

Was in den 1970er-Jahren mit verlachten Spielzeugen für Nerds begann, veränderte in nur 50 Jahren vollständig die Art und Weise, wie wir miteinander kommunizieren, Waren und Dienstleistungen kaufen, Autos, Jobs und Partner finden, Arbeitsabläufe steuern, Urlaube planen, Daten analysieren, Geld transferieren, Teams organisieren und Waren produzieren. So verwundert es auch nicht, dass der Anteil von Dienstleistungen am Bruttoinlandsprodukt (BIP) sich z. B. in Deutschland seit 1960 annähernd verdoppelt hat, wie in der Grafik 027 zu sehen ist.

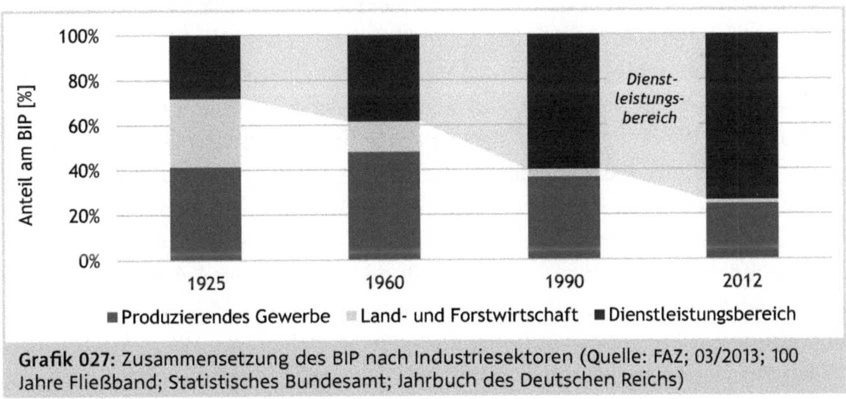

Grafik 027: Zusammensetzung des BIP nach Industriesektoren (Quelle: FAZ; 03/2013; 100 Jahre Fließband; Statistisches Bundesamt; Jahrbuch des Deutschen Reichs)

Durch die fortschreitende Digitalisierung ist dieser in rund 50 Jahren von 38 % auf imposante 74 %, also nahezu auf das Doppelte, angestiegen. Im selben Zeitraum ist der Anteil bei produzierendem Gewerbe sowie der Land- und Forstwirtschaft drastisch zurückgegangen. Andere Staaten wie die USA und Großbritannien verzeichnen noch deutlichere Entwicklungen. Doch die erbrachten Dienstleistungen ersetzen nicht etwa die Wertschöpfung durch Produktion und Landwirtschaft, vielmehr haben sie diese ergänzt. So ist das BIP in Deutschland im selben Zeitraum von umgerechnet 155 Milliarden Euro im Jahr 1960 auf 2.758 Milliarden Euro im Jahr 2012 und 3.263 Milliarden im Jahr 2017 angewachsen. Das BIP hat sich also verachtzehnfacht. Eine beachtliche Entwicklung.

3.4.6 Der globale Markt

Während der dritten industriellen Revolution schritt auch die Globalisierung der Märkte weiter voran, was sehr zum Wirtschaftswachstum in den Industrienationen beigetragen hat. Doch nicht nur dort, auch in sogenannten Niedriglohnländern wächst die Wirtschaft infolge der globalen Vernetzung. Neben den technologischen Neuerungen in der Kommunikationstechnik trugen dazu vor allem eine fortschreitende Liberalisierung des Welthandels, die wachsende Integration internationaler Finanzmärkte und gesunkene Transportkosten bei. Aktuell kostet der Versand von Waren aus China nach Europa mit einem 40-Fuß-Container rund 2.000 Euro. Das entspricht bei 66 Kubikmetern Ladevolumen einem Preis von gerade einmal 30 Euro pro Kubikmeter.

Durch die wachsende Verflechtung der Märkte hat sich in den vergangenen Jahrzehnten die Wettbewerbssituation für Unternehmen drastisch verändert. Die Mitbewerber europäischer Firmen sitzen jetzt nicht mehr nur im Umkreis von einigen hundert Kilometern, sondern ebenso in Asien oder Südamerika. Aufgrund des zunehmenden Wettbewerbs ist das Bestreben, Waren und Dienstleistungen immer kostengünstiger herzustellen, drastisch angewachsen. Eine bereits beschriebene Strategie, um das zu erreichen, ist die Steigerung der Automatisierungsrate, um so den Anteil der Lohnkosten zu senken. Eine weitere ist die Verlagerung der Produktion und Service-Abteilungen ins Ausland, um auf diese Weise Lohn- und Materialkosten sowie Steuern einzusparen und durch eine arbeitgeberfreundliche Rechtslage flexibler am Markt agieren zu können. Dieser Trend ist seit den späten 1960er-Jahren zu beobachten. Viele europäische und US-amerikanische Firmen lassen heute in China produzieren und haben ihre Callcenter und IT-Abteilungen zu großen Teilen nach Indien ausgelagert. Dies führt zu wirtschaftlichem Wachstum in diesen Ländern, was dort wiederum Preis- und Lohnsteigerungen mit sich bringt. Wenn das Lohngefälle nicht mehr ausreichend hoch ist, führt der hohe Wettbewerbsdruck dazu, dass wieder andere Länder für die Dienstleistungen gefunden werden müssen.

Welche teils absurden Entwicklungen die niedrigen Transportkosten und der hohe Kostendruck nach sich ziehen, verdeutlicht das Beispiel zur Verarbeitung von frisch gefangenen Krabben. Die Krustentiere, die an der Nordseeküste gefangen werden, werden per Luftfracht nach Marokko versandt, wo sie meist von Frauen per Hand gepult werden, natürlich zu einem Bruchteil der Lohnkosten, die in Deutschland dafür anfallen würden. Anschließend kommen sie – wieder per Luftfracht – als fangfrische Ware zurück zum Verbraucher. Die ökologischen Folgekosten, z. B. infolge des Ausstoßes von Kohlendioxid, spielen dabei anscheinend überhaupt keine Rolle.

Die hohe weltweite Kostentransparenz und -konkurrenz bei Waren und Dienstleistungen sorgt dafür, dass Unternehmen in Ländern mit hohem Lohnniveau, um wettbewerbsfähig zu bleiben, dazu gezwungen sind, sich auf komplexe und technologieintensive Produkte und Dienstleistungen zu fokussieren, die sich in Niedriglohnländern (noch) nicht herstellen bzw. erbringen lassen. Aber die Globalisierung veränderte nicht nur die Beschaffung, sie öffnete zudem weltweite Absatzmärkte, wovon vor allem deutsche Unternehmen in den letzten Jahrzehnten stark profitiert haben. Diese Entwicklung führt aber auch dazu, dass globale Unternehmen, wie die schwedische Möbelhauskette IKEA, mit ihren weltweit präsenten Filialen und der Strahlkraft ihrer Marke lokale Einzelunternehmen immer mehr vom Markt drängen.

Die zunehmend globalere Ausrichtung von Unternehmen beeinflusst auch deren Organisationsstrukturen und die Art miteinander zu arbeiten. Bei vielen Global Playern sind heute Managementteams über die gesamte Welt verteilt. Teams werden virtuell und weniger greifbar.

Das globale Zusammenwachsen ist dabei keine Einbahnstraße. Noch im Jahr 2000 befanden sich die Firmenzentralen von 95% der weltweit größten Unternehmen in Industrieländern. Nach aktuellen Schätzungen werden bis zum Jahr 2025 mehr Großunternehmen ihren Sitz in China haben als in den USA oder Europa. Rund die Hälfte des weltweiten Wirtschaftswachstums wird sich zudem in den nächsten Jahren in Schwellenländern abspielen. Indische Großkonzerne wie Tata sind mittlerweile Eigentümer von Automarken wie Jaguar und Land Rover. Die Traditionsmarke Volvo Cars gehört seit 2010 zum chinesischen Fahrzeugkonzern Zhejiang Geely. Und aktuell läuft die Genehmigung für die Fusion der Stahlsparte von ThyssenKrupp mit Tata Steel.

Ist die Globalisierung gut oder schlecht? Oder beides? !

Wie wir gesehen haben, sind die Auswirkungen der Globalisierung äußerst vielschichtig, was die Frage nach gut oder schlecht nicht so einfach beantwortbar macht. Weltweite Vernetzung, hoher Wettbewerbs- und Innovationsdruck, interkulturelle Herausforderungen, teilweise unethische Arbeitsbedingungen, mittelfristig steigender Wohlstand sowohl in Industrie- als auch in Niedriglohnländern, negative ökologische Folgen des Gütertransports, Arbeiten über Zeitzonen hinweg und abnehmende soziale Einbindung aufgrund von virtuellen Teams sind nur einige der Auswirkungen dieser weltweiten Entwicklung. Dementsprechend geteilt sind auch die Meinungen der Menschen in den betroffenen Ländern, wenn es um die Globalisierung geht.

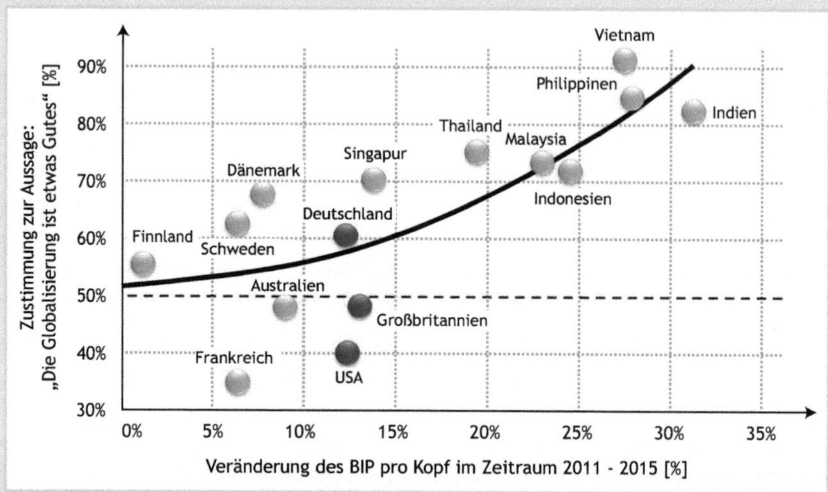

Grafik 028: Einstellung zur Globalisierung und Wirtschaftswachstum (Quelle: The Economist; YouGov; World Bank; UN; 11/2016)

Im Jahre 2016 beauftragte die britische Zeitung The Economist das Meinungsforschungsinstitut YouGov damit, in 19 verschiedenen Ländern Menschen auf der Straße nach ihrer Einstellung zum Thema »Globalisierung« zu befragen. Die Interviewten mussten dabei zur Aussage »Globalisierung ist etwas Gutes« Stellung beziehen. In der Grafik 028 sind die Antworten je Land zusammengefasst. Ebenfalls dargestellt ist dort das wirtschaftliche Wachstum des Landes in der Zeit von 2011 bis 2015. Wie deutlich zu sehen ist, zeigt sich ein dreigeteiltes Bild. Die Bewohner von Großbritannien, Frankreich, Australien und den USA stehen diesem Megatrend eher ablehnend gegenüber, während die befragten Bürger aus Deutschland, Schweden und Dänemark die Entwicklung etwas positiver einschätzen. Interessant ist hierbei, dass das Wirtschaftswachstum in den Industriestaaten nicht mit der jeweiligen Einstellung zur Globalisierung korreliert. So sind die Volkswirtschaften in den USA, Großbritannien und Deutschland im Betrachtungszeitraum in etwa gleich viel gewachsen. Die Einstellung der Bevölkerung ist in den USA aber deutlich negativer als beispielsweise die in Deutschland. Das lässt auf eher nationalistische Strömungen in Politik und Gesellschaft in den USA schließen bzw. auf eine größere Offenheit in Deutschland, z. B. weil man sich dort der Bedeutung der deutschen Exporte in die ganze Welt für die eigene Volkswirtschaft bewusst ist.
Ganz anders sieht die Einschätzung dagegen in Niedriglohnländern aus. So sahen z. B. die Befragten in Thailand, Malaysia, Indonesien, Vietnam, Indien und auf den Philippinen die Entwicklung durch die globalisierten Märkte durchweg positiv, und zwar annähernd in dem Maße, wie der Wohlstand im eigenen Land in der Vergangenheit gewachsen war. Wie so oft, kommt es also auch bei der Frage der Globalisierung auf die Perspektive an.

3.4.7 Hungriges Kapital

Im Anschluss an die zweite industrielle Revolution waren Unternehmen über lange Zeit relativ stabile, berechenbare Systeme, die für ihre Angestellten sowohl eine Art Heimat, aber auch einen eisernen Käfig darstellten. Der Preis für Sicherheit und Auskommen war über viele Jahrzehnte hinweg Disziplin, Unterordnung in Hierarchien und die Erbringung von Leistung. Diese rigide Ordnung ist seit Ende des letzten Jahrhunderts einer wachsenden Flexibilisierung gewichen, die sich durch weit weniger Stabilität und Berechenbarkeit auszeichnet.

Einer der Gründe dafür ist die veränderte Rolle des Kapitalmarkts. In der »alten« Marktwirtschaft legten Investoren ihr Kapital vor allem langfristig in Firmen an und wurden über Dividenden am Unternehmensgewinn beteiligt. Die Investoren hatten daher ein gewisses Interesse an der Stabilität des Unternehmens, zumindest, was ihre Dividenden anging. Die Weltwirtschaft nach dem Zweiten Weltkrieg war durch das Bretton-Woods-System geprägt, das die Währungen weltweit führender Volkswirtschaften über Bandbreiten von Wechselkursen an den US-Dollar koppelte, der wiederum einen festen Wechselkurs zu Gold hatte. Dieses System gab den teilnehmenden Volkswirtschaften Stabilität, scheiterte aber schließlich 1973, da der Dollar infolge von Leistungsbilanzüberschüssen seitens der USA nicht mehr hinreichend durch Gold abgesichert werden konnte. Nach dem Zusammenbruch dieses globalen Währungssystems waren weltweit gewaltige Mengen an Kapital verfügbar, die nach kurzfristiger Verzinsung strebten. Aufgrund der fortschreitenden Globalisierung und der neuen Möglichkeiten der aufkommenden Kommunikationstechnologie floss dieses »ungeduldige« Kapital weltweit in Unternehmensanleihen mit dem Ziel der kurzfristigen Vermehrung über Kursgewinne infolge eines steigenden Aktienwerts. Eine stärkere globale Vernetzung finanzieller Interessen war die Folge. Erträge wurden nun kaum mehr aus Dividenden erwartet, was zur Folge hatte, dass nicht die Stabilität von Unternehmen erstrebenswert erschien, sondern vielmehr die Veränderung derselben mit dem Ziel der Maximierung des Aktienkurses. Seit dieser Entwicklung bestimmen das Kapitalmarktsystem und die damit einhergehende Bewertung von Unternehmen durch Finanzanalysten das quartalsorientierte Verhalten von börsennotierten Unternehmen. Dieses auf Kurzfristigkeit ausgelegte Buhlen um die Gunst von Investoren und Analysten führt zu zahlreichen irrationalen Verhaltensweisen der Märkte, die z.B. den Aktienkurs eines Unternehmens steigen lassen, wenn dieses Personal in Forschung und Entwicklung abbaut oder sich ohne erkennbaren Grund umstrukturiert. Ein solches unternehmerisch an sich nicht nachvollziehbares Verhalten lässt den Aktienkurs und damit den Marktwert des Unternehmens steigen, was verhindert, dass das Unternehmen selbst zu einem Übernahmekandidaten wird. Unternehmen, die sich dieser Logik nicht beugen, sind in diesem neuen Finanzsystem unterbewertet und werden in der Folge durch andere Unternehmen aufgekauft, die sich an die Spielregeln halten. Um also den Aktienkurs eines Unternehmens zu stützen und dessen Attraktivität als Investitionsobjekt dauerhaft zu erhalten, sind somit ständige Veränderungen des Unternehmens durch das Management notwendig. Strategiewechsel, Restrukturierungen, Akquisitionen, Portfoliobereinigung und Personalabbau, gekoppelt mit einer guten Story für den Markt, werden so zu einem Selbstzweck und einem Merkmal guter Unternehmensführung. Langfristige und nachhaltige Veränderungen, wie der Umbau eines Unternehmens infolge einer substanziellen Strategieänderung, sind so kaum noch möglich.

Wie sich gezeigt hat, passen hungriges Kapital und Internet-Ökonomie sehr gut zusammen. Bei herkömmlichen produzierenden Unternehmen, die aus Rohstoffen und Zukaufteilen fertige Produkte herstellen und vertreiben und damit eine reale Wertschöpfung generieren, galt seit vielen hundert Jahren die Devise: Erst Profitabilität, dann Wachstum. Konservatives Wirtschaften bedeutete seit jeher, aus der Herstellung und dem Vertrieb von Waren oder der Erbringung von Dienstleistungen Überschüsse zu erzielen und einen Großteil davon für schlechte Zeiten zurückzulegen bzw. als Gewinn an die Anteilseigner auszuschütten. Was dann übrigblieb, wurde wieder in das Unternehmen investiert. Da aber die Größe der Absatzmärkte beschränkt war, machte Wachstum nur eingeschränkt Sinn, schon gar nicht um jeden Preis.

Die Internet-Ökonomie folgt einer gänzlich anderen Logik, wie sich am Beispiel des Plattform-Betreibers amazon gut beobachten lässt. Wie bereits beschrieben, ist der Absatzmarkt für bestimmte Produkte oder Dienstleistungen im Internet quasi unbegrenzt. Da eine Plattform nur dann für zig Millionen Nutzer interessant ist, wenn sie immer neue Services anbieten kann und es dadurch immer mehr Fälle gibt, wo der Nutzer sein Kaufbedürfnis effektiver über die Plattform befriedigen kann, investiert amazon bereits seit vielen Jahren den erwirtschafteten Überschuss fast vollständig in Wachstum, wie sich aus der Grafik 029 ersehen lässt. Beschränkte man sich früher auf Bücher, gibt es bei amazon nun unzählige Alltagsgegenstände, die man dort mit einem Klick oder via Sprachsteuerung Alexa kaufen kann. Laut einer aktuellen Studie gehört amazon seit 2017 zu den zehn größten Einzelhändlern der Welt. Das Ranking schließt auch globale Riesen wie Walmart und Home Depot mit ein. Mittlerweile kann man beim Online-Händler auch selbstproduzierte Serien und Musik streamen und virtuelle Server nebst Speicherplatz anmieten. Wie lange wird es dauern, bis amazon frische Erdbeeren oder die Pizza bringt und gleich dazu auch noch einen neuen Partner vermittelt? Wachstum ist für Anbieter wie amazon das Lebenselixier. So wies der Internethändler im Jahr 2016 zwar einen Umsatz von knapp 136 Milliarden US-Dollar aus, dabei aber einen Gewinn von gerade mal

2,4 Millionen US-Dollar. Das entspricht einer Ergebnisquote von 1,7%. In den fünf Jahren zuvor lag diese im Schnitt sogar bei gerade mal 0,6%.

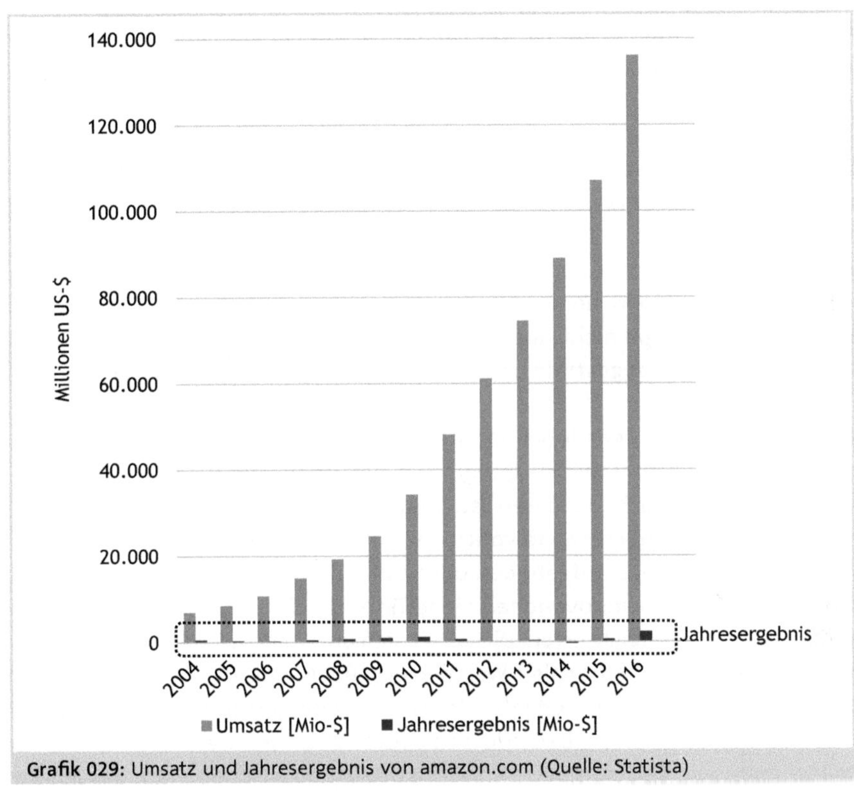

Grafik 029: Umsatz und Jahresergebnis von amazon.com (Quelle: Statista)

Grafik 030: Entwicklung des Kurses der amazon-Aktie (Quelle: MarketWatch.com)

Ein Blick auf die Entwicklung des Aktienkurses (siehe Grafik 030) zeigt, dass die Wachstumsstrategie einer Plattform die Fantasien der Investoren offensichtlich beflügelt. Der Wert des Unternehmens wächst in den Augen der Investoren mit seinem Umsatz, nicht aber durch seinen Ertrag. Der Wert von amazon besteht ganz offensichtlich nicht in seinen Finanzreserven, seinem Anlagevormögen oder seinem Warenbestand. Der Wert solcher Plattformen besteht vielmehr darin, Kunden durch Mehrwert an sich zu binden und dann mehr und mehr Produkte und Dienstleistungen über diese Plattform bereitzustellen, um so immer mehr Transaktionen darüber abzuwickeln. Die Devise der Internet-Ökonomie lautet daher: Erst Wachstum, dann Profitabilität. Und damit das bei amazon auch jeder mitmacht, ist jeder Mitarbeiter automatisch auch Mitaktionär. Ein herkömmliches produzierendes Unternehmen würde eine solche Strategie nicht überleben. Es würde vom Kapitalmarkt durch fallende Aktienkurse abgestraft und damit zum Übernahmekandidaten werden.

Eine weitere Folge der Globalisierung und gleichzeitig auch einer ihrer Beschleuniger ist die weltweite Integration der Finanzmärkte, die seit Beginn der 1980er-Jahre zu beobachten ist. Diese Deregulierung führte dazu, dass von vielen Regierungen Kapitalkontrollen sowie Handels- und Marktzugangsbeschränkungen ganz aufgehoben oder zumindest reduziert wurden. Gleichzeitig wurden Finanzinnovationen eingeführt, die die internationale Übertragung von Kapital erleichterten. Dies zeigt sich unter anderem im ausgeprägten Wachstum des internationalen Wertpapierhandels und der Devisenumsätze. Neue Marktakteure wie Hedgefonds oder Private-Equity-Unternehmen, die international investieren, beeinflussen dabei neben den traditionellen Marktteilnehmern wie beispielsweise Kreditinstituten inzwischen stark das Marktgeschehen. Dies führte dazu, dass der Finanzmarkt zum einen weiterwuchs und zum anderen zunehmend immer spekulativer und virtueller wurde. Durch die breite Anwendung der Computertechnologie und neuer elektronischer Kommunikationsformen war es nun möglich, komplexe und große Informationsmengen in kurzer Zeit zu verarbeiten, zu verbreiten und Kapitaltransfers in fast beliebiger Höhe auch über große Entfernungen fast zeitgleich zu veranlassen und auszuführen. Der heutige internationale Wertpapier- und Devisenhandel ist ohne elektronische Handelssysteme praktisch undenkbar.

Die Globalisierung und die spekulativen Finanzmärkte haben reale Güter zu einer virtuellen Anlage für Finanzaktionäre gemacht. Aufgrund der hohen Transparenz des Marktes und internationalen Konkurrenz stieg der Druck, in die rentabelsten Anlagen zu investieren, unabhängig von sozialen Aspekten, die damit verbunden sein konnten. Dieser Fokus auf die Nutzung von Kursunterschieden in verschiedenen Märkten wird auch als Arbitrage bezeichnet. Aus Sicht der Investoren war dies effizient, denn das Kapital wurde so zwangsläufig dorthin gelenkt, wo es am rentabelsten eingesetzt werden konnte. Für Unternehmen bedeutete dies zudem einen einfacheren Zugang zu Kapital und günstigere Kapitalkosten.

Durch die zunehmende Virtualisierung konnten Waren nun gehandelt werden, ohne dass diese tatsächlich ihren Ort verließen. Jegliche Güter auf dem Weltmarkt wurden so zum Handels- und Spekulationsobjekt der Finanzmärkte. So spekulieren Anleger beispielsweise über den Preis von Grundnahrungsmitteln. Sie investieren in Getreide oder Schweinehälften und wetten je nach Marktlage auf steigende oder fallende Preise, immer auf der Suche nach einem kurzfristigen Gewinn durch Arbitrage. Mit ihrem eigenen Investment beeinflussen sie den Kurs, worauf wiederum andere Händler reagieren. So kann es zu einer Kettenreaktion kommen, die innerhalb sehr kurzer Zeit den weltweiten Preis für Lebensmittel wie Getreide oder Schweinehälften enorm ansteigen lässt und so die Realwirtschaft beeinflusst. Damit kann es passieren, dass sich vom einen auf den anderen Tag einkommensschwache Familien am anderen Ende der Welt kein Brot oder Fleisch mehr leisten können.

Aber nicht nur das. Mit den schnellen Geldbewegungen auf dem Finanzmarkt gingen auch Instabilitäts-Risiken einher, die sich in drastischer Weise in der globalen Finanzkrise 2007/2008 realisierten. Der zunehmende Einsatz hochkomplexer Finanzinstrumente führt dazu, dass aus Kursausschlägen schnell reale Krisen werden können. Dies gilt zum einen für börsennotierte Unternehmen, deren Börsenwert binnen kürzester Zeit einbrechen kann, wodurch sie anfällig für Unternehmensübernahmen durch ausländische Investoren werden. Besonders negativ taten sich hier die sogenannten Hedgefonds hervor, die dafür bekannt wurden, traditionsreiche Unternehmen primär unter kurzfristigen Rendite- und Spekulationsgesichtspunkten zu übernehmen, um sie dann anschließend zu zerschlagen und gewinnbringend weiterzuveräußern. Zum anderen ist aber auch die Stabilität von Währungen stark davon abhängig, wie konkurrenzfähig sich ihr Markt darstellt. Schnell kann es zu heftigen Ab- oder Aufwertungen einer Währung kommen, die ganze Staaten in die Krise treiben können. Doch gerade von dieser Dynamik lebt der finanzwirtschaftliche Sektor in Zeiten der Globalisierung. Und so lange es sich gut bis extrem gut davon leben lässt, ist ein Ende dieser Dynamik nicht abzusehen.

3.4.8 Erschöpfte Menschen

Was macht das alles mit uns Menschen? Es geht offensichtlich nicht spurlos an uns vorbei. 1974 prägte der US-amerikanische Psychoanalytiker Herbert Freudenberger den Begriff »Burnout«. Damit beschrieb er ein immer häufiger auftretendes Erschöpfungsphänomen bei Menschen in Pflegeberufen, das mit Leistungsverlust, negativen Emotionen, erhöhter Reizbarkeit sowie mit körperlichen Symptomen wie Kopfschmerzen und einer reduzierten Funktionsfähigkeit des Immunsystems einhergeht. Freudenberg lehrte neben seiner therapeutischen Tätigkeit an verschiedenen Universitäten New Yorks und engagierte sich außerdem in sozialen Projekten. Ausgangspunkt für seine Beschäftigung mit dem Phänomen, das er schließlich als »Burnout« bezeichnete, war sein Engagement in St. Marks, eine der vielen sogenannten Free Clinics. In diesen kostenlosen Ambulanzen arbeiten Ärzte, Pflegekräfte, Psychologen und Sozialarbeiter neben ihrer eigentlichen Arbeit und größtenteils ehrenamtlich, um Personen ohne Krankenversicherungsschutz zumindest eine ambulante medizinische Grundversorgung zukommen zu lassen. Im Laufe der Jahre erkannte er bei zahlreichen seiner Kollegen und zweimal auch bei sich selbst einen spezifischen Veränderungsprozess. Die Betroffenen entwickelten eine negative, pessimistische und mitunter sogar zynische Grundhaltung und verhielten sich zunehmend unflexibel und rigide. Im weiteren Verlauf des Prozesses nahmen Standardaufgaben zunehmend mehr Zeit in Anspruch, was zur Folge hatte, dass die Betroffenen ihren Arbeitseinsatz zulasten ihres Privatlebens weiter erhöhten. Am Ende stand dann ein totaler Zusammenbruch. Als besonders gefährdet für Burnout, den man auch als Erschöpfungsdepression bezeichnen kann, beschrieb Freudenberger Personen, die zu Beginn ihres Einsatzes besonders engagiert und idealistisch waren. Auch die Art der Tätigkeit und die Arbeitsmenge selbst sah er als beeinflussende Faktoren an. Die US-amerikanische Psychologin Christina Maslach, eine Kollegin Freudenbergers, verfeinerte in der Folge die Beschreibung der Symptome und erweiterte die Risikogruppen um die sogenannten People Worker, also die Menschen, die beruflich viel mit anderen Menschen in Beziehung stehen. Dazu zählen auch Führungskräfte. Die steigende Anzahl der Fälle von »Job Burnout« sah sie als Konsequenz der dritten industriellen Revolution, dem Übergang von der Industrialisierung in die Digitalisierung und Globalisierung. Sie zog dabei eine Parallele zur Diagnose der bereits beschriebenen Neurasthenie, einer allgemeinen Nervenschwäche, die im Übergang von der Agrar- zur Industriegesellschaft häufig aufgetreten war, heute aber nicht mehr diagnostiziert wird.

In der Grafik 031 ist der typische Verlauf einer Erschöpfungsdepression dargestellt. Zu Beginn steht dabei meist ein immer öfter auftretendes Gefühl von Überforderung. Was folgt, ist ein inneres Aufbäumen gegen die Überforderung, was sich häufig in Form von Aktionismus bemerkbar macht. Der Betroffene braucht in der Folge deutlich mehr Energie, um Aufgaben umzusetzen, da nichts mehr von allein zu funktionieren scheint. Etwa zu dieser Zeit treten auch meist unspezifische körperliche Symptome auf, so z. B. Rückenschmerzen, Herzrhythmusstörungen und Kopfschmerzen. Geht es auf der Treppe

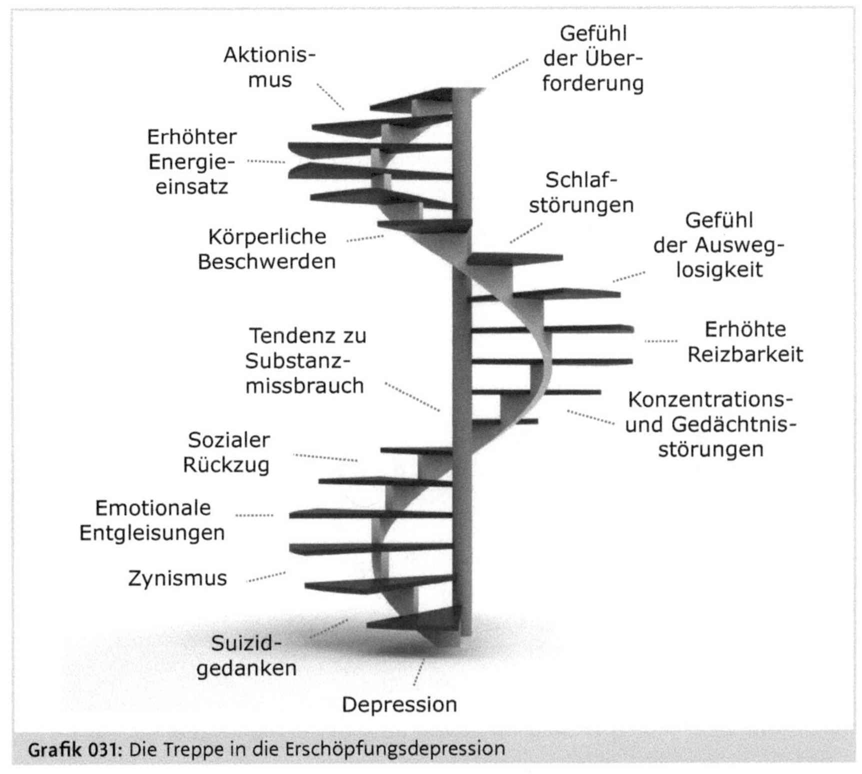

Grafik 031: Die Treppe in die Erschöpfungsdepression

weiter nach unten, folgen Schlafstörungen, was das zur Verfügung stehende Energieniveau nochmals drastisch reduziert und den Betroffenen immer öfter mit einem Gefühl der Ausweglosigkeit konfrontiert. Spätestens jetzt werden Verhaltensänderungen für die Umwelt wahrnehmbar. Es kommt zu erhöhter Reizbarkeit, während die Konzentrationsfähigkeit sinkt. Symptomatisch sind auch Wortfindungsstörungen und eine allgemein zunehmende Vergesslichkeit. Je nach Persönlichkeitstyp nimmt nun auch die Wahrscheinlichkeit zu, die verlorene Leistungsfähigkeit und die Schlafstörungen durch Medikamente in den Griff bekommen zu wollen. Es folgt oft ein sozialer Rückzug, der vor allem das Privatleben betrifft. Es kommt auch immer häufiger zu emotionalen Entgleisungen, die für die betroffene Person sonst untypisch sind. Auch das Auftreten von starken Ängsten ist möglich. Zynismus und ein Gefühl von Sinnlosigkeit machen sich breit; auch Suizidgedanken können auftreten. Am Ende der Spirale steht die voll ausgeprägte Erschöpfungsdepression.

Depressionen sind heute weltweit die häufigsten aller diagnostizierten psychischen Erkrankungen. Ein Kennzeichen dafür ist die deutlich angestiegene Verschreibung von Antidepressiva innerhalb der OECD-Staaten. Sie treten in reichen Industrienationen in deutlich größerer Zahl auf als in Entwicklungsländern. Das heißt aber nicht zwangsläufig, dass Menschen in Entwicklungsländern psychisch gesünder sind. Wahrscheinlicher ist, dass hier die Infrastruktur fehlt, um solche Diagnosen zu stellen. Ebenso dürfte es dort am Zugang zu geeigneten Therapiemöglichkeiten sowie an der statistischen Erfassung mangeln. Die Grafik 032 zeigt die verschriebene Tagesdosis an Antidepressiva je 1.000 Einwohner in ausgewählten Ländern der OECD in den Jahren 2000 und 2013.

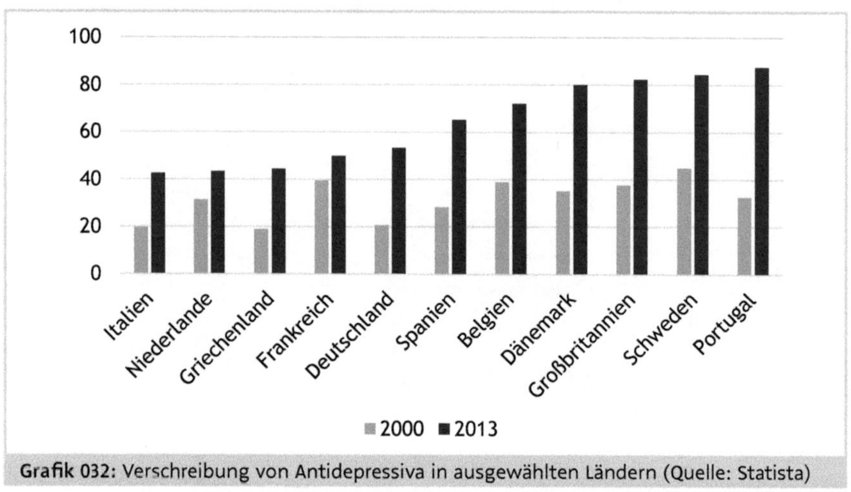

Grafik 032: Verschreibung von Antidepressiva in ausgewählten Ländern (Quelle: Statista)

In fast allen Ländern, mit Ausnahme von den Niederlanden und Frankreich, hat sich die Menge an verschriebenen Antidepressiva in 13 Jahren in etwa verdoppelt. Die Ursache für diesen Anstieg ist nicht restlos klar. Zwei Szenarien sind denkbar: Entweder werden heute psychische Erkrankungen häufiger diagnostiziert und behandelt, weil sie weiter verbreitet sind als noch vor ein paar Jahren, oder aber die gestiegene gesellschaftliche Akzeptanz macht es heute den Betroffenen leichter, über die Krankheiten zu sprechen. In jedem Fall eine besorgniserregende Entwicklung. Offensichtlich leiden wir Menschen unter der Geschwindigkeit der Umwälzungen, die Megatrends wie Digitalisierung und Globalisierung mit sich bringen. Wie wird diese Entwicklung wohl weitergehen?

3.5 Die Gegenwart: Leben in der VUKA-Zone

Nach der Selbstzerstörung des kommunistischen Systems laufen wir nun Gefahr, daß der Kapitalismus zwar sich nicht selbst zerstört, dafür aber die moralischen Grundlagen unserer menschlichen Existenz.
(Klaus Schwab, deutscher Wirtschaftswissenschaftler und Präsident des World Economic Forums)

Lassen Sie uns an dieser Stelle einmal kurz im Überblick die Geschichte bisheriger gesellschaftlicher Umwälzungen betrachten, die ihren Ursprung in technologischen Innovationen hatten, bevor wir zur Gegenwart und zur Zukunft kommen.

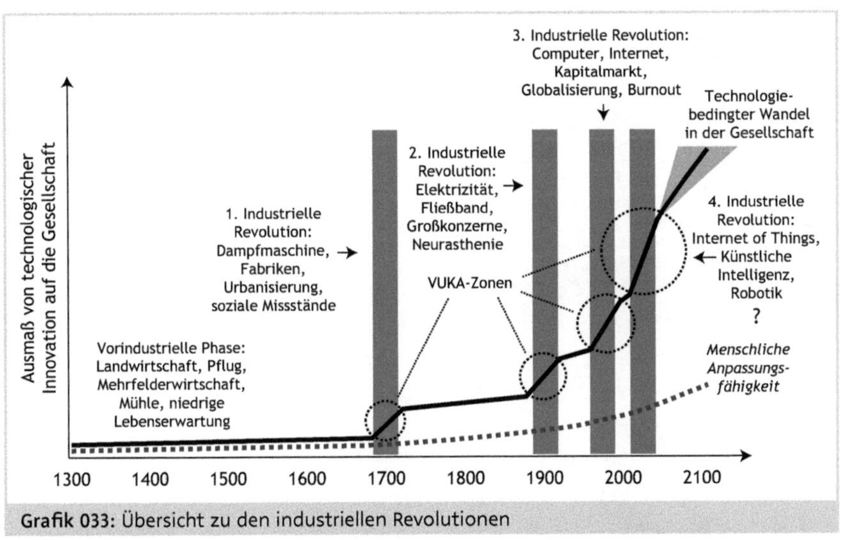

Grafik 033: Übersicht zu den industriellen Revolutionen

Die Grafik 033 fasst die vorindustrielle Phase sowie letzten drei industriellen Revolutionen und ihre zentralen Auswirkungen auf die Gesellschaft und das Individuum zusammen. Wie man hier gut sehen kann, war die westliche Gesellschaft innerhalb von nur 300 Jahren mit drei fundamentalen Umwälzungen konfrontiert, die alle von technologischen Innovationen ermöglicht wurden. In diesen Phasen stiegen das Maß und die Geschwindigkeit an gesellschaftlicher Veränderung stark an. Alte Paradigmen und Ansätze griffen nicht mehr, was zu vermehrter Unsicherheit führte. Dieses Phänomen wird auch als Disruption bezeichnet. Der Begriff leitet sich ab vom englischen Wort »disrupt« (»zerstören«, »unterbrechen«) und beschreibt einen Vorgang, bei dem bestehende traditionelle Arbeitsweisen, Geschäftsmodelle, Produkte oder auch ganze Berufsbilder von innovativen technologischen Entwicklungen abgelöst und teilweise vollständig verdrängt werden. Diese Zeiträume sind in der Grafik als VUKA-Zonen gekennzeichnet. Ich werde später noch näher auf diesen Begriff eingehen.

Ebenfalls dargestellt ist die Fähigkeit des Menschen, sich an technologische und gesellschaftliche Veränderungen anzupassen (gestrichelte Kurve). Hierzu erfahren Sie noch mehr auf den folgenden Seiten. Es wird auch deutlich, dass der zeitliche Abstand zwischen großen technologiebedingten Umwälzungen in den letzten Jahrhunderten immer kürzer wurde, was auf eine exponentielle

Entwicklung schließen lässt. Hinzu kommt auch, dass die Verbreitungsgeschwindigkeit von technologischen Innovationen und das Ausmaß der gesellschaftlichen Durchdringung bei jeder Revolution weiter zugenommen haben. Dies hat unter anderem mit dem Aufkommen von Kommunikationstechnologien sowie mit der gestiegenen Mobilität der Menschen zu tun, wodurch sich Neuigkeiten schneller verbreiten.

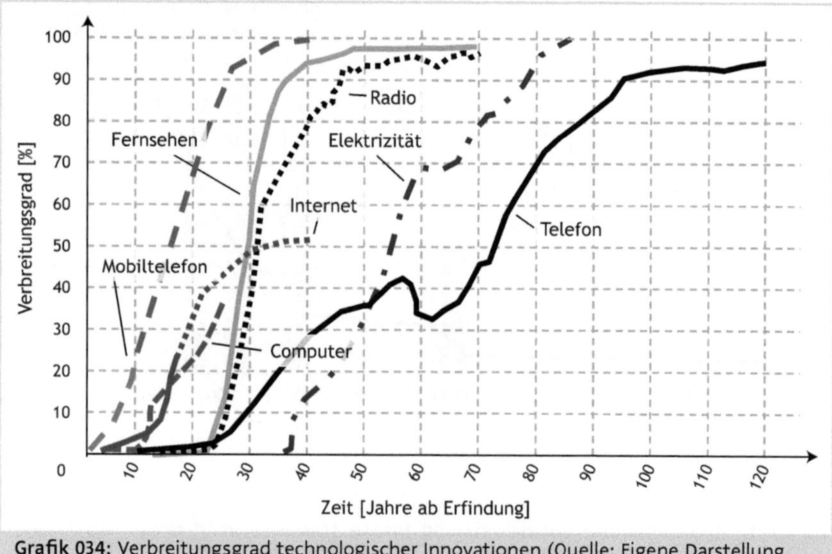

Grafik 034: Verbreitungsgrad technologischer Innovationen (Quelle: Eigene Darstellung, angelehnt an Peter Brimelow, «The Silent Boom«, Forbes, July 7th, 1997)

Die Übersicht in Grafik 034 macht diese Entwicklung deutlich. Sie zeigt den Verbreitungsgrad ausgewählter technologischer Innovationen in Jahren ab ihrer Erfindung. Während die Festnetz-Telefonie über 120 Jahre brauchte, um weltweit flächendeckend genutzt zu werden, hat die mobile Telefonie eine ähnliche Verbreitung innerhalb von nur 40 Jahren erreicht, d.h. drei Mal so schnell. Während der Aufbau weltweiter elektrischer Stromnetze noch knapp 90 Jahre benötigte, hat das Internet in 40 Jahren bereits 54% aller weltweiten Haushalte erreicht. Es wird eine vergleichbare Verbreitung innerhalb von höchstens 60 Jahren erzielen, also etwa ein Drittel schneller. Technologien wie E-Mail und Smartphone, ohne die der moderne Arbeitsalltag heute nicht mehr vorstellbar ist, sind 30 bzw. gerade einmal gut zehn Jahre alt. Heute nutzen 3,7 Milliarden Menschen E-Mails und bis heute wurden 7,7 Milliarden Smartphones verkauft, etwas mehr als die Welt Einwohner hat. Vergleicht man das mit der Ausbreitungsgeschwindigkeit des Wendepflugs in der vorindustriellen Ära, der wahrscheinlich einige hundert Jahre gebraucht hat, um sich in Europa zu etablieren, so wird deutlich, dass Innovationen sich heute mindestens zehn Mal schneller verbreiten als noch vor 300 Jahren. Was dies für die Gegenwart bedeutet, beleuchte ich hier näher.

3.5.1 Bekannte Paradigmen greifen nicht mehr

Dabei ist die technologische Innovation an sich gar nicht das, was Menschen wirklich belastet. Vielmehr sind es die Auswirkungen auf verschiedene Bereiche in der Gesellschaft, z. B. auf die Art und Weise, wie Unternehmen funktionieren oder wie wir unser Privatleben gestalten. Ein Blick in die Statistik macht das Ausmaß dieser Veränderung deutlich. Standard & Poor's ist eine internationale Ratingagentur, die den Aktienindex »S&P 500« verwaltet. Dieser Kursindex gehört zu den wichtigsten der Welt. Laut einer Untersuchung der Unternehmensberatung Boston Consulting Group (BCG) betrug die Verweildauer von Unternehmen in diesem Index 2010 rund 26 Jahre, während sie 1970 noch bei 54 Jahren lag, wie aus dem nebenstehenden Diagramm ersichtlich wird. Das bedeutet, dass sich die Lebensdauer von Großunternehmen innerhalb von 40 Jahren mehr als halbiert hat. Es ist absehbar, dass diese Kennzahl bis 2020 unter die Grenze von 20 Jahren fällt. Damit werden dann rund 60% der Firmen, die heute im S&P 500 gelistet sind, in zehn Jahren nicht mehr darin enthalten sein, weil sie bis dahin durch andere »Rising Stars« ersetzt worden sind. Der jüngste Fall eines solchen Firmentods ist das Spielwarenunternehmen Toys »R« Us mit seinen weltweit 64.000 Mitarbeitern.

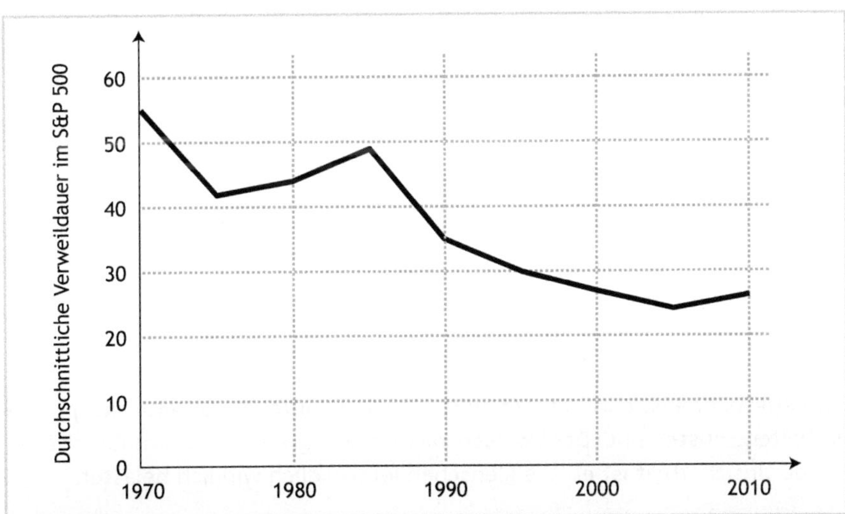

Grafik 035: Zeitliche Entwicklung der Lebensdauer von Unternehmen (Quelle: Eigene Darstellung in Anlehnung an Boston Consulting Group basierend auf Compustat und S&P Capital IQ Datenbank)

Und was glauben Sie, ist das Durchschnittsalter von Unternehmen in Deutschland? Sie vermuten sicherlich, dass es wesentlich höher liegt, oder? Laut einer jüngsten Studie der Universität Rostock werden Firmen im vom unternehmerischen Mittelstand geprägten Deutschland gerade einmal zwischen acht und zehn Jahre alt. Die meisten Unternehmen enden laut dieser Studie in der Insolvenz, und zwar durch vermeidbares Missmanagement. Doch hierbei handelt es sich ja nicht bloß um Kennzahlen. Das Verschwinden von Unternehmen, sei es durch Aufkauf, Fusion oder Insolvenz hat natürlich mitunter erhebliche Konsequenzen für die betroffenen Mitarbeiter.

Kommen wir zur bereits oben erwähnten VUKA-Zone. VUKA ist ein Akronym, dessen Buchstaben für Volatilität, Unsicherheit, Komplexität und Ambivalenz stehen. Die Wortschöpfung entstand bereits Ende der 1990er-Jahre als Synonym für eine neue und weitaus komplexere Weltordnung am US Army War College in Carlisle, Pennsylvania. Diese Beschreibung einer Welt, die von Volatilität, Unsicherheit, Komplexität und Ambivalenz gekennzeichnet ist, wurde im Wesentlichen zunächst von den dort tätigen Dozenten gebraucht. Nach den Terroranschlägen des 11. Septembers 2001 wurde der Begriff schließlich auch von Managementvordenkern aufgegriffen, die eine Zunahme der Komplexität nicht nur im militärischen und machtpolitischen Bereich sahen, sondern auch in der Entwicklung der globalisierten Wirtschaft.

Die Bedeutung von VUKA

Bezeichnung	Bedeutung
Volatilität	Bezieht sich auf die zunehmende Häufigkeit, die Geschwindigkeit und das Ausmaß von Veränderungen
Unsicherheit	Beschreibt ein abnehmendes Maß an Vorhersagbarkeit von Ereignissen
Komplexität	Bezieht sich auf die steigende Anzahl von Verknüpfungen und Abhängigkeiten, die eine Thematik undurchschaubar machen
Ambivalenz	Beschreibt die Mehrdeutigkeit der Faktenlage, die falsche Interpretationen und Entscheidungen wahrscheinlicher macht

Eine VUKA-Zone ist dadurch definiert, dass bekannte und allseits akzeptierte Verhaltensmuster und Denkweisen nicht mehr greifen. Die daraus entstehende Unsicherheit ist es, die Menschen letztendlich wirklich belastet.

Auch wenn die Begriffsschöpfung relativ neu ist, trifft sie auch auf vorangegangene Phasen vermehrter Umwälzungen zu. Es ist aus heutiger Sicht schwer zu beurteilen, welche der zurückliegenden VUKA-Zonen die weitreichendsten Konsequenzen für die menschliche Gesellschaft hatten. Sicherlich hat die erste industrielle Revolution, also die Veränderungen infolge der Erfindung der Dampfmaschine, eine deutliche Steigerung der Lebenserwartung mit sich gebracht. Ohne Zweifel eine bedeutende Errungenschaft. Hingegen wird die vierte industrielle Revolution aller Wahrscheinlichkeit nach die Bedeutung menschlicher Arbeit für unsere Gesellschaft radikal verändern. Genauer gesagt, werden nicht nur einfache Routinearbeiten, sondern durchaus auch komplexe, repetitive Arbeitsabläufe zukünftig von intelligenten Robotern erledigt werden. Das kann Segen, aber auch Fluch sein. In jedem Fall wird es die Industriegesellschaft, ihre Arbeitsethik und ihr Wertesystem nachhaltig umkrempeln.

Beispiele: Verhaltensweisen und Denkmuster, die nicht mehr gelten !

Abschied von der Strategie

Vor dem Platzen der Immobilienblase und den darauffolgenden globalen Auswirkungen 2007/2008 gehörte es in Unternehmen zum guten Ton, eine langfristige Strategie von drei bis fünf Jahren zu haben, denn man ging davon aus, dass sich die Marktumgebung in dieser Zeitspanne nicht nennenswert verändern würde. Eine solche Strategie wurde nicht nur als ausreichende Vorbereitung für die Zukunft gesehen, sondern auch als Garant für Erfolg. Eine Strategie war quasi die planerische Vorwegnahme der Zukunft und schaffte so eine trügerische Sicherheit.

Dem ist nicht mehr so. Aufgrund der hohen Volatilität der Märkte, allen voran der digital vernetzten und liberalisierten Finanzmärkte, haben zahlreiche Unternehmen schmerzhaft gelernt, dass auch eine wohldurchdachte Strategie sie nicht vor krisenhaften, ja, sogar existenzgefährdenden Umwälzungen schützen kann, selbst wenn sie mit viel Berater-Know-how erkauft wurde. Viele Unternehmen, mit denen wir arbeiten, haben zwar eine Strategie, aber sie sind sich bewusst, dass diese nicht mehr funktioniert. Eine funktionierende Sicherheit gebende Strategie ist zur Utopie geworden.

Ein Beispiel sind die Automobilhersteller, die sich nicht nur fragen, ob sie nun auf Elektroantrieb oder Brennstoffzelle setzen sollen, sondern auch, ob Menschen in fünf bis zehn Jahren überhaupt noch Autos kaufen werden und nicht bloß Mobilität. Viele Unternehmen sind bereits dazu übergegangen, in dieser VUKA-Zone »auf Sicht« zu fahren und sich eher an kurzfristigen Indikatoren zu orientieren. An die Stelle einer einzigen klaren Richtung sind viele parallele Optionen getreten, die man sich für verschiedene Marktszenarien, wie veränderte politische Rahmenbedingungen, neue technologische Möglichkeiten oder wachsenden Wettbewerbsdruck, z.B. durch innovative Geschäftsmodelle anderer Unternehmen, zurechtgelegt hat.

Abschied von der Rationalität

In Zeiten fundamentaler Veränderungen und der damit einhergehenden Verunsicherung wird deutlich, dass der Mensch in der Tat nicht ausschließlich rational agiert, wie es der italienische Ökonom Vilfredo Pareto Anfang des 20. Jahrhunderts in seinem Konzept des Homo oeconomicus annahm. Vielmehr lässt sich beobachten, dass das Maß an Irrationalität im Verhalten in dem Maße zunimmt, wie die

Vorhersehbarkeit und Verstehbarkeit der Ereignisse abnehmen. Ein Beispiel dafür ist die Entwicklung digitaler Währungen, sogenannter Crypto-Currencies, die auf einer Technologie namens Blockchain beruhen. Hierbei handelt es sich um ein weltweit dezentral geführtes Verzeichnis, in dem Finanztransaktionen abgewickelt und öffentlich nachvollziehbar dokumentiert werden. Dadurch, dass jede Transaktion in allen dezentralen Spiegelungen dieses Verzeichnisses verschlüsselt abgelegt wird und zudem mathematisch mit den vorausgegangenen Transaktionen zwischen den Geschäftspartnern verbunden ist, kann sie im Nachhinein nicht mehr manipuliert werden, da sonst eine Inkonsistenz entsteht. Ebenso kann sie nicht durch die Zerstörung eines Rechners oder das Hacken eines Servers gelöscht werden, da sie weltweit zigmal gespiegelt, d.h. als Kopie abgelegt wird. Dadurch werden diese Währungen fälschungssicher und krisenfest – sagen zumindest ihre Befürworter. Sie halten Kryptowährungen für das »nächste große Ding« seit Erfindung des Internets. Da digitale Währungen, wie z.B. Bitcoins, keine Entsprechung in Form von Münzen oder Scheinen in der physischen Welt haben, gehorchen sie auch nicht den gleichen Regeln. So kann man sich beispielsweise Coins verdienen, indem man eigene Rechenleistung zur Verfügung stellt, denn wegen der Verschlüsselungsalgorithmen braucht die Blockchain sehr viel Energie. Ebenso lässt sich beispielsweise Geld im großen Stil transferieren, ohne dass eine Bank involviert ist und daran verdienen kann. Diese Entwicklung könnte neben dem Zahlungsverkehr auch die Abwicklung sämtlicher Lieferbeziehungen von Unternehmen revolutionieren, was den Banken verständlicherweise Einiges an Kopfzerbrechen bereitet. Überweisungsvorgänge, die bisher Tage dauerten, können so binnen Sekunden abgewickelt werden. Schon heute werden Milliardenbeträge weltweit mittels Blockchain-Technologie übertragen. Tendenz steigend.

Mit dieser Technologie lässt sich zudem viel Geld verdienen. Kryptowährungen haben eine neue Generation digitaler Millionäre hervorgebracht. Sie sind Anfang 20, computer-affin und sie verdienen ihr Geld damit, Kursunterschiede zwischen verschiedenen Kryptowährungen wie Ethereum, Ripple oder Litecoin für kurzfristige Gewinne zu nutzen, ähnlich wie im herkömmlichen Devisenhandel. Digitale Währungen sind darüber hinaus auch zu einer Möglichkeit der Finanzierung von innovativen Start-ups geworden. Kapitalgeber wetten dabei in einer Art von Crowdfunding auf den Erfolg einer neuen Business-Idee und investieren darin ihre digitalen Coins. Dabei kommen Beträge zusammen, die so manchen regulären Börsengang in den Schatten stellen. Die riesigen Kurssprünge und die damit verbundenen Gewinnmöglichkeiten wecken die Gier in vielen Menschen und sorgen dafür, dass Risiken unterschätzt werden. Aktuell beträgt die Marktkapitalisierung aller Kryptowährungen zusammen bereits über 500 Milliarden US-Dollar, und dabei versteht sie kaum ein normaler Mensch wirklich. Wer nicht zur Szene gehört, tut sich schwer. Insiderhandel ist an der Tagesordnung. Noch ist der Handel komplett unreguliert. Doch an einer Regulierung wird weltweit gearbeitet. Globale IT-Unternehmen wie SAP und Microsoft, aber auch internationale Industriekonzerne wie Siemens, Mahindra, Toyota und Volkswagen haben ein vitales Interesse daran, diese neue Technologie berechenbar zu machen und internationale Standards zu etablieren.

Auf der anderen Seite wächst jedoch die Angst vor einer riesigen Spekulationsblase, wie es bereits im Jahr 2000 mit der sogenannten Dotcom-Blase der Fall war.

Damals endeten reihenweise neu gegründete Internetfirmen der sogenannten New Economy, die mit ihren neuen Businessmodellen Investoren ungeahnte Gewinne versprachen, in der Insolvenz. Aber auch etablierte Unternehmen wie die Deutsche Telekom kamen durch den erdrutschartigen Kursverfall – zumindest vorübergehend – in Schieflage. Allein im deutschen Aktienindex für den Neuen Markt, dem Nemax, wurden 200 Milliarden Euro vernichtet.

Der US-amerikanische Investmentguru Warren Buffett, immerhin einer der reichsten Menschen der Welt, rechnet fest damit, dass es mit dem aktuellen Hype kein gutes Ende nehmen wird. Gleichzeitig räumt er aber ein, sich nicht wirklich gut mit der zugrundeliegenden Technologie auszukennen. Jamie Dimon, Chef der Bank JP Morgan, hat die Kryptowährung Bitcoin unlängst öffentlich als Betrug bezeichnet. Wer Bitcoin kaufe, sei dumm. Mitarbeiter, die mit Bitcoin handeln, würde er innerhalb von Sekunden feuern. Mittlerweile hat Dimon seine Aussagen relativiert, wahrscheinlich, weil er ein wenig Nachhilfe in Sachen Technik bekommen hat. Vielleicht hat er außerdem erfahren, dass JP Morgan selbst aktiv an Unternehmen beteiligt ist, die mit Blockchain-Technologie arbeiten. Offensichtlich spielen das Lebensalter und die eigene Einstellung zu Technik eine wichtige Rolle im Umgang mit diesem Thema. Kein Wunder, denn Kryptowährungen sind disruptiv, d.h., sie stellen alles bekannt Geglaubte, wie z.B. die Funktionsweise von Geld, infrage. Sowohl das Verhalten von den Befürwortern der Kryptowährungen als auch das ihrer Gegner hat dabei wenig mit Rationalität zu tun. Dafür geht es einfach um zu viel Geld, was immer man dazu auch zählt.

Wie gehen wir Menschen mit solchen grundlegenden Änderungen um? Aufgrund der hohen Veränderungsgeschwindigkeit, der technologischen Komplexität und der Tatsache, dass die einen dafür, die anderen aber dagegen sind, werden die Neuerungen typischerweise von der breiten Masse so lange ignoriert, bis die Konsequenzen unmittelbar spürbar sind.

Die Unberechenbarkeit und die damit einhergehende mangelnde Planbarkeit wird dazu führen, dass die Personaldecke so gering wie möglich gehalten wird, um Risiken im Fall von plötzlichen Umsatzrückgängen zu minimieren. Denn Mitarbeiter im Krisenfall zu entlassen, ist schwierig und kontraproduktiv. Zumindest in Deutschland müssen sich Unternehmen bei betriebsbedingten Entlassungen zuerst von den jungen und potenziell innovativeren Mitarbeitern trennen, da diese noch nicht lange dabei sind und daher weniger Kündigungsschutz genießen als die langjährigen Mitarbeiter. Durch die knappe Personaldecke wird die Arbeitsverdichtung in Unternehmen weiter zunehmen. Schlüsselaufgaben werden durch ein Netzwerk von freien Mitarbeiter übernommen, die nicht dem Arbeitnehmerschutz unterliegen. Als mögliche Konsequenz von Blockchain werden wahrscheinlich Arbeitsplätze in Geschäftsbanken wegfallen, da Zahlungsströme entlang von Lieferketten zukünftig in großem Maße außerhalb von Banken abgewickelt werden.

3.5.2 Können wir mit den Veränderungen Schritt halten?

Die menschliche Fähigkeit, sich an Veränderungen im Umfeld anzupassen, ist begrenzt. Dies macht deutlich, auf welche Herausforderungen wir als Spezies zusteuern, denn es gibt Grund zur Annahme, dass das Maß an Veränderung und die menschliche Fähigkeit zur Anpassung sich zukünftig nicht parallel zueinander weiterentwickeln werden. Wahrscheinlicher ist, dass sich eine immer größer werdende Schere auftut, die gesellschaftliche Spannungen und menschliches Leid wahrscheinlich macht.

In der Persönlichkeit eines Menschen zeigt sich seine Einzigartigkeit, sein Charakter. Sie macht ihn unverwechselbar. Sie leitet sich einerseits aus den Erbanlagen eines Menschen ab und wird andererseits von frühkindlichen Erfahrungen geprägt. Generationen von Wissenschaftlern verschiedener Disziplinen haben miteinander gerungen, um schlussendlich zu dem Kompromiss zu kommen, dass die Erbanlagen und die Prägung den Menschen jeweils zu etwa der Hälfte ausmachen. Die Persönlichkeit ist damit das Ergebnis eines Anpassungsprozesses des Menschen an seine Umwelt basierend auf vorgegebenen Faktoren, den Genen. Als solches ist sie nicht statisch, sondern sie wird im Laufe des Heranwachsens gebildet und gilt erst im Alter von rund 30 Jahren als stabil.

Allerdings ist diese stabile Phase endlich. Sie hält »nur« für rund 40 Jahre an, bis sie sich mit dem Eintritt in das Greisenalter etwa um das 70. Lebensjahr erneut verändert. Die menschliche Persönlichkeit lässt sich mithilfe sogenannter Traits beschreiben. Hierbei handelt es sich um Verhaltenspräferenzen, die zwischen dem 30. und 70. Lebensjahr stabil sind, z. B. ob Sie ein ruhiges oder temperamentvolles Wesen haben, ob Sie Details oder das große Ganze schätzen oder ob Sie Harmonie einer offenen Aussprache vorziehen.

Ein etabliertes Modell in der Persönlichkeitspsychologie ist das sogenannte Fünf-Faktoren-Modell, häufig auch als Big Five bezeichnet. Nach diesem Modell lässt sich die Persönlichkeit jedes Menschen mittels fünf Dimensionen beschreiben, die wiederum in zahlreiche Unterdimensionen zerfallen. Das ihm zugrundeliegende fragebogengestützte Testverfahren ist eines der ältesten und am besten erforschten psychometrischen Verfahren. So wurde es innerhalb der letzten 20 Jahre in über 3.000 wissenschaftlichen Studien referenziert.

Die fünf Dimensionen aus dem Big-Five-Modell sind:

1. Bedürfnis nach Stabilität
2. Extraversion
3. Offenheit für Erfahrungen
4. Verträglichkeit
5. Gewissenhaftigkeit

Ich möchte hier nur kurz auf den Trait »Offenheit für Erfahrungen« eingehen, da dieser für das Verständnis der kommenden gesellschaftlichen Entwicklung von zentraler Bedeutung sein wird. Der Faktor beschreibt unseren Umgang mit Veränderungen aller Art, insbesondere mit denen, die nicht von uns selbst herbeigeführt wurden. Hohe Werte bei diesem Faktor stehen für eine große Offenheit neuen Entwicklungen gegenüber. Personen, bei denen dieses Persönlichkeitsmerkmal stark ausgeprägt ist, haben häufig breit angelegte Interessen, sind neugierig und experimentierfreudig. Sie sind eher bereit, ausgetretene Pfade zu verlassen und bevorzugen Optionen und Abwechslung. Es fällt ihnen daher mitunter aber auch schwer, zu fokussieren und Dinge zu Ende zu führen. Niedrige Werte hingegen deuten auf eine Vorliebe für Verlässlichkeit, Beständigkeit und Vorhersagbarkeit hin. Diese Personen schätzen Bewährtes, wie z.B. etablierte Verhaltensweisen, und brauchen mitunter viel Zeit, um von der Sinnhaftigkeit von Veränderungen überzeugt zu werden. Zahlreiche internationale Studien haben nachgewiesen, dass Traits in der Gesellschaft annähernd durchschnittlich verteilt sind, was in der Grafik 036 dargestellt ist.

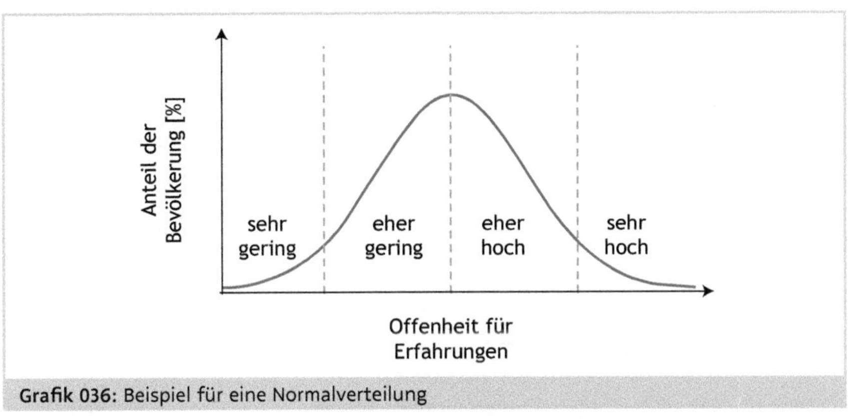

Grafik 036: Beispiel für eine Normalverteilung

Das bedeutet, dass es in jeder natürlichen Population, z.B. in einer bestimmten Stadt, nur relative wenige Menschen gibt, die von Natur aus eine sehr hohe Veränderungsbereitschaft haben, ebenso, wie nur sehr wenige Menschen gar nicht bereit sind sich anzupassen. Der Großteil der Bevölkerung liegt hingegen im Bereich mittlerer Veränderungswilligkeit, ist also weder veränderungsresistent noch besonders aufgeschlossen gegenüber Änderungen.

Einen wichtigen Aspekt, wenn es darum geht, Veränderungen zu wagen, bildet das individuelle Maß an Motivation. Diese Form von Eigenantrieb, die Menschen dazu bewegt, ihre Komfortzone zu verlassen, bezeichnen wir auch als mentale Agilität. Ist die Persönlichkeit eines Menschen erst einmal ausgebildet, bleibt sie für lange Zeit weitgehend stabil. Das bedeutet, es ist unrealistisch zu erwarten, dass Menschen ihre Persönlichkeit per Beschluss oder sogar auf Anweisung dauerhaft ändern können. Wenn hingegen der Wille da ist, kann sich eine Person bewusst entschließen, sich Neuem auszusetzen. Allerdings kostet sie das Energie und die muss von irgendwoher kommen. Es ist ein bisschen wie mit Spurrillen auf der Autobahn. Diese repräsentieren unsere Verhaltenspräferenzen und haben sich mit der Zeit tief in den Asphalt eingearbeitet. Um sie zu verlassen, muss zum einen eine Entscheidung getroffen und zum anderen Energie für den Spurwechsel aufgebracht werden. Sich für kurze Zeit außerhalb der Spurrillen zu bewegen, ist relativ einfach. Über die Zeit und mit zunehmender Erschöpfung wächst aber die Tendenz, wieder in altbekannte und damit energiesparende Muster zurückzufallen. Eine dauerhafte Änderung der Persönlichkeit ist also nur mit großer, langanhaltender Anstrengung möglich, die kaum jemand auf sich nimmt, der nicht dafür motiviert ist.

3.5.3 Ein Fall für die Evolution?

Zu glauben, die menschliche Evolution sei abgeschlossen, ist sicherlich unbegründet. Wir entwickeln uns als Spezies auch heute noch weiter, genau wie alle anderen Arten auch. Allerdings passiert dies so langsam und unmerklich, dass es kaum bis gar nicht wahrnehmbar ist. Vielleicht wird ja die Evolution das Problem lösen und uns Menschen dazu verhelfen, dass wir uns leichter und schneller an neue Entwicklungen anpassen wollen. Doch wie kann das funktionieren?

! **Beispiel: Die Evolution der Giraffe**

Evolution hat immer auch etwas mit Mutationen zu tun. So lebten, bedingt durch spontane, zufällige Veränderungen bestimmter körperlicher Eigenschaften, beispielsweise vor vielen Tausend Jahren Giraffen mit verschieden langen Hälsen auf der Welt. Die Giraffen mit langen Hälsen konnten höhergelegene Nahrung besser erreichen und Feinde früher erkennen. Giraffen mit kurzen Hälsen hingegen wurden häufiger von Angreifern überrascht und hatten zudem ein weniger üppiges Nahrungsangebot. Somit hatten Giraffen mit langen Hälsen insgesamt höhere Überlebenschancen und konnten damit ihr Erbgut besser an folgende Generationen weitergeben.

So kommt es, dass zufällige Mutationen, die einem Lebewesen einen Vorteil gegenüber anderen Artgenossen verschaffen, sich im Laufe der Zeit immer weiter innerhalb einer Spezies durchsetzen.

Einige Aspekte stehen allerdings der hoffnungsvollen These entgegen, dass die Spezies Mensch infolge der weiter fortschreitenden Evolution in naher

Zukunft effektiver darin wird, sich einfacher an voranschreitende Umwälzungen in der Umwelt anzupassen. Damit Evolution funktioniert, müssen neue, durch Mutation entstandene Eigenschaften, wie z.B. eine erhöhte Veränderungstoleranz, einen quantitativ messbaren Vorteil bei der Vererbung dieser Eigenschaften an folgende Generationen bringen. Das heißt, veränderungstolerante Menschen müssten deutlich mehr Kinder zeugen als ihre veränderungsresistenten Artgenossen. Ich wage zu bezweifeln, dass das passieren wird. Der heutige Standard der Medizin und Gesundheitsversorgung, die allgemein hohe Lebenserwartung und die gesunkene Geburtenrate dürften diesen Effekt neutralisieren. Ebenfalls müsste die zurückliegende Selektion durch Evolution ja bereits alle veränderungsresistenten Verhaltensweisen ausgemerzt haben – was jedoch nicht der Fall ist. So wurden zwar sicherlich diejenigen unserer Vorfahren, die sich überhaupt nicht daran anpassen wollten, dass neuerdings ein Säbelzahntigerweibchen in ihrem Tal herumschlich, sehr wahrscheinlich gefressen, bevor sie sich vermehren konnten. Gleiches gilt aber auch für eine zu extrem ausgeprägte Bereitschaft sich anzupassen. Wer den Säbelzahntiger als willkommene Abwechslung im tristen Steinzeitalltag freudig und aufgeschlossen begrüßte, überlebte sicherlich auch nicht lange. Wahrscheinlich ist es im Sinne der Evolution also durchaus gewollt, dass wir zu einem gewissen Maße an Althergebrachtem festhalten wollen.

Ein weiteres und noch stichhaltigeres Argument, das gegen die Evolutionstheorie spricht, ist der Faktor Zeit. Evolution passiert nicht innerhalb von Jahrzehnten oder Jahrhunderten. Ein Jahrtausend oder besser noch zehn, das sind die Dimensionen, in denen sich diese Form der Weiterentwicklung und natürlichen Auslese einer Spezies abspielt. Betrachten wir dies z.B. anhand des Gewichts des Gehirns beim Menschen. Gewicht und Größe des Gehirns geben Auskunft über die intellektuelle Leistungsfähigkeit unserer Vorfahren. Die Grafik 037 verdeutlicht, wie sich das Gewicht des menschlichen Gehirns im Laufe der zurückliegenden Millionen Jahre entwickelt hat.

Dank einiger Schädelfunde konnten Anthropologen die jeweilige Masse des Gehirns und den Zeitraum, in dem unser Vorfahren gelebt haben, ziemlich exakt rekonstruieren. Die Vorfahren der Menschen ermöglichten wesentliche technologische und soziale Innovationen, wie die Kontrolle über das Feuer und die Zubereitung von Nahrung mithilfe des Kochens, durch die zahlreiche Speisen zum ehemals kargen Speiseplan hinzukamen. Ebenso war die Entwicklung von Sprache eine Voraussetzung für das Zusammenleben in komplexeren Stammesgebilden mit einer sozialen Rangordnung. Diese ersten Gesellschaftssysteme waren wiederum die Basis für die ersten permanenten menschlichen Ansiedlungen und den Einstieg in die Landwirtschaft.

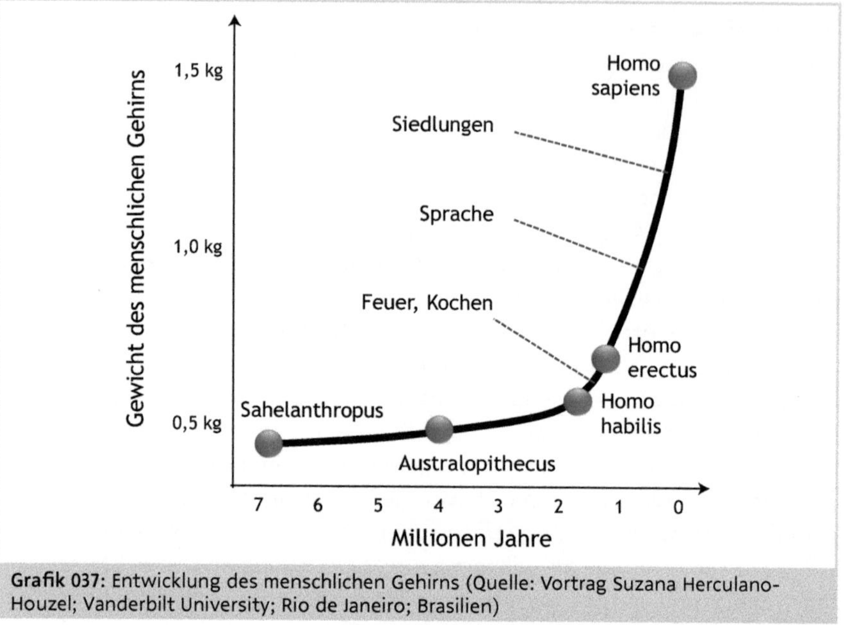

Grafik 037: Entwicklung des menschlichen Gehirns (Quelle: Vortrag Suzana Herculano-Houzel; Vanderbilt University; Rio de Janeiro; Brasilien)

Die Kurve zeigt, Sie ahnen es schon, eine exponentielle Entwicklung und wirft die Frage auf, wie es wohl mit der Entwicklung unseres Gehirns weitergehen wird. Schon jetzt verbraucht es im Ruhezustand rund 25 bis 30% der gesamten Energie des Körpers. In jedem Fall dürften die Entwicklungssprünge hier in Intervallen von mindestens 10.000 bis 100.000 Jahren aufgetreten sein und auch in Zukunft in diesen Dimensionen auftreten. Die Evolution wird uns also aller Wahrscheinlichkeit nach beim Thema Anpassungsbereitschaft nicht zur Seite stehen, zumindest nicht kurzfristig.

3.5.4 Kollektive Anpassungsstörung

Wenn das Maß an Veränderungen, mit dem eine Person oder auch eine Gruppe konfrontiert ist, größer ist als ihre Fähigkeit sich anzupassen, so wird dies über kurz oder lang zu Spannungen und Konflikten führen. Entweder werden diese intrapersonell auf der psychischen Ebene ausgetragen, d.h. der Betroffene leidet innerlich, oder die Spannung entlädt sich nach außen, z.B. durch Ablehnung alles Neuen und Fremden. Wie wir noch sehen werden, birgt die vierte industrielle Revolution mehr noch als ihre Vorläufer die Gefahr, große Teile der Bevölkerung abzuhängen und entweder zu Opfern oder aber zu Gegnern zu machen. Die steigende Anzahl psychischer Erkrankung ist hierfür genauso ein bereits heute deutlich erkennbares Anzeichen wie auch die immer stärker um sich greifenden nationalistischen und populistischen Tendenzen in verschiedenen Industrienationen, wie z.B. Großbritanniens Austritt aus der Europäischen Union, die Wahl eines Donald Trump zum 45. Präsidenten der USA und der Einzug der AfD in den Deutschen Bundestag. Solche Entwicklungen kann man als Gegenbewegung zu den Auswirkungen der Globalisierung verstehen. Psychologisch ausgedrückt ließen sie sich jeweils als kollektive Anpassungsstörung beschreiben, eine Diagnose, die im ICD-10 enthalten ist, dem internationalen Verzeichnis aller körperlichen und psychischen Diagnosen. Bei einer Anpassungsstörung handelt es sich um eine seelische Reaktion auf psychosoziale Belastungsfaktoren, wie z.B. grundlegende technologische oder gesellschaftliche Veränderungen, die sich in verschiedenen Symptomen manifestieren kann, wie beispielsweise in depressiver Stimmung, Denken in Verschwörungstheorien, Überforderung, Angst und auch Aggression. Außerdem kann bei den Betroffenen ein Gefühl entstehen, aufgrund fehlender Berechenbarkeit der zukünftigen Entwicklungen nicht mehr mit dem eigenen Alltag zurechtzukommen. Zur Klarstellung: Ich sage damit nicht, dass Gegner der Globalisierung psychisch gestört sind. Das sind sie nicht. Was ich stattdessen damit ausdrücken möchte, ist, dass grundlegende Veränderungen, die zu schnell und unkontrolliert auf Menschen mit einer eher niedrig ausgeprägten Veränderungsbereitschaft einwirken, zu starken Spannungen führen, die sich in Form von allerlei Gegenreaktionen ausdrücken können. Dies gilt umso mehr, wenn diese Menschen nicht angemessen dazu motiviert werden, sich mit diesen Neuerungen auseinanderzusetzen. Doch wer motiviert diese Menschen? Vielleicht werden Sie sagen: »Das muss doch jeder für sich tun!« Auch wenn ich Ihnen da prinzipiell zustimme, scheint dieser Ansatz jedoch nicht zu funktionieren, zumindest nicht, wenn die anstehenden technologischen Veränderungen und ihre gesellschaftlichen Auswirkungen möglichst reibungsarm vonstattengehen sollen.

3.5.5 VUKA-Zonen

Wie wir gesehen haben, sind Phasen der umbruchhaften Veränderung nicht neu. Ich habe sie in der Grafik 033 am Anfang dieses Kapitels mit dem Begriff VUKA-Zonen beschrieben. Wie bereits ausgeführt, greifen in solchen Zeiten viele der althergebrachten Denksysteme und Lösungsansätze nicht mehr. Werfen wir zur Verdeutlichung noch einmal einen kurzen Blick in die Zeit vor der dritten industriellen Revolution. So war die Welt nach dem Ende des Zweiten Weltkriegs in ein Zwei-Fronten-System eingeteilt, das sich »Kalter Krieg« nannte. Es gab zwei wesentliche geopolitische Lager: die USA und die UdSSR, jeweils mit ihren Verbündeten, die sich politisch, militärisch und wirtschaftlich nach der jeweiligen Hegemonialmacht ausrichteten. Die Feindbilder waren auf beiden Seiten klar. Die Entwicklungen waren relativ einfach vorherzusagen, was sie nicht minder bedrohlich machte. Es bestand jederzeit die Gefahr, dass die eine Seite ihre Nuklearraketen auf die Gegenseite abfeuern würde, was das sichere Ende unserer Zivilisation bedeutet hätte. Zu diesem Zeitpunkt gab es genau diese zwei Supermächte, die im Besitz von Nuklearwaffen und Trägerraketen waren. Heute, 25 Jahre nach dem Ende des Kalten Krieges, verfügen neun weitere Nationen entweder tatsächlich über Nuklearwaffen, oder es wird ein entsprechendes Atomprogramm von der Internationalen Atomenergie-Organisation der UN vermutet. Diese Länder sind Großbritannien, Frankreich, China, Israel, Indien, Pakistan, Nordkorea, der Iran und Saudi-Arabien. Nach dem Zusammenbruch der UdSSR hat sich das Zwei-Fronten-System also zu einem Viel-Fronten-System entwickelt.

3.6 Die Zukunft: die vierte industrielle Revolution

In Zukunft wird das Talent mehr als das Kapital
zum kritischen Produktionsfaktor werden.
(Klaus Schwab, deutscher Wirtschaftswissenschaftler
und Präsident des World Economic Forums)

Aktuell stehen wir als Gesellschaft vor weiteren drastischen Veränderungen, und es ist gut möglich, dass Historiker in 100 oder 1.000 Jahren die Zeit um 2020 rückblickend als den Beginn der vierten industriellen Revolution identifizieren werden. Vielleicht wird man sie aber auch lediglich als die Fortsetzung der immer stärker fortschreitenden Digitalisierung, Automatisierung und Globalisierung sehen. In jedem Fall wird die Verschmelzung von Technologien weiter voranschreiten, d.h., die Grenzen zwischen der physikalischen, der digitalen und der biologischen Sphäre werden immer mehr verschwimmen. Hierbei wird die Geschwindigkeit, mit der neue technologische Durchbrüche in den verschiedenen Disziplinen erzielt werden, weiter zunehmen. Als Beispiele seien hier nur einige vielversprechende Bereiche genannt: Künstliche Intelligenz, Robotik, das Internet der Dinge, 3D-Druck, autonome Fahrzeuge, Elektromobilität, Energiespeicherung sowie Nano- und Biotechnologie. Auch der Durchdringungsgrad vieler dieser Innovationen wird weiter ansteigen und sehr wahrscheinlich auch das Ausmaß der Auswirkungen auf die Gesellschaft.

3.6.1 Abkehr von der Selbstzerstörung

Wenden wir uns aber zunächst den Aspekten der vierten industriellen Revolution zu, für die in jedem Fall eine Lösung gefunden werden muss, wenn die menschliche Gesellschaft eine langfristige Perspektive haben soll. Wie wir gesehen haben, sind die Erderwärmung und das daraus resultierende Ansteigen der Meeresspiegel eine zentrale Herausforderung, die unsere Spezies kollektiv zu bewältigen hat.

3.6.1.1 Regenerative Energien

Eine wesentliche Voraussetzung dafür, dass sich dieser Pegelanstieg auf ein Mindestmaß beschränken lässt, ist die Reduktion des Ausstoßes von Kohlendioxid und anderen Gasen mit hohem Treibhauspotenzial. Um dies zu bewerkstelligen, wird eine schnelle und konsequente Abkehr von fossilen Energieträgern wie Öl, Gas und Kohle sowie Kernenergie notwendig sein. Stattdessen müssen erneuerbare Energien weiter ausgebaut werden. Hier gibt es noch viel zu tun, denn aktuell liegt der Anteil von Wasser-, Solar-, Wind- und Biogasenergie insgesamt bei nur rund 25% der weltweiten Energieproduktion. Die Energiewende ist eine anspruchsvolle Aufgabe, die nicht nur politischen Willen, sondern auch einsatzbereite Technologien und die passende Infrastruktur erfordert. Herkömmliche Kraftwerke sind bis dato meist gleichmäßig über das Land verteilt, um den verlustreichen Transport von Strom über große Strecken zu minimieren. Die Stromnetze sind darauf ausgelegt, in Kraftwerken zentral erzeugten Strom möglichst effizient und flächendeckend zu verteilen. Zudem produzieren klassische Kohle- oder Atomkraftwerke aufgrund ihrer Konstruktionsweise Strom sehr kontinuierlich. Die bereitgestellte Menge lässt sich über die Steuerung der Kraftwerke relativ einfach an die Bedarfszyklen in Privathaushalten und Unternehmen anpassen.

Bei regenerativen Energien verhält es sich ganz anders. Erstens wird Strom hier dezentral bereitgestellt, z.B. durch einen Windpark, eine Staustufe oder ein Solardach. Zweitens unterliegt die Bereitstellung in Abhängigkeit von Windstärke und Sonneneinstrahlung starken Schwankungen und verläuft nicht synchron zu den Bedarfszyklen. So fällt in Privathaushalten der meiste Stromverbrauch gegen 8 Uhr, 13 Uhr und 20 Uhr an. Insbesondere im Winter steht aber sowohl morgens als auch abends keine Sonnenenergie zur Verfügung. Dieser Energiebedarf muss also anderweitig gedeckt werden. Bei den regenerativen Energien ist das allein mit Wasserkraftwerken und Biogasanlagen möglich, weil nur sie kontinuierlich Strom liefern können. Die dritte Herausforderung: Windenergie fällt potenziell ganztägig in Küstennähe an, während Sonnenenergie eher im wolkenärmeren Landesinneren gewonnen werden kann, aber natürlich nur tagsüber. Dadurch ergeben sich drei große technische Herausforderungen, die in den nächsten Jahren bewältigt werden müssen:

1. Der Transport von Strom über große Distanzen,
2. die Speicherung von Strom in dezentralen Energiespeichern z.B. in großen Batterien in Einfamilienhäusern, und
3. eine integrierte Steuerung aller Komponenten des Stromnetzes, d.h. der dezentralen Erzeuger- und Speicherorte, der Transportnetze selbst und auch der Energieverbraucher wie z.B. Lichtquellen. Die verschiedenen Komponenten müssen dabei so robust und kostengünstig werden, dass sie auch im großen Stil in Entwicklungs- und Schwellenländern zum Einsatz kommen können.

3.6.1.2 Verkehr

Neben der Stromproduktion ist der Personen- und Güterverkehr weltweit die zweitgrößte Ursache für Kohlendioxid-Emissionen. Beide Sektoren gemeinsam sind verantwortlich für rund zwei Drittel der weltweiten Emissionen. Um einen nachhaltigen Effekt auf die globale Erwärmung zu haben, müssen konventionelle Antriebe, die auf der Verbrennung von Benzin, Diesel oder Kerosin beruhen, schnellstmöglich durch elektrische Antriebsverfahren ersetzt werden. Am weitesten ist hier der Individualverkehr, was im Wesentlichen dem Visionär und charismatischen US-Unternehmer Elon Musk zu verdanken ist. Durch sein Engagement beim Elektroautohersteller Tesla und die Freigabe der Tesla-Patente für alle Wettbewerber hat er die Entwicklung der Elektromobilität stark beschleunigt. Ungefähr 2025, spätestens jedoch bis 2030, so die Prognosen, sollen sich Elektroautos in allen Industrieländern durchgesetzt haben und keine neuen Autos mehr verkauft werden, die auf Verbrennungsmotoren basieren. Das erfordert große technologische Fortschritte in der Energiedichte bisheriger Batterien, um eine Reichweite von 500 bis 800 Kilometern zu ermöglichen. Auch die Infrastruktur an Ladestationen muss noch dramatisch zunehmen, um diese Entwicklung zu ermöglichen. Doch selbst wenn das geschafft ist, bleiben noch die Transportmittel Lastkraftwagen, Flugzeug und Schiff, die aktuell ebenfalls noch auf der Verbrennung fossiler Brennstoffe basieren.

Aktuell testen LKW-Hersteller wie Daimler-Benz und auch Tesla Prototypen auf Elektromotor-Basis, die etwa ab 2020 in Serie gehen sollen. Aufgrund der hohen Anschaffungskosten und der noch fehlenden Ladeinfrastruktur wird es aber wohl noch bis mindestens 2030 dauern, bis diese Technologie herkömmliche Verbrennungsmotoren vollständig ersetzen kann.

Während sich die technische Situation beim Gütertransport auf der Straße noch sehr überschaubar darstellt, verhält es sich bei der kommerziellen Luftfahrt, zumindest was die Suche nach alternativen Lösungen zum Treibstoff Kerosin anbelangt, anders. Im Jahr 2016 gelang es dem Schweizer Psychiater und Abenteurer Bertrand Piccard gemeinsam mit seinem Kollegen, dem Piloten André Borschberg, zum ersten Mal in der Geschichte, die Welt mit einem durch Solarenergie angetriebenen Flugzeug, der Solar Impulse, zu umrunden. Das Flugzeug bot dabei genau einem Passagier Platz und hatte mit knapp 64 Metern die Spannweite eines Airbus A340. Dieses Projekt ist zweifelsohne ein Meilenstein in der Geschichte der Fliegerei und gibt Grund zur Hoffnung. Doch um massentauglich zu werden, müssen noch einige gravierende physikalische Probleme gelöst werden. In Langstreckenflugzeugen kommt heute ausschließlich Kerosin zum Einsatz, welches aufgrund seiner relativ geringen Dichte in den Tragflächen gelagert wird. Weltweit verbrennen Flugzeuge etwa 1,7 Milliarden Liter dieses auf Erdöl beruhenden Treibstoffs pro Jahr. Damit ein Flugzeug in der Luft bleiben kann, ist konstanter Schub erforderlich, was den Verbrauch in die Höhe treibt. Dies ist anders als beim Auto oder Lkw, wo es je nach Geländebeschaffenheit auch zu längeren Rollphasen kommen kann. Aktuell beträgt die Energiedichte von herkömmlichen Batterien lediglich nur etwa 3% der von Kerosin. Zwar hat sich diese seit 1990 mehr als verdoppelt, doch viel mehr wird aus physikalischen Gegebenheiten nicht möglich sein, was den kurzfristigen Einsatz auf Langstrecken unwahrscheinlich macht.

Doch wie kann dann eine Lösung aussehen? Die Vorgaben der EU verlangen bis 2050 eine Reduktion der Kohlendioxid-Emissionen von 75% und der Stickoxide um ganze 90% pro Passagierkilometer bezogen auf den Richtwert aus dem Jahr 2000. Ab 2020 darf der Ausstoß zudem nicht mehr weiter zunehmen. Kurzfristig sind alternative Flüssigtreibstoffe wohl das wahrscheinlichste Szenario. Seit mehreren Jahren laufen bereits Tests mit Biokraftstoffen, die aus ölhaltigen Algen, Leindotter oder Wolfsmilchgewächsen gewonnen werden. Noch wahrscheinlicher ist die CO_2-neutrale Herstellung von Kerosin durch Strom aus regenerativen Quellen wie der Wind- oder Solarenergie. Dabei wird Wasser per Elektrolyse in Sauerstoff und Wasserstoff aufgespalten. Aus dem klimaneutral erzeugten Wasserstoff wird dann synthetisches Kerosin gewonnen. Bei diesem Verfahren handelt es sich also quasi um einen indirekten Elektroantrieb. Der wesentliche Nachteil beider Verfahren: Die Herstellung von alternativem Treibstoff ist zunächst sehr aufwendig und er wäre in etwa drei Mal teurer als konventionelles Flugbenzin.

Ein anderes Szenario besteht in Hybrid-Lösungen. Hierbei werden die Flugzeuge zwar elektrisch angetrieben, der dafür benötigte Strom kommt aber nicht nur aus Batterien, sondern wird an Bord durch eine Gasturbine erzeugt, die wie gewohnt Kerosin verbrennt, nur mit besserem Wirkungsgrad. Dadurch wird die höhere Energiedichte von Kerosin optimal mit den geräuscharmen

Elektroantrieben kombiniert. Starts und Landungen würden dadurch leiser, sodass auf Nachflugverbote zumindest teilweise verzichtet werden könnte. Es wird prognostiziert, dass diese Verfahren den Treibstoffverbrauch um bis zu 40% reduzieren können. Allerdings steckt die Technik hierzu noch in den Kinderschuhen. Heutige Flugzeuge sind im Durchschnitt rund 30 Jahre im Einsatz. Die Erneuerung der Flotte ist also ein Generationenauftrag, denn die Anschaffungskosten müssen sich zunächst bezahlt machen, bevor über einen Austausch nachgedacht werden kann. Vor 2050 wird hier daher mit keinem nennenswerten Effekt zu rechnen sein.

Ähnlich verhält es sich in der kommerziellen Schifffahrt. Ein Großteil des Welthandels wird heute per Schiff abgewickelt. Die riesigen Containerschiffe sind zwar nicht besonders schnell, transportieren die Waren aber vergleichsweise günstig. Die Schiffsdiesel arbeiten zumeist mit günstigem Schweröl, einem Rückstandsprodukt der Erdölproduktion mit hoher Schwefelkonzentration. Rund 15% des globalen Ausstoßes an Stickoxiden stammen heute aus der Schifffahrt und der Verkehr nimmt jedes Jahr weiter zu. Laut einer EU-Richtlinie aus dem Jahr 2016 darf ab 2020 nur noch Treibstoff eingesetzt werden, der maximal 0,5% Schwefel enthält, in Nord- und Ostsee sogar nur 0,1%. Aktuell liegt der Grenzwert bei 3,5%. Die veränderten Rahmenbedingungen bedeuten die Abkehr vom Schweröl als Treibstoff. Allerdings ist der neue Grenzwert alles andere als umweltschonend oder gar CO_2-neutral. So liegt er immer noch 500 Mal höher als bei Dieselautos. Vorreiternationen wie Norwegen sind daher weiter gegangen. Sie haben bei neuen Fährschiffen per Gesetz vorgeschrieben, dass beim Betrieb keine Emissionen mehr erzeugt werden dürfen.

Alle Zeichen deuten darauf hin, dass sich bei Fähren mit kurzer und mittlerer Reichweite der Elektroantrieb durchsetzen wird. Bei Container- und Kreuzfahrtschiffen werden elektrische und hybride Antriebe zudem dafür sorgen, dass in Küstennähe, also beim Ein- und Auslaufen, emissionsfrei gefahren wird. Das wird ohne Zweifel für die Bewohner großer Küstenstädte wie Le Havre, Antwerpen, Rotterdam, Bremen und Hamburg infolge geringerer Luftverschmutzung deutliche Vorteile haben. Insgesamt betrachtet handelt es sich hier aber wohl eher um eine kosmetische Entwicklung. Es wird wohl noch viele Jahrzehnte brauchen, bis sich alternative Antriebskonzepte in der kommerziellen Schifffahrt durchsetzen. Grund dafür ist auch hier die hohe kalkulierte Lebensdauer. Moderne Containerschiffe sind auf über 20 Jahre und Kreuzfahrtschiffe sogar auf 30 Jahre ausgelegt. Die Anschaffungskosten werden dabei erst nach ungefähr der Hälfte der Lebensdauer durch die erzielten Umsätze aufgewogen. Erst danach verdient eine Reederei also Geld mit einem Schiff.

Kurzfristig werden sich wahrscheinlich eher Lösungen durchsetzen, die keinen vollständigen Technologiewandel erfordern. Zu diesen gehören z.B. synthetische und CO_2-neutral hergestelltes Rohöl, ähnlich wie in der Luftfahrtindustrie.

3.6.2 Die Schere schließen: Kommunikationstechnologie für alle

Neben dem Schutz der menschlichen Zivilisation an sich, wird es in den nächsten Jahren eine weitere, wenn auch in Nuancen profanere globale Herausforderung geben, die zur Lösung ansteht. Heute, im Jahr 2018, verfügen rund 3,7 Milliarden Menschen über einen Internet-Zugang, also in etwa 51% der Weltbevölkerung. Eine beeindruckende Zahl, zweifellos. Sie bedeutet aber auch, dass 49% der Bevölkerung, also die andere Hälfte der Menschheit, noch keinen Zugang zum Internet haben und damit auch nicht von den Vorteilen, die dies mit sich bringt, so z.B. Information, Kommunikation, Zugang zu Bildung, Handel, Kapital etc., profitieren können. Durch einen mobilen Internet-Zugang können Bauern beispielsweise aktuelle Marktpreise für ihre Güter abrufen. Bisher mussten sie sich auf die Ehrlichkeit der Händler verlassen und konnten nicht kontrollieren, für wie viel Geld ihr Produkt weiterverkauft wurde. Dank mobilem Zugriff auf Agrarportale können sie jetzt höhere Preise verhandeln.

Um den flächendeckenden Zugang zum globalen Netz zu ermöglichen, müssen zunächst wesentlich tieferliegende Probleme gelöst werden: Weltweit haben rund 20% der Menschen keinen Zugriff auf irgendeine Form der Telekommunikation. Rund 19% verfügen noch nicht einmal über Elektrizität.

Grafik 038 zeigt für ausgewählte Länder jeweils denjenigen Bevölkerungsanteil, der im Jahr 2013 keinen Zugang zum Internet hatte. Was das Unterfangen nicht leichter macht, ist, dass in vielen dieser Regionen undemokratische Strukturen, Bürgerkriege und Korruption eine strukturierte Entwicklung schwierig machen.

Wenn aber die Industrienationen in die vierte industrielle Revolution starten, ohne die Hälfte der Menschheit auf diesem Wege mitzunehmen, so wird das dadurch immer größer werdende Innovations- und Wohlstandsgefälle zwangsläufig zu gesellschaftlichen Spannungen und Destabilisierung führen. Doch dazu muss es nicht kommen.

Facebook arbeitet derzeit an einer Flotte von 1.000 Aquila-Drohnen. Diese sogenannten Nurflügler haben die Spannweite einer Boeing 737, wiegen dabei aber weniger als 400 Kilogramm. Dank Solarenergie sollen sie bis zu

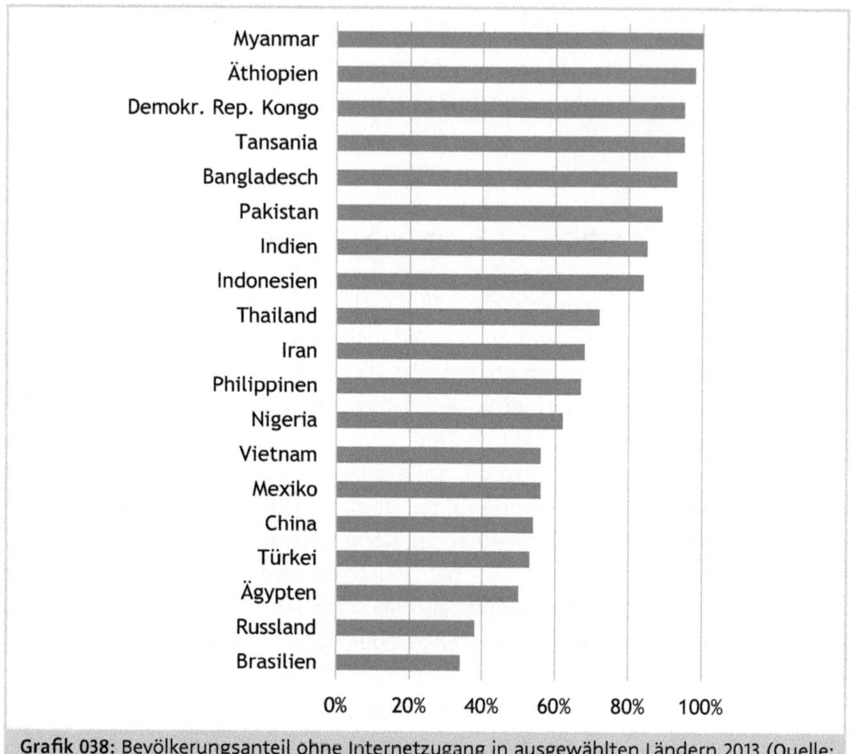

Grafik 038: Bevölkerungsanteil ohne Internetzugang in ausgewählten Ländern 2013 (Quelle: Statista)

drei Monate in Höhen von 20 bis 30 Kilometer kreisen können und von dort das Internetsignal per Laser auf die Erdoberfläche übertragen. Damit könnten Übertragungsraten von 10 Gigabit pro Sekunde erreicht werden. Das US-amerikanische Unternehmen Alphabet, ein Tochterunternehmen von Google, hat ein ähnliches Projekt mittlerweile verworfen. Stattdessen setzt man dort jetzt auf Project Loon. Hierbei handelt es sich um gasgefüllte Ballons, die in 20 Kilometern Höhe zum Einsatz kommen und von dort ein Gebiet von 80 Kilometern Durchmesser mit einem Internetsignal von 300 Megabit pro Sekunde versorgen können. Diese Technologie ist auch schon im Einsatz. Sie half in den letzten Jahren dabei, in von Naturkatastrophen heimgesuchten Krisengebieten wie Peru und Costa Rica die Internetversorgung und damit auch die Telekommunikation wiederherzustellen. Natürlich engagieren sich Konzerne wie Facebook und Alphabet nicht aus rein altruistischen Motiven in Entwicklungsländern. Die restlichen 50% der Weltbevölkerung stellen für diese Unternehmen einen enormen Markt mit großem Potenzial dar – und ein Engagement für diese Länder dient natürlich daneben auch der Imagepflege. Eine Entwicklung, von der potenziell alle Seiten etwas haben. Auch globale Organisationen wie die Vereinten Nationen und die Weltbank sowie das Weltwirtschaftsforum haben Programme aufgelegt, um den weltweiten Ausbau der Netzinfrastruktur voranzutreiben.

Dies wird auch bitter nötig sein, um die Schere zwischen online und offline nicht noch größer werden zu lassen. Neben dem grundlegenden Umbau der Wirtschaft stellt dieses globale Ungleichgewicht die größte soziale Herausforderung dar. Und die Dynamik der technologischen Entwicklung wird dies noch verstärken.

3.6.3 Gesellschaften im Wandel

Ein Problem, das ebenfalls anzugehen ist, sind die Folgen des demografischen Wandels, der sich in vielen Industrienationen aktuell vollzieht. Im Jahre 1960 entwickelte der US-amerikanische Mediziner Gregory Pincus gemeinsam mit Kollegen die erste Antibabypille. Diese bahnbrechende Erfindung gab Frauen erstmals die volle Kontrolle darüber, ob sie schwanger werden wollten oder nicht – und das bei einfacher Anwendung und relativ geringen Nebenwirkungen. Diese Innovation und ihre ethische Dimension führten zu teilweise heftigen gesellschaftlichen Diskussionen, die bis heute andauern. Die Pille sorgte für Zündstoff, denn indem sie die weibliche Selbstbestimmung erhöhte, war sie eine der Triebfedern der Frauenbewegung und ihrem berechtigten Kampf für volle Gleichberechtigung mit den Männern. Trotz aller Widerstände setzte sie sich binnen weniger Jahre durch. Der Babyboom, der seit dem Ende des Zweiten Weltkriegs verzeichnet wurde, fand durch sie ein jähes Ende. Binnen zehn Jahren nach der Markteinführung ging die Geburtenrate in Deutschland um gewaltige 40% zurück, ein Phänomen, das sich in allen Industrienationen in ähnlicher Weise wiederholte und auch als Pillenknick bekannt wurde. Heute verhüten in Deutschland etwa 80% aller jungen Frauen zwischen dem 18. und dem 20. Lebensjahr mit der Pille. Diese Entwicklung veränderte die Altersstruktur unserer Gesellschaft wie kaum eine andere zuvor. Einzig der Zweite Weltkrieg hatte ähnlich drastische Auswirkungen auf den Bevölkerungszuwachs gehabt. Heute, rund 60 Jahre nach Einführung der Pille, sind diese Folgen ganz real in den Unternehmen spürbar.

Wie in der Grafik 039 zu sehen ist, hat die geburtenstarke Babyboomer-Generation mittlerweile das Rentenalter erreicht und wird sich in den nächsten Jahren in den Ruhestand verabschieden. Die darauffolgenden Generationen X und Y umfassen weniger Menschen. In den Unternehmen führt dies dazu, dass es zunehmend schwierig wird, Mitarbeiter zu finden, insbesondere für anspruchsvolle Tätigkeiten, da es schlicht und ergreifend weniger potenzielle junge Arbeitnehmer gibt.

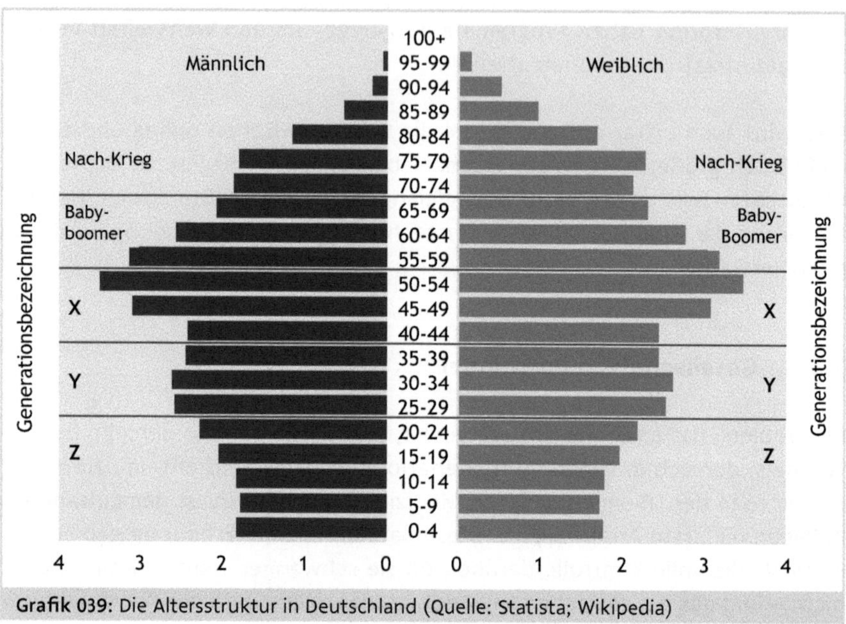

Grafik 039: Die Altersstruktur in Deutschland (Quelle: Statista; Wikipedia)

Da nicht genügend neue Mitarbeiter nachkommen und die älteren Arbeitnehmer immer länger arbeiten werden – Stichwort: Rente mit 67 –, erhöht sich das Durchschnittsalter der Arbeitnehmer.

!

Beispiel: Steigendes Durchschnittsalter

Am Frankfurter Flughafen, einem der größten Knotenpunkte der internationalen Luftfahrt, arbeiten aktuell rund 5.000 Mitarbeiter der Betreiberfirma Fraport im Bereich Gepäckhandling. Man erledigt dort mehrheitlich schwere körperliche Aufgaben. Das Durchschnittsalter in der Belegschaft liegt aktuell bei 43 Jahren, Tendenz steigend. Rund ein Zehntel der Mitarbeiter dürfen aufgrund zurückliegender Bandscheibenvorfälle und ähnlichen Gesundheitsproblemen nicht mehr als zehn Kilo heben. Dadurch können sie beispielsweise nicht mehr auf dem Vorfeld eingesetzt werden. Auch hier ist die Tendenz zunehmend. Je eingeschränkter sich das Personal aber disponieren lässt, desto unflexibler kann ein Unternehmen auf unvorhergesehene Engpasssituationen reagieren.

Eine alternde Belegschaft gekoppelt mit Fachkräftemangel stellt Unternehmen vor große Herausforderungen. Dieses Problem wird sich in zehn Jahren nochmals verschärfen, wenn auch die ersten Vertreter der Generation X das Ende des Berufslebens erreichen.

3.6.3.1 Strategie Nr. 1: Förderung der Frauen

Eine naheliegende Strategie, diese Probleme anzugehen, ist die Förderung weiblicher Arbeitnehmer. In Deutschland sind aktuell rund 75% der Frauen erwerbstätig. Das ist eine der höchsten Quoten in ganz Europa, die nur noch Schweden toppt. Allerdings sind im Vergleich immer noch mehr Männer beschäftigt, nämlich aktuell 83%. Und die Vorstellung fällt schwer, dass es Frauen sind, die auf dem Vorfeld Koffer in Flugzeuge einladen. Doch wenn Fachkräfte allgemein knapp sind, dann macht es Sinn, unsere stereotypen Rollenbilder weiter zu hinterfragen und den Frauenanteil in der Belegschaft zu erhöhen. Dazu sind aber zwingend Investitionen und Konzepte nötig, welche es möglich machen, Familie und Beruf besser miteinander zu vereinbaren. Flexible Arbeitszeiten, Betriebskindergärten, Heimarbeit sind nur einige Aspekte dabei. Dies erfordert einiges an Gestaltungswillen, ist für viele Unternehmen aber machbar, wenn es sich mit dem gesuchten Berufsbild vereinbaren lässt. In jedem Fall wird der Anteil an Frauen in der Belegschaft zukünftig einen nicht zu unterschätzenden Wettbewerbsfaktor darstellen.

3.6.3.2 Strategie Nr. 2: Gesteuerte Zuwanderung

Eine weitere Strategie, um Zugang zu mehr Arbeitskräften zu erhalten, ist eine gesteuerte Zuwanderung junger, gut qualifizierter Menschen aus anderen Ländern. Ein Blick auf die Altersstruktur in den USA zeigt, welche Unterschiede eine solche Zuwanderungspolitik machen kann.

In der Grafik 040 sehen wir die gleichen Generationen, die es auch in Deutschland gibt. Ebenso ist der Pillenknick am Übergang von den Babyboomern zur Generation X zu erkennen. Allerdings fällt dieser sehr viel schwächer aus. Auch die Generation Y ist zahlenmäßig wesentlich stärker aufgestellt. Facharbeitermangel und Überalterung der Belegschaft sind deswegen auch kein dominantes Problem in den USA. Die große Herausforderung dort liegt hingegen in der Integration der verschiedenen ethnischen Gruppen.

Eine gesteuerte Zuwanderung qualifizierter Arbeitskräfte findet in Deutschland derzeit nicht oder zumindest nicht spürbar statt. Die Tür nach Deutschland öffnet sich aktuell fast ausschließlich für diejenigen, die das Losungswort »Asyl« nennen. Das im Grundgesetz verankerte Asylrecht geht unmittelbar auf die Verfolgung der Juden in Nazi-Deutschland zurück. Die Zahl der Ermordeten war unter anderem auch deshalb so hoch, weil viele umliegende Staaten sich weigerten, jüdische Flüchtlinge aufzunehmen. Die Zuwanderung von Flüchtlingen führte und führt jedoch in einigen Teilen der Gesellschaft zu

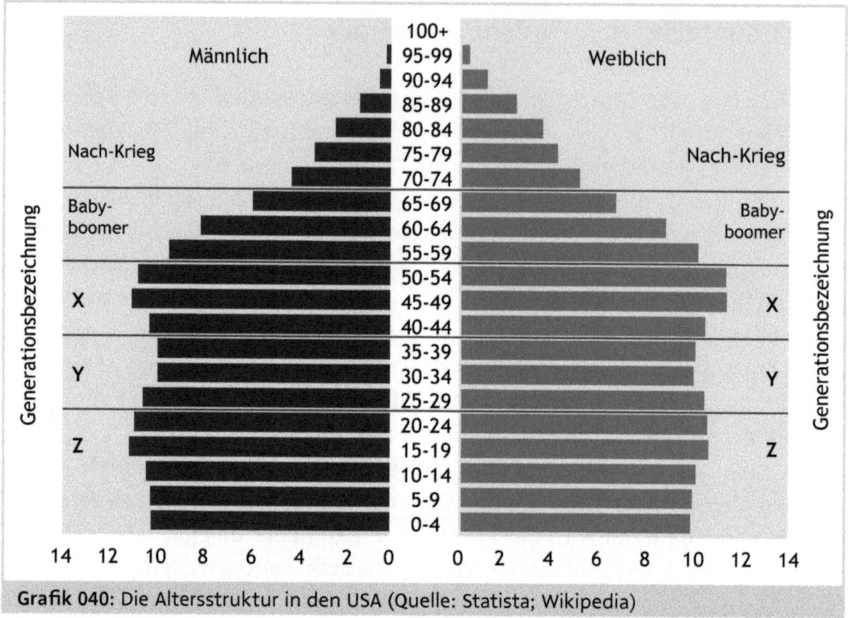

Grafik 040: Die Altersstruktur in den USA (Quelle: Statista; Wikipedia)

starken Ressentiments, was die Erstarkung des rechtspopulistischen Lagers zur Folge hat. Ähnliches ist auch in vielen anderen Industrienationen zu beobachten. Um dies zu ändern, müsste auf politischer Ebene einiges in Sachen Integration und gesellschaftlicher Meinungsbildung getan werden. Außerdem müsste ein Konzept für eine wirtschaftlich sinnvolle Zuwanderungspolitik entwickelt werden. Der Handlungsspielraum für einzelne Unternehmen beschränkt sich hier vor allem auf die Integration und Qualifikation der Neuankömmlinge.

3.6.3.3 Strategie Nr. 3: Robotik

Abhängig von der jeweiligen Industrie und vom Berufsbild gibt es für viele Unternehmen noch eine weitere Strategie, um mit dem demografischen Wandel umzugehen: dem Ersatz menschlicher Routinearbeit durch intelligente Maschinen. Die Robotik hat in den letzten Jahren enorme Fortschritte gemacht. Automaten werden immer mehr zu mobilen, sich selbst steuernden Einheiten, die in der Lage sind, ihre Umwelt zu analysieren und daraus eigenständig Entscheidungen abzuleiten. Intelligente Autos fahren selbstständig durch den Stadtverkehr, Drohnen liefern Waren aus und retten in Seenot geratene Schwimmer. Maschinen arbeiten, solange die Batterie hält, und wenn ihre Energiereserven zur Neige gehen, steuern sie selbstständig die Ladestation an.

In Unternehmen beschränkte sich der Einsatz solcher Automaten noch vor wenigen Jahren auf Fertigungsstraßen, in denen Roboterarme immer wieder die gleichen Arbeitsschritte verrichteten. Dies wird sich in den nächsten Jahren stark ändern. Digitale Produktionsanlagen werden künftig mit Menschen Hand in Hand arbeiten. Ingenieure, Designer und Architekten werden mit computerbasiertem Design, Datenbrillen, 3D-Druck und neuen Werkstoffen arbeiten. Verschiedenste Assistenzsysteme werden uns mithilfe von aggregierten, visualisierten Informationen darin unterstützen, zeitnah die richtigen Entscheidungen zu treffen. Anstrengende, unangenehme oder gefährliche Arbeiten werden durch elektromechanische Systeme physisch unterstützt oder vollständig von Robotern übernommen. Maschinenparks werden über das Internet der Dinge untereinander genauso vernetzt sein wie mit Werkstücken, Lagern, Wartungsabteilungen und menschlichen Disponenten. Die anfallenden Sensordaten werden ein digitales Abbild der gesamten Wertschöpfungskette liefern, und zwar in Echtzeit. Schon heute können riesige Warenlager mit einem Bruchteil der sonst üblichen Mitarbeiter betrieben werden. Wo früher Arbeiter Waren ein- und auslagerten, sind heute kleine Roboter unterwegs und bringen die Regale zu den Arbeitern, die dann die benötigten Produkte entnehmen und für den Versand vorbereiten. Dadurch sinken die Personalkosten. Zudem lässt sich so auch mehr Material auf der gleichen Fläche unterbringen. Auch in modernen Produktionsanlagen nimmt die Anzahl der Roboter zu. In Deutschland wurden seit 1990 rund 130.000 Industrieroboter installiert, die Fertigungsabläufe unterstützen oder eigenständig durchführen. Da sie miteinander vernetzt sind, können sie eigenständig Informationen austauschen und beispielsweise Materialflüsse steuern.

Vor allem Logistikmitarbeiter werden in den nächsten Jahren sehr stark von der Automatisierung betroffen sein. Viele Jobs für Ungelernte werden wegfallen. Sie müssen sich (weiter)qualifizieren, wenn sie nicht arbeitslos werden möchten. Aber das wird kaum für jeden gleichermaßen möglich sein, wenn dies nicht von der Politik auf breiter Basis gefördert wird. Fertigungsmitarbeiter werden zukünftig fundierte IT-Kenntnisse mitbringen müssen, denn praktisch jede Maschine wird morgen digital angesteuert werden. Für den Menschen bleibt da nur die Flucht nach vorn oder ein Leben ohne Arbeit. Dass ganze Berufsbilder entbehrlich werden, ist typisch für eine VUKA-Zone. So fiel z. B. der dritten industriellen Revolution das Berufsbild der Schreibkraft zum Opfer. Noch in den 1980er-Jahren war es üblich, dass Vorgesetzte ihren Schriftwechsel diktierten. Diese Aufnahmen wurden dann von Schreibkräften mit mechanischen oder später elektrischen Schreibmaschinen auf Papier übertragen. Bei den eher administrativen Tätigkeitsfeldern sind es keine Roboter, sondern infolge Computer veränderte Arbeitsweisen sowie intelligente Algorithmen, die Routinearbeiten überflüssig machen. Wer ein neues Konto eröffnen möchte, kann dies schon heute vom eigenen Sofa aus innerhalb von fünf Minuten erledigen, inklusive digitaler Identitätsfeststellung. Den Bankmitarbeiter am Schalter braucht es dafür nicht mehr. Internationale Supermarktketten wie Tesco betreiben mittlerweile zahlreiche Filialen, die komplett ohne Kassierer auskommen. Die gekauften Waren werden von automatisierten Scannerkassen erfasst.

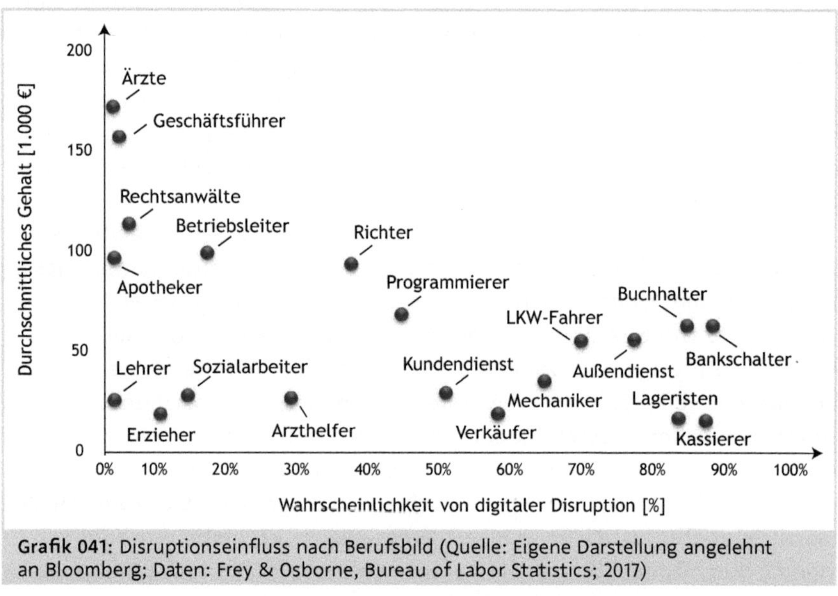

Grafik 041: Disruptionseinfluss nach Berufsbild (Quelle: Eigene Darstellung angelehnt an Bloomberg; Daten: Frey & Osborne, Bureau of Labor Statistics; 2017)

Je mehr Routine eine Arbeit mit sich bringt, desto eher ist sie durch Automaten oder Computer ersetzbar, wie die Grafik 041 verdeutlicht. Die Arbeit, die für Menschen übrigbleibt, wird zwangsläufig anspruchsvoller werden, wie z.B. bei Industriemechanikern und Programmierern. Wenig von der Automatisierung betroffen sein werden hingegen helfende, beratende oder steuernde Berufsbilder, so beispielsweise Sozialarbeiter, Pflegekräfte, Rechtsanwälte, Ärzte oder Geschäftsführer. Dort, wo menschliche Interaktion im Vordergrund steht, wo es um Emotionen und Empathie geht, wo Sachverhalte nicht eindeutig sind und wo Erfahrung und Intuition nötig sind, um erfolgreich zu sein, wird der Mensch weiterhin gebraucht werden.

Viele verschiedene Industrien werden in den nächsten Jahren von disruptiven Veränderungen betroffen sein, wie in der Grafik 042 zu sehen ist. Das wird häufig zum Abbau von Arbeitsplätzen führen. In jedem Fall wird sich aber die Arbeitsweise in diesem Bereich stark ändern.

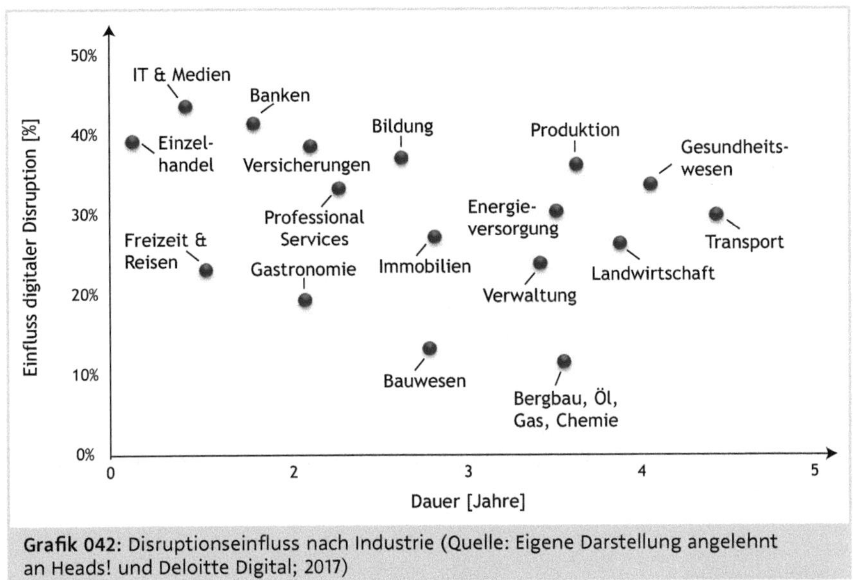

Grafik 042: Disruptionseinfluss nach Industrie (Quelle: Eigene Darstellung angelehnt an Heads! und Deloitte Digital; 2017)

Als Folge der disruptiven Veränderungen in einzelnen Berufsbildern und gesamten Industrien wird menschliche Arbeit nicht nur weniger werden, sie wird zukünftig vor allem anspruchsvoller sein. Wer im neuen Arbeitsmarkt langfristig Erfolg haben will, muss sich beständig weiterentwickeln und geistig flexibel sein. Künftig reicht es nicht mehr aus, es bei den in Ausbildung und Studium erworbenen Kenntnissen zu belassen. Das Lernen wird vielmehr kontinuierlich stattfinden müssen, da Mitarbeiter aufgrund technologischer Veränderungen viel häufiger ihre Arbeitsweise anpassen oder gar ihr Tätigkeitsfeld wechseln werden. Sir Ken Robinson, ein britischer Kunstprofessor und Autor, hat 2007 in einem hochgelobten TED-Vortrag die Bedeutung geistiger Beweglichkeit für den Erfolg im Leben treffend beschrieben. Er stellt die These auf, dass Kinder, die heute in die Schule gehen, nach dem Schulabschluss, der Ausbildung und dem Studium auf eine Berufswelt treffen werden, die sich mehrmals verändert haben wird, bevor sie mit etwa 65 Jahren in Rente gehen werden. Leider wird die Lust am Lernen von unserem Bildungssystem kaum vermittelt. Stattdessen geht es meist um die Weitergabe und Abfrage von Wissen, das zum Zeitpunkt der Vermittlung bereits veraltet ist. Doch dies wird zukünftig nicht mehr ausreichen. Es wird selbstverständlich werden müssen, sich permanent zu hinterfragen und am Ball zu bleiben.

!

Beispiel: Reverse Mentoring

Ein gutes Beispiel für kontinuierliches Lernen ist das sogenannte Reverse Mentoring. Hierbei werden junge Mitarbeiter mit einer ausgeprägten Affinität zu Technologie, sozialen Medien und neuen Arbeitsformen mit erfahrenen Führungskräften zusammengebracht. Doch anders als bei herkömmlichen Mentoring-Partnerschaften kommt es hier weniger darauf an, dass der Senior dem Junior seine Erfahrung weitergibt, um ihn in seiner Karriere weiterzubringen. In schnelllebigen Zeiten, die von technologischen Innovationen und Umbrüchen geprägt sind, kann ein hohes Maß an Erfahrung tatsächlich hinderlich sein, da es auf Erkenntnissen der Vergangenheit beruht. Vielmehr geht es bei dieser Form der Zusammenarbeit darum, dass der Senior vom Junior lernt, was gerade in der jungen Generation passiert. Es geht darum, am Ball zu bleiben und sowohl technologische Innovationen als auch Arbeitsplatztrends kennenzulernen und zudem die Verhaltensweisen und soziale Interaktion der jungen Menschen im Allgemeinen besser zu verstehen. Unternehmen wie Microsoft arbeiten bereits seit mehreren Jahren mit diesen Programmen und machen damit gute Erfahrungen.

3.6.4 Neue Generation, neue Werte

Alle Unternehmen, mit denen wir arbeiten, spüren, dass sich seit einigen Jahren irgendetwas ändert bei den jungen Mitarbeitern. Bei aller individuellen Verschiedenheit scheinen es nicht mehr die gleichen Werte wie bei vorherigen Generationen zu sein, die sie antreiben. In jeder Gesellschaft gibt es zentrale Erlebnisse oder Phasen, die das Wertesystem einer ganzen Generation prägen können. Für die Menschen in den meisten heutigen Industrieländern war der Zweite Weltkrieg solch eine prägende Zeitspanne.

Die folgende Tabelle stellt die verschiedenen Generationen seit dem Zweiten Weltkrieg dar.

Übersicht der Generationen auf dem Arbeitsmarkt

	Geburtsjahr		Alter im Jahr 2018	
Bezeichnung	**von**	**bis**	**von**	**bis**
Nachkriegsgeneration	1940	1955	63	78
Babyboomer	1955	1965	53	63
Generation X	1965	1980	38	53
Generation Y	1980	1995	23	38
Generation Z	1995	2010	8	23

Nach Kriegsende war es das zentrale Motiv der meisten Menschen, sich wieder eine Existenz aufzubauen und ein bescheidenes Maß an Wohlstand zu erreichen. Diese Generation meisterte den Wiederaufbau des fast völlig zerstörten Norden Europas, ein langwieriges, äußerst kräftezehrendes Unterfangen. Die erlittenen Traumata im Krieg und, im Fall von Deutschland, Italien und Japan, der Umgang mit der kollektiven Schuld des eigenen Volkes am Zweiten Weltkrieg sowie der Verfolgung, Internierung und Ermordung von Juden, Sozialisten, Homosexuellen, geistig Behinderten etc. wurde bestmöglich ignoriert und totgeschwiegen. Die geburtenstarke Babyboomer-Generation führte die Tendenz zur Leistungsorientierung im deutschen Wirtschaftswunder fort und gab sie an die Folgegeneration weiter. In dieser Zeit wurde dementsprechend auch die Bezeichnung Workaholic geprägt. Man konnte sich wieder etwas gönnen, wenn man nur hart genug dafür arbeitete und sich einordnete. Diese Generation stellte sich auf hierarchische Organisationsstrukturen ein.

Im Übergang zur Generation X bekam der ungetrübte Leistungshunger erste Risse. Die sogenannte 68er-Bewegung protestierte gegen die Dominanz von Tradition, Staat und Hierarchie. Sie hatte durch Frieden und Wirtschaftsaufschwung mehr Zugang zu Bildung als alle Jahrgänge vor ihr. Das beeinflusste auch die vorherrschenden Motive und Werte. Die Jugend wollte mehr Selbst- und Mitbestimmung und weniger Anpassung und Druck. Auch in dieser Generation stand die Arbeit noch im Vordergrund, allerdings mit einer anderen Zielsetzung. Es ging nun nicht mehr ausschließlich um das Vermeiden von Armut oder das Erreichen eines angestrebten sozialen Status. Beides spielte zwar weiterhin eine Rolle, aber das Thema Selbstverwirklichung und die Suche nach Sinn wurden mehr und mehr bedeutsam. Die Begriffe »Work-Life-Balance« und »Quality Time« stammen aus dieser Zeit.

Die Generation X brachte die dritte industrielle Revolution auf den Weg. Diese lieferte die technologischen Möglichkeiten, sich einfach dezentral zu vernetzen und über Ländergrenzen hinweg zu kommunizieren und Zusammenarbeit zu organisieren.

Ein weiteres einschneidendes Erlebnis war die deutsche Wiedervereinigung und das Ende des Kalten Krieges. Die Generation Y wuchs wie selbstverständlich in Frieden, Demokratie, Wohlstand, mit niedriger Arbeitslosigkeit und hoher sozialer Sicherheit auf. Gleichzeitig erlebte sie die Auswirkungen von Stress, Überlastung und Selbstausbeutung in der Elterngeneration. Konzepte wie »Depression« und »Burnout« gehören für sie zum normalen Vokabular. Kommunikationstechnologie ist für sie Teil des Alltags, genauso wie das Telefon und die E-Mail für die Generation X. In Deutschland hat mehr als die Hälfte dieser Generation die Hochschulreife und 25% haben ein Hochschulstudium abgeschlossen. Das ist mehr als jemals zuvor. Absolventen verfügen zudem bereits oft über umfangreiche internationale und berufliche Erfahrungen. Die Regeln und Dynamiken des Berufslebens sind ihnen früher vertraut als vorherigen Generationen. Aufgrund sozialer Medien sind sie bestens über den Ruf einzelner Unternehmen informiert. In dieser Altersklasse spielen die Komponenten Selbstverwirklichung und Sinn eine noch größere Rolle als in der Generation zuvor. Arbeit muss sich nicht nur materiell lohnen, sondern sie soll außerdem sinnvoll, cool und abwechslungsreich sein.

Mit dem Konzept von Social Entrepreneurship wächst ein vollständig neuer und finanzstarker Wirtschaftssektor heran, in dem es nicht um Profit, sondern um Sinn geht. Aktuelle Schätzungen gehen davon aus, dass bei über 10% aller Firmenneugründungen nicht das Streben nach Wachstum und Profit im Mittelpunkt steht, sondern vielmehr ein Beitrag zur Lösung der gesellschaftlichen Probleme, mit denen wir konfrontiert sind. Dies hat es zuvor in dieser Form nicht gegeben. Flexible Teamarbeit in parallelen Projekten, sei es online oder offline, ist für diese Generation eher die Regel als die Ausnahme. Starre Hierarchien und Unterordnung sind kein Selbstzweck mehr, sondern werden bestenfalls als Mittel zum Zweck toleriert. Arbeitsinhalte sind zumeist wichtiger als hierarchische Macht. Hierarchien werden allgemein nur insoweit akzeptiert, wie es für die Unternehmensstruktur notwendig ist. Dünkel und Wichtigtuerei von Vorgesetzten werden jedoch als Gängelei wahrgenommen. Die Identifikation mit dem Unternehmen erfolgt stärker über die Zugehörigkeit zu einer Gruppe Gleichgesinnter sowie die Arbeitsinhalte und Produkte als über den Titel auf der Visitenkarte oder den Joblevel.

Für diese Generation sind Arbeit und Privatleben keine getrennten Sphären mehr. Die Grenzen verschwimmen und die Lebensbereiche gehen zunehmend ineinander über, man ist »always on«. In beiden Sphären sind Freiraum und Selbstverwirklichung wichtig, und zwar für Männer wie Frauen gleichermaßen. So gibt es beispielsweise in dieser Generation eine höhere Neigung als früher, sogenannte Sabbaticals oder flexible Arbeitsmodelle zu nutzen. Karriere machen ist für Frauen erstmals genauso selbstverständlich wie für Männer. Umgekehrt wird es immer normaler, dass auch Väter Elternzeit nehmen. Es gibt einen starken Wunsch, Verantwortung zu übernehmen, Hintergründe zu verstehen und Abläufe und Produkte mitzugestalten. Bedingt durch den demografischen Wandel, den daraus resultierenden War for Talent und die überdurchschnittlich gute Ausbildung wird diese Generation wie keine andere zuvor von Arbeitgebern umworben. Diese hohe soziale Sicherheit führt in der Tendenz zu einem höheren Selbstbewusstsein und hoher beruflicher und räumlicher Mobilität.

Aktuell sind im Arbeitsleben vier verschiedene Generationen mit ihren Wertesystemen vertreten. Die erfolgreiche Ansprache und Integration von Mitgliedern der Generation Y wird jedoch von vielen Unternehmen als aktuell größte Herausforderung angesehen. Die jungen Mitarbeiter erwarten allgemein viel von den Unternehmen und ihren Vorgesetzten: Wertschätzung, regelmäßiges Feedback, offene Kommunikation, gutes Betriebsklima, Möglichkeiten der Mitbestimmung und Angebote zur Weiterentwicklung werden schlichtweg vorausgesetzt, ebenso wie eine Führungskraft, die Vorbildcharakter hat, und Produkte, die Sinn machen. Ist dies nicht gegeben, ist die Bereitschaft, zu einem anderen Unternehmen zu wechseln, viel höher ausgeprägt als bei älteren Jahrgängen.

Es wird vor allem eben diese Generation Y sein, die die vierte industrielle Revolution mit ihren bereits beschriebenen Aspekten mit auf den Weg bringen wird. Es geht dabei wahrlich um keine kleinen Veränderungen. Im besten Fall geht es um Technologie, die zum Wohle von Gesellschaft und Umwelt eingesetzt wird, die den Wert und den Sinn menschlicher Arbeit neu definieren wird. Unternehmen werden sich also in Zukunft nicht nur von innen anders anfühlen müssen als das vorher der Fall war. Sie werden grundsätzlich anders funktionieren müssen. Spätestens, wenn die Mitglieder der Generation Y die Chefetage erreichen werden, wird dies auch Auswirkungen auf die Geschäftsmodelle an sich haben. Und es gibt aktuell keinen Grund zur Annahme, dass sich der zuvor beschriebene Megatrend mit der gerade heranwachsenden Generation Z nicht noch verstärken sollte. Die vierte industrielle Revolution wird daher nicht nur durch Technologie allein angetrieben, wie es häufig dargestellt wird. Es geht vor allem auch um das Entstehen eines neuen Menschenbildes, was ich im Kapitel »Unternehmen und ihre Primärmotive« noch näher ausführen werde.

3.6.5 Und die Menschen?

Wie wir gesehen haben, wird die Zukunft der Arbeit völlig anders aussehen als bisher, da Automatisierung und künstliche Intelligenz viele manuelle, repetitive Tätigkeiten überflüssig machen werden. Laut dem McKinsey Global Institute könnten Roboter bis 2030 in Industrie- und Schwellenländern bis zu 800 Millionen Arbeitsplätze ersetzen. Das entspricht rund 43% der gesamten Arbeitsplätze in diesen Ländern. Zwar werden aufgrund der technologischen Entwicklungen auch zahlreiche neue Jobs geschaffen werden, aber diese werden zahlenmäßig weit niedriger ausfallen.

Die technologische Entwicklung ist einer der wesentlichen Gründe, warum das durchschnittliche Einkommen in wohlhabenden Ländern stagnieren oder sogar zurückgehen wird. Diese Entwicklung wird einen Trend verstärken, der bereits heute zu beobachten ist. Die Nachfrage nach gut ausgebildeten Fachleuten wird steigen. Diese werden anspruchsvolle und relativ sichere Arbeitsplätze innehaben, die auch zukünftig nicht von der Technologie übernommen werden können. Allerdings werden sie ihr Wissen und ihre Erfahrungen kontinuierlich erweitern müssen, denn technische Innovation bleibt niemals stehen.

Dagegen werden Arbeitnehmer mit geringer Qualifikation und geringen Fähigkeiten zur Weiterentwicklung immer weniger gefragt sein. Sie werden weniger verdienen und ihre Arbeitsplätze werden vergleichsweise unsicher sein. Diese Entwicklung ist in der Grafik 043 am Beispiel der USA dargestellt.

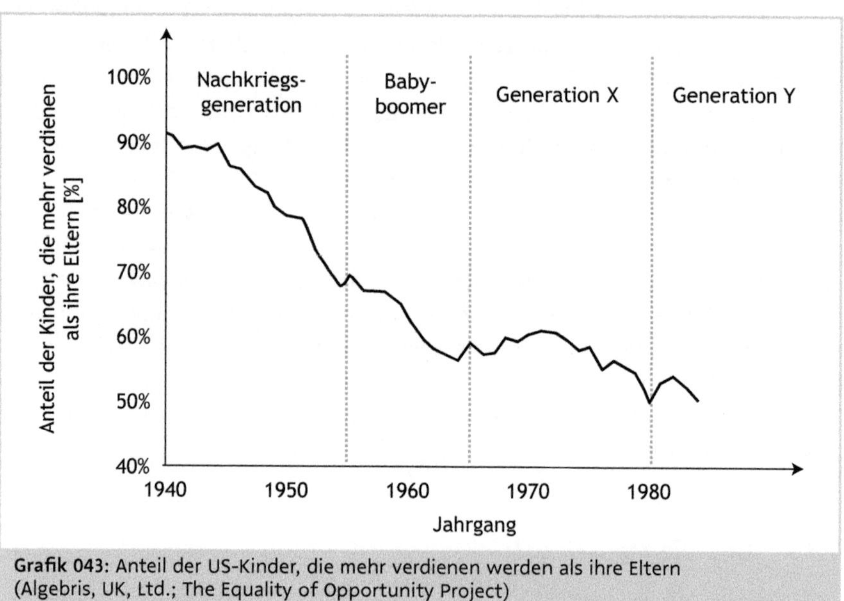

Grafik 043: Anteil der US-Kinder, die mehr verdienen werden als ihre Eltern (Algebris, UK, Ltd.; The Equality of Opportunity Project)

Wie dort zu sehen ist, war die Nachkriegsgeneration die Altersgruppe des sozialen Aufstiegs. Zwischen 70 und 90% der zu dieser Zeit geborenen Kinder verdienten im Laufe ihres Lebens durchschnittlich mehr als ihre Eltern. Das sagt zum einen etwas über den relativ niedrigen Lebensstandard der Elterngeneration aus und zum anderen über die relativ hohen gesellschaftlichen Aufstiegsmöglichkeiten. Bei den Babyboomern waren es noch rund 60 bis 70% der Kinder, während der Wert innerhalb der Generation X auf rund 50% absackte. Das bedeutet, dass nur rund die Hälfte der in den 1970er-Jahren geborenen Kinder im Laufe ihres Lebens durchschnittlich mehr verdienen als ihre Eltern. Für die Generation Y sieht es so aus, als würde dieser Wert aufgrund der zuvor beschriebenen Entwicklung noch deutlich weiter abrutschen. Diese Entwicklung wird zu wachsenden sozialen Spannungen führen, wenn sie nicht frühzeitig und adäquat adressiert wird.

Das Konzept »Arbeit als Lebensinhalt«, das von Industrie- und Schwellenländern aktuell noch verfolgt wird, wird gänzlich neu erdacht werden müssen, da eine Vollbeschäftigung zunehmend weniger realistisch erscheint. Ideen dazu gibt es bereits. Sie reichen von der weiteren Reduktion der Regelarbeitszeit über die Besteuerung von Robotern bis hin zu einem bedingungslosen Grundeinkommen für jeden. Sicherlich wird es hierfür international verschiedene Lösungsansätze geben. In jedem Fall wird sich die Bedeutung der menschlichen Arbeit für unsere Gesellschaft grundlegend verändern. Auf den ersten Blick erscheint die Aussicht, dass wir alle weniger arbeiten werden, positiv. Doch wird damit auch das Element der Arbeit als Mittel zur Sinnstiftung für jeden Einzelnen infrage gestellt werden. Wir alle mögen Urlaub, weil wir uns dort von unserer Arbeit erholen können. Was aber, wenn es gar keine Arbeit mehr gibt? Können wir unser Leben dann noch genießen? Selbst wenn das wirtschaftliche Auskommen für jeden sichergestellt wäre, was ein derzeit unfinanzierbares gesellschaftliches Problem darstellt, bliebe die Frage, was wir dann mit unserer Zeit anfangen. Der Begriff »Freizeit« impliziert, dass dies die Zeit ist, in der wir nicht für unseren Erwerb arbeiten, also freihaben. Ohne Arbeit also keine Freizeit. Was dann bleibt, ist jede Menge Zeit. Wahrscheinlich werden viele ganz gut mit dieser neuen Freiheit zurechtkommen, allen voran die Mitglieder der Generation Y, die sich ohnehin schon durch ein hohes Maß an Flexibilität und Eigenverantwortung hervortun. Allerdings wird genau diese Generation am wenigsten von den gesellschaftlichen Umwälzungen der vierten industriellen Revolution betroffen sein. Vielmehr wird sie diese weiter vorantreiben. Es werden wohl eher die vorherigen Generationen sein, die nicht mehr Schritt halten können oder wollen und darunter leiden, nicht mehr gebraucht zu werden. Was passiert, wenn eine Gesellschaft nicht mehr kollektiv überbelastet, sondern in großen Teilen unterfordert ist? Werden wir alle kreativer werden oder uns sozial engagieren? Werden wir mehr reisen und neue Sprachen lernen? Werden wir mit 50 das dritte Studium anfangen? Sicherlich wird all dies nur auf einen kleinen Teil der Bevölkerung zutreffen.

Es ist ebenso sicher, dass bei vielen Menschen mit geringer Bereitschaft oder Fähigkeit zur eigenen Weiterentwicklung das Phänomen Bore-out zukünftig eine größere Rolle spielen wird, also das psychische Leiden an Unterforderung und Langeweile. Die Symptome können dabei ähnlich wie beim klassischen Burnout verlaufen, der unter anderem durch Überforderung hervorgerufen wird. Dagegen werden die begehrten und umworbenen Fachkräfte sehr wahrscheinlich weiterhin Druck verspüren. Es sieht also so aus, als müssten wir Menschen zukünftig noch mehr Verantwortung für uns selbst und unser Wohlergehen übernehmen, wenn wir mit diesen Entwicklungen zurechtkommen oder sie gar für die eigene Weiterentwicklung nutzen wollen. In jedem Fall wird deutlich, dass es bei der vierten industriellen Revolution um weit mehr geht als allein um autonome Roboter und selbstlernende Algorithmen, wie in der Grafik 044 zu sehen ist.

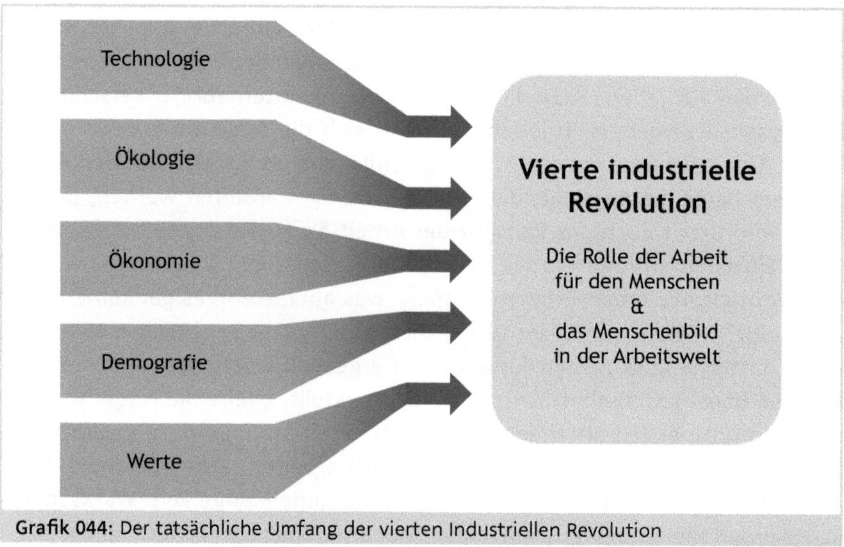

Grafik 044: Der tatsächliche Umfang der vierten Industriellen Revolution

Globale ökologische Herausforderungen sind dann genauso zu lösen wie weltweite gesellschaftliche Spannungsfelder. Die demografische Entwicklung in vielen Industrienationen verschärft die Auswirkungen der technologischen Entwicklung noch und muss adressiert werden. Durch eine neue Generation beschleunigt sich zudem ein Wertewandel, der die Funktionsweise und Geschäftsmodelle von Unternehmen perspektivisch beeinflussen wird. Tatsächlich geht es bei der vierten industriellen Revolution also um zwei zentrale Fragestellungen: zum einen um die Rolle, die Arbeit zukünftig für Menschen spielen wird, und zum anderen um nicht weniger als unser zukünftiges Menschenbild, also um die Rolle und Funktion des Menschen in der Arbeitswelt.

Zusammenfassung

Die menschliche Gesellschaft entwickelte sich über die letzten Jahrhunderte nicht kontinuierlich, sondern es kam immer wieder zu Phasen, die durch bahnbrechende technologische Innovationen und gesellschaftliche Umwälzungen geprägt waren. Dies begann mit der ersten industriellen Revolution und der Erfindung der Dampfmaschine, die die Gründung erster Fabriken und die zunehmende Verstädterung nach sich zog. Die zweite industrielle Revolution brachte die Elektrizität, das Fließband und das Aufkommen der ersten Großkonzerne mit sich. Die dritte industrielle Revolution war geprägt durch das Aufkommen der Informationstechnologie und des Internets sowie durch die zunehmende Globalisierung von Lieferketten und Kapitalmärkten. In diesen VUKA-Zonen kam es zu einer zeitlichen Verdichtung von disruptiven Innovationen, die aufgrund der gesellschaftlichen Konsequenzen für viele Menschen sehr belastend waren und es auch noch heute sind. Aktuell stehen wir am Beginn einer weiteren industriellen Revolution, die durch das Internet der Dinge, Robotik und künstliche Intelligenz vorangetrieben wird. Diese gilt es nun bewusst so zu gestalten, dass nicht nur das passiert, was technisch möglich ist, sondern auch das, was aus gesellschaftlicher Sicht dringend nötig ist. Auch wenn dies gelingen sollte, bleibt unklar, wie die menschliche Zivilisation auf Dauer lernen wird, mit den zunehmend kürzer aufeinanderfolgenden VUKA-Zonen umzugehen.

4 Wie sich Unternehmen entwickeln

Es herrschte die Meinung, Psychologie sei nicht wirklich relevant in der Ökonomie. Das hat sich geändert.
(Daniel Kahneman, israelisch-US-amerikanischer Psychologe und Nobelpreisträger)

Aus heutiger Sicht erscheint es völlig normal, dass Unternehmen ein integraler Bestandteil der menschlichen Gesellschaft sind. Dennoch sind sie ein recht junges Phänomen, das in seiner aktuellen Form erst seit einigen hundert Jahren existiert.

Wie oben bereits erwähnt, beschäftigen sich verschiedene Wissenschaftsdisziplinen mit dem Verständnis von Unternehmen als komplexe Systeme. Sie unterscheiden sich dabei in ihren Begrifflichkeiten und Vorannahmen, gehen aber alle davon aus, dass das Verhalten eines Unternehmens sowohl intern als auch am Markt und in der Gesellschaft durch die Wechselwirkung verschiedener Organe und Agenten miteinander entsteht, also beispielsweise durch die Interaktion zwischen Mitarbeitern, Vorgesetzten, Kunden, Lieferanten, Wettbewerbern und Kapitalmärkten. Organe sind dabei interne Elemente eines Systems, während externe Stakeholder als Agenten bezeichnet werden. Das bedeutet, dieses interne und externe Agieren ist nicht direkt planbar, sondern es entsteht als Ergebnis einer komplexen Interaktion verschiedener Stakeholder und ihren jeweiligen Motiven. Damit wird es zu einer Output-Variable, die sich dynamisch und unplanbar abzeichnet und meistens erst im Rückblick einigermaßen klar verstanden werden kann. Dieses Phänomen wird auch als Emergenz bezeichnet (siehe hierzu näher Kapitel »Unternehmen: unberechenbare komplexe Systeme«). Sie ist der Grund dafür, warum sich Verhaltensweisen des Systems nicht auf Eigenschaften der einzelnen Elemente zurückführen lassen. Das erklärt auch, warum die Führung von Unternehmen eine durchaus schwierige Angelegenheit ist, die nicht nur überlegene Strategien und kluge Entscheidungen erfordert, sondern zu einem großen Maße auch mit emergenten Phänomenen zu tun hat, die man auf den ersten Blick auch als Glück und Pech bezeichnen könnte. Doch darüber wird in der Managementliteratur nicht gerne geschrieben, da es sich beliebig anhört und wir lieber glauben mögen, dass sich die Dinge kontrollieren lassen, wenn man nur genug vom Richtigen tut. Doch ist dem – leider – nicht immer so. Zudem wäre Glück sicherlich kein gutes Argument für üppige Erfolgsbeteiligungen. Damit ergibt sich auch, dass die Widerstandsfähigkeit von Unternehmen, also ihre organisationale Resilienz, ebenfalls ein Ergebnis der Emergenz eines komplexen Unternehmenssystems sein muss, das sich nicht direkt steuern lässt, sondern von vielen verschiedenen Faktoren beeinflusst wird.

Die meisten Wissenschaftsdisziplinen berücksichtigen nicht oder zumindest nicht ausreichend, dass die einzelnen Stakeholder keine Akteure sind, die ausschließlich rational und ökonomisch handeln, also logisch agieren. Die einzelnen Organe und Agenten sind mehrheitlich Menschen in verschiedenen Rollen und Funktionen, was bedeutet, dass ihre Handlungen immer auch irrational und emotional motiviert sein können und daher auch psycho-logisch sind. Zu diesen emotionalen und irrationalen Aspekten gehören z. B. systematische Denkfehler, die uns Sachlagen falsch einschätzen lassen, egoistisches Verhalten, das sich gegen die Unternehmensinteressen richtet, sowie unternehmensinterne Rivalitäten, die den Kunden und seine Interessen zur Nebensache werden lassen. Der Psychologe und Nobelpreisträger Daniel Kahneman hat dies ausführlich in seinem hervorragenden Buch »Schnelles Denken, langsames Denken« beschrieben.

4.1 Von individuellen zu kollektiven Bedürfnissen

Alle Erkenntnisse, die wir haben, deuten darauf hin, dass [...] es in praktisch jedem Menschen und sicherlich in fast jedem neugeborenen Baby ein aktives Bedürfnis nach Gesundheit, einen Impuls zum Wachstum oder ein Streben nach Selbstverwirklichung gibt.
(Abraham Maslow, US-amerikanischer Psychologe, 1908 bis 1970)

Auf einer abstrakteren Ebene spielen das Menschenbild und die primäre Intention eines Unternehmens und seiner Stakeholder eine zentrale Rolle für sein internes und externes Agieren. Der US-amerikanische Psychologe Abraham Maslow etablierte die Bedürfnisse eines Menschen als die Grundlage für sein Handeln. Er legte damit in den 1960er-Jahren den Grundstein für die humanistische Psychologie. Diese geht davon aus, dass der Mensch sich von Natur aus weiterentwickeln möchte, was zur damaligen Zeit durchaus neu war. Man sah menschliches Handeln eher als das Resultat halbunterdrückter Triebe an, was auf die Tiefenpsychologie Sigmund Freuds zurückzuführen war.

Maslows hierarchische Darstellung der grundlegenden menschlichen Bedürfnisse in Form einer Pyramide (siehe die Grafik 045) gehört heute zur Allgemeinbildung. Umso erstaunlicher ist es, dass diese damals bahnbrechenden Erkenntnisse von Maslow in der unternehmerischen Praxis heute immer noch so wenig Berücksichtigung finden. Maslow arbeitete zunächst fünf Gruppen von Bedürfnissen heraus und ergänzte Jahre später eine sechste. Bei den Gruppen unterschied er in Defizit- und Wachstumsbedürfnisse. Er ging dabei davon aus, dass Menschen erst auf eine höhere Ebene von Bedürfnissen gelangen können, wenn die darunterliegenden Bedürfnisse weitgehend befriedigt sind.

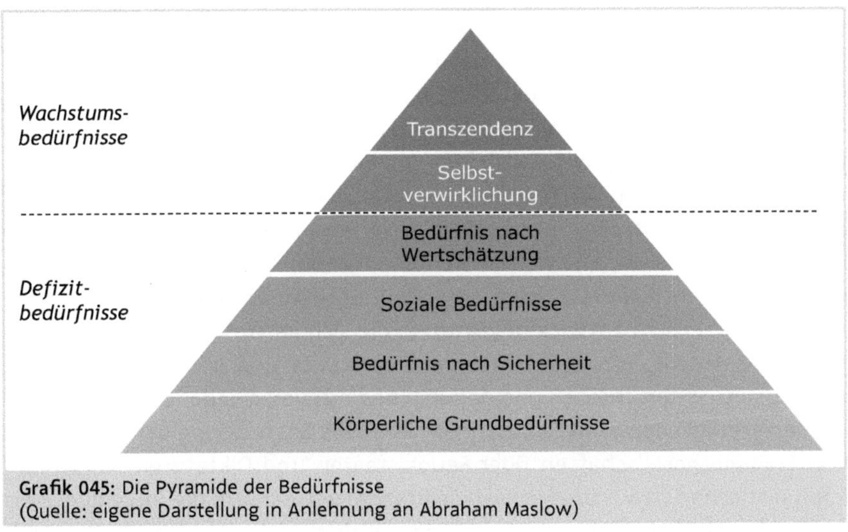

Grafik 045: Die Pyramide der Bedürfnisse
(Quelle: eigene Darstellung in Anlehnung an Abraham Maslow)

Die Defizitbedürfnisse umfassen dabei die grundlegenden Voraussetzungen für eine positive Entwicklung des Menschen. Aus heutiger Sicht könnte man sie auch als Hygienefaktoren bezeichnen. Sie allein machen nicht glücklich, aber ohne sie geht es nicht. Dazu gehören auf der körperlichen Ebene Essen, Trinken und Sexualität und auf der Sicherheitsebene das Bedürfnis nach Schutz, Stabilität und Geborgenheit. Darauf folgt die dritte Stufe, welche die Aspekte Liebe, Zuneigung und Zugehörigkeit zu einer Gruppe umfasst, sowie die nächste Ebene, die Wertschätzung, Respekt und Achtung beinhaltet. Nach Maslow kann der Mensch erst dann über sich hinauswachsen, wenn diese Bedürfnisse weitgehend befriedigt sind. Geschieht dies, so erreicht er die Ebene der Selbstverwirklichung, welche zu den Wachstumsbedürfnissen gehört. Bei diesen steht der Prozess des Auslebens und der eigenen Weiterentwicklung im Vordergrund. Die Ebene der Selbstverwirklichung führt typischerweise zu einer gewissen Ich-Bezogenheit, was als Voraussetzung für eine weitere Persönlichkeitsentwicklung überwunden werden muss, wie es in vielen verschiedenen Weisheitstraditionen beschrieben wird. Maslow ergänzte daher später noch die Ebene der Transzendenz, bei der es um die Verbundenheit des Selbst mit einer höheren göttlichen Instanz und damit um die Überwindung der Ego-Zentriertheit geht. Es ist bezeichnend, dass diese sechste Ebene in den meisten Lehrbüchern heute nicht enthalten ist, wohl auch deshalb, weil sie zu sehr dem Zeitgeist widerspricht.

Die individuellen Bedürfnisse von Maslow wurden unter anderem von dem US-amerikanischen Psychologen Clare Graves konzeptionell zu kollektiven Bedürfnissen weiterentwickelt, die sich in Wechselwirkung zwischen dem

Individuum und seiner Umwelt ergeben. Graves wurde dabei auch von dem Schweizer Biologen Jean Piaget beeinflusst, der mit seiner biologischen Erkenntnistheorie die These aufstellte, dass sich die menschliche Entwicklung von Intelligenz und persönlicher Reife in der Auseinandersetzung des Organismus mit seiner Umwelt vollzieht und keineswegs ausschließlich ein Produkt seiner Gene ist. Nach Graves` Theorie der Emergent Cyclical Levels of Existence, ins Deutsche übersetzt in etwa »zyklisch auftauchende Ebenen der Existenztheorie«, entwickeln sich der Mensch als Individuum sowie die Gesellschaft als Kollektiv nach gewissen Gesetzmäßigkeiten. Man durchschreitet dabei acht Entwicklungsstufen, die sich im Wesentlichen durch verschiedene Anteile von Egozentriertheit einerseits und kollektiver Identität andererseits unterscheiden und dadurch bedingt verschiedene Gesellschaftsformen ermöglichen. Graves beschreibt hier eine Entwicklung der Menschheit von Stammesgesellschaften über Feudalstaaten und Diktaturen hin zu rein kapitalistischen bzw. sozialen Marktwirtschaften. Sowohl die individuelle als auch die gesellschaftliche Entwicklung vollzieht sich dabei, so Graves, mit dem Ziel, die für eine bestimmte Entwicklungsstufe typischen Probleme zu überwinden, wie beispielsweise die Sklaverei oder die Ausbeutung von Arbeitern. Erst wenn diese Lösung erreicht ist, kann eine Weiterentwicklung stattfinden. Dabei entsprechen die vorhandenen Möglichkeiten sowohl auf individueller als auch auf gesellschaftlicher Ebene dem Reifegrad der jeweiligen Entwicklungsstufe. Ähnlich wie Maslow unterschied auch Graves zwischen eher niederen und eher höheren Entwicklungsstufen, die er als Tier 1 bzw. Tier 2 bezeichnete. In den höheren Entwicklungsstufen beschrieb Graves Gesellschaftsformen, die sich durch charakteristische Aspekte wie Weltzentriertheit und kollektives Bewusstsein auszeichneten und somit ziemlich esoterisch anmuteten. Es ist daher nicht verwunderlich, dass seine Arbeit heute eher nicht in Schulbüchern zu finden ist.

Die Forschung von Graves inspirierte die US-amerikanischen Unternehmensberater Don Beck und Christopher Cowan dazu, diese Theorie unter dem Namen Spiral Dynamics für den Bereich der Führung von Teams und Unternehmen anwendbar zu machen. Der US-amerikanische Philosoph Ken Wilber wiederum nahm diese Konzepte schließlich in die Denkschule der Integralen Theorie auf, die in ihren Ursprüngen auf Vordenker wie die deutschen Philosophen Gotthold Ephraim Lessing und Georg Wilhelm Friedrich Hegel zurückgeht.

4.2 Unternehmen und ihre Primärmotive

Die aufregendsten Durchbrüche des 21. Jahrhunderts werden nicht auf Technologie beruhen, sondern auf einem sich erweiternden Konzept dessen, was es bedeutet, Mensch zu sein.
(John Naisbitt, US-amerikanischer Zukunftsforscher)

Im Jahr 2014 veröffentlichte der belgische Unternehmensberater Frederic Laloux in seinem sehr lesenswerten Buch »Reinventing Organizations« ein Modell, das die Erkenntnisse und Konzepte von Graves, Piaget, Beck, Wilber und einigen anderen auf Unternehmen und ihre zugrundeliegende Motivation bzw. Intention anwendete. Dabei gelang es ihm, die Vorarbeit seiner Vorgänger gut lesbar zusammenzufassen, zu vereinfachen und weitgehend zu entmystifizieren, was schlagartig ihre Akzeptanz insbesondere auch bei Führungskräften erhöhte. Im Wesentlichen lehnte er sich dabei an die Ebenen von Graves an, wobei er aber nur fünf davon für die Entwicklung von Organisationen im Allgemeinen und Unternehmen im Speziellen als relevant ansah. Wie wir im Kapitel »Die Welt, in der wir leben« gesehen haben, ähneln die von Laloux beschriebenen Entwicklungsstadien den unbewussten Grundannahmen von Unternehmen, die diese in Bezug auf ihre Mitarbeiter und den Kontext der eigenen Organisation haben. Diese wurden bereits 1985 vom Schweizer Psychologen und MIT-Professor Edgar Schein beschrieben. Die Tabelle zeigt die einzelnen Entwicklungsstadien im Überblick, wie sie von Laloux formuliert wurden.

Entwicklungsstadien von Organisationen nach Frederic Laloux

Bezeichnung	Entstanden etwa ab	Primärmotiv
Stammesorganisationen	8.000 v. Chr.	Ego, Macht, Kampf
Traditionelle Organisationen	4.000 v. Chr.	Zugehörigkeit, Rang, Struktur
Moderne Organisationen	Erste und zweite industrielle Revolution	Fortschritt, Effizienz, Leistung
Postmoderne Organisationen	Dritte industrielle Revolution	Leistung, Gleichheit, Fairness
Evolutionäre Organisationen	Dritte industrielle Revolution	Evolutionärer Sinn, Ganzheit

Die zentrale These von Laloux ist, dass eine Organisation stets basierend auf einem bestimmten Menschenbild entsteht und damit auch ein bestimmtes

Motiv verfolgt. Dieses ist nicht notwendigerweise bewusst gewählt, sondern entsteht basierend auf dem Wertesystem und den unbewussten Bedürfnissen der Gründer und der aktuellen Führungsmannschaft. Ähnlich wie bei Gesellschaften, kann sich auch das Wertesystem von Organisationen weiterentwickeln, aber nur in dem Maße, in dem sich die Werte und Motive der Führungsriege selbst weiterentwickeln. Da Führungskräfte typischerweise Menschen beschäftigen, die ihr Weltbild und ihre Entwicklungsstufe teilen, prägt die Spitze der Hierarchie mit der Zeit die Entwicklungsstufe des gesamten Unternehmens. Die Übergänge von einem Stadium zum nächsten sind dabei meist durch Krisen gekennzeichnet, da mit der Intentionsänderung einer Organisation auch ihr Weltbild sowie klassische Handlungsmuster und sogar ihre Daseinsberechtigung infrage gestellt sind.

Nach Laloux entsprechen die fünf Entwicklungsstadien von Organisationen einerseits typischen Entwicklungsschritten beim Menschen, wie beispielsweise der Trotzphase des Kleinkinds oder der Pubertät des Teenagers, wie sie auch in der Entwicklungspsychologie beschrieben werden. Andererseits entsprechen die Entwicklungsstadien verschiedenen Zeiträumen in der Menschheitsgeschichte, wobei es zu jedem dieser Paradigmen auch in der Gegenwart noch Organisationen gibt, die basierend auf diesen Prinzipien funktionieren. Die Hypothese der parallelen Entwicklungsstränge in verschiedenen Bereichen des Lebens ist dabei nicht neu. Schon der deutsche Mediziner Ernst Haeckel postulierte Ende des 19. Jahrhunderts, dass die Lehre von der individuellen Entwicklungsgeschichte, die er als Ontogenese bezeichnete, von der Entwicklung der Art zu unterscheiden sei. Diese bezeichnete er als Phylogenese. Weiterhin stellte er basierend auf seinen Beobachtungen die These auf, dass »die Ontogenese eine Rekapitulation der Phylogenese darstelle«, d.h. dass das einzelne Lebewesen während seiner Entwicklung typische Phasen der Entwicklung der gesamten Spezies durchlaufe. Für seine These gibt es bis heute zahlreiche Anschauungsbeispiele. Allerdings gibt ebenso viele Belege dafür, dass die von ihm beschriebene Systematik nicht immer und überall in dieser Form abläuft.

! **Beispiel: Phylogenese und Ontogenese**

Die Vorfahren des modernen Menschen konnten aus Sicht der Phylogenese bestimmte Werkzeuge oder Waffen erst gebrauchen, nachdem sie gelernt hatten, auf zwei Beinen zu gehen. Erst ab diesem Zeitpunkt hatten sie die Hände frei für diffizile Greifbewegungen. Aus Sicht der Ontogenese gilt das Gleiche für ein Kleinkind. Auch dieses muss erst Laufen lernen, bevor es die Hände frei hat, um mit einem Stock das Zaubern oder Fechten zu üben.

Haeckels Arbeit wurde aufgrund ihrer eher spekulativen Natur stark kritisiert. Auch für die Hypothesen von Laloux, Beck und Graves existieren nur wenige bis keine wissenschaftlichen Beweise. Nachweise, die empirisch belegen könnten, dass Organisationen um 4.000 v. Chr. erstmals Zugehörigkeit, Status und Rang als Leitmotiv hatten, während zuvor alle Gruppen von Menschen nach den Prinzipien von Macht und Kampf funktioniert hatten, sind auch nahezu undenkbar. Es gibt lediglich einige einleuchtende Beispiele, die die Idee untermauern, wie z.B. die Entstehung der katholischen Kirche als eine Form der traditionellen Organisation.

Der wesentliche Punkt bei den Entwicklungsstadien ist allerdings nicht die wissenschaftlich exakte Belegbarkeit einer unvermeidlichen historischen Entwicklung. Vielmehr geht es darum, aus der Historie eine Systematik abzuleiten, die eine Prognose für die Zukunft zulässt. Graves, Beck, Wilber und Laloux skizzieren dabei eine detaillierte Utopie von Gesellschaften und Unternehmen, in der es dem Menschen gelingt, sein Ego und seine niederen Instinkte zu überwinden und sich nachhaltig im Sinne und Interesse der Gesellschaft und der Umwelt richtig zu verhalten, ohne dass ihm dies vorgeschrieben werden muss. Dies ist eine Aussage, die zweifelsohne ihren Reiz hat. Sie schürt die Hoffnung, dass die Menschheit doch noch lernt, mit ihren zahlreichen Herausforderungen, die ich bereits im Kapitel »Die Welt, in der wir leben« beschrieben habe, zurechtzukommen. Sie ist auch in ihrer Stichhaltigkeit nicht von der Hand zu weisen. Aus Sicht der Resilienz von Unternehmen ist diese Theorie zudem sehr interessant, da sie mögliche Schutz-, aber auch Risikofaktoren für Organisationen aufzeigt.

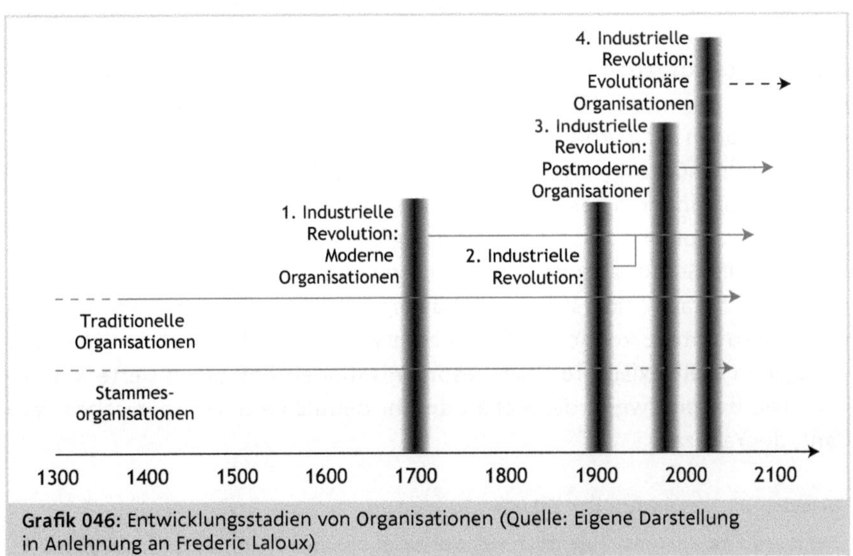

Grafik 046: Entwicklungsstadien von Organisationen (Quelle: Eigene Darstellung in Anlehnung an Frederic Laloux)

Die Grafik 046 stellt die einzelnen Entwicklungsstadien in ihrer zeitlichen Entstehung dar. Es wird deutlich, dass ein Zusammenhang zwischen dem Welt- und Menschenbild einer Organisation und den verschiedenen industriellen Revolutionen besteht, die ich im Kapitel »Aus der Geschichte lernen: von Megatrends und VUKA-Zonen« beschrieben habe. Betrachten wir diese unterschiedlichen Paradigmen im Folgenden einmal etwas genauer.

4.2.1 Stammesorganisationen

In diesen frühen Formen von Organisationen, die Laloux als tribale Organisationen bezeichnet, waren die Ausübung sowie der Ausbau und der Erhalt von Macht das zentrale Leitmotiv. Der Umgang miteinander wird als eher primitiv beschrieben und es galt das Gesetz des Stärkeren, ähnlich wie bei einem Wolfsrudel. Die Organisationen waren erste Kampfverbände, die dazu dienten, die Einflusssphäre von Stammesfürstentümern zu verteidigen und zu erweitern. Es galt das Prinzip von Befehl und Gehorsam gegenüber dem Anführer. Um dies sicherzustellen, umgab sich dieser typischerweise mit einem Inner Circle von loyalen Vertrauten, die an der Beute beteiligt wurden. Die unbedingte Unterordnung war Voraussetzung für die Zugehörigkeit zu diesem Klan. Zuwiderhandlungen wurden mit drakonischen Maßnahmen wie öffentlichen Exekutionen geahndet. In einem unsicheren und durch Kampf und Tod gekennzeichneten Umfeld bot diese Zugehörigkeit jedoch auch Orientierung und Schutz. Die Macht des Anführers wurde in mythischen Erzählungen kolportiert, um das einfache Fußvolk bei der Stange zu halten. Es gab weder eine ausgeprägte Aufgabenteilung, noch Titel noch eine differenzierte Hierarchie. Alle Macht war in der Führungsperson vereint, was verhinderte, dass diese Organisationen allzu groß werden konnten. Auch drohten sie just in dem Moment auseinanderzubrechen, da die Führungsperson Schwäche zeigte. Ähnlich wie Kleinkinder in der Trotzphase, waren diese Organisationen noch nicht in der Lage zu planen und langfristig zu agieren. Es ging vielmehr stets darum, eine aktuelle Gefahr abzuwehren oder ein neues Territorium zu erobern. Damit ließ sich kaum eine stabile und dauerhafte Organisation aufbauen, wie wir sie heutzutage kennen. Laloux nennt als Beispiel für noch heute in der westlichen Welt existente Stammesorganisationen das organisierte Verbrechen wie beispielsweise die Mafia oder ihr deutlich älteres japanisches Pendant, die Yakuza.

! **Beispiel: Die Geschichte der Yakuza**

Der Begriff Ya-Ku-Za ist eigentlich ein Wortspiel basierend auf der Zahlenfolge 8-9-3 in einem japanischen Kartenspiel namens Oicho-Kabu, das dem Black Jack ähnelt. Die Zahlenfolge ist in dem Spiel wertlos, und so sehen sich auch die Anhänger der Yakuza als im gesellschaftlichen Sinne wertlos an. Die Organisation hat ihre Wurzeln in den Glückspielsyndikaten der sogenannten Edo-Periode (etwa 1600 bis 1868). Ihre Mitglieder waren ausnahmslos Männer größtenteils niederer Herkunft und rekrutierten sich beispielsweise aus Flüchtlingen, Bauern, Handwerkern oder aber Kaufleuten, die ihren Besitz verloren hatten. Die Yakuza unterteilen sich in verschiedene Gumi, die einzelnen Familien oder Banden entsprechen. Jede dieser Untergruppen wird von einer patriarchalen Führungsfigur, dem Oyabun, geleitet, dem die Untergebenen zu absolutem Gehorsam verpflichtet sind. Die Organisation ist hierarchisch und straff geführt. Das erwartete Verhalten der Mitglieder ist durch verschiedene Kodizes geregelt. Die Traditionen der Yakuza gelten als martialisch. Sie ließen sich bereits vor der Erfindung der elektrischen Tätowiernadel am ganzen Körper tätowieren, ein langer, teurer und äußerst schmerzhafter Prozess. Je mehr Tattoos ein Mitglied hatte, desto mehr Schmerzen konnte es ertragen. Verhaltensfehler einzelner Mitglieder werden auch heute noch mit dem Abtrennen einzelner Fingerglieder bestraft. Wie bei ähnlichen Formen des organisierten Verbrechens in anderen Teilen der Welt, sind die Yakuza tief mit der japanischen Gesellschaft verwoben. Ihre »Kunden« nehmen ihren Schutz in Anspruch, weil sie entweder von der staatlichen Gewalt diskriminiert werden, oder weil sie selbst in der Illegalität arbeiten und die staatliche Gewalt sie daher nicht schützt. Schwerpunkte ihres Business sind legale und illegale Inkasso-Geschäfte sowie die Vergabe von überteuerten Krediten an Kunden, die nicht als kreditwürdig gelten. Auch das Verschleiern und der Schutz eigener Vermögenswerte im Vorfeld einer Insolvenz zählen zu ihren Dienstleistungen. Daneben ist die Organisation klassischerweise im Glücksspiel, in der Prostitution, im Menschen- sowie im Drogenhandel tätig. Allerdings ist mehr und mehr eine Verlagerung der Tätigkeiten in legale Märkte wie Banken, Reedereien, Arbeitnehmervermittlung beobachtbar, um sich so effektiver zu tarnen und der verstärkten Verfolgung durch die Behörden zu entgehen. Die größte Einzelorganisation der Yakuza ist die Yamaguchi-gumi, die 1915 gegründet wurde und einen Jahresumsatz von 6,6 Milliarden US-Dollar erwirtschaftet. Der Pro-Kopf-Umsatz von Yamaguchi-gumi beträgt damit rund 1,3 Millionen Dollar. Zum Vergleich: Selbst hochprofitable legale Unternehmen wie die Strategieberatung McKinsey & Company erreichen nur 0,4 Million Dollar je Mitarbeiter, bei der Deutschen Bank sind es pro Kopf sogar »nur« 0,3 Millonen Dollar.

Die Yamguchi-gumi umfasste nach Schätzungen Ende 2016 noch rund 5.200 Mitglieder, war aber in ihrer Hochphase rund 40.000 Männer stark. Ein Grund für den starken Rückgang ist eine striktere Verfolgung durch die Behörden seit 2010, die auch zu großen Nachwuchsproblemen führt. Auch das Auseinanderbrechen einzelner Gruppierungen und interne Rivalitäten mit zahlreichen Toten taten ihr Übriges dazu.

Zwar bedienen sich die »Familienmitglieder« heute modernster Waffen sowie dem neuesten Stand an Informations- und Produktionstechnologie, allerdings ist das Grundmotiv weiterhin Macht und der Erhalt derselben. Wenn man andere Kulturkreise in die Betrachtung miteinbezieht, so findet man auch einige Beispiele für Stammesorganisationen außerhalb des organisierten Verbrechens. Der absolute Machtanspruch des Anführers, die Erwartung bedingungsloser Loyalität an die Klan-Mitglieder sowie die geforderte Zurückstellung der eigenen Interessen hinter die des Klans sind beispielsweise auch das Kennzeichen des Scheichtums in vielen arabisch geprägten Ländern.

4.2.2 Traditionelle Organisationen

Mit der Sesshaftwerdung des Menschen und der Ausprägung erster komplexerer Städte und Staatsgebilde wuchs das Bedürfnis nach Stabilität und Planbarkeit. Um die wachsende Bevölkerung zu ernähren, wurde die Landwirtschaft stärker ausgebaut, was dazu führte, dass Jahreszeiten und Erntezyklen fester Bestandteil des Alltags wurden. Es war nun nötig, in Ursache-Wirkungs-Zusammenhängen zu denken und die Vergangenheit, Gegenwart und Zukunft zu unterscheiden, wie beispielsweise im Fall von Saat und Ernte. Damit war es möglich, wiederkehrende Abläufe und Prozesse zu verstehen und reproduzierbar zu machen, z. B. indem aus der Ernte im Herbst Saatgut für das nächste Frühjahr abgezweigt wurde. Dies entspricht in etwa dem Entwicklungsstadium eines Schulkindes.

Die Rollen, Hierarchien und Aufgaben in den nun entstehenden Organisationen waren differenzierter. Es gab Anführer, Verwalter, Priester, Krieger, Handwerker und Bauern. Einfluss und Macht waren jetzt nicht mehr nur allein an eine mächtige Person geknüpft, sondern wurden in unterschiedlichen Ausprägungen mit verschiedenen Rollen und Titeln verbunden. Auf diese Weise entstanden stabile Strukturen, die wie bei einer Pyramide nach oben hin auf eine Führungsperson zuliefen. Dies ermöglichte die strukturierte Weitergabe von Informationen und Wissen, die Delegation von Aufgaben und die Kontrolle ihrer Ausführung von oben nach unten. Das Denken erfolgte dabei typischerweise am oberen Ende der Pyramide, während das Tun weiter unten ausgeführt wurde. Die Interaktionen in traditionellen Organisationen wurden subtiler. Gruppennormen und Konformität spielten eine zentrale Rolle. Es war wichtig, wie man von anderen Gruppenmitgliedern wahrgenommen wurde, denn dies beeinflusste den eigenen sozialen Status und die Zugehörigkeit zum Kollektiv. Traditionelle Organisationen zeichneten sich durch einfache moralische Regeln und einen allgemein akzeptierten Verhaltenskodex aus, der den Mitgliedern dabei half, richtig von falsch zu unterscheiden. Wer zur Gruppe gehören wollte, musste sich diesem rechten Weg unterwerfen. Wer sich nicht daran hielt, musste mit sozialer Ächtung bis hin zur Verstoßung rechnen.

Diese Gruppennormen wurden von den Mitgliedern verinnerlicht, was dazu führte, dass sie ein Schuldbewusstsein entwickelten, wenn sie sich nicht konform verhielten. Um das allgegenwärtige Chaos zu bändigen und Ruhe und Ordnung zu gewährleisten, entstanden erste Bürokratien sowie soziale Klassen, Stände oder Kasten. An die Stelle von Treue und Loyalität zur Person des Anführers trat die Eingliederung des Einzelnen in eine soziale Ordnung. Individuelle Freiheit wurde dabei Ordnung, Sicherheit und Vorhersagbarkeit untergeordnet. Stabilität wurde gefördert, während Veränderung abgelehnt wurde. Die Einteilung der Gesellschaft führte dazu, dass Menschen aus verschiedenen Gruppierungen sich allmählich mit diesen identifizierten und sich auch entsprechend verhielten.

Traditionelle Organisationen zeichneten sich durch differenzierte Organisationsstrukturen aus und konnten viele Tausend Menschen umfassen. Dies war zuvor nicht möglich gewesen. Darüber hinaus beherrschten sie langfristiges Planen und Handeln, was sie in die Lage versetzte, große, visionäre Projekte zu bewältigen, wie beispielsweise den Bau von Kathedralen, Pyramiden oder der chinesischen Mauer. Um dies zu erreichen, brauchten diese Organisationen Kontrolle über ihre Umwelt, die am besten durch starke Autonomie und Unabhängigkeit zu gewährleisten war. Sie taten sich typischerweise schwer damit, sich an veränderte Rahmenbedingungen anzupassen. Es erschien ihnen vorteilhaft, weiterhin am Althergebrachten festzuhalten. In der heutigen Zeit entsprechen beispielsweise die Kirche diesem Paradigma genauso wie öffentliche Verwaltungen und das Militär.

Beispiel: Die Selbstmordwelle bei der France Télécom !

Ein gutes, wenn auch tragisches Beispiel für ein traditionelles, durch Sicherheitsdenken geprägtes Unternehmen, das versucht, zu einem modernen, leistungsorientierten Unternehmen zu werden, ist die France Télécom. 1997 wurde das Telekommunikationsunternehmen mit seinen rund 100.000 Mitarbeitern und einer Verbeamtungsrate von 65% privatisiert. 2005 wurde der französische Topmanager Didier Lombard zum CEO ernannt. Er sollte den Konzern straffen und die vorherrschende Beamtenmentalität ausmerzen. Innerhalb von drei Jahren wurden rund 22.000 Stellen abgebaut. Da man auf betriebsbedingte Kündigungen verzichten musste, legte man den betroffenen Mitarbeitern nahe, das Unternehmen gegen eine Prämie zu verlassen. Für das übriggebliebene Personal wurden Zielvorgaben und Leistungsprämien eingeführt. Gleichzeitig wurde das Programm »Time to Move« aufgesetzt, durch das rund 10.000 leitende Beamte, die an sich unkündbar waren, alle drei Jahre versetzt wurden, mit dem Ziel, sie auf diese Weise zu vergraulen. Eine externe Unternehmensberatung hatte die Konzernleitung bereits 2008 in einem Bericht auf die psychosozialen Gefahren hingewiesen, die mit diesem Programm einhergingen. Sie hatte zudem den durch die ehrgeizigen Zielvorgaben ausgelösten Druck angemerkt. Doch diese Warnungen verhallten ungehört. In den Jahren 2008 und 2009 nahmen sich innerhalb kurzer Zeit 35 Führungskräfte und Mitarbeiter das Leben, teilweise, indem sie sich aus Bürofenstern stürzten. Viele dieser Télécom-Mitarbeiter nannten in Abschiedsbriefen den unmenschlichen Druck und das Maß der Veränderung als maßgebliche Gründe für ihren Freitod. Als Reaktion ließ die Firmenleitung zunächst die Fenstergeländer in den Gebäuden erhöhen und den Zutritt zu Terrassen sperren. Lombard sprach gegenüber der Presse zudem von einer unerfreulichen »Selbstmord-Mode«, die aber den eingeschlagenen Reformkurs nicht stoppen könne. Außerdem sei die Suizidrate noch im Rahmen und insgesamt noch unter dem Landesdurchschnitt. Als der politische Druck zunahm, opferte Lombard zunächst seinen Stellvertreter und Frankreich-Chef Louis-Pierre Wenès, der intern auch den Spitznamen »Kosten-Killer« trug. Erst als auch dies nicht die gewünschte Entlastung brachte, musste Lombard 2010 ebenfalls seinen Posten räumen. Die angestoßenen Restrukturierungsprogramme wurden ausgesetzt. 2012 war ein Ermittlungsverfahren gegen die France Télécom, heute: Orange, und Lombard eingeleitet worden. Der Konzern hatte die Vorwürfe damals bestritten. Lombard selbst schrieb in einem Beitrag für die Zeitung Le Monde, die Umwälzungen im Unternehmen hätten die Beschäftigten möglicherweise verunsichert. Er weise aber entschieden zurück, dass diese Veränderungen die Ursache für die menschlichen Dramen gewesen seien. 2016 wurde schließlich ein Anklageverfahren wegen systematischem moralischen Drucks und Mobbing gegen ihn eröffnet.

4.2.3 Moderne Organisationen

Mit dem aufkommenden Wissensdurst von Renaissance und Aufklärung und später noch verstärkt durch die erste und zweite industrielle Revolution entstanden nach Laloux neue Organisationsformen, bei denen es nicht mehr vorrangig um Stabilität und Unterordnung geht, sondern vielmehr um Effizienz, Leistung und Erfolg. Der strenge Verhaltenskodex der einzelnen sozialen Schichten und die einengenden Moralvorstellungen wurden zunehmend infrage gestellt und durch Innovation, Unternehmertum und Leistungsorientierung ersetzt. Nichts wurde mehr als gottgegeben hingenommen. Der Glaube wurde mehr und mehr ersetzt durch wissenschaftliche Erkenntnis, technische Machbarkeit und Kapitalismus. Objektive, logische und nachvollziehbare Fakten galten als neue Wahrheiten. Es ging nun darum, Ziele zu erreichen und dabei besser zu sein als andere. So entstanden die ersten größeren Unternehmen. In dieser Zeit wurde es möglich, durch Kompetenz, Erfahrung, Fleiß und Leistungsbereitschaft sozial aufzusteigen und ein besseres Leben zu führen. Stärke und Souveränität waren gefragt, während Schwäche und Unzulänglichkeiten bestmöglich kaschiert wurden. Die Mitarbeiter riefen im Unternehmen ihre Leistung ab und trugen ansonsten »soziale Masken«, um die unerwünschten menschlichen Seiten zu verbergen. Es entstanden die ersten Experten. Man konnte nun einen Beruf wählen und sein eigenes Glück suchen. Dadurch bildeten sich neue Formen sozialer Schichten, die sich erstmals nicht mehr von der Geburt herleiteten.

Doch diese Entwicklung nahm auch Sicherheit, denn ein sozialer Abstieg war nun jederzeit möglich. Durch die soziale Mobilität entstanden Konkurrenz und Wettkampf und eine vorwiegend materialistische Weltsicht.

Verglichen mit der Entwicklung von Individuen erinnert dieses Stadium an einen jungen Erwachsenen, der sich nach der Pubertät vom Elternhaus abnabelt. Die entstehenden modernen Organisationen waren anpassungs- und leistungsfähiger als ihre Vorläufer und sehr viel effizienter, so z. B. durch die Dampfmaschine. Sie brachten zahlreiche technische Innovationen hervor und waren beständig daran interessiert, ihren Wirkungsgrad weiter zu verbessern, genau wie eine große Maschine. Doch dies erforderte die Intelligenz vieler, was zu einem Wandel in der Art der Führung führte. An die Stelle der Strategie von Anweisung und Kontrolle der traditionellen Organisationen trat im Laufe der Zeit das Führen durch Ziele, also die Überzeugung, dass motivierte Mitarbeiter eigenständig in der Lage sind, vorgegebene Ziele zu erreichen. An die Stelle von Sanktionen wie Bestrafung und Verstoßung traten positive Verstärkung wie Akkordlöhne und andere finanzielle Leistungsanreize.

Moderne Organisationen drehen sich im Wesentlichen um Leistung im Austausch für Zugehörigkeit, Status und materielle Güter. Sie folgen vom Prinzip her weiterhin einer Pyramidenlogik mit zentraler Bündelung von Verantwortung. Die zugrundeliegende Annahme ist, dass die Optimierung der Leistungserbringung stets für alle beteiligten Stakeholder wie Mitarbeiter, Führungskräfte und Investoren das Beste ist. Die Folgen sind nicht selten ein Verlust von Sinn und Identifikation auf Seiten der Mitarbeiter, da sie in letzter Konsequenz nicht als Menschen, sondern lediglich als Ressourcen gesehen werden. In der heutigen Zeit sind viele klassische Industriekonzerne im produzierenden Bereich und auch viele Dienstleistungsunternehmen, darunter auch die großen Unternehmensberatungen mit ihrer »Up or out«-Philosopie, in diesem Entwicklungsstadium beheimatet.

Beispiel: General Electric !

Ein besonders gutes Beispiel für ein modernes Unternehmen ist der Mischkonzern General Electric (GE) unter der Führung von Jack Welch, einer US-amerikanischen Manager-Legende. Welch hatte den Spitznamen Neutronen Jack. Der Hintergrund dieses Namens ist, dass Neutronen-Bomben keine Gebäude zerstören, wohl aber die Menschen darin töten. Welch wurde 1981 zum CEO von GE ernannt und hatte diesen Posten 20 Jahre inne. Er war ein extremer Verfechter des Konzeptes des Shareholder Value, bei dem alle Entscheidungen ausschließlich an den Interessen der Aktionäre ausgerichtet werden. Unter seiner Führung war GE äußerst erfolgreich, auch wenn seine Managementmethoden umstritten waren. Er zelebrierte den Leistungsethos moderner Unternehmen auf verschiedenen Ebenen. Für die Entwicklung von Mitarbeitern prägte er die »20-70-10«-Regel, die besagt, dass die besten 20% der Mitarbeiter mit Boni belohnt, die 70% in der Mitte bestmöglich gefordert und gefördert und die schwächsten 10% entlassen werden. Welch vertrat die Ansicht, dass interer Wettbewerb dabei helfe, das Beste aus den Mitarbeitern herauszuholen. So kam es auch oft vor, dass verschiedene Abteilungen den gleichen Auftrag beispielsweise für die Entwicklung eines neuen Produkts erhielten, um die Mitarbeiter zu Höchstleistungen anzustacheln und zu sehen, welcher Bereich am Schluss besser ist und das Rennen gewinnt. Auch auf Konzernebene führte er konsequent nach dem Leistungsprinzip. Es war das Ziel jeder Business Unit, in Sachen Marktanteil entweder auf Platz 1 oder 2 zu rangieren. War dies nicht der Fall, trat die Methode »Fix, close or sell« in Kraft. Die Business Unit wurde entweder durch ein drakonisches Turnaround-Programm wieder zur Marktführerschaft gepeitscht, oder sie wurde verkauft oder gar abgewickelt.

4.2.4 Postmoderne Organisationen

Die ersten postmodernen Organisationen lassen sich in großen Teilen als Antwort und Gegenentwurf auf die einseitige Leistungsorientierung und die damit einhergehende Kälte und Sinnleere der modernen Organisationen verstehen. Sie sind der Versuch, die sozialen Masken, die in modernen Unternehmen gefordert waren, überflüssig zu machen. Hier kommen zum ersten Mal die soziale Gerechtigkeit, die Mitbestimmung und die Sinnhaftigkeit als Gestaltungsprinzipien zum Tragen. Sie werden dem bedingungslosen Leistungsprinzip als Regulativ entgegengesetzt. Radikale Formen von Gleichberechtigung, Selbstverwaltung, Mitbestimmung und Basisdemokratie gehören in diese frühe Phase, wie beispielsweise die Kommunen der 68er-Bewegung und die antiautoritäre Erziehung. Diese Experimente geraten jedoch regelmäßig in Sackgassen, da die Macht nun im Hintergrund ausgeübt wird, während man im Vordergrund endlos diskutiert. Laloux beschreibt postmoderne Organisationen daher als in sich widersprüchliche Gebilde. Einerseits verfolgen diese weiterhin das Leistungsprinzip, andererseits haben sie das Ziel, dass es dabei demokratisch, gerecht und harmonisch zugeht. Während vordergründig die Führungskräfte versuchen, ihre Mitarbeiter zu empowern, damit diese Verantwortung übernehmen und sich entfalten, bleibt die Verantwortung und damit die Macht doch hintergründig bei ihnen. Der immanente Zielkonflikt wird dabei immer wieder dann deutlich, wenn von oben korrigierend eingegriffen werden muss. Dennoch ist die Übertragung von Verantwortung an untere Ebenen der Hierarchie und die damit einhergehende Möglichkeit für dezentrale Organisationsformen ein wichtiger Durchbruch für Unternehmen dieser Entwicklungsstufe.

Als Gegenentwurf zur reinen Leistungsorientierung pflegen postmoderne Unternehmen gemeinsame Werte wie Wertschätzung und Anteilnahme. Auch Rituale wie gemeinsame Freizeitaktivitäten werden bewusst gepflegt, genau wie bei einer Familie. Damit tritt zum ersten Mal der Aspekt der Unternehmenskultur in den Mittelpunkt eines Unternehmens. Führung wird hier zu Profession, die mit großem finanziellen Engagement durch Instrumente wie Mitarbeiterbefragungen, Führungskräfteentwicklung und 360-Grad-Feedbacks flankiert wird. Ebenso spielt die Sinnhaftigkeit des Tuns eine immer zentralere Rolle. Sie beeinflusst sowohl das soziale Engagement des Unternehmens als auch teilweise sein Geschäftsmodell, wie sich am Beispiel der großen Energieversorger in Deutschland und ihrer Wende hin zu regenerativen Energien demonstrieren lässt. An die Stelle von kurzfristiger Profitmaximierung tritt der Wunsch nach nachhaltiger Entwicklung. Die Entwicklungen, die ich im Kapitel »Die Welt, in der wir leben« beschrieben habe, sind diesen Organisationen nicht gleichgültig und sie investieren im großen Umfang, um zur Lösung unserer globalen Herausforderungen beizutragen. Die Entwicklung von postmodernen Unternehmen wie SAP, amazon oder Southwest Airlines zeigt zudem, dass diese Unternehmen das Potenzial haben, sehr viel erfolgreicher zu sein als Unternehmen in anderen Entwicklungsstadien. Und genau darin besteht auch die Widersprüchlichkeit dieser Unternehmen. Einerseits werden Werte und Kultur großgeschrieben und bedingen oftmals den Erfolg, andererseits schwingt immer der Verdacht mit, dass es sich hierbei nur um Mittel zum Zweck handelt, da glückliche Kühe schließlich auch mehr Milch geben.

Beispiel: Leadership Choices !

Leadership Choices, eine Unternehmensberatung mit dem Schwerpunkt auf Führungskräfteentwicklung, ist eine postmoderne Organisation. Sie wurde 2008 von Manfred Barth, Rolf Pfeiffer und Bill Crombie gegründet. Gemeinsam mit unserer Schwesterfirma Executive Coaching Connections in Chicago verfügen wir über einen Pool von rund 200 Executive Coaches weltweit. Unsere Dienstleistungen umfassen dabei das Coaching und die Beratung von hochrangigen Führungskräften und ihren Teams. Ein inhaltlicher Schwerpunkt ist dabei die Unterstützung in der Bewältigung von schwierigen Situationen und Krisen. Das Unternehmen gehört den sogenannten Equity Partnern, die Anteile in etwa der gleichen Höhe halten. Alle Partner sind erfahrene internationale Coaches mit umfangreicher eigener Führungserfahrung in verschiedenen Industrien. Jeder für sich könnte auch alleine erfolgreich sein, zieht es aber vor, mit talentierten und interessanten Kollegen zusammenzuarbeiten und sowohl Erfahrungen als auch den erwirtschafteten Gewinn zu teilen. Es steht jedem Partner frei, sich als Equity Partner zu bewerben, sobald ein gewisses Maß and Engagement erkennbar wird. Aus dem Kreis der Anteilseigner werden drei Managing Partner für eine Dauer von drei Jahren gewählt. Entscheidungen werden ausnahmslos im Konsens getroffen. Das ist nicht immer einfach und braucht viel Kommunikation und Zeit. Es gibt keinen Guru oder Chef, sondern lediglich einen Sprecher, der Leadership Choices nach außen vertritt und die Unternehmensentwicklung koordiniert. Auch dieser wird gewählt. Die Equity Partner entscheiden strategische Fragestellungen gemeinsam, unabhängig von der Menge ihrer Anteile. Es gibt keine individuellen finanziellen Ziele und keine Überwachung. Das liegt keineswegs an Idealismus oder fehlendem finanziellem Interesse. Es hat vielmehr damit zu tun, dass die meisten Partner zuvor in modernen, einseitig leistungsorientierten Unternehmen gearbeitet haben und in der aktuellen Phase ihres Lebens Selbstbestimmtheit und Autonomie mehr schätzen als wirtschaftlichen Erfolg allein. Kollaboration, Transparenz und Fairness werden dabei großgeschrieben. Für jeden gelten exakt die gleichen Regeln. Jeder Partner leistet den Beitrag, den er oder sie leisten möchte. Es ist für alle transparent, wer wieviel verdient. Jeder entscheidet selbst, ob ein bestimmtes Mandat interessant und sinnvoll klingt oder nicht. Das Geschäftsmodell honoriert Einsatz und Vertriebserfolg und erlaubt individuelle Freiheiten, wie beispielsweise Auszeiten für ausgiebige Reisen oder Buchprojekte. Wir betrachten unser Unternehmen als ein ziemlich faszinierendes organisationales Experiment und es fällt uns immer wieder auf, dass uns häufig die Bezugspunkte und Vergleiche in ähnlichen Unternehmen fehlen, auf die wir uns bei unseren Entscheidungen stützen könnten. Basierend auf unserer aktuellen Marktkenntnis scheint es einfach nicht viele Organisationen zu geben, die so sind wie wir. Dennoch soll hier nicht der Eindruck entstehen, dass unser Unternehmen in irgendeiner Form perfekt sei. Denn die Widersprüche der postmodernen Organisation sind ohne Zweifel da. Einerseits wird individuelle Freiheit betont, andererseits müssen aber monatlich Gehälter gezahlt werden. Auf der einen Seite kann jeder Partner selbst entscheiden, mit wie viel Engagement er oder sie sich einbringt. Auf der anderen Seite gibt es aber ein gefühltes Mindestmaß, das nicht unterschritten werden darf. Prinzipiell kann jeder Equity Partner werden, aber die wenigsten wollen sich so stark binden. Konsens und Mitbestimmung sind eine tolle Sache, aber radikale Richtungswechsel in der Unternehmensstrategie sind damit nur schwer möglich. Einerseits schreiben wir Diversity groß und zählen rund 50% an Frauen zu unserem Team, und andererseits sind die Equity Partner aktuell ein reiner Männerhaufen, wenn auch ungewollt. Doch trotz all dieser mitunter nervigen Eigenheiten möchte keiner von uns je wieder in einem anderen Unternehmen arbeiten, denn keiner von uns durfte jemals zuvor in seiner Karriere so viel Mensch sein und dennoch zu einer Gemeinschaft von interessanten Persönlichkeiten dazugehören.

4.2.5 Evolutionäre Organisationen

Gemäß der Theorie von Graves, Beck, Wilber und Laloux entsteht als Antwort auf den zuvor beschriebenen Wertekonflikt der postmodernen Unternehmen eine neue Form von Organisationen, denen es gelingt, den Widerspruch von Leistungs- und Sinnorientierung zu überwinden. Viele der typischen Verhaltensmuster von Organisationen auf anderen Entwicklungsstufen, wie z.B. Machtkämpfe, Politik, endlose Abstimmungen, von oben vorgegebene Budgets, Silodenken und Widerstand gegen Veränderungen, sind aus psychologischer Sicht letztendlich auf die Angst vor Kontrollverlust zurückzuführen. Diese Angst fördert Dominanz, Rationalität und maskulines, schablonenhaftes Verhalten. Sie verhindert, dass Menschen ihre Unsicherheiten, ihre Verletzbarkeit und ihre Intuition zulassen können. Sie entspringt einer Weltsicht, die davon ausgeht, dass man gegen andere kämpfen muss, um sich durchzusetzen. Unternehmensgründer, die in der Lage sind, diese Angst zu überwinden, sind in der Lage, Organisationen zu schaffen, in denen Menschen mehr sie selbst sein können und in denen Mitarbeitern wirklich vertraut wird. Diese basieren auf einem Weltbild, das davon ausgeht, dass es einen Überfluss von Möglichkeiten und Ressourcen gibt und dass geschehen wird, was geschehen soll. Ebenso gründen sie auf der Annahme, dass sowohl Rationalität und Logik als auch Emotionalität und Intuition wichtig sind, um gute und stimmige Entscheidungen zu treffen. Sie gehen auch davon aus, dass Gegensätze sich nicht gegenseitig ausschließen im Sinne eines Entweder-oder, sondern dass sie sich vielmehr im Sinne eines Sowohl-als-auch integrieren lassen. Dieser Entwicklungsschritt von Führungskräften entspricht der Stufe der Selbstverwirklichung im Modell von Abraham Maslow.

Was wird dadurch möglich? Wenn man seine Angst überwindet und Menschen wirklich vertraut, braucht es keine Kontrollmechanismen, keine Hierarchie, kein Zurückhalten von Informationen und keine zentrale Entscheidungsgewalt mehr. Führungskräfte werden weitgehend überflüssig, denn Führung wird von einer Rolle zu einer Funktion. Macht wird geteilt und wird eher dazu eingesetzt, sinnvoll zu handeln, als das individuelle Ego zu stützen. Wenn Mitarbeiter ihre Angst vor Kontrollverlust überwinden, braucht es keine Hierarchien, Stellenbeschreibungen und Betriebsräte mehr. Dann können Unternehmen entstehen, die sich selbst steuern und in denen jeder Mitarbeiter beeinflussen kann, wie die Organisation sich weiterentwickelt. Daraus können sich auch völlig neue Verhaltensweisen entwickeln: Unternehmen nehmen sich dann nicht mehr die Freiheit, alles zu tun, was nicht explizit verboten ist, sondern sie tun vielmehr nur das, was für sie in einem ganzheitlichen Sinne als richtig erscheint. Damit steht erstmals Sinn vor Leistung und Profitabilität. In solchen Organisationen werden Rückschläge nicht als das Versagen Einzelner, sondern als Feedback für das gesamte System angesehen. An die Stelle von Machterhalt und Erfolgsstreben tritt dann die Suche nach innerer Stimmigkeit und Sinnhaftigkeit, an die Stelle von Leistung und Gewinnen treten Lernen und Wachstum. Als Metapher für Unternehmen mit solch einer Intention können Ökosystem gelten, die sich beständig weiterentwickeln und verändern, ohne dabei einen bestimmten Zweck zu verfolgen oder gar gewinnen zu wollen. Dies kann auch zur Folge haben, dass es zu einem bestimmten Zeitpunkt sogar sinnvoll sein kann, bestimmte Teilbereiche, Funktionen oder Produkte eines Unternehmens aufzugeben, da sie nicht mehr passend erscheinen.

Aber selbst in diesen Organisationen gibt es noch Widersprüche, die im Wesentlichen in der menschlichen Natur begründet liegen. Zunächst ist fraglich, ob Menschen überhaupt dauerhaft in der Lage sind, ihre Angst und damit ihr Kontrollbedürfnis zu überwinden und anderen Menschen bedingungslos zu vertrauen, insbesondere, wenn dies Auswirkungen auf ihren Arbeitsplatz und ihre finanzielle Sicherheit haben kann.

Aus der Persönlichkeitspsychologie wissen wir, dass es in jedem Menschen zeitstabile Verhaltenspräferenzen gibt, die auch als Traits bezeichnet werden (siehe hierzu auch das Kapitel »Individuelle Resilienz messen mit dem Executive FiRE-Index«). Diese steuern untern anderem, inwieweit eine Person bereit ist, anderen zu vertrauen. Die Verhaltenspräferenzen stellen gewissermaßen die Komfortzone eines Menschen dar. Wenn die Motivation vorhanden ist, kann diese Komfortzone kurzfristig verlassen werden, doch dies bedarf einer bewussten Entscheidung sowie zusätzlicher emotionaler Energie. So kann ein eigentlich introvertierter Mensch sich beispielsweise dafür entscheiden, Reden vor Publikum zu halten. Diese erlernten Verhaltensweisen werden in der Persönlichkeitspsychologie auch als Habits bezeichnet. Allerdings muss er darin einen Sinn sehen und seine inneren Widerstände überwinden. Doch dieser Zustand kann nur eine gewisse Zeit lang aufrechterhalten werden, da die Person sonst zu sehr erschöpft. Nach einem öffentlichen Auftritt braucht ein ausgeprägt introvertierter Typ daher eine Ruhephase, in der er seine introvertierte Seite leben kann. Unter großem Druck und bei Erschöpfung neigen Menschen dazu, sich eher gemäß ihren Traits zu verhalten, um emotionale Energie zu sparen. Dies bedeutet, dass diese Fähigkeit, wie z.B. anderen zu vertrauen, immer dann schwindet, wenn Druck und Erschöpfung groß sind, also genau dann, wenn man sie am ehesten braucht.

Ein anderes Spannungsfeld dieser Entwicklungsstufe hat mit der Natur natürlicher Systeme zu tun. Evolutionäre Organisationen stehen und fallen mit der persönlichen Reife und der damit einhergehenden Weltsicht ihrer Gründer. Diese wählen zum Zeitpunkt der Unternehmensgründung ein Team von Gleichgesinnten aus, die wiederum entsprechende Mitarbeiter anziehen und auswählen. Dadurch bildet sich im Idealfall eine Gruppe von Menschen, die in der Lage ist, ihre Ängste zu überwinden und einander und anderen wirklich zu vertrauen. Doch wie wir aus der Systemtheorie wissen, entsteht durch die bloße Tatsache, dass eine Person die erste war, die ein Unternehmen erdacht und gegründet hat, bereits ein Machtgefälle. In jedem natürlichen System hat der oder die Erste mehr Einfluss auf die Gesamtheit der Beziehungen als diejenigen, die später hinzugestoßen sind. Es wird also trotz aller Bemühungen nie ein komplett ausgeglichenes Maß an informeller Macht geben. Der dritte Widerspruch evolutionärer Organisationen hat mit ihren Besitzverhältnissen zu tun. Auch eine evolutionäre Organisation gehört jemandem. Die Menschen, denen sie gehört, haben mehr informelle Macht als diejenigen, die keine Anteile daran halten. Dies ließe sich allenfalls damit beheben, dass die Mitarbeiter einen Großteil der Unternehmensanteile besitzen und damit vom Stakeholder zum Shareholder werden.

Laut Laloux handelt es sich bei evolutionären Organisationen jedoch keinesfalls um die bloße Utopie einer besseren Gesellschaft, auch wenn einige Aspekte aus der Perspektive vieler heutiger Unternehmen sehr nach Utopie klingen mögen. Laloux hat durch zahllose Interviews 12 Unternehmen identifiziert, die nach seiner Meinung auch heute schon nach evolutionären Prinzipien funktionieren – und das trotz Kapitalismus und Gesetz von Angebot und Nachfrage. Das könnte Grund zur Hoffnung geben; es könnte aber auch Wunschdenken sein. Eines dieser Unternehmen sind die Heiligenfeld Kliniken in Bad Kissingen, in denen ich während meiner Ausbildung zum Heilpraktiker für Psychotherapie selbst gearbeitet habe. Heiligenfeld ist zweifelsohne ein sehr guter Ort für Patienten. Die dort vorgelebten Großgruppen-Rituale mit ihrer unspezifischen Spiritualität entfalten sehr viel heilsame Energie. Hinter den Kulissen habe ich dort allerdings eine sehr hierarchische und statusorientierte Organisation kennengelernt, die viele »normale« Unternehmen als locker und egalitär im Umgang erscheinen lassen.

Beispiel: Kommunitäre Gemeinschaften !

Beispiele für evolutionäre Organisationsformen sind kommunitäre Lebensgemeinschaften, in denen nicht nur gemeinsam gewirtschaftet, sondern auch gemeinsam gelebt wird. Sie investieren aufgrund ihrer Wirtschaftsprinzipien nicht in das Marketing und sind daher auch in weiten Teilen der Gesellschaft so gut wie unbekannt. Diese Gemeinschaften sind ein Gegenentwurf zu einer immer stärker zerklüfteten und von verschiedenen Formen der Gewalt geprägten Gesellschaft, der die gemeinsamen Werte abhandengekommen sind. Dieser Vereinzelung und dem damit einhergehenden Werteverlust stellen solche Organisationen gemeinsam geteilte Wertvorstellungen und Rituale gegenüber, die im täglichen Zusammenleben angewendet und gepflegt werden.

Eine der ältesten und zugleich größten Formen kommunitärer Lebensgemeinschaften ist die jüdisch-zionistische Kibbuz-Bewegung. Zionismus bezeichnet dabei eine politische Bewegung, die auf die Gründung eines jüdischen Nationalstaats in Palästina abzielte. Dieses Ziel wurde mit der Gründung des Staates Israel im Jahre 1948 erreicht. Bereits im Jahr 1910 wurden die ersten Kibbuzim am See Genezareth gegründet. Die Idee des Kibbuz war eine genossenschaftlich agierende Siedlung gleichberechtigter Mitglieder, in der es gemäß sozialistischer Ideale kein Privateigentum geben und das Leben kollektiv nach jüdischen Bräuchen und Traditionen organisiert werden sollte. Die tägliche Arbeit war dabei meist von Landwirtschaft geprägt. Später kamen aber beispielsweise auch die Produktion von Nahrungsmitteln und der Tourismus hinzu. Infolge der Staatsgründung Israels kam es zu insgesamt 50 Neugründungen meist in der Form von Wehrdörfern, die für die jüdische

Besiedlung des Landes eine zentrale Rolle spielten. Die Gemeinschaften wurden dabei durch den Staat finanziell unterstützt. Diese Unterstützung ist seit 1977 jedoch stark zurückgegangen. Damals war die bis dato herrschende Arbeiterpartei erstmals durch den Likud, ein konservatives Parteienbündnis, abgelöst worden. Im Jahr 2014 gab es insgesamt 272 Kibbuzim mit jeweils 200 bis zu 2.000 Einwohnern. Insgesamt leben heute rund 127.000 Israelis als sogenannte Kibbuzniks und genießen ein hohes Ansehen in der israelischen Gesellschaft.
Eine weitere, eher christlich geprägte Form kommunitären Lebens ist die Arche, die 1948 vom italienischen Philosophen und Gesellschaftstheoretiker Lanza del Vasto in Südfrankreich gegründet wurde. Del Vasto hatte 1937 mehrere Monate im Ashram von Mahatma Gandhi in Indien verbracht und war von dessen Einsichten stark beeinflusst worden. Er gründete die Arche mit dem Ziel, Gandhis Ideale von einem friedvollen gesellschaftlichen Zusammenleben in einem europäischen Kontext umzusetzen, der geprägt war von den Nachwehen des Holocaust und den Zerstörungen des Zweiten Weltkrieges. Das Leben in Arche-Gemeinschaften ähnelte in seinen zentralen Prinzipien in der Anfangsphase einem klösterlichen Leben, jedoch unter bewusstem Verzicht auf Ehelosigkeit oder auf eine spezifische religiöse Orientierung. Die Grundlagen des kommunitären Lebens dort sind das Streben nach Einfachheit, gemeinsames Wirtschaften und Meditieren sowie ein möglichst umfassender Verzicht auf verschiedene Formen von Gewalt. Heute gibt es Arche-Gemeinschaftshäuser in Frankreich, Deutschland und der Schweiz.
Eine dritte sehr einflussreiche Lebensgemeinschaft entstand 1962 im kalifornischen Big Sur. Dort gründeten die beiden US-amerikanischen Stanford-Absolventen Michael Murphy und Dick Price das Esalen-Institut zunächst als Gegenentwurf zum etablierten Wissenschaftsbetrieb. Was zunächst als Labor für die praktische Anwendung philosophischer, spiritueller und psychologischer Konzepte startete, entwickelte sich schließlich zur Geburtsstätte der humanistischen und systemischen Psychologiebewegung. Schon früh lehrten und lebten einflussreiche Vordenker wie Abraham Maslow, Fritz Perls, Carl Rogers, Moshé Feldenkrais und Virginia Satir dort. Aufgrund des abgelegenen Standorts war das Institut von Beginn an darauf ausgerichtet, dass Mitarbeiter und Workshop-Teilnehmer dort gemeinsam wohnten. Besucher blieben typischerweise zwischen mehreren Wochen und einem Jahr. Heute finden im Esalen-Institut jährlich rund 500 Workshops zu verschiedenen psychologischen, spirituellen und gesellschaftlichen Themen statt.
Eine vierte kommunitäre Lebensgemeinschaft ist die Findhorn Community in Nordschottland. Sie wurde, ebenfalls 1962, von den schottischen Hotelangestellten Eileen und Peter Caddy sowie Dorothy MacLean gegründet. Eileen Caddy war der Überzeugung, dass es ihr göttlicher Auftrag war, eine Lebensgemeinschaft zu gründen, um eine neue Form des Zusammenlebens zu etablieren. Sie veröffentlichte ihre Eingebungen in mehreren Büchern, was Findhorn zu einem gewissen Maß an Popularität verhalf. In der Folge schloss sich eine wachsende Anzahl von Menschen der Gruppe an. Ähnlich wie in der Arche-Gemeinschaft bezieht sich Gemeinschaft hier auf ganz verschiedene Aspekte des Zusammenlebens. Gemeinsames Arbeiten und Wirtschaften gehören genauso dazu wie gemeinsame Meditationen und das Streben nach Gewaltlosigkeit und Nachhaltigkeit. Heute leben mehr als 400 Menschen aller Altersgruppen und sozialer Hintergründe in Findhorn und viele Besucher kommen jedes Jahr hierher,

um an Seminaren und Retreats teilzunehmen. Nach dem Beispiel von Findhorn sind weltweit viele Öko-Dörfer gegründet worden, die als Experiment des Zusammenlebens gelten können, um Ökologie, Ökonomie und soziale Gerechtigkeit miteinander in Einklang zu bringen. Spirituelle Aspekte spielen in diesen Gemeinschaften eine meist untergeordnete Rolle. Diese Projekte sind seit 1995 im Global Ecovillage Network (GEN) organisiert, das nicht nur als Austausch-Plattform fungiert, sondern beispielsweise auch die Vereinten Nationen in Fragen der Nachhaltigkeit berät.
Als eher alltägliche Form von evolutionären Organisationen in der Gegenwart, die ebenfalls ohne spirituellen Überbau auskommen, kann die Sharing Economy gelten, eine Weiterentwicklung der Gemeinschaftsidee gekoppelt mit den technologischen Möglichkeiten sozialer Internetplattformen. Hierbei geht es darum, ungenutzte Kapazitäten von Ressourcen wie Wohnraum, Autos oder Fahrrädern einer Nutzergemeinschaft zur Verfügung zu stellen. Je nach Geschäftsmodell stehen bei den einzelnen Ansätzen entweder Umsatz und Profit im Vordergrund (Airbnb, Uber) oder aber gesellschaftliche Verbesserungsimpulse, die unter anderem das Ziel haben, das Konsumentenverhalten vom Streben nach alleinigem Besitz hin zum Zugang zu geteilten Ressourcen weiterzuentwickeln. Ein Beispiel dafür ist die Plattform BlaBlaCar, die jährlich etwa 40 Millionen Mitfahrgelegenheiten in 22 Ländern vermittelt.

Ob sich ein Unternehmen nun tatsächlich auf einem bestimmten Entwicklungsstand befindet, lässt sich umso schwerer feststellen, je größer und komplexer das Unternehmen ist. Bei Großunternehmen ist es daher wahrscheinlich, dass zeitgleich Verhaltensmuster aus verschiedenen Entwicklungsstadien anzutreffen sind. Es handelt sich hierbei also nicht um eine exakte Wissenschaft, sondern es lassen sich lediglich Tendenzen ableiten. Dennoch bleibt die Frage, ob es überhaupt Organisationen gibt, denen es als Teil einer marktwirtschaftlich geprägten Gesellschaft gelingt, den Widerspruch von Leistungs- und Sinnorientierung zu überwinden.

Unabhängig davon, ob Laloux mit seiner Analyse recht hat, und ob sich aktuell Hunderte oder gar Tausende Organisationen damit beschäftigen, ihren evolutionären Sinn zu finden, steht es allerdings fest, dass die meisten Menschen, zumindest in den Industrienationen, heute mehr Selbstverwirklichung, Stimmigkeit und Sinn in dem suchen, was sie tagein tagaus tun. Wie wir zudem im Kapitel »Die Zukunft: die vierte industrielle Revolution« gesehen haben, wäre es in der Tat wünschenswert, dass mehr und mehr Organisationen nach evolutionären Prinzipien funktionieren, um die Herausforderungen zu lösen, vor denen die menschliche Gesellschaft steht. Die Herausforderung besteht allerdings darin, den Widerspruch von Sinnstiftung einerseits und Profitabilität andererseits aufzulösen. Kommunitäre Gemeinschaften schaffen dies zumeist durch eine einfache Lebensweise, gemeinsames Wirtschaften und durch Spenden von Menschen, die sich durch diese Lebensweise inspiriert fühlen. Die große Frage bleibt allerdings, inwieweit sich diese Prinzipien evolutionärer Gemeinschaft auf herkömmliche Wirtschaftsunternehmen übertragen lassen.

4.3 Wie sich Primärmotive auf die Resilienz auswirken

Wenn wir uns an die Definition von organisationaler Resilienz erinnern, dann geht es hierbei um die Langlebigkeit eines Systems, die durch eine Kombination von Stabilität und Flexibilität erreicht wird. Es ist wichtig festzuhalten, dass aus Sicht der organisationalen Resilienz keine Entwicklungsstufe oder und auch kein Primärmotiv für sich genommen besser ist als andere. Insbesondere sind evolutionäre Organisationen nicht resilienter als ihre traditionellen, modernen oder postmodernen Pendants. Das wird unter anderem anhand der Lebensdauer deutlich: Traditionelle Organisationen wie die katholische Kirche existieren seit über 1.700 Jahren, während es die ältesten noch bestehenden traditionellen Unternehmen auf immerhin 1.400 Jahre bringen. Das ist an Langlebigkeit schwer zu überbieten. Es ist außerdem möglich und sogar wahrscheinlich, dass sich organisationale Resilienz für Unternehmen in Abhängigkeit ihrer Entwicklungsstufe in gänzlich anderen Verhaltensweisen äußert. So ist für die katholische Kirche das Festhalten an einem klaren moralischen Verhaltenskodex und eine durch und durch hierarchische Struktur sicher von elementarer Wichtigkeit. Für Einwohner von modernen Industrienationen mag sich eine solche Starrheit häufig nicht mehr stimmig und zeitgemäß anfühlen, doch das Wachstum der Kirche findet vor allem in Entwicklungs- und Schwellenländern statt, die noch starke Züge von sozialer Ungerechtigkeit, Willkür und Gewalt tragen. Diese gefährliche und unsichere Umgebung lässt die Klarheit, Berechenbarkeit und das Heilsversprechen dieser Organisation für viele ihrer Mitglieder als attraktiv erscheinen. Umgekehrt bedeutet resilientes Verhalten für ein postmodernes Unternehmen wie SAP, dass es eine komplett neue Produktpalette erfindet und mit großem Aufwand in den Markt treibt, während es noch unangefochtener Marktführer in der alten Technologie ist. Für die Langlebigkeit einer Organisation ist also nicht die Entwicklungsstufe an sich verantwortlich, sondern vielmehr der Aspekt, ob ihre Verhaltensweisen zur Dynamik des Umfelds passen, in dem sie agiert.

Ein weiterer Zusammenhang zwischen Primärmotiv und organisationaler Resilienz besteht, wenn ein Unternehmen dabei ist, seine bisherige Weltsicht zugunsten einer anderen aufzugeben, z.B. im Übergang von der modernen zur postmodernen Phase. Wie wir gesehen haben, geht es dabei im Wesentlichen um mehr Gemeinschaftsgefühl, Mitbestimmung, Empowerment und Sinn und um weniger Leistungsprinzip, Hierarchie, Kontrolle und blinden Gehorsam. Teilweise arbeiten Organisationen daran, weil die Führungsriege es von sich aus will. Oftmals liegt die Motivation aber darin begründet, dass man oben das Gefühl hat, nicht anders zu können. Es macht, wie so oft, einen großen Unterschied, ob die Veränderungsmotivation intrinsisch oder aber extrinsisch begründet ist. Zahlreiche Unternehmen, die wir beraten, versuchen sich aktuell aus freien Stücken an diesem Wandel und straucheln, weil man zwar gerne so wäre wie eine postmoderne Firma, aber in der Führungsriege immer noch das alte Paradigma von bedingungsloser Leistungsorientierung und Hierarchie zumindest latent vorhanden ist. Dies zeigt sich beispielsweise sehr deutlich, wenn ergraute Manager der alten Schule auf Vertreter der Generation Y treffen. Diese Übergänge haben damit zu tun, dass es bei den Akteuren noch keine erprobten Verhaltensweisen für neue und herausfordernde Situationen gibt, die altbewährten Muster aber gleichzeitig nicht mehr greifen. Das Primärmotiv ist die organisationale Entsprechung des Menschenbilds der Führungskräfte, die eine Organisation prägen. Es bestimmt, welche Erwartungen diese an Mitarbeiter haben. Im Paradigma der modernen Organisation gehen sie beispielsweise davon aus, dass Mitarbeiter prinzipiell eher bequem sind und von alleine nicht ihr Bestes geben und man deswegen ihre Leistung messen und überwachen muss. Das Faszinierende an dieser Dynamik ist, dass genau dieses Managementverhalten Mitarbeiter hervorbringt, die man kontrollieren und überwachen muss. Aus diesem Grund sehen sich Führungskräfte, die das moderne Menschenbild gemeinsam haben, immer wieder in ihrer Grundannahme ihren Mitarbeitern gegenüber bestätigt. Führungskräfte, die ein postmodernes Weltbild haben, gehen hingegen davon aus, dass Mitarbeiter dann ihr Bestes geben, wenn sie fair behandelt werden und einen Sinn in ihrer Arbeit sehen. Dieses Weltbild zieht Mitarbeiter an, die von einer solchen Umgebung angesprochen werden. Und auch hier bestätigt sich die Grundannahme der Führungsriege. Jede Primärmotivation und ihre Grundannahme hinsichtlich der Menschen im Allgemeinen und Mitarbeiter im Speziellen bestätigt sich daher, für sich gesehen, selbst. Das macht es so schwierig für eine Organisation von einer Entwicklungsstufe auf eine nächste zu gelangen, ohne die führenden Personen auszutauschen. Diese Entwicklung mündet bei den Betroffenen in Stress, Frustration und Unsicherheit. Immer wieder kommt es auch zu Rückfällen in bisherige Muster, vor allem dann, wenn die Dinge nicht so laufen wie geplant. Noch schlimmer wird es, wenn die Weiterentwicklung nicht aus freien Stücken geschieht, sondern in irgendeiner Form verordnet wird. Wie Sie aus eigener Anschauung wissen, lässt sich Entwicklung nicht anweisen. Diese Paradigmenwechsel, ob gewollt oder ungewollt, stellen die Resilienz eines Unternehmens auf eine harte Probe und sind daher ein Risikofaktor für die Langlebigkeit jeder Organisation.

4.4 Der Reifegrad von Unternehmen

Führungskräfte sollten nicht nur den Finger am Puls des Markts haben, sondern genau so einen wachen Blick in das Innere der Organisation.
(Friedrich Glasl, österreichischer Ökonom und Konfliktforscher)

Zeitgleich und weitgehend unbeeinflusst von der Forschung des US-amerikanischen Psychologen Clare Graves entstand in Europa ein weiteres Modell, das die Entwicklung von Organisationen auf einer Metaebene beschreibt. Konzipiert wurde es vom niederländischen Sozialökonom Bernard Lievegoed gemeinsam mit dem in die Niederlande umgesiedelten österreichischen Ökonom und Konfliktforscher Friedrich Glasl. Lievegoed war stark von der anthroposophischen Lehre des Publizisten und Esoterikers Rudolf Steiner beinflusst, einer Weltanschauung, die die Ganzheit des Menschen und seine Einheit mit der ihn umgebenden Welt betont. In der antroposophischen Lehre durchläuft jeder Mensch definierte Entwicklungsstadien und muss darin Entwicklungsaufgaben bewältigen, um sich zu entfalten und weiterzuentwickeln. Ähnlich wie Graves sich auf Maslow bezog, wandten Lievegoed und Glasl diese Stufenlogik auf Organisationen an, indem sie in die Entwicklung des Individuums die Einflüsse der Systemtheorie integrierten. Hier wurden sie im Wesentlichen von der Arbeit des Londoner Tavistock Institute of Human Relations beeinflusst. Gemeinsam veröffentlichten sie das Modell einer universellen Entwicklungslogik von Organisationen, indem sie sich im Unterschied zu Laloux aber nur auf Organisationen der Gegenwart bezogen. Auch spielte hier weniger das Menschenbild oder die Intention des Unternehmens eine Rolle, sondern vielmehr die individuelle Entwicklungsstufe, ähnlich wie bei einem Heranwachsenden. Hierbei unterschieden sie zunächst zwischen drei verschiedenen Entwicklungsphasen, die Glasl später mit der Assoziationsphase um eine vierte ergänzte.

1. Pionierphase
2. Differenzierungsphase
3. Integrationsphase
4. Assoziationsphase

Nach Lievegoed und Glasl beschreibt diese Logik einen Entwicklungspfad, der sowohl für Industrie- als auch für Dienstleistungsunternehmen und auch für andere Arten von Organisationen gleichermaßen zutrifft. Es ist dabei durchaus auch möglich, dass ein Unternehmen Jahrzehnte auf einer Stufe verweilt und sich in Bezug auf seine internen und externen Verhaltensmuster nicht weiterentwickelt, denn das muss von den maßgeblichen Menschen in der Organisation bewusst gewollt sein. Die einzelnen Phasen unterteilen sich dabei in eine Früh- und eine Hauptphase sowie in eine Phase der Überreife. Diese markiert eine Entwicklungskrise im Übergang zur nächsten Entwicklungsstufe, die nicht selten damit endet, dass das Unternehmen scheitert und vom Markt verschwindet. In der Frühphase entwickelt die Organisation neue Kompetenzen als Antwort auf eine spezifische Herausforderung, beispielsweise das Ausscheiden des Gründers oder starkes Wachstum. In der Hauptphase werden diese Kompetenzen, wie z. B. die Strukturierung und Formalisierung von Verantwortlichkeiten in der Aufbauorganisation, ausgebaut und perfektioniert. Schreitet die Entwicklung weiter voran, kommt es zur Phase der Überreife. Hierbei führt die einseitige Fokussierung auf die in dieser Phase entwickelte Kompetenz, beispielsweise die Stärkung der »Struktur der Aufbauorganisation«, allmählich zu schädlichen Nebenwirkungen, wie z. B. zur Silobildung und mangelnden Kooperation, die dem Unternehmen aufgrund interner Reibungen dann im Weg steht. Die einzelnen Phasen drücken sich dabei in verschiedenen Aspekten der Innenwelt von Unternehmen aus, die Glasl wie folgt beschrieben hat:

1. Identität: Unternehmenszweck und -ziele
2. Unternehmenspolitik, Leitsätze, Strategien
3. Struktur der Aufbauorganisation
4. Menschen, Führung, Zusammenarbeit, Klima
5. Einzelfunktionen, Organe
6. Prozesse und Abläufe
7. Physisch-materielle Mittel

Betrachten wir diese Entwicklungslogik und ihre Phasen nun etwas genauer.

4.4.1 Pionierphase

Wenn ein Unternehmen gegründet wird, befindet es sich zunächst in der sogenannten Pionierphase, die sehr stark von den Persönlichkeiten der Gründer dominiert wird. Strukturen, Zuständigkeiten und Prozesse sind hier noch nicht sonderlich ausgeprägt, sondern die Gründer machen alles, was anfällt, selbst oder delegieren bestenfalls einzelne Tätigkeiten. Mangelnde Planung und Übersicht werden durch Einsatz, Schnelligkeit und Improvisation kompensiert. Für diese Phase ist es typisch, dass in einer Art Keimzelle Funktionen um Personen herum entstehen. Ebenso typisch ist eine extreme und teilweise opportunistische Kunden- und Marktorientierung, die dazu führt, dass das junge Unternehmen alles macht, was der Kunde wünscht. Dies ist nicht selten ein Erfolgsrezept, das jedoch nur schwer reproduzierbar ist. Unternehmen in dieser Entwicklungsstufe sind oft wie Keimzellen, in denen der oder die Gründer den Zellkern repräsentieren. Der direkte Kontakt mit den Chefs ist dabei zentral für die Identifikation, Motivation und Orientierung der Mitarbeiter. Wenn diese Organisationen über ein gewisses Maß hinauswachsen, stößt der für die Pionierphase typische Pragmatismus und Improvisationswille an seine Grenzen. Aufgrund fehlender Strukturen sind die Zuständigkeiten oft nicht klar und es kommt zu Reibungsverlusten und Blindleistung. Die bisher praktizierte »Führung von oben« kommt aufgrund der gestiegenen Komplexität an ihre Grenzen. Das System ist in diesem Zustand noch nicht skalierbar. Dies hemmt die Effizienz und Wendigkeit des Unternehmens und kann seinen

Erfolg am Markt beeinflussen. Um sich weiterzuentwickeln, müssen sich die Gründer auf die strategische Steuerung des Unternehmens fokussieren. Dazu müssen sie sich aus dem operativen Geschäft weitgehend zurückziehen und hierfür unter anderem eine mittlere Führungsebene etablieren. Dies kann zu Nachfolge- und Machtkämpfen und vielen anderen Schwierigkeiten führen, die das Klima im Unternehmen belasten und die Wettbewerbsfähigkeit einschränken. Außerdem kann Folge davon sein, dass viele Mitarbeiter die Nähe zu den Gründern vermissen und sich zudem nicht damit wohlfühlen, nun eigenständig Entscheidungen treffen zu müssen. Oft wird beschrieben, dass in diesem Stadium »die Nestwärme der Familie« verlorengeht. Verlassen die Gründer schließlich das Unternehmen, kann es aufgrund des intensiven Personenkults zu schweren und existenzbedrohenden Krisen kommen, die nicht selten in der Insolvenz enden. Viele Familienunternehmen befinden sich in der Pionierphase, teilweise auch über die eigentliche Gründergeneration hinaus.

4.4.2 Differenzierungsphase

Wenn das Unternehmen sich weiterentwickeln will, gilt es, zunächst die Dynamik und nicht selten auch das Chaos der späten Pionierphase zu bändigen. Hierzu konzentriert sich das Unternehmen nun verstärkt auf Strukturen, Zuständigkeiten, Prozesse, Methodiken und Systeme. Dadurch werden erstmals Funktionen und Personen voneinander getrennt und eine logische und nachvollziehbare Hierarchie und Arbeitsteilung eingeführt. Nicht selten werden Manager aus größeren Unternehmen eingestellt, um bei dieser Entwicklung zu unterstützen. An die Stelle der Keimzelle mit starken emotionalen Bindungen tritt nun die Metapher der ausdifferenzierten Organe, die mittels betriebswirtschaftlichen und technischen Controllinginstrumenten gesteuert, überwacht und synchronisiert werden. Improvisation wird durch Standardisierung und Formalisierung ersetzt. An die Stelle der »Kommunikation auf Zuruf« tritt ein durchgetaktetes Kommunikations- und Berichtswesen, da nur so die Auswirkungen des Wachstums kompensiert werden können. Dadurch können mit der Zeit Beamtenmentalität, politisches Verhalten und Silodenken entstehen, welche die abteilungsübergreifende Zusammenarbeit mitunter stark behindern. Der Koordinierungs- und Abstimmaufwand und damit die Anzahl von Meetings wächst deutlich an. Da aufgrund dieser Reibungen auf den niedrigeren Ebenen häufig keine gemeinsamen Entscheidungen mehr getroffen werden können, werden Konflikte und Entscheidungsbedarfe nun oft entlang der Hierarchie nach oben eskaliert, was die Wendigkeit des Unternehmens stark einschränken kann. Es besteht zudem die Gefahr, dass sich aufgrund der Silobildung in einzelnen Teilen des Unternehmens lokale Fürstentümer mit eigenen Kulturen und Arbeitsweisen etablieren, was das gegenseitige Vertrauen und damit auch die Zusammenarbeit weiter erschwert. Viele klassische Großunternehmen befinden sich heute in dieser Entwicklungsphase.

4.4.3 Integrationsphase

Wenn sich die Organisation weiterentwickeln will, beispielsweise, um wieder flexibel und wendig zu werden, muss sie die innere Trennung und die Ausdifferenzierung der einzelnen Organe überwinden und wieder kundenorientierter und menschlicher werden. Unternehmen auf dieser Entwicklungsstufe investieren daher zahlreiche Ressourcen, um die Zusammenarbeit innerhalb von Teams und Abteilungen sowie zu angrenzenden Einheiten zu verbessern und zu intensivieren. Ebenfalls wird an der Übernahme von Verantwortung durch die Mitarbeiter gearbeitet, dem sogenannten Empowerment. Dabei geht es darum, dass Mitarbeiter nicht nur Aufgaben ausführen, die ihnen von oben delegiert werden. Es wird erwartet, dass sie unternehmerische Eigeninitiative entwickeln, Probleme kreativ angehen und eigenständig Entscheidungen treffen. Die Weiterentwicklung von Mitarbeitern zu Führungskräften wird strukturiert und professionalisiert. Führung im Sinne von Entwicklungsförderung wird erstmals zu einer ernstzunehmenden Aufgabe. Charakteristisch sind außerdem partizipative Initiativen wie eine gemeinsame Strategie- und Leitbildentwicklung und die Arbeit an der Firmenkultur. Um Kommunikations- und Entscheidungswege zu verkürzen, ändert sich in dieser Phase oft auch die Aufbauorganisation. Es werden überschaubare Unternehmenseinheiten gegründet, die relativ eigenständig operieren können und häufig nur auf der Ebene von Kennzahlen an eine darüber angesiedelte Holding oder Zentrale berichten. Ebenso bilden sich in dieser Phase unterstützende Supportfunktionen, wie IT, Personal, Controlling oder Einkauf, aus, die den operativen Einheiten beratend und unterstützend zur Seite stehen. Typisch für diese Stufe sind zudem bereichsübergreifende Projektteams, die relativ eigenständig zentrale Themenstellungen bearbeiten und dabei nicht Teil der klassischen Aufbauorganisation sind. Mit der Innovation von Produkten, Dienstleistungen und Geschäftsmodellen sind in dieser Phase typischerweise einzelne Abteilungen betraut. Häufige Restrukturierungen sowie agile Arbeitsformen gehören ebenfalls dazu. Die Metapher für diese Phase ist das lebendige System, das sich fortwährend aus sich selbst heraus verändert.

Die größte Gefahr in dieser Entwicklungsstufe von Organisationen liegt darin begründet, dass man sich ausschließlich mit sich selbst beschäftigt und dabei Kunden und Marktentwicklungen aus dem Fokus verliert. Aufgrund der eigenen Größe und Bedeutsamkeit halten sowohl Unternehmensführung als auch Belegschaft eine Organisation dann leicht für unverwundbar oder »too big to fail«. Die intensive Auseinandersetzung mit Initiativen, Workshops und Entwicklungsmaßnahmen kann dabei zum Selbstzweck werden. Ebenso können die einzelnen Geschäftsbereiche kulturell und vom Selbstverständnis her so stark auseinanderdriften, dass sie keine Synergien mehr bilden können und im Extremfall sogar gegeneinander arbeiten.

4.4.4 Assoziationsphase

Um sich über die Phase der Innenorientierung und Fragmentierung hinaus weiterzuentwickeln, müssen Unternehmen den Fokus konsequent von innen nach außen richten. In dieser nun folgenden Assoziationsphase gehen Organisationen intensive Beziehungen mit ihrem Ökosystem bestehend aus Wettbewerbern, Kunden, Lieferanten und anderen Stakeholdern ein, mit denen beispielsweise gemeinsame Strategien oder auch Produkte und Dienstleistungen entwickelt werden. Ein Beispiel dafür war das in den 1990er-Jahren aufkommende Lean Management, das eine enge Verzahnung von Kunden und Lieferanten entlang der Wertschöpfungskette propagierte. Konzepte wie Just in Time oder Just in Sequence stammen aus dieser Zeit. Diese sind beispielsweise in der Automobilindustrie auch heute noch existent.

Heute zählen auch agile Co-Innovationsprojekte dazu, in denen Lieferanten gemeinsam mit Kunden neue Produkte entwickeln. Das kurzfristige Wettbewerbsdenken weicht langfristigen Kooperationen. Strategische Allianzen und gesellschaftliches Engagement machen Unternehmensgrenzen durchlässiger und bilden flexible Netzwerke aus, in denen ein konstruktiver Erfahrungsaustausch, aber auch handfeste Kollaboration möglich werden. Auf diese Weise sind die teilnehmenden Organisationen besser vorbereitet, wenn sich Dynamiken im Marktumfeld ändern. Sie können schneller und flexibler darauf reagieren. An der Nahtstelle zur Außenwelt werden Funktionen geschaffen, die sich mit dem Ausbau und der Pflege von strategischen Außenbeziehungen beschäftigen. Ehemals ausschließlich interne Prozesse wie die Produkt- oder Führungskräfteentwicklung verlaufen nun über Unternehmensgrenzen hinweg. Das Unternehmen versteht sich mehr und mehr als Corporate Citizen und gestaltet sein Umfeld sowie seine Reputation am Markt und in der Gesellschaft aktiv mit. Eine konsequente Marktorientierung sorgt zudem dafür, dass auch vermeintlich interne Supporteinheiten nun Kundenkontakt haben und so direkte und ungefilterte Rückmeldung zu Optimierungspotenzialen erhalten. Die größte Gefahr in dieser noch nicht sehr erforschten Phase ist offensichtlich die Ausbildung von Kartellen und Machtmonopolen, die dann zum Einschreiten von Regulierungsgremien führen können.

4.4.5 Unternehmensreifegrad und Resilienz

Wie bereits erwähnt, bilden die von Lievegoed und Glasl beschriebenen Reifegrade einen typischen Entwicklungspfad eines Unternehmens, der stark mit den mentalen Modellen der Führungsriege korrespondiert. Auf jeder Stufe sind dabei spezifische Entwicklungsaufgaben zu bewältigen. Es ist dabei sehr wahrscheinlich, dass die einzelnen Stufen in der angegebenen Reihenfolge durchlebt werden müssen.

Wird eine Phase übersprungen oder abgebrochen, führt dies typischerweise zu Fehlentwicklungen im Unternehmen, die nur sehr aufwendig zu korrigieren sind. Dies liegt daran, dass eine bestimmte Lernerfahrung nicht gemacht und damit auch nicht hinreichend verinnerlicht wurde. Sie fehlt dann als Fundament in der nächsten Entwicklungsstufe. Dies könnte beispielsweise der Fall sein, wenn ein Unternehmen durch internationale Expansion zu schnell in die Integrationsphase gewechselt hat, ohne dass die Basis an Arbeitsweisen, Strukturen, Zuständigkeiten und Prozessen hinreichend gut vorbereitet wurde. Bei dieser Konstellation droht die Gefahr, dass sich in der Integrationsphase lediglich die Lernaufgabe der Pionierphase in größerem Stil wiederholt, ohne insgesamt ein höheres Entwicklungsniveau zu erreichen. Das Ergebnis ist Chaos im großen Stil. Ähnlich wie bei den unterschiedlichen Primärmotivationen, die Laloux beschrieben hat (siehe hierzu das Kapitel »Unternehmen und ihre Primärmotive«), ist auch dieses Entwicklungsmodell nicht vollkommen richtig oder falsch. Zu jedem Zeitpunkt gibt es Teilbereiche in Organisationen, die bereits in einzelnen Aspekten auf einer höheren Phase angelangt sind. Ebenso mag es zum gleichen Zeitpunkt Organisationseinheiten geben, die hinterherhinken. Je mehr sich ein Unternehmen allerdings zeitgleich auf verschiedenen Entwicklungsstufen befindet, desto mehr Spannungen entstehen, die bewältigt werden müssen. Lievegoed und Glasl gehen daher davon aus, dass unternehmensinterne Konflikte oftmals nichts anderes sind als Symptome eben dieses »schiefen Wachstums«. Die Entwicklung einer Organisation steht dabei naturgemäß in enger Wechselwirkung mit ihrem Umfeld. Die Crux bei diesem Modell ist die Erkenntnis, dass jede neu dazu gewonnene Kompetenz zunächst Weiterentwicklung ermöglicht und fördert. Wird diese Kompetenz jedoch einseitig immer weiter betont, führt dies in unmittelbarer Folge dazu, dass die Entwicklung der Organisation in eine Sackgasse führt. Aus Sicht der Resilienz eines Unternehmens sind die Phasenübergänge von zentraler Bedeutung, sei es der Generationenwechsel, der das Ende der Pionierphase eines Familienunternehmens einläutet oder die Flexibilisierung und Humanisierung eines innerlich erstarrten Staatskonzerns. Solche Übergänge in der Unternehmensentwicklung stellen Sollbruchstellen dar, bei denen die Widerstandsfähigkeit einer Organisation auf eine harte Probe gestellt wird.

Nicht selten kommt es hierbei zu existenzbedrohenden Krisen, die auch mit dem Untergang der Organisation enden können. In den folgenden Kapiteln werden wir noch weiter darauf eingehen.

4.5 Unternehmensentwicklung heißt Krisenbewältigung

Wer sich nicht an die Vergangenheit erinnern kann,
ist dazu verdammt, sie zu wiederholen.
(Jorge Augustín Nicolás Ruiz de Santayana, US-amerikanischer Philosoph spanischer Herkunft, 1863 bis 1952)

Die Entwicklungsmodelle von Laloux auf der einen und Lievegoed und Glasl auf der anderen Seite bieten zusammengenommen ein komplementäres Koordinatensystem, um die Entwicklung von Unternehmen in ganzheitlicher Art und Weise zu beschreiben. Während Laloux aus der Arbeit von Graves, Beck und Wilber das »Warum«, also die Primärmotivation oder auch Existenzberechtigung einer Organisation, in den Vordergrund stellt, geht es bei Lievegoed und Glasl eher um die Evolution des »Wie« in der internen und externen Zusammenarbeit und Kommunikation. Beide Achsen spannen ein Feld auf, dass die Intention einer Organisation beschreibbar macht.

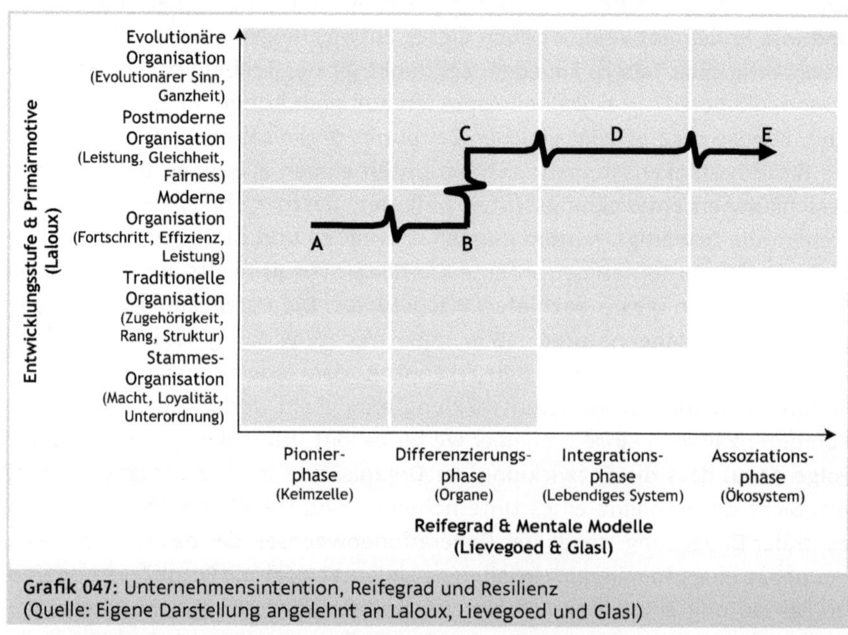

Grafik 047: Unternehmensintention, Reifegrad und Resilienz
(Quelle: Eigene Darstellung angelehnt an Laloux, Lievegoed und Glasl)

Wie in der Grafik 047 verdeutlicht, lassen sich die zeitliche Entwicklung und das Wachstum einer Organisation hier gut mit allen Höhen und Tiefen darstellen. Die grauen Felder stehen dabei für die inhaltlichen Überlappungen der beiden Modelle. Die Linie stellt den Verlauf der Evolution dar, die ein Unternehmen über die Jahre genommen hat. An den Übergängen zwischen den verschiedenen Quadranten sind die Krisen des Unternehmens verdeutlicht.

Beispiel: Die Entwicklung einer Unternehmensberatung !

In dem Beispiel, das der Grafik zugrundeliegt, geht es um eine Unternehmensberatung, die als leistungsorientiertes Unternehmen gegründet wurde (A). Im Rahmen der weiteren Entwicklung wurden Strukturen, Prozesse, Zuständigkeiten und Methodiken entwickelt und von den langjährigen Mitarbeitern als selbstverständlich akzeptiert (B). Aufgrund der persönlichen Weiterentwicklung des Topmanagements begann das Unternehmen, sich sozial zu engagieren. Das geschah auch, um den geänderten Ansprüchen der jüngeren Generation zu begegnen. Es distanzierte sich erstmals von Aufträgen, die aus einem gesellschaftlichen oder ökologischen Blickwinkel nicht sinnvoll erschienen (C). Auch wurde mehr Wert darauf gelegt, für die Mitarbeiter die Vereinbarkeit von Familie und Beruf zu gewährleisten. Dies blieb nicht ohne Konflikte und hatte zur Folge, dass einige langgediente Leistungsträger in der Folge das Unternehmen verließen, weil ihnen die neue Ausrichtung zu »esoterisch« war. Die Neuausrichtung war jedoch hilfreich dabei, in den nächsten Jahren mehr Frauen in Führungspositionen zu entwickeln. Trotz verändertem Geschäftsgebaren und sozialem Engagement blieb die Organisation innerlich eine ganze Weile auf der Stufe der Differenzierungsphase stehen, um die internationale Expansion zu bewerkstelligen und alles zusammenzuhalten. Erst als dies geschafft war, wurde der Übertritt in die Integrationsphase vollzogen (D) und mehrere teilautonome Einheiten wurden ausgegründet, um wieder schneller am Markt agieren zu können. In einem weiteren Entwicklungsschritt wurde das Geschäftsmodell erneut angepasst und diversifiziert. Durch strategische Allianzen mit Softwarehäusern und Co-Innovations-Projekten mit Kunden wurden neue toolgestützte Beratungsansätze pilotiert (E). Diese erforderte einiges an Investitionen und an Management-Fokus. Es blieb nicht ohne Misserfolge, was insgesamt die Profitabilität über mehrere Jahre belastete und ebenfalls für Konflikte sorgte. Aber auch diese konnten schlussendlich überwunden werden.

Krisen können sich in verschiedenen Symptomen wie Umsatzrückgang, rückläufiger Innovationsfähigkeit, Mitarbeiterschwund oder im Scheitern von Projekten äußern. Sie sind immer diffus und lassen deswegen keine direkten Rückschlüsse darauf zu, dass sich ein Unternehmen an einem Phasenübergang befindet. Die Fähigkeit, die eigene Entwicklungsstufe zu beschreiben und daraus die nächsten sinnvollen Schritte für das Unternehmen abzuleiten, ist eine Kompetenz, die nötig ist, um den Fortbestand und die Weiterentwicklung einer Organisation zu gewährleisten. Dies erfordert aber, dass Menschen in Führungspositionen in der Lage und auch willens sind, diese subtilen internen Signale zu registrieren und ernst zu nehmen. Eine Gefahr ist dabei das Wunschdenken der Führungsriege, die den Reifegrad oder die Entwicklungsstufe des eigenen Unternehmens oftmals sehr viel vorteilhafter einschätzt, als dies von der Unternehmensrealität widergespiegelt wird. Aus diesem Grunde ist es von besonderer Wichtigkeit, bei der Diagnose die gesamte Hierarchie des Unternehmens miteinzubeziehen. Ein wichtiges Indiz ist hier beispielsweise die Wortwahl von Entscheidungsträgern auf den verschiedenen Ebenen. Eine eher technokratische Sprache deutet z.B. darauf hin, dass sich das Unternehmen in der Differenzierungsphase befindet. So wird in vielen klassischen Unternehmensberatungen von »Engpassressourcen« gesprochen, wenn es um Mitarbeiter geht, die spezielles Wissen oder besondere Fähigkeiten haben und daher dauerhaft überlastet sind. Um dieses »Bottleneck« aufzulösen, werden dann häufig weitere »Ressourcen allokiert«. Bei der Deutschen Bahn nennt man es »ausspeichern«, wenn man über seine Ideen oder Erlebnisse berichtet. Wird eine Entscheidungsvorlage vom Vorstand entschieden, dann ist das der »Letztentscheid«. Ist hingegen viel von Netzwerken, Ökosystemen und Kollaboration die Rede, so ist dies ein Indiz dafür, dass die Organisation sich in der Assoziationsphase befindet. Bei Unternehmen wie SAP gibt es beispielsweise zahlreiche Teams, die ausschließlich für Co-Innovations-Projekte mit Kunden und Partnern zuständig sind, und es gibt nicht wenige Jobtitel, die den Begriff »Ecosystem« enthalten.

4.5.1 Wie Krisen entstehen

Die Erforschung und Bewältigung von Unternehmenskrisen ist verständlicherweise ein wichtiges Forschungsfeld der Wirtschaftswissenschaften. Der in Russland geborene Mathematiker und Managementtheoretiker Harry Igor Ansoff, der unter anderem an der Carnegie Mellon Universität in Pittsburgh forschte und lehrte, hat hierzu das Modell der »Vier Phasen von Unternehmenskrisen« entwickelt.

- In der ersten Phase gibt es noch gar keine oder nur sehr schwache Signale. Hier handelt es sich erst um eine *potenzielle Krise*, die sich noch nicht manifestiert hat. Wie wir bereits im Kapitel »Die Welt, in der wir leben« gesehen haben, sind wir Menschen für gewöhnlich nicht gut darin, diese schwachen Signale zu erkennen und ihnen eine angemessene Bedeutung beizumessen. Und oft kann erst im Rückblick analysiert werden, wann eine Krise tatsächlich ihren Ursprung genommen hat.
- In der nächsten Phase kommt es zur *latenten Krise*. Hier besteht zum ersten Mal die Möglichkeit, die Krise mittels Maßnahmen der Früherkennung zu identifizieren und Gegenmaßnahmen einzuleiten. Dafür bedarf es einer

funktionierenden Kommunikation über verschiedene Bereiche und Hierarchieebenen des Unternehmens hinweg. Oft werden erste Signale einer Krise an der Peripherie von Unternehmen wahrgenommen, beispielsweise durch Kundenbesuche von Außendienstmitarbeitern. Diese bekommen es als Erste mit, wenn Kunden sich vermehrt über mangelnde Qualität oder ungenügende Prozesse beschweren oder wenn sich Preise immer schlechter am Markt durchsetzen lassen, weil der Wettbewerb günstigere Erstellungskosten hat oder schlicht beschlossen hat, eine geringere Marge zu akzeptieren, um Marktanteile zu gewinnen. Doch die nötige Entscheidungsgewalt ist in der Regel nicht im Außendienst angesiedelt, sondern vielmehr in der Konzernzentrale. Oft dauert es daher zu lange, bis die benötigten Informationen zu den Entscheidern gelangen, weswegen es Sinn macht, Entscheidungskompetenzen möglichst weit unten in der Hierarchie anzusiedeln. Werden benötigte Entscheidungen zügig getroffen, lassen sich die Auswirkungen einer Krise oft noch begrenzen oder eindämmen. Ist dies jedoch nicht der Fall, kann die Krise sich ungehindert ausweiten.

- Abhängig von der Schwere der Krise und der Effektivität des Frühwarnsystems im Unternehmen stellen sich in der nun eintretenden *akuten Krise* die Weichen: Entweder werden zeitnah Gegenmaßnahmen eingeleitet, Notfallpläne aktiviert oder durch Ad-hoc-Entscheidungen Fallback-Lösungen improvisiert, sodass die Krise beherrschbar wird. Oder aber die Krise weitet sich aus und ist nicht mehr beherrschbar. In diesem Falle geht es nicht mehr darum, die eigentliche Krise einzudämmen, sondern es dreht sich alles vielmehr um die Rettung des Unternehmens, das von der Krise betroffen ist.

4.5.2 Risikofaktoren

Wie wir bereits im Kapitel »Was Wolkenkratzer mit Resilienz zu tun haben« gesehen haben, sind Unternehmen komplexe Systeme. Das bedeutet, dass aufgrund der mannigfaltigen internen und externen Wechselwirkungen zwischen Stakeholdern Ursache und Wirkung häufig in keinem linearen Zusammenhang miteinander stehen, sondern beispielsweise von Rückkopplungseffekten beeinträchtigt werden. Kommt es in einem Unternehmen z. B. zu einer weitreichenden Veränderung wie einer Restrukturierung, so hat das Management meist eine klare Vorstellung davon, welche Wirkung durch die Reorganisation erzielt werden soll. Oft soll durch solche Veränderungen der Kundenfokus oder die Übernahme unternehmerischer Verantwortung stärker betont werden oder aber die Bildung von Silos bzw. die Anzahl von nicht an der Wertschöpfung beteiligten Einheiten verringert werden. Wird die Motivation für diese Veränderung und die Vorgehensweise nun aber schlecht kommuniziert oder aber in einer intransparenten und für die Mitarbeiter frustrierenden Art und Weise umgesetzt, so kann dies zu einem starken Effizienzverlust im ganzen Unternehmen führen. Die geplante und die eingetretene Wirkung weichen dann stark voneinander ab. Diese Abweichung lässt sich auf die Rückkopplung zurückführen, die durch die ungenügende Umsetzung der Reorganisation aufgetreten ist. Dieses im Voraus schwer absehbare, emergente Verhalten von Unternehmen bedeutet aber keineswegs, dass Systeme nicht auch nach Regeln funktionieren. Tatsächlich unterliegen Systeme verschiedener Natur, also beispielsweise komplexe elektrische Regelkreise, Ökosysteme oder Unternehmen, den gleichen grundlegenden Gesetzmäßigkeiten. Diese archetypischen Muster sind häufig die wahren Ursachen für Krisen. Sie stellen die tieferliegenden Webfehler in der Unternehmens-DNA dar, die es zu beheben gilt, um wieder aus der Krise herauszufinden. Der US-amerikanische Organisationsforscher Peter Senge, der am Massachusetts Institute of Technology (MIT) lehrt und seit 1997 Vorsitzender der Society for Organizational Learning ist, hat seine Forschungsarbeit dem Verständnis von Systemen gewidmet. In seinem sehr lesenswerten Buch »Die fünfte Disziplin« hat er insgesamt neun Verhaltensmuster beschrieben, die in Systemen immer wieder auftreten und nicht selten auch zu Krisen führen. Diese Verhaltensmuster haben allesamt damit zu tun, wie in einem Unternehmen Ziele, Regeln und Normen verfolgt und auf welche Art und Weise Entscheidungen getroffen und umgesetzt werden. Im Folgenden finden Sie die von Senge identifizierten Krisenmechanismen am Beispiel eines produzierenden Unternehmens dargestellt, einem international agierenden Mittelständler, der spezielle technische Apparate herstellt, die von anderen Unternehmen als Hilfsmittel in der Produktion eingesetzt werden.

4.5.2.1 Risikofaktor Nr. 1: Die Trägheit des Systems nicht verstehen

Unser Unternehmen möchte einen neuen Markt für sich erschließen. Also wird eine Niederlassung gegründet und ein Vertriebsmitarbeiter wird eingestellt. Im ersten Jahr bleiben die Umsätze in sehr überschaubarem Ausmaß. Das Management ist leicht enttäuscht. Also wird der Druck auf den Mitarbeiter erhöht und ein weiterer eingestellt. Doch auch in den nächsten 12 Monaten geschieht nicht viel. Das Management ist nun irritiert und der neu zu erschließende Markt wird allmählich zu einem Krisenherd. Schließlich wird ein Vertriebsleiter eingestellt, um die beiden Vertriebsmitarbeiter anzuleiten und zu coachen. Wieder passiert auf der Umsatzseite nicht viel, aber die Lohnkosten sind nun drastisch gestiegen. Und auch der Druck wächst. An dieser Stelle sind nun zwei Entscheidungen möglich: Entweder bricht das Unternehmen den Expansionsversuch ab und schließt die Niederlassung wieder, oder aber es bleibt beharrlich, optimiert in den nächsten Monaten seine Kenntnisse des Marktes und den Zugang zu Kunden, um schließlich auch auf der Umsatzseite Erfolg zu haben. Dieser tritt dann meist ruckartig ein, was wiederum Schwierigkeiten in der Wertschöpfungskette mit sich bringt. Der Aufbau eines Neukundenstamms ist zeitintensiv, was zu einer Trägheit des Systems »Vertrieb« führt. Wird diese Trägheit nicht berücksichtigt, so kann es zu folgenschweren Fehlentscheidungen kommen. Daher ist es wichtig, dass das Management solche Trägheitsfaktoren kennt und ausreichend berücksichtigt.

4.5.2.2 Risikofaktor Nr. 2: Grenzen des Wachstums nicht erkennen

Bleiben wir bei unserem Unternehmen. Die Umsatzzahlen entwickeln sich mittlerweile sehr gut. Von Jahr zu Jahr wächst das Unternehmen um 50 bis 80%. Der neue Markt wird zur Erfolgsstory und der Vertriebsleiter zum gefeierten Helden. Doch im fünften Jahr bricht das Wachstum schließlich ein. Es werden nur noch 20% Umsatzsteigerung erreicht und im Jahr darauf sogar nur noch 10%. Zudem gerät die Profitabilität aufgrund sinkender Preise und gestiegener Vertriebskosten unter Druck. Das Management ist besorgt. Hat der Vertriebsleiter die Dinge noch im Griff? Hintergrund dieser Entwicklung ist eine Sättigung des Marktes für die Produkte unseres Unternehmens. Es gibt schlicht nicht genug Kunden, die einen akuten Bedarf haben. Das anfängliche Umsatzwachstum in einem neuen Markt steigt nach Überwindung der anfänglichen Systemträgheit meist schnell an, bis eine Sättigung, die Grenze des Wachstums, erreicht ist. Hier wird es nun zur Managementaufgabe, diese Grenze zu verstehen und sie abzubauen oder zu umgehen, beispielsweise indem man den Kundenbedarf verstärkt oder durch leichte Modifikationen das Produkt auch für andere Kundengruppen attraktiv macht.

4.5.2.3 Risikofaktor Nr. 3: Probleme verschieben anstatt sie zu lösen

Aufgrund interner Abstimmungsschwierigkeiten zwischen Vertriebs- und Entwicklungsorganisation gelingt es unserem Unternehmen in den nächsten Monaten nicht, neue Produktvarianten zu entwickeln, die im gesättigten Markt besser funktionieren. Der Entwicklungsleiter hat vom Vorstand andere Prioritäten erhalten und die Ingenieure wiegeln daher alle Verbesserungsvorschläge aus der weit entfernten Landesgesellschaft ab. Da mit dem bisherigen Stamm an Produkten die Sättigungsgrenze erreicht ist, stagnieren die Umsatzzahlen nun seit zwei Jahren. In der Zentrale kommt man zu dem Ergebnis, dass der neue Vertriebsleiter wohl doch nicht der Richtige ist für diesen Job. Man trennt sich und sucht nach einem Ersatz. Nach einem halben Jahr kommt die neue Vertriebsleiterin an Bord. Sie stellt schnell fest, dass das Grundübel für die stagnierenden Umsätze in der Limitierung der Produktpalette begründet liegt. Doch da die Probleme mit dem Leiter der Entwicklungsorganisation, einem Schulfreund des Firmengründers, nach wie vor bestehen, kann auch sie nichts ausrichten und geht kurze Zeit später wieder. Ein vordergründiges Problem wurde vom Management angegangen, ohne das dahinterliegende Problem, in diesem Fall den unantastbaren Entwicklungsleiter, wahrzunehmen, zu verstehen oder zu lösen. Solange sich dies jedoch nicht ändert, wird sich unsere Landesgesellschaft am Markt schwertun. Die Strategie des Managements sollte es daher sein, die wahren, tieferliegenden und unangenehmen Probleme im Unternehmen zu identifizieren und anzugehen.

4.5.2.4 Risikofaktor Nr. 4: Mangelnde Selbstdisziplin und erodierende Ziele

Aufgrund des Konflikts der Landesgesellschaft mit der Entwicklungsabteilung in der Zentrale, der einen großen Teil der Aufmerksamkeit des Managements bindet, schleifen sich in der Lieferkette einige Missstände ein, die dazu führen, dass die Lieferzeiten, die den Kunden zugesagt werden, in 10% der Fälle nicht eingehalten werden. Das führt zu Reklamationen und einige Kunden wandern ab. Um das Problem in den Griff zu bekommen, werden per Managemententscheid die Lieferfristen verlängert. Das Problem scheint gelöst, die Lieferzeiten werden nun wieder zu 98% eingehalten. Die Produktions- und die Versandabteilung stellen sich auf die entspannteren Fristen ein. Doch nach einiger Zeit werden auch diese des Öfteren überschritten. Außerdem sinken die Umsätze, da mehr und mehr Kunden zum Wettbewerb abwandern, der sie schneller und zuverlässiger beliefert. Nachlassende Standards und erodierende Ziele sind oft die Folge von mangelndem Fokus im Management und fehlenden Interventionen, um die Ziele aufrechtzuerhalten. Eine zu starke Entspannung des Systems sorgt für einen Rückgang der Leistung. Es sollte daher die Strategie des Managements sein, sich selbst hohe Standards zu setzen und konsequent an ihnen festzuhalten.

4.5.2.5 Risikofaktor Nr. 5: Eskalation von internen Konflikten

Der mittlerweile dritte Vertriebsleiter unserer Landesgesellschaft hat es sich zur Aufgabe gemacht, die fehlende Unterstützung durch den Entwicklungsleiter zu adressieren und abzustellen. Nach ersten ergebnislosen Gesprächen kommt es schließlich in einem Meeting zum offenen Schlagabtausch. Der Entwicklungsleiter fühlt sich zu Unrecht angegriffen – schließlich werde er mit allen möglichen Entwicklungsaufgaben betraut, die all seine Kapazitäten bänden. Er weist daraufhin seine Abteilung an, die Landesgesellschaft überhaupt nicht mehr zu unterstützen. Der Vertriebsleiter stellt seinerseits lokal und unter der Hand Ingenieure ein, die die Produkte aus der Zentrale so anpassen, dass sie für den lokalen Markt besser funktionieren. Nach einiger Zeit bekommt der Entwicklungsleiter Wind von den vermeintlich subversiven Aktivitäten seines Kollegen in der Niederlassung. Er interveniert beim Vorstand. Die Fronten verhärten sich weiter und der Konflikt schaukelt sich auf.

Ist erst einmal ein solches Konfliktniveau erreicht, ist kaum noch eine Lösung denkbar, bei der beide Konfliktparteien gewinnen können. Daher ist es wichtig, derartige Ziel- und Ressourcenkonflikte frühzeitig anzugehen, was allerdings in vielen Unternehmen nicht gut gelingt, da Konflikte aufgrund ihrer emotionalen Aufladung meist für alle beteiligten Parteien sehr unangenehm sind. Doch die Strategie des Aussitzens ist keine Lösung, denn sie führt zu einer Eskalation, die schließlich dem gesamten System großen Schaden zufügen kann. Es sollte daher die Strategie des Managements sein, derartige Konfliktsituationen frühzeitig anzusprechen und beispielsweise mithilfe einer Mediation zu lösen.

4.5.2.6 Risikofaktor Nr. 6: Unfaire Ressourcenverteilung

In den USA platzt eine Immobilienblase, die in der Folge die gesamte Weltwirtschaft ins Wanken bringt. Ebenso wie bei vielen anderen Unternehmen brechen auch die Umsätze unseres Mittelständlers ein. Die Konzernzentrale und alle Landesgesellschaften müssen Personal abbauen. Nach gängiger Managementlogik müssen dabei Vertriebsniederlassungen mit hohen Umsätzen anteilig weniger Stellen streichen als diejenigen, die nur über einen kleinen Markt verfügen. Das macht vordergründig Sinn, da Landesgesellschaften mit hohen Umsätzen auch einen höheren Wertbeitrag liefern. Andererseits sollten auch der Lebenszyklus einer lokalen Organisation und das Marktpotenzial eine Rolle spielen. Eine Landesgesellschaft mag aktuell nur einen relativ geringen Umsatz haben, aber dennoch über ein riesiges zukünftiges Umsatzpotenzial verfügen.

Nachdem die Krise schließlich überwunden ist, können die großen Landesgesellschaften mit ihrer weitgehend intakten Vertriebsmannschaft schnell wieder durchstarten; alle Vertriebler erreichen dort ihre Bonusziele. Die kleinen Landesgesellschaften haben hingegen mit Personalengpässen zu kämpfen und die Zahlen entwickeln sich dort nur schleppend. Auch im folgenden Jahr erreicht keiner der Vertriebsmitarbeiter dort seine Bonusziele und die

Motivation sinkt zusehends. Hier wäre es sinnvoll, in die Managemententscheidungen nicht nur vergangene Entwicklungen, sondern auch zukünftige Potenziale miteinzubeziehen und so eine stärkere Chancengleichheit der Landesgesellschaften zu gewährleisten.

4.5.2.7 Risikofaktor Nr. 7: Das Dilemma geteilter Ressourcen

Unsere Landesgesellschaft hat mittlerweile einen Weg gefunden, die nötige Unterstützung von der zentralen Entwicklungsabteilung zu erhalten. Die Verrentung des bisherigen Abteilungsleiters hat hierzu einen entscheidenden Beitrag geleistet. Die Nachfolgerin ist insgesamt kooperativer. Unsere Vertriebsmannschaft erstellt also eine große Wunschliste für Produktoptimierungen, die dabei helfen sollen, die Produktpalette für neue Kundensegmente attraktiv zu machen. Dies führt in der zentralen Entwicklungsabteilung zu einer Überlastung, aber man ist guter Dinge und willens, den Landesgesellschaften die nötige Unterstützung zu geben. Die neuen Produkte kommen am Markt gut an und die Umsätze steigen wieder. Andere Landesgesellschaften nehmen von den steigenden Umsatzzahlen Notiz. Schließlich kommen auch viele andere Landesgesellschaften mit ihren langen Wunschlisten an Produktlokalisierungen auf die Entwicklungsabteilung zu. Dadurch entstehen dort eine starke Arbeitsüberlastung und ein Engpass, wodurch schließlich keine der Landesgesellschaften mehr zufriedenstellend bedient wird. Alle Seiten sind enttäuscht und das Verhältnis zwischen zentraler Entwicklung und den lokalen Vertriebsmannschaften verschlechtert sich wieder. In der Praxis münden tatsächlich die meisten Einführungen von sogenannten Shared-Service-Abteilungen in einem Rückgang der Service-Qualität und der Zufriedenheit mit dem internen Lieferanten. Hier ist es aus Sicht des Managements wichtig, gemeinsam mit allen Betroffenen transparente Spielregeln für den Zugriff auf die zentral vorgehaltenen Ressourcen zu vereinbaren und deren Funktionstüchtigkeit regelmäßig zu überprüfen.

4.5.2.8 Risikofaktor Nr. 8: Einseitige Optimierung

Unser Mittelständler hat eine zentrale Produktion in der Firmenzentrale. Der Vorstandsvorsitzende ist sehr darauf bedacht, die Rentabilität der Produktion zu erhöhen. Daher werden die Maschinenlaufzeiten optimiert und Leerlauf wird durch Rüst- und Wartungszeiten minimiert. Eigentlich müssten auch einige Maschinen erneuert werden, aber das würde die Liquidität verschlechtern. Also werden diese weiterbetrieben. Durch all dies erhöht sich in der Folge die Anzahl der ungeplanten Maschinenstillstände, was zu Lieferschwierigkeiten führt. Um keine Kunden zu verlieren, werden Sonderschichten gefahren, was die Anzahl der Überstunden und damit die Herstellungskosten in die Höhe treibt. Zeitgleich nehmen die Qualitätsmängel zu, was aber erst in der Endkontrolle auffällt. Dadurch steigt die Ausschussquote. Die Folge: Die Effizienz der Produktion sinkt. Um sicherzustellen, dass Kunden keine fehlerhaften Produkte erhalten, wird die Qualitätssicherung auf eine vollumfängliche Prüfung umgestellt. Jedes Endprodukt muss nun durch die Qualitätskontrolle, während es früher nur ein Anteil von 20% war. Das führt zu einer großen Überlastung in dieser Abteilung, was die Einstellung zweier weiterer Prüfingenieure bedingt und damit die Lohnkosten in die Höhe treibt. Trotz all dieser Sicherungsmaßnahmen erreichen mehr und mehr fehlerhafte Produkte die Kunden, was zu einer höheren Reklamationsquote führt. Die Abarbeitung der Reklamationen kostet wiederum Ressourcen und belastet Logistik, Produktion und Vertrieb. Alle hier geschilderten nachgelagerten Effekte sind ursächlich auf einen Steuerungsimpuls zurückzuführen, der das Unternehmen wettbewerbsfähiger machen sollte. Doch die Folgekosten dieser Intervention lassen ihre Sinnhaftigkeit fraglich erscheinen. Daher sind eine ganzheitliche Sichtweise und eine funktionierende abteilungs- und hierarchieübergreifende Kommunikation vonnöten, um ungewollte Nebenwirkungen möglichst rasch aufzuspüren und abzustellen.

4.5.2.9 Risikofaktor Nr. 9: Mangelnde Weitsicht, mangelndes Wachstum und Unterinvestment

Unsere Vertriebsgesellschaft ist trotz alledem endlich am Markt erfolgreich. Das Produktportfolio ist vielseitig und spricht verschiedene Kundensegmente an. Die Umsätze nehmen wieder stark zu. Teilweise steigt der jährliche Absatz um 40%. Wie in vielen produzierenden Industrien, gibt es auch bei unserem Mittelständler in jedem größeren Markt eine Abteilung, die bereits installierte Produkte wartet, repariert und technisch auf den neuesten Stand bringt. Die in diesem After Market erzielten Gewinnspannen sind dreimal so hoch wie die der eigentlichen Produktion, denn wenn ein wichtiges Endprodukt, das beim Kunden im Einsatz ist, einmal defekt ist, dann sind die Reparaturkosten meist zweitrangig. Das hört sich nach einem hochlukrativen Geschäft an. Es gibt jedoch einen Haken dabei: In diesem Bereich braucht man sehr erfahrene und breit ausgebildete Spezialisten, denn es gibt keine Fertigungsrichtlinien und Arbeitspläne. Jedes Endprodukt ist anders und muss daher auch individuell behandelt werden. Unser Unternehmen hat allerdings leider, um Kosten zu sparen, nicht rechtzeitig in die Ausbildung seiner Mitarbeiter investiert. Die meisten Mitarbeiter sind jung und kennen nur einen Produkttyp. Sie haben noch nicht genug Erfahrung, um in das komplexe Wartungsgeschäft einsteigen zu können, in dem es um die gesamte Produktpalette geht. Erfahrene Wartungstechniker sind auf dem Arbeitsmarkt quasi nicht zu finden, da ihre Fähigkeiten heiß begehrt sind. Dies führt dazu, dass die Service-Abteilung von der Nachfrage überfordert ist. Trotz Überstunden und personeller Verstärkung sind die Mitarbeiter hier nicht in der Lage, dem Auftragsvolumen Herr zu werden. Aber Kunden möchten nicht wochen- oder gar monatelang auf die Reparatur oder Wartung ihrer Geräte warten. Also wandern selbst treue Bestandskunden nach einiger Zeit zur Konkurrenz ab, um ihre Gerätschaften wieder instandsetzen zu lassen. Dies hat zur Folge, dass die Mitbewerber unserem Unternehmen auch im Neugeschäft Marktanteile abnehmen.

Die einzige Möglichkeit, nicht in diese Falle zu laufen, ist, frühzeitig Marktbedarfe zu antizipieren und entsprechend in die Ausbildung und Qualifikation der Mitarbeiter zu investieren.

4.5.3 Schutzfaktor »Lernende Organisation«

Wie wir gesehen haben, sind die Wirkmechanismen von Krisen für sich genommen relativ einfach zu verstehen. In der Realität überlagern sich allerdings meist verschiedene dieser Muster zeitgleich und verstärken sich mitunter gegenseitig. Gelingt es nicht rechtzeitig, diese Entwicklung als Krise zu identifizieren, die wahren Ursachen dafür herauszufinden und diese angemessen zu adressieren, so kann eine kleine Fehlstellung, so z.B. ein Konflikt zwischen zwei Bereichsleitern, sich mit der Zeit zu einem firmenweiten Konflikt aufschaukeln, der durchaus auch den Fortbestand des Unternehmens gefährden kann. Die zentrale Fähigkeit, die es daher in resilienten Organisationen auszuprägen gilt, ist die Fähigkeit, sich selbst und die Vorgänge im eigenen System wahrzunehmen und diese kommunizierbar zu machen. Dazu braucht es ein gutes Verständnis dafür, wie Systeme funktionieren und welche Rolle mentale Modelle darin spielen. Es braucht außerdem die Zusammenarbeit der Stakeholder aus den verschiedenen Bereichen, um Verhaltensmuster und interne Krisenmechanismen vollständig zu erfassen und daraus zu lernen. Und es braucht ein gemeinsames Ziel, das attraktiv genug ist, um dafür das eigene Verhalten zu hinterfragen und gegebenenfalls zu ändern.

4.5.4 Klassische Krisenstrategien

Wie wir bereits gesehen haben, geraten Unternehmen in Krisen, weil sich langsam entwickelnde Variablen einer latenten Krise nicht rechtzeitig wahr- oder ernst genommen werden. Eine mögliche Erklärung für eine Unternehmenskrise ist, dass Firmen sich auf eine nächste Entwicklungsstufe weiterentwickeln. Wie wir im Kapitel »Die Welt, in der wir leben« gesehen haben, können Menschen mit langsamen und diffusen Entwicklungen eher nicht gut umgehen. Auch das Denken in Systemen ist vielen Managern fremd.

Ist die Krise jedoch erst einmal als solche erkannt, steigt der Leidensdruck im Management rapide an und damit auch die Notwendigkeit, schnell umfassende und weithin sichtbare Gegenmaßnahmen einzuleiten. In diesen Situationen geht es dann gerne auch mal etwas ruppiger zu, da viel auf dem Spiel steht, unter anderem die eigene Karriere. Dies ist dann auch oft der Zeitpunkt, zu dem die klassischen Strategie- und Restrukturierungsberatungen eingeschaltet werden und man auf die sanften Töne von Organisationsentwicklern nicht mehr hören mag. Diese sehen die eigentlichen Probleme in Krisenmechanismen verortet, die meist zusätzlich durch die Kommunikationskultur und die Art der Führung begünstigt werden. Doch für diese eher weicheren Interventionen zur langfristigen Veränderung der Kultur fehlt in einer Unternehmenskrise oft die Zeit. Es verhält sich mit solchen Schieflagen etwa so wie in der Akutmedizin, wo es beispielsweise um lebenserhaltende Maßnahmen nach einem Schlaganfall oder Herzinfarkt geht. Bei der Wiederbelebung kann da schon mal eine Rippe brechen, Hauptsache, der Patient überlebt. Zu einem solchen Zeitpunkt wären Akupunktur oder Achtsamkeitsübungen auch sicherlich fehl am Platz.

Das bedeutet aber nicht, dass eher langfristige und ganzheitliche Maßnahmen zur Steigerung der Resilienz nicht geeignet gewesen wären, die gesundheitliche Krise im Voraus vollständig zu vermeiden. Man wird eher selten erleben, dass eine Strategieberatung ein lukratives Restrukturierungsprojekt ablehnt und auf eher ganzheitliche und langfristig angelegte Maßnahmen zur Steigerung der organisationalen Widerstandsfähigkeit verweist. Schließlich findet sich in jedem beliebigen Unternehmen immer etwas, das man optimieren und neu strukturieren kann.

Die Strategieberatung Boston Consulting Group (BCG) hat 2017 die Studie »Comeback Kids« vorgelegt, in der 159 deutsche Großkonzerne mit einem Jahresumsatz von mehr 500 Millionen Euro untersucht wurden, die in einem bestimmten Zeitraum starke Umsatz- und Ergebniseinbrüche zu verkraften hatten. Basierend auf der Umsatzrendite EBIDA (Earnings before interest, taxes, depreciation and amortization) konnten sechs sogenannte Comeback Kids in verschiedenen Branchen identifiziert werden, denen es mithilfe von Restrukturierungsmaßnahmen – und dem Einsatz entsprechender Berater – gelungen ist, wieder auf Wachstumskurs zu kommen. Diese Unternehmen waren dabei im Einzelnen:

- Ströer Media, Online- und Außenwerbung
- Osram, Leuchtmittel, -systeme und -speziallösungen
- Siltronic, Silicium-Wafer für die Halbleiterindustrie
- Lanxess, Spezialchemie und Kunststoffe
- SGL Carbon, Graphiterzeugnisse und kohlenstofffaserverstärkte Kunststoffe
- Heidelberger Druckmaschinen, Bogenoffset-Druckmaschinen

Die Entwicklung der Umsatzrendite dieser Unternehmen ist in der Grafik 048 dargestellt.

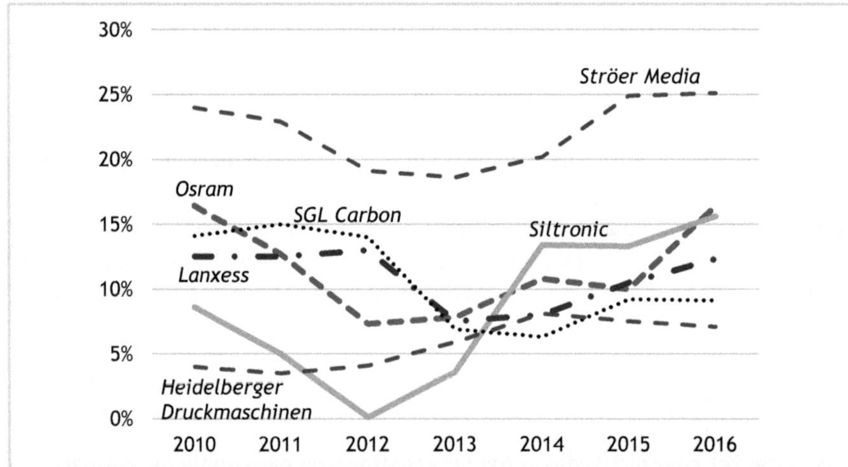

Grafik 048: Entwicklung des EBITDA [%] bei ausgesuchten Unternehmen (Quelle: Comeback Kids, Die Geheimnisse nachhaltiger Wertschaffung in Unternehmen; Boston Consulting Group 2017)

Betrachtet man die Zahlen allerdings genauer, so wird deutlich, dass sich manche Entwicklungen mehr als Erfolgsgeschichte lesen lassen als andere. So sieht die Entwicklung von Siltronic mit einer annähernden Verdoppelung des EBITDA in sieben Jahren in der Tat sehr nach Erfolgsgeschichte aus, während die Entwicklung von Heidelberger Druckmaschinen in Wirklichkeit eher einer Sinuskurve gleicht, die entlang einer gedanklichen Mittellinie schwingt. Basierend auf den eingeleiteten Restrukturierungsmaßnahmen, lassen sich laut BCG fünf archetypische Krisenstrategien ableiten, die quasi den Methodenkoffer im Falle eines Turnarounds darstellen. Diese sind im Einzelnen:

1. organisches Wachstum, also Ausbau und Anpassung des Produktportfolios sowie Erschließung neuer Märkte,
2. anorganisches Wachstum, also gezielter Zukauf von Unternehmen oder Geschäftsfeldern,
3. Desinvestition, also Verkauf margenarmer Geschäftsfelder,

4. Portfolio-Fokussierung, d.h. Ausbau margenstarker Geschäftsfelder,
5. Kosten- und Effizienzoptimierung, also Kostensenkungen und Standortschließungen bzw. die Einrichtung sogenannter Shared Service Center in Niedriglohnländern.

Je nach Ausgangslage des Unternehmens kommen typischerweise verschiedene dieser Strategien in Kombination miteinander zum Einsatz. In jedem Fall sind aber Programme zur Kosteneinsparung dabei. Und Kosten werden im Wesentlichen durch den Abbau und die Verlagerung von Stellen reduziert. Diese Krisenstrategien haben sicher eine gewisse Wirksamkeit, wie man an der Studie sieht. Allerdings ist kritisch anzumerken, dass nicht repräsentativ untersuchte wurde, wie sich die identifizierten Turnaround-Strategien bei den übrigen 153 Unternehmen ausgewirkt haben. Das wäre auch sehr schwierig, denn viele der dafür benötigten Informationen sind nicht öffentlich verfügbar. Aber es würde eine belastbare Aussage ermöglichen, ob die hier genannten Krisenstrategien wirklich in der Mehrzahl der Fälle das bringen, was sie versprechen. Vor allem sind solche Maßnahmen aber drastisch und sichtbar und erwecken den Eindruck, als würde das Management das Steuer fest in der Hand haben. Während man einen Strategieentwicklungsprozess mit einem endoskopischen Eingriff vergleichen kann, kommt ein Turnaround oft eher einer Amputation gleich.

Sind also diese Maßnahmen wirklich dazu geeignet, die Resilienz eines Unternehmens, also sein Immunsystem, zu verbessern? Wenn ein Mensch einen Herzinfarkt erleidet, ist Notfallmedizin angezeigt, und zwar so schnell wie möglich. Die Alternative wäre tödlich. Ähnliches gilt für Unternehmen in Krisensituationen. In der Medizin beginnt nach der Akutversorgung allerdings die sogenannte Rehabilitation. In dieser Phase kann sich der Patient erholen; innere Abläufe wie der Kreislauf, Stoffwechsel und das Immunsystem können sich wieder normalisieren. Außerdem lernt er, wie er seinen Lebenswandel anpassen muss, wenn es nicht wieder zu einer ähnlich bedrohlichen medizinischen Krise kommen soll. Rehabilitation findet in einer anderen Umgebung und durch anderes medizinisches Personal statt. Die Reha-Phase fehlt jedoch oft in Unternehmen. Und wenn sie stattfindet, macht es wenig Sinn, dafür dieselben externen Experten zurate zu ziehen, die während der Krisenbewältigung aktiv waren. Nach dem Abschluss der Restrukturierung versucht man seitens des Managements oft so schnell wie möglich wieder zur Normalität überzugehen und die Krise für beendet zu erklären. Damit verpasst man die Chance, die eigentlichen Krisenmechanismen, also die tieferliegenden Webfehler in der Unternehmens-DNA zu beheben, die überhaupt zu dieser Fehlentwicklung geführt haben. Leider wird daher in vielen Restrukturierungsprojekten die organisationale Resilienz eines Unternehmens nicht nachhaltig verbessert. Das bedeutet keineswegs, dass Turnaround-Maßnahmen nicht in einigen Fällen ihre Berechtigung haben. Es wäre allerdings wesentlich sinnvoller, ein ganzheitliches Vorgehen zu wählen und sowohl die Symptome von Krisen als auch ihre eigentlichen Ursachen anzugehen. Doch das erfordert einen ganzen Strauß an Denkmustern und Herangehensweisen, die weit über bloßen IQ hinausgehen.

4.6 Jenseits der Krise: wenn Konzerne scheitern

Alle glücklichen Familien gleichen einander,
jede unglückliche Familie ist auf ihre eigene Art unglücklich.
(Text aus »Anna Karenina«, Lew Nikolajewitsch Tolstoi,
russischer Schriftsteller, 1828 bis 1910)

Doch was passiert, wenn die zuvor beschriebenen Krisenmechanismen sich aufschaukeln und sich zu existenzbedrohenden Krisen ausweiten, die auch mit harten Einschnitten und Restrukturierungen nicht mehr zu heilen sind? Jim Collins, ein US-amerikanischer Management-Experte und ehemaliger Professor für Entrepreneurship an der Stanford University, stellte sich die Frage, was an sich erfolgreiche Unternehmen, die dennoch scheitern, gemeinsam haben und an welchen Merkmalen sich dies festmachen lässt. Die Antwort lieferte er 2009 in seinem Buch »How the Mighty Fall«, in dem er von der These ausgeht, dass Organisationen, genau wie Individuen, von schwerwiegenden Krankheiten befallen werden können, die sich im Organismus ausbreiten, lange bevor der Patient erste Symptome zeigt. Collins analysierte über vier Jahre zahlreiche Firmeninsolvenzen und identifizierte dabei zahllose Gründe, die Firmen schlussendlich in den Untergang treiben können. Es gelang ihm, aus seinen Daten die folgenden fünf Phasen abzuleiten, die gleichermaßen für alle der untersuchten Unternehmen zutrafen.

1. Hochmut
2. Undiszipliniertes Streben nach Mehr
3. Verleugnung der drohenden Gefahr
4. Verzweifelte Rettungsversuche
5. Aufgeben zu kämpfen

4.6.1 Risikophase »Hochmut«

Große Unternehmen haben eine erhebliche Schwungmasse und aufgrund dieser auch eine gewisse Massenträgheit. Sind sie erst einmal auf Erfolgskurs, kann dieser lange anhalten, auch wenn die Unternehmensleitung suboptimale strategische Entscheidungen trifft oder sich undiszipliniert verhält. Collins identifizierte bei allen untersuchten Firmenpleiten einen Zeitpunkt, an dem die Unternehmensleitung davon ausging, dass ihr Unternehmen ein Anrecht auf Erfolg habe. Als Folge davon verhielt sie sich häufig arrogant und selbstgefällig. Erfolg wurde nicht mehr als flüchtig und hart erarbeitet angesehen, sondern als Selbstverständlichkeit. Diese Phase ist davon gekennzeichnet, dass das Management Zufall und glückliche Entwicklungen für irrelevant hält. Stattdessen führt es den bisherigen Erfolg ausschließlich auf die eigenen überlegenen Führungsqualitäten zurück. Bei den Führungskräften ging dies meist einher mit dem Verlust des Verständnisses, warum das Unternehmen eigentlich bisher erfolgreich gewesen war und unter welchen Bedingungen die Voraussetzung für diesen Erfolg nicht mehr gegeben waren. Man folgte zwar wie bisher etablierten Verhaltensweisen, hatte aber vergessen, aus welchem Grund. Diese Bereitschaft, weiterhin zu lernen und genau hinzusehen, ist laut Collins ein zentraler Aspekt. Geht sie verloren, können zufällige Ereignisse den entscheidenden Anlass setzen, der die Konzerne schließlich in die Krise führt.

In dieser Phase treten unter anderem die folgenden typischen Verhaltensmuster auf, die wir bereits im Kapitel »Klassische Krisenstrategien« kennengelernt haben.

1. Trägheit des Systems nicht verstehen
2. Grenzen des Wachstums nicht erkennen
3. Probleme verschieben anstatt sie zu lösen
4. Mangelnde Selbstdisziplin und erodierende Ziele
5. Einseitige Optimierung führt zu Verschlechterung des Gesamtsystems

4.6.2 Risikophase »Undiszipliniertes Streben nach Erfolg«

In der zweiten Phase setzt sich die Verwechslung von Ursache und Wirkung fort. Das fehlende Verständnis darüber, was der eigentliche Grund für den bisherigen Erfolg war, in Kombination mit der überheblichen Unwilligkeit, genau hinzuschauen und zu lernen, führt dazu, dass die Firmenleitung nach immer größerem Erfolg strebt. Auswüchse dessen sind undiszipliniertes organisches oder anorganisches Wachstum oder die Vernachlässigung der Kernkompetenzen zugunsten von Diversifikation und der Eintritt in Marktsegmente, in denen man nur unzureichende Erfahrungen und zudem wenig Voraussetzungen für Erfolg hat. Das Wachstum der Vergangenheit und das natürliche menschliche Streben nach immer mehr und mehr treiben den Wachstumsmotor des Unternehmens immer weiter an. Auch das Ego des Topmanagements ist dabei eine treibende Kraft, denn mehr Umsatz und mehr Mitarbeiter bedeuten mehr Macht und steigenden persönlichen Wohlstand. Dabei leidet die Qualität in verschiedenen Dimensionen, angefangen von Prozessen über Produkte, Dienstleistungen und Managemententscheidungen bis hin zu Neueinstellungen. Nicht zuletzt wird die Organisation selbst durch einen zunehmenden Verwaltungsapparat ineffizienter und teurer, was allerdings nicht durch ein diszipliniertes Gegensteuern gekontert, sondern durch Preissteigerungen kaschiert wird. Auch die Unternehmenskultur wird zusehends in Mitleidenschaft gezogen. Es werden immer öfter Richtungsentscheidungen getroffen, die nicht zu den eigentlichen Werten des Unternehmens passen und eher bürokratischer Natur sind. Dazu kann beispielsweise eine steigende Fremdkapitalquote gehören, die benötigt wird, um das immer stärkere Wachstum zu finanzieren. Wächst das Unternehmen so stark, dass es schließlich Schlüsselpositionen nicht mehr mit Menschen besetzen kann, die die Werte des Unternehmens teilen und die über die nötige Befähigung verfügen, dann kommt es zunehmend zur Lagerbildung, die mit Konflikten und allgemeiner Missstimmung einhergeht. Ohne eine grundlegende Kurskorrektur ist laut Collins die Krise nun vorprogrammiert. In dieser Phase treten unter anderem die folgenden typischen Krisenmechanismen auf:

1. Grenzen des Wachstums nicht erkennen
2. Probleme verschieben, anstatt sie zu lösen
3. Mangelnde Selbstdisziplin und erodierende Ziele
4. Eskalation von internen Konflikten
5. Einseitige Optimierung führt zur Verschlechterung des Gesamtsystems
6. Mangelnde Weitsicht, mangelndes Wachstum und Unterinvestment

4.6.3 Risikophase »Verleugnung der drohenden Gefahr«

In der dritten Phase häufen sich interne Warnsignale, die aber mit dem Hinweis auf das erfolgreiche Wachstum wegdiskutiert werden. Ernste Probleme werden typischerweise als vorläufig, zyklisch oder wachstumsbedingt deklariert und es fehlt im Topmanagement nach wie vor am Willen, genau hinzusehen und den Ursachen auf den Grund zu gehen. Gute Ergebnisse werden überproportional stark hervorgehoben, während schlechte Ergebnisse relativiert, schöngeredet und durch externe Faktoren begründet werden. Anstatt sich der größer werdenden Probleme schonungslos anzunehmen, weist die Unternehmensleitung alle Verantwortung von sich und setzt den riskanten Wachstumskurs fort. Das Maß an toleriertem Risiko nimmt sogar noch zu, was das Unternehmen immer mehr Gefahren aussetzt. Frei nach dem Zitat des deutschen Dichters Christian Morgenstern »Es kann nicht sein, was nicht sein darf«, wird die stringente Analyse von Fakten durch oft undifferenzierte Meinungen ersetzt. Überbringer schlechter Nachrichten werden nun immer öfter unter Druck gesetzt, was dazu führt, dass immer weniger dieser News bis an die Unternehmensspitze durchdringen. Diskussionen werden immer häufiger zu unsachlicher Spiegelfechterei; bereits getroffene Entscheidungen werden anschließend hinterfragt oder nur halbherzig umgesetzt. Das Führungsteam verliert seine Offenheit und Einigkeit und damit auch seine Schlagkraft. Interne Firmenpolitik spielt eine immer größere Rolle. Um die Probleme in den Griff zu bekommen, wird eine Reorganisation nach der anderen durchgeführt. Gleichzeitig verliert die Unternehmensleitung immer mehr den Kontakt zum eigentlichen Unternehmen, was sich nicht selten auch in neuen, prachtvollen Bürogebäuden und anderen Statussymbolen manifestiert. In dieser Phase treten typischerweise folgende Krisenmechanismen auf:

1. Grenzen des Wachstums nicht erkennen
2. Probleme verschieben anstatt sie zu lösen
3. Mangelnde Selbstdisziplin und erodierende Ziele
4. Eskalation von internen Konflikten
5. Einseitige Optimierung führt zu Verschlechterung des Gesamtsystems
6. Mangelnde Weitsicht, mangelndes Wachstum und Unterinvestment

4.6.4 Risikophase »Verzweifelte Rettungsversuche«

In dieser vierten Stufe sind nunmehr die Anzeichen einer Krise für alle deutlich sichtbar und es geht schnell bergab mit dem Unternehmen. Wenn die Führungsspitze sich spätestens jetzt nicht zügig auf ihre alten Tugenden besinnt, ist der Firma aufgrund ihrer hohen Schwungmasse in Zukunft nicht mehr zu helfen. Wahrscheinlicher ist jedoch, dass nun verzweifelte, nicht durchdachte Rettungsversuche unternommen werden. Dazu gehören die Berufung eines neuen, charismatischen CEOs, ein abrupter und riskanter Strategiewandel, eine groß angelegte Kulturveränderung oder die Markteinführung eines neuen Blockbuster-Produktes. Häufig werden in dieser Phase auch namhafte Strategieberatungen eingeschaltet, die mit Kostensenkungsprogrammen, dem Verkauf von Unternehmenssparten oder einer Firmenakquisition, die alles ändern soll, versuchen dabei zu helfen, das Ruder herumzureißen. Zudem wird die Wortwahl der Unternehmensleitung in der internen Kommunikation immer dramatischer. Begriffe wie »radikal«, »Transformation« und »Strategiewandel« sind nun an der Tagesordnung und es werden Durchhalteparolen ausgegeben. Die drastischen Maßnahmen bleiben zunächst nicht ohne positive Effekte, die vom Topmanagement als Beweise für die Richtigkeit der neuen Ausrichtung und als Grund zur Hoffnung ausgewiesen werden. Doch diese Effekte können den negativen Trend schließlich nicht aufhalten. Die Stimmung in der Belegschaft ist zwischenzeitlich auf dem Tiefpunkt angekommen und die Identifikation mit dem Unternehmen und dessen Werten ist stark gesunken, da niemand mehr weiß, wofür die Firma eigentlich noch steht. Die Mitarbeiter glauben nicht mehr an den versprochenen Turnaround. Zynismus greift um sich. Die finanziellen Reserven und die Liquidität sind mittlerweile stark angegriffen und die zur Verfügung stehenden Optionen schwinden. In dieser Phase treten unter anderem die folgenden typischen Krisenmechanismen auf:

1. Probleme verschieben anstatt sie zu lösen
2. Mangelnde Selbstdisziplin und erodierende Ziele
3. Eskalation von internen Konflikten
4. Unfaire Ressourcenverteilung

4.6.5 Risikophase »Aufgeben zu kämpfen«

Je länger sich ein Unternehmen in der vierten Phase befindet und sich verzweifelt um Rettung bemüht, desto stärker erodieren sowohl die Moral der Mannschaft als auch die finanziellen Möglichkeiten des Unternehmens. Spätestens jetzt glaubt auch das Topmanagement nicht mehr an eine glückliche Fügung. Wichtige Identifikationspersonen verlassen in dieser Phase das dem Untergang geweihte Unternehmen. Entweder wird es nun verkauft oder soweit gesund gestutzt, bis nicht mehr viel davon übrig ist. Es ist auch möglich, dass das Unternehmen aufgrund von Liquiditätsschwierigkeiten aufgeben muss, so wie die deutsche Fluglinie Air Berlin.

Die Geschichte von Air Berlin liest sich auch ohne jegliche Ausschmückungen wie ein Wirtschaftskrimi und illustriert, wie zutreffend die fünf Phasen sind, die Collins beschrieben hat. Faszinierend ist dabei, wie lange die einzelnen Phasen tatsächlich dauern können.

Beispiel: Der tiefe Fall der Air Berlin

Zeitpunkt	Entwicklung
1978	Gründung als Chartergesellschaft durch den Ex-Pan-Am-Piloten Kim Lundgren.
1991	Der deutsche Ex-LTU-Manager Joachim Hunold kauft die Mehrheit der Anteile. Es gibt kurz darauf 15 Flüge pro Tag.
Phase 1	**Hochmut**
1998	Einstieg ins Linienfluggeschäft mit dem Mallorca Shuttle.
2002	Als Reaktion auf die aufkommenden Billigfluggesellschaften werden nun auch europäische Großstädte angeflogen.
Phase 2	**Undiszipliniertes Streben nach Mehr**
2004	Einstieg bei der Fluggesellschaft Niki des früheren Rennfahrers Niki Lauda.

Zeitpunkt	Entwicklung
2005	Einstieg bei der Fluggesellschaft Germania scheitert.
2006	Der Börsengang bringt 360 Millionen Euro weniger Erlöse ein als geplant. Kauf der Fluggesellschaft dba.
2007	Übernahme der deutschen Fluggesellschaft LTU.
	Einstieg bei der Schweizer Fluggesellschaft Belair Airlines.
Phase 3	**Verleugnung der drohenden Gefahr**
2008	Das Unternehmen schreibt erstmals rote Zahlen. Ein erstes Sparprogramm folgt. Die Übernahme des Ferienfliegers Condor scheitert.
2009	Eine Allianz mit TUIfly scheitert. Stattdessen Einstieg von TUI bei Air Berlin.
2010	Air Berlin tritt der weltweiten Luftfahrtallianz Oneworld bei und nimmt Code-Share-Flüge mit American Airlines und Finnair auf. Vollständige Übernahme der Fluggesellschaft Niki.
Phase 4	**Verzweifelte Rettungsversuche**
2011	Hunold wirft das Handtuch, Hartmut Mehdorn, ehemaliger CEO der DB, übernimmt. 18 der 170 Maschinen werden verkauft.
2012	Die arabische Staatsairline Etihad erhöht ihren Anteil von knapp 3 auf 29,2% und stützt die Fluglinie mit Millionen. Ein neues Sparprogramm beginnt.
2013	Wolfgang Prock-Schauer wird neuer CEO und verschärft das Sparprogramm. Jeder zehnte Arbeitsplatz fällt weg, die Flotte schrumpft auf 142 Maschinen.
2014	Prock-Schauer kündigt »fundamentale Neustrukturierung« an. Das Unternehmen meldet einen Verlust von 316 Millionen Euro.
2015	Stefan Pichler wird neuer CEO. Air Berlin macht 447 Millionen Euro Verlust.
2016	Nach einem juristischen Tauziehen kann Air Berlin den größten Teil der wichtigen Gemeinschaftsflüge mit Etihad weiter anbieten. Die Zahlen jedoch bessern sich nicht. Gespräche mit Lufthansa über einen Verkauf von Geschäftsteilen beginnen. Insgesamt werden 1.700 Arbeitsplätze gestrichen.
Phase 5	**Aufgeben zu kämpfen**
2017	Im Februar wird der neue Lufthansa-Manager und frühere Germanwings-Chef Thomas Winkelmann zum neuen CEO. Air Berlin macht 667 Millionen Euro Verlust und hat mittlerweile 1,14 Milliarden Euro Schulden angesammelt.
	Ethihad kündigt die weitere finanzielle Unterstützung auf. Air Berlin meldet im August 2017 Insolvenz an.

Im Nachhinein ist eine solche Analyse natürlich relativ einfach. Die wahre Kunst der Unternehmensleitung besteht jedoch darin, bereits im Eifer des Gefechts zu verstehen, was gerade mit dem Unternehmen passiert und an welcher Stelle man vom rechten Pfad, also dem eigentlichen Grund für den bisherigen Erfolg, abgekommen ist. Laut Collins gibt es aus jeder der ersten vier Stufen einen Weg zurück, wenn sich das Management auf den eigentlichen Sinn des Unternehmens, seine Werte und seine Kernkompetenzen besinnt. Geschäftsmodelle, Strategien, Produkte und Marktsegmente lassen sich ändern, solange das grundlegende Funktionsprinzip, die kulturelle DNA, die das Unternehmen ursprünglich erfolgreich gemacht hat, beibehalten wird.

Zusammenfassung

Menschen und menschlichen Systemen ist gemeinsam, dass sie in der Lage sind, sich zu entwickeln. Diese Entwicklung folgt dabei einer gewissen Systematik, die sich bei Organisationen je nach Denkschule durch Primärmotive oder Reifegrade definieren lässt. Die Primärmotive beschreiben dabei, warum eine Organisation existiert, während die Reifegrade eine Aussage darüber treffen, in welcher Art und Weise dieser Daseinszweck verfolgt wird. Kombiniert man beide komplementären Ansätze, erhält man die Intention einer Organisation. Wenn sich ein Unternehmen von einer Stufe der Intention zu einer anderen weiterentwickelt, so kann dies nicht ohne das Durchleben einer schwerwiegenden und mitunter existenzbedrohenden Krise erfolgen, da sich hierfür auch immer die Denkweise der machtvollen Personen in einer Organisation weiterentwickeln muss. Generell gilt, dass die Intention eines Unternehmens sich nicht über die Entwicklungsstufe der beteiligten Führungskräfte hinausentwickeln kann.

Wenn ein Unternehmen eine Entwicklungskrise durchlebt, dann passiert auch dies nach bestimmten Phasen und Gesetzmäßigkeiten, die sich in Form von Krisenmechanismen beschreiben lassen. Das Handlungsrepertoire von Firmenlenkern und Strategieberatern im Umgang mit existenzbedrohenden Krisen ist dabei relativ überschaubar. Meist beinhaltet es drastische Maßnahmen, die eher an Notfallmedizin denn an Rehabilitation erinnern. Es ist notwendig, kritisch zu hinterfragen, ob durch diese Maßnahmen tatsächlich die langfristige Widerstandsfähigkeit einer Organisation verbessert wird, oder ob sie vielmehr dazu verdammt ist, die gleichen Fehler wie zuvor zu wiederholen, da grundlegende Webfehler mit diesen rabiaten Ansätzen nicht korrigiert wurden. Lässt sich die Krise nicht durch klassische Strategien in den Griff bekommen, hat das zumindest bei großen und erfolgreichen Unternehmen oft mit der Hybris der Unternehmensleitung zu tun. Doch genau diese ist oft bereits der Anfang vom Ende.

Zweiter Teil: Einflussfaktoren organisationaler Resilienz

1 Von individueller zu organisationaler Resilienz

Die Leistungsfähigkeit von Modellen kann sich allerdings leicht ins Gegenteil wenden, sobald die Modelle hinsichtlich ihres Verhältnisses zum modellierten Objekt oder Prozess nicht kritisch genug hinterfragt werden.
(Sibylle Anderl, deutsche Astrophysikerin, Philosophin und Journalistin)

Wie wir gesehen haben, entwickeln sich Unternehmen nach bestimmten Gesetzmäßigkeiten und entlang spezifischer Entwicklungspfade, zu denen auch Krisen zwingend dazugehören. Dies ist wichtig für das Verständnis von Resilienz, da die Phase, in der sich ein Unternehmen mehrheitlich gerade befindet, unter anderem bestimmt, was genau eigentlich resilienzförderndes Verhalten ausmacht. Ebenso stellen die Übergänge von einer Entwicklungsstufe zur nächsten ein hohes Krisenpotenzial für ein Unternehmen dar.

Wie ich bereits im Kapitel »Was Wolkenkratzer mit Resilienz zu tun haben« ausgeführt habe, beschreibt Resilienz die Fähigkeit von Systemen, Krisen und Rückschläge erfolgreich zu verarbeiten. Wie Sie sich sicher erinnern werden, sind hier drei verschiedene Konzepte bedeutsam: Zum einen ist generell die richtige Mischung aus Stabilität und Flexibilität entscheidend, um negative Einwirkungen abzupuffern. Eine zentrale Rolle spielte hierbei der Begriff der Schwingungsdämpfung. Zum anderen sind sowohl die Kompensation von negativen Einwirkungen wichtig als auch die Antizipation und Vermeidung derselben, wo dies eben möglich ist.

Weiterhin existieren in jedem System Schutz- und Risikofaktoren, die seine Widerstandsfähigkeit beeinflussen. Konzentrieren wir uns im Folgenden auf die verschiedenen Wirkmechanismen von Resilienz bei Individuen, Teams und Organisationen. Diese unterscheiden sich im Wesentlichen durch die Systemdefinition an sich. Wie Sie sich sicher erinnern, bestehen Systeme allgemein gesprochen aus Organen (innen) und Agenten (außen), die miteinander in komplexer Wechselwirkung stehen und so die Verhaltensweisen und Eigenschaften des Systems beeinflussen. Dies trifft zwar auf alle Systeme gleichermaßen zu, unterscheidet sich im Fall von Individuen, Teams und Organisationen jedoch deutlich, wie die Übersicht verdeutlicht.

Individuelle, Team- und organisationale Resilienz im Vergleich

System	Systemgrenze	Organe	Agenten
Individuum	Übergang Körper zu Außenwelt	Hirn, autonomes Nervensystem, Herz, Zellen	Mitmenschen, Familie, Team, Unternehmen, Gesellschaft
Team	Übergang Team zu Außenwelt	Teammitglieder, Teamleitung	Andere Teams, Abteilung, Unternehmen, Management
Organisation	Übergang Organisation zu Außenwelt	Leitungsebenen, Bereiche, Landesgesellschaften, Teams	Gesellschaft, Mitbewerber, Kunden, Lieferanten, Partner, Gesetzgeber, öffentliche Verwaltung

Der wesentliche Unterschied zwischen individueller und organisationaler Resilienz liegt aber nicht nur in der Systemdefinition selbst, sondern auch darin, dass völlig andere Perspektiven und Leitwissenschaften zum Tragen kommen können, um das Phänomen der Widerstandsfähigkeit und die zugrundeliegenden Einflussfaktoren zu beschreiben.

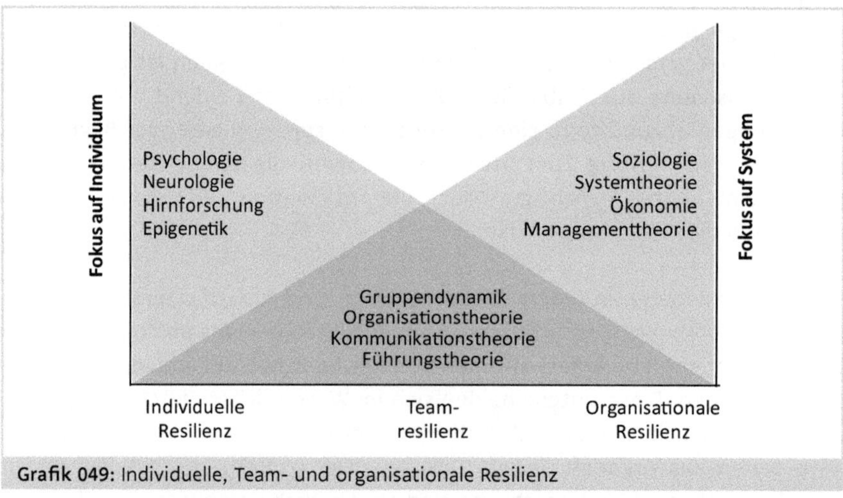

Grafik 049: Individuelle, Team- und organisationale Resilienz

Wie die Grafik 049 zeigt, steht bei der individuellen Resilienz das Individuum im Fokus. Konsequenterweise werden hier Wissenschaften zur Erklärung herangezogen, die sich mit dem Individuum beschäftigen. Hierzu gehören beispielsweise Psychologie, Neurologie, Hirnforschung und auch die Epigenetik. Bei diesem faszinierenden Spezialgebiet der Biologie geht es darum, wie bestimmte Gensequenzen durch verschiedene Umweltfaktoren ein- und ausgeschaltet werden können.

Dagegen steht bei der organisationalen Resilienz die Systemperspektive im Vordergrund. Hier kommen als Leitwissenschaften unter anderem Soziologie, Systemtheorie, Ökonomie und Managementtheorie zum Tragen.

Bei der Resilienz von Teams können sowohl individuelle als auch systemische Perspektiven relevant werden. Außerdem gelangen Denkschulen wie Gruppendynamik sowie Organisations-, Kommunikations- und Führungstheorie zum Einsatz, um das Phänomen der Resilienz herzuleiten.

Wenden wir uns nun zunächst der Fähigkeit von Individuen zu, die Schwierigkeiten des Lebens zu bewältigen.

1.1 Das FiRE-Modell individueller Resilienz

Der größte Ruhm im Leben liegt nicht darin, niemals zu fallen, sondern darin, jedes Mal wieder aufzustehen, wenn man gefallen ist.
(Nelson Mandela, südafrikanischer Freiheitskämpfer und erster schwarzer Präsident Südafrikas, 1918 bis 2013)

In meinem 2014 erschienenen Buch »Resilienz in der Unternehmensführung« habe ich ein Modell zur individuellen Resilienz vorgeschlagen, das ich 2017 in »Die Kunst der Selbstführung« noch erweitert habe und hier für Sie kurz skizziere.

Warum wachsen manche Menschen im Angesicht von Schwierigkeiten über sich hinaus, während andere klein beigeben? Warum stecken manche Menschen private, berufliche und gesundheitliche Krisen und Rückschläge augenscheinlich einfach weg, während andere dadurch zu Boden gehen?

Lassen Sie mich Ihnen hierzu die Geschichte von Arthur Boorman erzählen. Im zweiten Golfkrieg war Boorman ein US-amerikanischer Fallschirmjäger. Bei einem seiner zahlreichen Absprünge verletzte er sich 1991 am Rücken. Auch seine Knie wurden stark beschädigt. Ärzte sagten ihm nach seinem Rücktransport in die Heimat, dass er nie wieder ohne Krücken, Bein- und Rückenschienen würde laufen können. Er wurde depressiv und nahm stark zu. Wenige Jahre später wog er knapp 140 Kilogramm und brauchte Hilfe von anderen, um die einfachsten Tätigkeiten auszuführen. Er war auf Krücken und Rollstuhl angewiesen. Er sah sich als Opfer seiner Kriegsverletzungen, eine Einstellung, die bei Kriegsveteranen und Unfallopfern mit chronischen Schmerzen gleichermaßen häufig wie nachvollziehbar ist. Dennoch ging er einer geregelten Arbeit als Aushilfslehrer für leistungsschwache Kinder nach. Nachdem er 15 Jahre mit seiner Diagnose gelebt hatte, kam es zu zwei folgenschweren Ereignissen.

Zum einen sagte ihm sein Arzt auf den Kopf zu, dass er nicht mehr lange zu leben habe, wenn er nichts gegen sein starkes Übergewicht tue. Zum anderen wurden die Schmerzen in seinem Rücken so stark, dass er eines Tages vor seinen Schülern das Bewusstsein verlor und zusammenbrach. Andere Menschen hätten sich nun vielleicht gänzlich zurückgezogen, dem Alkohol hingegeben oder sich gar das Leben genommen. Immerhin hatte sich die Anzahl der Selbstmorde in der US Army zwischen 2001 und 2015 mehr als verfünffacht. Boorman aber machte sich auf die Suche nach einem Ausweg. Er wollte es ausgerechnet mit Yoga versuchen, wurde aber aufgrund seiner gesundheitlichen Einschränkungen von allen Schulen abgelehnt. Im Alter von 47 Jahren entdeckte er schließlich eine Mischung aus Yoga und Kraftübungen, die vom ehemaligen Profi-Wrestler Page Joseph Falkinburg, seinen Fans besser bekannt unter dem Kampfnamen Diamond Dallas Page bzw. DDP, entwickelt worden war. DDP hatte zuvor seine eigene Wrestling-Karriere wegen zahlreicher Verletzungen beenden müssen. Binnen eines Jahres nahm Boorman durch regelmäßiges Training 50 Kilogramm ab und, was noch viel wichtiger war, er lernte, wieder ohne fremde Hilfe zu laufen. Aus dem depressiven, behinderten und übergewichtigen Kriegsopfer war ein lebensbejahender Sportler und Trainer geworden, der heute viele andere Menschen inspiriert, es ihm gleichzutun.

Krisen prallen an einem gesunden Menschen nicht einfach ab, auch wenn man sich das vielleicht wünschen würde. Einer der zentralen Punkte in Bezug auf die seelische Widerstandsfähigkeit ist die Tatsache, dass alle Menschen – auch die resilientesten – mehr oder weniger durch ein »Tal der Tränen« gehen, wie die Grafik 050 verdeutlicht.

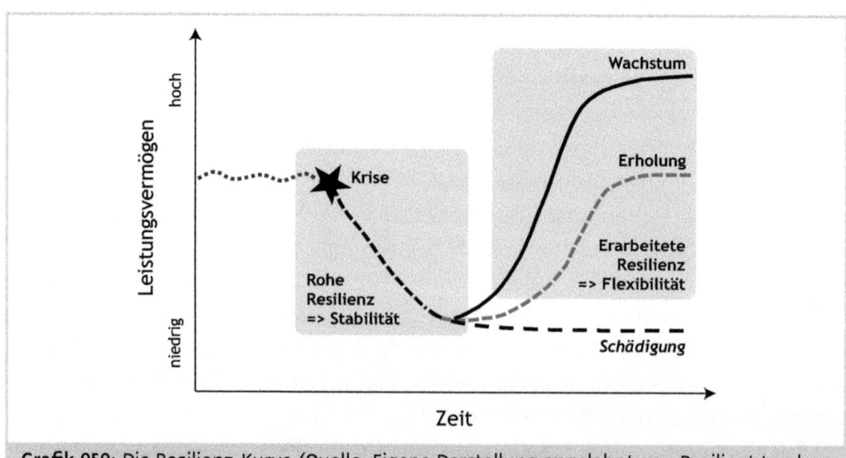

Grafik 050: Die Resilienz-Kurve (Quelle: Eigene Darstellung angelehnt an »Resilient Leadership in Turbulent Times«; Patterson, Goens & Reed)

Auf eine Krise, wie z. B. dem Verlust des Jobs, folgt typischerweise eine Phase eingeschränkter Leistungsfähigkeit. Diese kann sich durch emotionale Instabilität oder Niedergeschlagenheit äußern, aber auch durch mangelnde Konzentration und Energielosigkeit. Je nach Stärke der Krise und abhängig von der Persönlichkeitsstruktur und den Ressourcen der betroffenen Person entsteht wahlweise eine dauerhafte Schädigung, beispielsweise in Form einer Depression, oder der Betreffende erholt sich und kehrt damit zum ursprünglichen Leistungsniveau zurück. Dies kann je nach Art der Krise und der Resilienz der betroffenen Person Tage, Wochen, Monate, aber auch mehrere Jahre dauern.

Es gibt aber ebenso Fälle, in denen Menschen an Krisen wachsen und aus ihnen sogar gestärkt wie ein Phönix aus der Asche hervorgehen. Hier spricht man dann von posttraumatischem Wachstum. Wir haben uns lange damit beschäftigt, warum vergleichbare Krisen bei unterschiedlichen Menschen einen derart andersartigen Verlauf nehmen. Aktuelle Forschungserkenntnisse legen nahe, dass sich das Konstrukt der inneren Widerstandsfähigkeit bei einem Erwachsenen in die »rohe« Resilienz der Persönlichkeit unterteilt und außerdem in die »erarbeitete« Resilienz.

- Die rohe Resilienz entspricht spezifischen Persönlichkeitseigenschaften, auf die wir so gut wie keinen Einfluss nehmen können. Ein grober Indikator für die rohe Resilienz ist beispielsweise die Dauer der Schockstarre nach einem lauten Knall. Je länger wir instinktiv die Augen schließen und den Kopf einziehen, desto höher ist unsere Empfindsamkeit gegenüber unvorhergesehenen Ereignissen in unserer Umwelt.
- Während sich diese rohe Resilienz nicht willentlich verändern lässt, trifft exakt das Gegenteil auf die Strategien zur Selbststeuerung zu. Jeder Mensch findet für sich im Laufe des Lebens mehr oder weniger effektive Strategien, um sich selbst zu managen, wenn er negativem Stress ausgesetzt ist. Diese Strategien gehören zur erarbeiteten Resilienz. Zum Vergleich: Entspricht die rohe Resilienz der Systemeigenschaft Stabilität, entspricht die erarbeitete Resilienz dem Faktor Flexibilität.

Die wesentlichen Strategien des Menschen im Umgang mit Krisen lassen sich entlang der Dimensionen Selbstwahrnehmung und Selbststeuerung beschreiben. Selbstwahrnehmung beschreibt dabei die Fähigkeit, die eigene Person bestehend aus Körper, Geist und Seele mit ihren Bedürfnissen wahrzunehmen und die aktuelle Lage bewusst zu reflektieren. Selbststeuerung dagegen umfasst das Einleiten von sinnvollen Maßnahmen beispielsweise zur Kompensation der negativen Auswirkungen einer nahenden oder eingetretenen Krise. Dies könnte man auch mit der gelebten Selbstdisziplin eines Menschen umschreiben.

- Menschen mit einem hohen Maß an kultivierter Resilienz kombinieren eine gute Selbstwahrnehmung mit einem hohen Maß an Selbststeuerung. Wenn sie wahrnehmen, dass sie etwas belastet, dann tun sie aktiv etwas dagegen, beispielsweise indem sie mit einer vertrauten Person sprechen oder sich im Wald den Frust buchstäblich von der Seele laufen.
- Menschen mit zwar stark ausgeprägter Selbststeuerung, jedoch nur geringer Selbstwahrnehmung neigen dagegen dazu, im Fall einer Krise auf Härte zu setzen, beispielsweise indem sie die emotionalen Auswirkungen der Krise ignorieren und einfach weitermachen, als wäre nichts geschehen. Wir wissen heute, dass diese Strategie auf lange Sicht nicht nachhaltig ist, da sich die negativen Auswirkungen von ignoriertem Stress mit der Zeit chronifizieren und zu allerlei ernsten körperlichen Beschwerden wie z.B. Herz-Kreislauf-Erkrankungen führen können. Allerdings geschieht dies häufig mit einem Zeitversatz von mehreren Jahren oder gar Jahrzehnten, denn der menschliche Körper kann zunächst unglaublich viel aushalten. Doch irgendwann bekommt man unweigerlich die Rechnung dafür präsentiert.
- Trifft hingegen fehlende Selbstwahrnehmung auf fehlende Selbststeuerung, so haben wir es mit »entgleisten« Menschen zu tun, die ihre Emotionen und ihr Verhalten nicht mehr im Griff haben. Sie gerieren sich in etwa wie ein Hochgeschwindigkeitszug, der aus den Schienen gesprungen ist, unkontrolliert durch die Gegend rast und dabei verheerenden Schaden anrichtet.
- Im vierten Fall trifft ein gewisses Maß an Selbstwahrnehmung auf eine schwach ausgeprägte Selbststeuerung. Man spricht hier auch von Ambivalenz bzw. vom »Knowing-Doing-Gap«, da diese Menschen durchaus mitbekommen, wie es ihnen geht, und eigentlich auch wüssten, was jetzt gerade gut für sie wäre. Allerdings mangelt es ihnen an der nötigen Selbstdisziplin, um diese Erkenntnisse auch in die Tat umzusetzen.

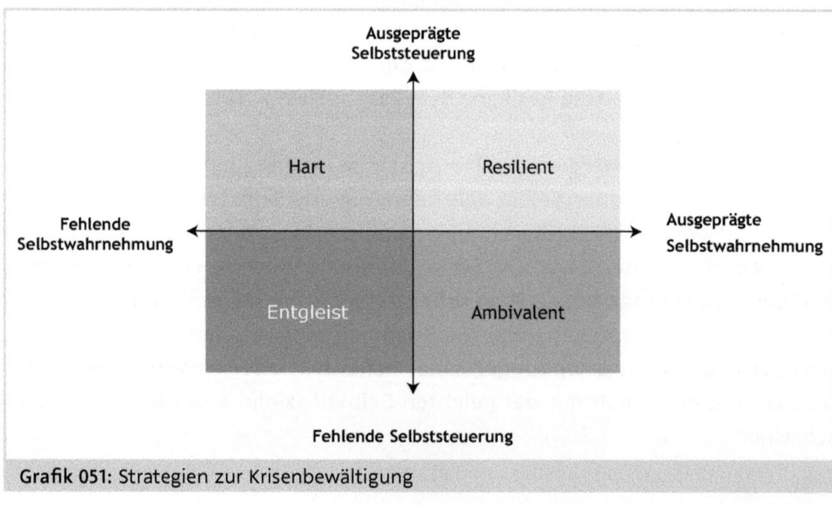

Grafik 051: Strategien zur Krisenbewältigung

Verglichen mit den Resilienzfaktoren von Systemen handelt es sich bei den Dimensionen Selbstwahrnehmung und Selbststeuerung um Entsprechungen des Konzeptes von Antizipation und Kompensation. Aufgrund der individuellen Persönlichkeitsstruktur neigt jeder Mensch typischerweise zu einem der vier Verhaltensmuster. Dies hat mit tiefliegenden psychologischen Antreibern, wie beispielsweise dysfunktionalen Glaubenssätzen zu tun, die ich in meinem Buch »Resilienz in der Unternehmensführung« ausführlich beschrieben habe. Das Perfide daran ist, dass diese Antreiber unbewusst wirken und es einiges an Selbstwahrnehmung braucht, um ihre Wirkung zu spüren und entsprechend damit umzugehen. Für unsere Arbeit mit Managern und ihren Teams haben wir die Erkenntnisse unserer Arbeit in einem einfachen und zugleich umfassenden Modell zusammengefasst. Dieses sogenannte FiRE-Modell minimiert die Komplexität der bisher vorliegenden Forschungserkenntnisse zur individuellen Resilienz und ist dennoch nicht trivial. Sein Name ist ein Akronym, dessen Buchstaben für Factors improving Resilience Effectiveness® stehen. Das Modell dient dazu, Strategien zum Erhalt bzw. zur Verbesserung der individuellen Resilienz zu entwickeln, damit sich Krisen weniger gravierend auf die betroffene Person auswirken oder diese im Idealfall sogar stärken.

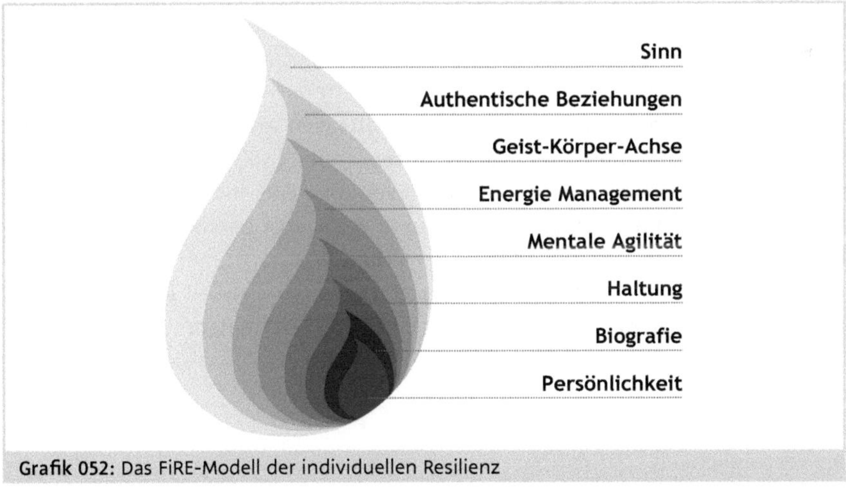

Grafik 052: Das FiRE-Modell der individuellen Resilienz

Wie in der Grafik 052 dargestellt, besteht das Modell aus acht konzentrischen Flammen mit von innen nach außen zunehmendem Radius. Dies soll symbolisieren, dass die äußeren Ebenen der Resilienz, d.h. Sinn und authentische Beziehungen, leichter vom Individuum zu beeinflussen sind als der innere Kern, also die eigene Biografie und die Persönlichkeit selbst. Im mittleren Bereich finden sich mit der Geist-Körper-Achse, dem Energie-Management, der mentalen Agilität und der Haltung drei Ebenen, die ebenso zentral für die Resilienz sind und mit einigem Aufwand vom Individuum beeinflusst werden können.

In unseren Workshops und Einzelcoachings orientieren wir uns stets an diesem Modell.

1.1.1 Die Sphäre »Persönlichkeit«

Die Stressresistenz eines Menschen ist eine Persönlichkeitseigenschaft, die zur einen Hälfte genetisch bedingt ist und zur anderen Hälfte von der frühkindlichen Prägephase eines Menschen abhängt. Von allen Sphären der Resilienz ist die Sphäre »Persönlichkeit« am wenigsten bewusst beeinflussbar, denn grundlegende Eigenschaften wie Introversion bzw. Extraversion oder die emotionale Stabilität eines Menschen sind nur in sehr engen Grenzen willentlich dauerhaft zu ändern. Bei der Arbeit auf der Ebene der »Persönlichkeit« geht es daher vor allem darum, das eigene Selbst mit all seinen Eigenschaften, Stärken und Schwächen besser kennenzulernen, um sich selbst besser steuern zu können. Das gelingt durch Selbstreflexion, Feedback von außen und durch Instrumente der Persönlichkeitspsychologie.

Menschen entwickeln charakteristische Verhaltensweisen nicht ohne Grund. Insbesondere unter Druck werden oft die ältesten Anteile der menschlichen Persönlichkeit dominant, die sogenannten Traits (Näheres dazu im Kapitel »Individuelle Resilienz messen mit dem Executive FiRE-Index«). Diese zeitstabilen Verhaltenspräferenzen können durch etablierte persönlichkeitspsychologische Verfahren, wie die Gruppe der »Big Five«-Instrumente, beschrieben werden. Wie bereits ausgeführt, lässt sich die Persönlichkeit eines Menschen im Big-Five-Modell mittels fünf Dimensionen unterscheiden:

1. Bedürfnis nach Stabilität
2. Extraversion
3. Offenheit für Erfahrungen
4. Verträglichkeit
5. Gewissenhaftigkeit

Der Bereich der rohen Resilienz wird von drei der fünf »Big Five«-Faktoren repräsentiert. Es handelt sich hierbei um das »Bedürfnis nach Stabilität«, »Extraversion« und die »Offenheit für Erfahrungen«. Dabei spiegelt die Dimension »Bedürfnis nach Stabilität« individuelle Unterschiede im Erleben und in der Bewältigung von herausfordernden Situationen wider. Hohe Werte entsprechen einer hohen Empfänglichkeit für negativen Stress, stehen aber auch für Empathie. Die Dimension »Extraversion« wiederum beschreibt Unterschiede im Umgang mit anderen Menschen, insbesondere ob soziale Kontakte in Summe als energiezehrend oder aber als energiegebend empfunden werden. Hohe Werte bedeuten, dass jemand Energie daraus gewinnt, aktiv und mit vielen Menschen in Kontakt zu sein, während niedrige Werte darauf schließen lassen, dass eine Person eher Einzelgespräche bevorzugt und gerne unabhängig von anderen ist. Aus der Resilienzforschung wissen wir heute, dass ein niedriges Maß des »Bedürfnisses nach Stabilität« und ein hohes Maß an »Extraversion« als Schutzfaktoren gelten. Gleiches gilt für einen hohen Wert in der Dimension »Offenheit für Erfahrungen«.

Menschen mit ausgeprägter roher Resilienz sehen typischerweise keine Notwendigkeit darin, auf sich selbst zu achten und haben das folglich auch nie kultiviert. Sie verfügen tendenziell über eine eher schwach ausgeprägte Empathie und haben, umgangssprachlich ausgedrückt, eine »dicke Haut«. Sie scheinen oft ein hohes Maß an Energie zu haben und sind nur schwer von ihrem Kurs abzubringen. Sie sind oft hart zu sich selbst und zu anderen. Für diese Menschen scheint es keine Schwäche zu geben – bis dann irgendwann mal eine Lebenssituation kommt, die größer und gewaltiger ist als sie selbst und die sie nicht bewältigen können. Aus unserer Arbeit kennen wir zahlreiche Fälle von Managern, die an einer solchen Situation zerbrochen sind, weil sie keine Strategien zur Selbststeuerung kultiviert haben, um mit ihrer Schwäche konstruktiv umzugehen und sich wieder an sich selbst aufzurichten.

Personen mit einem niedrigen Maß an roher Resilienz kennen dagegen ihre Schatten und Dämonen nur zu gut. Sie sind eher sensibel, lassen sich von Konflikten und Unsicherheit aus der Ruhe bringen und machen sich viele Gedanken. Sie haben, so gut es geht, ihren Frieden damit gemacht und mehr oder minder bewusst Techniken entwickelt, um sich selbst zu stabilisieren. Aber sie fühlen sich keineswegs unverwundbar. Sie kennen ihre eigenen Täler. Für diese Gruppe von Menschen geht es darum, ihre Selbststeuerung weiter zu kultivieren und zu professionalisieren.

1.1.2 Die Sphäre »Biografie«

Die Persönlichkeit eines Menschen ist untrennbar mit seiner Vergangenheit verbunden, was wiederum Auswirkungen auf seine Einstellung zu Herausforderungen der Gegenwart und seine Erwartungen an die Zukunft hat. Ein zentraler Aspekt der Biografie sind die Krisen und schwierigen Zeiten, die ein Mensch bereits in seinem Leben bewältigt hat. Sie sind wichtige Ressourcen, wenn es darum geht, mit neuen belastenden Situationen konstruktiv umzugehen und sich davon buchstäblich nicht unterkriegen zu lassen. Die meisten

Menschen erinnern sich spontan an eine Handvoll Ereignisse, die ihr bisheriges Leben geprägt haben. Diese Ereignisse stechen in ihrer Erinnerung heraus, andere verblassen dagegen. Es mag uns so vorkommen, als sei unsere Lebensgeschichte einfach so passiert. Tatsächlich lässt sich die Biografie eines Menschen auch als eine Sammlung von Ressourcen verstehen. Genauer betrachtet besteht unsere Biografie tatsächlich aus drei verschiedenen Gruppen dieser Ressourcen:

1. Da wären zunächst die schlimmen, manchmal vielleicht sogar traumatischen Ereignisse. Doch diese haben wir mittlerweile zumeist verarbeitet, sodass wir sie als Erfahrungen verbuchen können, die zwar schmerzhaft, aber auch sehr lehrreich waren.
2. Und dann gibt es die positiven Erlebnisse, unsere Sternstunden, Glücksmomente und Erfolge. Diese geraten schnell in Vergessenheit und es gilt sie präsent zu haben, damit sie uns bei der Bewältigung aktueller Krisen Selbstvertrauen und Rückhalt geben.
3. Die dritte Gruppe sind die Lernerfahrungen und die Sichtweisen, die wir uns in Bezug auf das Leben zu eigen gemacht haben. Sie prägen unser Weltbild und sind bei der Bewertung aktueller Schwierigkeiten von großer Bedeutung.

Die Art, wie ein Mensch seine Lebensgeschichte sieht, insbesondere sein Blick auf schwierige Phasen und belastende Erlebnisse, ist entscheidend für seine Haltung gegenüber Gegenwart und Zukunft und damit für seine Resilienz. Die Erkenntnisse der narrativen Psychotherapie zeigen, dass bereits das bloße Beschreiben der eigenen Lebensgeschichte sich nachhaltig positiv auf den eigenen Gemütszustand auswirkt, da positive und negative Ereignisse miteinander entlang eines Zeitstrahls verbunden werden. Das Interessante daran ist, dass unsere Biografie dabei in der Tat nicht statisch ist. Die meisten Menschen neigen zu der Annahme, dass es exakt nur eine Wirklichkeit gibt, die wir mit unseren Sinnesorganen aufnehmen und in unserem Gedächtnis als 1:1-Kopie der Wirklichkeit abspeichern. Diese Gedächtnisinhalte halten wir für ein unveränderliches Abbild der real existierenden Wirklichkeit. Die Summe unserer Gedächtnisinhalte, meinen wir, bildet schließlich dauerhaft unsere unverfälschte und chronologische Lebensgeschichte.

Diese Annahmen sind heute dank der Erkenntnisse der Hirnforschung allesamt überholt. Das episodische Gedächtnis besteht aus einzelnen Erinnerungen, sogenannten Engrammen, die in Bildern und Geschichten organisiert sind. Das Gehirn unterscheidet dabei nicht zwischen Sinneseindrücken, Sachinhalten und emotionalen Bewertungen. Insbesondere die emotionalen Bewertungen von vergangenen Ereignissen sind dabei durchaus willentlich veränderbar. Bei bestimmten Formen der Psychotherapie geht es so auch gezielt darum, die emotionale Bewertung von belastenden Ereignissen in der Vergangenheit im Gedächtnis zu aktualisieren. Aus einem starken seelischen Schmerz, den man am liebsten für immer vergessen möchte, kann so beispielsweise eine schmerzhafte Lernerfahrung werden, auf die man gelassen zurückschauen kann und für die man vielleicht sogar dankbar ist. Um die innere Widerstandsfähigkeit zu stärken, macht es also Sinn, sich intensiver mit der eigenen Geschichte zu beschäftigen.

1.1.3 Die Sphäre »Haltung«

Die innere Haltung eines Menschen beeinflusst seinen Umgang mit den Herausforderungen des Lebens. Sie entscheidet letztlich darüber, ob eine aufkommende Krise oder ein nahendes Problem als Überforderung oder aber als Herausforderung gesehen wird. Die innere Haltung gibt den Gedanken und Gefühlen einer Person im Angesicht von Schwierigkeiten quasi eine Richtung und hat damit Auswirkungen auf die Qualität ihres Handelns. Diese Auswirkungen sind dabei konkret messbar.

Beispiel: Der Placebo-Effekt

Ein Medikament kann schon deshalb helfen, weil der Patient von dessen heilender Wirkung überzeugt ist. Die Effektivität eines Medikaments wird in der klinischen Erprobung mit dem Begriff »Effektstärke« bezeichnet. Bei dieser Erprobung wird die Wirksamkeit eines medizinischen Wirkstoffs an einer Gruppe von Patienten erprobt, während eine Kontrollgruppe ein Placebo erhält, also ein Arzneimittel, das keine pharmazeutischen Wirkstoffe enthält. Die Gabe des Placebos erfolgt dabei mit der Behauptung, dass es sich hier um ein echtes Medikament handele. Die Effektstärke von Placebos wird in der klinischen Erprobung bei einer Größenordnung von 30 bis 50% angesiedelt. Das bedeutet, dass mindestens 30% der Wirkung eines Medikaments immer darin begründet sind, dass der Mensch an seine Wirkung glaubt. Und es bedeutet auch, dass wir Menschen uns bei der Gabe von Medikamenten zu mindestens 30% durch eine Aktivierung der Immunantwort jeweils selber heilen. Umgekehrt reduziert sich die Wirksamkeit medizinischer Präparate, wie z.B. einer Chemotherapie bei Krebspatienten, wenn die Patienten davon überzeugt sind, dass diese aggressive Form der Behandlung sie schädigen wird.

Sieht ein Mensch sich als »Gestalter«, der seines eigenen Glückes Schmied ist? Oder fühlt er sich eher als »Opfer«, dem die Dinge über den Kopf wachsen, das sich selbst bedauert und die Verantwortung für seine Misere bei anderen sieht? Eine solche Opferhaltung drückt sich in der verbalen und nonverbalen Kommunikation aus, vermindert die eigene emotionale Souveränität sowie das Denkvermögen und reduziert damit auch die Qualität der Entscheidungen.

Und dennoch ist es nicht leicht, sich aus einer solchen Opferhaltung zu lösen. Das wissen wir alle.

Darüber hinaus können uns grundlegende, unbewusste Entscheidungen das Leben betreffend, in der Psychologie auch Glaubenssätze genannt, im späteren Berufsleben in die Quere kommen. Diese Strategien, die in Kinder- und Jugendtagen effektiv waren, um Zuwendung zu erhalten, sind meist auch ein effektiver Antrieb für die spätere Karriere, allerdings zu einem hohen Preis. Viele Manager, mit denen wir arbeiten, haben Glaubenssätze verinnerlicht wie z. B.: »Wenn ich nicht alles gebe, werde ich nicht akzeptiert«. Diese tiefliegende Überzeugung setzt einerseits ungeheure Kräfte frei, andererseits kann sie sich auf Dauer negativ auf das soziale Leben, die nötige Regeneration und die persönliche Zufriedenheit eines Menschen auswirken. Solche Glaubenssätze gilt es zu überdenken und gegebenenfalls mit einem Update zu versehen. Die innere Haltung eines Menschen ist etwas Unwillkürliches, d. h., sie wird typischerweise nicht bewusst eingenommen, ist aber wahrnehmbar und kann von daher auch mit einiger Übung beeinflusst werden. Von zentraler Bedeutung ist dabei, wo ein Mensch die Instanz verortet sieht, die die Kontrolle über sein Schicksal hat. Ist diese Instanz innerhalb seiner Person selbst angesiedelt, so spricht man auch von einer »internen Verortung von Kontrolle« (»internal locus of control«). Solche Menschen erkennt man daran, dass sie, und nur sie, sich für ihr Schicksal zuständig fühlen. Man bezeichnet diese Einstellung auch als »Gestalterhaltung«.

Nimmt eine Person dagegen das Schicksal als eine Macht wahr, gegenüber der sie hilflos ist und die sie nicht beeinflussen kann, so wird das auch als »externe Verortung von Kontrolle« (»external locus of control«) bezeichnet. Personen mit dieser Überzeugung machen oft andere für Ereignisse bzw. Missgeschicke verantwortlich, weshalb man diese Einstellung auch als »Opferhaltung« bezeichnet. Sich als Opfer zu fühlen, bringt Emotionen mit sich wie Angst, Wut, Scham, Hilflosigkeit und mitunter sogar Hoffnungslosigkeit – keine besonders angenehmen oder gar erstrebenswerten Gefühle. Umso mehr verwundert es, dass manche Menschen eine lange Zeit in der Opferhaltung zubringen und sich beständig weigern, diese zu verlassen. Wenn ein energetischer Zustand über einen längeren Zeitraum vorhält, so geschieht dies nicht ohne Grund. Die Opferhaltung muss also auch gewisse Vorteile haben. Hier gibt es verschiedene Aspekte:

- **Schuld:** Wer im Opfer-Modus ist, trägt keine Schuld, denn ihm wurde ja von anderen übel mitgespielt.
- **Recht:** Er ist emotional im Recht und moralisch gesehen gegenüber dem Widersacher erhaben. Ihm gebührt Solidarität und Beistand von anderen.

- **Verantwortung:** Er ist nicht für die Geschehnisse verantwortlich, denn er kann ja in dieser Situation nichts machen. Ihm sind die Hände gebunden.
- **Zuspruch:** Wenn einem etwas Schlimmes widerfährt, kann man von anderen Zuspruch und Anteilnahme erwarten.
- **Freibrief:** Einem, der viel verloren hat, lässt man Fehlverhalten und Entgleisungen eher durchgehen, denn er verdient Schonung.

Es gibt also durchaus einige triftige Gründe, sich selbst in der Opferrolle kritisch zu hinterfragen. Das ist aber leichter gesagt als getan, denn unser Gehirn wird in derart belastenden Situationen vom Schmerzzentrum mit Adrenalin und Noradrenalin förmlich geflutet, was unter anderem zu wenig hilfreichen Denkmustern führt, die es zunächst zu erkennen und dann zu durchbrechen gilt. Zu diesen gehören die folgenden Denkfallen:

- **Denken in Katastrophenszenarien:** Hier erschafft der Betroffene durch Verzerrung und Übertreibung aus einem lösbaren Problem eine unbezwingbare Krise. **Beispiel:** »Ich werde meinen Job verlieren und keinen neuen mehr finden. Ich werde ein Niemand sein und auch meine Frau wird mir über kurz oder lang den Rücken zuwenden.«
- **Generalisieren**: Durch undifferenzierte Betrachtung wird der Problemzustand zum Standard erklärt, da diese Situation z.B. ohne jede Ausnahme schon immer so war und auf immer so bleiben wird ohne jegliche Chance auf Verbesserung. **Beispiel:** »Ich bin einfach nicht zum Manager geboren. Ich war von Anfang an eine Fehlbesetzung und habe es nur nicht erkannt. In Wirklichkeit hatte ich nie das Zeug dazu.«
- **Negatives maximieren, Positives minimieren**: Sind die alten Selbstzweifel erst einmal aktiviert, übernehmen sie gerne das Kommando. Schlagartig treten bisherige Erfolge in den Hintergrund, und es kommen nur noch Misserfolge ins Gedächtnis. **Beispiel:** »Schon wieder versagt! Mein Vater hatte doch recht damit, dass ich es nie zu etwas bringen würde. Was nützen da die Gehaltserhöhung letztes Jahr und die außergewöhnliche Belobigung durch den Chef vor zwei Jahren? Wie sich jetzt zeigt, war das alles von jeher völlig wertlos. In Wirklichkeit hab ich es nicht drauf.«
- **Gedanken lesen**: Menschen mit angekratztem Selbstwertgefühl neigen dazu, in irrationaler Weise alles persönlich zu nehmen und auf sich zu beziehen. **Beispiel:** »Meine Mitarbeiter sind so freundlich zu mir. Und die Kollegen tuscheln und lachen zusammen in der Kaffeeecke. Da kann doch was nicht stimmen!«
- **Emotionale Begründung**: Unter großer Belastung verschwimmen Emotionen und Kognitionen. Wir handeln und entscheiden dann vermehrt irrational, d.h. basierend auf Emotionen. **Beispiel:** »Mein Chef hat mich nicht befördert und mir zudem Mitarbeiter weggenommen. Dafür gibt es keinerlei rationale Begründung. Er mag mich einfach nicht, das war schon

immer klar. Ich hasse ihn. Es gibt nichts Gutes an ihm. Ich bin sicher, in Wirklichkeit ist er ein Psychopath und hat irgendeine Art von Persönlichkeitsstörung.«

- **Externer »Locus of Control«:** In der Opferhaltung ist es schwer bis unmöglich, die eigene Mitverantwortung an den Geschehnissen sowie die Handlungsoptionen realistisch einzuschätzen, um sich aus der Misere herauszuarbeiten. **Beispiel:** »Schuld an allem ist nur die Strategie, die vom neuen Vorstand ausgegeben wurde. Die ist von vorne bis hinten Quatsch und kann nicht funktionieren. Ich habe gar keine andere Wahl, als dagegen anzurennen. Wären die da oben schlauer, wäre ICH jetzt Vorstand, und alles wäre gut.«
- **Geistiges Wiederkäuen:** Wenn die Emotionen in einer Krise mit uns durchgehen, wird in vielen Fällen im »inneren Theater« immer wieder dasselbe Stück in verschiedenen Variationen gezeigt, ohne dass wir etwas dagegen tun können.

Kommen Ihnen einige Aspekte bekannt vor? Jeder hat bei diesen Denkmustern seine individuellen Präferenzen. Gerne treten diese auch in Kombination miteinander auf.

Der erste Schritt, die Opferhaltung zu verlassen, besteht darin, sich selbst einzugestehen, dass man sich möglicherweise überhaupt in ihr befindet. Eine sehr wirkungsvolle Intervention, mit der man das erreichen kann, ist das bewussten Praktizieren von Dankbarkeit. Im Kern besteht die Übung aus einer täglichen Reflexion über die guten Dinge, die einem heute widerfahren sind. Dabei schreibt man über neun Wochen täglich mindestens drei Ereignisse nieder, für die man echte Dankbarkeit empfindet. Die positiven Auswirkungen dieser einfach klingenden Routine auf die emotionale Stabilität konnten in wissenschaftlichen Untersuchungen an der Pennsylvania State University nachgewiesen werden.

1.1.4 Die Sphäre »Mentale Agilität«

Mentale Agilität ist eine Kompetenz, die sowohl eine Persönlichkeitseigenschaft beschreibt als auch eine Gewohnheit, die auf einer bewussten Entscheidung beruht. Es geht darum, auf souveräne Weise mit Unsicherheit und Komplexität umgehen zu können. Und es hat damit zu tun, nie mit dem Lernen aufzuhören und sich flexibel an veränderte Rahmenbedingungen anzupassen. Dies erfordert einerseits eine gesunde Intuition und andererseits das Selbstbewusstsein, zeitweise mit suboptimalen Leistungen leben zu können. Vor allem aber sind dazu die Bereitschaft nötig, beim Eintritt in ein neues

Territorium die eigene Komfortzone zu verlassen, sowie die Fähigkeit und der Wille zur Improvisation. Als Persönlichkeitsmerkmal ist die »Offenheit für Erfahrungen« teilweise angeboren (siehe hierzu Kapitel »Können wir mit den Veränderungen Schritt halten?«). Unterschiedliche Menschen sind somit von ihrer Natur her mehr oder weniger offen für Veränderungen. Jeder kann jedoch den Muskel der geistigen Beweglichkeit trainieren.

Beispiel: Flugangst

Ich bin generell nicht sehr ängstlich, aber ich gestehe, dass ich so meine Probleme mit Höhen habe. Alles, was höher als fünf Meter liegt, macht mich nervös – obwohl ich im Flugzeug vollkommen gelassen bin. Also habe ich letzten Sommer beschlossen, meine mentale Agilität zu trainieren. Zunächst kletterte ich zusammen mit meinen Kollegen bei einem Partner-Meeting auf das Dach des Münchner Olympiastadions. Das klingt ein wenig dramatischer, als es tatsächlich war, aber es waren immerhin 50 Meter Luft unter meinen Füßen und ich fühlte große Erleichterung, als ich wieder unten war. Außerdem habe ich mich im sommerlichen Familienurlaub von meiner ältesten Tochter dazu herausfordern lassen, einen Klettersteig mit ihr zu gehen. Ich war vollkommen ruhig, bis wir in die Wand einstiegen. In zehn Metern Höhe waren jedoch bereits deutliche Zeichen der Angst in meinem Gesicht sichtbar. Dank der Führung eines sehr versierten und tiefenentspannten Guides habe ich es aber irgendwie geschafft. Ich hatte darauf hingewiesen, dass ich Höhenangst hatte und er nahm mich unter seine Fittiche. Dennoch gab es einige Momente, in denen ich ernsthaft daran dachte aufzugeben. Umso toller war das Gefühl, es schließlich geschafft zu haben!

Aus neurobiologischer Sicht geht es bei mentaler Agilität um Routine im Ausprägen und Verfestigen neuer neuronaler Strukturen. Diese Umbaukapazität des Gehirns wird auch als Neuroplastizität bezeichnet. Um diese Fähigkeit zu kultivieren, braucht es im Wesentlichen vier Bestandteile:

1. **Einen triftigen Grund**: Neuronale Strukturen können sich in jedem Alter neu ausbilden, sofern die anstehende Herausforderung emotional in Verbindung mit den Zielen und Werten eines Menschen steht. Es hilft also, wenn man selbst seine Komfortzone verlassen will und nicht dazu gedrängt wird.
2. **Ausreichende körperliche und geistige Ressourcen**: Sorgen Sie für genügend Schlaf, gute Ernährung und ein sinnvolles Maß an Belastung in Ihrem Leben. Wenn ein Mensch bereits unter großem negativen Stress steht, ist das nicht der optimale Zeitpunkt, um die mentale Agilität zu trainieren.
3. **Training**: Üben Sie anhand risikoarmer Herausforderungen. Lernen Sie beispielsweise regelmäßig neue Menschen kennen, die andere Interessen haben als Sie. Bereisen Sie Länder, in denen Sie noch nicht waren. Legen Sie sich ein neues Hobby zu. Alles, was neue Erfahrungen und das Verlassen der Komfortzone verspricht, ist erlaubt.

4. **Hilfreiche Denkmuster**: Rufen Sie sich in Erinnerung, in welchen Situationen Sie bereits erfolgreich Ihre Komfortzone verlassen haben. Fokussieren Sie sich ausschließlich auf den nächsten Schritt und vermeiden Sie Gedanken daran, was alles schiefgehen könnte. Rufen Sie sich in Erinnerung, dass Sie selbst dies wollten und dass es von daher keinen Sinn macht, sich leid zu tun oder anderen die Schuld zu geben. Besonders wichtig: Nehmen Sie sich selbst nicht allzu ernst.

1.1.5 Die Sphäre »Energie Management«

Die Sphäre »Energie Management« beschäftigt sich mit einfachen, schnell wirksamen Strategien, um den eigenen Energie-Level gezielt zu verbessern. Sie sind der Erste-Hilfe-Kasten für Menschen, die daran arbeiten möchten, sich zu erden, Kraft zu tanken, Distanz zu Alltagsproblemen zu schaffen und sich so für schwierige Situationen zu wappnen. Die Bandbreite der möglichen Ressourcen, aus denen man neue Energie ziehen kann, ist groß und individuell sehr unterschiedlich. Menschen haben die Fähigkeit, aus einem Gedanken, einer Tätigkeit und sogar aus einem leblosen Objekt Energie für sich zu schöpfen. Ressourcen müssen jedoch meist erst erarbeitet und danach regelmäßig angewendet werden, damit sie positiv wirken können. Unserer Erkenntnis nach gibt es vier verschiedene Arten von Ressourcen, die in ihrer Ausprägung von Person zu Person zudem stark variieren:

- **Wurzel-Ressourcen** geben Erdung, Kontakt zum eigenen Körper und bauen aufgestaute Energie ab. Außerdem helfen sie dabei, eine größere innere Distanz zu den Problemen des Alltags zu schaffen.
  Beispiele: In der Natur spazierengehen, einen guten Film ansehen
- **Flügel-Ressourcen** helfen Menschen dabei, eine bestimmte Energie oder Haltung aufzubauen und damit ihren Level an innerer Aktivität zu steigern. Diese Techniken geben Kraft und Zuversicht, sie bündeln Energie und helfen dabei, sich über momentane Schwierigkeiten zu erheben. Werden sie in der richtigen Situation angewendet, so geben sie dem Inneren eine gewisse »Vorspannung«. Dies macht es leichter, die eigene Energie hochzufahren und sich mit seinen eigentlichen Zielen bewusst zu identifizieren, um sich so auf eine herausfordernde Situation besser einstellen und vorbereiten zu können.
  Beispiele: Ein positives Ergebnis visualisieren, gute Vorbereitung und ausreichend Zeit einplanen
- **Werkzeuge** sind im weitesten Sinne Methoden, organisatorische Hilfsmittel und administrative Unterstützung, die die eigene Effizienz erhöhen. Sie laden unsere Batterien zwar nicht auf, aber sie sorgen dafür, dass diese nicht so schnell leer werden. Beispiele: Effektives Zeitmanagement, gute Delegation

- **Energieräuber** sind Menschen und immer öfter auch Smartphones, die uns nerven und uns Energie abziehen. Die Ressource besteht hier in der für uns richtigen Strategie zum Umgang mit diesen negativen Einflüssen. Beispiele: Bewusste Begrenzung der eigenen Erreichbarkeit, ein Home-Office-Tag pro Woche

1.1.6 Die Sphäre »Geist-Körper-Achse«

Wir Menschen bestehen aus Körper und Geist. Beide sind eng miteinander verbunden und beeinflussen sich wechselseitig. Nicht nur beeinflusst die Psyche über das Gehirn zahlreiche Vorgänge im menschlichen Körper, wie z.B. das Herz-Kreislauf- und das Immunsystem und sogar Teile der Erbanlagen. Auch der Körper beeinflusst den Gehirnstoffwechsel und damit die seelische Balance, z.B. über die vom südafrikanischen Hirnforscher Etienne van der Walt beschriebenen neurobiologischen Treiber Schlaf, Ernährung, Bewegung und Meditation. Diese Wechselwirkung hat entscheidende Auswirkungen auf die individuelle Fähigkeit eines Menschen zur Selbststeuerung. Die Arbeit in dieser Sphäre konzentriert sich daher darauf, mithilfe des Körpers ein größeres Maß an Ausgeglichenheit sowie mehr gedankliche Klarheit zu erzielen. Dies beginnt bei der Schlafmenge und der Qualität der Ernährung und führt über verschiedene Formen der körperlichen Aktivierung, wie beispielsweise Ausdauersport, Yoga oder autogenem Training bis hin zu Achtsamkeits- und Meditationsübungen. Ebenfalls gehört die Messung von körperlichen Stressindikatoren dazu, beispielsweise des Ruhepulses und der sogenannten Herz-Raten-Variabilität (HRV), mit dem Ziel, die eigene Selbstwahrnehmung zu schärfen.

Beispiel: Herz-Raten-Variabilität (HRV) !

Hintergrund dieser Diagnostik ist ein Phänomen, das auch als »respiratorische Sinusarrhythmie« bezeichnet wird. Wenn wir einatmen, beschleunigt sich unser Puls geringfügig, während er langsamer wird, wenn wir ausatmen. Je höher der chronische Stress ist, desto weniger ist das Herz in der Lage, sich flexibel an die Atmung anzupassen. Eine hohe HRV ist dabei gleichzusetzen mit einem niedrigen Maß an chronischem Stress und einem hohen Maß an individueller Resilienz. Eine niedrige HRV ist hingegen ein Zeichen von Erschöpfung infolge langanhaltender Belastung, also einem niedrigen Maß an Resilienz.

Ein anderer Aspekt der Arbeit auf dieser Ebene besteht darin, dem eigenen »Bauchgefühl« mehr Aufmerksamkeit zu schenken. Der aus Portugal stammende Hirnforscher António Damásio geht davon aus, dass spezifische Körperwahrnehmungen, die er als somatische Marker bezeichnet, eine ganz spezifische Funktion haben. Sie verschaffen uns Zugang zu unserem Körpergedächtnis, das ein Teil unserer Intuition ist. Damásio geht davon aus, dass wir im Gedächtnis nicht nur vergangene Ereignisse und dazugehörige Gefühle abspeichern, sondern auch assoziierte Körperwahrnehmungen, wie ein Bauchziehen, Gänsehaut oder den berühmten »Kloß im Hals«. Wenn Menschen mit einer Entscheidung konfrontiert sind, erwägt ihr Gehirn also nicht nur kognitiv die verschiedenen Reaktionsmöglichkeiten und schätzt die daraus resultierenden Ergebnisse ab, sondern es liefert auch die passenden Körperwahrnehmungen dazu. Somatische Marker dienen dazu, Entscheidungen und ihre möglichen Resultate aus Sicht des Individuums in »positiv« und »negativ« zu unterteilen. Sie erteilen dem Bewusstsein also Auskunft über die eigenen Bedürfnisse und Präferenzen, sehr wahrscheinlich mit dem Hintergrund, Entscheidungsprozesse zu vereinfachen. Damit dies gelingen kann, ist es allerdings wichtig, dass diese Körperempfindungen von der jeweiligen Person auch registriert und idealerweise berücksichtigt werden. Dies erfordert neben dem Willen zum »Zuhören« auch regelmäßige Zeiten der Ruhe und der Reduktion von Außenreizen, damit diese Empfindungen überhaupt an die Oberfläche kommen können.

1.1.7 Die Sphäre »Authentische Beziehungen«

Mit wem sprechen Sie, wenn Ihnen etwas »an die Nieren« geht? Wer bildet Ihren ganz persönlichen Aufsichtsrat? Ungeteilte Aufmerksamkeit und echtes Interesse werden in unserer schnelllebigen und zu Oberflächlichkeit neigenden Welt immer mehr zu einem Luxusgut. Aber authentische und vertrauensvolle Beziehungen sind elementar für die Festigung und Verbesserung unserer geistigen und körperlichen Widerstandsfähigkeit. Die Beziehungen sollten natürlich eine gewisse Qualität und Tiefgang haben. Nicht ständig, aber zumindest hin und wieder. Menschen mit einem hohen Maß an Extraversion fällt es leichter sich zu offenbaren als eher introvertierten Zeitgenossen. Auch die Höhe auf der Karriereleiter spielt eine Rolle. Je weiter oben man sich in der Hierarchie befindet, desto weniger erlaubt oftmals der Lebenswandel, überhaupt tiefergehende zwischenmenschliche Beziehungen zu unterhalten. Auch weiß man häufig nicht, wer es wirklich noch ehrlich mit einem meint oder wer nur Nähe sucht, um sich selbst einen Vorteil zu verschaffen. Von vielen erfolgreichen Managern wird die Tragweite solcher authentischen Beziehungen unterschätzt. Als authentisch empfundene dauerhafte und verlässliche Beziehungen stellen eine besondere Art von Ressource dar, die eine hohe Auswirkung auf die individuelle Widerstandsfähigkeit haben. Entscheidend ist dabei, dass dies Beziehungen sind, in denen man sich so zeigen kann, wie man wirklich ist, ohne sich anstrengen oder verstellen zu müssen. In der Regel entstehen authentische Beziehungen nicht einfach so, sondern sie müssen aktiv gepflegt werden. Wie bei jeder guten Beziehung kostet dies Zeit und Energie.

1.1.8 Die Sphäre »Sinn«

Welchen Sinn hat Ihr Leben? Das Wort Sinn leitet sich vom altdeutschen Begriff »sin« ab, der so viel bedeutet wie »eine Fährte suchen«. Viele Manager, mit denen wir arbeiten, haben keine genaue Vorstellung von dem Sinn, den ihr Leben hat oder haben könnte. Nicht wenigen ist das Gespräch darüber bereits ziemlich unangenehm. Und dennoch ist empfundener Sinn die ultimative Quelle innerer Stärke und Selbstführung. Die zentrale Frage lautet: Hat das, was ich tue, haben meine Entscheidungen, hat meine Karriere, mein Leben als Ganzes einen Sinn? Was soll durch die Art der eigenen Lebensführung anders werden in der Welt? Die Antworten auf solche Fragen liefern die Werte einer Person. Sie bilden das Koordinatensystem für das eigene Handeln. Wenn das, was wir in unserem Leben tun, zu unseren Werten passt, entsteht Stimmigkeit, und das hilft dabei, effektiver mit Rückschlägen umzugehen. In der folgenden Tabelle sehen Sie einige Werte, die für viele Menschen von zentraler Bedeutung bei der Ausrichtung ihres Lebens sind.

Beispiele für Werte		
Anerkennung	Gerechtigkeit	Politisches Engagement
Aufrichtigkeit	Gestalten	Präzision
Authentizität	Gesundheit	Pünktlichkeit
Autonomie	Harmonie	Respekt
Effektivität	Herzlichkeit	Sauberkeit
Effizienz	Hilfsbereitschaft	Sicherheit
Ehre	Integrität	Solidarität
Ehrgeiz	Intellektualität	Soziales Engagement
Ehrlichkeit	Intensität	Spaß
Eigenverantwortung	Konformität	Spiritualität
Einfluss	Konsequenz	Status
Erfolg	Kontrolle	Toleranz
Fairness	Korrektheit	Tradition
Familie	Kreativität	Umweltbewusstsein

Beispiele für Werte		
Freiheit	Lebensstandard	Unabhängigkeit
Freude	Liebe	Verantwortung
Freundschaft	Loyalität	Verbindlichkeit
Fülle	Macht	Verlässlichkeit
Geld	Offenheit	Vertrauen
Genuss	Partnerschaft	Zielstrebigkeit

Wer wirklich einen Sinn in dem sieht, wofür er sich engagiert – für den sich also sein Handeln nicht nur richtig, sondern auch bedeutsam anfühlt –, kann beruflichem Druck und Lebenskrisen besser trotzen. In der Sphäre »Sinn« geht es folglich darum, die persönlichen Werte zu erarbeiten und herauszufinden, was wirklich bedeutsam ist im Leben. Das Erleben von Sinn gibt dem eigenen Handeln Bedeutsamkeit und Ausrichtung sowie das Gefühl von Zugehörigkeit und Stimmigkeit. Sinn stellt nicht das Individuum und sein alleiniges Wohlergehen in den Mittelpunkt des Handelns, sondern vielmehr etwas, das sich richtig und bedeutsam anfühlt und größer ist als jeder Einzelne. Sinn kann sich dabei jeder Mensch nur selbst stiften, auch wenn der Sinn durch unser Umfeld, sei es durch andere Menschen, die uns nahestehen, oder durch die Arbeit, bei der man uns braucht, gefestigt wird.

1.1.9 Wie alles zusammenpasst

Die Arbeit an der eigenen Resilienz kann und soll auf unterschiedlichen Ebenen stattfinden. Das Modell der acht Sphären der Resilienz kann hier eine gute Orientierung sein, um Ansatzpunkte zu identifizieren, die den eigenen Präferenzen entsprechen. Es kann aber auch dabei unterstützen, neue Ansätze zu finden, die man bisher bewusst oder unbewusst ignoriert bzw. gemieden hat. Die verschiedenen Sphären sind dabei natürlich nicht losgelöst voneinander zu betrachten, sondern sie stehen miteinander in enger Wechselwirkung.

1.1.10 Individuelle Resilienz messen mit dem Executive FiRE-Index

Studiert man menschliches Verhalten, so wird deutlich, dass jede Form von Weiterentwicklung verschiedene Voraussetzungen benötigt.

Am Anfang jeder bewussten Entwicklung steht stets das Bewusstsein darüber, was es konkret zu entwickeln gilt, so beispielsweise die eigene Fitness. Ohne diese Klarheit, was verändert werden soll und warum, geht es nicht. Als Nächstes ist eine Entscheidung von Ihnen nötig, dass eine bestimmte Zustandsänderung tatsächlich eingeleitet werden soll, also beispielsweise den Beschluss, fitter oder gelassener zu werden. Für diese Entscheidung braucht es eine starke Motivation. Je stärker diese ist, desto besser. Warum wollen Sie nicht mehr unfit und gestresst sein? Was genau hoffen Sie zu erreichen, wenn Sie schließlich einen Halbmarathon geschafft haben? Nun fehlt Ihnen noch die Information, wie Sie Ihre Weiterentwicklung eigentlich anstellen sollen, also eine Art Orientierung. Wie sollten Sie trainieren? Ein weiteres wichtiges Element für persönliches Wachstum ist eine irgendwie geartete Messung des Ausgangszustands und Ihres Entwicklungsfortschritts. Objektive Daten sind dabei am besten, notfalls tut es jedoch auch eine subjektive Selbsteinschätzung. Wir Menschen tun uns in der Tat oft leichter mit Verhaltensänderungen, wenn sich diese messen lassen, denn Fortschritt bringt Erfolgserlebnisse und Selbstbestätigung. Und auch, wenn Teilziele nicht erreicht werden, kann das ein Ansporn sein, ganz im Sinne von »Jetzt erst recht!«. Je größer und langwieriger die geplante Veränderung ist, desto wichtiger sind Rückmeldungen entlang des Weges. Nun kann die Reise beginnen. Natürlich muss jetzt noch die eigentliche Entwicklungsarbeit, also beispielsweise das regelmäßige Training, absolviert werden. Allerdings sind so die Voraussetzungen für Erfolg gegeben und die Richtung stimmt.

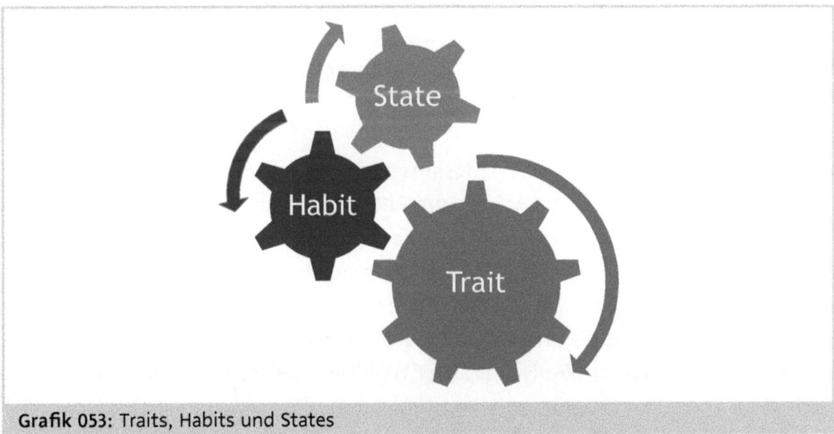

Grafik 053: Traits, Habits und States

Mit der Weiterentwicklung der eigenen Resilienz verhält es sich dabei ganz ähnlich. Die menschliche Fähigkeit, mit herausfordernden Situationen effektiv umzugehen, wird von drei verschiedenen Konzepten der Persönlichkeitspsychologie bestimmt. Diese heißen States, Traits und Habits. Sie beeinflussen unser Verhalten, indem sie wie Zahnräder ineinandergreifen. Zur Erinnerung:

- **Traits** sind tief verwurzelte, stabil bleibende Verhaltenspräferenzen wie das *Bedürfnis nach Stabilität, Extraversion* oder auch die *Offenheit für neue Erfahrungen*. Sie lassen sich nicht willentlich dauerhaft ändern.
- **Habits** hingegen sind alle erlernten Verhaltensweisen als Folge von Sozialisation, Lebenserfahrung oder sogar Lebensweisheit. Dazu gehören auch alle Strategien und Bewältigungsmechanismen, die eine Person entwickelt hat, um das eigenen Wohlbefinden in schwierigen Situationen zu verbessern.
- Der **State** wiederum beschreibt das aktuelle Niveau an Lebensenergie oder Lebenszufriedenheit im Hier und Jetzt. Von den genannten Faktoren ändert sich dieser am häufigsten. So kann er durch Konflikte beeinträchtigt werden, während ein inspirierendes Gespräch oder ein schöner Sommertag ihn in die Höhe treiben. Man kann ihn auch als Tagesform beschreiben.

Die individuelle Resilienz wird durch alle drei Faktoren, also Traits, Habits und States, beeinflusst. Verschiedene Persönlichkeits- oder Resilienzinstrumente sind hervorragend dafür geeignet, die Schutz- und Risikofaktoren zu messen, die der Persönlichkeit eines Individuums innewohnen, also seine Traits. Das ist einerseits sehr sinnvoll, denn unter großem Druck und wenn wir erschöpft sind, bestimmen häufig eben diese unser Handeln. Andererseits sind Traits zeitstabil. Eine Weiterentwicklung der Widerstandsfähigkeit lässt sich damit also nicht messen. Mit anderen Worten: Selbst, wenn Sie sich täglich Ihren neuen Glaubenssatz vergegenwärtigen, sich Ihre Biografie zur Ressource gemacht haben, und sich täglich vor Augen führen, wofür Sie heute dankbar sein können, würde sich die Ausprägung Ihrer Persönlichkeitseigenschaften kein Stück verändern.

Aus diesem Grund haben wir ein Messinstrument entwickelt, das alle Bereiche der individuellen Resilienz analog zum FiRE-Modell misst und die Weiterentwicklung somit differenziert sichtbar macht. Passend zum Modell haben wir dieses Instrument Executive FiRE Index genannt. Neben den Resilienzfaktoren der Persönlichkeit, den Traits, misst dieses Tool zusätzlich die Effektivität der Selbstmanagement- und Bewältigungsstrategien einer Person, also die Habits, sowie das aktuelle Niveau des Wohlbefindens, d.h. den State. In einem strukturierten Fragebogen werden dabei alle Faktoren erfasst, welche die Fähigkeit eines Menschen beeinflussen, mit Stress, Widrigkeiten und Rückschlägen konstruktiv umzugehen. Die Ergebnisse werden in einem leicht verständlichen Ergebnisbericht zusammengefasst, der das aktuelle Maß der Widerstandsfähigkeit auf allen Ebenen des FiRE-Modells visualisiert, wie in den Grafiken 054 und 055 zu sehen ist.

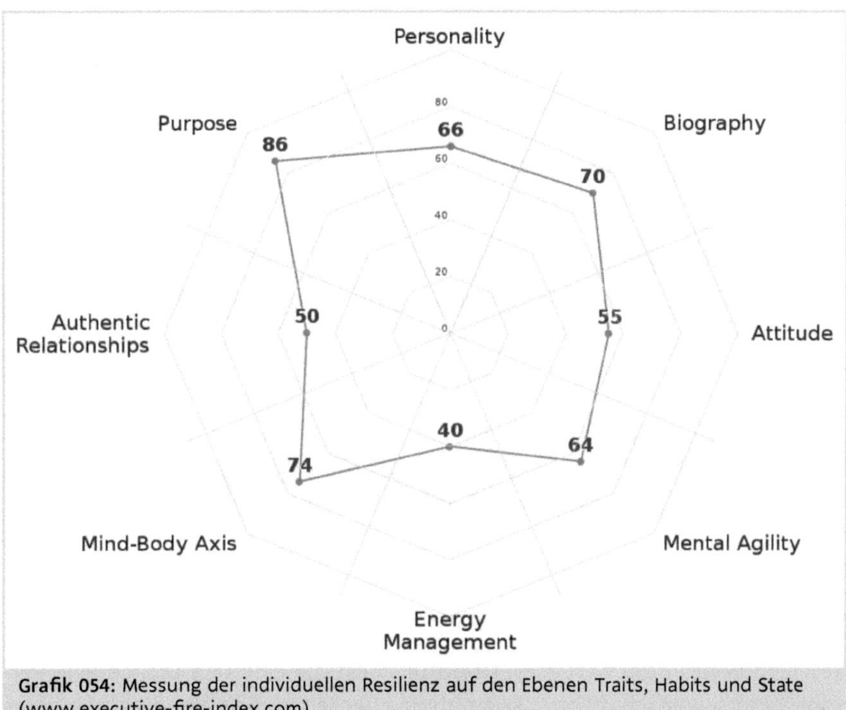

Grafik 054: Messung der individuellen Resilienz auf den Ebenen Traits, Habits und State (www.executive-fire-index.com)

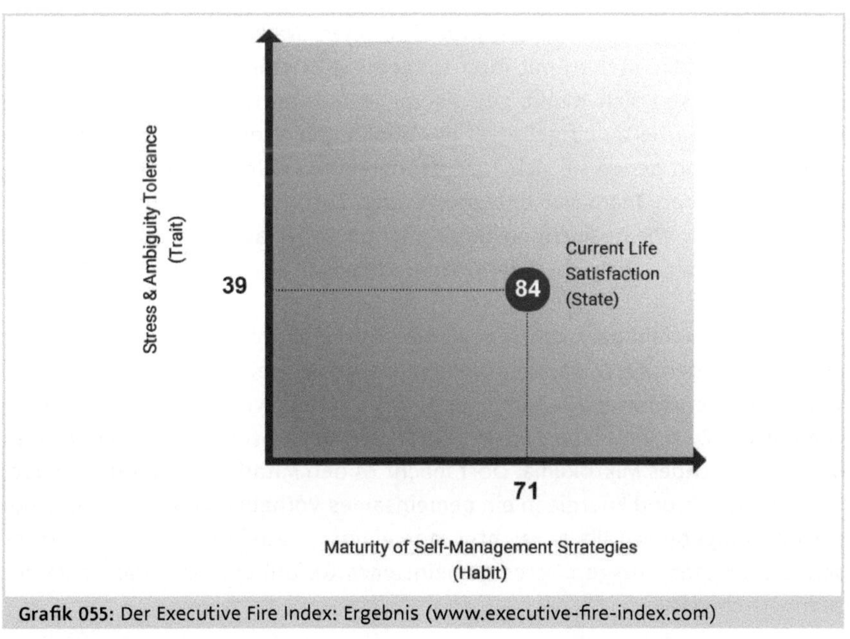

Grafik 055: Der Executive Fire Index: Ergebnis (www.executive-fire-index.com)

Der zugehörige Report enthält zusätzlich konkrete Handlungsempfehlungen für die tägliche Praxis. Wir nutzen dieses Instrument in unseren Coachings und Workshops mit Führungskräften und machen damit sehr gute Erfahrungen, da das Feedback sehr präzise zeigt, wo aktuell Handlungsbedarf besteht. Führt man diesen Test mehrfach im Laufe einiger Monate durch, wird außerdem sichtbar, wie sich die Resilienzlage einer Person in dieser Zeit entwickelt.

!

Executive FiRE Index

Unter https://mybook.haufe.de/ (Buchcode: BCP-4554) finden Sie einen Beispielreport zum Executive FiRE Index.

Soweit zu den Einflussfaktoren, die Auswirkungen auf die Widerstandsfähigkeit von Menschen gegen Krisen und Rückschläge haben. Doch welche Resilienzprinzipien lassen sich nun für Systeme benennen?

1.2 Das Resilienzfeld

Resilienz wird in der aktuellen Literatur meist als eine rein individuelle Persönlichkeitseigenschaft bzw. Kompetenz angesehen, was allerdings vor allem im Kontext von Unternehmen die Realität nur unzureichend widerspiegelt. Menschen sind keine Inseln, sondern sie sind stets Teil eines Netzwerks von Beziehungen, z.B. von Familien, Organisationen, Nachbarschaften oder dem Freundeskreis. Sie stehen mit ihrer Umgebung in ständiger Wechselwirkung und beeinflussen sich damit gegenseitig. Im Unternehmen sind Führungskräfte und Mitarbeiter eingebettet in Abteilungen, Projektgruppen oder Führungsteams, mit denen sie sich auseinandersetzen müssen. Das »Mikroklima« in einem solchen Team hat entscheidenden Einfluss auf die Resilienz jedes Teammitglieds. Wir bezeichnen diese Energie daher auch als das »Resilienzfeld« eines Teams, Bereichs oder Unternehmens.

Ist das Resilienzfeld bzw. das Teamklima positiv, so werden Belastungen eher als Herausforderungen wahrgenommen, die gemeinsam mit den Kollegen bewältigt werden können. Dadurch steigt das Leistungsvermögen solcher Bereiche mit der Zeit. Viele Start-up-Unternehmen haben solch ein inspirierendes und ansteckendes Mikroklima. Dort macht es den Mitarbeitern häufig Freude, viel Arbeit, Zeit und Energie in ein gemeinsames Vorhaben zu stecken. In einer solchen Umgebung fällt es leichter, an seinen Herausforderungen zu wachsen, da ein stark ausgeprägtes gemeinsames Gefühl von Sinn das Team zusammenschweißt.

In einem Team mit einem negativen Resilienzfeld dagegen entstehen mehr Konflikte und es gibt weniger kollegiale Unterstützung, was dazu führt, dass anstehende Veränderungen eher als nicht zu bewältigende Überforderung eingeschätzt werden und das Leistungsvermögen insgesamt abnimmt.

Individuelle Resilienz und Resilienzfeld sind also zwei getrennte Phänomene, die miteinander in Wechselwirkung stehen. Prinzipiell trägt jedes Teammitglied zu dem Mikroklima in seinem Einflussbereich bei, allerdings haben jeder Manager und natürlich die Unternehmensleitung einen überproportional starken Einfluss auf das Resilienzfeld im jeweiligen Bereich. Ein Chef, der mit einem ärgerlichen Gesicht über die Flure läuft, beeinflusst unmittelbar die Zuversicht und Stimmung seiner Mitarbeiter und damit ihre Fähigkeit, z.B. mit Unsicherheiten umzugehen. Ein Mitarbeiter, der Gerüchte verbreitet und damit Missgunst schürt, tut dies ebenso, indem er das Vertrauen und damit den emotionalen Rückhalt im Team untergräbt.

1.3 Vom Individuum zum Umfeld

Organisationale Energie ist die Kraft, mit der ein Unternehmen zielgerichtet Dinge bewegt.
(Heike Bruch, Professorin für Führung und Personalmanagement an der Universität St. Gallen)

Wie wir gesehen haben, kann die Widerstandsfähigkeit von Teams konzeptionell als Mischform aus individuellen Faktoren und systemischen Wechselwirkungen verstanden werden. Ein hilfreiches Konstrukt ist hier die Vorstellung eines Resilienzfeldes, in dem die verschiedenen Mitglieder eines Teams miteinander arbeiten und in Beziehung zueinander stehen. Die Vorstellung eines solchen Kraftfeldes ist vielleicht etwas abstrakt, doch jeder Mitarbeiter und jede Führungskraft weiß, wie es sich anfühlt, in einem Umfeld mit positivem bzw. negativem Resilienzfeld zu arbeiten. Es fällt uns aber intuitiv schwer zu benennen, was genau dieses Energiefeld nun positiv oder negativ macht.

1.3.1 Organisationale Energie

In diesem Zusammenhang kommt eine sehr interessante Arbeit aus der Schweiz zum Tragen. Heike Bruch, eine deutsche Professorin für Personalmanagement und Führung an der Universität St. Gallen, begann 2001 damit zu erforschen, warum manche Firmen erfolgreicher sind als andere. Dabei ging es ihr weniger darum, Gründe dafür zu finden, warum bestimmte Unternehmen im Wettbewerb zurückfallen oder gänzlich scheitern, sondern vielmehr darum zu ermitteln, welche Energie Unternehmen dazu bringt, langfristig besser und widerstandsfähiger zu sein als andere. Zusammen mit ihrem Team entwickelte sie das Konzept der »Organisationalen Energie«, einer Messgröße für die Produktivität und Resilienz eines Unternehmens, die sich aus den beiden Dimensionen »Intensität« und »Qualität« zusammensetzt. Diese Energie beschreibt die Agilität, Kraft und Zielgerichtetheit, mit der ein Unternehmen seine Ziele anstrebt. Die »Intensität« gibt dabei an, mit welcher internen Dynamik ein Unternehmen agiert und inwieweit es die ihm zur Verfügung stehenden Ressourcen aktivieren kann. Die Dimension »Qualität« macht hingegen eine Aussage darüber, inwieweit die im Unternehmen vorherrschende Energie positiv bzw. konstruktiv wirksam ist, wie bei der vielbeschriebenen Aufbruchstimmung, oder ob sie sich negativ bzw. destruktiv auf die Zusammenarbeit im Unternehmen auswirkt. Letzteres ist z.B. der Fall, wenn es unternehmensinterne Konflikte gibt oder es aufgrund einer prekären wirtschaftlichen Lage zu Verunsicherung in der Belegschaft kommt. Das Modell ist in der Grafik 056 dargestellt.

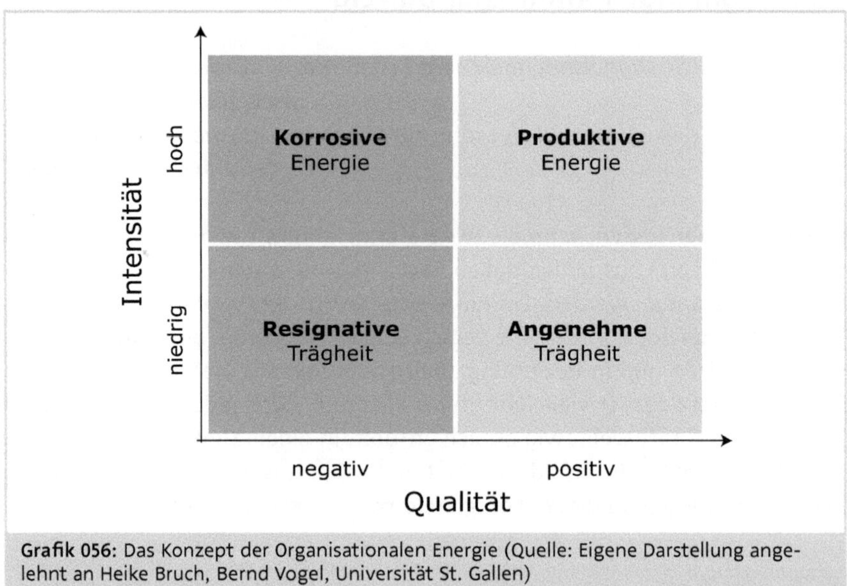

Grafik 056: Das Konzept der Organisationalen Energie (Quelle: Eigene Darstellung angelehnt an Heike Bruch, Bernd Vogel, Universität St. Gallen)

Berücksichtigt man beide Dimensionen, ergeben sich vier verschiedene organisationale Energiezustände.

Die verschiedenen Formen organisationaler Energie

Energiezustand	Beschreibung
Produktive Energie	Wünschenswerter Energiezustand, Aufbruchstimmung, hohe emotionale Identifikation und starkes gemeinsames Engagement für Unternehmensziele
Angenehme Trägheit	Hohe Zufriedenheit und Identifikation mit dem Status quo; geringe Handlungsintensität; reduzierte Aufmerksamkeit und Veränderungsfähigkeit
Resignative Trägheit	Geringes Aktivitätsniveau aufgrund hoher Frustration und Gleichgültigkeit; geringes Maß an bereichsübergreifender Kommunikation und Zusammenarbeit
Korrosive Energie	Hohe Anspannung gekoppelt mit inneren Konflikten, Machtkämpfen und Politik; Mitarbeiter arbeiten gegen Unternehmensziele; geringe bis keine Innovationskraft

Die produktive Energie stellt den wünschenswerten Energiezustand in einem Unternehmen dar. Sie ist gekennzeichnet von einem hohen Maß an Engagement und Einsatz für das Unternehmen sowie starken gemeinsamen Emotionen wie Begeisterung, Freude oder Leidenschaft. Unternehmen mit hoher produktiver Energie verfügen nach den Erkenntnissen von Bruch über eine erhöhte Widerstandsfähigkeit und erzielen höhere Innovations- und Wachstumsraten.

1.3.2 Schutzfaktor »Angemessene produktive organisationale Energie«

Aber wie so oft, geht es auch bei der organisationalen Energie um das rechte Maß, insbesondere, wenn man die Auswirkungen auf die Resilienz von Mitarbeitern und Führungskräften vor Augen hat. Die Zusammenhänge sind in der Grafik 057 dargestellt.

So kann zu viel produktive Energie zu einem Phänomen führen, das Bruch als »Beschleunigungsfalle« beschreibt. Hier werden Mitarbeiter und Führungskräfte dauerhaft überbeansprucht, ohne ihnen die Möglichkeit der Regeneration einzuräumen. Wohin das führt, ist hinlänglich bekannt: Burnout und Herz-Kreislauf-Erkrankungen sowie andere Stresssymptome sind die Folge. Umgekehrt kann ein Zuviel an resignativer Trägheit zur inneren Kündigung der Mitarbeiter führen und die Häufung von sogenanntem Bore-out verursachen.

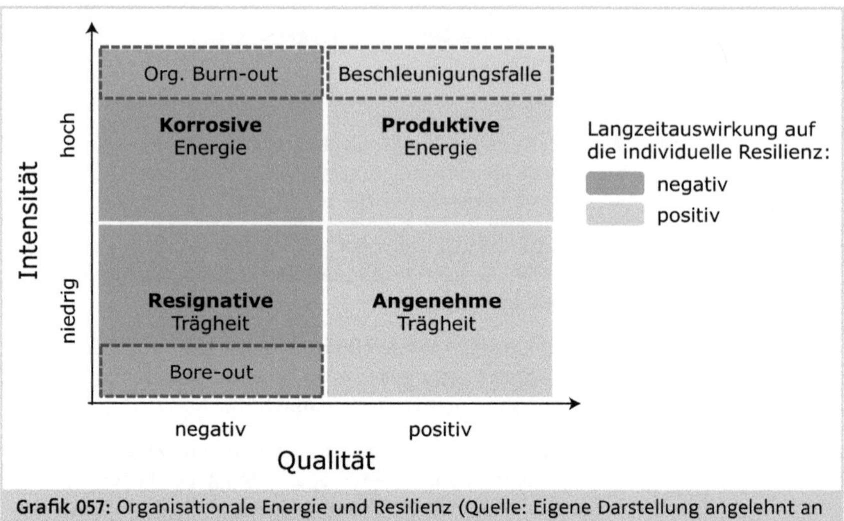

Grafik 057: Organisationale Energie und Resilienz (Quelle: Eigene Darstellung angelehnt an Heike Bruch, Bernd Vogel, Universität St. Gallen)

Zu viel korrosive Energie kann schließlich durch innere Spannungen ein gesamtes Unternehmen aufreiben und paralysieren. Bruch spricht hier auch von »organisationalem Burnout«. Aufgrund dieser Beschreibung wird deutlich, dass das Konzept der Organisationalen Energie und des Resilienzfeldes in weiten Teilen identisch sind. Bruch und ihr Team haben ein auf standardisierten Fragebögen basierendes Verfahren entwickelt, mit dem sich die organisationale Energie eines Bereiches, Teams oder aber eines ganzen Unternehmens durch Mitarbeiterbefragung erfassen, messen und visualisieren lässt.

Die von Heike Bruch und ihrem Team an der Universität St. Gallen konzipierte Mitarbeiterbefragung, mit der sich die organisationale Energie ermitteln lässt, finden Sie unter https://mybook.haufe.de/ (Buchcode: BCP-4554) zum Download.

1.3.3 Schutzfaktoren »Psychologische Sicherheit« und »Verantwortungsübernahme«

Der Internet-Gigant Google machte sich 2015 daran, empirisch zu erforschen, was erfolgreiche Teams ausmacht, die auch unter schwierigen Bedingungen gute oder sogar herausragende Leistungen erzielen, also produktive organisationale Energie entwickeln. Im Projekt »Aristotle« wurden über zwei Jahre 180 Teams untersucht und dabei alle möglichen Faktoren wie individuelle Fähigkeiten, Alter, Erfahrungen, Geschlecht, Persönlichkeitseigenschaften, räumliche Nähe, Gruppendynamik usw. erhoben. Die Ergebnisse dieser Studie stützen die Erkenntnisse von Heike Bruch und ihrem Team. Als wichtigster

Parameter für die Leistungs- und Widerstandsfähigkeit von Teams wurde von den Google-Forschern die sogenannte psychologische Sicherheit für die Teammitglieder identifiziert.

Der Begriff »psychologische Sicherheit« und das zugrundeliegende Konzept sind von der US-amerikanischen Verhaltenswissenschaftlerin Amy Edmondson entwickelt worden. Sie definiert psychologische Sicherheit als eine im Team geteilte Überzeugung, dass es hier sicher ist, Schwäche zu zeigen. Das bedeutet mehr als bloß freundlich miteinander umzugehen. Es geht auch darum, sich den anderen zumuten zu dürfen. Es geht darum, wie sicher sich die einzelnen Teammitglieder fühlen, wenn sie ein zwischenmenschliches Risiko eingehen, beispielsweise, indem sie einen Fehler ansprechen oder sich trauen, Schwäche zu zeigen. Zahlreiche Untersuchungen zeigen, dass diese Qualität in Teams eine zentrale Voraussetzung dafür ist, dass diese Verantwortung für das eigene Vorankommen übernehmen und sich als Gruppe weiterentwickeln. Wenn Mitglieder eines Teams von ihren Kollegen bei Nachfragen und Einsprüchen als inkompetent oder schwierig wahrgenommen werden, herrscht ein geringes Maß an psychologischer Sicherheit vor. In einem Team mit hoher psychologischer Sicherheit dagegen, können Teammitglieder alle Einwände konstruktiv äußern, ohne befürchten zu müssen, von anderen im Team oder der Teamleitung negative Rückmeldungen zu erhalten oder gar Repressalien zu erfahren. Um die psychologische Sicherheit eines Teams zu messen, werden die Teammitglieder befragt, inwieweit sie den folgenden Aussagen zustimmen:

- Wenn man in diesem Team einen Fehler macht, wird dies gegen einen verwendet.
- Mitglieder dieses Teams lehnen andere mitunter ab, weil sie anders sind.
- Es ist schwierig, andere Mitglieder dieses Teams um Hilfe zu bitten.
- Mitglieder dieses Teams sind in der Lage, Probleme und Schwierigkeiten aufzubringen.
- Es ist sicher, in diesem Team ein Risiko einzugehen.
- Niemand in diesem Team würde absichtlich meine Bemühungen untergraben.
- Meine Fähigkeiten und Talente werden von diesem Team geschätzt und genutzt.

Um den Reifegrad eines Teams zu beschreiben, entwickelte Edmondson ein Phasenmodell bestehend aus vier Quadranten, die sich aus den beiden Achsen »Psychologische Sicherheit« und »Persönliche Übernahme von Verantwortung« ergeben. Die Ähnlichkeiten und inhaltlichen Überlappungen mit dem Modell von Bruch sind sehr augenfällig, wie die Grafik 058 zeigt.

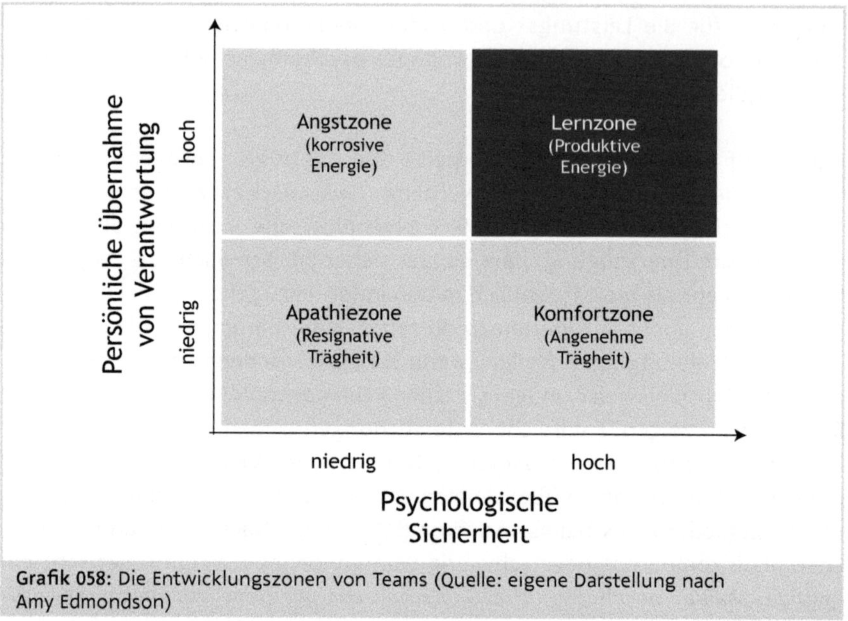

Grafik 058: Die Entwicklungszonen von Teams (Quelle: eigene Darstellung nach Amy Edmondson)

Edmondson unterscheidet dabei:

- die Apathiezone, in der es in einem Team weder sicher ist, noch irgendwer sich traut, Verantwortung zu übernehmen.
- die Angstzone, in der den Teammitgliedern oft nichts anderes übrigbleibt, als persönliche Verantwortung zu übernehmen, wobei das Team eher einem Haifischbecken gleicht.
- die Komfortzone, in der einem zwar nichts passiert, aber auch sonst nicht viel Produktives im Team stattfindet.
- die Lernzone, in der ausgeprägte Verantwortungsübernahme bei gleichzeitig hoher psychologischer Sicherheit herrscht.

Sowohl unter Leistungs-, aber auch unter Resilienzgesichtspunkten gilt diese Zone als optimale Grundvoraussetzung, um mit unvorhersehbaren Entwicklungen und Krisen gut umgehen zu können.

1.3.4 Neurobiologische Grundbedürfnisse

Doch wie lässt sich die Lernzone oder der Bereich der produktiven Energie eines Teams erreichen? Welche Faktoren stecken auf individueller Ebene dahinter? Gerald Hüther, ein bekannter deutscher Neurobiologe und Autor mit großem gesellschaftskritischen Anspruch, geht davon aus, dass vor allem die

Erfahrung von enger Verbundenheit und Zugehörigkeit gekoppelt mit der Erfahrung eigenen Wachstums und zunehmender Kompetenz das menschliche Handeln bestimmen. Können beide Kräfte sinnvoll integriert werden, so wird nach Hüther das Belohnungszentrum aktiviert und der Mensch in einen optimalen kognitiven Zustand versetzt.

David Rock, ein vielzitierter US-amerikanischer Wissenschaftsautor, Unternehmensberater und Mitbegründer des Begriffs »Neuroleadership«, geht dagegen davon aus, dass fünf klar umrissene Faktoren darüber entscheiden, ob Menschen in die Lernzone eintreten. Diese beschreibt er als das Streben nach Status, Gewissheit, Autonomie, Verbundenheit und Fairness. Der 2005 verstorbene deutsche Psychotherapieforscher Klaus Grawe wiederum, der in einer umfassenden, aber leider schwer lesbaren Arbeit den aktuellen Kenntnisstand der Neurobiologie für die psychologische Beratung aufbereitet hat, betonte wiederum, dass vor allem die Stimmigkeit bzw. Kongruenz im Ausleben der verschiedenen menschlichen Grundbedürfnisse von ausschlaggebender Bedeutung für den Eintritt in die Lernzone sei. Als Grundbedürfnisse postulierte Grawe das Bedürfnis nach Orientierung und Kontrolle, das Bedürfnis nach Selbstwerterhöhung und Selbstwertschutz sowie das Bedürfnis nach Lustgewinn und Unlustvermeidung. Er geht davon aus, dass das menschliche Gehirn danach strebt, möglichst oft eine Übereinstimmung oder Vereinbarkeit zwischen den verschiedenen Grundbedürfnissen zu erreichen und umgekehrt einen Mangel an Stimmigkeit bzw. an Vereinbarkeit der verschiedenen Bedürfnisse möglichst zu vermeiden.

In meinem Buch »Neuroleadership – Was Führungskräfte aus der Hirnforschung lernen können« habe ich ein Modell vorgeschlagen, dem sechs neurobiologische Grundbedürfnisse zugrundeliegen und das die eben beschriebenen Erkenntnisse integriert. Es besteht aus den drei Spannungsfeldern »Zugehörigkeit versus Wachstum«, »Orientierung versus Autonomie« und »Selbstwert versus Fairness«. Das Modell ist in der Grafik 059 dargestellt.

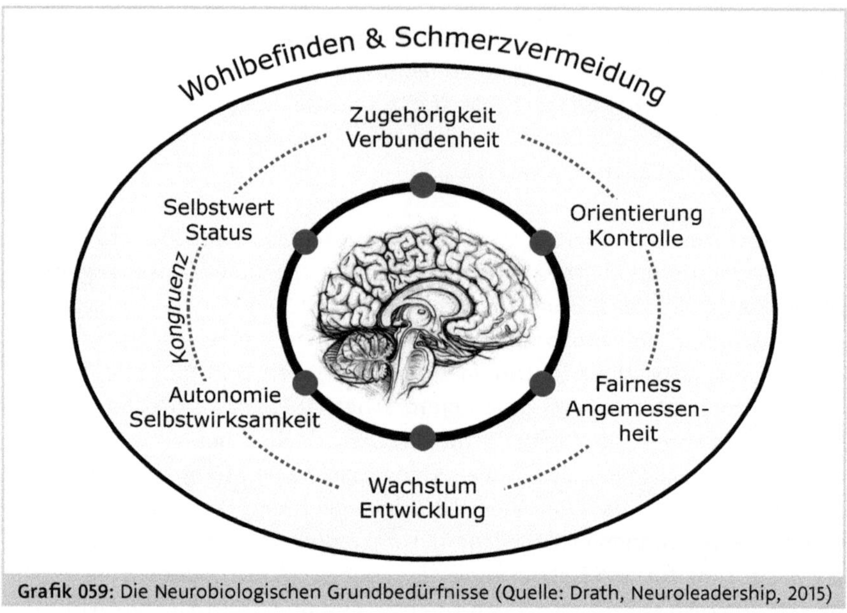

Grafik 059: Die Neurobiologischen Grundbedürfnisse (Quelle: Drath, Neuroleadership, 2015)

1.3.4.1 Schutzfaktor »Gewährleistung von Zugehörigkeit & Verbundenheit«

Keine andere Spezies kommt mit einem derart offenen, lernfähigen und durch eigene Erfahrungen in seiner strukturellen Ausreifung formbaren Gehirn zur Welt wie der Mensch. Nirgendwo im Tierreich sind die Nachkommen beim Erlernen dessen, was für ihr Überleben wichtig ist, so sehr und für eine so lange Zeit auf die Fürsorge und den Schutz der Familie angewiesen. Entwicklungsbiologisch war es für den Menschen daher stets von grundlegender Bedeutung, Teil einer sozialen Gruppe, d.h. einer Familie oder eines Stammes zu sein. Die Verbannung aus einer solchen Gruppe bedeutete für unsere Vorfahren viele Millionen Jahre lang den sicheren Untergang und Tod. Die hirnbiologische Entsprechung dieses Urtriebs ist der Neurotransmitter Oxytocin, der von Hirnforschern mit psychischen Zuständen wie Liebe, Vertrauen und Geborgenheit in Zusammenhang gebracht wird. Oxytocin scheint ebenso das Aggressionsverhalten gegenüber Personen zu beeinflussen, die der eigenen Gruppe nicht angehören.

Dabei ist das Zugehörigkeitsbedürfnis nicht nur auf das Privatleben beschränkt. Auch im Unternehmen suchen wir nach dem Gefühl der Verbundenheit, natürlich jeder in unterschiedlichem Maße in Abhängigkeit zur individuellen Persönlichkeits- bzw. Hirnstruktur.

1.3.4.2 Schutzfaktor »Gewährleistung von Wachstum & Entwicklung«

Aus neurobiologischer Sicht hat die Evolution das menschliche Gehirn nicht für das Abarbeiten von Routinen, sondern für das kreative Lösen von Problem optimiert, meint der Hirnforscher Gerald Hüther. Neuartige Ansätze und Strategien zur Problemlösung waren in der Entwicklungsgeschichte des Menschen die Kernkompetenzen, die ihn in die Lage versetzten, sich in einer widrigen Umwelt gegen wilde Tiere zur Wehr zu setzen, die sehr viel stärker und schneller und mit besseren Sinnesorganen ausgestattet waren als er selbst. Da sich aufgrund des Hebb'schen Gesetzes die Verschaltungsmuster von Neuronen entweder erweitern und festigen, oder aber verkümmern und auflösen, je nachdem, wie sie genutzt werden, braucht das Gehirn auch in unserer heutigen Arbeitswelt stets neue, andersartige Herausforderungen, damit es sein volles Potenzial entfalten kann. Es benötigt bisher unbekannte, bedeutsame Probleme, die für die Steuerungszentrale auch emotional relevant sind, bei denen es also um etwas geht. Ist das Gehirn mit solch einer Herausforderung konfrontiert, entsteht in seinen komplexen Verschaltungen eine Erregung, die sich ausbreitet, auf die tieferliegenden Bereiche des Limbischen Systems überspringt und dort eine emotionale Aktivierung auslöst. Um diese emotionale Erregung wieder zu beruhigen, fängt das Hirn an, ernsthaft nach einer Lösung zu suchen. Solche Lösungen entstehen, wenn mittels kreativer Prozesse, auch Ideen genannt, verschiedene bestehende Gedächtnisinhalte mit neuen Impulsen verknüpft werden.

1.3.4.3 Schutzfaktor »Erhalt von Selbstwert & Status«

Wir streben danach, die relative Bedeutung der eigenen Person im Vergleich zu einer sozialen Gruppe zu verbessern. Wenn Menschen in einer Gruppe zusammen sind, aktiviert ihr Gehirn Verschaltungsmuster, die den Status der eigenen Person im Vergleich zu anderen widerspiegeln, so der Wissenschaftsautor David Rock. Hierfür wird dieselbe Hirnstruktur aktiviert, die auch mit der Verarbeitung von Zahlen in Verbindung gebracht wird. Man könnte also sagen, dass das Gehirn im Kontakt mit anderen stets damit beschäftigt ist, den eigenen Status zu berechnen und daraus auch den Selbstwert der eigenen Person abzuleiten. Führt ein Ereignis zu einer wahrgenommenen Erhöhung des eigenen Status, z.B. durch ein positives Feedback, so wird das Belohnungszentrum im Gehirn aktiviert, was zu Wohlbefinden und der Steigerung der Leistungsfähigkeit führt. Umgekehrt resultiert bereits eine wahrgenommene potenzielle Verminderung des eigenen Status, z.B. durch Kritik in der Öffentlichkeit, in einer starken Aktivierung des Schmerzareals, vergleichbar mit dem Erleben körperlicher Schmerzen. Dies kann wegen der Stimulation primitiverer Hirnstrukturen zu deutlich irrationalem Verhalten, wie defensivem Lamentieren, Starre oder Selbstmitleid führen, das allerdings jeweils zum Ziel hat, die Gefahr des Statusverlusts einzudämmen.

1.3.4.4 Schutzfaktor »Erhalt von Orientierung & Kontrolle«

Das Gehirn versucht ständig, Vorhersagen zur näheren Zukunft zu machen, um das eigene Verhalten daran anzupassen. Ein gutes Beispiel dafür ist das Herabsteigen einer Treppe. Der Fuß tastet beim Treppensteigen nicht jedes Mal nach der nächsten Treppenstufe, sondern bedient sich über den sogenannten visuellen Cortex und das explizite Gedächtnis seiner Erfahrung, um einen weiteren Schritt zu setzen. In dem Moment, in dem die gemachte Sinneserfahrung deutlich von der Vorhersage des Gehirns abweicht, so z.B. wenn man davon ausgeht, dass noch eine Stufe folgt, obwohl man bereits unten angekommen ist, wird eine Fehlermeldung generiert und der Vorgang sofort ins Bewusstsein gehoben. Dadurch wird der Neurotransmitter Noradrenalin ausgeschüttet, was der Mensch als Schreck wahrnimmt und was den Organismus belastet.

Es ist für das Gehirn unerlässlich, Muster abzuleiten und daraus Vorhersagen zu bilden, um Unsicherheit zu vermeiden. Ohne diese Prognosen müsste das Gehirn all diese Verarbeitungsvorgänge im präfrontalen Cortex ablaufen lassen, der wesentlich mehr Energie verbraucht und daher schneller ermüdet. Auch in der Arbeitswelt sorgen bereits geringe Unsicherheiten für eine interne Fehlermeldung des präfrontalen Cortex, die dazu führt, dass planvolles, reflektiertes Handeln durch eine Stressreaktion ersetzt wird. Ein Beispiel dafür sind unklare oder unartikulierte Erwartungen des eigenen Managers, die sicherlich jeder schon einmal erlebt hat.

Machen wir die Erfahrung, dass getroffene Vorhersagen tatsächlich in der Realität eintreten, wertet dies das Gehirn als positiv und stimuliert je nach Bedeutsamkeit das Belohnungszentrum, was sich in einem Anstieg der Konzentration des Neurotransmitters Dopamin messen lässt. Im Unternehmenskontext entwickeln sich viele Dinge sehr dynamisch und sind oft unvorhersehbar. Hier hilft es, den Mitarbeitern die wirtschaftlichen Rahmenbedingungen, Zukunftsszenarien, Spielregeln und Erwartungen möglichst transparent zu machen, um ihre Unsicherheit zu minimieren.

1.3.4.5 Schutzfaktor »Erhalt von Autonomie & Selbstwirksamkeit«

Autonomie und Selbstwirksamkeit beschreiben das wahrgenommene Maß an Kontrolle, die ein Mensch über seine Umwelt und sein eigenes Schicksal hat. Diese Faktoren entscheiden darüber, ob anstehende Aufgaben als machbar und damit als anspornende Herausforderung empfunden werden oder aber als unüberwindbare Hürde und damit als starke Belastung und Stress. Wenn das Grundbedürfnis nach Autonomie und Selbstwirksamkeit wahrnehmbar befriedigt wird, aktiviert dies das Belohnungszentrum und löst Glücksgefühle aus. Das wird z.B. erreicht, wenn ein Mitarbeiter eigenständig eine kreative Lösung zu einem schwierigen Problem erarbeitet hat. Dagegen löst das Gefühl, trotz großer eigener Erfahrung und hoher Motivation mittels Micro-Management geführt zu werden, eine deutliche Reaktion des Schmerzareals und ein Gefühl der Machtlosigkeit beim Mitarbeiter aus.

1.3.4.6 Schutzfaktor »Gewährleistung von Fairness & Angemessenheit«

Das Zusammenleben von Menschen in sozialen Gruppen setzt die Fähigkeit zu bestimmten Verhaltensweisen wie Kooperation, altruistischem Verhalten und Fairness voraus. Im menschlichen Gehirn wird eine Region im rechten präfrontalen Cortex aktiviert, wenn sich Menschen entgegen ihren egoistischen Interessen für faires Verhalten entscheiden. Des Weiteren wird das Belohnungszentrum aktiviert und ein Mix aus Neurotransmittern ausgeschüttet, die ein Wohlgefühl erzeugen. Dies ist die neurobiologische Erklärung für die befriedigende und sinnstiftende Wirkung von sozialem Engagement. Wenn wir dagegen unfaires oder unangemessenes Verhalten anderer wahrnehmen, wie z.B. das verbale Attackieren eines rangniedrigeren Kollegen oder die willkürliche Bevorzugung einzelner Mitarbeiter, führt dies bei uns je nach Intensität zur Aktivierung einer Region im Gehirn, die auch mit der Wahrnehmung von Ekel in Verbindung gebracht wird.

1.3.4.7 Schutzfaktor »Kongruenz der neurobiologischen Grundbedürfnisse«

Die gleichzeitige Erregung von Hirnstrukturen, die verschiedenen, miteinander unvereinbaren neurobiologischen Grundbedürfnissen entsprechen, ist laut dem Psychotherapieforscher Klaus Grawe im Wesentlichen für das Erleben von Schmerz bzw. Stress verantwortlich. Demnach entsteht ein Widerspruch in Erregungsmustern, wenn z.B. der Mitarbeiter einerseits gegenüber seinem

Chef seine Überlastung mitteilen möchte (Grundbedürfnis »Orientierung & Kontrolle«), z.B., weil er die Arbeitsverteilung als nicht gerecht empfindet (Grundbedürfnis »Fairness & Angemessenheit«), er aber andererseits fürchtet, dadurch als nicht belastbar und daher auch nicht als High Performer zu gelten (Grundbedürfnis »Selbstwert & Status«). Ein solcher Zwiespalt verbraucht viel Energie, die dann für die Arbeitsleistung nicht mehr zur Verfügung steht. Außerdem hemmt er die Aktivität des präfrontalen Cortex und reduziert damit die kognitive Leistungsfähigkeit, d.h. die Möglichkeit, intelligent zu denken und zu handeln. Die Funktionsfähigkeit des Hippocampus, der explizite Gedächtnisinhalte und damit bewusste Denkvorgänge organisiert, wird geschwächt, was dazu führt, dass Kompetenzen und hilfreiche Erfahrungen nur noch bedingt abgerufen werden können. Wenn im präfrontalen Cortex keine sinnvollen Handlungsmuster mehr entstehen können, greift das Gehirn auf primitivere, aber stabilere Strukturen zurück. Ein erstes Anzeichen hierfür ist der Verlust an Flexibilität im Verhalten. Menschen können unter Stress nur das abrufen, was sie schon immer so gemacht haben, d.h., sie greifen zurück auf Routinen, fest definierte Regeln und Prozesse sowie bekannte Verhaltensmuster, die ihnen Sicherheit vermitteln. Schafft auch dies nicht genügend Stabilität im Gehirn, so werden noch ältere Bewältigungsmuster des limbischen Systems aktiviert, die meist früh in der Kindheit erworben wurden. Sie reichen von aggressivem Dominanzverhalten, übervorsichtiger Unterwürfigkeit und ablenkender Verleugnung bis hin zu pseudointelligentem Rationalisieren, warum etwa die neue Aufgabenverteilung nicht praktikabel ist. Führt auch dies nicht zur Herstellung der gewünschten Kongruenz, schaltet das Gehirn in den Überlebensmodus und löst, je nach Persönlichkeitsstruktur, archaische Verhaltensmuster, also Angriff, Flucht oder Erstarrung, aus. Für eine optimale Lernfähigkeit des Gehirns ist es daher von zentraler Bedeutung, dass nicht nur einzelne Grundbedürfnisse isoliert befriedigt werden, sondern dass möglichst eine Form von Kongruenz, also ein Gleichmaß in der Befriedigung von neurobiologischen Grundbedürfnissen, entsteht.

1.4 Organisationale Resilienz: Definitionsversuche

Einigen wir uns also darauf, dass wir uns uneinig sind.
(Gregory House alias Hugh Laurie
in der US-amerikanischen Fernsehserie »Dr. House«)

Anders als bei der individuellen und der Team-Resilienz, gibt es hinsichtlich der Resilienz von Organisationen bislang noch kein gemeinsames Begriffsverständnis und schon gar kein einheitliches Verständnis zur Menge und Beschaffenheit der Schutz- und Risikofaktoren. Lassen Sie mich jedoch hier, in

Ermangelung von allgemein anerkannten Definitionen, schon einmal einen Vorstoß in puncto Definition wagen: Organisationale Resilienz beschreibt die Fähigkeit von Organisationen, angesichts von Veränderungen in der Umgebung langfristig funktionsfähig zu bleiben. Dies umfasst zum einen die Fähigkeit, Veränderungen in der Organisationsumwelt zu kompensieren, ohne sich anpassen zu müssen. Zum anderen beinhaltet sie die Kompetenz der Organisation, sich aus eigener Kraft an geänderte Umweltbedingungen anzupassen, um weiterhin funktionsfähig zu bleiben.

Dieser Definitionsversuch geht über bisherige Ansätze hinaus, die organisationale Resilienz eher als defensive Schutzkompetenz einstuften und ausschließlich als das Ergebnis verschiedener Risikomanagement-Disziplinen charakterisierten, wie beispielsweise Business Continuity Management, Krisenmanagement, Informationssicherheit oder physische Sicherheit. Aus heutiger Perspektive sind diese Funktionen lediglich ein Teil eines ganzheitlichen und interdisziplinären Ansatzes, in dem auch eher strategische, unternehmerische sowie psychologische Aspekte eine Rolle spielen.

Die Annäherung an das Thema mithilfe eines Definitionsversuchs ist das eine. Doch wie steht es mit den Wirkfaktoren organisationaler Resilienz?

1.4.1 Die Vorreiter: »Resilient Organisations«

Eine Organisation, die den Versuch unternommen hat, das Thema greifbar und messbar zu machen, ist die neuseeländische Non-Profit-Organisation Resilient Organisations, die 2004 von Erica Seville, einer Expertin für Risiko- und Krisenmanagement, gegründet wurde. Heute leitet sie ein Team von mehr als 35 Forschern, das versucht, dem Phänomen der organisationalen Resilienz auf die Spur zu kommen.

Kurz nach der Gründung von Resilient Organisations wurde die neuseeländische Stadt Greymouth von einem Tornado heimgesucht, der dort eine Schneise der Verwüstung hinterließ. Eine der Firmen, die von dieser Katastrophe besonders betroffen waren, war das Maschinenbauunternehmen Dispatch & Garlick, das unter anderem Melkmaschinen herstellte. Die Firma war nach klassischen Maßstäben nicht gut auf das Unwetter vorbereitet gewesen. Das Werksgebäude war schwer in Mitleidenschaft gezogen worden. Ein Großteil des Dachs war nicht mehr da oder war eingestürzt und auf einer Seite fehlte die komplette Wand der Fabrik. Es gab weder Notfallpläne noch Szenarien, um die Kontinuität des Betriebs sicherzustellen. Man hatte sich im Unternehmen zuvor noch nie mit irgendwelchen Katastrophenszenarien beschäftigt. Nach dem Tornado besuchte Erica Seville die Firma und fand sie trotz aller Schäden in einem bemerkenswerten Zustand vor: Alle Mitarbeiter waren gelassen und zuversichtlich, dass sie schon bald den Betrieb wiederaufnehmen könnten. Mithilfe von Wettbewerbern, Zulieferern und Partnern und mit viel Kreativität und Mut zur Lücke hat es das Team auch tatsächlich geschafft, in eilig improvisierten Zelthallen den Betrieb bereits am nächsten Tag wiederaufzunehmen, um einen Auftrag für einen wichtigen internationalen Kunden fertigzustellen.

Als Expertin für Risikomanagement war Seville bisher immer davon ausgegangen, dass die Widerstandsfähigkeit von Organisationen direkt damit zu tun hat, wie gut und umfassend sie auf eine Krise vorbereitet sind. Diese Vorbereitung war im Fall von Dispatch & Garlick nicht gegeben und dennoch erschien das Unternehmen sehr widerstandsfähig. Nach dieser Erfahrung begann sie sich zu fragen, ob ihre Ausgangshypothese ausreichend war. Sie hatte den Eindruck, dass die Kultur des Unternehmens und die innere Haltung der Mitarbeiter für dessen Resilienz ebenfalls mitverantwortlich waren. Es ging also vielleicht gar nicht so sehr darum, was ein Unternehmen konkret machte, sondern wie es dies tat. All dies waren Faktoren, die zuvor noch nicht wissenschaftlich untersucht worden waren. Also machte sich das Team um Seville in den nächsten Jahren daran, die Wirkfaktoren organisationaler Resilienz zu erheben und messbar zu machen. Dazu identifizierten sie insgesamt zehn Unternehmen aus verschiedenen Industrien, die sich auch hinsichtlich ihrer Größe und Eigentümerstruktur unterschieden. Einige hatten vor kurzem verschiedene Krisen durchlebt, andere nicht. Binnen drei Jahren wurden zahlreiche Interviews mit Mitarbeitern dieser Unternehmen geführt, um möglichen Einflussfaktoren der Widerstandsfähigkeit auf die Spur zu kommen. Das Team fand dabei interessante Zusammenhänge heraus. So stellte es beispielsweise fest, dass es nicht so sehr auf die absolute Menge an materiellen und personellen Ressourcen eines Unternehmens ankam, sondern vielmehr darauf, inwieweit diese Ressourcen im Krisenfall aktiviert werden konnten. Es konnte auch kein Führungsverständnis identifiziert werden, dass per se mit einem Mehr an Widerstandsfähigkeit korrelierte. Sehr hierarchisch geführte Unternehmen konnten in hohem Maße resilient sein, wenn es ein starkes Führungsteam gab. Hatte die Führungsmannschaft jedoch keinen guten Kontakt zur Basis, konnte das die Resilienz der Firma stark beeinträchtigen. Insgesamt erschien es so, dass die Art der zwischenmenschlichen Beziehungen wichtiger war als die formale Struktur der Organisation, wenn es um die Fähigkeit zur effektiven Krisenbewältigung ging.

Basierend auf den Erkenntnissen ihrer Forschung entwickelte Resilient Organisations das sogenannte Benchmark Resilience Tool. Mit diesem Fragebogengestützten Instrument lässt sich die Widerstandsfähigkeit von Unternehmen anhand von 46 Fragen messen und mit anderen Organisationen ähnlicher Natur vergleichen. Hier eine Zusammenfassung der im Messverfahren betrachteten Dimensionen.

Schutzfaktor »Führung, Identifikation, Innovation und Kultur«
Führung
▪ Hohes Maß an Klarheit in der Richtung
▪ Verständnis dafür, dass in Krisensituationen Entscheidungen ohne ausführliche Rücksprache getroffen werden
▪ Sicherstellen von angemessener Arbeitsbelastung
▪ Hohes Maß an strategischem Denken und Handeln
▪ Führung als Vorbildfunktion
▪ Deutlich erkennbare Verbindung zwischen Führungsverhalten und dem Ziel, die Unternehmensziele zu erreichen
Identifikation der Mitarbeiter
▪ Mitarbeiter fühlen sich verantwortlich für die Handlungsfähigkeit der Organisation
▪ Probleme werden so lange bearbeitet, bis sie gelöst sind
▪ Gute Unterstützung der Mitarbeiter
▪ Gutes Betriebsklima
▪ Mitarbeiter wissen, was zu tun ist
Situationsbewusstsein
▪ Gute Kenntnis über relevante Vorgänge im Markt
▪ Aus Fehlern lernen und das Wissen weitergeben
▪ Mitarbeiter wissen, was im Unternehmen passiert
▪ Die Führungskräfte hören zu, wenn es um Probleme geht
▪ Erfolg in einem Bereich ist ein Erfolg des ganzen Teams
▪ Mitarbeiter sprechen Probleme beim Topmanagement an
Entscheidungsfindung
▪ Mitarbeiter haben Zugang zu Entscheidungsträgern
▪ Zügige Entscheidungsfindung
▪ Entscheidungen werden durch die Person getroffen, die am besten dafür qualifiziert ist
Innovation und Kreativität
▪ Ermunterung der Mitarbeiter, Herausforderungen zu suchen
▪ Fähigkeit, Wissen innovativ anzuwenden
▪ Ermutigung der Mitarbeiter, innovativ und kreativ zu sein

Schutzfaktor »Kollaboration, Vernetzung, Wissen teilen«
Effektive Partnerschaften
▪ Möglichkeit, im Krisenfall auf Ressourcen anderer Organisationen zuzugreifen
▪ Vorhandensein von Krisenplänen für die Unterstützung Dritter
▪ Etablierte Beziehungen zu Organisationen, die im Krisenfall wichtig sind
▪ Bewusstsein und Pflege der Beziehungen zu anderen Organisationen
▪ Verständnis bzgl. der Rolle von Regierungsbehörden im Krisenfall
Wissen teilen
▪ Kenntnis relevanter Informationen für den Krisenfall
▪ Kenntnis wichtiger Ansprechpartner
▪ Wichtige Informationen sind für alle Mitarbeiter leicht verfügbar
▪ Vorhandensein einer funktionierenden Stellvertreterregelung
▪ Bereitschaft, im Bedarfsfall Experten hinzuziehen
Silos überwinden
▪ Rotation von Mitarbeitern über verschiedene Abteilungen
▪ Hohes Maß an Gemeinschaftssinn und Kollegialität
▪ Abwesenheit von Barrieren, die gute Zusammenarbeit verhindern
▪ Gute Zusammenarbeit über Abteilungsgrenzen hinweg
Interne Ressourcen
▪ Vorhandensein ausreichender Ressourcen für Regelbetrieb
▪ Vorhandensein ausreichender Ressourcen für Krisenfall
▪ Bereitstellung benötigter Ressourcen, wenn nötig
Schutzfaktor »Sinn, Veränderungsbereitschaft, Vorbereitung«
Gemeinsamer Sinn und Zweck
▪ Klarheit von Prioritäten im Krisenfall
▪ Prioritäten geben Mitarbeitern Orientierung im Krisenfall
▪ Kenntnis des Mindestmaßes an benötigten Ressourcen
▪ Passung von Handeln und Werten
Proaktive Grundhaltung
▪ Fähigkeit, auf Unerwartetes zu reagieren
▪ Kooperation mit Marktteilnehmern
▪ Fähigkeit, schnell in den Krisenmodus zu wechseln
▪ Evaluation der Gründe, wenn Ziele nicht erreicht werden
▪ Veränderungsfähigkeit der Organisation

▪ Suche nach Möglichkeiten
▪ Positive Grundhaltung
Planungsszenarien
▪ Mittel- und langfristige Planung
▪ Strategieprozess
▪ Angemessene Krisenszenarien
▪ Entwicklung von Krisenszenarien gemeinsam mit Lieferanten
▪ Entwicklung von Krisenszenarien gemeinsam mit Kunden
▪ Krisenszenarien für die Unterstützung der Mitarbeiter
Belastungstests
▪ Angemessene Qualität von Krisenplänen
▪ Durchführung von Belastungstests
▪ Regelmäßige Simulation von Krisenszenarien
▪ Freistellung der Mitarbeiter, um an Simulationen teilzunehmen
▪ Überlebensfähigkeit bei unterbrochener Versorgung
Krisenerfahrung
▪ Relevante Krisenerfahrung des Unternehmens
Daten zur Organisation
Eckdaten
▪ Größe der Organisation
▪ Alter der Organisation
▪ Anzahl der Mitarbeiter
▪ Jährliche Fluktuation
▪ Mitarbeiterzufriedenheit
▪ Existenz eines Backup-Standorts
Finanzen
▪ Liquidität
▪ Verschuldung
▪ Umsatzentwicklung
▪ Profitabilität

Bei der Durchsicht dieser Übersicht ist Ihnen sicherlich aufgefallen, dass ein Großteil der abgefragten Parameter offensichtlich mit der Bewältigung von Naturkatastrophen zu tun hat. Dies ist vor dem Hintergrund zu sehen, dass Neuseeland regelmäßig von Wirbelstürmen und schweren Erdbeben betroffen ist. Solche Ereignisse sind also dort durchaus wahrscheinliche Krisenszenarien.

!

Business Resilience Tool

Unter https://mybook.haufe.de/ (Buchcode: BCP-4554) finden Sie einen Beispielreport des Business Resilience Tools und des Resilience Benchmark Tools von Resilient Organisations.

1.4.2 Ein erster Standard: die ISO 22316

Beeinflusst durch Resilient Organisations und deren Vorarbeit, wurde im März 2017 von der Internationalen Organisation für Normung mit der ISO 22316 erstmals eine Norm für organisationale Resilienz vorgelegt. Das internationale Expertengremium, das die Norm formuliert hat, wurde dabei von dem britischen Risikomanager James Crask geleitet, der für die Nuclear Decommissioning Authority arbeitet, die in Großbritannien den Ausstieg aus der Atomkraft vorantreibt. Im Team vertreten waren Länder wie Großbritannien, die USA, Australien, Neuseeland und Japan, also viele Nationen, die mit Naturkatastrophen zu tun haben.

Im Gegensatz zu vielen anderen Normen, die eher vage bleiben, nennt die ISO 22316 insgesamt neun konkrete Faktoren, die zur Verbesserung der organisationalen Resilienz beitragen. Sie orientieren sich in manchen Teilen an den Dimensionen des Benchmark Resilience Tool, während sie in anderen darüber hinausgehen. Die ISO 22316 beruht dabei auf der britischen Norm BS65000, die sich ebenfalls mit organisationaler Resilienz befasst, aber ein sehr viel reaktiveres Verständnis dieser Kompetenz hat. Die Resilienz von Unternehmen wird hier definiert als die Fähigkeit, sowohl plötzlich auftretende als auch sich langfristig ankündigende Ereignisse zu antizipieren, sich darauf einzustellen und angemessen zu reagieren. Das interdisziplinäre Team von Fachleuten aus den Bereichen Risikomanagement, Business Continuity Management, Change-Management und Personalwirtschaft brauchte unter Crasks Leitung vier Jahre intensiven Diskutierens, um sich auf ein gemeinsames Verständnis der Kompetenz an sich sowie gewisser Grundsätze zu einigen. Hier eine kurze Zusammenfassung der herausgearbeiteten Schutzfaktoren organisationaler Resilienz:

- Schutzfaktor »Gemeinsame Vision und Klarheit über den Unternehmenssinn«: Eine resiliente Organisation teilt auf allen Hierarchieebenen eine gemeinsame Vision, hat gemeinsame Ziele und Werte und versteht den Nutzen von Resilienz-Management.

- Schutzfaktor »Umfeld verstehen und beeinflussen«: Ein umfassendes Verständnis des internen und externen Umfelds einer Organisation hilft dabei, sinnvolle strategische Entscheidungen zu treffen, die die Resilienz einer Organisation beeinflussen.
- Schutzfaktor »Effektive und empowerte Führung«: Führung, die andere dazu ermutigt, in Zeiten von Unsicherheit und Störungen Verantwortung zu übernehmen, stärkt die Widerstandsfähigkeit einer Organisation.
- Schutzfaktor »Kultur, die der organisationalen Resilienz förderlich ist«: Gemeinsame Überzeugungen und Werte sowie förderliche Einstellungen und Verhaltensweisen, die eine Kultur des Miteinanders fördern, stärken die organisationale Resilienz.
- Schutzfaktor »Teilen von Erfahrungen und Wissen«: Erfahrungen, die angemessen verbreitet und geteilt werden, ermöglichen und fördern das Lernen voneinander. Das gleiche gilt für Wissen.
- Schutzfaktor »Verfügbarkeit von Ressourcen«: Schwachstellen im Betriebsablauf sollten durch Ressourcen wie Arbeitskraft, Technologie, Informationen und finanzielle Mittel dafür gerüstet werden, sich an veränderte Rahmenbedingungen anzupassen.
- Schutzfaktor »Förderung und Abstimmung von Funktionsbereichen«: Die Ausgestaltung, Förderung und Abstimmung von Funktionsbereichen und ihre Ausrichtung an den strategischen Zielen der Organisation sind von grundlegender Bedeutung für die Verbesserung der organisationalen Resilienz.
- Schutzfaktor »Unterstützung von kontinuierlicher Verbesserung«: Wenn Unternehmen ihre Leistung kontinuierlich anhand vorher festgelegter Kriterien überwachen, um zu lernen und Gelegenheiten zur Verbesserung zu nutzen, dann fördern sie eine Kultur der kontinuierlichen Verbesserung, die alle Mitarbeiter umfasst.
- Schutzfaktor »Fähigkeit, Veränderungen vorauszusehen und zu managen«: Die organisationale Resilienz wird verbessert, wenn eine Organisation Änderungen vorhersehen, planen und darauf reagieren kann.

Damit hätten wir also zwei Ansätze zu möglichen Wirkfaktoren in Bezug auf organisationale Resilienz identifiziert. Doch halten diese auch der Realität stand? Werfen wir dazu einen Blick in die empirische Forschung.

1.4.3 Empirische Ansätze: die ORES-Resilienz-Studie 2018

Der internationale Berufsverband ORES (Verband für Organisationale Resilienz) ist ein Think Tank, der 2017 von führenden Expertinnen und Experten auf dem Gebiet der individuellen und organisationalen Resilienz aus Deutschland,

Österreich und der Schweiz gegründet wurde. Ziel dieser Non-Profit-Organisation ist es, den Erkenntnisstand im Bereich der Widerstandsfähigkeit und Langlebigkeit von Organisationen durch eigene Forschung und internationalen Expertenaustausch zu vertiefen.

Von Februar bis April 2018 führte ORES eine erste internationale Studie durch, die zum Ziel hatte, empirisch Faktoren zu ermitteln, welche die Resilienz von Unternehmen fördern oder potenziell auch gefährden können. Ein zentrales Anliegen dieser ersten Studie, bei der sowohl Mitarbeiter als auch Führungskräfte befragt wurden, war es dabei, ausgehend von den identifizierten Faktoren geeignete Maßnahmen vorschlagen zu können, mit denen Resilienzaspekte von Organisationen gezielt gefördert werden. Durch eine erneute spätere Befragung soll dann die Wirksamkeit dieser Maßnahmen nachgewiesen werden können. Als Teil des Vorstandes von ORES hatte ich das Vergnügen, an dieser spannenden Studie mitwirken zu dürfen.

!

Beispiel: Die ORES-Resilienz-Studie 2018

An der ORES-Studie nahmen insgesamt 387 Personen teil, wovon 180 den Fragebogen vollständig beantworteten. Davon waren mit 47% knapp die Hälfte in Management-Positionen. Fast drei Viertel der Probanden waren zwischen 40 und 59 Jahren alt. Der Anteil an Frauen betrug 61%. Die meisten Rückmeldungen kamen aus Deutschland, Österreich und der Schweiz, aber auch die Niederlande, Großbritannien, China und die USA waren vertreten. Sowohl die Art als auch die Größe der Organisationen variierten dabei stark, wie in den Grafiken 060 und 061zu sehen ist.

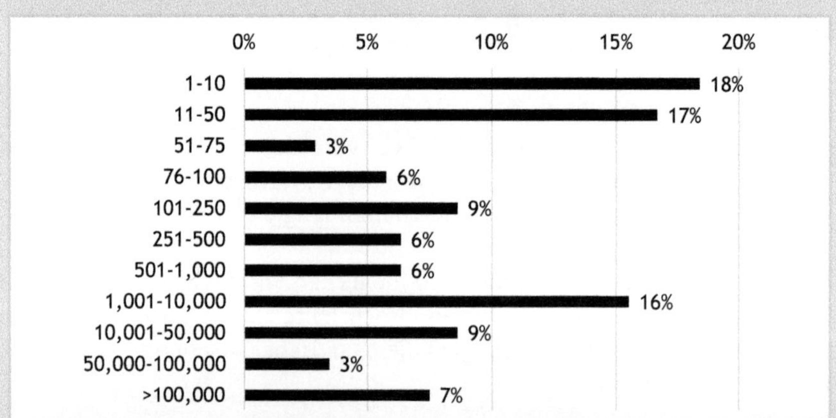

Grafik 060: Segmentierung nach Anzahl der Mitarbeiter im Unternehmen (Quelle: Eigene Darstellung nach ORES-Resilienz-Studie 2018)

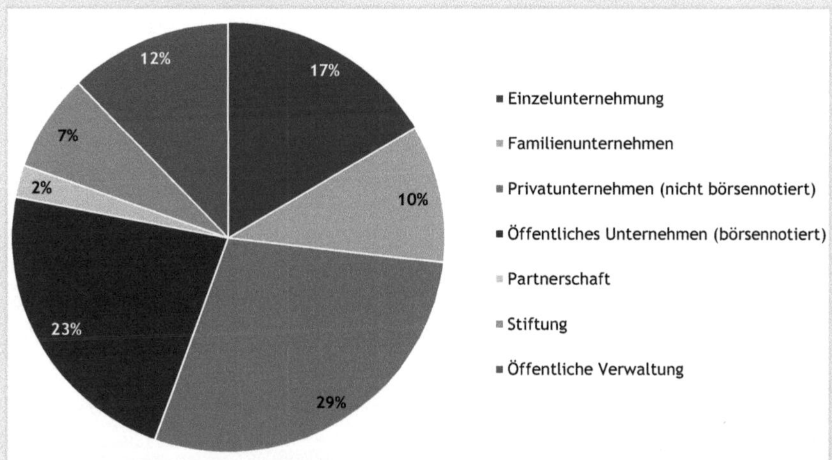

Grafik 061: Segmentierung nach Organisationsform des Unternehmens (Quelle: Eigene Darstellung nach ORES-Resilienz-Studie 2018)

Die Studienteilnehmer wurden zunächst gebeten, anhand von fünf Fragen einzuschätzen, wie es um die vergangene, aktuelle und zukünftige Widerstandsfähigkeit ihres Unternehmens auf einer Skala von 1 bis 5 bestellt ist. Dabei zeigte sich, dass das Maß, wie die Befragten die organisationale Resilienz einschätzten, mit steigender Hierarchieebene im Unternehmen signifikant zunahm. Im Topmanagement lag sein Wert bei 4,2; im Mittel lag er bei 3,7. Dies kann daran liegen, dass das Management einen besseren Überblick und einen unmittelbareren Zugang zu relevanten Informationen hat. Eine andere mögliche Erklärung wäre ein Effekt sozialer Erwünschtheit, bei dem die Auswirkung des eigenen Führungsverhaltens auf die Resilienz des Unternehmens positiver eingeschätzt wird als von Mitarbeitern auf niedrigeren Hierarchieebenen.

In einem nächsten Schritt wurde mittels offener Fragen erhoben, welche qualitativen Faktoren aus Sicht der teilnehmenden Personen die organisationale Resilienz in ihrem Unternehmen fördern oder gefährden. Mithilfe dieses Ansatzes sollte eine möglichst breite Anzahl an unverfälschten subjektiven Einschätzungen erfasst werden, um zunächst möglichst viele potenzielle Einflussfaktoren identifizieren zu können. Hierbei fiel auf, dass generell die Schutzfaktoren für organisationale Resilienz von den Teilnehmern vor allem im Inneren der Organisation wahrgenommen werden (z. B. in den Bereichen Führung, Sinn oder Fehlerkultur), wohingegen resilienzschwächende Faktoren in höherem Maße im Umfeld der Organisation verortet werden (z. B. Digitalisierung, Markt, Politik). Zusätzliche Themenbereiche, die häufig als förderlich für organisationale Resilienz genannt wurden, waren »Engagement und Motivation der MitarbeiterInnen« sowie »Zusammenhalt/Teamgeist«. Als Risikofaktoren dagegen wurden Themen benannt, die unter dem Begriff »Arbeitsüberlastung« zusammengefasst werden können, sei es in Form von Zeitnot, steigender Komplexität oder zunehmender Arbeitsmenge.

Im dritten Schritt wurden den Studienteilnehmern schließlich 83 Aussagen präsentiert, die auf verschiedene typische Kommunikations- und Verhaltensmuster sowie innere Einstellungen und Ressourcenverfügbarkeiten in ihrem Unternehmen abzielten. In der Auswertung wurde dann unter anderem überprüft, welche dieser Items mit einer hohen wahrgenommenen Resilienz des eigenen Unternehmens korrelieren. Dafür wurden alle Datensätze betrachtet, bei denen die subjektiv wahrgenommene Widerstandsfähigkeit des Unternehmens ausgesprochen hoch war. Dann wurden diejenigen der 83 Items ausgewählt, deren Antwortwerte auf der oberen Hälfte der Skala lagen. Hier wurde ein kausaler Zusammenhang unterstellt, weswegen die Aussagen zu Schutzfaktoren (Resilienzprinzipien) zusammengefasst wurden. Nach dem gleichen Verfahren wurde verprobt, welche Aussagen mit einer niedrigen Widerstandsfähigkeit zusammenfallen. Aus diesen wurden die Risikofaktoren (Krisenmechanismen) abgeleitet.

Mit diesem empirischen Ansatz sollten auch die Vorarbeiten von Resilient Organisations und der Standard der ISO 22316 auf deren Stichhaltigkeit hin überprüft werden. Es gelang, die folgenden Faktoren als Resilienzprinzipien zu identifizieren.

Resilienzprinzipien
Schutzfaktor »Gelebte Unternehmensvision und -strategie«
▪ Strategieentwicklung als kontinuierlicher, bereichsübergreifender Prozess
▪ Unternehmensvision und -strategie wird wahrnehmbar gelebt
▪ Mitarbeiter erleben Tätigkeit als sinnstiftend
▪ Mitarbeiter identifizieren sich in hohem Maße mit dem Unternehmen
Schutzfaktor »Ausgeprägter Fokus auf das Organisationsumfeld«
▪ Führungskräfte wollen verstehen, wie sich das Marktumfeld verändert
▪ Unternehmen geht sinnvolle strategische Allianzen ein
Schutzfaktor »Wertschätzende und vertrauensvolle Führung«
▪ Bei Entscheidungen wird auf das Wissen von Experten zurückgegriffen
▪ Freiraum für Mitarbeiter, Verantwortung zu übernehmen
▪ Mitarbeiter haben Spielraum für die Umsetzung eigener Ideen
▪ Mitarbeiter sehen klare Verbindung zwischen eigener Leistung und Unternehmenserfolg
▪ Mitarbeitern ist klar, was von ihnen erwartet wird

Resilienzprinzipien
Schutzfaktor »Konstruktive Kultur«
▪ Ausgeprägte psychologische Sicherheit
▪ Familiäre und gesundheitliche Situation von Mitarbeitern wird gebührend berücksichtigt
▪ Mitarbeiter erfahren für ihren Einsatz angemessene Wertschätzung
▪ Offene, transparente, bereichsübergreifende Kommunikationskultur
▪ Existenz von Regeln für den Umgang miteinander, die bei Bedarf überprüft werden
Schutzfaktor »Fokus auf Lernen und Weiterentwicklung«
▪ Fehler werden als Möglichkeit gesehen zu lernen
▪ Regelmäßiger Einsatz von Feedback zur Weiterentwicklung
▪ Systematische Qualifikation von Führungskräften
▪ Unterstützung von Mitarbeitern bei der Weiterentwicklung persönlicher Kompetenzen
Schutzfaktor »Verfügbarkeit von Reserven und Redundanzen«
▪ Es gibt Reserven, die bei Bedarf mobilisiert werden können
Schutzfaktor »Effektive Kollaboration«
▪ Abteilungsübergreifende Zusammenarbeit auch in Krisenzeiten
▪ Führungskräfte unterstützen gemeinschaftliche Entscheidungsprozesse
Schutzfaktor »Gutes Maß an Diversität«
▪ Diversität in der Teamzusammenstellung
▪ Förderung unterschiedlicher Herangehensweisen
Schutzfaktor »Stark ausgeprägte Anpassungsfähigkeit«
▪ Arbeitsabläufe werden in Krisensituationen flexibel angepasst
▪ Flexible Anpassungen an Veränderungen in der Organisation
▪ Nutzung von Arbeitsmethoden, die dabei helfen, sich situativ anzupassen
▪ Offenheit für neue Ideen und unkonventionelle Lösungen
Schutzfaktor »Positive Reputation«
▪ Positiver Ruf des Unternehmens in der Gesellschaft
▪ Produkte/Dienstleistungen des Unternehmens sind gut für die Gesellschaft
▪ **Schutzfaktor »Hohes Maß an Verbindlichkeit«**
▪ Getroffene Vereinbarungen werden umgesetzt

Die Ergebnisse der ORES-Studie stimmen in hohem Maße mit den Resilienzdimensionen überein, die in der ISO 22316 genannt wurden. Tatsächlich konnten alle Faktoren der ISO-Norm implizit reproduziert werden. Einige Resilienzprinzipien der ORES-Studie gingen zudem über die Erkenntnisse der ISO-Norm hinaus. Dazu zählen die Diversität von Teams und eine stark ausgeprägte Anpassungsfähigkeit der Organisation. Interessanterweise spielt auch die positive Reputation eines Unternehmens eine zentrale Rolle für seine Widerstandsfähigkeit, genauso wie ein hohes Maß an Verbindlichkeit, was die Umsetzung von getroffenen Entscheidungen angeht. Sehr viele Parallelen bestehen auch zu den Resilienz-Dimensionen, die von Resilient Organisations ermittelt wurden. Einzig die Wichtigkeit von Krisenszenarien und Belastungstests, die sich, wie bereits erwähnt, vor allem auf die Vorbereitung auf Naturkatastrophen beziehen, konnte durch die ORES-Studie nicht reproduziert werden.

Im Gegensatz zu ihren Vorläufern beschäftigte sich die ORES-Studie auch mit solchen Faktoren, die nur in ihrer negativen Ausprägung korrelieren, also die der Resilienz vor allem abträglich sind, wenn sie fehlen, ohne sich jedoch zwingend positiv auf Resilienz auszuwirken, wenn sie in hohem Maße vorhanden sind. Die folgenden Krisenmechanismen wurden identifiziert.

Krisenmechanismen
Risikofaktor »Nicht gelebte Unternehmensvision und -strategie«
▪ Ineffektive Unternehmensvision und -strategie
▪ Unternehmensvision und -strategie wird nicht wahrnehmbar gelebt
▪ Fehlendes Vertrauen in die Erreichbarkeit der Unternehmensziele
Risikofaktor »Mangelnder Fokus auf das Organisationsumfeld«
▪ Mangelnde Antizipation von Veränderungen des externen Organisationsumfelds
Risikofaktor »Mangelhafte Führung«
▪ Auswahl von Führungskräften basiert nicht auf Fähigkeit zur Menschenführung
▪ Führungskräfte sind mangelhafte Vorbilder
▪ Führungsverhalten ist nicht transparent und an gemeinsamen Werten orientiert
▪ Mitarbeiter sehen keine Verbindung zwischen eigener Leistung und Unternehmenserfolg
Risikofaktor »Destruktive Kultur«
▪ Mangelnde psychologische Sicherheit
▪ Fehler dürfen nicht passieren

Krisenmechanismen
Risikofaktor »Mangelnde Kollaboration«
▪ Mangelnde bereichsübergreifende Zusammenarbeit
Risikofaktor »Mangelnde Diversität«
▪ Unausgewogene Geschlechterverteilung in Teams
Risikofaktor »Mangelnde Anpassungsfähigkeit«
▪ Fehlende Fähigkeit des Unternehmens, sich an veränderte Umfeldbedingungen anzupassen
▪ Fehlender Fokus auf die Entwicklung und Umsetzung neuer Ideen
▪ Mangelhafte Umsetzung von Veränderungsmaßnahmen

Hierbei fällt auf, dass sich erwartungsgemäß praktisch alle Risikofaktoren auch als negative Ausprägung von Schutzfaktoren verstehen lassen. Es gibt allerdings auch Ausnahmen. So tauchte z.B. die »Fähigkeit zur Antizipation von Veränderungen des externen Organisationsumfelds« nicht explizit als Schutzfaktor auf. Auch die »Eignung und Vorbildfunktion von Führungskräften« fehlte als Schutzfaktor. Ich denke, Sie werden mir jedoch zustimmen, dass beide Faktoren in der negativen Ausprägung als Risikofaktoren völlig plausibel und nachvollziehbar sind.

ORES-Resilienz-Studie 2018 !

Unter https://mybook.haufe.de/ (Buchcode: BCP-4554) finden Sie die Fragen der ORES-Resilienz-Studie 2018.

Soweit also zu den ersten Definitionsversuchen von organisationaler Resilienz und deren empirischer Überprüfung. Lassen Sie uns nun noch mit ein paar Missverständnissen in diesem Kontext aufräumen, bevor wir zu der Frage kommen, was das Immunsystem von Unternehmen stärkt.

1.5 Missverständnisse rund um organisationale Resilienz

Richtiges Auffassen einer Sache und Mißverstehn der gleichen Sache schließen einander nicht vollständig aus.
(Franz Kafka, österreichischer Schriftsteller, 1883 bis 1924)

Das Konzept der organisationalen Resilienz wird von vielen Fachleuten unterschiedlich aufgefasst, weshalb es auch vier Jahre gebraucht hat, um sich auf die zuvor genannten Faktoren zu einigen. Da es sich hierbei nicht um eine Naturwissenschaft im engeren Sinne handelt, lassen sich ihre Wirkfaktoren nicht theoretisch beweisen. Vielmehr werden in so einem Fall aus verschiedenen Beobachtungen und Erfahrungswerten Thesen abgeleitet, um dann zu versuchen, sie empirisch am lebenden Objekt, also anhand von echten Organisationen, zu überprüfen und bei Bedarf anzupassen. Das ist in der Realität gar nicht so einfach, da Unternehmen Systeme mit komplexen Wirkzusammenhängen sind, deren Resilienz sich erst im Laufe von vielen Jahren oder gar Jahrzehnten manifestiert. Es ist also durchaus anspruchsvoll, empirisch nachzuweisen, dass etwas wirkt. Was die Definition an sich angeht, so lässt sich allerdings mit ein wenig Verständnis der Wirkungsweise von Systemen und unter Zuhilfenahme von Logik ein eher richtiger Ansatz von einem eher falschen Ansatz unterscheiden.

1.5.1 Missverständnis Nr. 1: Unternehmen sind resilient, wenn die Unternehmensleitung die individuelle Resilienz von Mitarbeitern fördert

Das häufigste Missverständnis, das uns im Kontext der Widerstandsfähigkeit von Unternehmen begegnet, ist die Annahme, resiliente Unternehmen seien aus der Sicht der Mitarbeiter automatisch der Himmel auf Erden und es werde dort alles für ihr Wohlbefinden und die seelische und körperliche Gesundheit getan, von Obstkörben über die Rückenschule bis hin zu Resilienzprogrammen. Das ist zweifelsohne eine schöne Vorstellung – sie greift aber zu kurz. Bei organisationaler Resilienz geht es um die Langlebigkeit, Widerstandsfähigkeit und Anpassungsfähigkeit der Organisation an sich, und eben nicht um individuelle Resilienz. Durch die Verwechslung von Input und Output entstehen so Betrachtungsweisen, die der Realität nicht gerecht werden.

Wenn ein Unternehmen sich beispielsweise kostenintensiv für die Gesundheit der Mitarbeiter engagiert, aber aufgrund schlechten Wirtschaftens nach wenigen Jahren aufgeben muss, dann war die Organisation an sich augenscheinlich nicht resilient. Ähnlich verhält es sich auch mit Schulungen, um die individuelle Toleranz der Mitarbeiter für Widrigkeiten zu erhöhen. Solche Resilienztrainings und -coachings sind in vielen Unternehmen aktuell sehr gefragt, was man zunächst einmal positiv bewerten möchte, da sie eine gewisse Öffentlichkeit und Sensibilisierung für das Thema schaffen. Als Praktiker und Anbieter solcher Workshops muss ich allerdings einwenden, dass es äußerst fraglich ist, ob sich die individuelle Widerstandsfähigkeit einer Person wirklich nachhaltig durch einen ein- oder zweitägigen Workshop verbessern lässt, ohne dass sich am System Unternehmen selbst etwas ändert. Sicherlich lassen sich in solchen Veranstaltungen Wirkzusammenhänge erklären und Techniken vermitteln. Doch grundlegende Persönlichkeitseigenschaften und tiefliegende psychologische Antreiber lassen sich durch eine solche Schulung mit Sicherheit nicht grundlegend verändern. Gleiches gilt für mangelnde Wertschätzung im Umgang miteinander und eine Arbeit, die eventuell sinnlos erscheint. Um diese Missstände zu ändern, bedarf es einer wesentlich langfristigeren und ganzheitlicheren Beschäftigung mit dem Thema, die beispielsweise durch ein Coaching oder eine Organisationsentwicklung begleitet wird. Auch regelmäßiges Praktizieren von Achtsamkeit über einen längeren Zeitraum würde eine gute Ergänzung darstellen.

Wird also der Fortbestand eines Unternehmens durch Resilienztrainings der Mitarbeiter hinreichend und vor allem langfristig sichergestellt? Nein, eher nicht. Sie werden mir sicherlich zustimmen, dass Resilienztrainings alleine nicht den Fortbestand einer Firma gewährleisten können. Kann ein Unternehmen langfristig bestehen, auch wenn die Mitarbeiter nicht in Resilienz trainiert werden? Ja, ich denke, das ist der Fall. Resilienz-Workshops haben zwar ohne Frage viele Vorteile. Zahllose Unternehmen zeigen allerdings, dass es auch ohne solche Workshops geht.

1.5.2 Missverständnis Nr. 2: Unternehmen sind resilient, wenn die Mitarbeiter resilient sind

Mal abgesehen davon, dass die individuelle Resilienz der Mitarbeiter in einem Unternehmen nicht ganz so einfach zu messen oder zu verbessern ist und es zudem unwahrscheinlich ist, dass wirklich alle Mitarbeiter resilient sind oder werden, könnte hier ein möglicher Zusammenhang bestehen. Doch wie verhalten sich eigentlich resiliente Mitarbeiter? Wie wir noch sehen werden, verfügen diese über eine gute Selbstwahrnehmung und eine ausgeprägte Selbststeuerung. Resiliente Mitarbeiter sind ressourcenreich und haben Zugang zu ihrer Kreativität, was beispielsweise gut für die Innovationsfähigkeit von Unternehmen ist. Sie sind also wichtig, damit ein Unternehmen langfristig erfolgreich sein kann. Ohne solche Mitarbeiter wird es schwer sein, flexibel auf die Anforderungen des Marktes zu reagieren und notwendige Veränderungen zügig umzusetzen. Doch die entscheidende Frage ist noch offen: Ist die langfristige Widerstandsfähigkeit eines Unternehmens gewährleistet, wenn alle Mitarbeiter resilient sind und sonst nichts in Bezug auf organisationale Resilienz unternommen wird? Die Antwort darauf lautet »Nein«. Als alleiniger Schutzfaktor taugen resiliente Mitarbeiter nicht. Beispielsweise könnte das Unternehmen Produkte entwickeln, die keiner kauft oder schlecht wirtschaften und daher gezwungen sein, Insolvenz anzumelden. Resiliente Mitarbeiter sind also eine notwendige, aber keine hinreichende Voraussetzung für den langfristigen Fortbestand eines Unternehmens.

1.5.3 Missverständnis Nr. 3: Unternehmen sind resilient, wenn Führungskräfte resilienzorientiert führen

Resilienzorientierte Führung sieht den ganzen Menschen mit all seinen Stärken und Limitierungen und ist bemüht, die verschiedenen neurobiologischen Grundbedürfnisse einer Person möglichst individuell anzusprechen. Dies erzeugt Vertrauen und Identifikation und sorgt für eine nachhaltig gute Leistungsfähigkeit, ohne dass Mitarbeiter auf Dauer an deren Grenzen agieren müssen. Ist eine solche Art von Führung wichtig, damit ein Unternehmen langfristig erfolgreich sein kann? In der langfristigen Betrachtung ist ein solcher Zusammenhang durch verschiedene Studien belegt, wie die Grafik 062 verdeutlicht.

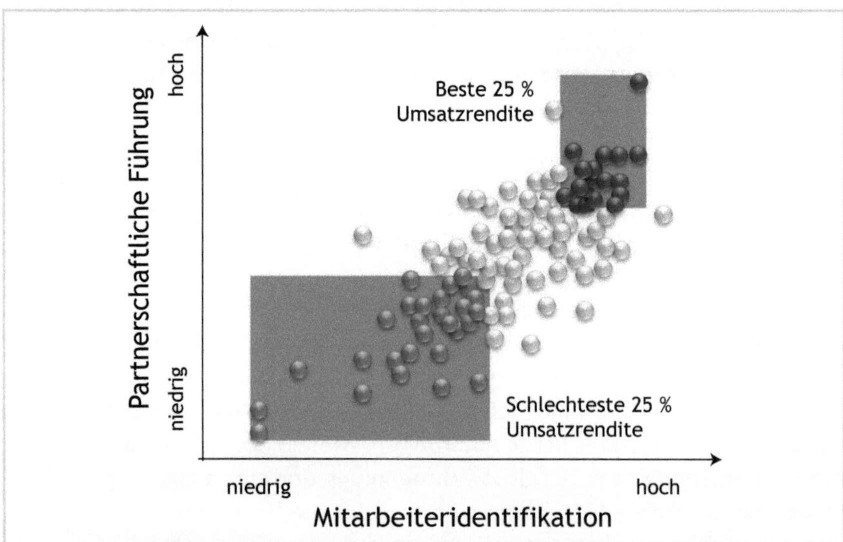

Grafik 062: Zusammenhang von Führungsstil, Mitarbeiteridentifikation und Umsatzrendite (Quelle: Dr. Franz Netta, VP HR Bertelsmann, 2007, HSI-Vortrag »Partizipation, Gesundheit und wirtschaftlicher Erfolg«)

Der Bertelsmann-Konzern ist mit einem Umsatz von knapp 17 Milliarden Euro eines der weltweit größten Medienunternehmen. Bei einer Untersuchung der Profitabilität der 163 größeren Tochterfirmen im Jahr 2007 stellte sich heraus, dass Tochtergesellschaften mit einer stark ausgeprägten partnerschaftlichen Führung und einer hohen Identifikation der Mitarbeiter mit dem Unternehmen die beste Umsatzrendite aufwiesen.

Kann aber ein Unternehmen auch ohne resilienzorientierte Führung langfristig bestehen? Ich fürchte, die Frage muss wohl bejaht werden, denn heute sind auch viele Unternehmen erfolgreich, die in keinster Weise nach resilienzfördernden Prinzipien geführt werden. Ist der langfristige Erfolg eines Unternehmens gewährleistet, wenn alle Führungskräfte ihre Mitarbeiter nach den Prinzipien der Resilienz anleiten und sonst nichts in Bezug auf organisationale Resilienz unternommen wird? Nein, das wäre sicher nicht ausreichend, denn betriebswirtschaftliche Kennzahlen, Prozessqualität und das Vernetzen mit anderen Unternehmen am Markt spielen dafür eine ebenso wichtige Rolle. Resilienzorientierte Führung ist daher für den langfristigen Fortbestand einer Organisation absolut sinnvoll, für sich allein betrachtet wird sie ein Unternehmen allerdings langfristig nicht widerstandsfähig machen können.

1.5.4 Missverständnis Nr. 4: Unternehmen sind resilient, wenn sie agile Methoden einsetzen

Was haben Scrum, Barcamps, Hackathons, Teams of 10 und Design Thinking gemeinsam? Sie sind Methoden und Techniken des agilen Arbeitens. Agiles Arbeiten ist zurzeit angesagt und hip, gilt es doch als Wunderwaffe, um erstarrte Unternehmen flexibel und zukunftsfähig zu machen. Agile Methoden versuchen unerwartete Abweichungen im Projektablauf und spontane Änderungen von Kundenwünschen nicht etwa zu vermeiden. Im Gegenteil: Sie sorgen dafür, dass Fehler oder Missverständnisse kurzfristig korrigiert werden können, wodurch die negativen Auswirkungen jedes einzelnen Fehlers und jeder Änderung gering bleiben. Ein anderer Aspekt des agilen Arbeitens ist die Selbstorganisation der Teams als Gegenansatz zu Anweisung und Überwachung »von oben«. Dazu gehört beispielsweise auch, dass Aufgaben nicht durch einen Projektleiter verteilt, sondern von den Teammitgliedern flexibel und eigenverantwortlich nach dem Pull-Prinzip übernommen werden, ganz nach Kapazität, Schaffensdrang, individueller Expertise und inhaltlicher Präferenz. Agile Arbeitsformen kommen ursprünglich aus IT-Projekten und haben sich von dort in andere Unternehmensbereiche ausgebreitet. Ich werde im Kapitel »Von agilen Unternehmen lernen« noch genauer auf den Mehrwert von agilen Arbeitsweisen eingehen.

Ist aber agiles Arbeiten wichtig, damit ein Unternehmen langfristig erfolgreich sein kann? Es ist sicherlich in vielen Bereichen hilfreich, denn es unterstützt dabei, Innovationszyklen zu verkürzen, die Kosten von Fehlern zu verringern und Fehlinvestitionen zu vermeiden. Hinreichendes Augenmaß bezüglich des Anwendungsbereichs vorausgesetzt, ließe sich die Frage also bejahen. Kann eine Organisation ohne agile Methoden langfristig bestehen? Ein kurzer Seitenblick in Richtung Bundeswehr und Kirche zeigen mit großer Deutlichkeit, dass es abhängig von der Unternehmensintention auch ohne agile Methoden und Techniken geht. Im Kapitel »Wie sich die Resilienz von Unternehmen beeinflussen lässt« werde ich noch näher auf dieses Thema zurückkommen, da es für das Verständnis von Organisationen von zentraler Bedeutung ist. Ist der langfristige Erfolg eines Unternehmens gewährleistet, wenn in sinnvollem Maße nach agiler Methodik gearbeitet wird und man sonst nichts für die organisationale Resilienz tut? Auch diese Frage lässt sich mit einem klaren Nein beantworten. Ein Produktionsunternehmen, das einen hohen Automatisierungsgrad hat, wird beispielsweise in der Entwicklungsabteilung durchaus von agilen Methoden profitieren, aber nicht notwendigerweise in der Fertigung. Agile Arbeitsformen sind daher kein Allheilmittel, sondern haben einen typischen Anwendungsbereich, in dem sie echte Verbesserungen ermöglichen und sich positiv auf die organisationale Resilienz auswirken.

Zusammenfassung

Das Konzept der Resilienz gilt gleichermaßen für Individuen, Teams und auch Organisationen. Auch wenn alle diese Einheiten jeweils als System verstanden werden können und es deshalb auch gewisse allgemeine Resilienzprinzipien gibt, die übertragbar sind, so bestehen doch auch deutliche Unterschiede. Die Forschung zur individuellen Resilienz orientiert sich eher an psychologischen und medizinischen Konzepten, während die Erkenntnisse zur Resilienz von Organisationen sich eher aus der Soziologie, Systemtheorie und Ökonomie herleiten. Zwischen System und Individuum befindet sich das sogenannte Resilienzumfeld, also beispielsweise Teams oder Arbeitsgruppen, die als eine Mischform aus systemischen und individuellen Resilienzaspekten verstanden werden und mit den Konzepten der organisationalen Energie und der neurobiologischen Grundbedürfnisse näher erschlossen werden können. Wieder andere Ansätze gelten, wenn es um die Definition und inhaltliche Ausgestaltung des Konzepts der organisationalen Resilienz geht.

2 Was das Immunsystem von Unternehmen stärkt

Was mich nicht umbringt, macht mich stärker.
(Friedrich Wilhelm Nietzsche, deutscher Philosoph, 1844 bis 1900)

Was macht Unternehmen widerstandsfähig gegen die Rückschläge und Krisen einer Marktumgebung, die immer weniger vorhersehbar ist? Wie können Organisationen im Angesicht der gesellschaftlichen Herausforderungen, vor die uns die vierte industrielle Revolution stellt, ihre Stabilität sicherstellen und dabei gleichzeitig anpassungsfähig sein? Welche universellen Resilienzprinzipien lassen sich anwenden? Was macht reale Unternehmen langlebig und krisenstabil? Werfen wir einen Blick ins Innerste des Unternehmens: in sein Immunsystem.

2.1 Das alles Entscheidende: die Intention bzw. die Primärmotive

Eine Organisation kann sich nicht über die Entwicklungsstufe ihrer Führung hinaus entwickeln.
(Frederic Laloux, belgischer Unternehmensberater und Autor)

Lassen Sie mich dieses Kapitel mit einer These starten: Ich behaupte, dass die Faktoren, welche die Fähigkeit einer Organisation beeinflussen, mit krisenhaften Veränderungen angemessen umzugehen, sich je nach Unternehmensintention deutlich unterscheiden. Mit den verschiedenen Intentionen oder auch Primärmotiven haben wir uns im Kapitel »Wie sich Unternehmen entwickeln« bereits näher beschäftigt; in der Grafik 063 sind sie noch einmal zur Erinnerung dargestellt.

Was eine traditionelle Organisation langlebig macht, ist nicht zwingend das gleiche, was die Krisenelastizität einer postmodernen Organisation verbessert. Während z.B. auf einem Flugzeugträger, einer ziemlich traditionellen Organisationsform, Routineabläufe und mögliche Abweichungen davon immer wieder durchgespielt und optimiert werden müssen, um für alle Eventualitäten gerüstet zu sein, geht es bei vielen postmodernen Organisationen eher darum, schneller und flexibler mithilfe technischer Innovationen neue Produkte und Dienstleistungen zu entwickeln und diese rascher am Markt zu platzieren als der Wettbewerb. Während aus Fehlern in traditionellen Organisationen schnell eine Krise werden kann, sind Fehler in postmodernen Unternehmen eine durchaus erwünschte Nebenwirkung von Kreativität und Innovation.

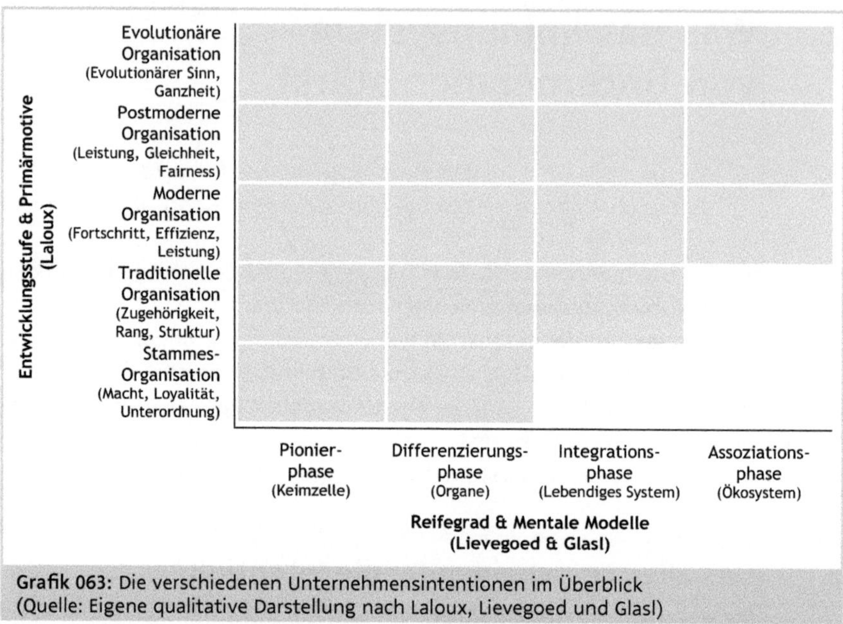

Grafik 063: Die verschiedenen Unternehmensintentionen im Überblick (Quelle: Eigene qualitative Darstellung nach Laloux, Lievegoed und Glasl)

Was eine moderne Organisation dazu bringt, mit chaotischen Marktbedingungen gut zurechtzukommen, unterscheidet sich grundlegend von den Faktoren, die eine evolutionäre Organisation resilient machen. In der modernen Organisation hängt die Langlebigkeit unter anderem davon ab, wie gut es gelingt, Unternehmensabläufe zu standardisieren und damit skalierbar zu machen. Dagegen geht es bei einer evolutionären Organisation im Wesentlichen darum, gemeinsam einen sinnvollen Weg zu finden, Menschlichkeit und ein ganzheitliches Verständnis der Welt so mit Leistung zu kombinieren, dass eine Organisation mit starker innerer Kohäsion entsteht. Da sich die Unternehmensintentionen verschiedener Organisationsformen unterscheiden und damit auch ihre zugrundeliegenden Wertesysteme und Sichtweisen, ist es nur naheliegend, dass zumindest einige Resilienzfaktoren deutlich voneinander abweichen, was wir im folgenden Kapitel auch noch sehen werden.

Gleichwohl, und dies ist eine weitere These, gibt es aber auch Faktoren organisationaler Resilienz, die universeller Natur sind. Sie haben für Organisationen mit verschiedenen Intentionen gleichermaßen Gültigkeit. Dazu gehören z.B. die Prinzipien Redundanz und Diversität. Diese These werden wir im Kapitel »Das FiRE-Modell der organisationalen Resilienz« noch auf ihre Stichhaltigkeit überprüfen.

Doch zunächst werden wir uns insbesondere sechs Gruppen von Unternehmen und Organisationen genauer anschauen, um in ihnen herrschende Resilienzprinzipien und Krisenmechanismen identifizieren zu können.

Eine faszinierende Gruppe von Organisationen sind die ältesten Unternehmen der Welt als ein Beispiel für traditionelle Organisationen. Wussten Sie beispielsweise, dass es bis vor rund zehn Jahren noch ein Unternehmen gab, das mehr als 1.400 Jahre alt war? Zeitlich fiel seine Gründung mit dem Untergang des Römischen Reiches und dem Beginn des Mittelalters in Europa zusammen. Man sollte vermuten, dass Firmen wie diese wirklich etwas von Resilienz verstehen, denn wie sonst hätten sie so lange überdauern können? Doch was zeichnet diese Organisationen aus? Was haben sie gemeinsam und was lässt sich von ihnen heute lernen?

Eine weitere Gruppe von spannenden Organisationen ist in Bereichen tätig, in denen keine Fehler passieren dürfen, da sonst die Gesundheit und das Leben vieler Menschen auf dem Spiel stehen. Zu diesen sogenannten High Reliability Organizations zählen beispielsweise Krankenhäuser, Kernkraftwerke oder Flugzeugträger, die ebenfalls im Sinne der Unternehmensintention allesamt zu den traditionellen Organisationen gehören. Diese Systeme sind insbesondere wegen der ausgeprägten Lernkultur und der Einstellung aller Beteiligten zur systematischen Erkennung und nachhaltigen Vermeidung von Fehlern interessant.

Unternehmen, die wir in diesem Kapitel ebenfalls betrachten, sind diejenigen, die über einen langen Zeitraum von einem Jahrzehnt und mehr nicht nur ein wenig, sondern deutlich erfolgreicher waren als ihre Konkurrenten in derselben Industrie. Hierbei handelt es sich im Wesentlichen um moderne und postmoderne Organisationen. Welche Faktoren sind die Voraussetzungen für ihren Erfolg? Welche Rolle spielt beispielsweise die Unternehmensführung und wie gehen diese Organisationen das Thema Innovation an? Auch hier werden wir uns auf die Suche nach den Gemeinsamkeiten machen.

Zudem wenden wir uns hier der Gruppe von Unternehmen zu, die sich durch ein besonderes Maß an Agilität auszeichnen und damit die Fähigkeit kultiviert haben, unter anderem durch Methoden der Selbstorganisation eine verbesserte Mitarbeiteridentifikation und eine stärkere Nutzung individueller Potenziale zu ermöglichen. Dadurch gelingt es ihnen, sich besonders leicht an technologische Veränderungen anpassen und daraus in kurzer Zeit neue Produkte und Dienstleistungen abzuleiten. Diese Unternehmen gehören dabei zu den postmodernen Organisationen.

Die letzte Gruppe von Organisationen, die wir in diesem Kapitel betrachten, kann man im Vergleich zu klassischen Unternehmen durchaus als Exoten charakterisieren. Es geht um Organisationsformen, bei denen das Streben nach Leistung und wirtschaftlichem Wachstum nur eine untergeordnete Rolle spielt, und wo vielmehr das Streben nach Sinn, gesellschaftlicher Verbesserung und individuellem Wachstum im Vordergrund steht. Die Rede ist von kommunitären Gemeinschaften, die auch Wirtschaftsbetriebe darstellen und zu den evolutionären Organisationen gehören.

2.2 Vom organisierten Verbrechen lernen

Es ist eine Realität, dass Drogen zerstören. Leider gab und gibt es dort, wo ich aufgewachsen bin, keinen anderen Weg zu überleben und keine andere Möglichkeit, von legaler Arbeit leben zu können. Drogenhandel ist bereits Teil einer Kultur, die von unseren Ahnen stammt.
(Joaquín Guzmán Loera alias El Chapo, mexikanischer Chef des Sinaloa-Kartells)

Tauchen wir zunächst ein in die Welt des organisierten Verbrechens, genauer gesagt in dessen verschiedene Stammesorganisationen. Ja, Sie haben richtig gelesen: In diesem Kapitel geht es um die Mafia und die ihr anverwandten Gruppierungen, und zwar nicht, um dieses Buch spannend zu machen, sondern aus einem ganz klar sachlichen Grund: Das organisierte Verbrechen agiert bereits seit einigen hundert Jahren erfolgreich in verschiedenen Teilen der Welt und das trotz lange andauernder Verfolgung von Seiten des Staates und engagierter Journalisten. Wir werden uns mit den Resilienzprinzipien beschäftigen, die es dazu in die Lage versetzten.

Sie zweifeln, ob es sinnvoll ist, sich ausgerechnet mit der dunklen Seite des Erfolgs zu beschäftigen? Ich erwähnte es oben bereits: Die Widerstandsfähigkeit von Organisationen hat nichts damit zu tun, ob diese im gesellschaftlichen Sinne gut oder schlecht sind. Widerstandsfähigkeit ist Widerstandsfähigkeit, ungeachtet des Zwecks, den eine Organisation verfolgt. Auch wenn die Vorstellung also durchaus befremdlich anmuten mag, lohnt es sich zu ergründen, was sich von solchen Organisationen lernen lässt, deren Geschäftsmodelle weitgehend gegen geltendes Recht und etablierte Moralvorstellungen verstoßen, die sich aber allen gesellschaftlichen Widerständen zum Trotz über Hunderte von Jahren mit Erfolg »am Markt« hielten.

Bei Gruppierungen des organisierten Verbrechens handelt es sich nach der Definition von Laloux um sogenannte Stammesorganisationen, bei denen die Primärmotive »Macht, Loyalität, Unterordnung« eine zentrale Rolle spielen. Auf den folgenden Seiten werden wir uns näher mit der Wertewelt dieser Organisationsform auseinandersetzen und daraus mögliche Resilienzfaktoren ableiten. Ich finde dabei vor allem die Frage faszinierend, wie es sein kann, dass sich Organisationen wie die Mafia trotz der Missachtung gesellschaftlicher Regeln und Werte und jahrhundertelanger Strafverfolgung so lange halten. Was macht ihren Ansatz so besonders?

Die erste urkundliche Erwähnung der Mafia geht zurück auf das Jahr 1837. In einem Dokument berichtete hier der Generalstaatsanwalt der sizilianischen Stadt Trapani von einer Gruppierung, die sizilianische Politiker bestach. Heute wird der Begriff Mafia vor allem von den Medien als Synonym für das organisierte Verbrechen insgesamt verwendet. Die Mitglieder der jeweiligen Organisationen nennen sich selbst jedoch jeweils anders.

Nach heutigem Wissensstand unterscheiden sich die fünf weltweit größten Mafia-Organisationen durchaus deutlich, beispielsweise in Bezug auf ihr Territorium, ihre Tätigkeitsfelder, ihre Unternehmenskultur und ihre interne Organisation.

Die russische Mafia besteht aus verschiedenen Gruppen, von denen die Solntsevskaya Bratva heute die größte darstellt. Ihr Name geht auf den Distrikt Solntsevo im Westen Moskaus zurück. Ihre mehr als 9.000 Mitglieder erwirtschaften vorwiegend mit Heroinimporten aus Afghanistan, Menschenhandel, aber auch durch illegale Autoimporte und den Besitz von Banken einen jährlichen Umsatz von rund 8,5 Milliarden US-Dollar. Die Solntsevskaya Bratva besteht aus zehn separaten Brigaden, die selbstständig agieren und nicht zentral gelenkt werden. Dennoch gib es einen 12-köpfigen Rat, der sich regelmäßig in verschiedenen Teilen der Welt trifft und die finanziellen Ressourcen verwaltet. Es wird vermutet, dass die Solntsevskaya Bratva mit dem russischen Geheimdienst FSB kooperiert.

Werfen wir einen Blick nach Japan zu den Yakuza, dem japanischen Pendant zur Mafia. Die Yakuza haben eine lange Geschichte, die über mehrere hundert Jahre zurückreicht und intensiv mit der japanischen Gesellschaft verwoben ist. Nur so lässt es sich erklären, dass das sichtbare Bekenntnis zu einer Yakuza-Gruppe, beispielsweise durch das Zeigen der traditionellen Tätowierungen am Körper, erst seit 1993 überhaupt strafbar ist. Die größte Yakuza-Gruppierung ist die bereits an anderer Stelle erwähnte Yamaguchi-gumi, die 1915 von Yamaguchi Harukichi in Kobe gegründet wurde. Im Vergleich zu den russischen Mafia-Gruppierungen ist sie sehr viel hierarchischer organisiert. Ihre Führungsriege besteht aus über 100 Kriminellen, die verschiedene Positionen innehaben. Die Organisation wird vom Oyabun (Anführer) geführt. An ihn berichten 15 Shatei (jüngere Brüder) und 86 Wakashū (Söhne). Ende 2016 zählte Yamaguchi-gumi rund 5.200 Mitglieder, die mit Erpressung, Glücksspiel, Prostitution, Internetpornographie, Waffen-, Drogen- und Immobilienhandel, aber auch Börsenmanipulationen rund 6,6 Milliarden Dollar an Umsatz erwirtschaften. Dennoch bemüht sich der Clan darum, durch symbolische Aktionen ein positives Image in der Bevölkerung zu wahren. So übernahm die Organisation nach dem schweren Erdbeben von Kobe 1995 die Verteilung von Lebensmitteln an Erdbebenopfer, da die Unterstützung von staatlicher Seite über mehrere Tage nicht funktionierte. Auch bei anderen Naturkatastrophen leistete sie Unterstützung.

In Italien agieren verschiedene Mafia-Gruppierungen, von denen die Camorra die größte und finanzkräftigste ist. Sie besteht bereits seit dem 16. Jahrhundert und operiert von Neapel aus. Die erste offizielle Erwähnung dieser Organisation stammt aus dem Jahr 1820, als die Polizei erstmals eine interne Sitzung beobachten konnte. Auch wurde zu dieser Zeit eine schriftliche Satzung namens Il frieno entdeckt, die eine stabile Organisationsstruktur mit klaren Verhaltensregeln dokumentiert. Hier einige Auszüge daraus:

Auszüge aus »Il frieno«	
Artikel 1:	Die Ehrbare Gesellschaft des Schweigens, mit anderem Namen Schöne Reformierte Gesellschaft der Camorra, schließt alle beherzten Männer zusammen, auf dass sie sich unter besonderen Umständen in moralischer und materieller Hinsicht helfen können.
Artikel 10:	Ihre Mitglieder erkennen außer Gott, den Heiligen und den Oberhäuptern der Gesellschaft keine weltliche oder geistliche Autorität an.
Artikel 24:	Die eingetriebenen Gelder sind an die Oberhäupter der Gesellschaft abzuführen. Ein Viertel davon steht dem Großmeister zu, der Rest geht in die gemeinsame Kasse der Gesellschaft und wird auf das gewissenhafteste unter den aktiven, den arbeitsunfähigen und denjenigen Mitgliedern verteilt, welche die Laune der Regierung ins Gefängnis gebracht hat.

Bemerkenswert an diesen Statuten sind neben der Berufung auf den katholischen Glauben vor allem die Vergütungsregelung und die erkennbaren Indizien für eine Art Sozialversorgung unter den »aktiven« und aus verschiedenen Gründen »nicht aktiven« Mitgliedern, die die eigene Organisation daher auch als il sistema, also »das System«, bezeichnen. Sie ist bestens in den verschiedenen Teilen der städtischen Bevölkerung verankert, vor allem aber in den untersten und ärmsten Schichten. Die hohe Jugendarbeitslosigkeit von bis zu 50% garantiert ihr zudem einen regen Zulauf, denn die Camorra hat in Neapel nach Ende des Mussolini-Regimes mit der Duldung der städtischen Verwaltung eine Schattenwirtschaft etablieren können, die eine bedeutende ökonomische Kraft in der Stadt geworden ist. Die Organisation selbst besteht dabei aus etwa 70 autonom agierenden Familienclans, die nur lose miteinander in Interaktion stehen. Ihre Betätigungsfelder sind der Handel mit Drogen und Waffen, Schutzgelderpressung, illegale Müllentsorgung sowie Produktpiraterie im Segment der Luxusgüter. Auch in der Baubranche und Zementproduktion ist sie tätig. Die illegal erwirtschafteten Umsätze von geschätzten 4,9 Milliarden US-Dollar werden in eigenen Betrieben gewaschen und anschließend legal in anderen Teilen Europas investiert.

In der Region Kalabrien, der Stiefelspitze Italiens, operiert die `Ndrangheta. Sie ist weniger bekannt als die anderen italienischen Mafia-Organisationen, dafür aber finanziell mittlerweile umso erfolgreicher. 1861 wurden die `Ndrangheta und ihre äußerst effektive Organisation erstmals schriftlich erwähnt, doch ihre Wurzeln dürften noch rund 100 Jahre früher zu finden sein. Sie ist dezentral aufgestellt, wobei verwandtschaftliche Bindungen zwischen den Mitgliedern der einzelnen lokalen Gruppen den inneren Zusammenhalt gewährleisten. Dies führt zu einer ähnlichen Ehepolitik, wie wir sie sonst nur aus dem europäischen Hochadel kennen. Die etwa 7.000 Mitglieder sind auf etwa 90 Familienclans verteilt. Will sich ein Clan ausdehnen, so muss eine der weiblichen Verwandten der herrschenden Männer in einen anderen Clan einheiraten. Es ist belegt, dass dies auch gegen den Willen der Frau geschehen kann. Die interne Zusammenarbeit folgt einem Kodex, auf den jedes Mitglied eingeschworen wird. An oberster Stelle steht dabei die Demut gegenüber anderen Mitgliedern und der normalen Bevölkerung. Explizit davon ausgenommen sind hingegen die Opfer der `Ndrangheta, deren Menschenrechte missachtet werden. Ebenso zentral ist die Treue zur eigenen Familie und zur Organisation insgesamt, die über allen Einzelinteressen stehen muss. Interessanterweise spielt die Ehrlichkeit untereinander eine ebenfalls große Rolle, während nach außen nur Unwahrheit dringen darf. Zudem werden alle wichtigen Ereignisse innerhalb eines Clans in einer geheimen Chronik dokumentiert. In jedem Clan gibt es eine ähnliche Herrschaftsstruktur bestehend aus den Positionen des Capo Provincia, der die Zusammenschlüsse mehrerer Clans koordiniert, die auch als Locali bezeichnet werden. Der Capo Provincia wacht über die Einhaltung der Traditionen und löst interne Konflikte. Der Capobastone ist der Herrscher über einen Clan, während der Contabile die Finanzen verwaltet. Der Capo Crimine ist für die Planung und Koordination der »Aktivitäten« einer Familie zuständig. Zu diesen gehörten früher vor allem Entführungen und Schutzgelderpressungen. Als weitere Tätigkeitsfelder kamen Waffenhandel, Geldwäsche und Erpressungen hinzu. Heute ist der Drogenhandel in Kooperation mit südamerikanischen Kartellen die größte Einnahmequelle, gefolgt von illegaler Müllentsorgung. Der jährliche Umsatz wird auf über 4,5 Milliarden US-Dollar geschätzt.

Die fünfte und letzte Gruppe der weltweit größten Mafia-Organisationen ist das mexikanische Sinaloa-Kartell, das vor allem im Westen des Landes angesiedelt ist und von dort aus international agiert. Das Kartell geht dabei auf das sogenannte Guadalajara-Kartell zurück, das Anfang der 1980er-Jahre vom ehemaligen Polizeibeamten Miguel Ángel Félix Gallardo und zwei Kollegen gegründet wurde. In seiner Hochphase kontrollierte es den gesamten Kokainhandel Mexikos. Bereits wenige Jahre nach der Gründung teilte Gallardo die Organisation in sechs verschiedene regionale Kartelle auf, von denen eines im Bundestaat Sinaloa beheimatet war. Dieser Schritt war ungewöhnlich, denn er verzichtete damit auf eine Menge Einfluss und führte lediglich eine der neuen Gruppierungen, das Guadalajara-Kartell, selbst weiter. Die Zusammenarbeit im so entstandenen Zusammenschluss von Kartellen funktionierte bis zur Verhaftung Gallardos im Jahre 1989. Danach kam es zu blutigen Machtkämpfen, bei denen sich schließlich das Sinaloa-Kartell unter der Führung von Joaquín Guzmán Loera, besser bekannt als El Chapo (Der Kurze), durchsetzen konnte. Heute organisiert es einen Großteil des Handels zwischen südamerikanischen Produzenten illegaler Drogen und dem US-amerikanischen Konsumentenmarkt, der nach aktuellen Schätzungen über einen jährlichen Absatz von insgesamt 100 Milliarden Dollar verfügt. Davon kann das Sinaloa-Kartell rund 3 Milliarden Dollar auf sich vereinigen. Das Kartell hat sich der Internationalisierung verschrieben und ist heute in über 50 Ländern im Drogenhandel sowie in zahllosen weiteren Geschäftsfeldern tätig. Der Erfolg des Kartells dürfte auch damit zu tun haben, dass es von der Bevölkerung sowie mexikanischen Behörden auf kommunaler, regionaler und Bundesebene zumindest inoffiziell mitgetragen wird. Als El Chapo im Jahr 2014 nach 13 Jahren auf der Flucht schließlich festgenommen wurde, demonstrierten spontan mehrere Tausend Menschen in Sinaloa für die Freilassung ihres Volkshelden, der es zwischenzeitlich auf die Liste der tausend reichsten Milliardäre des Wirtschaftsmagazins »Forbes« geschafft hatte. Guzmán hatte über viele Jahre einen Teil seines Reichtums in die Infrastruktur Sinaloas investiert, beispielsweise indem er Kirchen und Schulen renovieren und Straßen instandsetzen ließ. Er füllte damit eine Lücke, die der Staat nicht abdecken konnte oder wollte. Seine spektakulären Gefängnisausbrüche, die zudem jedes Mal unblutig abliefen, verstärkten sein Robin-Hood-Image nur noch weiter.

Alle hier porträtierten Organisationen bringen Drogen in Umlauf, erpressen, verletzen und töten Menschen und sind in zahlreichen anderen unmoralischen und illegalen Geschäftsfeldern aktiv. Und ihnen allen gelang es, sich trotz teilweise erheblichem Verfolgungsdruck über viele Jahrzehnte und teilweise Jahrhunderte zu behaupten. Zweifelsohne unterscheiden sie sich in vielerlei Hinsicht voneinander. Sie entstammen verschiedenen Kulturen, sind unterschiedlich alt und haben abweichende Organisationsformen und Geschäftsfelder. Doch sie verfügen auch über einige Gemeinsamkeiten, die sie so erfolgreich und langlebig machen. Sehen wir uns diese einmal genauer an.

2.2.1 Schutzfaktor »Starke, integrierende Führung«

Wie wir am Beispiel des Guadalajara-Kartell gesehen haben, führt ein Machtvakuum an der Spitze einer kriminellen Organisation häufig zu blutigen Konflikten unter rivalisierenden Anwärtern auf die Nachfolge an der Spitze. Um dies zu vermeiden, ist eine kontinuierliche, starke und charismatische Führung vonnöten, die in der Lage ist, die verschiedenen internen Strömungen und Lager innerhalb der Organisation hinter sich zu vereinen. Mit drakonischen Maßnahmen, wie dem Abschneiden von Fingergliedern, lässt sich zwar Gehorsam erzwingen, aber der eigentliche Kern erfolgreicher Führung liegt selbst bei den Yamaguchi-gumi darin, die Mitglieder stolz zu machen, sie zu begeistern und so eine starke Gefolgschaft aufzubauen. Wie sonst ist es zu erklären, dass die Organisation sogar einen internen Newsletter herausgibt, in dem den Mitgliedern die Standpunkte ihres Oyabun und aktuelle Initiativen erläutert werden? Dabei lässt sich auch beobachten, dass sich interessanterweise selbst im organisierten Verbrechen ein eher partizipativer Führungsstil als erfolgversprechend durchzusetzen scheint, da er den verschiedenen Stakeholdern mehr Möglichkeiten zur Einflussnahme und Identifikation mit dem Ziel bietet, als das eine rein autoritäre Art zu führen vermag.

2.2.2 Schutzfaktor »Identifikation, Zugehörigkeit und Gemeinschaftssinn«

Neben einer starken und integrierenden Führung ist der innere Zusammenhalt von kriminellen Organisationen von zentraler Bedeutung für ihre Langlebigkeit. Ziel ist es zu erreichen, dass die Mitglieder unbedingt dazugehören wollen, und zwar verbindlich und lebenslang – eine Zusage, die sich am besten auch auf die eigene Familie erstreckt. So gesehen ist das organisierte Verbrechen aus Sicht der Mitglieder nicht einfach ein Job, sondern eher eine Berufung, Lebenseinstellung und eine Ersatzfamilie. Ist diese kollektive innere Kraft nicht gegeben, steigt bei erhöhtem Verfolgungsdruck durch die Behörden die Wahrscheinlichkeit, dass ein Mitglied als Kronzeuge die Seite wechselt, was für jede Gruppierung des organisierten Verbrechens ein großes potenzielles Risiko ist. Nicht umsonst werden diese Mitglieder und ihre Familien als Verräter geächtet und, wenn irgendwie möglich, getötet. Die innere Kohäsion und Loyalität wird in den verschiedenen Organisationen mit viel Aufwand gepflegt und aufrechterhalten. Neben dem strategischen Knüpfen familiärer Bande wie bei der 'Ndrangheta, spielen Ehrenkodizes eine große Rolle, auf die beispielsweise neue Rekruten bei der Camorra eingeschworen werden. Auch gemeinsame Rituale, wie das Trinken von Sake aus der Schale des obersten Oyabun, das bei den Yakuza eine große Ehrung für ein Mitglied darstellt, festigen diesen Zusammenhalt. Dazu gehört natürlich auch die handfeste finanzielle Unterstützung der Familien, wenn ein Mitglied »im Dienst« verletzt wird oder deswegen im Gefängnis landet. So wird sichtbar gemacht, dass die Gemeinschaft für ihre Mitglieder einsteht. Diese belohnen diese Unterstützung wiederum mit Treue und Loyalität.

2.2.3 Schutzfaktor »Legitimation, Reputation und Rückhalt in der Bevölkerung«

Ein zentraler Aspekt für die Langlebigkeit krimineller Organisationen ist ihre ethische Legitimation und ihr Ruf in der meist ärmlichen Bevölkerung, aus der sie hervorgegangen ist. Typischerweise fühlt sich die betroffene Bevölkerungsschicht von der Regierung benachteiligt und vergessen, wie beispielsweise im Fall der ländlichen Bevölkerung im mexikanischen Bundesstaat Sinaloa und in der italienischen Provinz Kalabrien. Selbiges trifft auch auf die Einwohner des Moskauer Distrikts Solntsevo, der Heimat von Solntsevskaya Bratva, zu. Armut und gesellschaftliche Ausgrenzung sind wichtige Grundlagen für die Entstehung und Legitimation mafiöser Strukturen.

Ein weiterer Aspekt ist die fehlende moralische Integrität und damit die mangelnde Vorbildfunktion der herrschenden Klasse, die sich häufig in Form von Willkür, Vorteilsnahme, Korruption und Vetternwirtschaft zeigt. Wenn aber schon die herrschende Klasse sich nicht an die Gesetze und ethischen Verhaltensregeln hält, so öffnet dies der Legitimation von kriminellen Organisationen Tür und Tor. Es erschwert zudem die Strafverfolgung aufgrund der teilweise offen und unverhohlen gezeigten Sympathie der Bevölkerung für die Mafiosi. Ein hohes Maß an institutioneller Ungerechtigkeit verbunden mit Korruption sind gleichermaßen in Italien, Mexiko und Russland gegeben, wie der Corruption Perceptions Index zeigt, der jährlich von Transparency International herausgegeben wird, einer internationalen Nichtregierungsorganisation, die 1993 in Deutschland gegründet wurde. In Japan ist die Korruption hingegen rückläufig, genauso wie die Mitgliederzahlen der Yakuza.

Ein dritter Faktor, der die Legitimation und positive Reputation der größten kriminellen Vereinigungen ausmacht, ist die Tatsache, dass diese entweder kurzfristig oder dauerhaft Aufgaben erledigen, für die eigentlich der Staat zuständig ist, die aber von diesem aufgrund unzureichender Mittel, fehlenden Willens oder Unvermögens nicht erbracht werden. Dazu gehört die Verteilung von Hilfsgütern nach Naturkatastrophen im japanischen Kobe genauso wie die Instandhaltung von Straßen, Kirchen und Schulen im Westen Mexikos. Auch die Vermittlung von inoffizieller Beschäftigung an ansonsten arbeits-

und perspektivlose Jugendliche im italienischen Palermo fällt in diese Kategorie. Mit etwas Abstand betrachtet, bietet das organisierte Verbrechen also eine offensichtliche und spürbare Linderung für aktuell relevante Problemstellungen in einem kleinen Teil der Gesellschaft. Der Preis dafür ist natürlich viel Leid in anderen Ländern, Regionen oder gesellschaftlichen Schichten, doch die haben es nach Meinung der Mafiosi und ihrer Anhänger ja »auch irgendwie verdient«.

2.2.4 Schutzfaktor »Organisationales Lernen und Bricolage«

Es ist nicht zuletzt diese undogmatische und fast schon leichtfüßige Anpassungsfähigkeit an neue Möglichkeiten, die die Langlebigkeit der erfolgreichsten Mafia-Organisationen ausmacht. Obwohl diese teilweise schon viele, viele Jahre existieren, sind sie durchaus innovativ, ohne dabei irgendwelchen Dogmen nachzueifern. Gewisse Betätigungsfelder mögen sich über die Jahrzehnte als profitabel etabliert haben, ohne dass man jedoch darin verhaftet ist. Im Gegenteil: Man ist sehr offen für Neues. Vor allem mit der Weiterentwicklung und Verbreitung der Informationstechnologie im vergangenen Jahrzehnt haben sich neue, meist unblutige Geschäftsfelder im Bereich der Cyberkriminalität aufgetan. Sie werden von mafiösen Strukturen gerne genutzt, um das eigene Geschäft und das damit einhergehende Risiko weiter zu diversifizieren. Hierzu gehört beispielsweise der organisierte Kreditkartenbetrug, für den man sich die Hilfe von freischaffenden Experten wie Website-Designern und Hackern einkauft. Mithilfe von kleinen Spionage-Applikationen, sogenannten Spybots, die auf die Server von Internetanbietern eingeschleust werden, greift man online die Kreditkartendaten von Internetnutzern auf der ganzen Welt ab, um sie für Zahlungen zu verwenden oder weiterzuverkaufen. Auch der Diebstahl digitaler Identitäten ist für das organisierte Verbrechen ein wachsendes Geschäftsfeld. Von Interesse sind dabei sowohl Zugangsdaten zu E-Mail-Konten, sozialen Netzwerken, Onlineshops und Auktionsportalen als auch zu Banken sowie zu Buchungssystemen für Flüge, Hotels oder Mietwagen. Durch gefälschte E-Mails oder Webseiten sowie durch spezielle Programme, sogenannte Keylogger, werden dabei Zugangsdaten abgefangen, um an Kombinationen aus Benutzername, E-Mail und Passwort zu gelangen. Mit diesem Wissen werden dann unbemerkt Geschäfte getätigt, die sich schlussendlich in Geldströme umwandeln lassen. Auch die »Geiselnahme« von kritischen Daten bei Privatpersonen oder Firmen durch heimliche Verschlüsselung, sogenannte Ransomware, und die anschließende Erpressung einer Art von Lösegeld, damit die Daten wieder entschlüsselt und »freigegeben« werden, ist ein Geschäft, in dem stark expandiert wird. All diesen Entwicklungen gemeinsam ist, dass sie in gleicher Weise skrupellos wie technologisch innovativ sind und die vorhandenen Fähigkeiten krimineller Organisationen durch die Verstärkung mit externen Experten kreativ erweitern.

2.2.5 Schutzfaktor »Dezentralität, Redundanz und Flexibilität«

Auch wenn sich das Maß an Hierarchie und der Organisationsgrad der einzelnen Gruppierungen international unterscheidet, kann man jedoch bei den größten und erfolgreichsten von ihnen ein Muster erkennen: Sie sind in der Regel dezentral in lose assoziierten Netzwerken organisiert. Je autonomer dabei die einzelnen Gruppen agieren, desto schwerer sind ihre Aktivitäten vorherzusagen und zu überwachen, und desto besser gelingt es, interne Geheimnisse zu wahren. Denn der beste Weg, um zu verhindern, dass Mitglieder bei einer Verhaftung Interna verraten, ist dafür zu sorgen, dass sie bestimmte, kritische Informationen selbst gar nicht kennen. Man beschränkt sich darauf, bei bestimmten Aktionen miteinander zu kooperieren, finanzielle und personelle Ressourcen zu bündeln – und man ist sich wohlgesonnen. Auch gibt es eine regelmäßige gemeinsame Abstimmung durch einen obersten Rat, wie bei den Solntsevskaya Bratva. Langlebige Mafia-Organisationen zeichnen sich außerdem durch ein hohes Maß an personeller Redundanz aus: Für Schlüsselpositionen, wie den Oyabun der Yamaguchi-gumi, ist sowohl der aktuelle Inhaber der Position bekannt als auch sein Nachfolger. Das Gleiche gilt für alle Positionen, die für die interne und externe Koordination von Bedeutung sind. Ist sofortiger personeller Ersatz gewährleistet, kann die Funktionsfähigkeit der Organisation auch bei Fahndungserfolgen der Polizei oder Attentaten konkurrierender Banden sichergestellt werden.

Das organisierte Verbrechen ist sehr flexibel, wenn es darum geht, sich personell mit internationalen Experten zu verstärken, ohne dass diese zwingend Mitglieder der eigenen Organisation werden müssen. Auch dies erhöht deren Widerstandsfähigkeit. Wie für ein Film- oder Innovationsprojekt werden hierzu für eine Aktion weltweit die besten verfügbaren Talente und Fachleute zusammengestellt. Es ist davon auszugehen, dass diese nicht unbedingt wissen (wollen), für wen genau sie arbeiten. Zugekauft wird Expertise beispielsweise, wenn es um die Nachbildung von Sicherheitsmechanismen wie Hologrammen auf Personalausweisen und Kreditkarten geht. Es gibt sogar mehrsprachige Callcenter, die sich mit besonders dafür ausgebildeten Mitarbeitern auf die Durchführung betrügerischer Telefonate bei Privatpersonen oder Banken spezialisiert haben.

2.2.6 Schutzfaktor »Kooperations- und Koexistenzfähigkeit«

Die größten Herausforderungen, vor denen große kriminelle Organisationen stehen, sind neben der Verfolgung durch den Staat die internen und externen Rivalitäten und Machtkämpfe. Bei internen Querelen geht es oft um Gebietsstreitigkeiten und um die Besetzung von Schlüsselpositionen. Ziel von externen Konflikten mit anderen kriminellen Gruppierungen ist es meist, die Kontrolle über einen bestimmten Markt zu erlangen oder zu verteidigen. Im Laufe der Geschichte des organisierten Verbrechens hat sich herauskristallisiert, dass offene, eskalierende Gewalt zwischen Mafia-Banden auch in deren höchsteigenem Interesse meist keine gute Wahl ist. Nach dem Motto »Wenn zwei sich streiten, freut sich der Dritte«, steigt im Fall von öffentlichen Ermordungen von hochrangigen Mitgliedern konkurrierender Gruppen nicht nur die Wahrscheinlichkeit eines Gegenschlags, sondern auch der Verfolgungsdruck durch die Polizei. Es werden Sonderkommissionen gebildet, die personell gut ausgestattet sind und auf rasche Fahndungserfolge hinarbeiten. Zudem ist öffentlich eskalierende Gewalt nicht gut fürs Image, auch nicht in den Augen von denjenigen, die vom organisierten Verbrechen profitieren. Um aber die Eskalation von Gewalt zu verhindern, muss zunächst das Streben nach absoluter Macht moduliert werden. Das ist unabdingbar, denn dieses Streben steht im Widerstreit zur friedlichen Koexistenz mit anderen Gruppen. Koexistenzfähigkeit basiert schlussendlich auf der Fähigkeit zum Dialog, der Entwicklung von Vertrauen und der Identifikation gemeinsamer Interessen. Die größten und langlebigsten mafiösen Organisationen haben die Fähigkeit kultiviert, den eigenen Dominanztrieb durch die Besinnung auf höhere Interessen zu modulieren und damit in die Schranken zu weisen. Damit ist es ihnen gelungen, Allianzen mit konkurrierenden Organisationen einzugehen, um gemeinsam einen noch größeren Markt zu bearbeiten. So ist belegt, dass die Yakuza mit den in Hongkong ansässigen Triaden kooperieren, um gemeinsam synthetische Drogen zu vermarkten. Auch südamerikanische Gruppierungen, wie das Sinaloa-Kartell, kooperieren mit russischen Mafia-Organisationen wie der Solntsevskaya Bratva, um die internationale Reichweite ihrer Produkte zu vergrößern. Die länder- und kulturübergreifende Kooperation ermöglicht so globale Skaleneffekte, deren Nutzen für die Akteure größer ist als der Aufwand, der benötigt wird, um das eigene Dominanzstreben zu zähmen und damit die Zusammenarbeit erst zu ermöglichen. Diese strategische Entwicklung bedurfte aller Wahrscheinlichkeit nach einer Veränderung des Primärmotivs der Organisation, die wiederum nur durch einen Generationenwechsel in der Führung möglich geworden sein dürfte. Von der Frage, ob eine kriminelle Organisation dazu in der Lage ist, dürfte es wahrscheinlich auch abhängen, ob sie langfristig erfolgreich ist. Zahllose kriminelle Banden auf der ganzen Welt sind an dieser Entwicklung gescheitert, denn, wie wir bereits gesehen haben, der Übergang zu einer höheren Entwicklungsstufe geht oftmals mit schwerwiegenden organisationalen Krisen einher. Einige wenige Gruppierungen haben sie gemeistert.

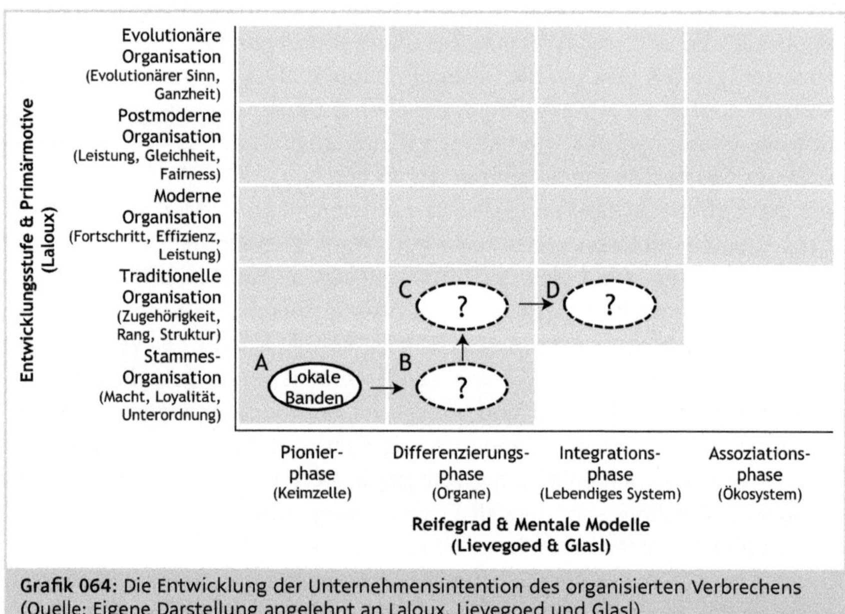

Grafik 064: Die Entwicklung der Unternehmensintention des organisierten Verbrechens (Quelle: Eigene Darstellung angelehnt an Laloux, Lievegoed und Glasl)

Ein möglicher Entwicklungspfad ist dabei in der Grafik 064 dargestellt. Jede der aufgeführten mafiösen Organisationen hat einmal als lokale Bande beim Punkt A angefangen. Sie bestand aus einem Boss, einer Handvoll Vertrauter, hatte einen eng eingegrenzten Aktionsradius und nur wenige Betätigungsfelder. Um sich weiterzuentwickeln, mussten die Organisationen wachsen und sich geografisch ausbreiten. Auch kamen weitere Betätigungsfelder hinzu, die wiederum eine Spezialisierung der einzelnen Untergruppen erforderten. Diese Entwicklung machte eine Art Mittelmanagement und eine dezentrale Aufbauorganisation nötig und führte diese Gruppen, im Falle des Erfolgs, in die Differenzierungsphase zu Punkt B. Um sich darüber hinaus zu entwickeln, mussten zunächst das Machtstreben gezügelt und die Fähigkeit zur Kooperation kultiviert werden, was kein leichtes Unterfangen gewesen sein dürfte. Die Primärmotive »Macht und Unterordnung« wandelten sich im Falle einer geglückten Entwicklung zu den Motiven »Zugehörigkeit und Status«. Ebenfalls wurden im Zuge dessen die Geschäftsfelder subtiler, wodurch auch weitgehend auf eskalierende physische Gewalt verzichtet werden konnte. Dies geschah jedoch nicht aus ethischen Gründen, sondern weil es besser für das Geschäft war und die Mitglieder vor unnötigen Verfolgungsrisiken schützte. Auch wurde das illegale Kerngeschäft immer mehr durch halblegale und sogar legale Aktivitäten ergänzt, was diese Gruppen mehr und mehr zu traditionellen Organisationen machte und zu Punkt C führte. Die weitere Internationalisierung durch Allianzen, die Erschließung neuer innovativer Geschäftsfelder und die dazu nötige flexible Verstärkung der Teams durch externe Spezialisten setzte ebenfalls ein hohes Maß an Kooperationsfähigkeit voraus und führte die erfolgreichsten Syndikate schließlich bis in die Integrationsphase zu Punkt D.

Die heutige Globalisierung bietet für das organisierte Verbrechen neben der Chance auf Skaleneffekte noch einen weiteren zentralen Vorteil: Durch die Zusammenarbeit mit Organisationen in Ländern, deren Polizeibehörden nicht miteinander kooperieren, wird die Strafverfolgung erschwert und oftmals auch effektiv vereitelt. Es gibt also eine Menge Anreize für das organisierte Verbrechen, in die Weiterentwicklung der eigenen Primärmotive und mentalen Modelle zu investieren.

2.3 Von den ältesten Unternehmen der Welt lernen

Die edelste Art Erkenntnis zu gewinnen ist die durch Nachdenken und Überlegung. Die einfachste Art ist die durch Nachahmung und die bitterste Art ist die durch Erfahrung.
(Siddharta Gautama, genannt Buddha, nepalesischer Begründer des Buddhismus, um 563 bis 489 v. Chr.)

Um das Jahr 552 wurden die Lehren Buddhas von koreanischen Mönchen nach Japan gebracht. Die neue Religion wurde von der damals amtierenden Kaiserin Suiko unterstützt, und so verbreitete sie sich binnen weniger Jahrzehnte im gesamten Inselreich. Allerdings wusste man in Japan zu dieser Zeit nicht, wie man die charakteristischen buddhistischen Tempel mit ihren pagodenförmigen Dächern baut. Daher brauchte man ausländische Fachleute. Im Jahr 578 lud die Kaiserin den bekannten koreanischen Zimmermann und Tempelbauer Shigemitsu Kongō nach Osaka ein, um dort den Shitenno-ji-Tempel zu bauen, den es dort heute noch gibt. Für Kongō war dies der Anfang einer langen, langen Unternehmensgeschichte in Japan. Kongō Gumi Co., Ltd. sollte ganze 1.428 Jahre bestehen, und zwar durchgängig im Familienbesitz. Hierzu muss man allerdings wissen, dass im traditionsbewussten Japan nur das erstgeborene Kind erbt, wohingegen alle Nachgeborenen leer ausgehen und keinerlei Ansprüche auf finanzielle Unterstützung haben. Das ist für Familienunternehmen von großem Vorteil, da es keine Erbstreitigkeiten und keine Erbengemeinschaften gibt. Das Familienoberhaupt ist gleichzeitig der uneingeschränkte Patriarch des Unternehmens. Er entscheidet allein über die Unternehmensnachfolge.

Dabei geht es ihm nicht notwendigerweise um Blutslinien, sondern vor allem um unternehmerische Kompetenz. Ist das erstgeborene Kind für die Nachfolge nicht geeignet, so ist es in Japan Tradition, dass ein für die Leitung des Unternehmens geeigneter junger Mann von der Eigentümerfamilie adoptiert wird. Allein im Jahr 2011 wurden in Japan mehr als 81.000 Adoptionen registriert. Bei 98% davon handelte es sich um die Adoption von männlichen Nachwuchsmanagern zwischen 25 und 30 Jahren, um den Fortbestand eines Unternehmens zu sichern. Auch international bekannte Unternehmen wie Canon, Suzuki Motors oder Toyota haben in ihrer Geschichte bereits auf die Adoptionsvariante zurückgegriffen, um die Kontrolle über die Firma in der Familie zu halten. Familienunternehmen in Japan sind sehr stark von einem von allen Mitgliedern geteilten Wertesystem durchdrungen, das auf die Langlebigkeit des Unternehmens abzielt. Das Unternehmen ist »ie«, was so viel heißt wie »Familie« oder »Clan«. Es wird nicht als getrennt von der Familie angesehen, sondern es ist die Familie. Alle Einzelinteressen von Familienmitgliedern werden dem Interesse des Unternehmens untergeordnet. Im Familienbesitz von Kongō Gumi befindet sich eine Schriftrolle aus dem 17. Jahrhundert, in der die 40 Generationen von Familienoberhäuptern und Unternehmensleitern seit der Gründung der Firma verewigt sind. Doch auch das Bewusstsein, auf eine lange Vergangenheit zurückblicken zu können, schützt nicht vor Fehlentscheidungen. In den 1980er-Jahren kam es in Japan zu einer Immobilienblase. Der Wert von Immobilien stieg in astronomische Höhen und die Zinsen wurden künstlich niedrig gehalten, um die Wirtschaft anzukurbeln. Kredite waren billig und einfach zu haben. Wie viele andere Unternehmen, hatte Kongō Gumi große Mengen an günstigem Kapital aufgenommen. Als die Blase 1989 schließlich platzte, brachen die Immobilienpreise und damit auch das Baugeschäft ein. Das Unternehmen geriet in Schieflage. Es hatte Schwierigkeiten, die Zinsen für seine Schulden zu bezahlen. Noch im Jahre 2005 machte das Bauen von Tempeln rund 80% des Geschäfts von Kongō Gumi aus. Das Unternehmen beschäftigte dafür rund 100 hochspezialisierte Handwerker und erwirtschaftete einen Umsatz von rund 70 Millionen US-Dollar. Bereits ein Jahr später musste Masakazu Kongō, der fünfzigste Patriarch der Kongō-Dynastie, die Insolvenz des Unternehmens anmelden. Die Schulden, die das Unternehmen auf seine Veranlassung hin gemacht hatte, waren dem Traditionsunternehmen zum Verhängnis geworden. Die Firma wurde schließlich vom Baukonzern Takamatsu Construction Group aufgekauft, 1.428 Jahre nach ihrer Gründung.

Heute kommen sieben der zehn ältesten Unternehmen der Welt aus Japan, wie in der Tabelle zu sehen ist. In der westlichen Welt erreichen nur etwa 3% aller Familienunternehmen die vierte Generation. Ganz anders ist es im Inselstaat. Hier ist die Lebenserwartung von Unternehmen im Schnitt doppelt so hoch.

Die zehn ältesten Unternehmen der Welt

Gründungsjahr	Firma	Land	Industrie
578	Kongō Gumi	Japan	Bau
705	Nishiyama Onsen Keiunkan	Japan	Hotel
717	Koman	Japan	Hotel
718	Hōshi Ryokan	Japan	Hotel
760	TECH Kaihatsu	Japan	Maschinenbau
771	Genda Shigyō	Japan	Papier
802	Stiftskeller St. Peter	Österreich	Restaurant
862	Staffelter Hof	Deutschland	Wein
864	Monnaie de Paris	Frankreich	Münzpresse
885	Tanaka-Iga	Japan	Religiöse Artikel

In einer Studie der Bank of Korea aus dem Jahr 2008 wurden insgesamt 5.586 Unternehmen in 41 Ländern identifiziert, die zu diesem Zeitpunkt älter als 200 Jahre waren. Annähernd drei Viertel dieser Unternehmen kamen dabei aus Japan, gefolgt von Deutschland, den Niederlanden und Frankreich, wie die Grafik 065 zeigt.

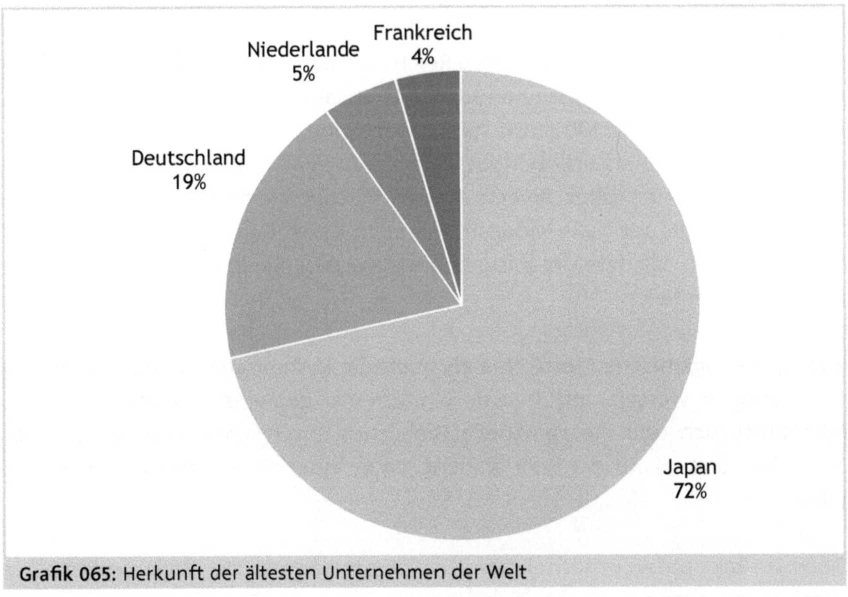

Grafik 065: Herkunft der ältesten Unternehmen der Welt

Während die ältesten Unternehmen in Japan zumeist Produkte herstellen, die man für religiöse oder kulturelle Rituale benötigt, wie beispielsweise Taiko-Trommeln, Papierlaternen, Puppen und Bürsten, sind die ältesten Unternehmen in Deutschland Brauereien, was auch sehr viel mit kulturellen Ritualen zu tun hat, wie jeder weiß, der schon einmal in Deutschland in einem Festzelt oder Biergarten war.

Ist es also die Fokussierung auf die Tradition, die ein Unternehmen langlebig macht? Das erscheint plausibel, vor allem dann, wenn man zusätzlich noch die weltweit ältesten Organisationen betrachtet. Diese sind zwar keine Unternehmen, haben aber dennoch einen gemeinsamen Zweck. Als älteste noch heute existierende Organisation kann wohl die japanische Monarchie gelten, die auf Kaiser Jimmu zurückgeht. Der Legende nach soll er bereits 660 vor Christus das Kaisertum im Inselstaat ins Leben gerufen haben, das seit dieser Zeit zahllose Krisen inklusive zweier Weltkriege und den Abwurf von Atombomben durchlebt hat und trotz allem bis heute fortbesteht, alles in allem seit knapp 2.700 Jahren. Der Kaiser galt dabei in Japan zugleich als Gottheit, zumindest solange, bis Kaiser Hirohito 1945 im Zuge der Kapitulation Japans auf dieses göttliche Privileg verzichtete.

Eine weitere sehr alte Organisation ist die katholische Kirche, deren Gründung auf den römischen Kaiser Konstantin zurückgeht. Nach seiner eigenen Bekehrung stoppte er im Jahr 313 die Christenverfolgung. Im Jahr 325 rief er dann das Konzil von Nicea zusammen, um die zersplitterte Christengemeinschaft zu einen. Sein Ziel war es, die neue Religion zu einer zusätzlichen Staatsreligion im auseinanderbrechenden Römischen Reich zu machen und damit das Staatsgebiet mithilfe einer gemeinsamen Identität zusammenzuhalten. Während das Römische Reich keine 100 Jahre später unterging, hat die katholische Kirche seit dieser Zeit alle Krisen überlebt, von internen Machtkämpfen, Spaltungen und Reformationen über diverse Kriege bis hin zu den gesellschaftlichen Skandalen der Neuzeit wie Kindesmissbrauch durch Geistliche und finanzielle Verstrickungen mit dem organisierten Verbrechen. Sie existiert nunmehr seit knapp 1.700 Jahren.

Sowohl die japanische Monarchie als auch die katholische Kirche orientieren sich stark an Werten und Traditionen. Ebenso gemeinsam haben sie ihren Machtanspruch und die spirituelle Dimension ihrer Lehre, was auch heute Menschen überall auf der Welt anzieht, da es ihnen Orientierung und Heimat gibt.

Doch zurück zu den Unternehmen. Die ältesten Firmen der Welt sind in einer Vereinigung organisiert, die sich Henokiens nennt. Der Name geht auf die biblische Figur Henoch zurück, die der Sage nach 365 Jahre alt wurde, bevor Gott sie zu sich nahm. In diesen illustren Club werden nur Unternehmen aufgenommen, die älter als 200 Jahre sind und sich in dieser Zeit ununterbrochen in Familienbesitz befunden haben. Eine weitere Bedingung für die Clubmitgliedschaft ist, dass die Familie immer noch in der Unternehmensleitung aktiv ist. Die Aufnahmekriterien entsprechen also in wesentlichen Zügen dem japanischen »ie«-System. Die Henokiens wurden 1981 gegründet mit dem erklärten Ziel, langfristiges Entscheidungsverhalten zu fördern. Ist es also der Wille, die Dinge langfristig anzugehen, der ein Unternehmen lange bestehen lässt? Welche Faktoren stecken noch hinter dem Geheimnis des langen Bestehens dieser Organisationen?

2.3.1 Schutzfaktor »Unternehmensgröße«

Die Studie der Bank of Korea legt nahe, dass dabei die Unternehmensgröße eine Rolle spielt. Betrachtet man Firmen, die älter sind als 100 Jahre, so fällt auf, dass überwältigende 89,4% dieser Unternehmen weniger als 300 Mitarbeiter haben. In Firmen dieser Größe ist es noch möglich, jeden Mitarbeiter persönlich zu kennen, was wiederum die Identifikation der Mitarbeiter mit dem Unternehmen stärkt. Es können so auch intensive Beziehungen innerhalb der Belegschaft aufgebaut und gepflegt werden, was wiederum das Wirgefühl und die Loyalität gegenüber dem Unternehmen positiv beeinflusst.

Auch die gesellschaftlichen Werte und die Art, wie sie die jeweilige Unternehmenskultur prägen, sind von Bedeutung. Wie wir am Anfang dieses Kapitels gesehen haben, spielt die Unternehmensintention und die dazu passende Art der Führung eine zentrale Rolle für die Resilienz von Unternehmen. Diese Intention setzt sich dabei zusammen aus dem Primärmotiv und dem Reifegrad des Unternehmens.

Aufgrund seiner stark traditionellen Orientierung und der Führung durch ein Familienmitglied lässt sich die Unternehmensintention von Kongō Gumi im unteren linken Sektor der Grafik 066 als Punkt A verorten. Jede existenzielle Krise eines Unternehmens ist in der Logik der Entwicklungsstufen das Symptom eines Übergangs von einer Stufe zur nächsten. Dabei ist die eine Stufe nicht notwendigerweise besser als eine andere. Sie erfordert aber jeweils eine Anpassung im Wertesystem. Wie wir gesehen haben, hat Kongō Gumi in den 1980er-Jahren viele Schulden gemacht, um sein Wachstum zu finanzieren. Aus heutiger Sicht sind nur noch Mutmaßungen möglich, aber vielleicht hat CEO Masakazu Kongō den Versuch unternommen, Kongō Gumi von einer traditionellen zu einer modernen Organisation weiterzuentwickeln, ohne aber dabei

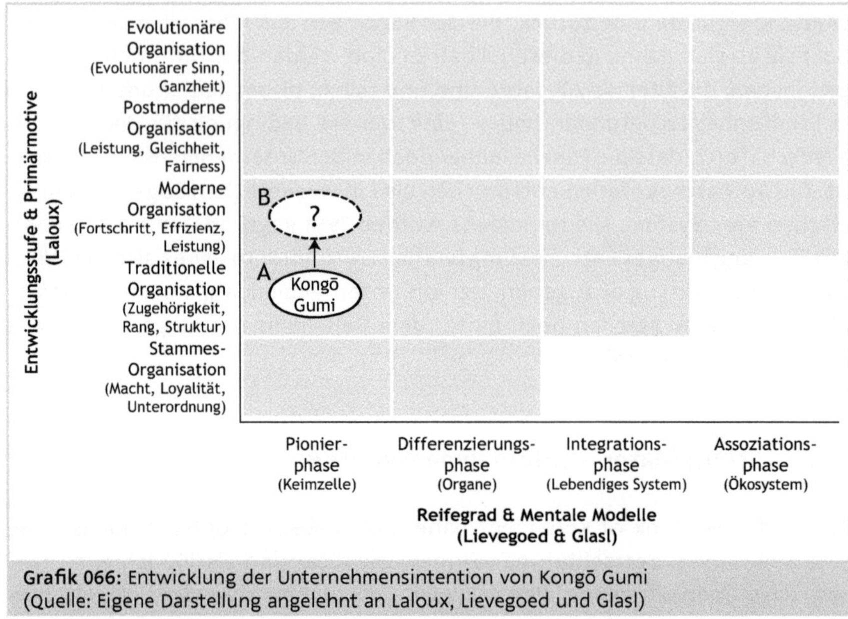

Grafik 066: Entwicklung der Unternehmensintention von Kongō Gumi (Quelle: Eigene Darstellung angelehnt an Laloux, Lievegoed und Glasl)

die Pionierphase und damit das Familiensystem als Grundlage zu verlassen. Diese Neuausrichtung wäre alles andere als verwerflich gewesen. Sie hätte jedoch im Widerspruch zu den alten Unternehmenswerten gestanden, und diese sind für traditionelle Organisationen ein zentrales Element. Dieses mögliche Zielszenario ist in der Grafik als Punkt B gekennzeichnet. Das japanische »ie«-System ist seinem Wesen nach auf Langlebigkeit bedacht. Man versucht daher, Risiken für den Clan möglichst zu vermeiden. Die Verschuldung des Unternehmens kann als ein Bruch mit dieser risikoaversen und auf Nachhaltigkeit bedachten Werteorientierung angesehen werden, insbesondere, da sie dazu dienen sollte, das Wachstum des Unternehmens zu finanzieren. Natürlich vollzieht sich eine Veränderung der Unternehmenswerte nicht notwendigerweise willentlich. Sie entwickelt sich vielmehr emergent und lässt sicher daher erst im Nachhinein verstehen. So war es dann aber eben dieser riskante Entwicklungsschritt, der den Konzern schließlich zum Aufgeben zwang.

2.3.2 Schutzfaktor »Konservatives Wirtschaften & Risikodiversifizierung«

Shell, heute eines der größten Unternehmen der Welt, hat ebenfalls alte Wurzeln, wenn auch längst nicht so alt wie der japanische Tempelbauer. Shell geht zurück auf ein Kuriositätengeschäft, das 1833 durch den britischen Händler Marcus Samuel gegründet wurde. Er kaufte heimkehrenden Seeleuten im Londoner Hafen ihre Mitbringsel ab, darunter viele Muscheln, engl. shells, die er zu dekorativen Wohnaccessoires weiterverarbeitete. Im Laufe der Generationen wurde aus dem Muschelhandel ein Import-Export-Geschäft und dann ein Kerosinhandel. 1890 stieg das Unternehmen in den Transport und später auch in die Förderung von Öl ein. Die Kammmuschel blieb seitdem das Logo der Firma, genauso wie der Name »Shell«. Im Jahre 1983 gab der Mineralölkonzern eine Studie in Auftrag, um herauszufinden, welche Faktoren die Langlebigkeit von Großunternehmen positiv beeinflussen. Mit der Studie beauftragt wurde der Niederländer Arie de Geus, ein ehemaliger Leiter der Strategie-Abteilung von Shell, der in seinem Ruhestand an der London Business School und am Massachusetts Institute of Technology (MIT) forschte. De Geus identifizierte 27 Firmen in Nordamerika, Europa und Japan, die zwischen 100 und 700 Jahre alt waren, in ihrer Industrie eine bedeutende Rolle spielten und zudem eine brauchbar dokumentierte Firmengeschichte aufweisen konnten. Zu diesen Firmen gehörten unter anderem DuPont, Kodak, Mitsui und Siemens. De Geus konnte durch die Untersuchung dieser Langläufer verschiedene Faktoren identifizieren, die Unternehmen langlebig und widerstandsfähig machen. Er kommt dabei zu der Quintessenz, dass diejenigen Unternehmen am längsten leben, die nicht vergessen, dass sie in erster Linie eine Gemeinschaft von Menschen sind, die durch profitables Wirtschaften ermöglicht wird.

Das Streben nach Wachstum und Gewinn ist in diesen Unternehmen also nicht der eigentliche Zweck, sondern lediglich das Mittel, um den Zweck einer dauerhaften Gemeinschaft zu erreichen. Dieser stark ausgeprägte Sinn für die eigene Identität und die grundlegende Motivation führt zu verschiedenen Verhaltensweisen im Management, die sich deutlich von den kurzlebigeren Unternehmen abheben. Die untersuchten Unternehmen haben allesamt eine sehr konservative Finanzpolitik gemeinsam, die gekennzeichnet ist durch umfangreiche Rücklagen, eine hohe Eigenkapitalquote und damit eine geringe Verschuldung. Dieses vorsichtige Wirtschaften versetzte sie in die Lage, wirtschaftliche Durststrecken auch ohne große schmerzhafte Konsequenzen abzufedern, wohingegen andere Unternehmen in solchen Zeiten stark litten. Außerdem konnten sie dank dieser Vorgehensweise schnell auf gute Gelegenheiten reagieren, ohne zunächst Investoren oder Banken überzeugen zu müssen. Diese Unabhängigkeit und die Möglichkeit, schnell Entscheidungen zu treffen, verschaffte ihnen häufig einen Wettbewerbsvorteil gegenüber ihren Konkurrenten, die mit einer höheren Fremdkapitalquote agierten, um das eigene Wachstum anzukurbeln. Kam es zu Wirtschaftskrisen oder Einbrüchen in spezifischen Industrien, gerieten diese Unternehmen schnell in Schieflage, was nicht selten dramatische Konsequenzen haben konnte, wie wir am Beispiel von Kongō Gumi gesehen haben.

Ein weiterer Faktor, der laut de Geus Untersuchungen mit Langlebigkeit zu tun hat, ist ein sehr bewusster Umgang mit Risiken. Dies ist dabei nicht mit Risikominimierung oder gar -vermeidung zu verwechseln. Langlebige Unternehmen gehen unternehmerischen Risiken, wie der Investition in neue Technologien oder dem Ausbau neuer Geschäftsfelder, keineswegs aus dem Weg. Vielmehr balancieren sie Risiken aus, indem sie nicht alles auf eine Karte setzen. So können sie eintretende Risiken und die damit einhergehenden Folgen in einem Unternehmensbereich durch die soliden Ergebnisse in anderen stabil laufenden Einheiten kompensieren. Auf diese Weise lässt sich selbst der Totalausfall einer Investition verschmerzen. Dieses konservative Agieren ist natürlich nicht immer gut für die Unternehmensrendite und wäre damit für profitorientierte Anteilseigner auch ein Graus. Der Firmenwert und damit die Rendite lassen sich ungleich schneller mit einer risikoreichen Strategie steigern. Diese ist daher auch die Strategie der Wahl für die meisten börsennotierten Aktiengesellschaften. Allerdings steigt dabei auch stets das Klumpenrisiko, was sicher auch ein Grund dafür ist, dass Unternehmen, die am Kapitalmarkt gehandelt werden, immer relativ jung sterben, wie wir im Kapitel »Die Gegenwart: Leben in der VUKA-Zone« gesehen haben.

2.3.3 Schutzfaktor »Unternehmenskontext wahrnehmen«

Alle der von de Geus untersuchten Organisationen hielten zwar jeweils an gemeinsamen Werten fest (Stabilität), waren dabei aber durchaus in der Lage, Veränderungen in der Gesellschaft und im Marktumfeld wahrzunehmen und sich schneller als andere daran anzupassen (Flexibilität). Dies hatte bei vielen der betrachteten Unternehmen zur Folge, dass sie im Laufe ihrer Geschichte ihr Geschäftsmodell gleich mehrfach grundlegend veränderten. So entwickelte sich beispielsweise das US-amerikanische Unternehmen DuPont, das 1802 von dem französischen Einwanderer Eleuthère Irénée du Pont als Produktionsfirma für Sprengstoffe gegründet wurde, im Laufe von über 200 Jahren zu einem der weltweit agierenden Konzernen für Chemie, Materialwissenschaft und Energie. Bei DuPont waren es technologische Innovationen, wie die Erfindung von Teflon oder Kevlar, die die Weiterentwicklung des Unternehmens befeuerten. In anderen Fällen, wie bei der Hudson‹s Bay Company, die 1670 im kanadischen Toronto ihren Ursprung nahm und heute das älteste Unternehmen Kanadas ist, waren es eher logistische Faktoren. Das Unternehmen war zunächst gegründet worden, um Trappern und Indianern Tierfelle abzukaufen und damit Handel zu treiben. Später, mit zunehmendem Ausbau der Infrastruktur, entwickelte es sich unter anderem zu einer Warenhauskette weiter, die sich auf die Versorgung entlegener Regionen Kanadas fokussierte. Die Fähigkeit, Veränderungen in der Umgebung wahrzunehmen, daraus zu lernen und sich anzupassen, ist nach de Geus Erkenntnissen eine der Kernkompetenzen der von ihm untersuchten Langläufer.

2.3.4 Schutzfaktor »Gemeinsame Identität & Stewardship«

Langlebige Unternehmen haben ein ausgeprägtes Identitätsbewusstsein. Sie sind nicht nur eine x-beliebige Firma, sondern vielmehr eine eingeschworene Gemeinschaft mit einer starken Unternehmenskultur, zu der sich Mitarbeiter und teilweise auch Lieferanten in hohem Maße zugehörig fühlen. Auch wenn die Unternehmen sich weiterentwickeln und ihr Produktportfolio verändern, bleibt dieses Gemeinschaftsgefühl erhalten.

So verhielt es sich auch mit dem niederländisch-britischen Konzern Unilever, der auf zwei Unternehmen zurückgeht: zum einen auf die 1885 gegründete Seifenfabrik der britischen Lever Brothers und zum anderen auf eine 1871 von dem Deutschen Anton Jurgens gegründete Margarine-Firma. 1929 fusionierten die beiden Teilkonzerne zu Unilever, der bis dahin größte Merger der Geschichte. Das Unternehmen hatte seine Blütephase nach dem Zweiten Weltkrieg. Bekannte Marken wie Iglo, Eskimo und Langnese fungierten dabei zwar rechtlich als unabhängige Teilkonzerne, wurden aber als eine Art Flottenverband geführt. George Cole, der damalige CEO von Unilever, sah jedes dieser »Schiffe« zwar als unabhängige Einheit, betonte aber stets, dass der Mehrwert der gesamten Flotte aufgrund der gemeinsamen Identität sehr viel höher ist als die Summe der einzelnen Schiffe.

Für Langläufer ist ein stark ausgeprägtes Gemeinschaftsgefühl existenziell. Das wirkt sich auch auf die Personalauswahl und -entwicklung aus. Man sucht sich Mitarbeiter, die neu eingestellt werden, nicht nur nach ihrer Qualifikation aus, sondern auch hinsichtlich der Passung ihres Wertesystems. Die Mitarbeiter arbeiten nicht nur im Unternehmen, um einen Job zu erledigen und ihre Brötchen zu verdienen, sondern auch, um ihr Potenzial zu entfalten und sich weiterzuentwickeln. Die Manager in solchen Firmen kommen daher auch meist aus der Organisation selbst und nicht von anderen Unternehmen. Sie handeln in der Überzeugung, dass ihnen das Unternehmen anvertraut wird. Bei den meisten von de Geus befragten Managern herrschte das Bestreben vor, das Unternehmen besser in die Hände der nächsten Unternehmensleitung übergeben zu wollen, als sie es selbst bei ihrem Amtsantritt übernommen hatten. Für diese Einstellung gibt es im Englischen das schöne Wort Stewardship, das sich nur schwer ins Deutsche übersetzen lässt, am ehesten vielleicht noch mit »treuhänderische Übernahme von Verantwortung«.

2.3.5 Schutzfaktor »Bricolage«

So sehr langlebige Unternehmen an ihrer gemeinsamen Identität und ihren Werten festhalten, so sehr sind sie doch auch offen für disruptive Innovationen in den Randbereichen ihrer etablierten Geschäftsmodelle.

Wenn wir Menschen gehen oder laufen, dann wechseln wir beständig zwischen dem aufgesetzten Stand- und dem erhobenen Spielbein. Dieser Bewegungsablauf hat sich für uns bewährt, da er die optimale Mischung aus Stabilität und Flexibilität mit sich bringt. Nach dem gleichen Stabilitäts-Flexibilitäts-Prinzip arbeiten auch die Langläufer-Unternehmen. So fand de Geus anstelle von zentralistischer, rigider Kontrolle zahlreiche Indizien für eine Führung mit sehr langer Leine, was teilweise in der Gründung von Tochterfirmen resultierte, die sich inhaltlich sehr weit weg vom ursprünglichen Geschäftsmodell befanden. Wie eingangs beschrieben, hat der französische Anthropologe Claude Lévi-Strauss für derartiges exzentrisches Herumprobieren den Begriff der Bricolage geprägt.

William Russell Grace war ein solcher Bricoleur. Der irische Einwanderer war zusammen mit seinem Vater nach Peru gekommen, um dort eine Farm zu bewirtschaften. Das Unterfangen scheiterte. Während sein Vater wieder in die Heimat zurückkehrte, blieb William und kaufte sich 1854 in den Schiffsausrüster John Bryce and Co. ein, der nach mehreren Umfirmierungen schließlich zur W. R. Grace and Company wurde. Die Firma betrieb zunächst Frachtschiffe, baute aber auch Guano ab, eine steinartige Substanz, die durch die Einwirkung der Exkremente von Pinguinen und Kormoranen auf Kalkstein entsteht. Aufgrund seines hohen Phosphorgehalts lässt sich daraus sowohl Dünger als auch Sprengstoff gewinnen. Später kam der Transport von Zuckerrohr und Zinn dazu. Schließlich gründete Grace gemeinsam mit der Fluggesellschaft Pan American das Unternehmen Pan American-Grace Airways, kurz Panagra, das Linienflüge zwischen Nord- und Südamerika anbot. Heute ist W. R. Grace vor allem ein Chemieunternehmen für Baumaterialien mit einem Umsatz von rund 3 Milliarden US-Dollar. Als solches war es in einige aufsehenerregende Umweltskandale verwickelt. Zeitgleich betrieb es aber auch über mehrere Jahrzehnte Dialysezentren in den USA. Derartige Mischkonzerne mit geringen Synergien sind heute am Kapitalmarkt nicht beliebt. Ihr Börsenwert ist systematisch unterbewertet im Vergleich zu solchen Unternehmen, die sich nur auf eine einzige Industrie fokussieren. Doch die Untersuchung von de Geus legt nahe, dass es unter Resilienzgesichtspunkten durchaus sinnvoll sein kann, sich derartig breit und flexibel aufzustellen, um das Unternehmensrisiko zu diversifizieren.

Beispiel: Nokia und Bricolage !

Auch das finnische Unternehmen Nokia ist ein gutes Beispiel für Bricolage. Es wurde 1886 vom finnischen Ingenieur Fredrik Idestam zunächst als Papierfabrik gegründet. Etwa 30 Jahre später war es außerdem in der Stromerzeugung tätig und produzierte obendrein auch Gummistiefel und Fahrradreifen. Erst 1989, also rund 100 Jahre nach der Unternehmensgründung, stieg Nokia in das Mobilfunkgeschäft ein und entwickelte sich dort Ende der 1990er-Jahre zum Marktführer. Insgesamt erzielte das Unternehmen damals einen Umsatz von bis zu 51 Milliarden Euro. Doch das Unternehmen hatte den Trend der aufkommenden Smartphones verschlafen und der Umsatz brach 2014 bis auf knapp 12 Milliarden Euro ein. Während des Niedergangs der Handysparte, der schlussendlich für Nokia im Jahr 2013 in der Veräußerung des Bereichs an Microsoft mündete, investierte das Unternehmen in den Aufbau von Geodiensten und in Netzwerktechnologie. Während 2015 die Kartendienste wieder abgestoßen wurden, wurde das durch deren Verkauf erzielte Kapital ein Jahr später in die Übernahme des Mitbewerbers Alcatel-Lucent investiert. 2017 erwirtschaftete das neu aufgestellte Unternehmen einen Umsatz von 23 Milliarden Euro.

2.4 Von High Reliability Organizations lernen

Die einzigen Fehler, aus denen man lernen kann, sind die, die man überlebt.
(Jim Collins, US-amerikanischer Managementvordenker)

Der US-amerikanische Organisationspsychologe Karl Edward Weick und seine Kollegin, die US-amerikanische Management-Theoretikerin und Medizinerin Kathleen Suthcliffe, haben sich auf die Erforschung von Organisationen fokussiert, in denen Fehler keine Option sind. In ihrem sehr empfehlenswerten Buch »Managing the Unexpected« untersuchen sie Organisationen wie beispielsweise Operationszentren, Kernkraftwerke und Flugzeugträger, in denen Fehler, wenn sie denn gemacht werden, sehr oft tödliche Folgen haben. Diese werden von den Autoren als High Reliability Organizations (HROs), also als Organisationen mit hoher Zuverlässigkeit bezeichnet. Ihre Spezialität ist das schnelle Reagieren auf unvorhergesehene Ereignisse, eine Kompetenz, die auch für andere Organisationen von zunehmend großer Bedeutung ist und einen wesentlichen Aspekt organisationaler Resilienz darstellt. Ein Herzstück der Arbeit von Weick und Suthcliffe sind die Erkenntnisse aus verschiedenen britischen Operationszentren und die Rückschlüsse, die sich daraus für die Organisationskultur ziehen lassen. In den untersuchten Krankenhäusern werden Neugeborene mit einer von elf verschiedenen Herzanomalien behandelt. Diese Behandlung beinhaltet auch eine gefährliche Operation am offenen Herzen, das bei Kindern unter einem Jahr die Größe einer Walnuss hat. Es war das Ziel dieser Zentren, die in den 1980er-Jahren gegründet wurden, in verschiedenen Städten des Landes kritische Kompetenzen für diese schwierigen und riskanten Eingriffe zu bündeln. Je Krankenhaus wurden etwa 80 bis 100 dieser Operationen von zwei spezialisierten Kinderchirurgen durchgeführt. Diese Auslastung war nötig, um die notwendige Übung und Erfahrung der Mediziner aufrechtzuerhalten.

2.4.1 Risikofaktor »Selbstzufriedenheit und Überheblichkeit«

Insgesamt gab es 12 dieser Zentren im gesamten Königreich, darunter auch eines in Bristol im Süden Englands. Als sie ihre Arbeit aufnahmen, war die Kindersterblichkeit bei allen etwa gleich hoch. Doch während die Mortalitätsrate in den anderen Krankenhäusern in den folgenden sieben Jahren beständig sank, weil dort die Operationsverfahren immer weiter verbessert und beschleunigt wurden, um so die Zeit, in der die Kleinkinder an die Herz-Lungen-Maschine angeschlossen sein mussten, zu minimieren, blieb die Quote in Bristol gleich. Ab dem Jahre 1988 starben hier bis zu doppelt so viele Neugeborene bei einer Herzoperation wie in den anderen Zentren. Als sich im Jahr 1995 schließlich die tragischen Todesfälle häuften, wurden die Operationen eingestellt und eine offizielle Untersuchung durchgeführt. Die Kommission fand heraus, dass die Art der Führung und die dadurch entstandene Organisationskultur einen großen Anteil an den medizinischen Missständen und den ausgebliebenen Verbesserungen der Operationsverfahren hatte. Nach Anhörung von 577 Zeugen kam man zu dem Ergebnis, dass diese Kultur von Angst, Schuldzuweisungen und Rechtfertigungen geprägt war. Passierten Fehler, so war keiner bereit, dafür die Verantwortung zu übernehmen oder gar daraus zu lernen. Die Führung war ausgesprochen hierarchisch und basierte auf Anweisungen von oben. Eine Mitsprache des medizinischen Personals war nicht erwünscht, insbesondere nicht, wenn bestehende Prozeduren infrage gestellt oder Fehler angesprochen wurden. Es gab kein strukturiertes Berichtswesen zu Komplikationen und möglichen Fehlern. Mitarbeiter, die auf solche hinwiesen, mussten mit Repressalien rechnen. Entscheidungen wurden nicht von denjenigen getroffen, die über eine Sachlage am besten informiert waren, sondern von den Ranghöchsten, was letztlich zu langsameren und schlechteren Entscheidungen führte. Das Beispiel von Bristol zeigt auf tragische Weise, was in High Reliability Organizations geschehen kann, wenn Führung und Organisationskultur nicht auf psychologische Sicherheit, Offenheit und kontinuierliches Lernen eingestellt sind, sondern eher von Selbstzufriedenheit und Überheblichkeit dominiert werden.

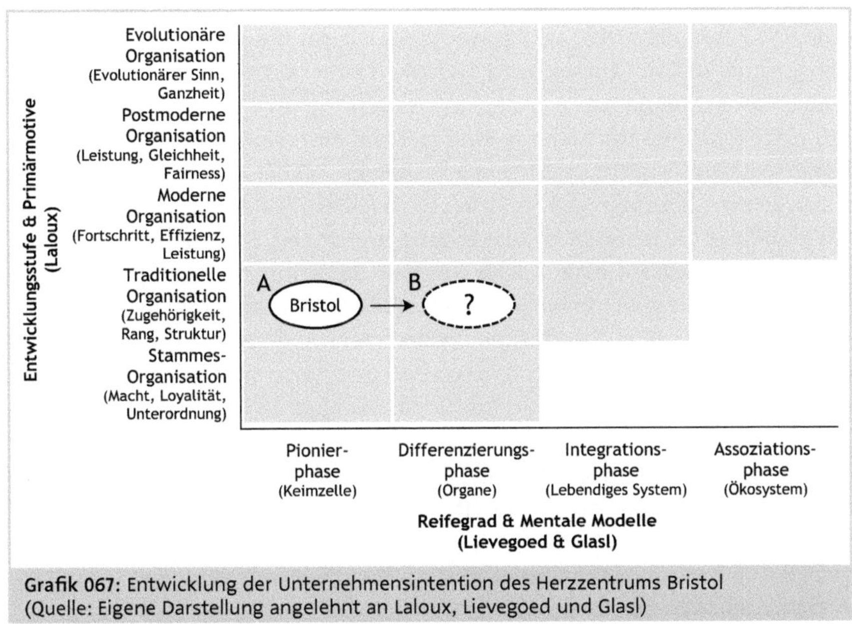

Grafik 067: Entwicklung der Unternehmensintention des Herzzentrums Bristol (Quelle: Eigene Darstellung angelehnt an Laloux, Lievegoed und Glasl)

Bezogen auf die Unternehmensintention stand das Herzzentrum in Bristol vor der Aufgabe, sich als eine von Hierarchien und Status geprägte traditionelle Organisation (Chefarzt, Oberarzt, Arzt, Krankenschwester) von der Entwicklungsstufe der Pionierphase A, in der es darum geht, eine neue Abteilung aufzubauen und in der jeder alles macht, hin zur Differenzierungsphase (B) weiterzuentwickeln, in der Prozesse so stark standardisiert und von einzelnen Akteuren entkoppelt werden, dass ein quantitatives, vor allem aber qualitatives Wachstum und Lernen der Organisation ermöglicht wird (siehe hierzu auch die Grafik 067). Wie wir im Kapitel »Unternehmensentwicklung heißt Krisenbewältigung« gesehen haben, bedeutet eine solche Weiterentwicklung auch meist eine Krise, die in diesem Fall dazu geführt hat, dass die Entwicklung am patriarchalischen Führungsverhalten scheiterte.

Die innere Einstellung zu auftretenden Fehlern ist nach Weick und Suthcliffe ein wesentlicher Grund dafür, ob Organisationen aus Fehlern rechtzeitig lernen oder ob sie dies nicht tun. Im US-amerikanischen Kernkraftwerk Davis-Besse bei Toledo im Bundesstaat Ohio kam es 2002 zu einer Beinahe-Katastrophe, die sich über einen langen Zeitraum mit schwachen Signalen angekündigt hatte. Im Bereich der Reaktordruckbehälter waren über zwei Jahre immer wieder Verstopfungen von Luft- und Wasserfiltern aufgetreten. Laut Betriebshandbuch waren diese Filter nur alle zwei Monate auszutauschen. Aufgrund der regelmäßigen Verstopfung ging die Wartungscrew jedoch dazu über, die Filter alle zwei Tage zu wechseln. Sie tat dies allerdings, ohne dass sich jemand im Team ausreichend Gedanken über den eigentlichen Grund des Problems machte. Ganze zwei Jahre später stellte man dann schließlich anlässlich einer Routineuntersuchung eine massive Korrosion am Reaktordruckbehälter fest. Dieser steht unter einem Druck von 150 Bar. Das ist etwa 17 Mal so viel Druck wie bei einer Barista-Espressomaschine, nur dass es sich hierbei um hochradioaktives Material im Reaktorinneren handelt. Die 16 Zentimeter dicke Metallschicht war auf einer Fläche von rund 25 Zentimetern Länge bis auf die Dicke eines Radiergummis weggerostet. Zwei Monate später wäre es zum vollkommenen Bruch der Reaktorhülle gekommen. Auch wenn der vordergründige Fehler entdeckt und behoben worden war, hatte man hier versäumt, den eigentlichen tieferliegenden Grund für das Problem zu identifizieren.

Im Kontext von Fehlern spielt die Intuition oder das Bauchgefühl von Experten eine zentrale Rolle, um zu verhindern, dass man sich vorschnell mit einfachen Antworten zufriedengibt. Nachlässigkeit in diesem Bereich wird erfahrungsgemäß durch verschiedene Faktoren gefördert, wie beispielsweise:

- kürzlicher Wechsel in der Betriebsleitung
- Delegation von Aufgaben ohne Nachhaken
- Mitarbeiter, die unkritisch sind und keine Fragen stellen
- Verfahrensrichtlinien, die abgekürzt werden
- ungleicher Informationsstand der Beteiligten
- Personalmangel und Überstunden
- hoher Stresslevel beispielsweise durch Zeitdruck

2.4.2 Schutzfaktor »Konzentration auf Fehler«

Weick und Suthcliffe beschreiben aber auch eine ganz andere Form von HROs, in denen kollektives Lernen trotz schwieriger Bedingungen außergewöhnlich gut kultiviert ist und ständig verbessert wird. Diese Organisationen ermitteln nicht nur potenzielle Gefahrenherde, sondern entwickeln daraus auch Worst-Case-Szenarien, um diesen im Ernstfall angemessen und frühzeitig begegnen zu können. Die Rede ist von Flugzeugträgern. Der zentrale Job der Crew eines Flugzeugträgers, die bis zu 6.000 Männer und Frauen zählen kann, ist es, Piloten und ihre Kampfjets am spitzen Ende des Schiffes, dem Vorderdeck, sicher in die Luft zu bringen und sie am stumpfen Ende, dem Achterdeck, wieder sicher landen zu lassen. Die Landebahn eines großen Flugzeugträgers ist etwa 350 Meter lang. Auf ihr sind bis zu vier Stahlseile im Abstand von 12 Metern als Fangmechanismus quer zur Flugrichtung gespannt. Diese sind mit einem hydraulischen System verbunden, das entsprechend dem Landegewicht des Flugzeuges eingestellt wird. Bei der Landung müssen die Piloten diese Fangseile mit ihren am Kampfjet angebrachten Fanghaken erwischen. Gelingt das, bremst die Vorrichtung ein 30 Tonnen schweres Flugzeug, das 240 Stundenkilometer schnell ist, innerhalb von 100 Metern bis zum Stand ab. Es geht hier also um Präzisionsarbeit. Bereits ein winziger Fehler kann fatale Folgen haben. Dies alles geschieht bei schwieriger See, zur Neige gehenden Kerosinvorräten und mit Rekruten, die noch ausgebildet werden müssen.

Auf einem Flugzeugträger hat jedes Werkzeug an Deck seinen festen Platz. Fehlt ein Werkzeug, selbst ein kleiner Schraubenschlüssel, so gilt dies als ernstes Sicherheitsrisiko, da es bei Start oder Landung in die Düsen der Kampfjets eingesaugt werden und dort katastrophale Schäden auslösen könnte. In diesem Fall werden alle weiteren Starts eingestellt und alle in der Luft befindlichen Flugzeuge auf andere Landebasen umgeleitet. Die diensthabende Crew inklusive des Kommandanten schreitet daraufhin die gesamte Länge des Flugzeugträgers ab, um das Werkzeug zu finden. Erst wenn es wieder da ist, wird die Start- und Landebahn für den Betrieb freigegeben. Ist die Krise behoben, wird das Crewmitglied, welches das fehlende Werkzeug gemeldet hat, nicht etwa bestraft, sondern öffentlich vor der gesamten Crew für seine Umsicht und sein Verantwortungsbewusstsein gelobt.

Dies zeigt: Es sollte nicht darum gehen, Fehler als singuläres Problem zu behandeln, für das möglichst schnell ein Schuldiger gesucht, gefunden und verurteilt wird. Viel besser ist es, Fehler als Hinweise für ein tieferliegendes systemisches Problem zu sehen. Fehler sind eine Chance, das Gesamtsystem besser zu machen. Durch diese Haltung und den dazugehörigen Führungsstil wird eine fehlerfreundliche Lernkultur gefördert. In funktionierenden HROs wird diese Haltung mit an Besessenheit grenzender Konsequenz verfolgt.

In komplexen Systemen ist das Erkennen von Fehlern jedoch alles andere als einfach, denn häufig äußern sie sich zunächst nur anhand schwacher, kaum wahrnehmbarer Signale, wie beispielsweise im Fall des Atomkraftwerks Davis-Besse. Wo in herkömmlichen Unternehmen jeder erleichtert aufatmet, wenn man gerade noch mal einer Katastrophe entgangen ist, und dann wieder zum Alltag übergeht, werden solche Vorfälle in HROs systematisch und gründlich analysiert, um Verbesserungspotenziale für den zukünftigen Betriebsablauf zu ermitteln. Der Fokus liegt dabei immer auf der Frage, warum etwas passieren konnte, und nicht darauf, wer daran Schuld hatte. Doch um aus Fehlern lernen zu können, müssen diese paradoxerweise zunächst einmal zugelassen werden. Wenn weder inoffiziell und schon gar nicht offiziell Fehler passieren dürfen, dann vergrößert sich die Tendenz der Mitarbeiter, Fehler nicht offen anzusprechen oder diese gar zu verschweigen. Dadurch können sich kleine Fehler zu handfesten Krisen aufschaukeln, die mitunter nicht wieder in den

Griff zu bekommen sind. Störungen in komplexen Systemen sind am einfachsten zu bemerken, wenn alle Beteiligten miteinander in gutem Kontakt stehen und es zur Unternehmenskultur gehört, schon kleine Auffälligkeiten zu besprechen. Da dies aber nicht immer funktioniert, sind in HROs zusätzliche anonyme Meldesysteme etabliert. Hier können Mitarbeiter Missstände ohne Nennung ihres Namens dokumentieren, falls sie die Sorge haben, dass ihr Vorgesetzter diese Information nicht angemessen weiter adressieren würde, oder wenn sie sein Verhalten selbst als Sicherheitsrisiko ansehen.

2.4.3 Schutzfaktor »Abneigung gegen Vereinfachung«

Die Crew von Flugzeugträgern ist darauf trainiert, möglichst alles zu überprüfen, denn das eigene Leben und das der Kameraden hängt daran. So gilt ein Flugzeug bis zur offiziellen Startfreigabe nicht als startklar. Diese wird aber erst nach verschiedenen Arten von Inspektionen erteilt. Kommunikation an Deck erfolgt per Handzeichen und zusätzlich mündlich. Jede Anweisung wird quittiert, um die Wahrscheinlichkeit von Fehlkommunikationen zu minimieren. Der Fokus liegt dabei auf Indizien, die dem erwarteten Verhalten widersprechen. Stimmen Handzeichen und sprachliche Äußerung nicht überein, gilt die gemachte Aussage als ungültig. Damit sollen menschliche Fehleinschätzungen infolge von vereinfachenden Vorannahmen vermieden werden. Insbesondere unter Druck neigen wir Menschen dazu, in vereinfachenden Mustern zu denken. Sie helfen uns dabei, Komplexität und damit Stress zu reduzieren. Werden sie nicht hinterfragt, können sie leicht den Blick auf die wahren Ursachen einer Störung verstellen. Werden dagegen verschiedene Sichtweisen und ein hohes Maß an innerer Autonomie als Gegenkonzept zu blindem Gehorsam oder Dienst nach Vorschrift zugelassen, wirkt dies gedanklichen Abkürzungen entgegen. Daher werden in effektiven HROs bereits kleine Fehler im Expertenteam durchgesprochen.

2.4.4 Schutzfaktor »Sensibilität für betriebliche Abläufe«

Während eines Einsatzes ist die gesamte Crew eines Flugzeugträgers auf die Starts und Landungen an Deck ausgerichtet. Der Kapitän trägt dabei die Verantwortung für das Schiff, während der Air Wing Commander die Verantwortung für die Flugzeuge trägt. Beide beziehen im Einsatzfall auf der Brücke Position. Dort können sie alle Schritte des Betriebsablaufes an Deck und in der Luft überblicken. Beide stehen dabei in permanentem Funkkontakt mit der Schiffsbesatzung und den Piloten. Jeder Landevorgang wird bewertet, um sicherzustellen, dass die Teamleistung von Piloten, Ausbildern, der Schiffsleitung und -crew sich kontinuierlich verbessert. Jede Landung wird per Video aufgezeichnet und auf dem ganzen Schiff ausgestrahlt. Schlechte Landungen werden binnen einer Stunde besprochen. Sie gelten als Hinweise auf potenziell größere Probleme innerhalb des Systems, so z. B. auf eine unzureichende Kommunikation im Team oder ein nicht optimales Training der Piloten.

Der Betriebsablauf folgt zudem einer genau eingespielten Choreografie, deren Sinn und Zweck allen Beteiligten klar ist. Und das ist wichtig, denn wenn diese Abläufe ausgeführt werden, ohne dass sich die Verantwortlichen über den Hintergrund der einzelnen Schritte, das Big Picture, bewusst sind, besteht das Risiko, dass Fehlentwicklungen nicht rechtzeitig bemerkt oder adressiert werden oder im Fall einer Krise die Abläufe nicht an die veränderten Erfordernisse angepasst werden, also die sogenannte Rigidität eintritt. Ebenso wichtig ist es, dass alle Beteiligten durch die gelebte Organisationskultur zu eigenständigem Denken und Transferleistungen ermuntert werden.

2.4.5 Schutzfaktor »Fähigkeit zur Improvisation«

Trotz aller Routinen, Übungen und Prozeduren lassen sich unerwünschte Überraschungen nicht immer vermeiden. Hier sind dann schnelle Entscheidungen gefordert, die auch mal ungewöhnlich sein können. Bei einem starken Sturm kann beispielsweise abhängig von der Wind- und der Fahrtrichtung des Flugzeugträgers so hoher Rückenwind entstehen, dass die Flugzeuge nicht sicher landen können. In diesem Fall kann es passieren, dass die Schiffe mit bis zu zehn Knoten rückwärtsfahren müssen, um die Windgeschwindigkeit an Bord zu verringern. Das entspricht nicht dem standardmäßigen Betriebsablauf, ist aber in einem solchen Fall die beste Methode, um die Sicherheit der gesamten Mannschaft zu gewährleisten. Um diese Fähigkeit zur Improvisation zu erhöhen, werden in HROs immer wieder auch unwahrscheinliche Szenarien theoretisch und praktisch durchgespielt. Dies geschieht mit dem Ziel, das Verhaltensrepertoire aller Beteiligten kontinuierlich zu erweitern. Außerdem trainiert es die Fähigkeit der Crew, bei Bedarf gut mit plötzlichem Druck, Tempo und Intensität umgehen zu können.

Die Flexibilität einer Organisation ist dabei durch eine Vielzahl zur Verfügung stehender alternativer Lösungswege für eine bestimmte Krisensituation gekennzeichnet. Dazu bedarf es mitunter eines unverkrampften Umgangs mit Richtlinien. Außerdem braucht es etablierte informelle Expertennetzwerke, bei denen sich die Verantwortlichen im Ernstfall Rat und Hilfe holen können.

2.4.6 Schutzfaktor »Respekt vor fachlichem Wissen und Können«

Jede Fliegerstaffel hat einen Leiter, der die Piloten und deren Eigenheiten sehr gut kennt. Wenn ein Pilot in der Luft technische Schwierigkeiten mit seiner Maschine hat oder aus anderen Gründen unter psychischen Stress gerät, kann der Staffelleiter die Anweisungen des Air Wing Commanders solange übergehen, bis dieser Pilot sicher gelandet ist. In HROs liegt die taktische Entscheidungskompetenz typischerweise bei den Experten, die vor Ort sind und die besten Kenntnisse vom aktuellen Geschehen und dessen Hintergründen haben. Zudem wird hier oft das Vier-Augen-Prinzip genutzt oder es werden im Sinne der Selbstorganisation spontan weitere Experten herangezogen, um sich gemeinsam eine Meinung zu bilden. Dieses Vorgehen ist im Ernstfall wesentlich hilfreicher und schneller als die Eskalation von Entscheidungen entlang der Hierarchie nach oben.

Wie wir gesehen haben, funktionieren High Reliability Organizations nach ganz bestimmten Regeln, die viel mit der Einstellung zu Fehlern zu tun haben. Dabei geht es weder darum, auftretende Fehler als normal hinzunehmen, noch kommt es darauf an, den Überbringer der schlechten Nachricht zu bestrafen. Vielmehr ist das Ziel, einerseits aufmerksam für schwache Signale zu sein und andererseits als Organisation glaubhaft und in der Unternehmenskultur spürbar daran zu arbeiten, aus Fehlern zu lernen und als System beständig besser werden zu wollen. Es ist diese Qualität, welche die Resilienz von HROs ausmacht.

2.5 Von sehr erfolgreichen Unternehmen lernen

Der Erfolg hat viele Väter. Der Mißerfolg ist ein Waisenkind.
(Richard Cobden, britischer Unternehmer und Politiker, 1804 bis 1865)

Jim Collins, ein US-amerikanischer Management-Experte und ehemaliger Professor für Entrepreneurship an der Stanford University, und sein Kollege Morten T. Hansen, Professor für Management an den Business Schools Berkeley, Harvard und INSEAD, haben bei den Arbeiten zu ihrem viel beachteten Buch »Great by Choice« zahlreiche Unternehmen untersucht, die über einen langen Zeitraum wesentlich, d.h. mindestens zehn Mal besser abschnitten als vergleichbare Firmen derselben Branche. Sind diese Unternehmen anders geführt? Spielt in diesen Firmen die Förderung von organisationaler Resilienz eine besondere Rolle? Collins und Hansen interessierte die Frage, warum manche Unternehmen in Zeiten zunehmender Komplexität, Geschwindigkeit und Unsicherheit langfristig Erfolg haben und andere nicht. Welche Faktoren sorgen für eine hohe Anpassungs- und Wettbewerbsfähigkeit in einer globalisierten Wirtschaft, deren Dynamik sich immer weniger vorhersagen lässt? Was unterscheidet die Führung derjenigen Unternehmen, die außerordentlich erfolgreich abschneiden, von denen, die sich weniger gut entwickeln?

Aus einer Liste von über 20.000 Unternehmen selektierten Collins und Hansen schließlich die folgenden sieben Unternehmen. Diese wurden jeweils mit dem gesamten Markt und mit Firmen aus der gleichen Industrie verglichen. Im Rahmen der Studie wurden zahllose Dokumente aus der jeweiligen Unternehmenshistorie gesichtet und Interviews geführt, um aus insgesamt 6.000 Jahren Firmengeschichte gemeinsame Muster in Bezug auf Führungsstil, Entscheidungen, Risikotoleranz, Innovation usw. ableiten zu können, die diese Unternehmen von ihren Wettbewerbern unterscheiden.

Erfolgreiche Unternehmen, die im Rahmen der Studie von Collins und Hansen untersucht wurden

Unternehmen	Branche	Zeitspanne	Performance vs. Markt	Performance vs. Branche
Amgen	Biotechnologie	1980 – 2002	24-fach	77-fach
Biomet	Medizintechnik	1977 – 2002	18-fach	11-fach
Intel	Informationstechnologie	1968 – 2002	21-fach	46-fach
Microsoft	Software	1975 – 2002	56-fach	119-fach
Progressive Insurance	Versicherung	1965 – 2002	15-fach	11-fach
Southwest Airlines	Fluggesellschaft	1967 – 2002	63-fach	550-fach
Stryker	Medizintechnik	1977 – 2002	28-fach	11-fach

2.5.1 Schutzfaktor »Verhaltensflexibilität nach dem Sowohl-als-auch-Ansatz«

Die Untersuchung von Collins und Hansen ergab, dass die Firmenchefs der erfolgreichsten Unternehmen keineswegs durchweg besonders mutige und risikofreudige Visionäre waren. Tatsächlich waren sie nicht risikofreudiger, nicht mutiger und auch nicht visionärer oder kreativer als ihre Vergleichspartner. Auch hatten sie nicht einfach mehr Glück als ihre weniger erfolgreichen Kollegen. Tatsächlich hielten sich glückliche Fügungen und unglückliche Entwicklungen bei allen untersuchten Firmen ziemlich die Waage. Die erfolgreichsten Firmenlenker waren allerdings disziplinierter bei der Verfolgung ihrer Ziele und gingen dabei empirischer und besonnener vor.

Die erfolgreichsten Unternehmen verfügten übrigens auch nicht über die innovativsten Manager. Innovationen an sich erwiesen sich interessanterweise nicht als Erfolgsgarant in dieser Vergleichsstudie. Viel wichtiger war die Fähigkeit, Innovationen zur Serienreife zu bringen und Kreativität mit Disziplin zu vereinen.

Eine weitere zentrale Erkenntnis bezieht sich auf die Intensität, mit der ein Unternehmen arbeitet und Dinge bewegt. Die erfolgreichsten Firmen waren keineswegs die schnellsten, wenn es darum ging, Entscheidungen zu treffen. Vielmehr waren sie in der Lage, Situationen, in denen sie schnell handeln mussten, von anderen zu differenzieren, in denen es sinnvoller war, zunächst die vorliegenden Daten gründlich zu analysieren, um eine fundierte Entscheidung fällen zu können.

Die erfolgreichsten Unternehmen waren nicht diejenigen, die sich am stärksten veränderten. Im Gegenteil: Viel erfolgreicher waren solche Firmen, die sich im Vergleich zu ihren Mitbewerbern weniger Veränderungen in der Unternehmensstrategie oder im Unternehmensaufbau vornahmen. Mit anderen Worten lässt sich also sagen: Das Management der erfolgreichsten Unternehmen aus der Studie hatte die Eigenschaft, sein Führungsverhalten an verschiedenen Polaritäten auszurichten. Polaritäten sind bleibende Eigenschaften oder Faktoren, die sich prinzipiell zu widersprechen scheinen, wie z.B. »Kreativität« und »Disziplin« oder »Innovation« und »Beständigkeit«. Dieses Konzept, das ursprünglich aus der Philosophie stammt, betrachtet gegensätzliche Pole nicht als unvereinbar, sondern vielmehr als komplementär. Komplementarität bedeutet dabei, dass ein Aspekt einen anderen ergänzt und erst durch beide Aspekte gemeinsam ein Ganzes entstehen kann. Das Prinzip des Yin und Yang aus dem chinesischen Daoismus ist ein gutes Beispiel dafür. Eine gute praktische Analogie für eine Polarität ist ein Kreiselkompass, auch Gyroskop genannt. Dieses Instrument wird zur Navigation unter anderem in Autos oder Schiffen verwendet. Hierbei handelt es sich um eine schnell rotierende Scheibe in einer meist kardanischen Aufhängung, wie man sie aus der Schifffahrt kennt. Durch den Drehimpuls der Rotation hat die Scheibe die Tendenz, immer in der gleichen Lage zu bleiben. Dadurch entsteht Stabilität. Durch die Aufhängung passt sich das Instrument jeder Richtungsänderung mühelos an. Dadurch entsteht Flexibilität. Auto oder Schiff und auch Satelliten drehen sich also quasi um das Gyroskop. Die Kombination aus Stabilität und Flexibilität kann als Polarität angesehen werden, da sich diese zwei gegensätzlichen Eigenschaften zu einer bestimmten Funktionalität ergänzen.

Viele Führungskräfte sind es gewohnt, in den Kategorien »richtig« und »falsch« zu denken und von der Existenz einer absoluten Wahrheit auszugehen, die genau eine richtige und demgegenüber eine Menge falscher Handlungsweisen impliziert. Dieser traditionelle Entweder-oder-Ansatz wird vielen aktuellen komplexen Problemstellungen nicht mehr gerecht und produziert zudem unbefriedigende Ergebnisse, was die Untersuchung von Collins und Hansen bestätigt. Das Konzept der Polaritäten geht von mehreren wahren Einflussgrößen aus, die sich durchaus widersprechen, aber mit einem Sowohl-als-auch-Ansatz miteinander integriert werden können. Erst durch die Kombination von gegensätzlichen Verhaltensweisen entsteht echte Verhaltensflexibilität.

2.5.2 Schutzfaktor »Diszipliniertes, moderates Wachstum«

Ein anderes Prinzip, das Collins und Hansen bei ihren Studien entdeckten, war das des disziplinierten, moderaten Wachstums, das sie als 20-Meilen-Marsch bezeichneten. Viele Unternehmen haben Wachstumsziele für ihren Umsatz. Damit sind meist Minimalziele gemeint, die es nicht zu unterschreiten gilt. Doch die wenigsten Firmen haben Maximalziele, also eine Vorstellung davon, welches Umsatzwachstum zu viel des Guten sein würde. Die erfolgreichsten Unternehmen hatten nicht nur die Tendenz miteinander gemein, ihren Umsatz im Sinne des minimalen Wachstums zu erreichen, sondern sie blieben sich auch hinsichtlich der Obergrenze des Wachstums treu. Ein gutes Beispiel hierfür ist Southwest Airlines. Die Fluggesellschaft wurde 1967 von Herbert D. Kelleher und Rollin King gegründet. Nach der bereits seit 1949 existierenden Fluglinie Pacific Southwest Airlines (PSA) war Southwest Airlines die zweite Billigfluglinie der Welt und zudem auch eine ziemlich exakte Kopie des Konzeptes von PSA. Aufgrund von Einsprüchen gegen die neue Airline durch bereits etablierte Firmen wie American Airlines und United Airlines sollte es bis 1971 dauern, bis die ersten Southwest-Passagiere befördert werden konnten. Während PSA 1988 Konkurs anmelden musste, schrieb Southwest seit 1973 bis heute stets schwarze Zahlen, also über einen Zeitraum von 45 Jahren. Diese langjährige Ertragsstärke ist ein Phänomen, das es in der Geschichte der Luftfahrtindustrie kein zweites Mal gibt. Während der ersten acht Jahre des Betriebs operierte Southwest ausschließlich in Texas und nahm jedes Jahr nur wenige neue Standorte in den Flugplan auf, obwohl es eine große Nachfrage nach Billigflügen aus dem ganzen Land gab. Die Ostküste der USA wurde erst knapp 25 Jahre nach Aufnahme des Flugbetriebs angeflogen. Dieses langsame, disziplinierte Wachstum hielt die Betriebskosten unter Kontrolle und gewährleistete so eine durchgängige Profitabilität, wenn es auch nicht alles an Umsatzwachstum herausholte, was möglich gewesen wäre – eine Tatsache, die einigen Investoren natürlich missfiel. Außerdem half es dabei, eine starke Unternehmensideologie auszubilden, was mit einem zu starken Wachstum nicht möglich gewesen wäre. Das maßvolle Wachstum sorgte auch dafür, dass sich unvorhersehbare Krisen wie die Terroranschläge vom 11. September 2001 weniger gravierend auf Southwest auswirkten als auf viele andere Mitbewerber.

Ein ähnliches Prinzip ließ sich auch beim US-amerikanischen Versicherungsunternehmen Progressive beobachten. Bereits in den frühen 1970er-Jahren hatte der damalige CEO Peter Lewis die Maxime ausgegeben, dass das Unternehmen nur in dem Maße wachsen solle, mit dem die Aufrechterhaltung von beispielhaftem Kundenservice und Profitabilität gewährleistet werden konnte. Trotz aller wirtschaftlichen Auf- und Abschwünge gelang es Progressive durch ein hohes Maß an unternehmerischer Disziplin in 27 von 30 Jahren seine minimalen Wachstumsziele zu erreichen, ohne jedoch durch ein überzogenes Wachstum seine Profitabilitäts- oder Kundenservice-Maxime zu gefährden. Das war insbesondere in solchen Zeiten schwer, in denen der Versicherungsmarkt schneller wuchs als das Unternehmen. Der Druck des Kapitalmarkts, stärker zu wachsen, war hoch und die Progressive-Aktie war teilweise über längere Zeit unterbewertet, was für ein Unternehmen immer auch das latente Ziel birgt, zum Übernahmekandidaten zu werden.

Doch der langfristige Erfolg von Progressive und vergleichbar agierenden Unternehmen lässt ihre zurückhaltende Selbstdisziplin im Wachstum im Nachhinein als eine überlegene Strategie erscheinen.

2.5.3 Schutzfaktor »Umsichtige, empirische Disruption«

Ein zentraler Aspekt langfristig erfolgreicher Unternehmen ist es natürlich, gute und innovative Produkte und Dienstleistungen zu entwickeln und zur Marktreife zu führen. Dieses Prinzip ist universell. Was langfristig erfolgreiche Unternehmen hingegen von ihren weniger erfolgreichen Pendants unterscheidet, ist die Art und Weise, wie sie an disruptive Innovationen herangehen. Die von Collins und Hansen identifizierten Firmen zeichneten sich dadurch aus, dass sie durchaus unternehmerische Risiken in Form von disruptiven Innovationen eingingen. Allerdings zeigten sie dabei viel weniger als andere Unternehmen die Tendenz, alles auf eine Karte zu setzen. Vielmehr probierten sie stets, das Erfolgspotenzial einer neuen Produktidee zunächst empirisch zu belegen, bevor sie große Mengen an Ressourcen in die Skalierung steckten.

Dabei verließen sie sich nicht ausschließlich auf Marktstudien und externe Berater, sondern sie versuchten möglichst viele Erkenntnisse durch direkte Kommunikation mit den eigenen Kunden, durch Verständnis ihrer Probleme und Analyse ihrer Verhaltensweisen zu erhalten.

Die Geschichte des iPods von Apple unterstreicht diese Vorgehensweise. 2001 stellte Steve Jobs, damals CEO von Apple, den ersten iPod, ein Abspielgerät für digitale Musik, vor. Das Produkt war keine große technologische Innovation, denn es gab bereits andere sogenannte MP3-Spieler, mit denen sich digitale Musik speichern und abspielen ließ, doch es war beliebt und wurde, wenn auch verglichen zu anderen Apple-Produkten in geringem Umfang, gekauft. Doch man glaubte an sein Potenzial, denn zu dieser Zeit gab es noch keine Möglichkeit, digitale Musik online zu kaufen und legal auf ein mobiles Endgerät zu laden. Es war damals fraglich, ob Kunden überhaupt gewillt sein würden, Geld für Musik-Downloads zu bezahlen. Bereits etablierte Plattformen wie Napster boten ausschließlich illegale Tauschgeschäfte mit Musik an, die man zuvor von CDs kopiert hatte. Ein Pluspunkt für Apple war, dass iTunes als digitale Musikbibliothek bereits für den Mac etabliert war. Apple setzte zum großen Wurf an: Es gelang dem Unternehmen, einige Big-Player aus der Musikindustrie dazu zu bewegen, legale Musik-Downloads einzelner Songs für relativ kleine Geldbeträge zu legalisieren. Der neu entwickelte Music Store wurde in iTunes integriert und ab sofort hatten alle Mac-, aber auch alle iPod-User die Möglichkeit, legal digitale Musik zu erwerben und mobil abzuspielen. Die nächste Zielgruppe war mehr als eine Milliarde Nutzer von Windows-PCs, die ebenfalls legale Musik-Downloads für sich mobil nutzen wollte. Im Geschäftsjahr 2007, also fünf Jahre nach seiner Markteinführung, war der iPod schließlich für über 48% des Umsatzes von Apple verantwortlich. Was im Nachhinein wie eine klare Erfolgsgeschichte aussieht, hätte aber auch zu einer gigantischen Fehlinvestition werden können. Nach den Erkenntnissen von Collins und Hansen ist es diese empirische Vorgehensweise bei Innovationen, die dabei helfen kann, das Investitionsrisiko kalkulierbarer zu machen, und die so zum langfristigen Erfolg von Unternehmen beiträgt.

2.5.4 Schutzfaktor »Führen mit produktiver Paranoia«

Überhaupt scheint Vorsicht oder gar Angst ein wichtiger Aspekt in der Unternehmensführung von langfristig erfolgreichen Unternehmen zu sein. Es geht dabei weniger um lähmende Angst als vielmehr um das Bewusstsein, dass man als erfolgreiches Unternehmen stets verwundbar ist und dass überall Wettbewerber lauern, die einem die Vorreiterposition lieber heute als morgen abspenstig machen möchten. Auch Wirtschaftskrisen, Naturkatastrophen oder geopolitische Entwicklungen können jederzeit ohne große Vorwarnungen eintreten und ein schlecht vorbereitetes Unternehmen in arge Schwierigkeiten bringen. Eine leicht paranoide Grundhaltung scheint eine effektive Prophylaxe gegen Bequemlichkeit, Selbstzufriedenheit und Hochmut zu sein, alles Eigenschaften, die gefährlich für ein Unternehmen werden können, vor allem in unserer Zeit. So hatte der Microsoft-Gründer Bill Gates angeblich ein Porträt von Henry Ford in seinem Büro hängen, um sich daran zu erinnern, dass auch ein einstmals dominantes und industrieprägendes Unternehmen wie Ford seine Vormachtstellung jederzeit einbüßen kann.

Eine produktive Form des Verfolgungswahns erwies sich für die untersuchten Firmen als effektive Strategie, da so die an sich unproduktive Sorge um den Erhalt der eigenen Marktposition kanalisiert wurde in produktive Dynamik und effektive Vorbereitung auf mögliche Eventualitäten. So zeichneten sich die untersuchten Unternehmen sowohl in einem ausgeprägten Fokus auf Markt und Wettbewerb aus als auch durch ein hohes Maß an finanziellen Reserven, um Eventualitäten abpuffern zu können. Auch die Überzeugung, immer besser werden zu müssen, speist sich letztlich aus der hier beschriebenen produktiven Paranoia.

2.5.5 Schutzfaktor »Mutige, wache und eigenständige Führung«

Collins und Hansen haben sich in ihrer Arbeit unter anderem auch von der Great-Man-Theorie inspirieren lassen, die auf den Beginn des 20. Jahrhunderts zurückgeht. Sie nimmt an, dass sich erfolgreiche Führungskräfte durch angeborene Eigenschaften von weniger erfolgreichen Kollegen unterscheiden. Diese kognitiven, sozialen und emotionalen Eigenschaften der Führungspersönlichkeit korrelieren laut dieser Theorie mit dem wirtschaftlichen Erfolg eines Unternehmens. Zentral ist hierbei vor allem das Zusammenfallen von fachlichen und zwischenmenschlichen Qualitäten der Führungskraft. Die Great-Man-Theorie steht teilweise im Widerspruch zur Systemtheorie, die davon ausgeht, dass der Erfolg eines Unternehmens von der dynamischen Wechselwirkung verschiedener Systemteilnehmer abhängt und damit nie ausschließlich von einer Person an der Spitze bestimmt werden kann.

Das Cobden-Zitat am Anfang dieses Kapitels kann dabei helfen, diesen Widerspruch aufzulösen. Dem britischen Unternehmer und Politiker wird die Aussage »Der Erfolg hat viele Väter. Der Mißerfolg ist ein Waisenkind.« zugeschrieben. Übertragen auf unseren vermeintlichen Widerspruch, würde dies bedeuten, dass der langfristige Erfolg eines Unternehmens nicht ausschließlich von der Person an der Spitze abhängen kann. Vielmehr braucht es dafür die Teamleistung des gesamten Unternehmens. Eine einzige Person an der Spitze kann aber sehr wohl weitreichende Entscheidungen treffen, die ein Unternehmen in eine Krise stürzen können, so beispielsweise, wenn bestimmte Unternehmenssparten verkauft oder mögliche Kontrahenten entlassen oder vergrault werden. Die wahre Leistung von Topmanagern läge also demnach nicht in ihren vermeintlichen Heldentaten, sondern vielmehr in all den Fehlentscheidungen, die sie *nicht* getroffen haben.

Doch zurück zu den Erkenntnissen von Collins und Hansen. Die beiden Wissenschaftler fanden heraus, dass die Topmanager der untersuchten Firmen, die am erfolgreichsten waren, sich durch folgende Eigenschaften von den anderen Firmenlenkern unterschieden:

- Akzeptanz der Umstände: Erfolgreiche Manager verstehen, dass sie einer permanenten Unsicherheit ausgesetzt sind und dass sie bedeutende Vorkommnisse, die in der Welt um sie herum geschehen, weder kontrollieren noch exakt vorhersehen können.
- Kontrollüberzeugung (Locus of Control): Den erfolgreichsten Führungskräften war der Gedanke fremd, dass zufällige Ereignisse oder andere Faktoren außerhalb ihrer Kontrolle das Erreichen ihrer Ziele beeinflussen könnten. Sie sahen die Verantwortung für die Geschicke der Firma und für ihr eigenes Schicksal stets bei sich.
- Lösungsorientierung: Die stärksten der Manager waren bereit, trotz aller Widrigkeiten alles in ihren Kräften Stehende zu tun, um sich auf ihre Ziele zu fokussieren. Sie hatten einen unbeugsamen Willen, diese zu erreichen, was in der Mehrzahl der Fälle auch zum Erfolg führte.
- Erwartung von Schwierigkeiten: Den Managern der Top-7-Unternehmen war die Eigenschaft gemein, in wirtschaftlich schlechten, aber vor allem auch in guten Zeiten wachsam zu bleiben und das plötzliche, unerwartete Auftreten von Veränderungen, Krisen oder Bedrohungen als normal und wahrscheinlich anzusehen. Aufgrund ihrer schon fast paranoiden Wachsamkeit waren sie auf plötzliche Veränderungen ihres Umfelds besser vorbereitet als die anderen Manager.
- Werteorientierung & Disziplin: Die Manager mit der besten Firmenperformance zeichneten sich alle durch ein ausgeprägtes Wertesystem aus sowie durch ein starkes Streben danach, das eigene Handeln konsequent mit den Werten in Einklang zu bringen. Diese Disziplin diente ihnen als innerer Kompass und sorgte dafür, dass sie auch bei großer Unsicherheit der Umgebungsfaktoren nicht von ihrem Kurs abkamen.
- Innere Autonomie: Die Top-7-Manager hatten ein hohes Maß an innerer Autonomie gemein, wenn es um die Einschätzung der aktuellen Situation und die Ableitung von Lösungsansätzen ging. Sie stützten sich dabei weder auf allgemein vorherrschende Meinungen, noch orientierten sie sich

vorrangig daran, was andere tun oder lassen. Indem sie sich auf ihre eigene, auf Fakten und Erfahrung beruhende Einschätzung der Situation verließen, waren sie in der Lage, mutige, kreative Entscheidungen zu treffen. Sie waren aber ebenso willens, diese unkonventionellen Lösungsansätze komplett infrage zu stellen, wenn ihre Einschätzung der Lage dies erforderte. Diese oft nonkonformistische Vorgehensweise, die deutlich vom Üblichen abwich, brachte ihnen teils harsche Kritik ein, konnte sie aber nicht von ihrer Meinung abbringen.

- Sinn: Die erfolgreichsten Manager fühlten sich etwas Höherem verpflichtet und setzten ihre Energie und ihren Ehrgeiz vor allem ein, um eine Mission zu erreichen oder um ihr Unternehmen oder die Gesellschaft weiterzubringen – nicht aber ausschließlich zu ihrem eigenen Vorteil. Die Überzeugung, dass die eigenen Anstrengungen einem sinnvollen höheren Ziel dienten, wappnete sie gegen die Auswirkungen von Schwierigkeiten, mit denen sie konfrontiert wurden.

Die Topmanager erfolgreicher Unternehmen lassen sich zusammengefasst also am besten mit den Attributen »mutig, wach und eigenständig« beschreiben.

Nach der Veröffentlichung all dieser Erkenntniss in seinem Buch »Good to Great« wandte sich Jim Collins einem anderen Forschungsprojekt zu. Gemeinsam mit dem US-amerikanischen Managementtheoretiker und Stanford-Professor Jerry Porras untersuchte er die Fragestellung, was erfolgreiche Unternehmen langlebig macht. Die Ergebnisse dieser Arbeit wurden 2004 im Buch »Built to Last« veröffentlicht. Collins und Porras identifizierten dazu zunächst 700 Unternehmen, die allesamt sehr erfolgreich waren, und wählten aus dieser Liste nochmals insgesamt 18 Unternehmen aus, die ihre Industrie seit mehreren Jahrzehnten dominierten. Sie alle waren vor 1950 gegründet worden und hatten bereits mehrere Krisen durchlebt. Ebenfalls hatte ihr Topmanagement bereits mehrfach gewechselt. Jedes dieser Unternehmen wurde im Rahmen dieser Resilienz-Studie mit einem anderen Unternehmen verglichen, das ebenfalls langfristig erfolgreich in derselben Industrie agierte, jedoch auf einem niedrigeren Level. Die folgenden Firmen wurden im Rahmen dieser Untersuchung als jeweilige Vorreiter ihrer Industrie identifiziert:

Die Vorreiter ihrer jeweiligen Industrie	
3M	American Express
Boeing	Citicorp
Ford	General Electric
Hewlett Packard	IBM

Die Vorreiter ihrer jeweiligen Industrie	
Johnson & Johnson	Marriott
Merck	Motorola
Nordstrom	Philip Morris
Procter & Gamble	Sony
Walmart	Walt Disney

Hätte man im Jahr 1926 Anteile an einem Aktienindex bestehend aus den Wertpapieren der oben genannten 18 Firmen im Wert von 1 US-Dollar erworben und alle Dividenden jeweils reinvestiert, so hätte dieser Index im Jahr 1990 ein Ergebnis von 6.356 US-Dollar erwirtschaftet. Damit war die Wertsteigerung 15 Mal höher als die Performance des Dow-Jones-Index in derselben Zeit. Collins und Porras untersuchten in ihrem Forschungsvorhaben über sechs Jahre lang, welche Faktoren zu dem bemerkenswerten und vor allem langanhaltenden Erfolg dieser Unternehmen beigetragen hatten. In weiten Teilen konnten sie dabei die Erkenntnisse der vorherigen Studien von Collins bestätigen.

Darüber hinaus konnten sie aber auch noch einige empirische Erkenntnisse sammeln, die als weitere Resilienzprinzipien gelten können.

2.5.6 Schutzfaktor »Ausgeprägte gelebte Unternehmensideologie«

Die untersuchten Unternehmen verfügten alle über eine ausgeprägte Existenzberechtigung und gelebte Ideologie, die weit über das Erzielen möglichst hoher Gewinne hinausgingen. Profitabilität wurde von diesen Firmen zwar als eine Voraussetzung für die Erreichung des Unternehmenszwecks angesehen, nicht aber als das alleinige Ziel. Dieser Zweck hatte zumeist damit zu tun, etwas für die Gesellschaft erreichen zu wollen. Er basierte auf echten Überzeugungen der Unternehmensgründer und war daher weit mehr als nur ein Lippenbekenntnis. So war es beispielsweise das zentrale Bestreben des aus Deutschland stammenden Geschäftsmannes Georg Friedrich Merck, der 1891 in New York City das Pharmaunternehmen Merck & Co. gründete, Medizin in erster Linie für das Wohlergehen von Menschen zu produzieren und nicht nur, um den Shareholder Value zu maximieren.

Im Kapitel »Wie sich Unternehmen entwickeln« haben wir verschiedene Entwicklungsstufen von Unternehmen und die daraus resultierende Unternehmensintention betrachtet. Die Idee der Unternehmensideologie entspricht dabei sehr stark der postmodernen Organisation, in der versucht wird, Leistungs- und Werteorientierung miteinander zu vereinen. Die Unternehmensideologie unterscheidet sich dabei grundlegend von den Mission-Statements vieler moderner Organisationen, weil sie tatsächlich als Richtschnur zur Bewertung des täglichen Handelns herangezogen wird, und zwar auch in schlechten Zeiten.

Ein weiteres eindrucksvolles Beispiel in diesem Zusammenhang sind die Handlungsprinzipien von Hewlett Packard, einem IT-Unternehmen, das 1939 von den beiden US-amerikanischen Stanford-Absolventen Bill Hewlett und David Packard gegründet wurde. Im Zentrum ihres Wertesystems stand der Respekt vor jedem einzelnen Mitarbeiter und eine große gefühlte Verpflichtung gegenüber der Gesellschaft. Dieser sogenannte HP Way führte dazu, dass beispielsweise auch jede Reinigungskraft der Firma über Aktien am Unternehmensergebnis beteiligt wurde.

Solche Unternehmensideologien wurden mit der Zeit institutionalisiert und die damit verbundenen Symbole und Rituale unabhängig von den Gründern weitergepflegt. Diese Kulturen konnten mitunter eine sektenartige Intensität erlangen, wie beispielsweise bei Walmart. Die Supermarktkette war 1962 vom US-amerikanischen Geschäftsmann Samuel »Sam« Moore Walton gegründet worden. In seinen Ansprachen forderte er seine Mitarbeiter mitunter auf, ihm folgendes »Gebet« nachzusprechen: »Ich verspreche feierlich, dass ich von diesen Tagen an jedes Mal jeden Kunden, der sich im Umkreis von 3 Metern befindet, anlächle, ihm in die Augen schauen und ihn begrüßen werde, so wahr mir Sam helfe.« Eine derartig stark ausgeprägte Ideologie wirkt polarisierend und trägt dazu dabei, dass sich diejenigen Mitarbeiter davon angezogen fühlen, deren Wertesystem sie entspricht. Umgekehrt wirkt sie eher abschreckend auf solche, die sich nicht mit ihr identifizieren können. Je stärker eine Unternehmensideologie ausgeprägt ist, desto eher wirkt sie sich darauf aus, welche Mitarbeiter überhaupt ins Unternehmen eintreten und welche bleiben. Sie wird damit zum Teil eines Filters und trägt so dazu bei, dass die Ideologie nicht verwässert.

2.5.7 Schutzfaktor »Immer besser werden«

Die wenigsten der 18 untersuchten Unternehmen entstanden um eine innovative oder gar bahnbrechende Produktidee herum und sie entwickelten sich eher langsam. Tatsächlich entdeckten Collins und Porras eine negative Korrelation zwischen frühem unternehmerischen Erfolg und einer langfristig positiven Unternehmensentwicklung.

Alle analysierten Unternehmen hatten einen stark ausgeprägten Willen, gemeinsam etwas Bedeutsames zu erreichen, und in dem, wie sie dies anstrebten, immer besser zu werden. Diese Rast- und Ruhelosigkeit ging oftmals von den Persönlichkeitsstrukturen der Firmengründer aus und prägte in der Folge die Kultur des Unternehmens. Dieser innere Antrieb, das Streben nach Weiterentwicklung, war beispielsweise auch die Essenz hinter dem Lebensmotto von John Willard Marriott, der 1967 die Hotelkette Marriott International begründete. 40 Jahre zuvor hatte er mit seinem ersten Stand für Root Beer die Grundlage für eine Restaurant-Kette gelegt, aus der sich schließlich im Laufe von Jahrzehnten die weltbekannte Hotelmarke entwickeln sollte. Sein Lebensmotto lässt sich mit dem folgenden Zitat gut zusammenfassen: »Sei stets konstruktiv und höre nicht auf, konstruktive Dinge zu tun, bis es Zeit ist zu sterben. Sorge dafür, dass sich jeder deiner Tage lohnt, bis zum Ende.« Das Besondere an dieser Art von innerem Antrieb ist, dass er auch mit dem größten Erfolg nicht gestillt werden kann. Überhaupt funktioniert er relativ unabhängig von äußeren Impulsen. Die Notwendigkeit zur Weiterentwicklung kommt hierbei stets von innen. Diese starke Ideologie und Werteorientierung gekoppelt mit dem inneren Druck zu beständiger Verbesserung bilden die wichtigsten Erfolgsfaktoren, die Collins und Porras identifizieren konnten. Sie haben diese Unternehmen auch davor geschützt, selbstzufrieden und träge zu werden, als sie es bis zur Markführerschaft gebracht hatten.

2.5.8 Schutzfaktor »Topmanagement mit Stallgeruch«

Eine weitere Erkenntnis von Collins und Porras war, dass den untersuchten Firmen der Stallgeruch ihrer Topmanager sehr wichtig war. Das macht Sinn, wenn man die starke Werteorientierung bedenkt, die diese Unternehmen auszeichnete und die auch heute noch existent ist. Dieser ideologische Kern kann nur bewahrt werden, wenn die Topmanager im Laufe ihrer individuellen Karrieren ausreichend davon indoktriniert worden sind. Collins und Porras untersuchten für jedes der Unternehmen die Herkunft der Topmanager im Betrachtungszeitraum von 1926 bis 1990, also über 64 Jahre. In insgesamt knapp 1.200 Jahren Firmengeschichte hatte es nur vier Fälle gegeben, in denen ein CEO von außen rekrutiert worden war. In den langfristig erfolgreichen Firmen war es sechs Mal wahrscheinlicher, dass ein interner Manager an die Unternehmensspitze gelangte, als in den betrachteten Vergleichsfirmen. Dieses Rekrutierungsprinzip trägt ebenfalls dazu bei, die starke Unternehmensideologie zu schützen.

Aus Sicht der Unternehmensintention handelt es sich bei den zuvor beschriebenen sieben Unternehmen der ersten Studie von Collins und Hansen und den 18 Unternehmen der zweiten Studie von Collins und Porras allesamt um moderne Organisationen, die als zentrales Motiv das Leistungsprinzip durch Effizienzsteigerung und Innovationen gemeinsam haben. Der Entwicklungspfad dieser Unternehmen begann in der Pionierphase (A), denn die Unternehmen wurden allesamt ab einem Zeitpunkt kurz nach ihrer Gründung analysiert. Es ist aufgrund der Datenlage nur schwer möglich, für jedes der insgesamt 25 untersuchten Unternehmen den weiteren Entwicklungspfad zu beschreiben. Insgesamt betrachtet dürfte bei den meisten von ihnen in den folgenden Jahrzehnten eine erfolgreiche horizontale Weiterentwicklung als moderne Organisation in Richtung Differenzierungsphase (B) und bei einigen auch eine noch weitergehende Entwicklung bis hin zur Integrationsphase (C) stattgefunden haben. Dies dürfte vor allem auf die Unternehmen der ersten Studie zutreffen, wobei Ausnahmen auch hier die Regel bestätigen. Da in der zweiten Untersuchung sehr stark die Unternehmensideologie und die Identifikation mit dem Unternehmen als gemeinsames Resilienzprinzip identifiziert wurde, liegt die Vermutung nahe, dass sich diese Organisationen von der anfänglichen Pionierphase eher vertikal in Richtung postmoderne Organisation (D) weiterentwickelten, da hier neben dem Leistungsprinzip auch die gemeinsamen Werte eine große Rolle spielen. Es ist sehr wahrscheinlich, dass sie sich dann von dort horizontal in Richtung weiterer Reifegrade wie Differenzierung (E) oder sogar Integration (F) weiterentwickelt haben. Die Grafik 068 soll diese stark vereinfachende und schematische Entwicklung verdeutlichen.

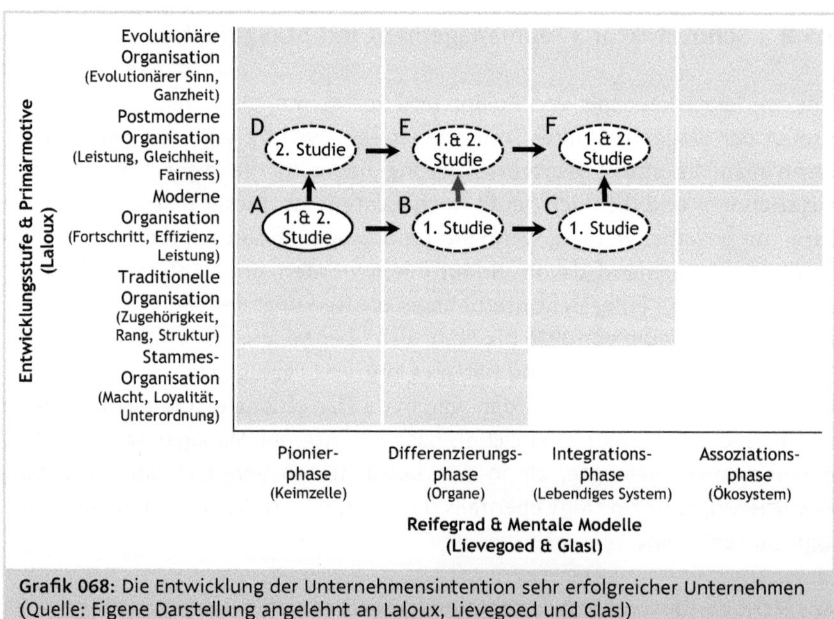

Grafik 068: Die Entwicklung der Unternehmensintention sehr erfolgreicher Unternehmen (Quelle: Eigene Darstellung angelehnt an Laloux, Lievegoed und Glasl)

2.6 Von agilen Unternehmen lernen

Google ist mehr als ein Business. Google ist ein Glaubenssystem.
(Eric Schmidt, US-amerikanischer Manager,
EX-CEO von Google und Alphabet)

Im Jahr 1986 veröffentlichte der japanische Management-Professor Hirotaka Takeuchi, der unter anderem in Harvard lehrte, gemeinsam mit einem Kollegen einen Artikel mit der Überschrift »The New New Product Development Game«, was sich mit »Das neue neue Spiel der Produktentwicklung« übersetzen lässt. In diesem Beitrag beschrieb er einen Trend, den sein Team in der Produktentwicklung japanischer Konzerne wie Fuji-Xerox, Honda und Canon beobachtet hatte. Man war dort davon abgekommen, verschiedene Teams sequentiell die unterschiedlichen Entwicklungsstadien eines zu entwickelnden neuen Produkts, also die Phasen Planung, Konzeption, Entwurf, Ausarbeitung und Markteinführung, abarbeiten zu lassen, um dann die Arbeit an ein jeweils nachgelagertes Team zu übergeben. Stattdessen gab es dort kleine interdisziplinäre Gruppen, die Takeuchi als Rugby-Teams bezeichnete, die alle Entwicklungsphasen eines neuen Produktes gemeinsam durchliefen.

Jeff Sutherland, ein US-amerikanischer Mediziner und IT-Spezialist, sah sich 1993 in seinem Unternehmen vor die Aufgabe gestellt, ein großes Software-Projekt innerhalb weniger Monate fertigzustellen. Dies galt als unmöglich, da die bis dato vorherrschende Wasserfall-Methodik aus dem klassischen Projektmanagement nach dem Vorbild der eben genannten Produktentwicklungsphasen funktionierte und daher viel Dokumentation und Zeit benötigte. Er stellte Recherchen darüber an, wie sich die Produktivität von Entwicklungsteams steigern ließe und stieß dabei auf den Artikel von Takeuchi. Er fand auch eine Studie der Bell Labs, einem privaten US-amerikanischen Forschungsinstitut, das von ähnlichen Ansätzen in der Softwareentwicklung berichtete. Neben kleinen, sich selbst steuernden Teams waren hier vor allem die positiven Auswirkungen täglicher Stand-up-Meetings für die Team-Produktivität erwähnt. Sutherland experimentierte mit diesen Ansätzen und war plötzlich mit einem eigentlich viel zu kleinen Team in der Lage, ein Projekt innerhalb der vorgegebenen Zeit und unter Budget fertigzustellen.

In der Folge integrierte Sutherland viele andere bereits existierende Ideen und entwickelte die verschiedenen Ansätze zu einer neuen Methode zur Softwareentwicklung weiter, die er in Anlehnung an die Rugby-Metapher Takeuchis Scrum nannte. Ein sogenannter Scrum (Kurzform von Scrummage) findet im Rugby statt, um das Spiel nach einem abgeschlossenen Spielzug neu zu starten. Dabei stehen sich die Spieler der gegnerischen Teams dicht aneinandergedrängt gegenüber. Ertönt der Pfiff des Schiedsrichters, geht ein wildes Gedränge los, um den Ball für die eigene Mannschaft zu erobern. Im Jahr 2001, also gegen Ende der sogenannten Dotcom-Blase, bei der die aufkommende Internet-Technologie mit ihren neuen Möglichkeiten die Börsenwerte von Start-ups in astronomische Höhen schnellen ließ, kamen einige IT-Experten in Utah zusammen, um neue Ansätze für die professionelle und vor allem schnellere Entwicklung von Software zu diskutieren. Unter ihnen war auch Sutherland. Als Sammelbegriff für Methoden wie Scrum wurde bei dieser Zusammenkunft der Name Agile geprägt und es wurde ein Manifest verabschiedet, das vier Kernwerte der agilen Softwareentwicklung enthielt, auf die man sich dort einigen konnte. Diese sind:

1. Individuen und Interaktionen stehen über Prozessen und Werkzeugen
2. Funktionierende Software steht über einer umfassenden Dokumentation
3. Zusammenarbeit mit dem Kunden steht über der Vertragsverhandlung
4. Reagieren auf Veränderung steht über dem Befolgen eines Plans

Diese Werte bildeten einen starken Gegensatz zur bisherigen Arbeitsweise von Software-Ingenieuren, die sich sehr stark an einem strukturierten und sauber dokumentierten Projektablauf mit zentralen Meilensteinen orientierten. Später wurden 12 Prinzipien zur weiteren Untermauerung der agilen Werte veröffentlicht. Diese Prinzipien sind auch heute noch Kern aller agilen Arbeitsmethoden, die mittlerweile auch in vielen Organisationen außerhalb der Software- und IT-Industrie Anwendung finden.

! **Die zwölf agilen Prinzipien**

1. Zufriedenstellung des Kunden durch frühe und kontinuierliche Auslieferung hochwertiger Software
2. Agile Prozesse nutzen Veränderungen (selbst spät in der Entwicklung) zum Wettbewerbsvorteil des Kunden
3. Auslieferung von funktionierender Software in regelmäßigen, bevorzugt kurzen Zeitspannen (Sprints)
4. Nahezu tägliche Zusammenarbeit von Fachexperten und Entwicklern während des Projektes
5. Schaffen eines Arbeitsumfeldes und der Unterstützung, die von motivierten Individuen für die Aufgabenerfüllung benötigt werden
6. Informationsübertragung nach Möglichkeit im persönlichen Gespräch
7. Als wichtigstes Fortschrittsmaß gilt die Funktionsfähigkeit der Software
8. Einhalten eines gleichmäßigen Arbeitsrhythmus von Auftraggebern, Entwicklern und Benutzern für eine nachhaltige Entwicklung
9. Ständiges Augenmerk auf technische Exzellenz und gutes Design
10. Einfachheit ist essenziell
11. Selbstorganisation der Teams bei Planung und Umsetzung
12. Selbstreflexion der Teams im Hinblick auf das eigene Verhalten und die Möglichkeiten der Effizienzsteigerung

Diese Prinzipien waren insofern revolutionär, als sie im krassen Gegensatz zu bisherigen Entwicklungsabläufen in hierarchisch geprägten Linienorganisationen standen. Insbesondere die kleinen Teams, der iterative Ansatz, der regelmäßige Austausch mit dem Kunden, die Sprintzyklen sowie die Selbstorganisation und Selbstreflexion der Teams standen im Gegensatz zu bisherigen Arbeitsweisen. Bisher waren komplexe Aufgaben typischerweise von großen, in funktionale Bereiche aufgesplitteten Teams realisiert worden, die von einer Projektleitung zentral gesteuert wurden. Diese wachte beispielsweise akribisch darüber, dass der Kunde nach Abnahme der umfangreichen Spezifikationen keine Änderungswünsche mehr einfließen ließ. Bei der agilen Arbeitsweise dagegen ist gerade das gewollt, weil der Kunde im Mittelpunkt steht und nicht der Prozess oder das Budget. Das machte agiles Arbeiten auch früh zu einem Mindset, also einer Art zu denken und mit dem Kunden und seinen Bedürfnissen umzugehen.

Wie funktioniert Scrum? !

Die Arbeit in einem Scrum-Projekt ist in zwei- bis dreiwöchige Sprints untergliedert. Innerhalb dieser Intervalle ist alles darauf ausgelegt, störende äußere Einflüsse vom Team fernzuhalten und eine kreative Atmosphäre zu schaffen, welche die Fähigkeiten eines jeden Teammitglieds fördert, optimale Ergebnisse abzuliefern. Die Arbeitspakete unterscheiden sich dabei von Sprint zu Sprint; allerdings bleibt das Kleinteam innerhalb eines Sprints typischerweise konstant. Die zentralen Rollen neben dem eigentlichen Entwicklungsteam sind die des Product Owners und des Scrum Masters. Die Aufgabe des Product Owners besteht darin, die Bedürfnisse des Kunden genau zu kennen und konsequent zu vertreten. Er entscheidet, welche Produkteigenschaften umgesetzt werden und ob das Team die jeweiligen Anforderungen erfüllt hat oder nicht, aber er greift nicht in den eigentlichen Arbeitsprozess ein. Der Scrum Master fungiert hingegen im Wesentlichen als interner Coach und organisiert die Kommunikation des Entwicklungsteams mit den Stakeholdern. Er wacht auch über die Einhaltung der agilen Werte und Prinzipien und hilft unter anderem bei der Beschaffung benötigter Ressourcen, trifft aber keine inhaltlichen Projektentscheidungen. Das Entwicklungsteam selbst besteht typischerweise aus fünf bis zehn Mitarbeitern und ist interdisziplinär zusammengesetzt. Formale Hierarchien innerhalb des Teams gibt es nicht. Während der Sprints organisiert sich das Team selbst und arbeitet die anstehenden Aufgabenpakete ab. Entscheidungen werden entweder im Team oder, wo nötig, gemeinsam mit dem Product Owner und dem Scrum Master getroffen. Dies gilt auch für Budgetentscheidungen. Das Forum für den Austausch im Team sind sogenannte Daily Stand-up Meetings. Das sind kurze, tägliche Status-Besprechungen, die aus Effizienzgründen typischerweise im Stehen abgehalten werden. Nach jedem Sprint wird eine sogenannte Retrospektive durchgeführt. Sie hilft dabei, den vorangegangenen Sprint zu analysieren, um sowohl aus Fehlern als auch aus positiven Entwicklungen zu lernen. Dazu wird vom Scrum Master auch Feedback von Kunden, Vorgesetzten und Kollegen eingeholt.

Zunächst wurden agile Methoden wie Scrum im Wesentlichen als alternativer Ansatz für das Managen und Abarbeiten komplexer Software-Projekte angesehen. Doch im Lauf der Zeit weitete sich die Idee auch auf andere Unternehmensbereiche aus. Von 1985 bis 1991 hatte man am Massachusetts Institute of Technology (MIT) unter der Leitung des US-amerikanischen Ökonomen James P. Womack damit begonnen, das Toyota Production System und seine Methoden zur Effizienzsteigerung in der Fertigung zu studieren. Hier wurde auch der Begriff Lean Production geprägt. Auch diese Methode enthielt zentrale Elemente der Selbstorganisation, wie beispielsweise die Prinzipien Just-in-Time und Kanban (ins Deutsche übersetzt: Karte).

!

Was ist Kanban?

In der Fertigung werden zahlreiche Verbrauchsmaterialien wie beispielsweise Schrauben, Muttern und Dichtungen benötigt. Diese sind pro Stück betrachtet nicht besonders teuer, können die Produktion aber verzögern und damit teuer werden, wenn sie fehlen. Für solche Materialien gibt es daher Pufferlager in der Produktion. Da der Verbrauch niedrigwertiger Güter aus Effizienzgründen nicht erfasst wird, musste man jedoch immer hohe Bestände vorhalten, was teuer und ungenau ist. Wird mit der Kanban-Methode gearbeitet, befindet sich in jedem Vorratsbehälter des Pufferlagers eine Meldekarte (Kanban). Gehen die Verbrauchsmaterialien eines Behälters zur Neige, wird diese Karte entnommen und ins Zentrallager gegeben, um so die Befüllung des Behälters im Pufferlager anzustoßen. Dadurch entsteht ein sich selbst steuernder Materialfluss, der bedarfsgerecht ist und in überschüssigen Beständen gebundenes Kapital minimiert.

Die komplementären Ansätze Lean Production und Agile Development begannen sich in der Folge gegenseitig zu beeinflussen, weshalb einige Methoden aus der Fertigung, wie beispielsweise Kanban, heute auch zu den agilen Methoden zählen.

Rolf Arne Faste, ein US-amerikanischer Designer und Professor für Maschinenbau und Design an der Stanford University, begann in den 1980er-Jahren damit, das Fach Design Thinking zu unterrichten. Hierbei handelt es sich um einen iterativen und interdisziplinären Prozess, um neue innovative und kreative Lösungen und Produkte zu entwickeln. Der Prozess besteht dabei aus den Schritten »verstehen«, »beobachten«, »Ideen generieren«, »verfeinern«, »ausprobieren« und »lernen«, die in mehreren Iterationen und teilweise gemeinsam mit dem Kunden durchgeführt werden. In den 1990er-Jahren fand diese Methode in den USA erste Verbreitung. Später wurde sie von dem deutschen Manager und Mitgründer von SAP, Hasso Plattner, aufgegriffen. Dieser rief 2005 das Hasso Plattner Institute of Design an der Stanford University ins Leben. 2007 nahm außerdem in Potsdam das Hasso-Plattner-Institut für Softwaresystemtechnik seinen Lehrbetrieb auf. In beiden Instituten wird Design Thinking sowohl als Methode unterrichtet als auch internationale Forschungsprojekte dazu durchgeführt. Design Thinking gehört strenggenommen nicht zu den agilen Methoden, basiert aber aufgrund des iterativen und interdisziplinären Ansatzes und der starken Kundenorientierung auf sehr ähnlichen Grundsätzen. Als komplementäre Methode kommt es heute im Rahmen von agilen Projekten häufig in der Designphase zum Einsatz.

Ähnliches gilt auch für das Konzept des Minimum Viable Product, das ebenfalls oft im Kontext des agilen Arbeitens angewendet wird und unter anderem auf den US-amerikanischen Unternehmer Steve Blank zurückgeht, der angesichts der Erkenntnisse aus der Dotcom-Blase die Lean Startup Methode entwickelte. Hierbei geht es darum, möglichst schnell und ohne aufwendige Business-Pläne eine erste, minimal funktionsfähige Iteration eines Produkts zu entwickeln, das die Anforderungen der Kunden erfüllt und ausreichend ist, um erstes Feedback zu generieren, das man dann in weiteren Iterationen berücksichtigen kann. Heute sind komplementäre Konzepte wie Scrum, Kanban, Design Thinking und Minimum Viable Product zusammen mit vielen anderen Bestandteile des agilen Methodenbaukastens.

Mit dem atemberaubenden Erfolg von Internetunternehmen wie Google oder amazon und der zugrundeliegenden Plattform-Ökonomie, die wir uns bereits im Kapitel »Die digitale Ökonomie« näher angesehen haben, verbreitete sich diese neue Arbeitsweise immer mehr. Zusätzlich befeuert durch die fortschreitende Digitalisierung und den wachsenden Anteil von Mitgliedern der Generation Y in der Belegschaft, der diese nicht-hierarchische Art zu arbeiten sehr entgegenkommt, gerieten der agile Ansatz und sein Potenzial schließlich auch außerhalb der Software-Branche in den Fokus der Aufmerksamkeit. Der Nutzen des Agilen wird dabei von einigen sogenannten Evangelisten undifferenziert und überhöht dargestellt. So wird der Ansatz in sozialen Medien teilweise wie eine neue Religion und als Allheilmittel gegen alle gegenwärtigen und zukünftigen Krisen und disruptiven Umwälzungen gehandelt. Auch viele etablierte Berater sehen agiles Arbeiten als *die* Antwort auf die Herausforderungen einer unvorhersagbaren und zunehmend digitalisierten VUKA-Welt – und viele Unternehmen glauben ihnen gerne. In einer aktuellen Umfrage der Strategieberatung McKinsey & Company unter 2.500 Topmanagern geben mehr als 90% an, dass ihr Unternehmen noch nicht flächendeckend nach agilen Methoden arbeite. Es bleibt also noch viel zu tun für die Unternehmen. Aus heutiger Sicht sieht es so aus, als würden zunächst vor allem Berater von der Einführung der neuen Methode profitieren, denn hierbei entsteht ein großer Schulungs- und Beratungsbedarf. Das ist allerdings keineswegs neu.

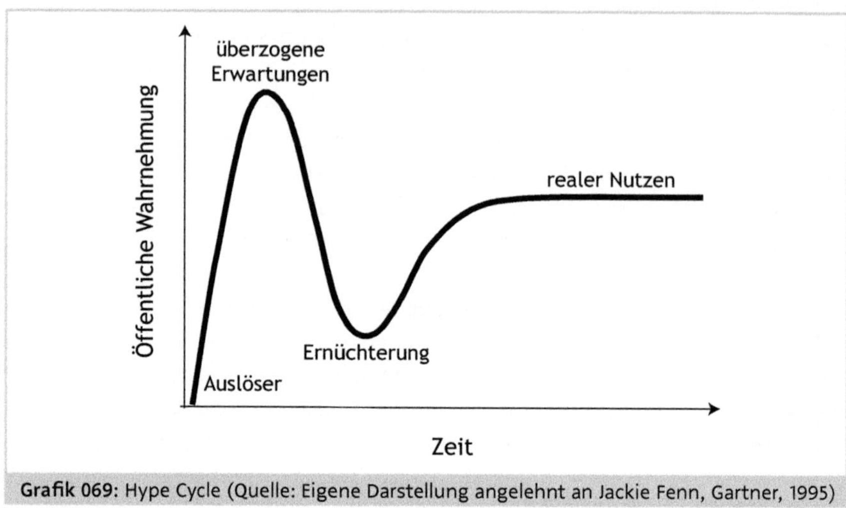

Grafik 069: Hype Cycle (Quelle: Eigene Darstellung angelehnt an Jackie Fenn, Gartner, 1995)

Wie viele andere Innovationen unterliegt auch der agile Ansatz dem Hype-Cycle, einem Phänomen, das bereits 1995 von der US-amerikanischen Beraterin Jackie Fenn beschrieben wurde und in der Grafik 069 dargestellt ist. Hohe Erwartungen hinsichtlich des Nutzens von innovativen Technologien und Methoden führen binnen kurzer Zeit zu völlig überzogenen Heilsversprechen, auf die dann meist eine herbe Enttäuschung folgt, weil diese nicht realistisch waren. Nach einiger Zeit legt sich dann für gewöhnlich all der aufgewirbelte Staub wieder und macht die Sicht frei auf ein realistisches Bild des tatsächlichen Nutzens einer neuen Technologie oder Methode. So verhält es sich auch aktuell in Bezug auf Agilität. Agile Methoden und Tools haben zweifelsohne einen hohen Nutzen, aber nicht immer und nicht überall.

Das Telekommunikationsunternehmen Ericsson, das 1876 vom schwedischen Erfinder und Unternehmer Lars Magnus Ericsson gegründet wurde und heute etwa 100.000 Mitarbeiter beschäftigt, ist unter anderem ein Hersteller und Betreiber von Infrastruktur für Telekommunikations-Netzwerke. Rund 40% der weltweiten Mobilfunkkommunikation wird heute über Infrastruktur von Ericsson geleitet und gesteuert. Im Jahre 2011 begann man damit, in eben dieser Infrastruktureinheit mit ihrer Linienorganisation und vielen tausend Beschäftigten agile Methoden einzuführen. Bis dahin waren Produktentwicklungszyklen von fünf Jahren die Regel gewesen und es war nötig, dass die fertigen Infrastrukturkomponenten nach dem Versand an die Kunden, also die lokalen Telekommunikationsanbieter, nochmals vor Ort aufwendig an die lokalen Anforderungen angepasst wurden. Durch die Einführung agiler Arbeitsweisen wurden über 100 kleine interdisziplinäre Teams gebildet, die jeweils an einer Produktentwicklung arbeiteten und die Arbeitsergebnisse in dreiwöchigen Iterationen mit ihren Kunden durchgingen. Diese Arbeitsweise wirkte sich sehr positiv auf die Identifikation der Mitarbeiter mit »ihrem« Produkt und den Bedürfnissen ihrer Kunden aus, denn in den kleinen Teams ließ sich viel schneller, direkter und unternehmerischer agieren. Die Mitarbeiter fanden die neue Arbeitsweise auch insgesamt sinnvoller und menschlicher, was insgesamt die Zufriedenheit und die Freude an der Arbeit steigerte. Dank dieser Effekte konnte die Entwicklung beschleunigt und Kundenbedürfnisse konnten frühzeitiger in der Konfiguration neuer Lösungen berücksichtigt werden. Die Entwicklungszyklen wurden durch die veränderte Arbeitsweise je nach Komplexität der Technologie um beeindruckende ein bis zwei Jahre verkürzt, was sich auch finanziell sehr positiv bemerkbar machte.

Ralph D. Stacey, ein britischer Professor für Betriebswirtschaft, hat eine Matrix entwickelt, die die sinnvollen Anwendungsbereiche für agile Methoden verdeutlicht. Diese ist in der Grafik 070 dargestellt. Für die Fallunterscheidung sind dabei zwei Kriterien ausschlaggebend. Zum einen die »Klarheit der Anforderung« und zum anderen die »Klarheit der Herangehensweise«. Daraus ergeben sich drei Zonen, nämlich einfache, komplizierte und komplexe Situationen.

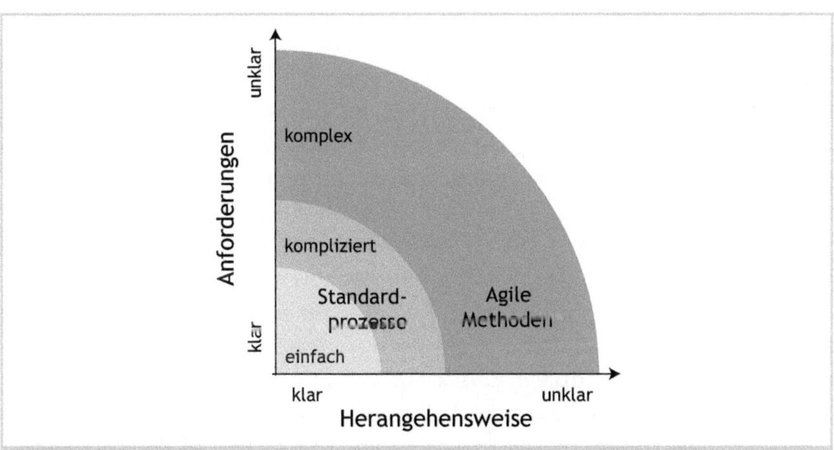

Grafik 070: Anwendungsfälle für Standard-Prozesse und agile Methoden (Quelle: Eigene Darstellung angelehnt an Katrin Greßer, Renate Freisler: Agil und erfolgreich führen, managerSeminar, 2017)

- Für einfache und komplizierte Situationen sind nach Stacey Linienorganisationen und Standardprozesse prädestiniert, die im Laufe der Zeit immer weiter optimiert werden können. Hierzu zählen beispielsweise Serienfertigung, Lohnabrechnung oder Controlling.
- Agile Arbeitsformen machen dagegen Sinn, wenn aufgrund unklarer Anforderungen und Herangehensweisen eine hohe Komplexität vorliegt, die hochfrequente Iterationen und Selbstorganisation sinnvoll machen, wie beispielsweise bei der Neuentwicklung eines Produkts.

Der deutsche Wirtschaftswissenschaftler Ayelt Komus, der sich an der Hochschule Koblenz unter anderem auf Unternehmensorganisation spezialisiert hat, hat gemeinsam mit seinem Team und der Gesellschaft für Projektmanagement 2017 die mittlerweile dritte Studie zu Verbreitung und Nutzen agiler Methoden in Unternehmen vorgelegt. Dazu wurden mehr als 1.000 internationale Unternehmensvertreter zu den Erfolgsfaktoren und Herausforderungen bei der Anwendung agiler Methoden befragt. Aus den Befragungen wird deutlich, dass agile Methoden von den Studienteilnehmern im Wesentlichen im Projektumfeld als Alternative zur klassischen Wasserfallmethodik eingesetzt werden, und zwar vor allem in der Softwareentwicklung. Rund 34% der Teilnehmer wenden sie auch in anderen Bereichen außerhalb der IT an. Die wesentlichen Gründe für die Anwendung sind dabei eine kürzere Produkteinführungszeit, die Optimierung der Qualität und die Reduktion der Entwicklungsrisiken. 72% der Anwender agiler Methoden sehen in ihrem Umfeld beständigen Wandel als Teil der Unternehmenskultur. Bei Anwendern klassischer Methoden liegt dieser Wert nur bei 50%. Die deutliche Mehrheit der Anwender agiler Methoden nutzt diese selektiv oder in einer Mischform mit klassischen Methoden.

Agile Methoden, Organisationsformen und Tools helfen dabei, Entwicklungszyklen zu verkürzen und damit die Wettbewerbsfähigkeit zu erhöhen. Damit reduzieren sie das Risiko, von schnelleren und innovativeren Wettbewerbern und dem Einsatz disruptiver Technologien überholt, verdrängt und schließlich marginalisiert zu werden. Aufgrund der starken Kundenintegration und der Selbstorganisation der Teams steigt im Idealfall die Zufriedenheit auf beiden Seiten, also sowohl am Markt als auch bei den Mitarbeitern. Doch das bedeutet nicht, dass agile Teams nur auf ihr Wohlbefinden und ihre Work-Life-Balance achten. Vielmehr herrscht hier aufgrund der Selbstorganisation der Arbeit eine hohe Transparenz, die eine stark leistungsgeprägte Kultur und auch einen gewissen sozialen Druck mit sich bringen kann, nicht unter das Leistungsniveau der Kollegen zu fallen. Hierarchie entsteht hier inoffiziell durch den geleisteten Beitrag, die relevante Erfahrung und die Kompetenz, die man ins Team einbringt, nicht aber über den Titel und die Dauer der Firmenzugehörigkeit. Die Arbeitsorganisation ähnelt einem Netzwerk, in dem jeder mit jedem sprechen kann, auch mit dem Kunden. Ähnlich wie Organismen passen sich Teams selbst an sich ändernde Anforderungen an.

Prinzipiell lassen sich auch Linienorganisationen nach dem Prinzip der Selbstorganisation gestalten. In diesem Kontext wird dann auch von sogenannten End-to-End-Responsibilities gesprochen, also von kleinen, selbstständig operierenden Einheiten im herkömmlichen Unternehmenskontext. Deutlich radikaler ist der Organisationsansatz der Holacracy, der 2007 von dem US-amerikanischen Software-Unternehmer Brian Robertson formuliert wurde. In seinem

Unternehmen Ternary Software, einer Entwicklungsboutique, hatte er Hierarchien weitgehend abgeschafft und durch unabhängig agierende Teams ersetzt. Ein Ansatz, der vor allem in Beraterkreisen für einiges Aufsehen sorgte.

Firmen, die flächendeckend und erfolgreich agile Methoden einführen, gehören mit hoher Wahrscheinlichkeit zu den postmodernen Organisationen, denn neben der reinen Leistungserbringung spielen hier die Identifikation, Selbstbestimmung und Sinnfindung der Mitarbeiter eine zentrale Rolle. Im Sinne der Unternehmensintention hat sich die Netzwerksparte von Ericsson im Rahmen dieser Einführung von der Differenzierungsphase (A), die durch Aufgabenteilung und funktionale Silos gekennzeichnet ist, horizontal zur Integrationsphase (B) weiterentwickelt, in der interdisziplinäre Teams bereichsübergreifend miteinander arbeiten und auch den Kunden projektweise miteinbeziehen. Geht man von einer eher strategischen, langfristigen und umfassenden Einbindung verschiedener Kunden und damit von einer durchgehenden Kundenzentriertheit des Unternehmens aus, ließe sich auch eine Entwicklung bis hin zur Assoziationsphase (C) begründen, in der es um die strategische Kollaboration über Unternehmensgrenzen hinweg geht. Dies ist in der Grafik 071 dargestellt.

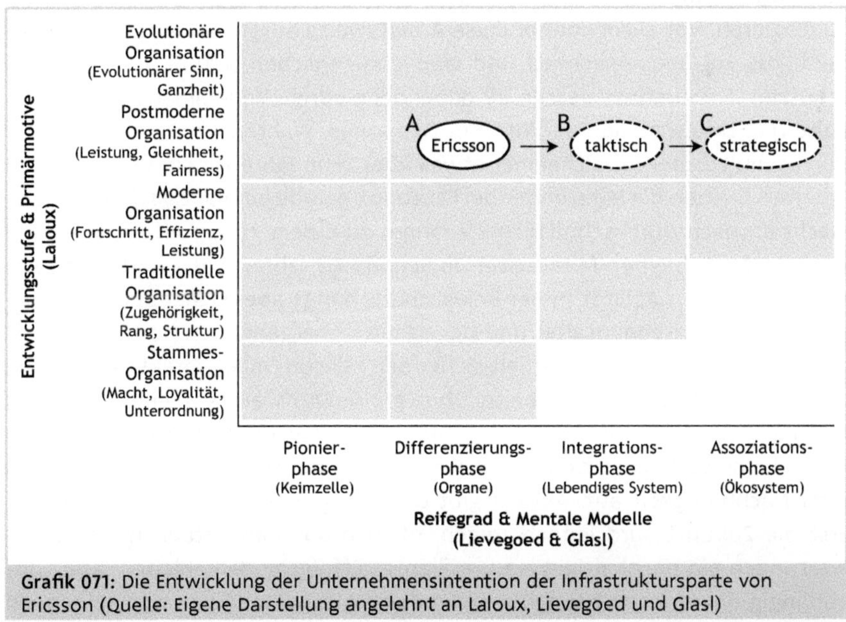

Grafik 071: Die Entwicklung der Unternehmensintention der Infrastruktursparte von Ericsson (Quelle: Eigene Darstellung angelehnt an Laloux, Lievegoed und Glasl)

Ein typischer Aspekt zahlreicher postmoderner Organisationen ist, dass sie sich selbst als Purpose-Led-Organizations ansehen, also als Organisationen, die ihr Tun nicht nur am Geldverdienen, sondern auch an einem gemeinsam verstandenen Sinn ausrichten. So sind beispielsweise die Mitarbeiter der US-amerikanischen Firma Salesforce, einem Cloud-Anbieter für Unternehmenslösungen, angehalten, mindestens eine Woche im Jahr für gemeinnützige Organisationen zu arbeiten. Auch die Mitarbeiter von SAP, einem deutschen Hersteller von ERP-Lösungen, können sich auf firmengesponserte Social Sabbaticals in Entwicklungsländern bewerben, um ihre Fähigkeiten dafür einzusetzen, Gutes zu tun. Zudem stellen verschiedene Softwareanbieter gemeinnützigen Organisationen die eigenen Lösungen zum Teil kostenlos zur Verfügung. Dieser Unternehmenssinn erreicht dabei auch das Umfeld des Unternehmens, indem beispielsweise Partner und Lieferanten zur Einhaltung ethischer und ökologischer Mindeststandards verpflichtet werden.

Wie wir im Kapitel »Die Gegenwart: Leben in der VUKA-Zone« gesehen haben, entstanden die Voraussetzungen für agile Arbeitsweisen erst mit der dritten industriellen Revolution. Daher gibt es bis dato nur wenige Hinweise darauf, wie sich das dahinter stehende Mindset und die daraus resultierenden Methoden und Organisationsformen auf die Langlebigkeit von Organisationen insgesamt auswirken. Es darf allerdings unterstellt werden, dass sie Unternehmen dabei unterstützen, schneller und besser auf Veränderungen im Marktumfeld zu reagieren. Vor allem könnte diese Arbeitsweise aufgrund des starken Kundenfokus vor Bequemlichkeit und einem trügerischen Gefühl der Sicherheit schützen. Ein Ausfluss dessen ist dabei die niedrige Verweildauer von Mitarbeitern in Unternehmen der Internet-Ökonomie. Während in Deutschland ein durchschnittlicher Arbeitnehmer etwas über zehn Jahre für ein Unternehmen arbeitet, bleiben die Mitarbeiter bei Facebook gerade einmal 2,5 Jahre. Googler wechseln nach durchschnittlich 3,2 Jahren zu einem neuen Arbeitgeber und bei Salesforce bleiben Mitarbeiter im Schnitt 3,3 Jahre. Dies zeugt einerseits von einer hohen Agilität in der Belegschaft, hängt aber sicher auch mit dem niedrigen Durchschnittsalter und der damit einhergehenden hohen Karrieremobilität zusammen. Auch spielt sicher der »Silicon-Valley-Effekt« eine Rolle, denn wo sonst können Mitarbeiter ohne großen Aufwand von einem globalen Internetkonzern zu einem anderen »um die Ecke« wechseln? Und dennoch wirft die hohe Wechselfreudigkeit Fragen nach der Unternehmenskultur und ihrer Nachhaltigkeit auf. Aktuell gibt der Erfolg diesen Unternehmen recht. Erst die Zukunft wird jedoch zeigen, ob sich aus den aktuellen Börsenbewertungen ein nachhaltiges und resilientes Erfolgsmodell ableiten lässt. Unabhängig davon kann bei agil arbeitenden Unternehmen von den folgenden Resilienzprinzipien ausgegangen werden.

2.6.1 Schutzfaktor »Freiraum und Vertrauen für Selbstorganisation und Unternehmertum«

Agile Formen der Arbeit unterscheiden sich deutlich von einer hierarchischen Arbeitsweise und Unternehmensorganisation. Dies tun sie vor allem durch eine grundlegend andere Haltung. Deswegen sind die Faktoren, die ausschlaggebend dafür sind, ob ihre positiven Effekte, wie gesteigerte Effizienz der Produktentwicklung und höhere Identifikation der Mitarbeiter, auch auf das Unternehmen insgesamt abstrahlen, nicht allein innerhalb der agilen Teams zu suchen, sondern vielmehr an den Schnittstellen zur klassischen Linien- oder Matrixorganisation. Damit agile Methoden funktionieren können, brauchen die Teams Freiraum und Vertrauen seitens des Managements und der angrenzenden Abteilungen, die klassisch organisiert sind. Dies bedeutet, dass nicht nur die Teams, die agil arbeiten, ausgebildet und begleitet werden müssen, sondern auch alle betroffenen Stakeholder. Existieren Freiraum und Vertrauen hingegen nicht oder nicht ausreichend, kann es zu Abstoßungsreaktionen und Konflikten auf beiden Seiten kommen. Agile Methoden setzen eine bestimmte Offenheit in der Unternehmenskultur voraus, aber durch die von ihnen entfachte Dynamik wirken sie auch selbst kulturprägend und schaffen Transparenz und unternehmerisches Handeln. Unternehmen, in denen agile Methoden funktionieren sollen, brauchen eine prinzipiell offene und vertrauensvolle Kultur. Je weniger diese ausgebildet ist, desto größer fallen die Spannungen aus, die sich zwischen agilen Teams und den klassisch arbeitenden Unternehmensbereichen ergeben.

2.6.2 Schutzfaktor »Wechselbelastung, Flexibilität und Stabilität«

Innerhalb der zwei- bis dreiwöchigen Intervalle der Sprints arbeitet ein stabiles, kleines Team, in dem jeder jeden gut kennt, an einem konkreten Satz von Aufgaben. In dieser Zeit wird das Team, so gut es geht, durch den Scrum Master von Störungen abgeschirmt, sodass es sich bestmöglich auf die Abarbeitung der Aufgaben konzentrieren kann. Meetings werden auf kurze, teaminterne Daily Stand-ups reduziert. Ein Sprint ist also geprägt von einem hohen Maß an Intensität und Dynamik einerseits und personeller und inhaltlicher Stabilität andererseits. Nach dem Sprint erfolgt die Auswertung der erreichten Teilziele gemeinsam mit dem Product Owner. Außerdem wir eine Retrospektive durchgeführt, in der ausgewertet wird, was im zurückliegenden Sprint inhaltlich, methodisch und kommunikativ gut gelaufen ist und was beim nächsten Mal verbessert werden sollte. Bei Bedarf erfolgt auch eine Anpassung des Teams, beispielsweise wenn benötigte Kompetenzen fehlen oder nicht mehr gebraucht werden. Vor dem nächsten Sprint wählt sich das Team seine Aufgaben. Häufig sind diese Arbeitspakete eine logische Fortsetzung des letzten Sprints, aber es können auch neue Aufgaben hinzukommen und andere wegfallen. Diese Phase ist also von niedrigerer Intensität und höherer Flexibilität gekennzeichnet. Wechselbelastung wie diese sowie der Wechsel zwischen Stabilität und Flexibilität machen agile Ansätze so erfolgreich, denn beides entspricht in vielerlei Hinsicht unserer natürlicherweise präferierten Art zu arbeiten, wie wir bereits im Kapitel »Neurobiologische Grundbedürfnisse« gesehen haben.

2.6.3 Schutzfaktor »Fokus auf Kunden und Kontext der Organisation«

Ein zentraler Aspekt agilen Arbeitens ist die starke Orientierung an den Bedürfnissen des Kunden, der hier einerseits immer wieder konsultiert wird und andererseits über den Product Owner permanent Stimme und Gehör bekommt. Die Einbeziehung beginnt dabei schon sehr früh im Prozess, teilweise in Form sogenannter Design Thinking Sessions. Dabei steht weniger die Methode im Vordergrund, sondern vielmehr die Priorität, die den Kundenbedürfnissen angesichts firmeninterner Sachzwänge eingeräumt wird. Man sollte zwar meinen, dass Unternehmen bei der Entwicklung neuer Produkte selbstverständlich immer ihre Kunden und die Entwicklungen im Marktumfeld im Fokus haben, doch die Realität sieht vor allem in Großkonzernen häufig anders aus. Vor allem Unternehmen in der Differenzierungsphase sind häufig sehr stark mit sich selbst beschäftigt und aufgrund der schwierigen internen Abstimmungsprozesse über Silogrenzen hinweg oft sehr auf die eigenen Limitierungen fixiert.

Agile Methoden und das hohe Maß an Selbststeuerung sowie die Fixierung auf Kundenbedürfnisse und Marktgegebenheiten sorgen zudem dafür, dass neue technologische Möglichkeiten und Veränderungen in den Kundenanforderungen schnell erkannt und vom Unternehmen berücksichtigt werden können. Insgesamt ist der Fokus im agilen Arbeiten mehr nach außen als nach innen gerichtet, was eine gute Voraussetzung für das Bestehen in einer Welt ist, die von permanenter Umwälzung betroffen ist.

2.6.4 Schutzfaktor »Identifikation durch selbstbestimmtes Arbeiten in kleinen Teams«

Nach der Denkweise des Taylorismus, der auf den US-amerikanischen Ingenieur Frederick Winslow Taylor und seine Methode des Scientific Managements zurückgeht, lässt sich die Effizienz von Arbeit am besten steigern, wenn komplexe Arbeitsabläufe in kleine Schritte zergliedert werden und wenn dann jeder Schritt mithilfe beständiger Überwachung immer weiter optimiert wird. Zwischen der Belegschaftsstärke und dem erzielten Output des Betriebs besteht nach dieser Denkweise bei hoher Effizienz ein linearer Zusammenhang: Mehr Arbeiter können mehr produzieren. Diese maschinenhafte Leistungsorientierung und die Betrachtung von Arbeitnehmern als Ressourcen findet ihre Entsprechung im modernen Unternehmen, wie wir bereits im Kapitel »Unternehmen und ihre Primärmotive« gesehen haben. Auch wenn diese Methode mittlerweile sehr in Verruf geraten ist, sind doch auch heute noch zahlreiche Großunternehmen in etwas abgemilderter Form nach dem Prinzip von Arbeitsteilung und Effizienzüberwachung organisiert. Diese Prinzipien haben bei sich wiederholenden Tätigkeiten noch einige Berechtigung. Sie scheitern aber, wenn es um effiziente, kreative und innovative Problemlösungen geht. Es ist heutzutage wirtschaftspsychologisch gut belegt, dass kleine Teams von fünf bis sieben Personen, in denen man sich kennt und vertraut, leistungsfähiger und kreativer sind als größere, eher anonyme Gruppen, in denen der Informations-, Abstimmungs- und Koordinierungsbedarf schnell zunimmt. So überrascht es nicht, dass der amazon-Gründer Jeff Bezos die »Zwei-Pizza-Regel« zur Bestimmung der optimalen Teamgröße aufgestellt hat: Ein Team, das nicht von zwei Pizzen satt wird, ist zu groß. Menschen geben nach Bezos Überzeugung nur in kleinen Teams ihr Bestes, da sich hier niemand in der Anonymität der Gruppe verstecken kann. Diese Ansicht wird gestützt durch ein bekanntes Experiment, das von Max Ringelmann, einem französischen Professor für Agrarwirtschaft, bereits 1913 durchgeführt wurde. Er ließ Teams beim Tauziehen gegeneinander antreten und variierte dabei deren Mannschaftsstärke. So konnte er nachweisen, dass in großen Gruppen jede Person für sich gesehen weniger Leistung erbrachte als in kleinen Teams.

Zudem hat man festgestellt, dass kleine Teams aufgrund des höheren Zusammengehörigkeitsgefühls bei Zeitdruck, hohem Anspruch und sich schnell ändernden Anforderungen weniger leicht gestresst sind als ihre Kollegen in Großgruppen. Sie werden im Vergleich zu diesen auch seltener krank. Die selbstbestimmte Form des Arbeitens ist ein weiterer zentraler Aspekt hierbei. Wie wir im Kapitel »Neurobiologische Grundbedürfnisse« gesehen haben, ist für Menschen das Gefühl von Selbstwirksamkeit und Autonomie sehr wichtig. Ist es gegeben, so wird im Gehirn das Belohnungszentrum aktiviert, was sich durch eine positive Stimmung sowie gesteigerte Kreativität und Leistungsfähigkeit bemerkbar macht. Außerdem wird die eigene Arbeit so im Ganzen als sinnvoller empfunden.

2.6.5 Schutzfaktor »Regelmäßige Reflexion über den Weg der Zielerreichung«

Ein elementarer Bestandteil des agilen Arbeitens in Sprints ist die gemeinsame Orientierung an einem kurzfristig erreichbaren Ziel und das Bündeln aller Kräfte, um dieses Ziel zu erreichen. Das eigentlich Besondere daran ist aber die anschließende gemeinsame Betrachtung dessen, was gut gelaufen ist und was es beim nächsten Mal zu verbessern gilt. Hierbei handelt es sich nicht etwa um eine Leistungsbeurteilung oder Meckerrunde, sondern um ein vertrauliches Auswertungsgespräch zwischen gleichberechtigten Kollegen, das vom Scrum Master moderiert wird. So geht es beispielsweise darum, wie die Art der Zusammenarbeit und die Kommunikation in der nächsten Iteration konkret verbessert werden können und welche Störungen von außen es künftig besser abzuschirmen gilt.

Der Scrum Master ist dabei nicht nur der Moderator, sondern er hat als eine Art Coach die Aufgabe, das Team nach den Ursachen für Konflikte und Missstände zu fragen, um so die Teammitglieder dabei zu unterstützen, effektiver miteinander zu arbeiten. Der Fokus liegt dabei nicht auf Kritik, sondern es geht darum, etwas über die eigene Teamdynamik zu lernen. Auf diese Weise wird nicht nur die konkrete Arbeitsebene besprochen, sondern auch die Metaebene, in der es beispielsweise um verletzte Gefühle und Vertrauensprobleme geht. Typischerweise wird eine solche Team-Reflexion nach jedem Sprint durchgeführt. Durch die hohe Frequenz und Verbindlichkeit dieser Intervention steigt unter anderem mit der Zeit die Fähigkeit der Teammitglieder, Feedback zu geben und zu nehmen. Zudem wird in Retrospektiven darauf Wert gelegt, konkrete Vereinbarungen zu treffen, wo immer dies möglich ist. Die regelmäßige Fokussierung auf den Weg der Zielerreichung erhöht die Achtsamkeit der Teammitglieder im Umgang miteinander und ist ein wichtiger Beitrag dazu, die Arbeitsfähigkeit und ein gutes Teamklima zu gewährleisten.

2.7 Von achtsamen Organisationen lernen

Du willst eine bessere, brüderlichere, gerechtere Welt? Dann fang an, sie zu erschaffen. Was hält Dich zurück? Erschaffe sie in Dir und um Dich herum. Baue sie mit denen, die wollen. Fang klein an und sie wird wachsen.

(Lanza del Vasto, italienischer Philosoph und Begründer der Arche-Bewegung, 1901 bis 1981)

Bei evolutionären Unternehmen oder Organisationen stehen die Sinnhaftigkeit des Tuns und das Streben nach der Ganzheit der Person einerseits und der Verbundenheit von Individuum und Welt andererseits im Vordergrund. Umsatz und Gewinn sind keine Optimierungsgrößen mehr, sondern dienen lediglich dem Erhalt und der Weiterentwicklung der Gemeinschaft. Der Tausch von Loyalität, Leistung und mitunter Selbstaufgabe gegen Geld, Zugehörigkeit und Status entfällt.

Können solche Organisationen in einer marktwirtschaftlich geprägten Gesellschaft überhaupt dauerhaft bestehen? Man findet sie sicherlich nicht an der Wallstreet oder an anderen Börsenplätzen der Welt. Aber es gibt sie. Man muss sich nur auf die Suche begeben, um sie zu entdecken.

Und so findet man beispielsweise die Archebewegung, die auf den italienischen Philosophen und Gesellschaftstheoretiker Lanza del Vasto zurückgeht. Ein Archehaus ist dabei einerseits eine Lebensgemeinschaft, andererseits aber immer auch ein Wirtschaftsbetrieb. Inspiriert von der Arbeit und dem Leben Gandhis sollte die Arche der Versuch einer alternativen gesellschaftlichen Lebens- und Wirtschaftsform sein, in der einerseits Raum ist für die innere Arbeit an den eigenen gewaltsamen Mustern wie Überheblichkeit, Unaufrichtigkeit, Vorurteilen und Abneigung. Andererseits war die Arche von Anfang an ein Ort, an dem auch die Friedfertigkeit auf gesellschaftlicher Ebene beispielsweise durch nachhaltige Landwirtschaft, interkulturellen Dialog, Gastfreundschaft sowie durch gewaltfreies soziales und politisches Engagement geübt und praktiziert wurde. 1963 wurde in Südfrankreich in der Nähe von Montpellier die erste große Archegemeinschaft mit dem Namen »La Borie Noble« gegründet. Zeitweise lebten dort 80 Menschen in weitgehender Selbstversorgung. Auf 50 Hektar Land wurde Getreide mithilfe von Pferden angebaut und Milchwirtschaft betrieben, das Brot in der eigenen Bäckerei gebacken, der Käse in der Käserei hergestellt und ein Teil der Kleidung selbst gewebt. Archegemeinschaften unterliegen, anders als moderne Unternehmen, keiner zentralen Steuerung oder Kontrolle, sondern entwickeln sich in voller Selbstverantwortung. Die Archebewegung versteht sich dabei eher als lebendiger Organismus denn als Franchise-System. Jeder Tag beginnt und endet in den Archehäusern mit einem gemeinsamen Gebet, dazwischen gibt es Zeiten für Meditation und jede Stunde ein kurzes Innehalten, was als Rappel bezeichnet wird. Die Spiritualität ist im weitesten Sinne christlich geprägt, auch wenn die Arche für Angehörige aller Religionen offen ist. Jedes Archemitglied legt einmal im Jahr im Rahmen des Johannisfestes eine sogenannte Wegzusage ab. Es erneuert damit sowohl seine Mitgliedschaft in der Gemeinschaft, bestätigt dabei aber auch den eigenen Weg mit dem Ziel,

- die eigenen Ideale in Übereinstimmung mit dem täglichen Leben zu bringen,
- im Rahmen eines einfachen Lebens das Glück zu finden in befriedigender Arbeit, kreativem Schaffen, menschlichem Miteinander, Nähe zum Göttlichen und zur Natur und im Eintreten für Frieden, Gerechtigkeit und Bewahrung der Schöpfung,
- sich persönlich zu entwickeln und alte Verhaltensmuster aufzubrechen,
- die persönliche spirituelle Anbindung zu suchen und zu pflegen,
- Verschiedenheit zu würdigen und fruchtbar zu machen,
- eine Kommunikationskultur der Offenheit, des Vertrauens und der Versöhnungsbereitschaft zu entwickeln,
- den besonderen Geist und die Kraft zu erleben und zu pflegen, die auf dem Boden gemeinschaftlichen Lebens wachsen können,
- die Früchte des persönlichen Weitungsprozesses und des gemeinschaftlichen Lebens in die Welt zu tragen und Sauerteig für eine neue Kultur zu sein.

Seit ihrer Gründung hat sich einiges in der Arche verändert. Beispielsweise ist dort das Leben heute weniger klösterlich und nicht mehr ganz so karg. Auch der Zeitgeist hat sich gewandelt. Die Menschen der heutigen Generationen sind in der Tendenz weniger bereit, sich fest in Gemeinschaften zu integrieren. Das hat auch dazu geführt, dass einige etablierte Arche-Gemeinschaften, darunter auch das Stammhaus der Arche »La Borie Noble«, mittlerweile aufgeben mussten. So sind heute Menschen Teil der Arche-Bewegung, die nicht ausschließlich in den Gemeinschaften, sondern auch in normalen Privathaushalten leben. In den 1980er- und 1990er-Jahren, dem Höhepunkt des kalten Krieges und der Friedensbewegung, inspirierte die Arche zahlreiche Gemeinschaftsgründungen auf der ganzen Welt, darunter auch die des Friedenshofes, der 1990 von Bärbel und Karsten Petersen und Ulrich Dorn in der Nähe von Hannover gegründet wurde und noch bis heute besteht. Hier betreibt man Landwirtschaft, produziert den eigenen Käse und bietet verschiedene künstlerische und spirituelle Seminare an. Außerdem wird gemeinschaftlich gewirtschaftet, das heißt, alle erzielten Einkünfte, darunter auch zahlreiche Spenden von Archefreunden, kommen zunächst in eine gemeinsame Kasse. Von diesen Einnahmen werden beispielsweise der Unterhalt des Hofs sowie der zentrale Einkauf von Lebensmitteln finanziert. Jedes Archemitglied erhält ein monatliches Taschengeld, das für jeden gleich ist. Es gibt keinerlei Leistungskomponente in der Bezahlung. Die Archen in Frankreich, vor allem aber den deutschen Friedenshof kenne ich seit Anfang der 1990er-Jahre gut durch zahlreiche eigene Besuche und Retreats. In einem alten Bauernhof leben hier in der Regel um die zehn Menschen zusammen.

Im Lauf der Jahrzehnte des Bestehens ist ein reicher Schatz an Wissen entstanden, wie Gemeinschaft funktioniert, nicht nur in der Arche, sondern auch in anderen kommunitären Netzwerken wie beispielsweise dem Global Ecovillage Network, das unter anderem auf die Gemeinschaft Findhorn zurückgeht. Dieser Erfahrungsschatz kann durchaus als Vorlage für evolutionäre Organisationen gelten. Konkret haben sich die folgenden Resilienzprinzipien herauskristallisiert.

2.7.1 Schutzfaktor »Selbstverantwortung, Kohäsion und evolutionärer Sinn«

Jede dieser Lebensgemeinschaften, egal ob Arche oder Ecovillage, ist prinzipiell für sich selbst verantwortlich und organisiert sich auch selbst. Trotz dieser Eigenständigkeit sind sie allerdings sehr intensiv mit anderen Kommunitäten vernetzt. In langlebigen Gemeinschaften herrscht ein reger Austausch und es gibt zahlreiche gemeinsame Treffen und Aktionen. Diese Netzwerke dienen auch als Forum für die strategische Weiterentwicklung des gemeinsamen Weges. Man orientiert sich in Bezug auf eigene Strukturen und Abläufe an anderen Gemeinschaften und lässt sich inspirieren, jedoch gibt es keine zentrale Kontrolle, Qualitätssicherung oder Verwaltung. Eine Gemeinschaft hat für gewöhnlich keinen Chef oder Ähnliches, aber es gibt durchaus Ressortverantwortliche, wie z. B. für Landwirtschaft, Haushalt, Bau, Gästebetreuung oder Seminare. Alle übergreifenden Entscheidungen inhaltlicher oder finanzieller Art werden durch eine Mitgliederversammlung gemeinsam beraten und im Konsens getroffen. Jedes vollwertige Gemeinschaftsmitglied hat dabei das gleiche Stimmrecht, unabhängig von den realen Besitzverhältnissen. Die kommunitäre Organisationsform beruht auf Vertrauen in die Menschen und gleichsam auf Vertrauen in eine höhere Macht, dass sich alles so fügen wird, wie es gut ist. Das ist wichtig, denn vieles im Gemeinschaftsleben lässt sich weniger kontrollieren als in traditionellen oder modernen Organisationen. Es gibt keinen äußeren Rahmen, keinen Druck, zusammen zu funktionieren, keine leistungsgerechte Bezahlung, welche die Menschen »bei der Stange« hält. Die Mitglieder einer Gemeinschaft leben miteinander, weil sie dies für sinnvoll halten.

Eine Gemeinschaft, die auf diese Art und Weise lange bestehen will, ist auf ein starkes, verbindendes Element angewiesen, das sie von innen zusammenhält. Dies ist zum einen das Gründerteam, das Menschen anzieht und integriert, und zum anderen der gemeinsame Weg, der auf viel Gottvertrauen beruht.

2.7.2 Schutzfaktor »Fokus auf individuelles und kollektives Wachstum«

In einer Gemeinschaft zu leben, bedeutet dauerhaft mit Menschen konfrontiert zu sein, die anders sind als man selbst, sei es aufgrund ihres Alters, ihres gesellschaftlichen Hintergrundes, ihrer Werte oder ihrer Herkunft. Darüber hinaus verändert sich dieses System auch noch ständig, nämlich mit jedem neuen Besucher und mit jedem Mitglied, das die Kommunität wieder verlässt. Diese Diversität und Dynamik ist zwar einerseits ungemein bereichernd, schafft aber andererseits auch permanent Raum und Anlass für Missverständnisse, gegenseitige Verletzungen und Konflikte. Soll eine Organisation langfristig bestehen, dann muss es ihren Mitgliedern gelingen, an diesen Konflikten evolutionär zu wachsen und sich selbst weiterzuentwickeln. Dazu braucht es Menschen, die Verantwortung für ihr Denken, Fühlen und Tun übernehmen und in gutem Kontakt mit sich und mit anderen stehen. Dieser Wille zum individuellen Wachstum ist der Kern aller funktionierenden kommunitären Gemeinschaften. Doch dies bedeutet auch, dass sich auch das System selbst in einem beständigen Prozess der Evolution befindet, weil sich beispielsweise jemand aus seiner bisherigen Rolle heraus entwickelt hat und nun eine andere Aufgabe für ihn angemessen wäre. Dies ist zwar in Unternehmen verschiedener Reifegrade prinzipiell auch so, allerdings erfolgt es in kommunitären Systemen von innen heraus und mit dem Individuum im Mittelpunkt, während in Unternehmen Reorganisationen ein Mittel der zentralen Unternehmensentwicklung und -steuerung sind.

2.7.3 Schutzfaktor »Gemeinsamer Weg, ideologische Toleranz und Zulassen von Verletzbarkeit«

Gemeinschaften, die bereits über viele Jahrzehnte bestehen, haben eine große Klarheit in Bezug auf ihren eigenen Sinn und Zweck entwickelt. Dieser wird dabei jedoch nicht als statische Tradition empfunden, sondern vielmehr, um in den Worten des deutschen Schriftstellers Martin Walser zu sprechen, als ein Weg, der sich dem Gehenden unter die Füße schiebt. So ist es z. B. selbstverständlich, dass kommunitäre Gemeinschaften heute soziale Netzwerke für ihre Organisation und Vernetzung verwenden und sich selbst durch externe Berater supervidieren lassen. Dieser gemeinsame Weg unterscheidet sich dabei von Gemeinschaft zu Gemeinschaft und auch von Netzwerk zu Netzwerk. Wichtig für die Langlebigkeit ist hierbei vor allem, dass das gemeinsame Ziel und die dazugehörigen Werte sich nicht zu einer Ideologie verselbstständigen, die zwischen den Menschen steht oder hinter der man sich verstecken kann. Im Mittelpunkt funktionierender Gemeinschaft steht stets die wahrhaftige zwischenmenschliche Begegnung jenseits von Ideologie. Dies bedarf der permanenten Bereitschaft, sich, andere und den gemeinsamen Weg infrage zu stellen. Das ist in der Praxis sehr viel anspruchsvoller, als es sich theoretisch darstellt, denn wir Menschen denken oft und gerne in Schubladen von »gut« und »schlecht«, »richtig« oder »falsch«. Es bedeutet, sich verletzbar zu machen und bewusst auf einen ideologisches Schutzschild oder den erhobenen moralischen Zeigefinger zu verzichten, mit dem man sich vom anderen und seinem Verhalten distanzieren kann. Auch diese ideologische Toleranz ist letztlich eine Form von Gewaltverzicht und beständiger Arbeit an sich selbst. Es bedeutet beispielsweise, Meinungsverschiedenheiten und Verletzungen früh anzusprechen und gemeinsam durchzuarbeiten. Das Ziel ist dabei nicht der vordergründige »Burgfrieden«, wie dies in der Unternehmenswelt häufig der Fall ist, sondern die echte Versöhnung. Da Menschen, die in Gemeinschaften leben, aber nicht anders oder gar besser sind als solche, die in normalen Unternehmen arbeiten und mit ihren Familien zusammenleben, bedeutet dies vor allem eine größere Investition an Zeit und Energie in die Beziehungsarbeit.

2.7.4 Schutzfaktor »Konkrete und abstrakte Erdverbundenheit«

Viele Herausforderungen, vor denen wir als menschliche Zivilisation stehen, haben damit zu tun, dass wir größtenteils den Kontakt zum Kreislauf der Natur verloren haben. Im Supermarkt gibt es Erdbeeren im Winter, Garnelen aus dem Pazifik und eine riesige Auswahl an vorgefertigtem, industriell zubereiteten Essen jeglicher Geschmacksrichtung. Diese Entfremdung und die damit einhergehende Unkenntnis fördert eine Denkweise, die uns unabhängig von der Natur erscheinen lässt und die unseren Lebensraum bloß als eine Ressource von vielen ansieht, die man so lange beliebig ausbeuten kann, wie man nicht gegen gesetzliche Auflagen verstößt. Funktionierende Gemeinschaften begegnen dieser Entfremdung, indem sie selbst nachhaltige Landwirtschaft auf dem eigenen Acker betreiben, obwohl das in vielen Fällen betriebswirtschaftlich gar nicht sinnvoll ist. Diese Erdverbundenheit, das gemeinsame Tun und die damit einhergehende spürbare Abhängigkeit von der Natur erdet und macht demütig, denn man sieht nun, wie viel Arbeit in einem Laib Brot, einem Stück Käse oder gar einem Kuchen steckt. Doch diese Verbundenheit macht auch froh und schenkt Befriedigung, denn man hat mit den eigenen Händen etwas erschaffen, was man essen kann und was sogar gut schmeckt. Auch wird der Jahreszyklus mit seinen Saat-, Aufzucht- und Erntezeiten wesentlich direkter wahrgenommen. Umweltbewusstsein, das aus der Erdverbundenheit resultiert, ist sehr viel positiver, ehrlicher und entspannter als ein rein ideologisch motiviertes ökologisches Bewusstsein, das heute häufig auch als Statussymbol und damit dem eigenen Ego dient.

2.7.5 Schutzfaktor »Überwindung des Egos und Menschlichkeit vor Leistung«

Es gibt das Gerücht, dass vor allem diejenigen in Gemeinschaften leben, die in unserer Leistungsgesellschaft nicht zurechtkommen oder einfach keine Lust auf regelmäßige Arbeit haben. Ich kann Ihnen versichern, dass dies nicht der Fall ist. Tatsächlich trifft man in Gemeinschaften wahrscheinlich eine ähnliche Vielzahl verschiedener Persönlichkeitstypen wie in Unternehmen auch. Das ist gut und schwierig zugleich. Es ist gut, weil es diese Verschiedenheit an persönlichen Aspekten braucht. Es braucht Menschen, die die Initiative ergreifen, und solche, die mitmachen. Es braucht die, die etwas gut können und andere, die Anleitung benötigen. Es braucht diejenigen mit starkem inneren Antrieb und die, die eher die Ruhe und Entspannung schätzen. Aber genau diese Vielfalt macht die Sache auch schwierig, denn verschiedene Menschen haben unterschiedlich stark ausgeprägte Egos und zudem abweichende Wertesysteme, die bereits früh in unserer Kindheit geprägt wurden. Wie wir im Kapitel »Missverständnisse rund um organisationale Resilienz« gesehen haben, gibt es in jedem Menschen die gleichen neurobiologischen Grundbedürfnisse in unterschiedlich starker Ausprägung. Eines davon ist das Bedürfnis nach Status- und Selbstwerterhalt. Es steht teilweise im krassen Widerspruch zum generell einfachen Leben und zu einem monatlichen Taschengeld, das auch noch für alle gleich ist. Was, wenn einer mehr oder besser arbeitet als jemand anderes? Was, wenn ein Gemeinschaftsmitglied beim Gemüseausfahren echte Wertschöpfung betreibt und Geld einnimmt, während jemand anderes in der Zeit die Stube kehrt? Das Ego findet viele gute Gründe, warum die eigene Leistung mehr wert ist als die manch anderer Gemeinschaftsmitglieder. Wir Menschen leben ja nicht einfach nur in einer Leistungsgesellschaft, diese Leistungsorientierung ist auch in uns selbst angelegt. Und natürlich braucht es auch in einer Gemeinschaft Leistung, denn die Arbeit macht sich auch hier nicht von allein. Es braucht spezifische Kompetenzen, Erfahrungen und den Willen mitanzupacken. Wo nötig, sind sinnvolle Entscheidungen zu treffen. Kaum eine Kommunität kann es sich auf Dauer erlauben, Mitglieder zu haben, die keinen ausreichenden Beitrag zum gemeinsamen Leben leisten. Diesem Widerspruch aus Leistung und Menschlichkeit gilt es von Fall zu Fall zu begegnen, denn er lässt sich nicht prinzipiell lösen. In langlebigen Gemeinschaften ist es durch beständige Arbeit jedes Einzelnen an sich selbst und durch wertschätzende Kommunikation mit den anderen gelungen, das eigene Ego immer wieder neu zu überwinden und das Prinzip der Menschlichkeit vor das Leistungsdenken zu stellen, ohne dabei Konflikten auszuweichen oder auf den Beitrag Einzelner völlig zu verzichten. Dies bedeutet viel beständige Arbeit an sich selbst und an der Gemeinschaft als System.

2.7.6 Schutzfaktor »Integration von Beruf und Privatleben«

Das Leben in effektiven Gemeinschaften ist kein Beruf, sondern eher eine Berufung. Es ist eine Lebensform, die in gewissen Aspekten der Art des Zusammenlebens vor der ersten industriellen Revolution entspricht, die ich im Kapitel »Leben vor der Industrie« beschrieben habe. Dies gilt insbesondere, weil berufliche Tätigkeit und das restliche Leben so nah beieinander liegen. Zwar gibt es sowohl Arbeitszeiten als auch Freizeit und es gibt Gemeinschaftsräume und privaten Wohnraum, doch aufgrund der räumlichen Nähe, der kollektiven Nutzung von Ressourcen und der zahlreichen gemeinsamen Rituale bestehen faktisch sehr viel Kontaktpunkte zu den anderen Mitbewohnern. In Bezug auf moderne Technologien sind die meisten Gemeinschaften allerdings keineswegs rückständig, sondern restlos in der Neuzeit angekommen.

Wie wir bereits gesehen haben, sind Unternehmen bezogen auf die Menschheitsgeschichte ein sehr junges Phänomen. Wir Menschen lebten sehr viel länger in Familien-, Stammes- und Dorfgemeinschaften zusammen, die keine Trennung von öffentlichem und privatem Leben kannten. Das Leben in Gemeinschaften mag uns heute unnatürlich erscheinen. Tatsächlich ist es sehr viel näher an unserer ursprünglichen Lebensform als das Vorstadtleben in einer Kleinfamilie verbunden mit dem täglichen Pendeln zur Arbeit. Da in kommunitären Systemen kaum Leistungsdruck herrscht und es keine Führungskräfte gibt, ist es dort möglich, weitgehend die eigene soziale Maske abzulegen und sich unverstellt als Mensch mit all seinen Stärken und Schwächen sowie all seinen liebenswürdigen und schrulligen Eigenarten zu zeigen. Wie schon beschrieben, macht dies das Zusammenleben nicht immer einfach. Doch diese Einheit der verschiedenen Aspekte des Lebens und der eigenen Person macht einen Teil der Kraft aus, die funktionierende Gemeinschaften von innen heraus zusammenhält, denn es entspricht einer tiefen Sehnsucht des Menschen, er selbst zu sein.

2.7.7 Schutzfaktor »Achtsamkeit und Vernetzung«

Auf den ersten Blick wirken viele kommunitäre Gemeinschaften aufgrund ihrer Abgeschiedenheit und ihrer oft idyllischen Lage wie isoliert. Dieser Rückzug vom Grundrauschen unserer Gesellschaft ist gewollt, um Zeiten der Stille und der Innenschau zu ermöglichen. Die gemeinsame Meditation ist ein zentraler Bestandteil vieler langfristig funktionierender Gemeinschaften, denn sie ermöglicht das Innehalten und die Kontemplation, die wichtig ist für die Arbeit an und mit sich selbst.

In den Arche-Gemeinschaften ertönt tagsüber einmal pro Stunde eine Glocke, die die Mitglieder daran erinnert, kurz innezuhalten, achtsam zu sein und sich zu vergegenwärtigen, was gerade um sie herum und in ihnen passiert. Achtsamkeit bedeutet dabei, die eigenen Handlungen, Gefühle, Wahrnehmungen und Gedanken im Hier und Jetzt ohne Bewertung oder Absicht wahrzunehmen. Die innere Mitte zu spüren, ist dabei für die Mitglieder und Gäste sehr wichtig, um mit der oft wuseligen Dynamik von Gemeinschaften gut zurechtzukommen. Diese Verbindung nach innen ist auch eine wichtige Voraussetzung für die Verbindung nach außen. Typischerweise sind Gemeinschaften sehr gut mit ihrer Nachbarschaft und den dörflichen Strukturen vernetzt und engagieren sich beispielsweise in lokalen Vereinen und Gemeinden. Sie befinden sich aber auch im ständigen Austausch mit anderen Gemeinschaften und mit Menschen, die die Kommunitäten besuchen und dann wieder weiterziehen. Auch sind viele kommunitäre Systeme in Bürgerbewegungen wie der Friedensbewegung oder der Flüchtlingsarbeit engagiert und organisiert. So abgeschieden eine Gemeinschaft auch gelegen sein mag, es herrscht durchgängig ein reger Austausch und Besucherverkehr. Eine Kommunität ist deshalb auch häufig ein echter Umschlagplatz für Informationen aus verschiedenen Teilen der Welt und der Gesellschaft.

2.7.8 Schutzfaktor »Struktur und gemeinsame Rituale«

Ein zentraler Bestandteil von funktionierenden Gemeinschaften, die oft durch eine hohe Dynamik gekennzeichnet sind, ist die bewusste Strukturierung der Zeit. Jeder Tag hat eine feste, wenn auch nicht rigide Struktur. In den Archehäusern beginnt der Tag mit einer gemeinsamen Morgenmeditation, gefolgt von einem Ritual, das schlicht Begrüßung heißt. Hierbei tritt jeder nacheinander vor jeden einzelnen der Anwesenden und begrüßt diesen von Angesicht zu Angesicht. Es folgt eine Besprechung des Tages und der anstehenden Aufgaben. Dann geht jeder seinem Tagwerk nach. Auch mittags gibt es eine gemeinsame Meditation. Das Mittagessen wird ebenfalls miteinander eingenommen. Danach geht es wieder an die Arbeit. Gegen Abend versammelt man sich zum Abendessen und »Feuergebet«. Hierbei stehen alle Anwesenden um ein Feuer und sprechen gemeinsam einen Text, der auf den Archegründer Lanza del Vasto zurückgeht. Diese tägliche Struktur gibt Halt und Entspannung. Eine Pflicht, an den gemeinsamen Mahlzeiten und Meditationen teilzunehmen, gibt es nicht. Sie stellen lediglich Angebote dar. Auch über das Jahr hinweg gibt es Fixpunkte. So ist z. B. das Johannisfest im Juni ein Höhepunkt jedes Archejahres. Hier kommen alle Freunde der Gemeinschaft zusammen, feiern und musizieren miteinander und erneuern ihre Wegzusage. Überhaupt wird gemeinsames Feiern und Lachen in vielen funktionierenden

Gemeinschaften als ein hoher Wert angesehen. Ein Leben in Gemeinschaft ist nicht immer einfach, wie wir schon gesehen haben. Umso wichtiger ist es, nicht alles so ernst zu nehmen und auch mal zusammen Spaß zu haben.

Wie Sie sehen, sind kommunitäre Gemeinschaften als Beispiel für evolutionäre Organisationen wirklich grundlegend anders als die Systeme, die wir typischerweise als kleine, mittlere oder große Firmen kennen. Die Arche und andere kommunitäre Gemeinschaften wurden von Anfang an als evolutionäre Organisationen gegründet. Ihre zentrale Daseinsberechtigung ist nicht weniger als die Veränderung unserer Gesellschaft. Dazu reicht ein genügsames, abgeschiedenes Leben allein nicht aus. Vielmehr braucht es die Verbindung und Vernetzung mit anderen gesellschaftlichen Kräften, um die eigene Wirksamkeit zu verstärken. Dazu ist neben Kontemplation und nachhaltiger Lebensweise auch eine starke Außenorientierung nötig. Die Hauptherausforderung für diese evolutionären Organisationen ist es daher, von der Integrationsphase (A), in der sich alles ausschließlich um die Gemeinschaft selbst und ihre Weiterentwicklung als lebendigen Organismus dreht, in die Assoziationsphase (B) zu gelangen, in der es darum geht, eine gesellschaftliche Bewegung in Gang zu setzen, die letztendlich auch Auswirkungen auf übergreifende Regularien wie Gesetze und Förderprogramme hat. Diese Entwicklung ist in der Grafik 072 skizziert.

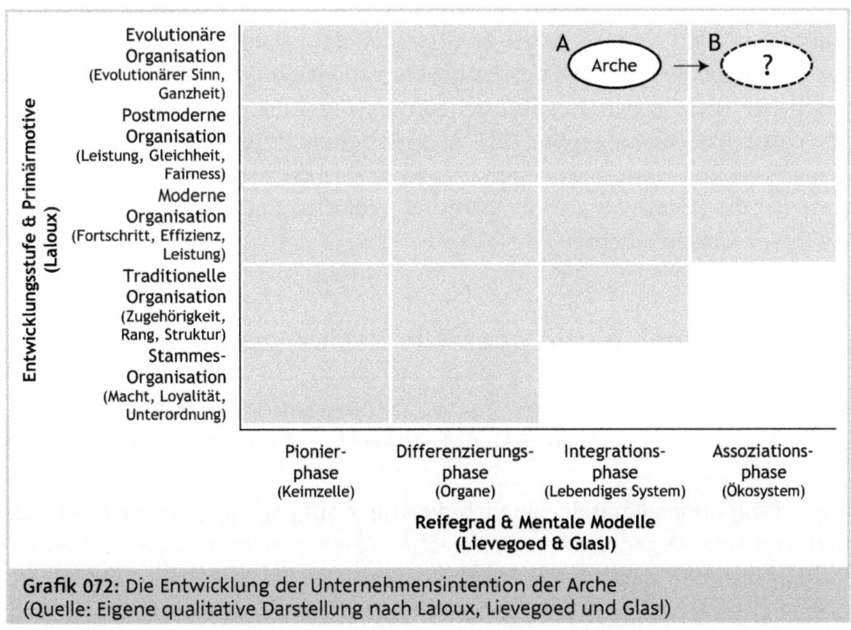

Grafik 072: Die Entwicklung der Unternehmensintention der Arche (Quelle: Eigene qualitative Darstellung nach Laloux, Lievegoed und Glasl)

Es braucht viel Fantasie sich vorzustellen, dass moderne Industrieunternehmen sich perspektivisch zu solchen kommunitären Strukturen weiterentwickeln. Dafür ist das Leistungsprinzip einfach zu sehr in der Unternehmens-DNA selbst verankert. Aus demselben Grund wird es auch für die allermeisten postmodernen Organisationen sehr schwer sein, diesen Entwicklungsschritt zu gehen.

Es ist meines Erachtens aber durchaus möglich und wahrscheinlich, dass vereinzelt Unternehmen mit ähnlichen Wertesystemen und Organisationsmerkmalen ganz bewusst und bereits mit der Intention einer evolutionären Organisation gegründet werden. Diese Systeme sind dabei für den Einzelnen nicht zwangsläufig immer besser als eine andere Organisationsform. In der Tat können viele Menschen, darunter auch ich, sich beispielsweise nicht vorstellen, dauerhaft in einer Gemeinschaft zu leben, denn es ist alles andere als einfach, dort zu leben und zu arbeiten. Es setzt den Willen voraus, sich auf andere einzulassen, an sich zu arbeiten und sich zu hinterfragen. Gleichzeitig zieht mich ein solcher Rückzugs- und Begegnungsort aber immer wieder an, und das geht vielen anderen Menschen aus verschiedensten gesellschaftlichen Bereichen nicht anders. Wahrscheinlich geht es hier nicht um ein Entweder-oder, sondern vielmehr um eine Integration evolutionärer Elemente in das tägliche Leben im Sinne eines Sowohl-als-auch. Aus der gesellschaftlichen Perspektive gesehen, machen evolutionäre Organisationsformen jedoch eine Menge Sinn und sie sind sicher eher ein Teil der Lösung unserer zivilisatorischen Probleme als ein Teil des Problems. Von vielen Unternehmen lässt sich das heute nicht gleichermaßen behaupten. Der funktionierende Austausch von einseitiger Leistungs- und Gewinnorientierung gegen sinnvolle Arbeit, die gemeinsam und menschlich vollbracht wird, wird die zentrale Aufgabe für alle Unternehmen sein, die sich in Richtung evolutionärer Organisationsformen weiterentwickeln möchten.

2.8 Allgemeine und spezielle Resilienzprinzipien

Different strokes for different folks.
(Fanita English, US-amerikanische Psychoanalytikerin)

Am Anfang dieses Kapitels habe ich die These aufgestellt, dass die Resilienzfaktoren einer Organisation zumindest in Teilen von ihrer Unternehmensintention und den damit in Verbindung stehenden Primärmotiven abhängen. Dies liegt im jeweiligen Wertesystem und den vorherrschenden Sichtweisen begründet, die das Unternehmen geprägt haben. Diese Prägung hat dabei zum einen mit der zeitlichen Entwicklung eines Unternehmens zu tun, also mit seiner Geschichte und der Art, wie sich diese in seinen Ritualen, Symbolen und typischen Handlungsweisen niedergeschlagen hat. Von diesen Ausprägungen gibt es unzählige. Gibt es beispielsweise eine getrennte Kantine für leitende und »normale« Angestellte oder essen alle dasselbe? Wird Arbeitszeit erfasst oder nicht? Hängt die Leistungsfähigkeit des Laptops mit dem Karrierelevel seines Besitzers zusammen oder nicht? Für sich genommen mögen diese Aspekte keine große Rolle spielen. In einem größeren Kontext betrachtet, lassen sie jedoch wichtige Rückschlüsse auf das kollektive Wertesystem und die damit einhergehenden Primärmotive einer Organisation zu.

Ein weiterer Aspekt, der die Unternehmensmotivation bestimmt, ist das individuelle Menschenbild derjenigen, die in einer Organisation Einfluss haben. Das können sowohl offizielle Führungskräfte oder inoffizielle Meinungsmacher im Unternehmen sein oder aber »graue Eminenzen«, die das Unternehmen gegründet haben und trotz ihres Ausscheidens noch auf seine Kultur einwirken. Die Entwicklungsstufe des Menschenbildes, das die machtvollen Personen in einer Organisation gemeinsam haben, beschreiben den Möglichkeitsraum, der in Sachen Unternehmensmotive zur Verfügung steht. Das bedeutet im Umkehrschluss auch, dass die Weiterentwicklung eines Unternehmens hin zu einem anderen Menschenbild nur dann möglich ist, wenn der Kreis der Einflussreichen sich bereits größtenteils auf dieser Ebene befindet. So hätte beispielsweise General Electric unter Jack Welsh niemals zu einem postmodernen Unternehmen werden können, genausowenig wie Apple unter Steve Jobs zu einer traditionellen Organisation. Dies ist ein weiterer Grund, warum meines Erachtens der Erfolg einer gezielten Unternehmensentwicklung nicht nur davon abhängt, ob sie dem Management passt. Vielmehr ist von zentraler Bedeutung, dass die machtvollen Personen einer Organisation zu dieser Entwicklung passen. Will ein Unternehmen sein grundlegendes Menschenbild über den zur Verfügung stehenden Möglichkeitsraum hinaus entwickeln, ohne die entscheidenden Personen auszutauschen, so wird dies in dem Moment kritisch, wo es sich mit Krisen konfrontiert sieht. Kommt es zu einer solchen Krise, fällt das Management in seinem Verhalten typischerweise auf die etablierten Unternehmensmotive, also die alte DNA zurück, was zu großen Vertrauensverlusten bei denen führt, die sich schon in einer anderen Entwicklungsstufe wähnten.

Neben den spezifischen Resilienzfaktoren, die von der Entwicklungsstufe einer Organisation abhängen, gibt es aber auch allgemeine Faktoren, die für die Langlebigkeit aller Arten von Systemen mitverantwortlich sind. Diese haben wir bereits am Anfang dieses Buches kennengelernt. Hier noch einmal die bereits identifizierten Faktoren, die eher allgemeingültiger Natur sind.

Allgemeine Resilienzprinzipien
Antizipation
Stabilität
Flexibilität
Vernetzung, Interdependenz & Koevolution
Heterogenität, Dezentralität & Mobilität
Diversität
Redundanz
Kompensation
Anpassungsfähigkeit
Bricolage, Kommunikation & Lernen
Innere Haltung
Wechsel Belastung – Entlastung

Stellen wir den allgemeinen nun die speziellen Prinzipien gegenüber, die wir durch die Analyse unterschiedlicher Gruppen von Organisationen gewonnen haben. Die folgenden Resilienzprinzipien haben wir orientiert an den Primärmotiven der Organisationen ermitteln können.

Spezielle Resilienzprinzipien
Traditionelle Organisationen
▪ Konservatives Wirtschaften & Risikodiversifizierung
▪ Unternehmenskontext wahrnehmen
▪ Gemeinsame Identität & Stewardship
▪ Bricolage, Fähigkeit zur Improvisation
▪ Konzentration auf Fehler
▪ Abneigung gegen Vereinfachung
▪ Sensibilität für betriebliche Abläufe
▪ Fähigkeit zur Improvisation
▪ Respekt vor fachlichem Wissen und Können
Moderne Organisationen
▪ Verhaltensflexibilität im Sinne von Sowohl-als-auch

Spezielle Resilienzprinzipien
▪ Diszipliniertes, moderates Wachstum
▪ Umsichtige, empirische Disruption
▪ Führung mit produktiver Paranoia
▪ Mutige, wache und eigenständige Führung
Postmoderne Organisationen
▪ Ausgeprägte, gelebte Unternehmensideologie
▪ Immer besser werden
▪ Topmanagement mit Stallgeruch
▪ Freiraum und Vertrauen für Selbstorganisation und Unternehmertum
▪ Wechselbelastung Flexibilität – Stabilität
▪ Fokus auf Kunden und Kontext der Organisation
▪ Identifikation durch selbstbestimmtes Arbeiten in kleinen Teams
▪ Regelmäßige Reflexion über den Weg der Zielerreichung
Evolutionäre Organisationen
▪ Selbstverantwortung, Kohäsion und evolutionärer Sinn
▪ Fokus auf individuelles und kollektives Wachstum
▪ Gemeinsamer Weg, ideologische Toleranz und Zulassen von Verletzbarkeit
▪ Konkrete und abstrakte Erdverbundenheit
▪ Überwindung des Egos und Menschlichkeit vor Leistung
▪ Integration von Beruf und Privatleben
▪ Achtsamkeit und Vernetzung
▪ Struktur und gemeinsame Rituale

Es sei hier noch einmal ausdrücklich darauf hingewiesen, dass das Konzept der Primärmotive einer Organisation (siehe hierzu ausführlich das Kapitel »Unternehmen und ihre Primärmotive«) logischerweise eine grobe Vereinfachung der Realität darstellt. Je größer und komplexer ein Unternehmen ist, desto weniger wahrscheinlich ist es, dass es sich ausschließlich auf einer einzigen Entwicklungsstufe befindet. Insbesondere in anorganisch gewachsenen Unternehmen mit verschiedenen Teilkulturen ist es sogar wahrscheinlich, dass verschiedene Stufen von Primärmotiven in unterschiedlichen Bereichen und Standorten vorherrschend sind. Dies macht dann typischerweise auch die Spannungen aus, die zwischen diesen Unternehmensteilen bestehen.

Des Weiteren beschreibt jedes Primärmotiv einen Möglichkeitsraum und von daher sind auch die dazugehörigen Resilienzfaktoren nicht randscharf zu sehen, sondern überlappen sich vielmehr mit angrenzenden Primärmotiven. Dies ist beispielsweise in Bezug auf »Selbstverantwortung« und »Selbstorganisation« der Fall, die sowohl in postmodernen als auch in evolutionären Organisationen als Resilienzfaktoren gelten. Auch gibt es Überlappungen zwischen einigen allgemeinen und speziellen Resilienzprinzipien, wie beispielsweise in Bezug auf »Bricolage«, also die Fähigkeit mit den vorhandenen, knappen Ressourcen kreativ zu improvisieren.

Dem US-amerikanischen Literaturwissenschaftler George Steiner folgend ist das Konzept der allgemeinen und spezifischen Resilienzprinzipien daher eher als kernprägnant, denn als randscharf einzustufen. Es handelt sich also mitnichten um eine exakte, wissenschaftliche Betrachtung, sondern um eine Annäherung durch Vereinfachung, die aber den Blick für das Wesentliche schärft.

Zusammenfassung

Organisationen lassen sich unter anderem nach ihren Primärmotiven unterscheiden und gruppieren. So lässt sich eine Einteilung in Stammesorganisationen und in traditionelle, moderne, postmoderne und auch evolutionäre Organisationen vornehmen. Anhand der Analyse besonders resilienter Organisationssysteme innerhalb dieser Gruppierungen lassen sich spezifische Wirkmechanismen identifizieren, die in besonderer Weise für jede dieser Gruppen mit ihren spezifischen Primärmotiven gelten.

Zu den untersuchten Organisationen gehört beispielsweise das organisierte Verbrechen als Repräsentant von Stammesorganisationen in der Gegenwart. Auch von besonders alten Unternehmen sowie von sogenannten High Reliability Organizations lassen sich Rückschlüsse auf die spezifischen Resilienzfaktoren von traditionellen Organisationen ziehen. Gleiches gilt sowohl für die Untersuchung besonders erfolgreicher moderner Unternehmen als auch für die Betrachtung besonders agiler postmoderner Konzerne. Die Analyse kommunitärer Lebensgemeinschaften lässt Rückschlüsse auf die Resilienzfaktoren evolutionärer Systeme zu. Die auf diese Weise gesammelten spezifischen Resilienzfaktoren ergänzen dabei die bereits identifizierten allgemeinen Wirkmechanismen organisationaler Widerstandsfähigkeit zu insgesamt 140 Faktoren.

3 Das FiRE-Modell der organisationalen Resilienz

Es gibt nichts Praktischeres als eine gute Theorie.
(Kurt Lewin, deutscher Psychologe, 1890 bis 1947)

Uns ging es darum, aus den 140 verschiedenen Schutz- und Risikofaktoren ein leicht verständliches und eingängiges Arbeitsmodell zu entwickeln, das nicht trivial ist und der Komplexität von Organisationen gerecht wird, ohne dabei kompliziert zu sein.

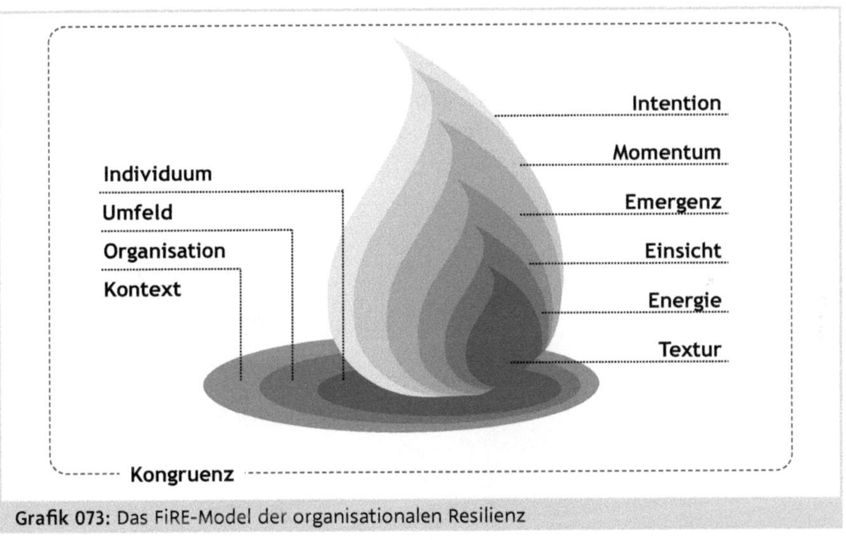

Grafik 073: Das FiRE-Model der organisationalen Resilienz

Das Ergebnis unserer Arbeit sehen Sie in der Grafik: das FiRE-Modell der organisationalen Resilienz, das aus zwei Dimensionen besteht. Die erste Dimension, symbolisiert durch die verschiedenen Flammen, enthält dabei die verschiedenen Manifestationen, durch die sich die Widerstandsfähigkeit von Organisationen abzeichnen kann. Diese reichen von der Textur, also dem Stoff, aus dem eine Organisation gemacht ist, über die im System vorherrschende Energie, bis hin zu der Art und Weise, wie ein Unternehmen Einsichten gewinnt und sich in der Folge weiterentwickelt, also seiner Emergenz. Auch die Richtung, die eine Organisation für sich wählt, und schlussendlich ihre grundlegende Intention sind Teil dieser Manifestationen. Die Reihenfolge der einzelnen Flammen leitet sich dabei von der Strukturierung vom Allgemeinen zum Speziellen hin ab.

Die zweite Dimension des FiRE-Modells – die Abkürzung steht übrigens für Factors improving Resilience Effectiveness® – umfasst die jeweilige Kontaktfläche, an der diese Manifestation jeweils auftritt. Die Fläche »Individuum-Umfeld« enthält dabei die Aspekte, die in der Wechselwirkung zwischen dem einzelnen Mitarbeiter und dem Team auftreten, während es beim Übergang »Umfeld-Organisation« um Resilienzfaktoren geht, die auf die größeren Teile im Inneren eines Unternehmens einwirken. Auf der Fläche »Organisation-Kontext« laufen schließlich alle Aspekte von Widerstandsfähigkeit zusammen, die sich in der Wechselwirkung einer Organisation zwischen Markt und Gesellschaft abzeichnen.

Das FiRE-Modell der organisationalen Resilienz vereint auf diese Weise drei verschiedene Resilienzmodelle in sich. Im Innersten des Modells finden wir an der Kontaktfläche »Individuum-Umfeld« die Resilienzfaktoren, die für Mitarbeiter und Teams in Organisationen bedeutsam sind. Es handelt sich zugleich um eine vereinfachte und abgewandelte Form des individuellen Resilienzmodells, das wir bereits im Kapitel »Das FiRE-Modell individueller Resilienz« kennengelernt haben. Dieser innerste Teil des Modells ist in der Grafik 074 dargestellt.

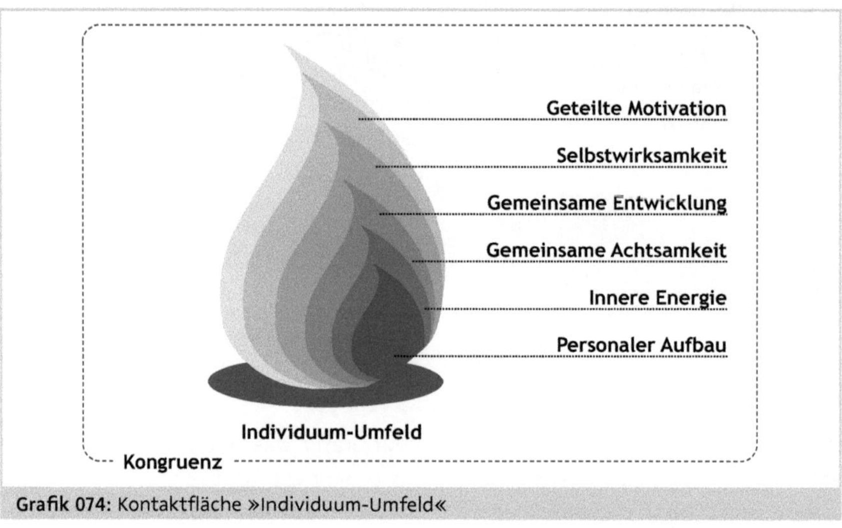

Grafik 074: Kontaktfläche »Individuum-Umfeld«

Auf der nächsten und mittleren Ebene, der Kontaktfläche »Umfeld-Organisation«, enthält das FiRE-Modell der organisationalen Resilienz die kollektiven Resilienzfaktoren, die für das Unternehmen als Gesamtsystem relevant sind. Dabei bleiben die verschiedenen Manifestationen organisationaler Resilienz, visualisiert durch die Flammen, gleich. Was sich hingegen ändert, ist der Bezugsrahmen des Modells. Hier steht nun nicht mehr die Wechselwirkung zwischen Mitarbeiter und Team im Vordergrund, sondern vielmehr die interne Statik und Dynamik im Organisationssystem als solchem. Dieses Modell finden Sie in der Grafik 075.

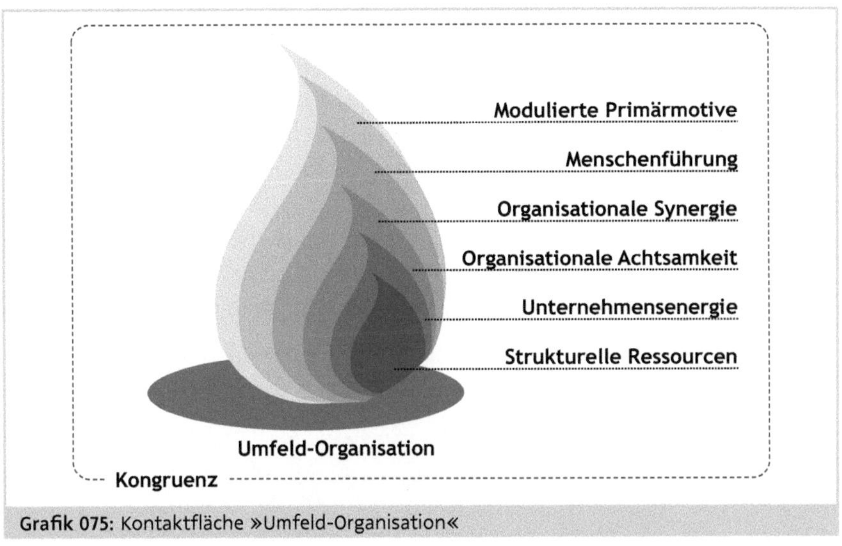

Grafik 075: Kontaktfläche »Umfeld-Organisation«

Die dritte und äußerste Ebene des Modells beschreibt an der Kontaktfläche »Organisation-Kontext« die Faktoren, die für die organisationale Resilienz im Kontext der Wechselwirkung zwischen dem Unternehmen und den verschiedenen gesellschaftlichen Stakeholdern und Marktteilnehmern relevant sind. Auch hier bleiben die Flammen, also die verschiedenen Manifestationen organisationaler Resilienz gleich, aber es wird ein anderer Bezugsrahmen gewählt, nämlich der der Systemgrenze zwischen Organisation und gesellschaftlichem Kontext. Dieses Modell haben wir in der Grafik 075 visualisiert.

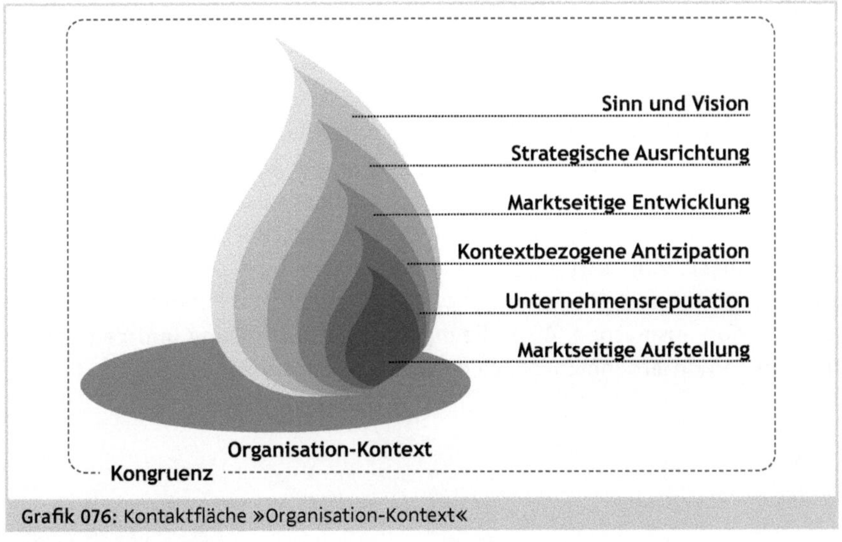

Grafik 076: Kontaktfläche »Organisation-Kontext«

Wir werden uns auf den nächsten Seiten noch weiter mit den Einzelheiten der verschiedenen Ebenen beschäftigen.

3.1 Die Ebene »Textur«

Wer gut wirtschaften will, sollte nur die Hälfte seiner Einnahmen ausgeben, wenn er reich werden will, sogar nur ein Drittel.
(Francis Bacon, englischer Philosoph und Staatsmann, 1561 bis 1626)

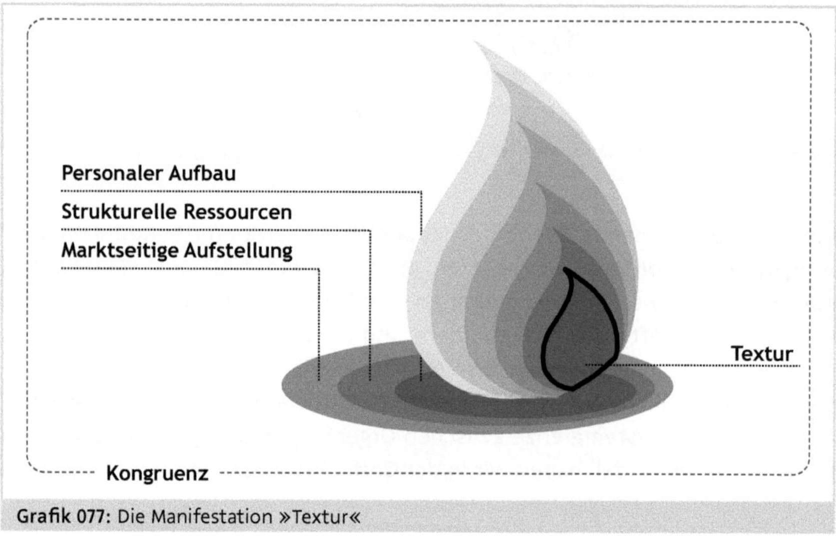

Grafik 077: Die Manifestation »Textur«

Auf der Ebene »Textur«, der innersten Manifestation organisationaler Resilienz, geht es darum, aus welchem Stoff ein Unternehmen gewebt ist. Wie flexibel oder starr ist das Gewebe? Wie sind seine verschiedenen Teilbereiche gestrickt? Gibt es Webfehler und wie sehen diese aus? Konkret umfasst die Textur die Größe und Zusammensetzung der Belegschaft im Allgemeinen und der Führungsmannschaft im Speziellen. Dazu kommen die Robustheit und Flexibilität der internen Strukturen, Prozesse, Systeme und Ressourcen, die eine Organisation ausmachen. Auch die marktseitige Aufstellung und Vernetzung mit anderen Unternehmen ist Teil dieser Manifestation.

3.1.1 Kontaktfläche Individuum-Umfeld: »Personaler Aufbau«

In diesem Bereich des Modells geht um die demografische Zusammensetzung der Belegschaft und ihre Diversität. Wie ist es beispielsweise um die Altersstruktur bestellt? Wie hoch ist das Durchschnittsalter?

Beim US-amerikanischen Internetkonzern Facebook ist die Belegschaft im Mittel gerade einmal 28 Jahre alt. Beim deutschen Softwareriesen SAP liegt das durchschnittliche Alter bei rund 40 Jahren, und das trotz mehrerer Ausstiegsprogramme in den letzten Jahren, um ältere Mitarbeiter mit einem großzügig geschnürten Paket zum freiwilligen Ausscheiden zu motivieren.

Wichtig ist aber vor allem der vorhandene Mix an verschiedenen Generationen. Dahinter steht die Frage, von welchem Maß an geistiger Wendigkeit und Veränderungsbereitschaft der Mannschaft ausgegangen werden kann. Bei der France Télecom waren im Jahr 2005, also noch vor dem vom CEO Didier Lombard ins Leben gerufenen Programm »Time to Move« mit seinen fatalen Folgen (siehe hierzu Kapitel »Traditionelle Organisationen«), 65% der Belegschaft Beamte. Die Deutsche Telekom hatte im Jahre 2017 noch eine Beamtenquote von gut 7% und gilt heute immer noch als träge, schwerfällig und veränderungsresistent. Das ist typisch für ehemalige Staatskonzerne und macht den Wechsel vom Paradigma »Ordnung und Sicherheit« zu »Agilität und Leistung« langsam und schwierig, vor allem, wenn es darum geht, ein traditionelles Unternehmen zu einem modernen umbauen zu wollen.

Die Persönlichkeitsfaktoren der Belegschaft und ihre kollektiven Geschichten sind von großer Bedeutung für die organisationale Wendigkeit und Robustheit. Neben der geistigen Flexibilität geht es dabei gleichermaßen auch darum, inwieweit die relevanten Erfahrungen und Fähigkeiten im Unternehmen vorhanden sind, beispielsweise wenn es um etablierte Produkte oder auch um eher neue Digitalkompetenzen geht.

Wichtig ist zudem, wie es um den Geschlechtermix bestellt ist. Wie hoch ist der Frauenanteil in Führungspositionen? Wie werden Frauen gefördert und unterstützt? Auch hier ist mehr Diversität besser als wenig.

Wie transparent geht es in der Organisation zu, wenn es um die Auswahl künftiger Manager geht? Werden Manager im Unternehmen gezielt und basierend auf ihrer Eignung ausgewählt, ausgebildet und langfristig anhand wachsender Herausforderungen entwickelt? Oder geschieht dies eher zufällig, wenn sich ein akuter Bedarf zeigt? Sind sie von unten hoch gewachsen und damit zum integralen Teil der Unternehmenskultur geworden? Leben sie die Werte der Organisation vor? Oder kommen sie von außen und hofft man darauf, dass sie sich in das Unternehmen einpassen können?

Ein weiterer wichtiger Aspekt sind die kulturellen Hintergründe, die im Unternehmen vertreten sind. Wie divers ist die Belegschaft in dieser Hinsicht? Nach welchen bewussten und unbewussten Filtern werden neue Mitarbeiter ausgewählt? Die dahinterliegende Erkenntnis dabei ist ganz simpel die, dass es in erster Linie die richtigen Spieler auf dem Spielfeld braucht, um auch ein schwieriges Match für sich entscheiden zu können.

3.1.2 Kontaktfläche Umfeld-Organisation: »Strukturelle Ressourcen«

Auch in diesem Bereich geht es um die Webart der Organisation. Der Fokus liegt hier allerdings auf ihren Strukturen, Prozessen und Ressourcen.

Wie groß ist ein Unternehmen und wie ist es strukturiert? Wie anpassungsfähig ist eine Organisation und wie routiniert geht man mit Veränderungen um? Wie schwer oder leicht ist es, Abläufe und Strukturen anzupassen?

Wie wir im Kapitel »Von den ältesten Unternehmen der Welt lernen« gesehen haben, kommt eine Studie der Bank of Korea zu dem Ergebnis, dass 89,4% der Unternehmen, die älter als 100 Jahre sind, weniger als 300 Mitarbeiter haben. Im Kapitel »Unternehmen: unberechenbare komplexe Systeme« haben wir Erkenntnisse aus der Soziologie kennengelernt, nach denen natürliche Gruppen ohne Hierarchie nur bis zu einer Größe von rund 150 Personen stabil bleiben können. Werden die Gruppen größer, nehmen mit der Zeit die Konflikte zu und der interne Zusammenhalt wird immer instabiler. Schließlich führt dies meist zur Abspaltung kleinerer Gruppen oder zur kompletten Aufteilung, sodass sich in der neuen Konstellation wieder ein stabiles Gleichgewicht einstellen kann. In eher kleinen Firmen oder Unternehmenseinheiten kennen sich die Mitarbeiter und die Identifikation mit dem Unternehmen ist entsprechend hoch. Dort ist man auch häufig schneller und wendiger, wenn es um neue Entwicklungen geht.

Manche Unternehmen haben hingegen eine Personaldecke, die durch zahlreiche Restrukturierungswellen und Effizienzprogramme extrem verschlankt wurde. Befindet sich die Organisation hier noch in einem gesunden Bereich oder herrscht aufgrund von Personalmangel konstanter Notstand? Gibt es Pufferkapazität, mit der Belastungsspitzen abgefangen werden können oder gerät das System dann schnell an seine Grenzen?

Wie effizient, robust und skalierbar sind die unternehmensinternen Prozesse? Werden sie einfach abgearbeitet, ohne dass die Mitarbeiter den Sinn dahinter verstehen? Oder wird darauf Wert gelegt, dass jeder im Team weiß, warum die Dinge typischerweise auf eine bestimmte Art und Weise erledigt werden? Letzteres bietet im Krisenfall mehr Flexibilität.

Weitere Aspekte der organisationalen Resilienz sind die Flexibilität und die Intelligenz im Umgang mit Ressourcen. Sind die Mitarbeiter in einem Produktionsunternehmen beispielsweise nur für die Arbeit an einem einzigen Maschinentyp ausgebildet oder rotieren sie regelmäßig und können daher verschiedenste Anlagen bedienen? Gibt es Exklusivverträge mit einem einzigen Logistikdienstleister oder kann man im Krisenfall auch auf andere Anbieter ausweichen? Alles dies betrifft die Frage, wie schnell und geräuschlos eine Organisation im Bedarfsfall reagieren und wie flexibel sie umdisponieren kann.

Redundanzen helfen dabei, die Komplexität eines Systems zu reduzieren und seine Flexibilität zu steigern. So besteht beispielsweise die Flotte der US-amerikanischen Fluggesellschaft Southwest Airlines ausschließlich aus Maschinen des Typs Boeing 737. Dies hat zur Folge, dass jede Crew jedes der rund 700 Flugzeuge fliegen kann. Auch jeder Mechaniker und Wartungstechniker kann so universell eingesetzt werden. Zum Vergleich: Lufthansa hat mehr als zehn verschiedene Fabrikate und Flugzeugtypen in der Flotte, was dazu führt, dass jeder Pilot nur mit einem Bruchteil der circa 270 Maschinen fliegen kann. Auch die Techniker müssen sich hier auf wenige Modelle fokussieren, was ihre Einsetzbarkeit stark einschränkt.

Ein anderer Aspekt organisationaler Resilienz ist die Sinnhaftigkeit der Ressourcenverteilung. Ist diese fair und durchdacht oder wird alles in Prestigeobjekte investiert, während kritische Bereiche wie beispielsweise die Instandhaltung trotz ihrer hohen Bedeutung für den Krisenfall stiefmütterlich behandelt werden?

Ein weiterer wichtiger Punkt sind die finanziellen Ressourcen. Das Maß an Rücklagen, über die eine Organisation verfügt, entscheidet mit darüber, wie gut sie einen plötzlichen Umsatzeinbruch verkraften kann. Gleiches gilt auch für die Liquidität. Die Fremdkapitalquote ist ebenso ein relevanter Indikator für organisationale Resilienz. Fremdkapital wird meist dazu genutzt, um das schnelle Wachstum eines Unternehmens zu finanzieren. Je höher diese Schulden aber sind, desto höher ist nicht nur der finanzielle Aufwand für den Schuldendienst, sondern auch die Abhängigkeit von den Geldgebern, die damit entsteht. Nicht wenige Unternehmen müssen schließlich aufgeben, weil die Banken in Krisenzeiten die zugesagte Kreditlinie streichen, um so ihr eigenes Risiko zu minimieren. Die entscheidende Frage ist hier also, auf welches Maß an Puffern eine Organisation in ihren Strukturen, Abläufen und Ressourcen zurückgreifen kann.

3.1.3 Kontaktfläche Organisation-Kontext: »Marktseitige Aufstellung«

Auch die Art der Positionierung eines Unternehmens im Marktumfeld ist Teil seiner strukturellen Widerstandsfähigkeit. Dazu gehören die Wettbewerbsfähigkeit des existierenden Produkt- und Dienstleistungsportfolios genauso wie die Menge und Qualität zukünftiger Innovationen, die sich noch in Entwicklung befinden. Auch die Anzahl und Art der Markt- und Kundensegmente, auf die ein Unternehmen abzielt, spielen eine wichtige Rolle für seine Fähigkeit, Konjunkturschwankungen in einzelnen Industrien mithilfe von Risikodiversifizierung zu begegnen. So macht es für die Widerstandsfähigkeit eines Unternehmens einen erheblichen Unterschied, ob es eine große Palette verschiedener Industrien bedient oder aber ausschließlich vom Baugewerbe oder der Automobilbranche abhängt, beides Industrien, die für ihre zyklischen Konjunkturverläufe bekannt sind.

Ebenso wichtig ist der informelle Austausch mit Unternehmen ähnlicher DNA. Wie wir im Kapitel »Von den ältesten Unternehmen der Welt lernen« gesehen haben, sind beispielsweise Familienunternehmen, die älter als 200 Jahre sind, in einer Vereinigung namens Henokiens organisiert. Die Firmen kommen dabei aus völlig unterschiedlichen Industrien, teilen aber das Interesse an Langlebigkeit. Ähnlich nützlich ist das Engagement von Organisationen in Branchenverbänden, in denen sie von ihren potenziellen Wettbewerbern lernen können. Auch das Maß an Vernetzung mit Unternehmen aus anderen Branchen, beispielsweise mit dem Ziel der gemeinsamen Entwicklung neuer innovativer Lösungen, ist hier ein bedeutsamer Faktor. Je effektiver ein Unternehmen darin ist, Lernerfahrungen durch externe Impulse zu beschleunigen, desto besser ist dies für seine Widerstandsfähigkeit.

Ein weiterer Aspekt ist die Eigentümerstruktur eines Unternehmens, denn sie entscheidet wesentlich über das Maß an Freiheitsgraden, die ein Unternehmen im Krisenfall hat. Befindet sich ein Unternehmen beispielsweise im Familienbesitz oder gehört es einem Venture Capital Investor mit strategischer Ausrichtung, so wird man eher an umsichtigem und langfristig sinnvollem Agieren interessiert sein. Die Unternehmensleitung hat deswegen auch in Krisen viel Entscheidungsspielraum. Werden die Firmenanteile von verschiedenen Partnern gehalten, sind diese oftmals vor allem an jährlichen

Gewinnausschüttungen interessiert, was langfristige Investitionen in die Zukunft unpopulär und schwer durchsetzbar macht. Und in börsennotierten Unternehmen herrscht eher kurzfristiges Denken und Agieren vor, da hier bei sinkendem Aktienkurs sonst die Gefahr einer Übernahme droht. Dies führt zu Hauruck-Aktionen, wie beispielsweise Personalabbau, die zwar die kurzfristige Profitabilität steigern und so den Aktienwert stützen, der langfristigen Resilienz aber durchaus schaden können. So hat sich auch die Lebensdauer börsennotierter Unternehmen innerhalb von 40 Jahren mehr als halbiert, wie wir bereits im Kapitel »Die Gegenwart: Leben in der VUKA-Zone« gesehen haben.

3.2 Die Ebene »Energie«

Das einzig Wichtige, das Leader tun,
ist Kultur zu erschaffen und zu entwickeln.
(Edgar Schein, US-amerikanischer Sozialwissenschaftler)

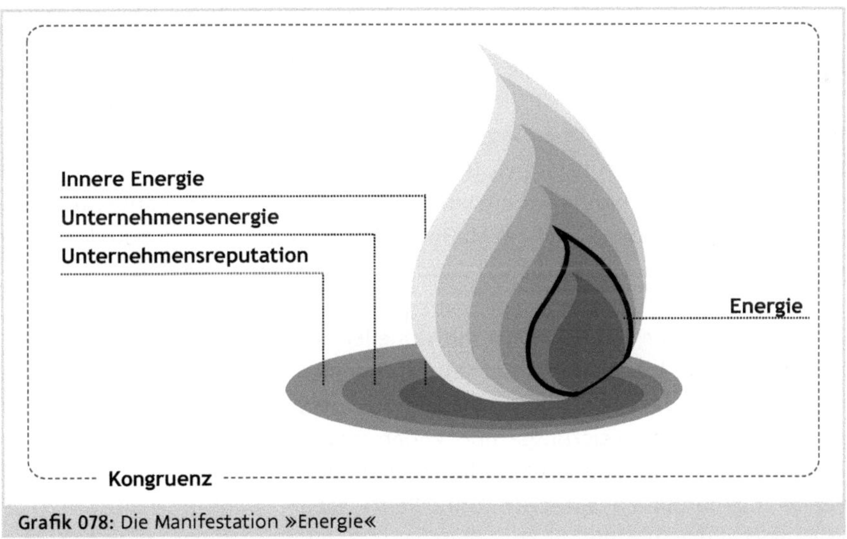

Grafik 078: Die Manifestation »Energie«

Bei dieser Manifestation organisationaler Resilienz geht es darum, wie sich ein Unternehmen von innen anfühlt und was es nach außen abstrahlt. Welche Art von Energie ist hier vorherrschend? Brennt das Feuer bei allen Beteiligten noch hell oder ist die Flamme eher am verglühen? Welche Kulturelemente lassen sich beobachten? Wie werden die Werte des Unternehmens im Alltag gelebt? Welche Strahlkraft hat eine Firma in den Markt? Wofür steht sie?

3.2.1 Kontaktfläche Individuum-Umfeld: »Innere Energie«

Auf der individuellen Ebene des Modells geht es um die vorherrschende innere Haltung in der Mannschaft. Welche Einstellungen dominieren und wie werden diese im Krisenfall wirksam? Existiert in der Mannschaft die Zuversicht, gut mit Rückschlägen und Schwierigkeiten umgehen zu können? Ist man generell eher selbstbewusst oder aber schnell verunsichert? Spornt Gegenwind die Mitarbeiter zu grimmiger Entschlossenheit an oder verlieren sie dann schnell den Mut?

Ein weiterer zentraler Aspekt ist das Maß der Identifikation der Mitarbeiter mit dem Unternehmen und das Maß an innerer Kohäsion, das dadurch entsteht und die Belegschaft im Idealfall stärkt und zusammenhält. Fühlen sich die Mitarbeiter zu ihrem Team dazugehörig und auch als echter Teil des Unternehmens? Oder sehen sie sich eher als austauschbare Arbeitnehmer in einem beliebigen Team in irgendeiner Firma? Das US-amerikanische Marktforschungsunternehmen Gallup erhebt seit Jahren den sogenannten Engagement Index, in dem das Maß der Identifikation der Mitarbeiter mit ihrem Unternehmen erfasst wird. Die Ergebnisse sind seit Jahren gleichermaßen stabil wie besorgniserregend. So identifizierten sich im Jahr 2017 nur rund 15% der Mitarbeiter in Deutschland in hohem Maße mit ihrer Firma, während die große Masse von 70% nur mäßig engagiert ist und Dienst nach Vorschrift macht. Weitere 15% befinden sich auf dem Absprung und haben innerlich bereits gekündigt. Neben der Qualität der Führung ist Ursache hierfür auch das in den Teams und Bereichen vorherrschende Arbeitsklima. Ist der Umgang miteinander geprägt von Vertrauen? Und in welchem Maße können Konflikte von den Kolleginnen und Kollegen offen angesprochen werden, ohne zu eskalieren?

Wie wir bereits im Kapitel »Von individueller zu organisationaler Resilienz« gesehen haben, hat man im Internetunternehmen Google 2015 empirisch belegen können, dass eben dieser Aspekt der psychologischen Sicherheit am wichtigsten für die Leistungs- und Widerstandsfähigkeit von Teams ist. Ist diese Sicherheit da, können Mitarbeiter und Führungskräfte Schwächen und Fehler zugeben und ansprechen, ohne Repressalien fürchten zu müssen. Dies stimuliert auf neurobiologischer Ebene das Belohnungszentrum und fördert ein hohes Maß an Zusammenarbeit und Kreativität.

3.2.2 Kontaktfläche Umfeld-Organisation: »Unternehmenswerte«

Auf der kollektiven Ebene geht es um die Kulturelemente, also die Werte einer Organisation, die sich unter anderem in sichtbaren Verhaltensweisen manifestieren. Wofür steht ein Unternehmen? Was ist neben Wachstum und Erfolg noch wichtig? Dies gilt insbesondere für moderne und postmoderne Organisationen mit ihrem ausgeprägten Streben nach Leistung und Weiterentwicklung. Wie konsequent werden Werte vor allem im Topmanagement vorgelebt? Wie ehrlich ist der Umgang miteinander, wenn es beispielsweise um den Level an Belastung in verschiedenen Teilbereichen der Organisation geht? Kann dies thematisiert werden oder spricht man darüber nicht, weil man dann selbst vermeintlich als zögerlich und nicht hinreichend veränderungsbereit oder umsetzungsstark gilt? Stehen nur eigene Interessen oder aber das Interesse des gesamten Unternehmens im Vordergrund? Sind die verschiedenen Führungshierarchien, aber auch die Belegschaft selbst, willens und in der Lage, für das eigene Maß an Belastung aufmerksam zu sein und Mitarbeiter, Führungskräfte und Teams darin zu unterstützen, gut für sich zu sorgen und Aufträge auch mal abzulehnen, Prioritäten zu hinterfragen oder um Unterstützung zu ersuchen? Und wie steht es mit der Fähigkeit, sich als Organisation selbst zu hinterfragen, um dadurch besser zu werden, also der Kompetenz der kollektiven Selbstreflexion und der Offenheit für Feedback? Ist eine aufmerksame und kritische Würdigung der eigenen Stärken und Schwächen möglich? Ist ein interner Diskurs darüber, wie sich die Langlebigkeit, Stabilität und Anpassungsfähigkeit des Unternehmens verbessern lässt, erwünscht oder geht er in operativer Hektik oder internen Konflikten unter? Wie wird Verbesserungsvorschlägen aus der Belegschaft begegnet: offen oder eher mit angezogener Handbremse? Dürfen mögliche Risiken und Gefahrenquellen, die ein Strategiewechsel birgt, angesprochen werden oder gilt man dann als Zweifler und Zauderer? Sind derartige Hinweise erwünscht und werden sie wahrnehmbar berücksichtigt? Oder wird dies eher als Kritik und ungebührliche Anmaßung empfunden und bestenfalls ignoriert? Dahinter steht zum einen ein von allen geteiltes Gefühl dafür, was das richtige Verhalten im Interesse der Organisation ist. Es geht schlussendlich auch um das Menschenbild, das in einer Organisation vorherrschend ist.

Beispiel: Hewlett Packard und der HP Way !

Der Computer- und Druckerhersteller Hewlett Packard geht den sogenannten HP-Way. Das sind fünf einfache Prinzipien, die Führung und Mitarbeitern Kontinuität, Orientierung und Sinnhaftigkeit bieten sollen und seit ihrer ersten Niederschrift 1957 unverändert geblieben sind. Diese Prinzipien sind im Einzelnen:

- Wir haben Vertrauen und Respekt für den Einzelnen.
- Wir legen besonderen Wert auf ein hohes Maß an Leistung und Engagement von jedem.
- Wir führen unser Geschäft mit kompromissloser Integrität.
- Wir erreichen unsere gemeinsamen Ziele durch Teamarbeit.
- Wir fördern Flexibilität und Innovation.

Diese Werte galten über viele Jahrzehnte als eine der Ursachen, die es HP ermöglichte, von einer Garagenfirma zu einem globalen Unternehmen mit weltweit 350.000 Mitarbeitern aufzusteigen. Doch starke Werte müssen auch konsistent an der Unternehmensspitze vorgelebt werden. Das änderte sich im August 2010, als der damalige CEO Mark Hurd, der 2005 von NCR gekommen war und das Unternehmen sehr erfolgreich geführt hatte, vom Unternehmenswert »Integrität« zu Fall gebracht wurde. Er musste aufgrund von Unregelmäßigkeiten und Anschuldigungen wegen sexueller Übergriffe überraschend das Unternehmen verlassen. Sein Nachfolger wurde der deutsche Manager und Ex-CEO von SAP, Léo Apotheker. Als externer Topmanager stand er nicht hinter dem HP Way und lebte ihn auch nicht in seiner Art, das Unternehmen zu führen, insbesondere wenn es um den Respekt vor den einzelnen Mitarbeitern ging. Er leitete einen Strategiewechsel ein, der das Ziel hatte, das Unternehmen von einer Hardwarefirma zu einem Global Player im Software- und Servicebereich umzubauen. Dies sollte durch einen Verkauf des angestammten Hardwarebereichs geschehen. Der Aktienkurs ging in der Folge um über 40% zurück. Apotheker wurde bereits nach 12 Monaten durch die US-Amerikanerin Meg Whitman, früher CEO von ebay, abgelöst, die diese Strategie in Teilen revidierte. Doch das Geschäft brach weiter ein und das Unternehmen musste sich innerhalb von vier Jahren von rund 60.000 Mitarbeitern weltweit trennen. Im Jahr 2015 wurde Hewlett-Packard schließlich in zwei börsennotierte Unternehmen aufgeteilt: in HP Inc. für das PC- und Druckergeschäft und Hewlett Packard Enterprise für Dienstleistungen im Technologiebereich.

3.2.3 Kontaktfläche Organisation-Kontext: »Unternehmensreputation«

Auf der gesellschaftlichen Ebene werden die Energie eines Unternehmens und die Werte, für die es steht, durch seine Reputation und sein Verhalten in der Öffentlichkeit spürbar, und zwar sowohl in der Gesellschaft als auch im Marktumfeld. Es dauert lange, die Reputation eines Unternehmens gezielt aufzubauen und das Vertrauen der Öffentlichkeit zu gewinnen. Dies wird meist durch verschiedene Formen von sozialem, gesellschaftlichem und ökologischem Engagement versucht und durch Medienarbeit gezielt unterstützt. Doch diese Maßnahmen zeigen nur die Oberfläche dessen, wofür ein Unternehmen wirklich steht. So lange es auch dauert, sich eine positive Reputation in der Bevölkerung aufzubauen, so schnell lässt sich diese durch dramatische und öffentlich weithin sichtbare Ereignisse auch wieder zerstören. Ein tragisches Beispiel dafür ist die Explosion der Ölbohrplattform Deepwater Horizon.

! **Beispiel: BP und die Deepwater Horizon**

BP ist ein britisches Mineralölunternehmen, das weltweit tätig ist und 2015 mit knapp 80.000 Mitarbeitern einen Konzernumsatz von 223 Milliarden US-Dollar erwirtschaftete. Das Unternehmen ist unter anderem im Bereich Up-Stream in der

Erschließung und Ausbeutung neuer Ölfelder tätig. Im Unternehmensbereich Down-Stream beschäftigt man sich mit der Weiterverarbeitung von Rohöl beispielsweise zu Benzin und Diesel und mit der Vermarktung dieser Produkte.
2009 begann man auf der schwimmenden Ölplattform Deepwater Horizon im Golf von Mexiko mit Bohrungen zur Erschließung neuer Ölfelder. Die Plattform wurde von Transocean und Halliburton im Auftrag von BP betrieben. Da das Erschließungsprojekt in Verzug geraten war, übte BP erheblichen Druck auf die Vertragspartner aus. Sie sollten das Bohrloch zügig stabilisieren und sichern, um es so für die spätere Ausbeutung bereit zu machen. Aufgrund des Zeitdrucks wurden verschiedene Sicherheitsmaßnahmen unterlassen. Beispielsweise wurden zu wenig Zementdichtungen montiert und diese wurden auch nicht auf ihre Funktionstüchtigkeit hin getestet. Auch ein unbefriedigender Dichtigkeitstest wurde seitens BP ignoriert.
Im April 2010 ereignete sich ein Blowout, bei dem schlagartig riesige Gasmengen aus dem undichten Bohrloch austraten und sich entzündeten. Es kam zu mehreren Explosionen, die insgesamt elf Menschen das Leben kosteten. Tags darauf sank die Plattform nach einer weiteren Explosion. Berichten zufolge wurden die Überlebenden 12 Stunden von der Außenwelt isoliert und durften nicht mit ihren Angehörigen telefonieren. Interne Dokumente von BP belegten später, dass der Konzern bereits elf Monate vor der Katastrophe über erhebliche Sicherheitsprobleme informiert worden war. Nach dem Unglück strömten über mehr als elf Wochen täglich Millionen Liter Öl unkontrolliert in den Golf von Mexiko und führten zur größten Umweltkatastrophe in der Geschichte der USA, deren Folgen bis heute spürbar sind. Insgesamt wurde der Lebensraum von mehr als 8.000 Tierarten langfristig kontaminiert, was ein Massensterben auslöste und auch heute noch für zahllose Missbildungen verantwortlich ist. Der BP-CEO Tony Hayward, ein britischer Geologe, spielte die Auswirkungen herunter. Er sprach von einem Ölteppich der »relativ winzig« sei im Vergleich zum »sehr großen Ozean«. Einem Reporter gegenüber äußerte er später: »Es gibt niemanden, der sich stärker wünscht, dass diese Ölkatastrophe ein Ende findet, als ich. Ich will mein altes Leben zurück«. Ein Bericht des US-Innenministeriums enthüllte wenig später, dass die Inspektoren der Kontrollbehörde für Ölplattformen systematisch von der Ölindustrie bestochen wurden. Der Vorfall kostete BP rund 40 Milliarden US-Dollar und beendete die Management-Karriere von Tony Hayward. Die Schadenshöhe für die US-amerikanische Volkswirtschaft und die vielen Menschen, die von Meer und Natur im Golf von Mexiko leben, ist bis heute kaum zu beziffern. Auch der Imageschaden für BP ist gigantisch, was sich unter anderem in Aktivistenkampagnen, Verbraucherboykotts sowie in einer deutlichen und langanhaltenden Abwertung des Börsenwerts niederschlug.

Die Reputation, also die öffentliche Meinung, die verschiedenste Stakeholder wie Kunden, Lieferanten, andere Wettbewerber und beispielsweise auch Medien und Regulierungsbehörden sich über eine Organisation gebildet haben, kann für deren Langlebigkeit absolut entscheidend sein. Dies gilt insbesondere für Organisationen, die so groß sind, dass sie von der Öffentlichkeit regional wie überregional wahrgenommen werden. Die Reputation beeinflusst beispielsweise die Bereitschaft anderer Marktteilnehmer, mit einem Unternehmen Geschäfte zu machen oder Allianzen einzugehen. Auch wichtige Genehmigungsprozesse und der Zugang zu Kapital sowie die Attraktivität als Arbeitgeber sind von ihr abhängig. Und natürlich ist auch der Umsatz selbst direkt oder indirekt vom Vertrauen der Verbraucher und damit der Reputation einer Firma abhängig. Wenn ein Unternehmen Produkte für Endverbraucher herstellt, dann manifestiert sich dessen Reputation zusätzlich zur Unternehmensmarke in seinen Produktmarken.

Auch hier kann die Art des Umgangs mit schwerwiegenden Ereignissen weitreichende Folgen haben, wie das folgende Beispiel zeigt.

!

Beispiel: Johnson & Johnson und Tylenol

Das US-amerikanische Pharmaunternehmen Johnson & Johnson produziert unter anderem das Schmerzmittel Paracetamol, das in den USA als Tylenol vertrieben wird. Anfang der 1980er-Jahre war Tylenol zu einem echten Renner geworden. Es hatte einen Marktanteil von 35% unter den nicht rezeptpflichtigen Schmerzmitteln in den USA erlangt. Das Produkt war für rund 15% des Unternehmensergebnisses von Johnson & Johnson verantwortlich. Doch 1982 sollte sich dies ändern. Einige Tylenol-Verpackungen waren von Unbekannten mit dem Gift Cyanid verunreinigt worden. Dies führte zum Tod von sieben Menschen in Chicago und zu einer landesweiten Panik, da nicht klar war, wie weitreichend die Produktkontamination war. Ohne weiter abzuwarten, rief Johnson & Johnson alle Tylenol-Verpackungen aus Apotheken und Supermärkten zurück und konnte so weitere drei vergiftete Packungen identifizieren und aus dem Verkehr ziehen. Insgesamt umfasste der Rückruf 31 Millionen Packungen mit einem Gesamtwert von über 100 Millionen US-Dollar. Dies war bis dahin einer der größten freiwilligen Produktrückrufe überhaupt gewesen und zu dieser Zeit alles andere als üblich. Dennoch fiel der Börsenwert des Unternehmens in der Folge um über eine Milliarde US-Dollar. Doch das Management hatte im Rahmen dieser Krise das Motto ausgegeben »People first, property second«, zu deutsch: »Menschen zuerst, dann Besitz«, was dem Unternehmen dabei half, das Vertrauen der Verbraucher schnell wieder zurückzugewinnen. Selbst ein zweiter ähnlicher Vorfall vier Jahre später konnte daran nichts ändern. Auch hier wurden sofort nach Bekanntwerden der Sabotage in den gesamten USA alle Tylenol-Präparate zurückgerufen und zerstört. Dieses Mal ging Johnson & Johnson noch weiter und hielt das Produkt so lange zurück, bis man eine Verpackung entwickelt hatte, die Produktvereinigungen erheblich erschwerte. Das Unternehmen erhielt viel Anerkennung für seine schnelle und umsichtige Aktion. Auch wenn die Kosten für diese Rückrufe sehr hoch waren, zahlte sich diese Investition in die Unternehmensreputation durchaus finanziell aus. Innerhalb von fünf Monaten nach den ersten Todesfällen hatte das Unternehmen bereits 70% seines Marktanteils für Tylenol zurückgewonnen und konnte diesen später sogar noch weiter ausbauen. Andere Hersteller, die in ähnlichen Situationen länger gewartet hatten und nur zögerlich auf öffentlichen Druck reagierten, hatten dagegen jahrelang mit sinkenden Umsätzen aufgrund des entstandenen Vertrauensverlusts zu kämpfen.

Die beiden Fallbeispiele illustrieren, welche Auswirkungen die Reputation eines Unternehmens, also seine durch öffentliches Verhalten sichtbar werdenden Werte, auf seine Langlebigkeit hat. Unternehmen, die das Vertrauen gesellschaftlicher Stakeholder genießen, können im Krisenfall mit mehr Wohlwollen, Unterstützung und Rückendeckung rechnen als solche, denen man ethische Maßstäbe eher nicht abnimmt. Zwar muss dieses Vertrauen immer wieder erarbeitet werden und ist zudem äußerst flüchtig, aber es kann im Fall unvorhergesehener Ereignisse schnell zu einer überlebenswichtigen Ressource werden. Neben allgemeinen Verhaltensregeln ist hier vor allem wichtig, dass die handelnden Personen über einen ausgeprägten ethischen Kompass verfügen, der sie in die Lage versetzt, mutige Entscheidungen zu treffen.

3.3 Die Ebene »Einsicht«

Wenn wir irgendwo hin möchten oder uns in irgendeine Richtung entwickeln möchten, können wir nur von dort aus starten, wo wir gerade jetzt stehen. Wenn wir nicht wirklich wissen, wo wir stehen, kann es sein, dass wir uns nur im Kreis bewegen.

(Jon Kabat-Zinn, US-amerikanischer Molekularbiologe und Erfinder des Achtsamkeitsprogramms MBSR)

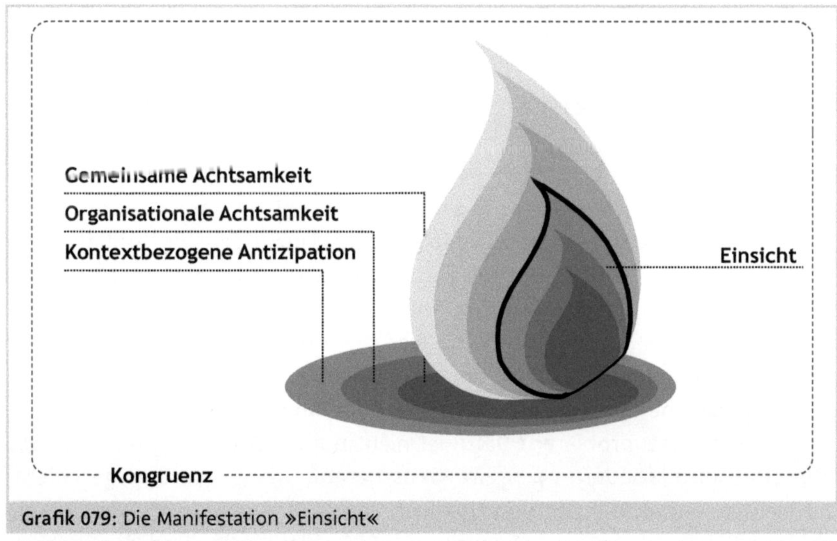

Grafik 079: Die Manifestation »Einsicht«

Bei dieser Manifestation der Widerstandsfähigkeit von Organisationen geht es darum, wie bewusst und objektiv eine Organisation sich selbst und ihre

Umgebung wahrnimmt, wie sie aus gemachten Erfahrungen lernt und daraus neue Einsichten gewinnt, die auch für andere Bereiche des Unternehmens relevant sein können und möglicherweise Entscheidungen verschiedenster Tragweite beeinflussen.

Wie nehmen sich Teams und ihre Mitarbeiter im Unternehmen wahr? Inwieweit gelingt es, regelmäßig innezuhalten und zu reflektieren? Wie nimmt das Unternehmen seine eigene Energie wahr? Inwieweit werden Entwicklungen in der Außenwelt registriert?

3.3.1 Kontaktfläche Individuum-Umfeld: »Gemeinsame Achtsamkeit«

Auf dieser inneren Ebene geht um die Achtsamkeit, die Menschen, die in einer Organisation miteinander arbeiten, für sich selbst und füreinander im Umfeld von Teams und Arbeitsgruppen aufbringen. Inwieweit wird in einem Unternehmen aufeinander geachtet? Welche Rolle spielen beispielsweise die Zuversicht, das Engagement und die Belastungssituation von Teams für die interne Aufmerksamkeit eines Unternehmens? Inwieweit werden Mitarbeiter und ihr Wohlbefinden überhaupt als wichtig angesehen? Werden Teams und einzelne Mitarbeiter von Kollegen und Führungskräften dazu ermutigt, gut für sich zu sorgen, wenn die Belastung mal zu hoch wird? Gehört es dazu, dies wahrzunehmen und sich darüber auszutauschen? Oder wird dies, wie in vielen leistungsorientierten modernen und postmodernen Organisationen, eher nicht thematisiert, weil es riskant ist, als schwach oder verletzbar zu gelten?

Welche Rolle spielt neben den Arbeitsergebnissen die Diskussion darüber, auf welche Art und Weise diese erreicht werden? Im Kapitel »Von agilen Unternehmen lernen« haben wir das Resilienzprinzip der Wechselbelastung kennengelernt. Auf eine Phase, die von großer Intensität und hoher Stabilität gekennzeichnet ist, folgt hier eine Phase von niedrigerer Intensität, in der dafür mehr Flexibilität benötigt wird, weil sich beispielsweise Aufgaben oder personelle Zusammensetzungen ändern. Inwieweit ist es möglich, in einer Organisation solche anderen Arbeitsformen, die möglicherweise menschengerechter sind, auszuprobieren? Dafür ist nicht nur ein Blick nötig auf das, was erarbeitet wird, sondern auch ein Fokus darauf, wie genau dies geschieht. Um kleinste Entwicklungen und Nuancen von Stimmungen und Teamenergie wahrzunehmen, braucht es Momente der Entschleunigung und des Innehaltens in der Organisation, denn bei dauerhaft hohem Tempo sind eher subtile Entwicklungen nicht wahrnehmbar. Diese fürsorgliche und achtsame Art der

Wahrnehmung ist dabei nicht nur eine Aufgabe der Führungskraft, sondern wird idealerweise von allen Mitarbeitern füreinander wahrgenommen.

In den 1980er-Jahren wurde Achtsamkeit erstmals in US-amerikanischen Unternehmen thematisiert. Seit dieser Zeit ist viel passiert, um Organisationen für sich selbst und für die Menschen darin zu sensibilisieren.

Beispiele: Achtsamkeitsprogramme !

Einer der Pioniere des Achtsamkeitskonzepts in der westlichen Welt ist der US-amerikanische emeritierte Professor für Medizin Jon Kabat-Zinn. Ende der 1970er-Jahre nahm er an einem Retreat des vietnamesischen Buddhisten-Mönches, Autors und spirituellen Lehrers Thich Nhat Hanh in den USA teil. Dort entdeckte er die Wirkungsweise dieser Methode und ihren Nutzen für Menschen, die mit großen Belastungen umgehen müssen, wie z.B. Führungskräfte. Kabat-Zinn übernahm die wesentlichen Konzepte Hanhs, löste sie jedoch von jeglichen religiösen Elementen und strukturierte die Übungen in einem reproduzierbaren achtwöchigen Programm, das seither als Mindfulness Based Stress Reduction (MBSR) zunehmend bekannter wird. MBSR beinhaltet einen pragmatischen Fahrplan für das Erlernen der Meditationspraktiken, die aus jeweils einer zweieinhalbstündigen Gruppensitzung pro Woche und einem Tag der Achtsamkeit bestehen. Ziel der Methode ist es dabei, einen inneren Freiraum und Abstand zu den Problemen in der äußeren Welt zu schaffen. Das Konzept wurde mittlerweile vielfach wissenschaftlich in Studien überprüft und gilt als anerkannt.
Die Akzeptanz von weichen und noch bis vor wenigen Jahren als esoterisch abgetanen Themen wie Achtsamkeit im Business-Kontext bekam einen weiteren großen Schub durch das Engagement von Chade-Meng Tan, einem aus Singapur stammenden Informatiker und einer der ersten Software-Architekten von Google, der im Jahr 2000 zum Internetunternehmen stieß. Hier wirkte er zunächst mehrere Jahre an der Entwicklung von Algorithmen für die Optimierung mobiler Suchergebnisse mit. Chade-Meng, der sich selbst als praktizierender Buddhist bezeichnet, begann 2007 einen internen Workshop anzubieten, dem er den Namen Search Inside Yourself gab, eine Anspielung auf die Suchmaschine Google Chrome. Diese Achtsamkeitstrainings sollten seinen Kollegen dabei helfen, besser mit Stress und Negativität umzugehen und den Verstand von störenden Gedanken zu befreien. Dazu kombinierte er, analog zum Ansatz von Kabat-Zinn, Erkenntnisse aus der Hirnforschung mit Konzepten der Achtsamkeit und der emotionalen Intelligenz. Das Programm besteht etwa zu einem Drittel aus inhaltlicher Herleitung und zu zwei Dritteln aus praktischen Übungen, um bei den Fokusthemen Wohlbefinden, Zusammenarbeit und Führung konkrete und messbare Verbesserungen zu erzielen. Die Nachfrage nach diesen Workshops war schnell sehr groß, und schon bald wurde er auch über die Unternehmensgrenzen von Google hinaus bekannt. Im Jahr 2012 gründete Chade-Meng gemeinsam mit dem Executive Coach Marc Lesser das Search Inside Yourself Leadership Insitute als Non-Profit-Organisation, um die Workshops auch Nicht-Googlern zugänglich zu machen. 2015 verließ Chade-Meng schließlich Google,

um sich voll und ganz der Verbreitung von Achtsamkeitspraktiken in Unternehmen auf der ganzen Welt widmen zu können. Zu den vielen Unternehmen, die mittlerweile interne Kurse zum Thema Achtsamkeit nach dem Vorbild von MBSR und Search Inside Yourself anbieten, gehören unter anderem ABB, American Express, AXA, Bosch, BMW, Ford, Genentech, Roche, SAP, Siemens und ThyssenKrupp.

Achtsamkeit einzig und allein als eine Methode zur Stressreduktion zu verstehen, wäre deutlich zu kurz gegriffen. Die Momente des kollektiven Innehaltens sind darüber hinaus wichtig, um das innere Hamsterrad und unsere eigene Gedankenwelt wenigstens für einen Moment zu verlassen und die Wahrnehmung auf das zu lenken, was wirklich gerade im Hier und Jetzt um uns herum passiert. Firmen, die Achtsamkeitsübungen fördern, etablieren damit auch eine Methode, um das Geschehen innerhalb des Unternehmens wesentlich bewusster und sensibler wahrzunehmen und damit schneller auf mögliche Fehlstellungen im Gefüge reagieren zu können, bevor sich diese zu Missständen auswachsen.

3.3.2 Kontaktfläche Umfeld-Organisation: »Organisationale Achtsamkeit«

Auf der kollektiven Ebene dreht sich alles um den Fokus, den ein Unternehmen auf seinen eigenen inneren Energiezustand hat. Wie ressourcenreich ist die Organisation an sich? Und inwieweit wird dieser organisationalen Energie Bedeutung zugemessen? Wie wir bereits im Kapitel »Vom Individuum zum Umfeld« gesehen haben, geht es bei dem Konzept der organisationalen Energie um den Grad, mit dem es einem Unternehmen gelingt, seine Mitarbeiter emotional zu mobilisieren, produktive Synergie und Momentum zu erzeugen und kraftvoll auf ein gemeinsames Ziel zuzusteuern. Diese Energie hängt dabei unter anderem damit zusammen, wie achtsam im Unternehmen mit Druck im System und wie konstruktiv mit Konflikten umgegangen wird.

Auch der Grad, zu dem sich Mitarbeiter mit ihren Kollegen, Führungskräften und dem Unternehmen an sich identifizieren, spielt eine wichtige Rolle. Ein gutes Beispiel für ein Unternehmen, dass die eigene innere Energie ernst nimmt, ist der Softwarekonzern SAP.

! **Beispiel: SAP und der Business Health Culture Index**

Nathalie Lotzmann ist Fachärztin für Arbeitsmedizin und seit 1997 im Personalmanagement bei SAP tätig. Dort leitete sie zunächst das betriebliche Gesundheitsmanagement in Deutschland und später auch die verschiedenen Initiativen zur Verbesserung der Diversität in der Belegschaft. 2012 übernahm sie schließlich als

Chief Medical Officer die globale Verantwortung für das innerbetriebliche Gesundheitswesen. Gesundheit galt in dem von Ingenieuren und Naturwissenschaftlern geprägten Unternehmen lange als ein weicher Faktor, der nicht in Verbindung mit dem Unternehmensergebnis gebracht wurde. Dies wollte Lotzmann ändern. Es ist im Wesentlichen auf ihr Engagement zurückzuführen, dass das Unternehmen seit 2010 mit dem Business Health Culture Index (BHCI) Informationen zur Gesundheit und Zufriedenheit der Belegschaft erfasst und als Teil der harten Fakten des Jahresberichts veröffentlicht. Dieser Index beschreibt die Fähigkeit der Organisation, die Mitarbeiter durch gute Rahmenbedingungen dabei zu unterstützen, ganzheitlich gesund, zufrieden und leistungsfähig zu bleiben. In den BHCI fließen dabei die Ergebnisse der jährlichen Mitarbeiterbefragungen ein, welche Fragen zu Gesundheit, Arbeitsbelastung und Life-Balance enthalten. Aber auch die Zufriedenheit mit der Führung und die Loyalität zum Unternehmen werden darin erfasst. Die wertemäßige Entwicklung dieses Index über die letzten sieben Jahre ist in der Grafik 080 abgebildet.

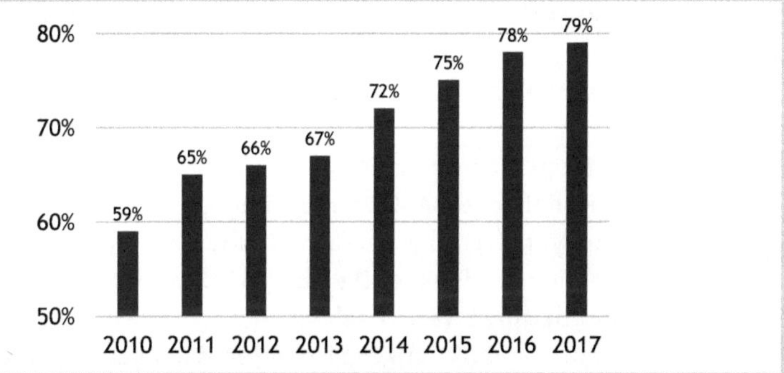

Grafik 080: Die Entwicklung des SAP Business Health Culture Index (Quelle: SAP Integrated Report 2017)

Dass sich der Index so positiv entwickelt hat, ist dabei natürlich nicht allein auf die Tatsache zurückzuführen, dass er wie eine finanzielle Kennzahl ermittelt und öffentlich berichtet wird. Es gibt im Unternehmen auch zahlreiche Angebote und Fortbildungsprogramme, die auf die Bereiche Gesundheit, Life-Balance und Führungsqualität einzahlen.

SAP beauftragt jährlich die Unternehmensberatung PricewaterhouseCoopers damit, die Auswirkungen des Business Health Culture Index auf das Betriebsergebnis des Unternehmens zu beziffern. Im aktuellen Jahresbericht für das Jahr 2017 wird angegeben, dass jeder Prozentpunkt Veränderung im BHCI einer Veränderung von 85 bis 95 Millionen Euro im Betriebsergebnis entspricht. Damit führt SAP seit der erstmaligen Veröffentlichung des Index eine knappe Milliarde Euro im Betriebsergebnis auf die internen Maßnahmen zurück, die sich auf die Verbesserung von Gesundheit, Engagement, Life-Balance und Mitarbeiterzufriedenheit auswirken. Bei einer aktuellen Profitabilität von 6,9 Milliarden Euro im Geschäftsjahr 2017 gehen damit beachtliche 13% dieses Betriebsergebnisses auf vermeintlich weiche Faktoren zurück. Es wäre sicher wünschenswert, wenn auch andere Unternehmen diesem Beispiel folgten. Das besondere ist jedoch, dass SAP bisher das einzige DAX-Unternehmen ist, das auf diese Weise weiche Faktoren als wirtschaftlich relevante Kennzahlen ausweist. Der Erfolg gibt dem Unternehmen allerdings recht. Mit einer Marktkapitalisierung von mehr als 106 Milliarden Euro hat das Software-Unternehmen mittlerweile alle anderen Großkonzerne wie Siemens, Allianz und Volkswagen hinter sich gelassen.

Die Bedeutung von Achtsamkeit für Innerbetriebliches reicht dabei sogar noch über das zuvor Beschriebene hinaus. Wie wir im Kapitel »Von High Reliability Organizations lernen« gesehen haben, geht es auch um den Trainingszustand einer Organisation und um die in einem Unternehmen gespeicherte Krisenbewältigungskompetenz. Nicht jedes Unternehmen verfügt analog zu einem Operationszentrum oder einem Flugzeugträger über Abläufe, die wieder und wieder unter den verschiedensten Bedingungen bei gleichbleibender Qualität durchgeführt werden müssen. Und dennoch stellt sich für jedes Unternehmen die Frage, wie gut es auf den verschiedenen Ebenen auf wahrscheinliche Krisenszenarien vorbereitet ist.

Inwieweit beschäftigt man sich im Angesicht der täglichen Terminzwänge und Prioritäten mit betrieblichen Abläufen und möglichen strukturellen Fehlern? Ein gutes Maß an Vorbereitung setzt zum einen die Bereitschaft voraus, in Worst-Case-Szenarien zu denken. Dies basiert dabei übrigens nicht auf Freiwilligkeit. So sind beispielsweise nach §91 Absatz 2 des deutschen Aktiengesetzes die Vorstände von Aktiengesellschaften dazu verpflichtet, »geeignete Maßnahmen zu treffen, insbesondere ein Überwachungssystem einzurichten, damit den Fortbestand der Gesellschaft gefährdende Entwicklungen früh erkannt werden.« Neben der Wahrnehmung von möglichen krisenhaften Entwicklungen geht es aber auch darum, Zeit und Aufmerksamkeit auf verschiedenen Ebenen des Unternehmens zu investieren, um mögliche und vor allem sinnvolle Verhaltensweisen für wahrscheinliche und unwahrscheinliche Markt- und Krisenszenarien zu erarbeiten, durchzuspielen und einzuüben. Um den Erfolg solcher Maßnahmen zu überwachen, müssen diese zudem messbar gemacht und in regelmäßigen Abständen wiederholt werden. Die meisten Unternehmen tun hier nur das Nötigste. Die Bankenbranche ist dafür das beste Beispiel.

! **Beispiel: Bankenkrise und Stresstests**

Im September 2008 musste die Investmentbank Lehman Brothers Insolvenz anmelden. Ihre Eigenkapitalquote reichte nicht mehr aus, um den Ausfall zahlloser Immobilienkredite zu kompensieren, die zu hochspekulativen Finanzinstrumenten gebündelt worden waren. Der damalige US-Finanzminister Henry Paulson machte deutlich, dass die öffentliche Hand nicht bereit sei, das Geldhaus zu retten. Erst ein

halbes Jahr zuvor hatte die Rettung der beiden Institute Fannie Mae und Freddie Mac den Steuerzahler 200 Milliarden US-Dollar gekostet.
Die Insolvenz von Lehman Brothers war zwar der Auslöser der schwersten Weltwirtschaftskrise seit 80 Jahren und sollte unzählige Volkswirtschaften auf der ganzen Welt sehr viel teurer zu stehen kommen als die zuvor genannten 200 Milliarden US-Dollar, aber sie war nicht deren Ursache. Die Gründe für die globale Krise waren vielmehr die hochspekulativen Geschäfte vieler internationaler Geldinstitute auf der einen und eine extrem nachlässige Krisenprävention gekoppelt mit einer zu niedrigen Eigenkapitalquote auf der anderen Seite. Nach der Überwindung der Krise begann die Bankenaufsichtsbehörde der EU damit, europäische Banken regelmäßig sogenannten Stresstests auszusetzen. Bei diesen Szenarien wurde jeweils eine starke Rezession simuliert, die mit einem Einbruch am Aktienmarkt und Turbulenzen am Markt für Staatsanleihen einherging. Unter diesen kritischen Marktbedingungen durfte bei den untersuchten Banken eine Eigenkapitalquote von 6% nicht unterschritten werden. 2009 wurden zunächst 21 Banken getestet. Ein Jahr später wurden die Krisensimulationen auf 91 Geldinstitute ausgeweitet. Sieben der 91 Geldinstitute fielen damals durch. Auch im Jahr 2011, mitten in der Griechenland-Krise, wurden die Stresstests wiederholt. Dabei wurde die Risikobewertung von Staatsanleihen verschärft, denn bis dahin hatte man den Staatsbankrott eines EU-Mitglieds für ausgeschlossen gehalten. Das Ergebnis war ernüchternd: 31 europäische Banken, davon sechs in Deutschland, bestanden den Test nicht. 2014 wurden erneut 130 Banken in der Eurozone überprüft. Dabei wurde immer noch bei 25 Instituten eine ungenügende Eigenkapitalausstattung festgestellt.

Dass Stresstests eine positive Wirkung haben, so vor allem auf die Vertrauenswürdigkeit der Banken, ist unumstritten. Aber diese Tests geschehen nicht freiwillig, sondern sind aufgrund der strategischen Bedeutung internationaler Finanzinstitute »von oben« angeordnet und bedürfen dem fortwährenden Druck der Aufsichtsbehörden. Eine Organisation, der Langlebigkeit und Widerstandsfähigkeit wichtig sind, braucht diesen Druck von außen nicht. Sie beschäftigt sich aus eigenem Antrieb und mit großer Selbstdisziplin damit, wie sie besser auf mögliche krisenhafte Marktentwicklungen vorbereitet sein kann.

Dabei geht es nicht nur um die formal-korrekte Durchführung der nötigsten Aktivitäten in einer Stabsabteilung ohne Außenwirkung, sondern um die innere Haltung der Führungsmannschaft, dass der Prozess einer guten Vorbereitung an sich bereits wichtig ist, um mental auf unvorhersehbare Entwicklungen vorbereitet zu sein. Handbücher und Checklisten sind natürlich auch hilfreich, aber noch elementarer für die organisationale Resilienz sind Meinungsbildungs- und Übungsprozesse, im Rahmen dessen diese erarbeitet und überprüft werden.

3.3.3 Kontaktfläche Organisation-Kontext: »Kontextbezogene Antizipation«

Auf der gesellschaftlichen Ebene geht es darum, wie genau eine Organisation hinhört und hinsieht, wenn sie mit Veränderungen im Gefüge von Marktdynamik, technologischer Innovation, Ressourcenverfügbarkeit oder regulatorischen Rahmenbedingungen konfrontiert wird. Ist ein Unternehmen hier eher mit sich selbst beschäftigt oder hat es einen guten Kontakt zu seiner Umwelt? Wie früh werden schwache Signale, die auf eine Entwicklung hindeuten, in der Organisation wahrgenommen? Wie gut kann man mit diesen Signalen und ihrer zunächst kaum spürbaren exponentiellen Auswirkung umgehen? Werden diese Beobachtungen ernst genommen oder eher ignoriert? Versteht man im Unternehmen, dass Systeme eine eigene Trägheit haben und sich daher nur langsam verändern, aber dafür unaufhaltsam? Gibt es echtes Interesse für derartige Entwicklungen im Umfeld oder werden diese eher so lange verleugnet, bis sie so virulent sind, dass man nicht umhinkommt, auf sie zu reagieren?

Die Liste der Unternehmen, die Entwicklungen im Markt verschlafen haben, weil sie zu sehr mit sich und dem eigenen Erfolg beschäftigt waren, ist lang. Eastman Kodak, einst Marktführer in analoger Fotografie, sah das Potenzial der Digitalfotografie nicht, obwohl es diese im Jahr 1978 selbst hatte patentieren lassen. 2012 musste das Unternehmen Konkurs anmelden. Das Softwareunternehmen Microsoft, Marktführer im Bereich Office-Software, sah in den 1980er-Jahren die rasante Entwicklung des Internets nicht voraus und musste sich später verlorene Anteile im Markt für Internetbrowser mit fragwürdigen Produktbündelungspraktiken zurückerobern. Dies bescherte dem Unternehmen zahlreiche kostspielige Klagen und zudem das durchaus reale Risiko einer Zerschlagung nach dem Vorbild von AT&T. Die deutsche Automobilindustrie, sonst ein Garant für Qualität und Innovation, belächelte um die Jahrtausendwende das Potenzial der Elektromobilität und musste sich in der Folge von Tesla, einem Newcomer, nicht nur Kundensympathien, sondern auch Marktanteile abnehmen lassen.

Aber es gibt auch Gegenbeispiele, in denen die Antizipation von Entwicklungen gelungen ist. Ein Beispiel hierfür sind die Vereinigten Arabischen Emirate, die vom Scheichtum geprägt sind und als Erbmonarchie eine Stammesgesellschaft verkörpern.

! **Beispiel: Die Vereinigten Arabischen Emirate und das Öl**

Im ausgehenden 18. Jahrhundert war das heutige Territorium der Vereinigten Arabischen Emirate (VAE) die Heimat von diversen Beduinenstämmen. Das Gebiet bestand aus verschiedenen lokalen Königreichen, die jeweils von einem Emir regiert wurden und regelmäßig miteinander in Konflikt standen. Die Einwohner verdingten sich oftmals als Perlentaucher und Piraten, was sie zu einer Gefahr für britische Handelsschiffe auf ihrem Weg nach Indien machte, weswegen das Gebiet schließlich von britischen Truppen annektiert und zum Protektoratsgebiet erklärt wurde. Diese Dynamik änderte sich erst, als Anfang der 1960er-Jahre große Erdölvorkommen entdeckt wurden, denn nun bestand keine Gefahr mehr durch Piraterie. 1971 wurden die Vereinigten Arabischen Emirate (VAE) bestehend aus den Emiraten Abu Dhabi, Adschman, Dubai, Fudschaira, Ra's al-Chaima, Schardscha und Umm al-Qaiwain schließlich als unabhängiger Staat aus dem britischen Protektorat entlassen. Scheich Zayid bin Sultan Al Nahyan, dem es gelungen war, die Emire hinter sich zu versammeln, wurde erster Präsident des neu gegründeten Staates. Heute verfügen die VAE über das siebtgrößte Ölvorkommen der Welt. In rund 50 Jahren hat sich das Gebiet von einem Entwicklungsland zu einem der reichsten Länder der Welt entwickelt. Das kaufkraftbereinigte Bruttoinlandsprodukt beträgt heute pro Kopf 67.741 US-Dollar. Zum Vergleich: In den USA sind es 59.501, in Deutschland 50.425 und in Großbritannien 44.117 US-Dollar je Einwohner. Scheich Zayid bin Sultan Al Nahyan nutzte die steigenden Einnahmen aus der Erdölförderung für ein umfangreiches Entwicklungsprogramm, von dem auch die Emirate ohne eigene Ölvorkommen profitierten. Dabei versuchte er die Modernisierung des Landes mit islamischen und regionalen Traditionen zu vereinen. Sein Ziel war es dabei, die Lebensqualität aller Emiratees zu verbessern und gleichzeitig deren Kultur zu bewahren. Nach seinem Tod im Jahr 2004 wurde sein Sohn, Scheich Chalifa bin Zayid Al Nahyan, im Wege der Erbmonarchie Präsident. Er setzte den Entwicklungs- und Modernisierungskurs seines Vaters fort und legte ein Programm auf, mit dem er bis zum Jahr 2030 350 Milliarden US-Dollar in die Zukunftsfähigkeit des Landes investieren will. Es gilt als gesicherte Information, dass die Ölreserven des Landes in spätestens 90 Jahren aufgebraucht sein werden – eine Tatsache, die die VAE zu einem einmaligen nationalen Experiment macht: Wenn das Land seinen Lebensstandard halten will, dann muss es bis dahin eine Entwicklung durchlaufen, für die andere Nationen mehrere hundert Jahre zur Verfügung hatten. Ich selbst arbeite regelmäßig in Abu Dhabi und Dubai und bin Zeuge dieser Entwicklung. Am sichtbarsten sind dort sicher die Veränderungen im Tourismusbereich: Drei künstliche Palmeninseln von einer Größe, dass sie vom Weltall aus erkennbar sind, das Burj Khalifa als eines der höchsten Gebäude der Welt, Ableger des Louvre und des Guggenheim-Museums sowie die Motorsport-Insel Yas sollen verschiedene Gruppen von Touristen und damit Geld ins Land locken. Auch wenn der Bauboom von der globalen Wirtschaftskrise zeitweise stark abgebremst wurde, geht die Entwicklung hier heute auf breiter Front weiter. Auch liberale Wirtschaftsgesetze machen die VAE heute zu einem wichtigen Handelsplatz, und zwar gleichermaßen für legale wie für eher zweifelhafte Dienstleistungen wie Geldwäsche und den Handel mit umstrittenen Regimen. Doch die eigentliche Herausforderung für die VAE liegt hinter den Kulissen. Es geht um die Ausbildung, Motivation und Leistungsfähigkeit der eigenen Bevölkerung. Bis vor etwa zehn Jahren wurden alle wichtigen Aufgaben in den verschiedenen Industrien von Gastarbeitern aus über 100 verschiedenen Ländern erledigt. Dazu gehörten auch Managementrollen bis in die höchsten Ebenen, die meist von Europäern, US-Amerikanern oder auch Indern übernommen wurden. Diese Aufgaben sollen mehr und mehr von Emiratees übernommen werden, doch oft ist deren unzureichende Qualifikation ein Problem. Emiratees bekommen in ihrem Heimatemirat ein Grundstück geschenkt und mussten bis vor Kurzem keine Steuern zahlen. Geld war und ist für die vielen wohlhabenden Einwohner aus reichen Familien kein Thema. Das Resultat dieses selbstverständlichen Wohlstands ist, dass Ausbildungsstandards, Motivation und Arbeitsethik der lokalen Bevölkerung im Schnitt deutlich unter internationalem Niveau rangieren. Diese innere Einstellung für die aktuelle und alle künftigen Generationen zu verändern, ist die wahre Herkulesaufgabe, die in den nächsten Jahrzehnten zur Bewältigung ansteht. Das faszinierende an diesem nationalen Experiment ist, dass die Herausforderungen von der Regierung des Landes frühzeitig verstanden und antizipiert wurden. Landesweit wurden entsprechende Programme zur Entwicklung von Führungskräften aufgelegt und es wird in die Ausbildung der Bevölkerung investiert. So sind beispielsweise die renommierte Pariser Universität Sorbonne und die New York University der Einladung gefolgt, in Abu Dhabi Dependancen zu eröffnen. Da den VAE ein unternehmerischer Mittelstand fehlt und auch Großkonzerne meist unter staatlicher Kontrolle stehen, wird diese Entwicklung mit großer Konsequenz und Weitsicht vom Staat vorangetrieben. Aus heutiger Sicht ist es gut möglich, dass der Umbau der Gesellschaft erfolgreich verlaufen wird und dass die VAE sich als eine Innovationsdrehscheibe zwischen Europa, Asien und Afrika etablieren. Bis jedoch die eingeleiteten Maßnahmen greifen und die VAE auch ohne Öl als Wirtschaftsmotor prosperieren, bleibt noch viel zu tun.

3.4 Die Ebene »Emergenz«

Dem Gehenden schiebt sich der Weg unter die Füße.
(Martin Walser, deutscher Schriftsteller)

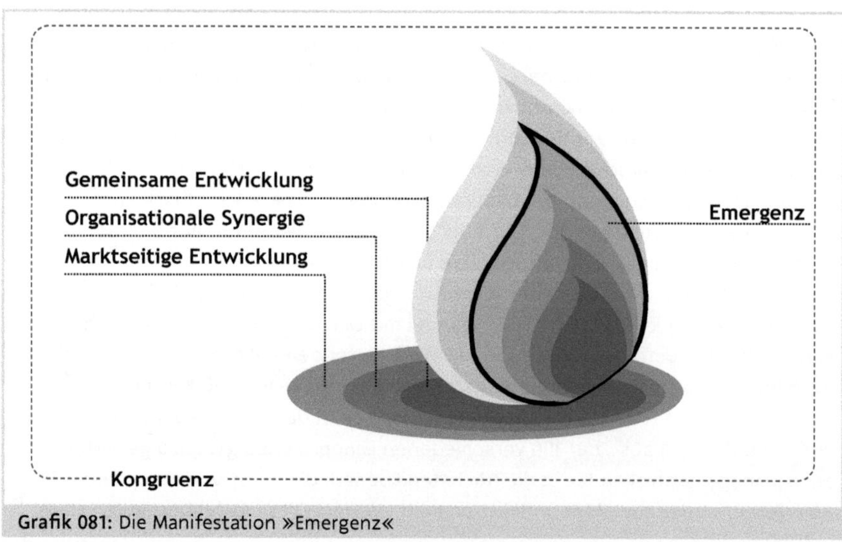

Grafik 081: Die Manifestation »Emergenz«

Auf der Ebene »Emergenz« geht es darum, wie sich eine Organisation bewusst und unbewusst entwickelt, wie sie aus Vorfällen, Impulsen und kleinen Entwicklungen eine Richtung ableitet, die sie dann bewusst einschlägt. Ist dies ein Prozess, der in klassischer Manier von oben nach unten passiert? Oder handelt es sich hier um das Ergebnis eines fortwährenden Dialogs mit Kollegen, die beim Kunden oder in der Fertigung arbeiten und von daher wichtige Erfahrungen machen und darüber aus erster Hand berichten können? Wie wir im Kapitel »Unternehmen: unberechenbare komplexe Systeme« gesehen haben, lässt sich der Zielzustand der Entwicklung einer Organisation nicht vorab festlegen. Es können zwar Steuerungsimpulse gesetzt werden, aber es ist zu Beginn einer solchen Richtungsänderung völlig ungewiss, ob diese auch greifen werden. Vielmehr entwickeln sich Firmensysteme in einem Prozess, aus dem sich durch die Wechselwirkung der abweichenden Interessen verschiedener Stakeholder erst im Nachhinein eine klare Richtung ableiten lässt. Dieser nur teilweise geplante und erst in der Retrospektive erkennbare Entwicklungspfad wird auch als Emergenz bezeichnet.

3.4.1 Kontaktfläche Individuum-Umfeld: »Gemeinsame Entwicklung«

Auf dieser inneren und eher individuellen Ebene geht es um die Fähigkeit zur Improvisation und um das Maß an Kreativität und Erfindungsgeist in der Belegschaft. Dies setzt zunächst voraus, dass die Mitarbeiter im Unternehmen das generelle Interesse daran haben, als Individuum und als Team besser zu werden. Wie wir im Kapitel »Neurobiologische Grundbedürfnisse« gesehen haben, ist das Streben nach Wachstum und Entwicklung zwar in jedem Menschen angelegt, es ist aber nicht in jeder Person auch automatisch das stärkste aller Bedürfnisse. Für die Mitarbeiter einer traditionellen Organisation mag beständige Verbesserung einhergehen mit Sicherheit und Status, während Menschen, die in einem postmodernen Unternehmen arbeiten, Wachstum eher mit Selbstverwirklichung in Verbindung bringen würden. Unabhängig von den Primärmotiven einer Organisation stellt sich die Frage, inwieweit es kulturell erwünscht ist, Probleme an der Basis einer Organisation eigenständig und unkonventionell zu lösen. Inwieweit ist es tatsächlich gewünscht, dass Mitarbeiter und Teams danach streben, besser zu werden? Inwieweit dürfen sie sich aus eigenem Antrieb auf dem kurzen Dienstweg Hilfe holen und Unterstützung organisieren? Viele Unternehmen sagen von sich, dass sie diese Qualität der Bricolage bei ihren Mitarbeitern schätzen, doch häufig sieht die gelebte Realität anders aus, insbesondere wenn durch die unkonventionelle Lösung eines Problems Vorschriften ignoriert, Kompetenzen überschritten und Berichtswege umgangen wurden. War der Lösungsversuch erfolgreich, dann rechtfertigt der Erfolg mitunter die überschrittenen Grenzen. Die Gretchenfrage ist allerdings, was mit Mitarbeitern oder Teams passiert, deren innovative Lösungsansätze gescheitert sind. Werden diese für ihre Form der Eigeninitiative belobigt oder für ihre Kompetenzüberschreitung bestraft? Es sind Situationen wie diese, die darüber entscheiden, wie sicher und attraktiv es für die Menschen in einer Organisation ist, eigenständig zu denken und zu handeln. Das zeigt auch das folgende Beispiel.

!

Beispiel: Haier und seine Waschmaschinen

Das chinesische Unternehmen Haier geht auf ein Joint Venture mit dem deutschen Hausgerätehersteller Liebherr aus dem Jahr 1984 zurück und hat sich mittlerweile zu einem internationalen Konzern mit 78.000 Mitarbeitern und einem jährlichen Umsatz von 29,2 Milliarden US-Dollar entwickelt. Im Jahr 2016 übernahm das Unternehmen sogar die Hausgerätesparte von General Electric und stieg damit zum Weltmarktführer im Segment Waschmaschinen auf. Haier liefert heute Haushaltsgeräte nach ganz Asien. Vor einigen Jahren häuften sich in den Callcentern des Unternehmens Beschwerden darüber, dass die Waschmaschinen so oft verstopft seien. Als man der Sache nachging, fanden die Servicetechniker heraus, dass die Waschmaschinen von Bauern nicht nur dafür genutzt wurden, ihre Wäsche zu waschen, sondern auch dafür, das frisch geerntete Gemüse, wie beispielsweise Kartoffeln, von Erde zu säubern. Anstatt die Waschmaschinen nun mit Hinweisen zu versehen, dass sie ausschließlich für das Waschen von Kleidung vorgesehen sind, fand Haier eine andere Lösung. Auf kurzem Dienstweg stattete man die Waschmaschinen mit größer dimensionierten Abflussleitungen aus, die nicht mehr verstopfen konnten. Zusätzlich brachte man Hinweise an, wie Gemüse am besten in den Waschmaschinen zu reinigen sei. Außerdem griffen die Produktmanager weitere Ideen ihrer Kunden auf und optimierten Waschmaschinen unter anderem für die Produktion von Ziegenkäse. Das Unternehmen vermarktete seine innovativen Produkte insbesondere im ländlichen China, wo diese sich rasant verbreiteten.

Im Kapitel »Von agilen Unternehmen lernen« haben wir gesehen, dass eines der Resilienzprinzipien die regelmäßige Einnahme einer gemeinsamen Metaposition ist, um sich über die Art und Weise der Zielerreichung im Team auszutauschen und Möglichkeiten zur Verbesserung abzuleiten. Auch all das spielt auf dieser Ebene eine Rolle. Hierbei gilt es nicht nur festzustellen, ob ein Ziel erreicht wurde oder nicht, sondern auch zu eruieren, wie effektiv die Kommunikation und Zusammenarbeit auf dem Weg zum Ziel waren. Die Regelmäßigkeit und Selbstverständlichkeit, mit denen diese konstruktive Form der kollektiven Selbstreflexion passiert, ist ein weiterer Indikator für die organisationale Resilienz einer Organisation.

3.4.2 Kontaktfläche Umfeld-Organisation: »Organisationale Synergie«

Auf der kollektiven Ebene geht es um die Art und Weise, wie in einem Unternehmen Impulse von innen und außen aufgenommen werden und wie man bereichs- und teamübergreifend voneinander lernt. Wie werden positive und auch negative Erfahrungen, die man in einem Team gemacht hat, in andere Bereiche übertragen? Wie wird Wissen vernetzt und jenseits von Selbstdarstellung miteinander geteilt? Inwieweit ist es in einem Unternehmen möglich, über Niederlagen und Misserfolge zu sprechen, oder müssen diese, so gut es geht, totgeschwiegen und vertuscht werden? Je größer ein Unternehmen wird, desto wahrscheinlicher ist es, dass es die gleichen Erfahrungen mehrfach in verschiedenen Teilen der Organisation macht, ohne dass dabei jedoch Synergien entstehen. So war es auch beim Mineralölkonzern BP und seiner Ölbohrplattform Deepwater Horizon, die 2010 in einem gigantischen Flammenmeer unterging. Der Vorfall war nicht der erste gewesen. Bereits fünf Jahre zuvor hatte sich in Texas City eine ähnliche Katastrophe zugetragen – aus der man jedoch nicht gelernt hatte.

Beispiel: BP und die Sicherheitskultur !

Am 23. März 2005 kam es in der größten Erdölraffinerie des britischen Ölkonzerns BP in Texas City zu einer gewaltigen Explosion, bei der 15 Arbeiter ums Leben kamen und 180 weitere verletzt wurden. Der bezifferbare Schaden für das Unternehmen betrug insgesamt rund zwei Milliarden US-Dollar. Ein vergleichsweise kleiner Betrag, wenn man ihn in Relation zur Explosion der Deepwater Horizon und deren Schadenssumme in Höhe von 40 Milliarden US-Dollar setzt. Um den Ursachen des Unglücks auf die Spur zu kommen, wurde eine Kommission unter Leitung des ehemaligen US-amerikanischen Außenministers James Baker eingesetzt, die 2007 ihre Erkenntnisse vorlegte. Das Gremium hatte dazu über 700 BP-Mitarbeiter auf allen Organisationsebenen befragt und zahlreiche Raffinerien in Augenschein genommen. Im Bericht identifizierte die Kommission erhebliche Defizite in der Sicherheitskultur der untersuchten Raffinerien. Anlagen- und Prozesssicherheit waren bis dato nicht gesondert betrachtet worden und wurden weder vom Management noch von der Belegschaft als prioritär angesehen. Es gab keine entsprechenden Kennzahlen und auch kein Reporting-System, mit dem potenzielle Risiken identifiziert wurden, um das Prozessrisiko anschließend durch geeignete Maßnahmen zu reduzieren und die Umsetzung dieser Aktivitäten zentral nachzuhalten. Sogar noch schlimmer als der fehlende strukturierte Management-Ansatz war jedoch, dass es in den untersuchten Anlagen für Mitarbeiter auch offensichtlich nicht möglich war, Missstände und mögliche Sicherheitsrisiken überhaupt anzusprechen. Wer dies dennoch tat, galt als Nestbeschmutzer und Querulant. Auch gab es keine systematisierten Unterweisungen der Mitarbeiter in Anlagen- und Prozesssicherheit. Die Veröffentlichung des Baker-Berichts hatte weitreichende Folgen für BP, aber auch für andere Betreiber petrochemischer und chemischer Anlagen sowie für deren Aufsichtsbehörden. Der damalige CEO John Browne, ein britischer Manager, der seine ganze Karriere bei BP verbracht hatte, gab kurz nach der Veröffentlichung des Berichts sein vorzeitiges Ausscheiden aus dem Amt bekannt. Wie wir gesehen haben, ist es dem Unternehmen allerdings nicht gelungen, diese schmerzhaften Erkenntnisse dauerhaft in geänderte Verhaltensweisen zu übersetzen.

Wie kann es gelingen, Erfahrungen und Wissen in großen Organisationen zu teilen? Wie lässt sich gemeinsam aus einmal gemachten Fehlern und Misserfolgen lernen, um als Ganzes besser zu werden?

Hierfür ist es zunächst wichtig, unternehmensinterne Silos zu überwinden, beispielsweise durch abteilungsübergreifende und interdisziplinäre Teams. Auch Job-Rotationen oder Fellowship-Programme, anlässlich derer ein Mitarbeiter für einige Monate in eine andere Abteilung wechselt, können dabei helfen, Wissen und Ideen effektiver zu verbreiten und zwischenmenschliche Beziehungen quer zu organisationalen Silos aufzubauen. Eine weitere Methode ist das Schaffen einer starken Unternehmensöffentlichkeit für ein bestimmtes Thema wie beispielsweise »kontinuierliche Verbesserung«. Eine zentrale Voraussetzung dafür ist jedoch, dass innerhalb eines Unternehmens Scheitern und Versagen legitimiert und damit ansprechbar gemacht werden. Erst wenn es gelingt, dass Mitarbeiter ohne Furcht vor Repressalien oder Statusverlust offen über Rückschläge und Fehlleistungen berichten können, kann ein Unternehmen zur lernenden Organisation werden.

!

Beispiel: Tata und der »Dare to Try«-Award

Tata ist ein indischer Mischkonzern mit Hauptsitz in Mumbai, der 1868 gegründet wurde. Mit rund 696.000 Mitarbeitern und einem Umsatz von über 100 Milliarden US-Dollar ist Tata heute das größte Firmenkonglomerat Indiens. Sein Produkt- und Dienstleistungsspektrum reicht von der Stahlproduktion und der Fertigung von Bussen und Autos über die Herstellung von Lebensmitteln und Modeartikeln bis hin zu Telekommunikation und IT-Dienstleistungen. Wie für alle westlichen Unternehmen wird auch für Tata Innovation heute immer wichtiger. Früher kamen hochwertige und innovative Produkte meist aus dem Westen und wurden in Indien zu billigen Löhnen gefertigt. Doch diese Zeiten sind vorbei und das Lohnniveau in Indien hat sich deutlich nach oben entwickelt. Tata musste zu einem Exporteur innovativer Produkte und Dienstleistungen werden. Doch wie soll ein derartig großer und diversifizierter Konzern aus eigener Kraft innovativ werden? Die Lösung sah man in einer firmenweiten Initiative: Seit 2006 gibt es das sogenannte Innovista-Programm, bei dem jedes Jahr erfolgreiche Innovationen aus den verschiedenen Teilkonzernen vom Topmanagement honoriert und gewürdigt werden. Das an sich wäre noch nicht berichtenswert. Doch Innovationen sind nicht immer erfolgreich und Misserfolge gehören zum Geschäft dazu. Manchmal braucht es einige Fehlversuche, bevor sich eine neue Idee als erfolgreich erweist. Um die entsprechende Kultur dafür zu schaffen, wurde zwei Jahre später mit dem »Dare to Try«-Award zum ersten Mal ein Preis für gescheiterte Innovationen vergeben. Um diesen Preis können sich Teams aus allen Tata-Unternehmen bewerben, die bei der Umsetzung von neuen Ideen für Produkte und Dienstleistungen aus verschiedenen Gründen gescheitert sind. Bei manchen gab es technologische Probleme, in anderen Fällen wollten die Kunden die neue Idee nicht annehmen und manche Produkte und Dienstleistungen rechneten sich nicht. Der Award wurde konzernweit intensiv vermarktet und man hatte dabei auch nicht vergessen zu erwähnen, dass die Mitarbeiter trotz ihres Scheiterns nicht auf Gehalt oder Bonus verzichten mussten. Trotz PR-Maßnahmen gingen im ersten Jahr gerade einmal drei Bewerbungen für diese Kategorie ein – und das bei knapp 700.000 Mitarbeitern. Es ist in der indischen Kultur traditionellerweise nur schwer möglich, über Scheitern zu sprechen, da dies als ein Zeichen von Schwäche und als Gesichtsverlust wahrgenommen wird. Es brauchte eine Menge Überzeugungsarbeit, nicht zuletzt durch den CEO Natarajan Chandrasekaran, um die verschiedenen Tata-Unternehmen dazu zu bewegen, auch gescheiterte Innovationen vorzustellen und die verantwortlichen Mitarbeiter für ihr Engagement auszuzeichnen. Erst als unternehmensweit übertragen wurde, wie der CEO den Gewinnern des »Dare to Try«-Award persönlich gratulierte, änderte sich allmählich die Akzeptanz für das Programm. 2011 bewarben sich 132 Teams für den Award, weitere zwei Jahre später waren es bereits 240.

3.4.3 Kontaktfläche Organisation-Kontext: »Marktseitige Entwicklung«

An der Schnittstelle zwischen Organisation und Marktumfeld geht es darum, wie ein Unternehmen sich wirtschaftlich entwickelt und inwieweit diese Entwicklung planvoll geschieht. Inwieweit gibt es in der Unternehmensleitung ein gemeinsames Verständnis darüber, ob konservativ oder aggressiv gewirtschaftet werden soll? Welche Risiken werden bewusst oder unbewusst in Kauf genommen? Wie nachhaltig werden einmal gesetzte Ziele verfolgt? Wie wir bereits gesehen haben, spielt die Disziplin in der Unternehmensführung und in der marktseitigen Positionierung hierbei eine zentrale Rolle. Im Kapitel »Von den ältesten Unternehmen der Welt lernen« haben wir festgestellt, dass sich langlebige Unternehmen durch eine sehr konservative Finanzpolitik auszeichnen. Sie vermeiden unter anderem übermäßig hohe und nicht kompensierbare unternehmerische Risiken. Dazu gehört auch ein hohes Maß an Eigenkapital und im Umkehrschluss ein niedriges Maß an Verschuldung. Wie wir im Kapitel »Von sehr erfolgreichen Unternehmen lernen« gesehen haben, sind ein stetiges, aber kontrolliertes Wachstum und beständige inkrementelle Innovation in bekanntem Marktterrain wichtige Faktoren, welche die Chancen einer Organisation erhöhen, sehr alt zu werden.

Der Langlebigkeit abträglich ist hingegen übertrieben starkes und ungebremstes Wachstum, da dies neben einer unkontrollierten Veränderung der Unternehmenskultur und -werte auch in den meisten Fällen dazu führt, dass die Qualität von Produkten und Dienstleistungen nachlässt, da die unter Druck geratenen internen Prozesse und Strukturen diese nicht mehr unterstützen können. Das jüngste Beispiel für die Konsequenzen einer undisziplinierten Unternehmensentwicklung kombiniert mit einer mangelnden Weiterentwicklung des eigenen Geschäftsmodells ist die aktuelle Insolvenz des einst marktbeherrschenden Spielwarenherstellers Toys »R« Us.

!

Beispiel: Toys »R« Us

1948 gründete der US-amerikanische Kaufmann Charles Philip Lazarus mitten im Babyboom der Nachkriegszeit ein Geschäft für Kindermöbel und Spielzeug, aus dem später der Weltkonzern Toys »R« Us mit 64.000 Mitarbeitern, 1.500 Filialen und einem Umsatz von knapp 12 Milliarden US-Dollar werden sollte. Das Unternehmen stand über viele Jahrzehnte für Produktvielfalt, günstige Preise und ständige Lieferfähigkeit im Bereich Spielzeuge. 1966 verkaufte Lazarus seine Filialen an die Spielwarenhauskette Interstate Department Stores, die es sich zum Ziel gemacht hatte, die größte Warenhauskette für Spielzeuge in den USA zu werden, blieb dabei aber in der Unternehmensleitung. Unter Lazarus` Führung verfolgte das Unternehmen eine rasante, über Kredite finanzierte Wachstumspolitik und verdrängte viele Einzelhändler und kleinere Spielwarenketten. 1974 musste Interstate Department Stores aufgrund zu hoher Verschuldung und einem Preiskrieg mit der Warenhauskette Kmart Konkurs anmelden. Vier Jahre später tauchte das Unternehmen unter dem Namen Toys »R« Us und wieder unter der Leitung von Lazarus auf und setzte den ursprünglichen Wachstumskurs fort. 1983 war Lazarus mit einem Jahresgehalt von 43 Millionen US-Dollar der best verdienende CEO der USA, bis er 1994 aus Altersgründen aus dem Unternehmen ausschied. Zeitgleich begann das Unternehmen Marktanteile an Warenhausketten wie Walmart und Target zu verlieren. Auch das allmähliche Aufkommen von Onlinehändlern wie amazon blieb nicht ohne Auswirkungen. Im Jahr 2000 wurde mit John Eyler der erste CEO verpflichtet, der nicht aus dem Hause Toys »R« Us kam. Er legte ein aufwendiges Programm auf, um das Geschäftsmodell wiederzubeleben, was jedoch scheiterte. 2005 wurde der Konzern schließlich von den Venture Capital Unternehmen Bain Capital Partners und KKR (Kohlberg Kravis Roberts) für 7,5 Milliarden US-Dollar gekauft und von der Börse genommen. Die Schulden aus dem Kauf wurden auf den Konzern übertragen, was das Geschäftsmodell zusätzlich in Schieflage gerieten ließ. Um die Schuldenlast zu bedienen, wurde nicht mehr investiert. Die Qualität der Produkte und das Erscheinungsbild der zahlreichen Geschäfte ließen zunehmend zu wünschen übrig. Auch die Löhne waren im Marktdurchschnitt nicht mehr wettbewerbsfähig. Ab dem Jahr 2013 konnte das Unternehmen keine Gewinne mehr erwirtschaften, setzte aber seinen Wachstumskurs weiterhin fort. 2015 heuerte man den US-amerikanischen Manager David A. Brandon als neuen CEO an, um die Geschicke des Unternehmens noch zum Guten zu wenden – ohne Erfolg. Ende 2017 betrug die angesammelte

Schuldenlast schließlich etwa 5 Milliarden US-Dollar, was es auch unmöglich machte, den Konzern an einen externen Käufer zu veräußern. Die anstehende Rate von 400 Millionen US-Dollar für den Schuldendienst konnte das Unternehmen nicht mehr zahlen. Es musste im September 2017 einen Insolvenzantrag stellen. Allein in den USA wurden 800 Filialen geschlossen.

Es ist naheliegend, das Scheitern von Toys »R« Us dem Aufkommen und Erstarken der Internetplattform amazon anzulasten oder aber den Venture-Capital-Unternehmen, die es erst übernommen und dann auf den Schulden haben sitzenlassen. Doch damit macht man es sich zu einfach. Das Unternehmen verfolgte über 70 Jahre mehr oder minder das gleiche Geschäftsmodell und das in einem sich stark ändernden Marktumfeld. Für seine Expansion nahm es dabei große Risiken auf sich, die sich in Form von Schulden akkumulierten. Eine lange Zeit war das Unternehmen der Angreifer, der kleineren Ketten und Einzelhändlern die Kunden abspenstig machte. Nach einer Phase der Marktdominanz wurde es dann jedoch irgendwann ganz allmählich zum Gejagten, ohne dabei aber das eigene Erfolgsrezept zu überdenken und anzupassen. Es ist diese fehlende Weiterentwicklung des Geschäftsmodells gekoppelt mit dem Eingehen von zu hohen wirtschaftlichen Risiken, die das Schicksal des Konzerns schlussendlich besiegelt haben. Das Marktumfeld, in dem Toys »R« Us operiert, ist dabei sicher anspruchsvoll, andererseits gibt es immer Kinder und die wollen aufgrund steigender Ansprüche auch immer neue Spielsachen. Damit ist die Nachfrage des Marktes schon einmal gewährleistet, was nicht in jeder Industrie zwangsläufig gegeben ist.

Schauen wir uns nun an, wie es anders laufen kann.

Beispiel: Intel !

Im Jahre 1968 gründeten die US-amerikanischen Physiker Gordon Moore und Robert Noyce das Unternehmen Moore Noyce Electronics. Dieser Name klang allerdings nach »more noise« (ins Deutsche übersetzt: mehr Lärm), weswegen sie die Firma schließlich zu Intel (Integrated Electronics Corporation) umbenannten. Ein wenig später stieß der aus Ungarn stammende Chemiker Andrew Grove zum Gründerteam hinzu. Zunächst stellte das Unternehmen Speicherchips her, doch dieser Markt war aufgrund der starken japanischen Konkurrenz schon bald wenig profitabel. Daher verlagerte sich das junge Unternehmen unter der Leitung von Grove auf das Design und die Fertigung von Mikroprozessoren für die aufkommenden Personal Computer. Die Strategie ging auf und Intels erster Großkunde wurde IBM. Moore hatte bereits vor der Gründung von Intel das später nach ihm benannte Mooresche Gesetz postuliert, nach dem die Dichte integrierter Schaltkreise in Mikroprozessoren sich etwa alle 18 Monate verdoppeln werde. Diese Grundannahme einer exponentiellen Entwicklung technologischer Innovation war ein wichtiger Beitrag dafür, dass das Unternehmen trotz seiner frühen Marktführerschaft in der neu entstehenden

Mikroprozessor-Industrie über viele Jahrzehnte zum Technologieführer wurde. Grove, der von 1987 bis 1998 CEO des Unternehmens war, hatte zudem eine sehr klare Vorstellung von der Disziplin und Paranoia, die ein Unternehmen braucht, um langfristig im Hochtechnologiesegment zu bestehen. Die Disziplin zeigte sich unter anderem im stetigen, aber nicht übertriebenen Wachstum der Firma und im Anstreben von ambitionierten, aber machbaren Produktivitätszielen. Von 1990 bis 2017, also über einen Zeitraum von knapp 30 Jahren, wuchs das Unternehmen trotz starkem Wettbewerbs im Schnitt um 12% von Jahr zu Jahr, wie in der Grafik 082 zu sehen ist.

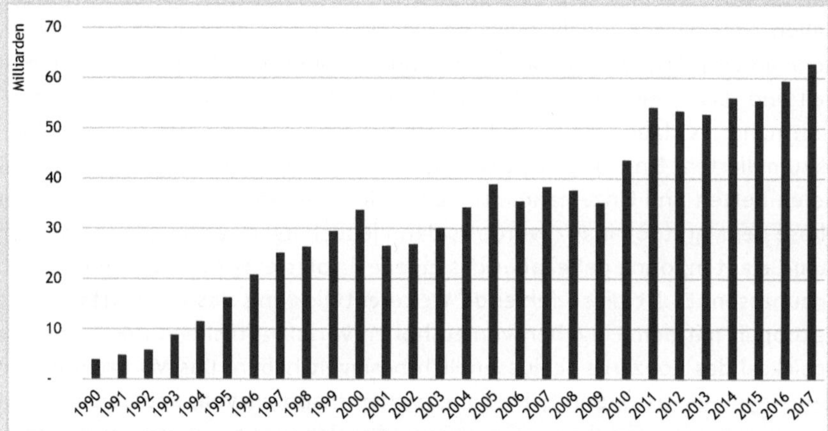

Grafik 082: Umsatzentwicklung von Intel von 1990 bis 2017 (Quelle: Statista; Intel Corporate Annual Reports)

Unterdessen drückte sich die Paranoia Groves im fortwährenden Entwickeln neuer und besserer Produkte aus, obwohl sich das Unternehmen aufgrund seines technologischen Vorsprungs und seines Erfolgs durchaus auf seinen Lorbeeren hätte ausruhen können. Andere Unternehmen hätten dies vielleicht getan. Stattdessen eilte Intel getrieben von seinem Unternehmensmotto »Leap ahead« (»Sprung nach vorn«) von Innovation zu Innovation und wuchs als Premiumanbieter von Mikroprozessoren für Personal Computer kontinuierlich weiter. Einzig das Platzen der Dotcom-Blase um die Jahrtausendwende und die globale Wirtschaftskrise 2007/2008 sorgten für einen leichten Umsatzrückgang, der jedoch jeweils bald kompensiert werden konnte. Trotz des Umschwenkens von Apple auf die Intel-Technologie wurden 2006 infolge des schrumpfenden PC-Markts 10.000 Stellen abgebaut, bis dato in dieser Größenordnung ein Novum für Intel. Das Unternehmen wurde in der Folge mit den Bereichen Digital Enterprise, Digital Home, Digital Health und Mobility neu aufgeteilt. Obwohl das profitable Wachstum fortgesetzt werden konnte, war bereits damals abzusehen, dass die Gattung der Personal Computer nach 40 Jahren ihren Zenit überschritten hatte und zukünftiges Wachstum aus anderen Bereichen wie mobilen Endgeräten kommen musste, ein Markt, der jedoch bereits vom britischen Chipentwickler ARM beherrscht wurde. Bis heute dauern der Umbau und die Suche nach einer neuen Nische an. 2017 baute das Unternehmen erneut 12.000 Stellen ab, um seine hohe Profitabilität zu wahren. Intels aktueller CEO Brian Krzanich sieht die Zukunft des Unternehmens als Dienstleister im Cloud-Computing und im Internet der Dinge, bei dem verschiedenste Geräte und Maschinen online miteinander vernetzt sind und Informationen austauschen. Die Zukunft wird zeigen, ob diese Strategieänderung den weiteren Erfolg des Unternehmens sichern wird. Neben der wirtschaftlichen Disziplin und der hohen Innovationsrate zeichnet sich das Unternehmen seit seiner Gründung durch eine leistungs- und kompetenzorientierte Unternehmensideologie aus, die das Eingehen von Risiken, kombiniert mit unternehmerischer Disziplin und einer guten Arbeitsatmosphäre, zum Ziel hat. Bezeichnend für Intels Kultur ist auch, dass seit der Gründung des Unternehmens im Jahre 1968 alle sechs CEOs und die meisten Topmanager, die das Unternehmen geführt haben, aus Intels eigenen Reihen gekommen waren, eine wichtige Voraussetzung für eine ausgeprägte Unternehmenskultur, starke gemeinsame Werte und eine konsistente, durch technologische Innovation geprägte Unternehmensentwicklung.

Von außen durch die Brille der Medien betrachtet sieht eine solche Erfolgsgeschichte meist einfach und geradlinig aus. Das liegt daran, dass wir dazu neigen, vom aktuellen Erfolgsniveau auf die Vergangenheit einer Organisation zu schließen. Wir nehmen an, dass es von jeher klar war, dass eine bestimmte Firma für den Erfolg bestimmt ist, während eine andere von Anfang an zum Scheitern verurteilt war. Dieses Phänomen wird in der Psychologie auch als Recency-Effekt bezeichnet, d.h., aktuelle Geschehnisse, wie die Marktposition eines Unternehmens, prägen unsere Erwartungen an die Ereignisse, die weiter zurückliegen, wie beispielsweise die frühen Anfänge der Organisation als Start-up. Doch hinter den verschlossenen Türen der Vorstandsbüros sieht die individuelle Sicht auf den Erfolg der eigenen Organisation meist anders aus. Bei den langfristig erfolgreichen Unternehmen stehen hier vor allem aktuelle oder bereits bewältigte Krisen, Hindernisse oder Rückschläge im Vordergrund, die den Erfolg und den Fortbestand der Firma bedrohen und infrage stellen. Die Leitungsebene all dieser Unternehmen sieht Erfolg keineswegs als selbstverständlich oder gar gottgegeben an, sondern vielmehr als etwas, das von heute auf morgen in Gefahr geraten kann.

3.5 Die Ebene »Momentum«

Wenn Du ein Schiff bauen willst, dann rufe nicht die Menschen zusammen, um Holz zu sammeln, Aufgaben zu vergeben und die Arbeit einzuteilen, sondern lehre sie die Sehnsucht nach dem großen, weiten Meer.
(Antoine de Saint-Exupéry, französischer Schriftsteller, 1900 bis 1944)

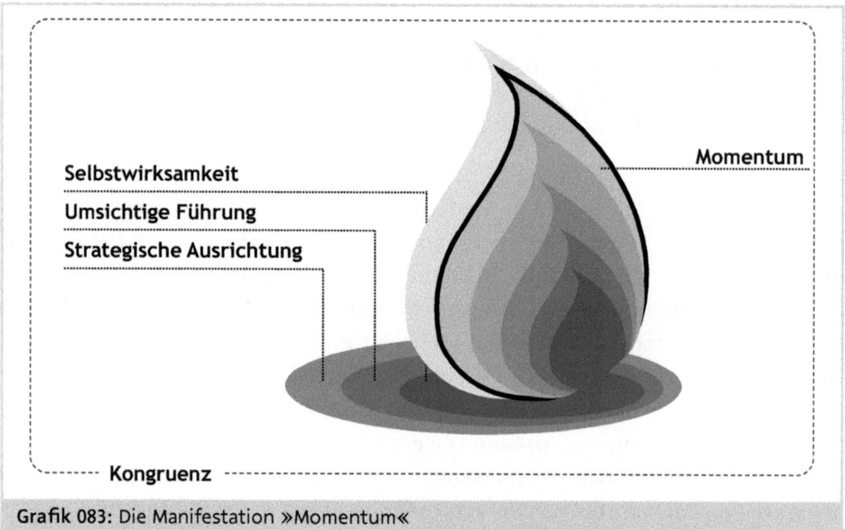

Grafik 083: Die Manifestation »Momentum«

Bei dieser Manifestation der Langlebigkeit und Anpassungsfähigkeit von Organisationen geht es darum, wie konsequent und kraftvoll eine Organisation eine einmal eingeschlagene Richtung verfolgt und wie gut es ihr gelingt, alle Menschen, Strukturen, Prozesse und Systeme auf das gemeinsame Ziel hin auszurichten. Auch wenn alle zuvor genannten Aspekte wichtig sind, ist das Erreichen der Herzen der Menschen der zentrale Erfolgsfaktor für das langfristige Bestehen einer Organisation. Es kommt also darauf an, wie gut es ihr gelingt, die Menschen, die sie ausmachen, zu erreichen und für die eingeschlagene Richtung zu begeistern. Unabhängig davon, ob die Impulse, die zur aktuellen Ausrichtung eines Unternehmens geführt haben, das Ergebnis eines hierarchieübergreifenden Meinungsbildungsprozesses waren oder aber von der Unternehmensleitung vorgegeben wurden, macht die Art und Weise der Umsetzung dieser Impulse und der Mobilisierung der in einem Unternehmen schlummernden Kräfte einen Großteil seines Erfolges und seiner Langlebigkeit aus.

3.5.1 Kontaktfläche Individuum-Umfeld: »Selbstwirksamkeit«

Auf dieser inneren und eher individuellen Ebene geht es darum, inwieweit die Zusammenarbeit und das Erleben von Führung dazu angetan sind, die Mitarbeiter spüren zu lassen, dass sie selbst einen entscheidenden Beitrag für die Geschicke ihres Teams und des Unternehmens im Ganzen leisten und dass sie die Art und Weise, wie sie dies tun, in entscheidender Weise mitgestalten können. Unabhängig davon, ob sich eine Organisation im Inneren nach traditionellen, modernen oder postmodernen Primärmotiven ausrichtet, ist es für die Individuen darin stets wichtig, als Mensch bedeutsam zu sein. Wie wir im Kapitel »Neurobiologische Grundbedürfnisse« gesehen haben, hat jeder von uns unter anderem das Bedürfnis nach Autonomie und Selbstwirksamkeit, was nichts anderes bedeutet, als sein eigenes Schicksal selbstbestimmt gestalten zu wollen und nicht ausschließlich vom Gutdünken anderer Menschen abhängig zu sein. Auch wenn dieses Bedürfnis bei verschiedenen Menschen in individueller Intensität ausgeprägt ist und in Organisationen mit unterschiedlichen Primärmotiven in unterschiedlicher Weise gelebt wird, so sind Autonomie und Selbstwirksamkeit doch universelle Voraussetzungen für ein hohes Maß an emotionaler Identifikation und Motivation von Mitarbeitern. Eine traditionelle Organisation, bei der man vielleicht am wenigsten damit rechnet, auf ein Führungsverständnis zu treffen, das Selbstwirksamkeit und Autonomie zum Ziel hat, ist die deutsche Bundeswehr. Viele denken, dass hier ausschließlich autoritär geführt wird und man die Untergebenen permanent im Kasernenhofton herumkommandiert. Doch dem ist nicht so. Nicht erst seit der Abschaffung der allgemeinen Wehrpflicht 2011 haben sich die Truppe und ihr Führungsverständnis stark gewandelt.

Beispiel: Die Bundeswehr und ihre innere Führung !

Seit der Gründung der Bundeswehr im Jahr 1955, also nur zehn Jahre nach Ende des Zweiten Weltkriegs und mit der Vorgängerorganisation der Wehrmacht und ihren Gräueltaten unter dem NS-Regime vor Augen, gilt für die Soldaten und für die innere Führung der Truppe das Leitbild des Staatsbürgers in Uniform. Das bedeutet, dass die Soldaten einerseits zum Gehorsam gegenüber dem Vorgesetzten verpflichtet sind, andererseits aber explizit das Recht haben, diesen zu verweigern, wenn die Befehle im Widerspruch zu den im Grundgesetz verbrieften Bürgerrechten stehen sollten. Die Verpflichtung auf Gehorsam wie auch gleichzeitig auf Gewissen zeichnet auch das Führungsverständnis der Bundeswehr heute aus. Autoritäre oder gar diktatorische Führung, wie man sie aus US-amerikanischen Kinofilmen wie Stanley Kubricks »Full Metal Jacket« kennt, gehört – zumindest theoretisch – nicht zum Führungsleitbild der deutschen Armee, genauso wenig wie Basisdemokratie. Seit dem Ende des Kalten Krieges hat sich die Mannschaftsstärke der Bundeswehr von ehemals 500.000 Soldaten auf 180.000 reduziert. Heute gibt es daher flachere Hierarchien als noch vor 20 Jahren, was eine andere Form des Miteinanders bedingt. Zudem beträgt der Frauenanteil in der kämpfenden Truppe heutzutage immerhin 12%, was sich ebenfalls auf den Umgang miteinander auswirkt. Der Bundeswehrsoldat wird nun nicht mehr als austauschbarer Befehlsempfänger gesehen, sondern er wird umworben, denn Soldaten werden gebraucht. In der Ausbildung der Soldaten gibt es Module zu Work-Life-Balance, außerdem Elternzeit, Homeoffice und Sabbaticals. In der Führungsausbildung der Offiziere liegt der Schwerpunkt auf situativer, menschenorientierter Führung, die die Erfahrung und Kompetenz der zu führenden Soldaten berücksichtigt und darauf ausgerichtet ist, gemeinsam mit Unterstellten Lösungen für anstehende Probleme zu entwickeln. Im Idealfall verfügt ein höherrangiger Offizier über mehr Erfahrungen, hat einen einfacheren Zugang zu Informationen und ist zudem besser in Menschenführung ausgebildet als ein einfacher Soldat. Solange dies gegeben ist, macht eine Führung durch klare, eindeutige Anweisungen Sinn, insbesondere im Einsatzfall, wenn alles schnell gehen muss. Je mehr aber beispielsweise rangniedrigere Soldaten aufgrund ihrer Einsatzerfahrung oder Spezialausbildung über wichtige Praxisinformationen verfügen, die im aktuellen Einsatzfall von Nutzen sein können, desto sinnvoller ist der Austausch miteinander. In diesen Fällen werden dann fachliche Erfahrung und Kompetenz wichtiger als der formale Rang.

Auch in zahlreichen Wirtschaftsunternehmen sind heutzutage situative Konsultation und partizipative Führung üblich. Darüber hinaus gibt es hier aber noch weitergehende Möglichkeiten, Mitarbeiter durch selbstbestimmte Arbeitsformen Autonomie und Selbstwirksamkeit erfahren zu lassen. Wie wir im Kapitel »Von agilen Unternehmen lernen« gesehen haben, zeichnen sich agile Methoden, wenn sie sinnvoll angewendet werden, dadurch aus, dass Mitarbeiter viel Verantwortung für die eigene Arbeit übernehmen und sich gemäß ihren Präferenzen und Kompetenzen einbringen können. Dabei lassen sich agile Arbeitsformen nicht nur im Projektumfeld anwenden, sondern sie können je nach Aufgabenstellung auch eine Alternative zur klassisch-hierarchischen Aufbauorganisation sein. Eine der größten agilen Transformationen, die aktuell in Deutschland vonstattengehen, ist der Umbau der Bahn-Tochter DB Systel. Dieser Organisationswandel ist unter anderem deshalb spannend, weil hier ein eher traditionelles Unternehmen Arbeitsformen einführt, die eher zu postmodernen Primärmotiven passen. Dies bedeutet einerseits einen starken Entwicklungsschub für das Unternehmen und seine Kultur, andererseits sind dadurch aber auch Spannungen zwischen »altem« und »neuem« Denken vorprogrammiert.

!

Beispiel: DB Systel und die Agilität

Die DB Systel ist der Anbieter von Informations- und Telekommunikationsdiensten im Deutsche-Bahn-Konzern mit etwa 3.600 Mitarbeitern. Sie geht auf die 2002 gegründete DB Systems zurück, die 2004 mit der DB Telematik verschmolzen wurde. Der Ruf, den sich das Unternehmen in seiner 16-jährigen Geschichte innerhalb des Konzerns erarbeitet hatte, war denkbar schlecht. Es galt als langsam, teuer, wenig leistungsfähig, komplex und unbeherrschbar. Als 2014 im gesamten Bahn-Konzern eine große Digitalisierungsinitiative gestartet wurde, traute man ausgerechnet dem

internen IT-Dienstleister die hierfür relevanten Kompetenzen nicht zu. DB Systel war deswegen auch nicht Teil dieser Initiative. Diesen Schock nahm man zum Anlass für einen Neubeginn. Man wollte sich neu erfinden, um wieder wettbewerbsfähig zu werden. Ein interner Strategieprozess, bei dem sich auch Mitarbeiter einbringen konnten, hatte 2015 zum Ergebnis, dass man als Gesamtorganisation künftig nach den agilen Methoden der Selbstorganisation arbeiten wollte. Die klassische Pyramide mit ihrer Linienverantwortung sollte abgeschafft werden. Laut der Zielvision sollte es im gesamten Unternehmen ganz nach Lehrbuch nur noch drei Rollen geben: Agility Master, Product Owner und Umsetzungsteam. Um dieses Ziel zu erreichen, mussten die Mitarbeiter zunächst in agilen Methoden geschult werden. Dazu wurden sogenannte Agility Instructors ausgebildet, die als Multiplikatoren und Methoden-Coach fungieren. Wichtig bei dieser Umstellung waren nicht so sehr die agilen Arbeitsmethoden wie Scrum, sondern vor allem eine Veränderung der Arbeitsweise und der inneren Einstellung aller Beteiligten. Der Wandel von der Linienorganisation hin zu agilen Netzwerken wurde sukzessiv vollzogen, wobei in den kundennahen Bereichen, also z.B. der Systembetreuung, begonnen wurde. Bis Mitte 2017 wurden 70 agile Umsetzungsteams gebildet, die aus ihren Reihen einen Agility Master und einen Product Owner wählten, der dann aber noch »von oben« bestätigt werden musste. Bereits 2018 soll rund die Hälfte der Belegschaft in agilen Teams arbeiten.
Dieser grundlegende und mutige Veränderungsprozess der DB Systel sorgt für einiges an Aufsehen. Mittlerweile ist der einstmals verrufene Silberturm, die Zentrale von DB Systel und einst der Inbegriff für verknöcherte Hierarchiestrukturen, Anlaufstelle für viele Unternehmen aus Deutschland geworden, die etwas über agile Selbstorganisation lernen wollen. Doch die Umsetzung ist noch längst nicht vollendet. Wie so oft, steckt auch hier der Teufel im Detail. So ist z.B. noch nicht klar, was aus den bisherigen Führungskräften werden soll. Hier sucht man aktuell noch nach Lösungen im gesamten Konzern. Auch ganz konkrete Fragen stehen zur Lösung an, so beispielsweise, wie hoch das Gehalt eines Agility Masters im Vergleich zu dem eines Abteilungsleiters sein soll. In einem Konzern wie der Deutschen Bahn ist dies wichtig, damit Mitarbeiter auch innerhalb von Teilkonzernen wechseln können.
Die Meinungen innerhalb der Belegschaft gehen auseinander: Für viele, die zuvor unter verkrusteten hierarchischen Strukturen und Seilschaften gelitten haben, geht die Umstellung nicht schnell genug. Andere kritisieren die große Naivität und das fehlende Augenmaß, mit der man den unternehmensweiten Umbau à la Silicon Valley angeht. Die zahlreichen Unklarheiten, die es beispielsweise noch in Bezug auf die neue Arbeitsweise gibt und die damit einhergehende weitreichende Beschäftigung mit sich selbst, drücken bei vielen Mitarbeitern auf die Laune. Als echtes vorzeigbares Ergebnis kann momentan nur gelten, dass die Attraktivität der DB Systel als Arbeitgeber deutlich zugenommen hat. Alles Weitere bleibt abzuwarten.

Es lassen sich in verschiedenen Organisationsformen Beispiele dafür finden, wie Mitarbeitern das Gefühl vermittelt werden kann, selbst einen entscheidenden Beitrag zum Erfolg des Teams und der Organisation im Ganzen zu leisten. Wichtig für die organisationale Widerstandsfähigkeit ist hier, inwieweit es durch gezielte Einbeziehung und Konsultation und durch das bewusste

Übertragen von Verantwortung und Freiheitsgraden gelingt, den Mitarbeitern zu signalisieren, dass sie mit ihren Erfahrungen und Kompetenzen wichtig sind und dabei als einmaliges Individuum wahrgenommen werden.

3.5.2 Kontaktfläche Umfeld-Organisation: »Umsichtige Führung«

Auf der kollektiven Ebene geht es um die Frage, wie die Führung die Herzen der Mitarbeiter erreicht, um sie für die eingeschlagene Richtung zu gewinnen. Wie wird in einem Unternehmen klassischerweise geführt? Was wird von der Unternehmensspitze vorgelebt? Wie sehr wird den Mitarbeitern vertraut? Wie sehr werden sie angehört und in Entscheidungen miteinbezogen?

Wie wir bereits festgestellt haben, kann die Führungskultur in einem Unternehmen nicht weiter entwickelt sein, als der Führungsstil, der von den machtvollen Menschen in einer Organisation vorgelebt wird. Denn diese sind die Vorbilder, an denen sich das Unternehmen orientiert. Von daher hängt die Art der Menschenführung immer auch mit der Unternehmensintention einer Organisation und damit mit seinem Menschenbild zusammen. Welche kollektive Überzeugung herrscht dort zur Frage, wie Menschen sind? Sind sie kompetent oder dumm? Engagiert oder faul? Benötigen sie Raum für Entfaltung oder Regeln und Kontrolle? Können sie verantwortungsvoll entscheiden oder braucht es dafür Chefs? Sind sie einmalig oder sind sie beliebig austauschbar? Doch das ist noch nicht alles. Nicht nur das Menschenbild, sondern auch die Art und Weise der Führung dieser Menschen ist relevant. Egal ob es sich um traditionelle, moderne, postmoderne und evolutionäre Unternehmensintentionen handelt – es gibt verschiedene Arten der Menschenführung, die es vermögen, die Herzen der Mitarbeiter zu erreichen, und auch einige, die dies nicht schaffen. Es ist also nicht der Entwicklungsstand der Intention einer Organisation, der über ihre organisationale Resilienz entscheidet, sondern in diesem Fall schlicht die Qualität der gelebten Menschenführung. In der Regel entwickelt sich diese einfach über die Zeit, ohne dass sie im Unternehmen artikuliert oder besprochen wird.

Ein Beispiel für ein Unternehmen, in dem Menschenführung auf eine sehr bewusste Art praktiziert wird, ist die deutsche Drogeriekette dm.

!

Beispiel: dm und das Vertrauen

Der deutsche Drogist Götz Werner, ältestes Kind einer Heidelberger Drogistenfamilie, eröffnete 1973 in Karlsruhe seinen ersten eigenen Drogeriemarkt, nachdem er zuvor sowohl im elterlichen Unternehmen als auch beim Großdrogeristen Idro gearbeitet hatte. Seine Vision war es, eine internationale Drogeriekette nach dem Vorbild von Aldi zu entwickeln, mit niedrigen Preisen, Selbstbedienung und standardisiertem Ladenlayout, jedoch zusätzlich mit kompetenter Beratung. Hintergrund war, dass im selben Jahr die Preisbindung für Drogerieprodukte vom Gesetzgeber aufgehoben worden war. Werner sah hierin eine einmalige Gelegenheit. Sein Konzept war neu und wurde von den Kunden begeistert angenommen. Bereits fünf Jahre nach der Gründung gab es mehr als 100 Filialen in Deutschland. Im Jahr 2011 erwirtschaftete das Unternehmen mit 2.500 Filialen und 36.000 Mitarbeitern in elf europäischen Ländern einen Umsatz von 6,9 Milliarden Euro. Das Wachstum bewerkstelligte Werner durchgängig mit Eigenkapital und von innen, also ohne Aufkäufe anderer Firmen. Auch privat war er sehr umtriebig. Da er seinen Kindern eine bessere Schulzeit ermöglichen wollte, als er sie selbst gehabt hatte, wurde er kurzerhand zum Mitbegründer einer Waldorfschule in Karlsruhe. Auch das Thema Menschenführung interessierte ihn sehr. In einem Seminar des niederländischen Coaches und Trainers Hellmuth Ten Siethoff lernte er das Harzburger Führungsmodell kennen, das Mitarbeiter als selbstständig denkende, handelnde und entscheidende Individuen ansieht und die Delegation von Verantwortung auf diejenige Hierarchieebene propagiert, auf die sie von ihrem Wesen nach gehört. Der Ansatz war bereits 1954 vom deutschen Verwaltungsrechtler Reinhard Höhn auf der Grundlage militärischer Führungsgrundsätze entwickelt worden und wurde zunächst an der Akademie für Führungskräfte der Wirtschaft in Bad Harzburg gelehrt. Dieses Modell und das damit einhergehende Menschenbild waren damals, lange vor den später aufkommenden amerikanischen Führungsprinzipien wie Management by Objectives, einzigartig und innovativ. Siethoff war von der Arbeit des niederländischen Sozialökonomen Bernard Lievegoed beeinflusst. Dieser hatte gemeinsam mit Friedrich Glasl ein von anthroposophischen Prinzipien inspiriertes Reifegradmodell für die Entwicklung von Unternehmen entwickelt, das wir bereits im Kapitel »Der Reifegrad von Unternehmen« kennengelernt haben. Dieses Modell, das zwischen Pionier-, Differenzierungs-, Integrations- und Assoziationsphase unterscheidet, wurde ebenfalls Teil der Management-Philosophie von Werner. Er erkannte, dass sein noch junges, aber schnell wachsendes Unternehmen bereits die Pionierphase überwunden hatte und nun in der Differenzierungsphase angekommen war. Wie wir gesehen haben, ist diese unter anderem durch standardisierte Abläufe, klar definierte Strukturen, aber auch durch aufkommende Bürokratie und schwindenden Kundenfokus gekennzeichnet. So war es auch bei dm: Im Laufe der Jahre hatte sich dort eine klassische Unternehmenshierarchie mit einem unproduktiven Overhead entwickelt, die für ein Unternehmen dieser Größe normal ist, es aber auch träge macht. Bei einem seiner vielen Ladenbesuche fiel Werner eine defekte Verkaufstheke auf, die nach hinten wegrutschte, als er sich darauf abstützte. Die Filialleiterin beklagte, dass daraus bereits zweimal teures Parfum gestohlen worden sei und der Bezirksleiter die defekte Theke noch nicht habe reparieren lassen. Werner nahm diesen kleinen Vorfall zum Anlass, in der Folgezeit die komplette Hierarchieebene der Bezirksleiter, die jeweils für sechs bis neun Filialen zuständig waren, zu streichen. Auch die übergeordnete Ebene der Gebietsleiter schaffte er ab und bildete eine kleine Gruppe von Gebietsverantwortlichen. Ganz im Sinne des Harzburger Modells gab er stattdessen den Filialen und insbesondere der Filialleitung umfangreiche Kompetenzen zur Selbstorganisation. Führung sollte künftig Unterstützung zur Selbstführung sein. Jede Filiale fungierte von nun an als eigenständiges Profitcenter; die

Verantwortung für die Kundenzufriedenheit und das finanzielle Ergebnis liegen bei der Leitung selbst, wobei auch jeder Mitarbeiter jederzeit die Zahlen einsehen kann. Verantwortung muss nach Werner mit Entscheidungskompetenz einhergehen. So bestimmen die Mitarbeiter beispielsweise die Ausstattung der Filiale, das Sortiment und auch Sonderaktionen mit. Selbst die Einstellung von weiterem Personal wird von den Mitarbeitern vor Ort beraten und entschieden. Dem humanistischen Grundgedanken Steiners folgend, sollen Mitarbeiter zur Selbststeuerung, Selbstkontrolle und Selbstverantwortung oder, kurz gesagt, zu situativem und angemessenem Unternehmertum ermutigt werden. Werner war davon überzeugt, dass sie dazu als erwachsene, verantwortungsvolle und selbstbestimmte Menschen angesprochen und behandelt werden mussten. Von oben vorgegebene Zielvorgaben und Budgets sowie variable Anreizsysteme passten hingegen nicht dazu und wurden abgeschafft. Die Rolle der Führungskraft bestand nun vor allem darin, Demotivationsfaktoren für die Mitarbeiter aus dem Weg zu räumen, damit sie sich im Unternehmen entwickeln und entfalten konnten. Um dieses neuartige Führungsverständnis zu etablieren, investierte dm viel Aufwand und Energie in die Ausbildung von Mitarbeitern und Leitungskräften. Dies geschah mit dem Ziel, deren Fähigkeit zu fördern, Sachverhalte kritisch zu hinterfragen, situativ das Wesentliche an einer Situation zu erkennen und daraus neue Einsichten zu entwickeln. Auch die akkurate Einschätzung der eigenen Stärken und Schwächen gehörte dazu. Diese Selbstorientierungskompetenz war nach dem Verständnis Werners die Grundlage dafür, um Führung nach dem Prinzip von Anweisung und Kontrolle von oben nach unten durch das Leitprinzip Freiheit, Selbstverantwortung und Selbstführung ersetzen zu können. Dabei geht das Unternehmen auch ungewöhnliche Wege. So durchlaufen beispielsweise alle Auszubildenden und Studierenden mehrtägige Theaterworkshops, in denen sie ein Stück einstudieren und am Schluss vor Publikum aufführen. Dies geschieht mit dem Ziel, sich einerseits künstlerisch auszudrücken, andererseits aber auch den eigenen Auftritt und ihre Selbstsicherheit zu verbessern. So nahmen 2017 mehr als 2.300 Lehrlinge und Studierende an 177 Theaterworkshops teil, die jeweils von professionellen Schauspielern, Regisseuren oder Theaterpädagogen begleitet wurden. Diese Investition in Ausbildung war nach Werner die Voraussetzung dafür, um ein großes, etabliertes Unternehmen durch kleine, sich selbst führende Einheiten agiler und dynamischer zu machen, denn Mitarbeiter haben durch ihre Kundennähe ein großes Praxiswissen, das es zu nutzen gilt – eine sehr wichtige Eigenschaft in einem zunehmend dynamischen und umkämpften Marktumfeld. Diese unternehmerische Agilität kann auch schon mal dazu führen, dass Mitarbeiter einer dm-Filiale bei den Konkurrenten wie Rossmann oder Müller im großen Stil Artikel einkaufen, die dort gerade im Sonderangebot sind, insbesondere dann, wenn der Aktionspreis unter dem Einkaufspreis von dm liegt.

Werner übergab die Geschäftsführung 2008 an seinen langjährigen Vertrauten Erich Harsch, der zu diesem Zeitpunkt bereits seit 27 Jahren im Unternehmen war. Er selbst ist noch heute im Aufsichtsrat des Unternehmens aktiv. Im Laufe der Jahrzehnte hatte er aus einem anfangs nach modernen Primärmotiven funktionierenden leistungsorientierten Unternehmen (Punkt A) eine postmoderne Organisation mit einer starken ideologischen Sinnorientierung entwickelt (Punkt C), wie in der Grafik 084 zu sehen ist.

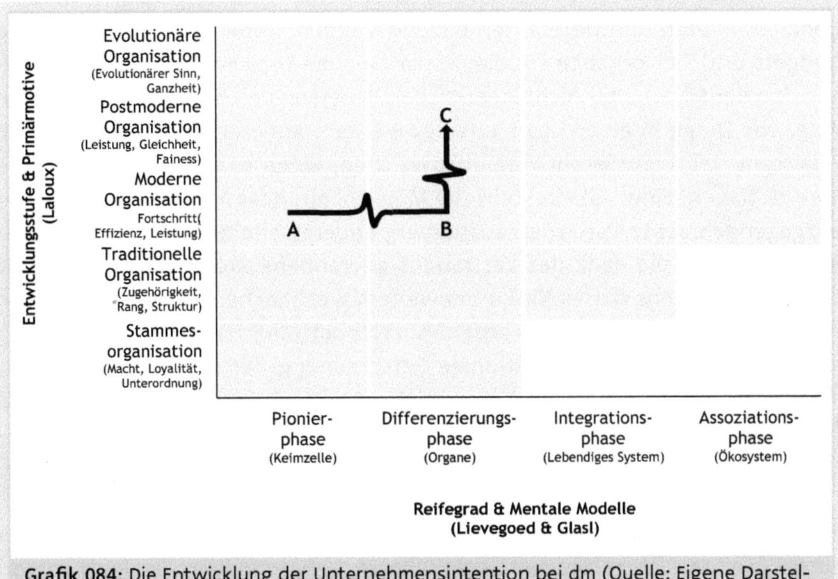

Grafik 084: Die Entwicklung der Unternehmensintention bei dm (Quelle: Eigene Darstellung nach Laloux, Lievegoed und Glasl)

Anfänglich wurde dm für seine humanistisch-idealistische Führungsphilosophie, die sich in dem Leitspruch »Nicht die Menschen sollten für das Unternehmen da sein, sondern das Unternehmen für die Menschen« zusammenfassen lässt, belächelt. Tatsächlich wird deutlich, dass das auf Vertrauen basierte Menschenbild sehr stark von der Unternehmensspitze her vorgelebt werden muss. Der Erfolg gab dm letztlich recht. Das Unternehmen wurde mittlerweile mehrfach für sein Führungsleitbild ausgezeichnet, unter anderem 2014 mit dem German Leadership Award, bei dessen Verleihung ich selbst dabei sein durfte. Heute erwirtschaftet das Unternehmen mit 59.400 Mitarbeitern einen Umsatz von 10,3 Milliarden Euro und zieht täglich mehr als eine Million Kunden in seine 3.500 Filialen.

Am Beispiel von dm wird deutlich, wie sehr das Menschenbild des Gründers und die damit einhergehende Vorbildfunktion die Art und Weise der Führung prägen. Man sieht aber auch, dass es hier nicht einfach nur um naives Vertrauen geht, sondern dass diese vertrauensvolle Art des Miteinanders aufgrund ihrer Andersartigkeit regelmäßige Ausbildung und Reflexion auf allen Ebenen benötigt.

Das Führungsprinzip von Werner macht auch das Resilienzprinzip »Verhaltensflexibilität im Sinne von Sowohl-als-auch« deutlich: Einerseits gibt es ein Machtgefälle und Weisungsbefugnis im Unternehmen, andererseits werden Entscheidungen bewusst an der Basis getroffen. Einerseits existiert ein natürliches Kontrollbedürfnis an der Unternehmensspitze, denn es müssen

Gehälter, Mieten und Lieferanten bezahlt werden, andererseits gibt es keine Budgets und Zielvorgaben für die Filialen, um die Selbstwirksamkeit und Motivation der Mitarbeiter nicht zu ersticken. Einerseits gibt es einen etablierten Weg, wie Dinge in einer Filiale erledigt werden, andererseits steht es jedem Filialteam frei, von diesem Weg abzuweichen, wenn es glaubt, eine bessere Idee zu haben. Einerseits besteht die Möglichkeit, dass Mitarbeiter das ihnen entgegengebrachte Vertrauen ausnutzen, andererseits herrscht die Überzeugung vor, dass die dank des Vertrauens gewonnene Kreativität und Agilität des Unternehmens dieses Risiko bei weitem wettmachen. Diese Fähigkeit, in Polaritäten zu denken und zu arbeiten, zeichnet effektive Menschenführung aus. Es ist quasi die organisationale Entsprechung der Impulskontrolle. Anstatt einem Bedürfnis, so z.B. dem nach Kontrolle, einfach nachzugeben, wird es zugunsten als wichtiger eingestufter Werte wie Eigenmotivation und Kreativität moduliert und nur in Ausnahmefällen ausgelebt.

Eine ganz andere Art von Menschenbild und Unternehmensführung gibt es in einem ganz ähnlich gelagerten Unternehmen zu beschreiben. Die Rede ist von der deutschen Drogeriekette Schlecker.

! **Beispiel: Schlecker und der Geiz**

1975 eröffnete der deutsche Metzgermeister und Lebensmittelkaufmann Anton Schlecker gemeinsam mit seiner Frau Christa in Ehingen seine erste Drogerie-Filiale, ebenfalls nach dem Vorbild des Discounters Aldi. Das Unternehmen wuchs schnell. Zwei Jahre nach dessen Gründung betrieb Schlecker bereits mehr als 100 Drogerien. 1984 waren es sogar bereits 1.000 Filialen. 1987 begann das Unternehmen auch europaweit zu expandieren, vorwiegend durch den Aufkauf und die Integration anderer Drogerieketten. Anton Schlecker war schon bald für sein strenges Wirtschaften bekannt. Er verhandelte hart, zahlte geringe Mieten und richtete die Filialen nur mit dem Nötigsten ein. Zudem beschäftigte das Unternehmen fast nur ungelernte, meist weibliche Filialleiter, die sogenannten Schleckerfrauen. Auch die Rechtsform des Unternehmens war höchst ungewöhnlich. Die Riesenfirma Schlecker war rechtlich gesehen ein »eingetragener Kaufmann«, was bedeutete, dass Anton Schlecker zwar stets mit seinem gesamten Privatvermögen haftete, der gesamte Gewinn jedoch auch buchstäblich »sein Geld« war. Das Menschenbild des Gründerpaars wurde 1998 zum ersten Mal aktenkundig, als die beiden vom Landgericht Stuttgart zu einer Freiheitsstrafe von je zehn Monaten auf Bewährung und einer Geldstrafe in Höhe von einer Million Euro verurteilt wurden, weil sie der Belegschaft vorgetäuscht hatten, sie tarifgerecht zu bezahlen, obwohl die Löhne tatsächlich deutlich unter Tarif lagen. 2008 machte Schlecker europaweit mit circa 50.000 Mitarbeitern in mehr als 14.000 Filialen einen Umsatz von über 7 Milliarden Euro und war damit zum Marktführer in Europa aufgestiegen. Das Unternehmen baute eine neue, vollverglaste, siebenstöckige Firmenzentrale im beschaulichen Ehingen mit einem Aufzug aus der Tiefgarage in die Chefetage nur für Christa und Anton Schlecker. Wachstum war für die beiden stets die treibende Kraft. Das Motto von Anton Schlecker war: »Denke, mache, multipliziere!«. Er hielt an Bewährtem fest, was unter anderem dazu führte, dass alle innovativen Ideen und Neuerungen von ihm abgeblockt wurden. Während die Läden der Konkurrenz, unter anderem die von dm, hell, geräumig und freundlich waren, ging es bei Schlecker zu wie vor 20 Jahren. Die Filialen waren meist klein und in schlechten Lagen, hatten enge, dunkle Regalgänge, wenig Personal und ein geringes Sortiment. Doch die Mieten waren billig. Das Unternehmen war mittlerweile auch für seine durch Misstrauen und fehlenden Respekt geprägte Personalführung und seine Geizkultur bekannt geworden. Mitarbeiter waren nach Überzeugung des Patriarchen faul und gierig und mussten daher knappgehalten und überwacht werden, was sich in Taschenkontrollen und Videoüberwachung äußerte. Aus Kostengründen gab es in den Filialen kein Telefon. Als 1993 eine Schlecker-Mitarbeiterin in einer Kölner Filiale angeschossen wurde, konnte sie keine Hilfe rufen und verblutete. 2010 machte das Unternehmen von sich reden, weil es immer mehr Mitarbeitern kündigte, um sie dann durch Leiharbeiter zu ersetzen. Auf diese Weise wollte man den Einfluss der Gewerkschaft ver.di reduzieren, die das Unternehmen regelmäßig wegen ausbeuterischer Arbeitsbedingungen öffentlich anging. Das Unternehmen hatte mittlerweile einen schlechten Ruf in der Öffentlichkeit und Schlecker machte auch keinerlei Anstalten, dies zu ändern. So hatte es auch in 35 Jahren beispielsweise keine einzige öffentliche Pressekonferenz gegeben. 2010 fuhr Schlecker in 4.000 der 10.000 Filialen Verluste von insgesamt rund einer halben Milliarde Euro ein. Durch eine monatelange Analyse eines Beraterteams im Jahr 2011 wurde deutlich, dass 1999 das erfolgreichste Jahr für Schlecker gewesen war. Damals waren ganze 300 Millionen Euro Gewinn erwirtschaftet worden. Aber nach der Jahrtausendwende gingen sowohl die Umsätze als auch die Gewinne in vielen Filialen zurück. Allerdings war dies aufgrund der starken Expansion und des wachsenden Gesamtumsatzes nicht aufgefallen. Grund für diese fehlende Transparenz war ein mangelhaftes Unternehmenscontrolling. Überhaupt war das Unternehmen nach der Erkenntnis der Berater wenig professionell geführt worden. Prozesse, Strukturen und Systeme waren nicht geeignet, ein Unternehmen dieser Größe und Komplexität effektiv zu steuern. Der Wettbewerb war hier mittlerweile deutlich besser aufgestellt. Wenn es Schwierigkeiten gab, dann war die Strategie Schleckers meist Preisreduktion und stärkeres Wachstum, um mehr Marktmacht zu gewinnen. Götz Werner, der Gründer des Konkurrenten dm, hatte bereits 1994 und damit fünf Jahre vor dem unternehmerischen Zenit davor gewarnt, dass das Geschäftsmodell von Schlecker zum Scheitern verurteilt war. Schlecker war nach seiner Überzeugung eigentlich ein Schneeballsystem, das über Masse immer weiterwachsen musste, bis es schließlich kollabierte. Das Geld dafür kam nicht etwa von Banken, die im Unternehmen verpönt waren, sondern von den Lieferanten. Schlecker hatte mit 90 Tagen und mehr die längsten Zahlungsziele der Branche ausgehandelt. Der Unternehmensberater Wieselhuber und sein Team drängten nach Abschluss ihrer Analyse auf die Schließung von tausenden defizitären Filialen, um das Unternehmen zu retten. Doch dies war für Anton Schlecker keine Option. Auf Druck Wieselhubers und der Schlecker-Kinder Lars und Meike zog sich der Patriarch Anton Schlecker schließlich 2011 widerwillig aus der operativen Unternehmensleitung zurück. Zumindest nach außen vertraten nun die

Kinder das Unternehmen und wollten einiges ändern. Die Filialen sollten in attraktive Ortsrandlagen wechseln, größer und freundlicher sein und den Kunden deutlich mehr Auswahl bieten. Doch für die nötigen Investitionen fehlte das Geld. Ein Jahr später meldete Schlecker Insolvenz an. Die meisten der 36.000 Mitarbeiter verloren ihre Jobs. Bis heute hat Anton Schlecker dazu nicht öffentlich Stellung genommen. Er schickte zur ersten Pressekonferenz in der Unternehmensgeschichte Tochter Meike vor. Das Selbstverständnis und Menschenbild der Schlecker-Familie wurde auch nach der Insolvenz noch einmal deutlich. Nach monatelanger Prüfung der Zahlen kam der Insolvenzverwalter Arndt Geiwitz zu der Überzeugung, dass man versucht hatte, größere Vermögenswerte vor der Insolvenz zu »retten«. 2017 wurden Lars und Meike Schlecker schließlich vom Landgericht Stuttgart wegen Untreue, Insolvenzverschleppung, Bankrotts und Beihilfe zum Bankrott zu zwei Jahren und neun bzw. acht Monaten Haft ohne Bewährung verurteilt. Die beiden hatten sich nur wenige Tage vor der Insolvenz rund 15 Millionen Euro Firmengewinne eines Teilkonzerns auszahlen lassen. Auch Anton Schlecker wurde wegen Bankrotts und Insolvenzverschleppung zu zwei Jahren Haft, allerdings auf Bewährung, verurteilt. Viele Beobachter sind sich einig, dass Schlecker, das als ein Unternehmen moderner Primärmotive voll auf Leistungsorientierung gesetzt hatte, schlussendlich an seinem negativen Menschenbild gekoppelt mit einem nicht nachhaltigen Geschäftsmodell und unprofessioneller Unternehmensführung gescheitert ist.

Als Außenstehender ist es im Nachhinein natürlich immer einfach zu urteilen und zu verurteilen. Als Unternehmer und Manager weiß ich jedoch, wie komplex und mehrdeutig vermeintliche Fakten interpretiert werden können und wie leicht man auf eine falsche Spur gerät. Aufgrund seiner klaren Faktenlage macht dieses Fallbeispiel hier jedoch eine gewisse Ausnahme. Wie wir gleich sehen werden, ist der Fall Schlecker in der Tat ein tragisches Beispiel für das Auftreten zahlreicher Risikofaktoren organisationaler Resilienz, die wir bereits im Kapitel »Unternehmensentwicklung heißt Krisenbewältigung« kennengelernt haben: Zum einen wurden grundlegende Probleme wie das schnelle Wachstum bei sinkender Flächenprofitabilität nicht angegangen, sondern sie wurden totgeschwiegen, relativiert und verschoben, indem man die Preise weiter senkte und damit auf Marge verzichtete. Das Unternehmen wurde einseitig auf niedrige Kosten optimiert, was mit der Zeit zu einer Verschlechterung des Gesamtsystems an mehreren Fronten führte. Zum einen waren die Filialen nach der Jahrtausendwende immer öfter nicht mehr wettbewerbsfähig und zum anderen ging die Mitarbeiterzufriedenheit rapide zurück, was sich nicht zuletzt auch auf die öffentliche Wahrnehmung des Unternehmens negativ auswirkte. Die mangelnde Weitsicht von Anton Schlecker hatte auch zur Folge, dass das grundsätzliche Geschäftsmodell nicht zur Diskussion gestellt wurde und so längst überfällige Anpassungen über Jahrzehnte verschleppt wurden. Erschwerend kam hinzu, dass alle wichtigen Entscheidungen bei ihm zusammenliefen und dass seine Direktoren und auch seine Kinder buchstäblich nichts zu melden hatten. Selbst als deutlich wurde, dass die Profitabilität des Konzerns immer weiter sank, wurden die Grenzen des Wachstums nicht erkannt. Das kometenartige Wachstum ging zudem mit einem Unterinvestment auf zahlreichen Ebenen einher. Über viele Jahrzehnte investierte man weder in Mitarbeiter oder die Unternehmenskultur noch in IT-Systeme oder Infrastruktur. Schlecker verzichtete zudem auf zeitgemäße Managementmethoden und auf eine Verstärkung des Teams durch externes Know-how. Auch die für diese negative Entwicklung typischen verzweifelten Rettungsversuche in letzter Minute sind zu beobachten, wie beispielsweise das erstmalige Engagement eines externen Unternehmensberaters. Das bedrückendste an dieser lehrbuchhaften Entwicklung ist wohl, dass sie von außen betrachtet vermeidbar gewesen wäre. Von innen betrachtet waren jedoch zahlreiche individuelle, gruppenpsychologische und systemische Phänomene am Werk, die dem Patriarchen und seinem Führungskader den klaren Blick auf die Dinge unmöglich machten und so das Unternehmen schließlich in den Ruin trieben.

3.5.3 Kontaktfläche Organisation-Kontext: »Strategische Ausrichtung«

An der Schnittstelle zwischen Organisation und Gesellschaft und Marktumfeld geht es darum, in welchem Maße ein Unternehmen die Erkenntnisse der kontextbezogenen Antizipation und der eigenen emergenten Entwicklung nutzt, um sich selbst strategisch und zielgerichtet auszurichten und diese Entwicklung zudem kraftvoll und nachhaltig zu forcieren. Es geht darum, inwieweit die Leitungsebene in der Lage ist, aus den diffusen Hinweisen und Impulsen von außen und innen eine eigenständige Richtung abzuleiten, die sie mutig und mit Umsicht verfolgt und die eingebettet ist in einen Prozess kontinuierlicher Marktbeobachtung und Strategieentwicklung. Dieser Aspekt der organisationalen Resilienz ist insbesondere in Umbruchzeiten, die wir in diesem Buch auch als VUKA-Zonen kennengelernt haben, von großer Bedeutung, da hier althergebrachte Muster nicht mehr gelten.

Ein sehr gutes Beispiel für eine solche strategische Neuausrichtung ist der Umbau des deutschen Axel Springer Verlags zu einer digitalen Beteiligungsgesellschaft.

Beispiel: Axel Springer und die Digitalisierung !

Der Axel Springer Verlag ist eine nicht unumstrittene Ikone der deutschen Medienlandschaft und heute eines der größten Medienunternehmen Europas. Das Verlagshaus wurde 1946, also unmittelbar nach dem Zweiten Weltkrieg, von dem deutschen Journalisten Axel Springer und seinem Vater, dem Verleger Hinrich

Springer, gegründet. Erste Publikationen waren die Zeitschrift Hörzu, später kamen unter anderem die Tageszeitungen Bild und Welt hinzu. Die Presseerzeugnisse aus dem Hause Springer waren von jeher als politisch konservativ, wirtschaftsfreundlich, antikommunistisch und proamerikanisch einzustufen. So weigerte sich Axel Springer beispielsweise, nach der Teilung Deutschlands die Rechtmäßigkeit der DDR anzuerkennen. Diese wurde daher in allen Springer-Publikationen immer in Anführungszeichen geschrieben. Insbesondere die Bild-Zeitung galt zudem als sexistisch, was die Darstellung von Frauen anging. Diese inhaltliche Ausrichtung gepaart mit seiner großen Meinungsvormacht brachte dem Verlagshaus in den 1960er- und 1970er-Jahren und auch darüber hinaus heftige Kritik aus dem intellektuellen und politisch eher linken Lager ein und machte es zu einem Synonym für das von vielen angeprangerte politisch-reaktionäre System im Deutschland der Nachkriegszeit. Dennoch schaffte es insbesondere die Bild-Zeitung aufgrund ihrer hohen Auflage, zur Stimme des kleinen Mannes in Deutschland zu werden. Zu ihrer Blütezeit wurde sie von rund 20% der deutschen Gesamtbevölkerung über 14 Jahren gelesen, was eine enorme mediale Reichweite darstellte. 1985 ging das Unternehmen an die Börse. Im selben Jahr starb Axel Springer im Alter von 73 Jahren. Das Machtvakuum, das durch den Tod des Patriarchen entstand, führte zu einer langen Phase der internen politischen Instabilität. Einige Zeit lang sah es so aus, als würde der deutsche Medienunternehmer Leo Kirch, der zeitweise bis zu 40% der Aktien des Verlagshauses hielt, die Vormacht über das Unternehmen gewinnen. Nach der Insolvenz der Kirch-Gruppe 2002, an der das Haus Axel Springer nicht ganz unbeteiligt war, bestand diese Bedrohung jedoch nicht mehr. Im gleichen Jahr war der deutsche Journalist und langjährige Springer-Manager Mathias Döpfner, zuvor Chefredakteur der Blätter Hamburger Morgenpost und Welt, zum Vorstandsvorsitzenden der Axel Springer SE geworden. Dies beendete eine lange Phase der internen Machtkämpfe und Querelen im Unternehmen.
Von der aufkommenden Digitalisierung im Rahmen der dritten industriellen Revolution waren die Auflagen aller Tageszeitungen betroffen, ganz besonders aber die der Bild-Zeitung. In knapp 20 Jahren ging die verkaufte Auflage um dramatische 65% zurück, wie in der Grafik 085 zu sehen ist.

Es wurde bald deutlich, dass man in Diversifikation und digitale Innovation investieren musste, um weiterhin zukunftsfähig zu sein. Es fragte sich nur, wie dies genau geschehen sollte. 2005 scheiterte der Versuch Springers, das deutsche Medienunternehmen ProSiebenSat.1 Media zu übernehmen und damit ins Fernsehgeschäft einzusteigen. Aufgrund der durch die Transaktion drohenden Vormachtstellung im Medienmarkt wurde dieser Coup vom Bundeskartellamt untersagt. Damit wurde auch deutlich, dass Axel Springer nur außerhalb Deutschlands und außerhalb der klassischen Medienbranche weiter würde wachsen können. 2006 kaufte sich Döpfner mit gut 2% selbst bei Axel Springer ein. Außerdem wurde unter seiner Leitung eine neue unternehmensweite Strategie ausgerufen. Zum einen wollte das Unternehmen nun verstärkt international expandieren und zum anderen mit Nachdruck in digitale Medien investieren. Online First lautete diese neue Devise, die intern auf viel Widerstand stieß und zu einem der grundlegendsten Firmenumbauten in Deutschland

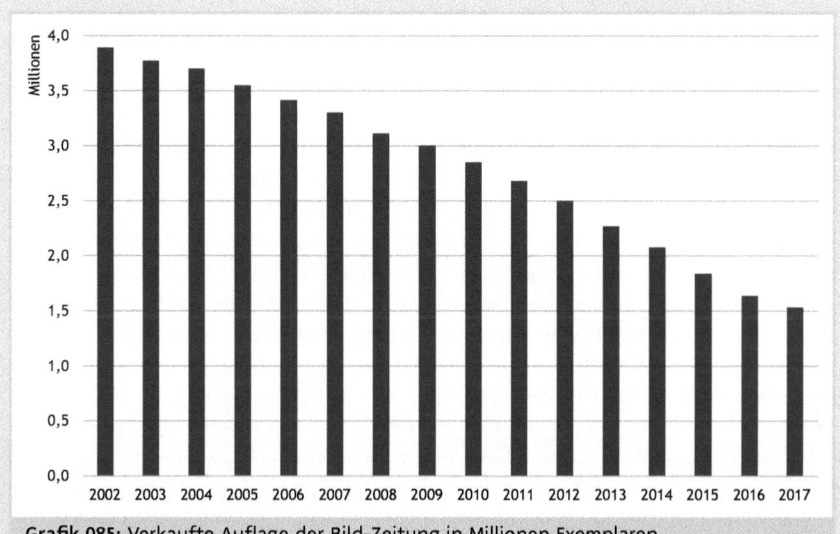

Grafik 085: Verkaufte Auflage der Bild-Zeitung in Millionen Exemplaren (Quelle: Statista; Axel Springer)

werden sollte. Noch im selben Jahr stieg das Unternehmen beim deutschen Start-up Idealo ein, einer neuartigen Preis- und Produktsuchmaschine. Weitere digitale Wetten folgten, darunter auch einige kostspielige Flops, was immer wieder Kritik an der neuen Strategie aufkommen ließ. In der Grafik 086 ist erkennbar, dass der digitale Anteil am Konzernumsatz 2007 mit 3% noch verschwindend gering war. Bis 2017 hatte sich diese Entwicklung schließlich umgekehrt. Mittlerweile kamen 71% des Umsatzes und 80% des Betriebsergebnisses aus dem Digitalgeschäft. Seit 2007 werden in den Jahresberichten die Umsätze im Digitalbereich gesondert ausgewiesen.

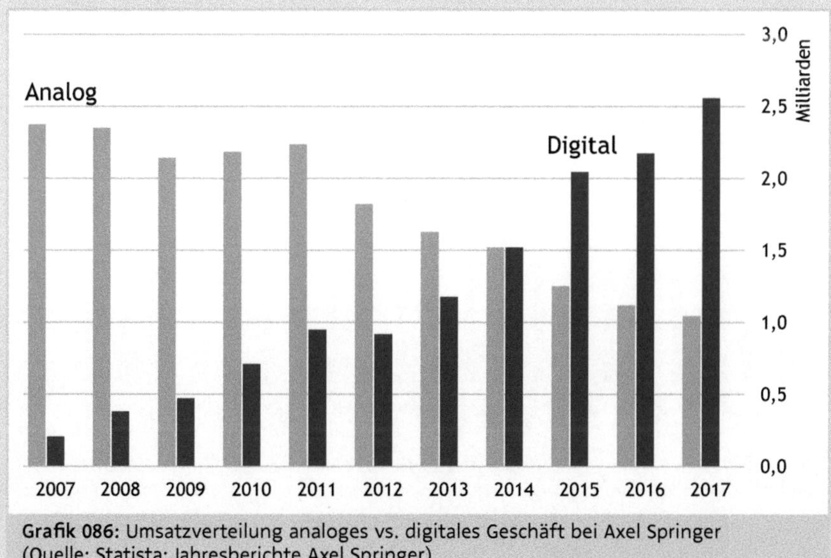

Grafik 086: Umsatzverteilung analoges vs. digitales Geschäft bei Axel Springer (Quelle: Statista; Jahresberichte Axel Springer)

Döpfner investierte zudem in ausländische Publikationen, vornehmlich in Osteuropa. Springer gründete beispielsweise in Polen die Boulevardzeitung Fakt und in Russland eine Lizenzausgabe von Forbes. 2008 stieg das Unternehmen dann bei der Online-Jobbörse Stepstone ein. Die neue Strategie erwies sich als wirkungsvoll; bereits im selben Geschäftsjahr erzielte das Unternehmen den höchsten Jahresüberschuss seit seiner Gründung. Weitere kleinere Beteiligungen folgten. 2012 stieg man bei der US-amerikanischen Appartementvermittlungsplattform Airbnb mit einem sogenannten Media for Equity Deal ein, bei dem eine Minderheitsbeteiligung gegen verschiedene Formen von Werbung eingetauscht wird. 2013 beteiligte sich Springer an der österreichischen Fitness-App Runtastic, die zwei Jahre später mit sattem Gewinn an adidas weiterveräußert wurde. 2014 erfolgte dann der Einstieg beim deutschen Online-Immobilienvermittler Immowelt, der im Jahr darauf mit dem konzerneigenen Portal Immonet fusioniert wurde. 2015 übernahm der Konzern das US-amerikanische Nachrichtenportal Business Insider und wurde so auch zu einem relevanten Player im US-Medienmarkt. Im Jahr 2017 beteiligte sich das Unternehmen am umstrittenen Mobilitätsportal Uber und 2018 beim Messagingdienst Snapchat. Mittlerweile hält Springer rund 200 Beteiligungen an kleinen und großen Digital-Unternehmen. Dafür hat es in den letzten Jahren mehr als vier Milliarden Euro investiert.

Das Unternehmen ist seit 2018 auch strukturell in die Bereiche Print und Digital aufgeteilt. Heute steht Axel Springer – auf den Zusatz »Verlag« hat man verzichtet – nicht mehr für Bild und Welt mit angehängtem Digital-Business, sondern ist ganz im Gegenteil eine digitale Beteiligungsgesellschaft mit angehängtem Print-Business.

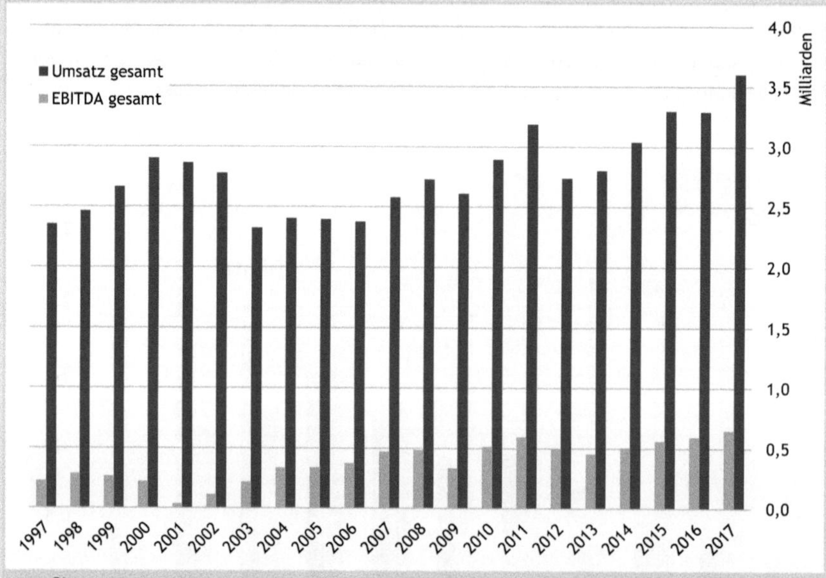

Grafik 087: Entwicklung von Umsatz und EBITDA bei Axel Springer (Quelle: Statista; Jahresberichte Axel Springer)

Die Grafik 087 zeigt, dass sich der Umbau finanziell gelohnt hat. Das Unternehmen steht heute wirtschaftlich so gut da wie nie zuvor und gilt als einer der Gewinner der Digitalisierung. Ob der Gründer Axel Springer diesen Umbau befürwortet hätte, werden wir wohl nie erfahren. Doch seine Witwe Friede Springer hält nach wie vor 5% der Anteile und ist zudem stellvertretende Vorsitzende des Aufsichtsrates. Sie ist auch ein Garant dafür, dass trotz des Umbaus des Unternehmens die Flaggschiffblätter Bild und Welt so schnell nicht aus der deutschen Medienlandschaft verschwinden werden.

Wie wir bereits an zahlreichen Beispielen gesehen haben, besteht ein entscheidender Aspekt organisationaler Resilienz darin, es zu erkennen, wenn ein Geschäftsmodell nicht mehr funktioniert und der Anpassung bedarf. Dieser hierarchie- und fachbereichsübergreifende Erkenntnisprozess ist fundamental für die Langlebigkeit von Organisationen. Damit dies möglich wird, muss die Unternehmensleitung verhindern, dass sie selbstzufrieden, hochmütig und überheblich wird – und sie muss sicherstellen, dass auch schwache Signale aus der Organisation und aus dem Marktumfeld bei ihr ankommen. Diese produktive Paranoia ist umso schwieriger aufrechtzuerhalten, je erfolgreicher ein Unternehmen mit seinem bisherigen Geschäftsmodell ist.

Ist der Erkenntnisprozess erst einmal eingeleitet, besteht die größte Herausforderung darin, vertrauenswürdige Verbündete für den neuen Weg zu suchen und zu finden. Insbesondere wenn ein Strategiewechsel das Verlassen der Komfortzone des Unternehmens bedeutet, ist es für die organisationale Widerstandsfähigkeit wichtig, die unternehmensinterne Lernkurve durch Kooperation mit Partnern und bei Bedarf auch Wettbewerbern so steil und effizient wie möglich zu gestalten. Wenn ein Unternehmen wie Axel Springer zudem als Innovationstreiber fungiert, ist es darüber hinaus wichtig, dass es die externen Rahmenbedingungen, falls möglich, so gestaltet, dass es erfolgreich sein kann. Das kann beispielsweise dadurch geschehen, dass es Marktstandards für digitale Bezahlangebote setzt oder dass es sich entscheidet, nicht national, sondern international zu expandieren, um so den Widerstand der Kartellbehörden zu umgehen.

3.6 Die Ebene »Intention«

Die größte Angelegenheit des Menschen ist zu wissen,
wie er seine Stelle in der Schöpfung gehörig und recht verstehe,
was man sein muß, um Mensch zu sein.
(Immanuel Kant, deutscher Philosoph, 1724 bis 1804)

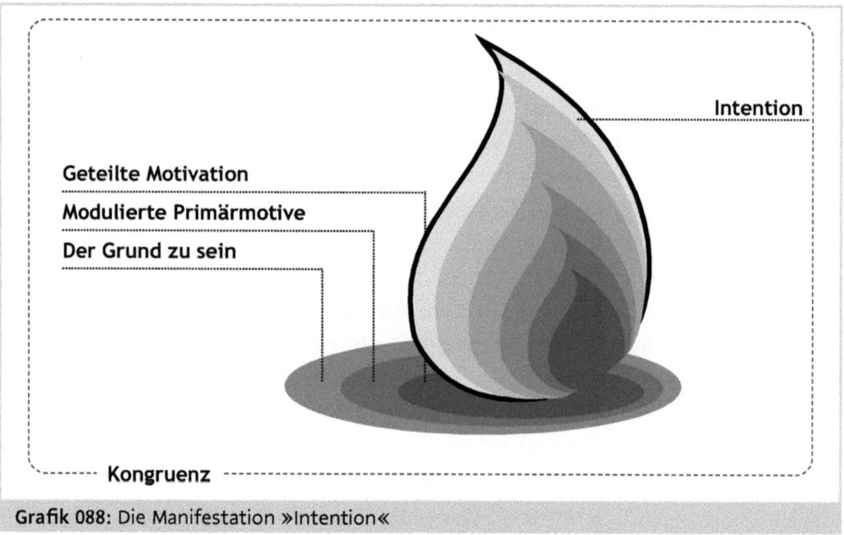

Grafik 088: Die Manifestation »Intention«

Bei dieser abschließenden Manifestation organisationaler Resilienz geht es darum, inwieweit es einer Organisation wichtig ist und auch nachhaltig gelingt, die Ressource der Sinnhaftigkeit in der Belegschaft zu mobilisieren.

Jede Form von Arbeit macht prinzipiell auf eine gewisse Weise Sinn: Seine Leistung, Loyalität und Unterordnung tauscht der Mitarbeiter gegen Geld, Zugehörigkeit und Sicherheit. Wenn ein Mitarbeiter genug Geld verdient und eine Zukunftsperspektive hat, um seine Familie langfristig zu ernähren, dann ist das zunächst einmal absolut sinnvoll. Aber was darüber hinaus macht die Arbeit in einer ganzheitlichen Weise bedeutsam? Sinnhaftigkeit kann sich dabei in verschiedener Art und Weise und an unterschiedlichen Kontaktflächen in Organisationen mit verschiedenen Primärmotiven manifestieren.

- Mitglieder des kolumbianischen Sinaloa-Kartells, einer Stammesorganisation, finden es beispielsweise sinnvoll, wenn sie mit dem aus ihren Drogengeschäften eingenommenen Geld Straßen in ihrer Heimatregion bauen können und dafür den Respekt und die Dankbarkeit der lokalen Bevölkerung erfahren.

- Soldaten der Bundeswehr, einer traditionellen Organisation, empfinden Sinn darin, für ihre Kameraden einzustehen, wenn sie im Einsatz sind und angegriffen werden. Mitarbeiter der katholischen oder evangelischen Kirche, ebenfalls traditionelle Organisationen, empfinden Sinn darin, anderen Menschen zu helfen und Gutes zu tun.
- Diejenigen, die nach einem modernen Paradigma arbeiten, wie beispielsweise die Mitarbeiter von Hewlett-Packard oder Dell, empfinden Sinn darin, wenn sie für ihre Kunden eine wirklich gute Lösung entwickeln können und ihnen damit helfen, aktuelle Probleme zu lösen.
- Gleiches gilt für Menschen, die in postmodernen Unternehmen beschäftigt sind, beispielsweise in der Unternehmensberatung Leadership Choices. Auch hier empfindet es jeder Coach als sinnvoll, wenn er seinen Klienten durch einfühlsame Fragen und eigene Lebenserfahrung einen entscheidenden Schritt weiterbringen kann.
- Und natürlich findet Sinn auch in evolutionären Organisationen statt, beispielsweise, wenn in einer Lebensgemeinschaft wie im schottischen Findhorn oder dem deutschen Friedenshof eine intensive Art von Miteinander gelingt, in der jeder Mensch seine Stärken, aber auch seine Schwächen zeigen kann und in der man gemeinsam danach strebt, im Einklang mit der Natur zu leben.

Das Erleben von Sinnhaftigkeit ist also prinzipiell in allen Unternehmensintentionen möglich. Was sich hingegen unterscheidet, ist die Absicht dahinter, die Häufigkeit und die Kontaktfläche. In Organisationen, die nach tribalen, traditionellen und modernen Paradigmen funktionieren, wird Sinn typischerweise an der Kontaktfläche Individuum-Umfeld erlebt, und zwar immer dann, wenn eine altruistische Interaktion zwischen zwei Menschen stattfindet, bei der der eine für einen anderen da ist und im Umkehrschluss dafür Dankbarkeit erfährt. Dies kann durch Rückendeckung mit dem Gewehr, durch ein offenes Ohr, eine helfende Hand oder eine wirklich intelligente Problemlösung geschehen. Allerdings sind diese Organisationsformen nicht mit der Absicht erschaffen worden, der Belegschaft das Erleben von Sinnhaftigkeit in ihrem Tun zu ermöglichen und damit zu ihrer Persönlichkeitsentfaltung beizutragen.

Betrachtet man in tribalen, traditionellen und modernen Organisationen hingegen die Kontaktflächen Umfeld-Organisation, also die unternehmensinterne Interaktion, oder die Fläche Organisation-Kontext, also die Interaktion am Übergang von Organisation zur Gesellschaft, so findet hier meist nur wenig Sinnerleben statt. Nur wenige Angehörige der italienischen Camorra werden nach hinreichender Selbstreflexion der Meinung sein, dass ihre Organisation auf gesellschaftlicher Ebene tatsächlich sinnvoll ist. Und weder Soldaten der Bundeswehr noch Pflegerinnen im Krankenhaus werden das Innere ihrer

Organisation als ausgesprochen sinnstiftend erleben, wenngleich der gesellschaftliche Sinn außer Frage steht. Das Gleiche gilt auch für Mitarbeiter in IT-Unternehmen und Unternehmensberatungen.

Menschen, die in postmodernen Organisationen arbeiten, erwarten hingegen, dass an mehr als einer Kontaktfläche Bedeutsamkeit und Sinnerleben stattfindet, beispielsweise durch den guten Umgang miteinander, die unternehmensinternen Weiterentwicklungsangebote oder die sinnvollen Produkte und Dienstleistungen, die das Unternehmen hervorbringt. Das Einzige, was hier das Sinnerleben immer wieder infrage stellt, ist der Stellenwert von Leistung und Erfolg, der dem Sinn immer mal wieder den Rang abläuft oder in die Quere kommt, wenn beispielsweise die Zahlen am Quartalsende schlecht sind. Dies kann im Extremfall dazu führen, dass Menschen die vordergründige Werteorientierung der eigenen Firma als verlogen empfinden.

Wenn Menschen sich hingegen für das Leben in einer evolutionären Organisation entschieden haben, dann tun sie das, weil ihnen das Erleben von Sinn und Relevanz ihres Tuns auf allen Kontaktflächen von großer Bedeutung ist, wichtiger noch als persönlicher Erfolg, ökonomische Sicherheit und gesellschaftlicher Status. Damit wird das Erleben von Sinn hier zu einer großen Ressource, aber gleichzeitig auch zur Achillesferse, wenn beispielsweise aufgrund interner Konflikte oder wirtschaftlicher Schwierigkeiten der Kontakt zum eigentlichen Sinn der Gemeinschaft verlorengeht. Wie keine andere Ebene ist daher die Manifestation der Intention als ein spezifisches Resilienzprinzip zu werten, da sie in verschiedenen Organisationsformen ein unterschiedliches Maß an Relevanz für die Ausprägung der organisationalen Resilienz hat.

3.6.1 Kontaktfläche Individuum-Umfeld: »Geteilte Motivation«

Auf dieser inneren Ebene geht es darum, inwieweit die Motive des einzelnen Mitarbeiters in Summe zur Intention der Organisation passen. Organisationen mögen sich die Mitarbeiter aussuchen, doch zuvor entscheiden sich die Mitarbeiter dafür, ob eine spezielle Organisation und ihre Reputation am Markt für sie überhaupt infrage kommen. Es handelt sich also um einen wechselseitigen Auswahl- und Entscheidungsprozess anhand der Präferenz für bestimmte neurobiologische Grundbedürfnisse, die wir bereits kennengelernt haben. In dem Maß, in dem individuelle Motivatoren und Werte zur kollektiven Unternehmensintention und Kultur passen, entsteht eine Stimmigkeit, die wichtig ist für das Maß an organisationaler Resilienz. Hierbei ist einerseits die Passung der Werte und Motivatoren zwischen Individuum und Kollektiv wichtig und andererseits auch ihr Wesen selbst. Sie erinnern sich vielleicht noch an das Beispiel der France Télecom, das wir im Kapitel »Unternehmen und ihre Primärmotive« betrachtet haben: Menschen, die in den 1970er- und 1980er-Jahren in dieses Unternehmen mit seiner Beamtenquote von 65% eingetreten waren, taten dies aller Wahrscheinlichkeit nach, weil ihnen materielle Sicherheit, dauerhafte Zugehörigkeit, die Stabilität ihres Tätigkeitsbereichs und eine klare Orientierung hinsichtlich der zu erwartenden beruflichen Entwicklung wichtig waren. Sie sind höchstwahrscheinlich nicht zum Unternehmen gestoßen, um sich selbst zu entfalten, die Welt zu sehen, Freiheit und Autonomie zu leben oder über sich selbst hinaus zu wachsen. Als dann 2005 vom neuen CEO Didier Lombard das Programm »Time to Move« aufgelegt wurde, bei dem Beamte alle drei Jahre in eine andere Stadt versetzt wurden, während zeitgleich die Leistungsanforderungen stiegen, passten die Werte und Motivatoren eben dieser Mitarbeiter nicht mehr zum Wertesystem des Unternehmens. Die Unternehmensleitung hatte sich dazu entschieden, aus einer traditionellen eine moderne Organisation zu machen, und zwar in kürzester Zeit, von oben nach unten und ohne große Zimperlichkeit, während die Belegschaft größtenteils noch dem traditionellen Paradigma mit seiner Planbarkeit und Sicherheit verbunden war. Doch immer dann, wenn die Passung von Organisation und Belegschaft auf der Werteebene nicht mehr gegeben ist, ist eine schwere Krise vorprogrammiert, wie sie bei der France Télecom in Form der tragischen Selbstmordwelle eintrat. Lässt man die indiskutable menschenverachtende Haltung der Unternehmensleitung einmal außen vor, bleibt allerdings dennoch die Herausforderung, dass ein Unternehmen wie die France Télecom, mit seiner überwiegend sicherheits- und stabilitätsorientierten Belegschaft ohne interne Weiterentwicklung ein großes Problem damit hat, sich in einer VUKA-Zone wie der aufkommenden Digitalisierung bei gleichzeitiger Liberalisierung der Märkte zu behaupten. Das Problem war dabei nicht, dass einige Mitarbeiter Veränderungen gegenüber prinzipiell skeptisch waren, sondern eben sehr viele. An dieser Stelle besteht daher auch eine enge Verbindung zur Manifestation »Textur« und der personalen Zusammensetzung einer Organisation. Der Veränderungsimpuls war daher prinzipiell richtig, die unmenschliche Art und Weise der Umsetzung allerdings vollkommen ungeeignet. Hier wäre wesentlich mehr Zeit für interne Meinungsbildung und die Entwicklung einer gemeinsamen Zukunftsvision nötig gewesen. Aus dieser wären dann im Dialog Veränderungsmaßnahmen abgeleitet worden, die von der Belegschaft auch tatsächlich mitgetragen werden. Und selbst dieser schonendere Veränderungsprozess hätte aufgrund der grundlegenden Umwälzung der Unternehmenswerte noch immer für mehr als genug interne Unruhe und Missstimmung gesorgt.

Ein hohes Maß an Passung der Werte und Motive von Mitarbeitern und Organisation ist für alle Unternehmensintentionen bedeutsam. Es sorgt dafür, dass grundlegende Erwartungen nicht enttäuscht werden und Kraftvektoren sich gegenseitig verstärken. Je stärker die im Unternehmen gelebte Ideologie ist, desto eher entspricht auch seine Reputation am Markt diesen organisationalen Richtungsweisern. Damit besteht auch eine Verbindung zur Manifestation der Energie eines Unternehmens. Durch eine klare Reputation werden wiederum Menschen angezogen, die zur Energie und Intention der Organisation passen.

Ein gutes Beispiel für einen solchen gemeinsamen Wertekanon in einem modernen, leistungsorientierten Paradigma ist die Strategieberatung Boston Consulting Group.

!

Beispiel: Die Boston Consulting Group

Die Boston Consulting Group (BCG) wurde 1963 vom US-amerikanischen Unternehmer Bruce D. Henderson als Beratungsabteilung der Boston Safe Deposit and Trust Company gegründet. Nach mehreren Jahren zähen Ringens kaufte sich das Management unter der Leitung Hendersons, der zuvor bereits für die Unternehmensberatung Arthur D. Little gearbeitet hatte, schließlich 1979 von der Muttergesellschaft los und operierte fortan als eigenständige Strategieberatung. In den knapp 40 Jahren ihres Bestehens wurde sie weltweit zu einem der führenden Anbieter in ihrem Segment. Sie erwirtschaftete 2017 mit 16.000 Beratern in 50 Ländern einen Umsatz von 6,3 Milliarden US-Dollar. Damit ist sie hinter dem Dauerrivalen McKinsey & Company die zweitgrößte Strategieberatung der Welt und befindet sich vollständig im Besitz der Partner. Vom Junior Associate bis hin zum Partner existiert ein klar umrissener Entwicklungspfad, der abhängig von verschiedensten Faktoren zwischen sieben und zehn Jahre dauern kann. Die interne Maßgabe lautet »Up or out«. Entweder man bringt die Leistung, die für den nächsten Karriereschritt gebraucht wird, oder man wird freundlich gebeten, das Unternehmen zu verlassen. BCG zieht, genauso wie die Konkurrenten McKinsey oder Bain, seit jeher junge Menschen an, die hochintelligent und analytisch sind, eine schnelle Auffassungsgabe gekoppelt mit hoher Leistungsfähigkeit haben und sich beweisen wollen. Ohne exzellente akademische Leistungen und Titel von renommierten Universitäten gibt es bei BCG keinen Job als Strategieberater. Dazu muss allerdings noch ein weiterer Aspekt kommen, nämlich ein latenter Zweifel daran, so wie man ist, gut zu sein. Dieser nagende Selbstzweifel macht aus einem hochbegabten Menschen nämlich erst einen richtigen Strategieberater. Der dänische Unternehmensberater Matias Dalsgaard, der einige Jahre bei McKinsey gearbeitet hat, prägte dafür den Begriff des Insecure Overachievers. Diese Menschen ziehen ihre Selbstbestätigung zu einem großen Teil aus positiver Rückmeldung von außen, was dazu führt, dass sie ständig bestrebt sind, sich durch ein Mehr an Leistung die Aufmerksamkeit und Anerkennung ihrer Vorgesetzten zu erarbeiten. Es fällt ihnen hingegen schwer, sich diese positive Wertschätzung selbst zuteilwerden zu lassen, wenn sie mal keine Höchstleistung erbringen. Leistung und Selbstwert sind direkt miteinander verknüpft. Das führt dazu, dass Arbeitstage von 14 bis 16 Stunden und ständige Erreichbarkeit üblich sind und sechs Stunden Schlaf bereits als Luxus gelten. Auch 100 und mehr Flüge pro Jahr und drei bis vier parallele Projekte sind keine Seltenheit. Es ist für diese Menschen normal, unter der Woche nur an den Job zu denken. Diese Leistungsbereitschaft wird vom System honoriert. Wer sich engagiert, geistig agil und körperlich mobil ist, kommt weiter. Jeder Berater erhält nach jedem typischerweise über mehrere Wochen oder wenige Monate laufenden Projekt zudem Feedback, wie er sich weiter verbessern kann und wird idealerweise beim nächsten Einsatz so positioniert, dass er an eben diesen Schwächen arbeiten kann. Das alles ist Treibstoff für Leistungsmenschen. Dazu kommt, dass das Unternehmen viel in die Aus- und Weiterbildung seiner Berater investiert, um sie besser zu machen. Aus der eigenen Arbeit mit zahlreichen BCG-Partnern kann ich berichten, dass die allgemeine Lebenszufriedenheit dort durchaus hoch ist. Auch ist das Phänomen des Insecure Overachievers allgemein bekannt und wird im vertraulichen Gespräch auch meist akzeptiert. Wenn Berater erst einmal auf dem Partner-Level angekommen sind, auf den bis dahin ihre gesamte Karriere ausgerichtet war, dann ist ihnen bewusst, dass sie zu einer kleinen Leistungselite gehören. Und dann hört ihre Entwicklung noch keineswegs auf. Nun müssen sie lernen loszulassen, zu delegieren und zu coachen. Sie müssen jetzt Allianzen bilden und andere dazu anleiten, die Arbeit zu machen, um sich selbst auf diese Weise zu hebeln, also ihren Einfluss durch geschickte Skalierung zu vergrößern. Die persönliche Weiterentwicklung der eigenen Kompetenz und Leistungsfähigkeit endet so niemals.

Das Rekrutierungsschema des Insecure Overachievers in vielen leistungsorientierten Organisationen wird in der psychologischen Literatur häufig kritisiert. Als jemand, der sich selbst als einen solchen Leistungsmenschen beschreiben würde, sehe ich das dagegen wertfrei. Es gibt Menschen, die aufgrund ihrer Sozialisation, genetischen Veranlagung oder durch sonstige Gründe ein weniger stark ausgeprägtes Selbstbewusstsein haben. Ich meine dabei nicht die nach außen gezeigte Fassade, sondern die tiefgehende Überzeugung, so wie man ist, gut zu sein. Man könnte dies auch mit bedingungsloser Selbstakzeptanz umschreiben.

Wenn die latente innere Unsicherheit kombiniert ist mit großer Belastbarkeit und hoher Leistungsfähigkeit, dann suchen diese Menschen zwangsläufig ein Umfeld, in dem sie die Bestätigung bekommen, die sie brauchen. Mit der Zeit sorgt die eigene Leistung und der sich dadurch einstellende Erfolg unter Umständen dafür, dass ein positives Selbstbild von innen »nachwächst« und so ein souveränerer Umgang mit dem Bedürfnis nach externer Anerkennung entsteht.

Dass das Tauschprinzip »Leistung gegen Selbstwert« auf Dauer nicht gerade gesundheitsfördernd ist, steht außer Frage. Insbesondere Leistungsmenschen neigen zu einem Phänomen, dass der Schweizer Psychologe Andreas Krause als interessierte Selbstgefährdung bezeichnet. Sie wissen, dass die hohe Arbeitsbelastung und der wenige Schlaf problematisch zu sehen sind, finden es aber einfach zu verlockend, dem Sog des Leistungssystems nachzugeben. Aufgrund ihrer hohen Disziplin sind sie zudem oft fitter und auch ausgeglichener als so mancher Mensch mit einem »normalen« Beruf. Unabhängig von der Bewertung des Insecure Overachievers entsteht durch die große Passung zwischen den Erwartungen des organisationalen Umfelds und den Bedürfnissen des Einzelnen ein Organisationssystem mit einer idealerweise in vielen Attributen diversen und heterogenen Belegschaft, die jedoch eine hohe Leistungsbereitschaft gemeinsam hat.

3.6.2 Kontaktfläche Umfeld-Organisation: »Modulierte Primärmotive«

Auf der kollektiven Ebene geht es um die Art und Weise, wie die Primärmotive eines Unternehmens moduliert werden. Wie wir bereits an mehreren Stellen in diesem Buch gesehen haben, lässt sich die Entwicklungsstufe einer Organisation vertikal in verschiedene Gruppen von Primärmotiven einteilen. Aufgrund dessen lässt sich eine Aussage darüber treffen, welcher Sinn und Zweck mit der Gründung einer spezifischen Organisation ursprünglich verfolgt wurde.

Bei Stammesorganisationen geht es darum, den eigenen Machtanspruch zu verteidigen und, wenn möglich, auszubauen. Bei traditionellen Organisationen stehen Zugehörigkeit und Struktur im Vordergrund, um so für ihre Mitglieder Sicherheit und Orientierung zu gewährleisten. Moderne Organisationen fokussieren auf Leistung und Fortschritt, während ihre postmodernen Pendants das Ziel verfolgen, Leistung mit einer starken Werteorientierung zu integrieren. Bei evolutionären Organisationen dreht sich alles um das Streben nach Ganzheit und Einheit mit der Schöpfung.

Primärmotive in ihrer reinen Form führen unweigerlich dazu, dass jede Organisationsform sich mit der Zeit selbst aushöhlt und zerstört. Daher ist es für die Resilienz einer Organisation zwingend erforderlich, dass jedes dieser Motive moduliert wird, um ein grundlegendes Maß an Menschlichkeit zu gewährleisten. Je nach Primärmotiv stellt sich Menschlichkeit dabei in unterschiedlichen Qualitäten dar. Diese Modulation lässt sich auch als eine horizontale Entwicklung entlang der Reifegrade Pionier-, Differenzierungs-, Integrations- und Assoziationsphase verstehen. In der folgenden Tabelle sind die Primärmotive und ihre Modulatoren für Menschlichkeit dargestellt.

Primärmotive und Modulatoren von Organisationen		
Bezeichnung	**Primärmotiv**	**Modulator für Menschlichkeit**
Stammesorganisationen	Ego, Macht, Kampf	Vertrauen, Kooperationsfähigkeit
Traditionelle Organisationen	Zugehörigkeit, Rang, Struktur	Gesellschaftliche Bedeutung, Vertrauen in die Mitglieder
Moderne Organisationen	Fortschritt, Effizienz, Leistung	Kollegialität, Rücksicht, soziale Verantwortung
Postmoderne Organisationen	Leistung, Gleichheit, Fairness	Ehrlichkeit, Gewissen, Verletzbarkeit
Evolutionäre Organisationen	Evolutionärer Sinn, Ganzheit	Entwicklung, Toleranz, Vergebung

Eine Stammesorganisation wie die `Ndrangheta würde ohne die Fähigkeit, anderen Gruppen zu vertrauen und mit ihnen zu kooperieren, in einen totalen Krieg geraten, aus dem keine Seite als Gewinner hervorgehen würde. Die Bundeswehr als traditionelle Organisation würde ohne eine Beschäftigung und Auseinandersetzung mit ihrer Geschichte und ihrer gesellschaftlichen Bedeutung und ohne Vertrauen in die Loyalität und das Verantwortungsbewusstsein der Soldaten zu einem gefährlichen Staat im Staate werden, der nicht mehr dem Volk, sondern nur noch dem eigenen Korpsgeist dient. Moderne Organisationen wie Strategieberatungen würden ohne Kollegialität, Rücksichtnahme und Übernahme von sozialer Verantwortung zu einer menschenverachtenden Maschinerie werden, in der keiner mehr arbeiten möchte. Postmoderne Organisationen wie SAP oder Google, die versuchen, den Spagat zwischen Leistung und Fairness zu schaffen, laufen ohne Ehrlichkeit Gefahr, zur Farce ohne Authentizität zu werden, die ihre zur Schau gestellten Werte nur dafür nutzt, um das eigene Profitstreben zu kaschieren. Das Mindeste, was es hier braucht, ist das Zulassen von Verletzbarkeit und Fehlbarkeit, da ein solcher Spagat in einer kapitalistisch geprägten Marktwirtschaft nicht dauerhaft gelingen kann und von daher Abstriche und Kompromisse erforderlich sind, die allerdings wiederum das kollektive Gewissen und die eigene Glaubwürdigkeit infrage stellen. Die größte Gefahr für eine evolutionäre Organisation ist hingegen die Überzeugung, den einzig richtigen Weg zu Ganzheit und Einheit zu kennen und mit genau dieser ideologischen Verblendung die einzelnen Menschen und den gemeinsamen Entwicklungspfad aus dem Blick zu verlieren. Für Organisationen dieses Typs besteht das Ziel darin, gemeinsam einen hilfreichen Weg zu suchen, ohne sich dabei von Ideologie verblenden zu lassen und innerlich zu verhärten. Es gilt immer wieder, Fehlentscheidungen zu korrigieren und sich und anderen für Irrungen zu vergeben. Dieses Suchen und das damit verbundene Nicht-Wissen und Ausprobieren ist das eigentliche Ziel.

Das folgende Beispiel illustriert anhand einer traditionellen Organisation, was ich mit der Modulation von Primärmotiven hin zu einem Mindestmaß an Menschlichkeit konkret meine. Die Kernwerte traditioneller Organisationen sind Zugehörigkeit, Rang und Struktur und können in extremer Form zu blindem Gehorsam, fehlendem eigenständigem Denken und mangelndem gesellschaftlichen Gewissen führen. Werden die Motive jedoch durch Menschlichkeit moduliert, kann Großartiges entstehen.

!

Beispiel: Hurrikan Katrina, Perot Systems und ein Notstromaggregat

Am 29. August 2005 erreichte der Hurrikan Katrina die Millionenstadt New Orleans. Da ein Großteil der Überflutungssicherungen nicht funktionierte, wurden binnen kürzester Zeit 80% der Metropole überflutet. Davon betroffen waren auch zahlreiche Krankenhäuser, deren Elektrizitätsversorgung trotz Notstromaggregaten innerhalb weniger Tage zusammenbrach. Insgesamt forderte dieser heftige Wirbelsturm der höchsten Kategorie 5 mehr als 1.800 Menschenleben auf dem US-amerikanischen Festland. Die Reaktionen der verschiedenen Regierungsbehörden waren nicht aufeinander abgestimmt und in weiten Teilen ineffektiv. Erschwerend kam hinzu, dass ein Großteil der Kommunikationsinfrastruktur zusammengebrochen war.

Perot Systems, ein texanisches IT-Unternehmen mit 23.000 Mitarbeitern, das unter anderem katastrophensichere Rechenzentren betrieb, hatte kurz vor der Wetterkatastrophe ein neues Notstromaggregat in die Firmenzentrale nach Plano, Texas, geliefert bekommen. Zum Zeitpunkt des Wirbelsturms war es noch nicht installiert worden. Tommy Lawrence, damals zuständig für die Infrastruktur des Rechenzentrums, entschied kurzerhand und ohne Abstimmung mit der Firmenleitung, das Aggregat mit einem Wert von mehreren 100.000 US-Dollar auf einem Tieflader ins 830 Kilometer entfernte New Orleans zu bringen, um dort Krankenhäuser mit dringend benötigtem Strom zu versorgen. Ihm war klar, dass er mit dieser Entscheidung seine Kompetenzen bei weitem überschritten hatte und seine Karriere riskierte. Doch die gesellschaftliche Verantwortung des Unternehmens mit seiner einzigartigen Möglichkeit zu helfen erschien im vorrangig. Nachdem das Aggregat seinen Dienst am Katastrophenort aufgenommen hatte, wurde er von Ross Perot, dem Firmengründer und ehemaligen US-Präsidentschaftskandidaten, trotz Kompetenzüberschreitung für seine Eigeninitiative öffentlich gelobt. Perot, der durch den Verkauf seines ersten Unternehmens Electronic Data Systems (EDS) an Hewlett-Packard zum Milliardär geworden war, erwähnte diesen Vorfall auch noch danach oft als Beispiel für Zivilcourage bei Kundenterminen und öffentlichen Ansprachen.

Kommen wir von den traditionellen zu den postmodernen Organisationen. Diese sind in besonderer Weise anfällig, da sie den Anspruch haben, Leistung und Erfolg mit sozialem Gewissen und Werteorientierung zu verbinden. Das gelingt auch typischerweise immer dann, wenn es dem Unternehmen wirtschaftlich gut geht. Diese Purpose-Led-Organizations sind für viele junge Menschen sehr attraktiv, da hier Werte und Geld eine attraktive Symbiose einzugehen scheinen. Doch der Schein trügt. Die große Gefahr besteht darin, dass Unternehmen wie diese aufgrund ihrer marktwirtschaftlichen Orientierung dazu tendieren, ein gänzlich anderes Gesicht zu zeigen, wenn sich die Zahlen negativ entwickeln. Diese Demaskierung führt nicht selten zu desillusionierten und tief enttäuschten Mitarbeitern, die sich innerlich und äußerlich vom Unternehmen abwenden.

Wie so oft, wird also auch hier erst in Krisensituationen erkennbar, inwieweit die Primärmotive durch Ehrlichkeit und Zulassen von Verletzbarkeit hin zu einem angemessenen Maß an Menschlichkeit moduliert wurden oder ob der von außen weit sichtbare Wertekanon nur Schönwetterperioden übersteht.

Beispiel: Das Center for Creative Leadership und seine Learning Days !

Das Center for Creative Leadership (CCL) ist eine global agierende Non-Profit-Organisation, die 1970 von H. Smith Richardson, dem damaligen Inhaber des Firmenkonglomerats rund um das auch in Deutschland bekannte Erkältungsprodukt Wick VapoRub, zur Erforschung, Förderung und Verbreitung von guter Führung gegründet wurde. Richardson wollte Ende der 1960er-Jahre verstehen, wie Führung funktioniert, und vor allem, ob sie erlernbar ist. Zu diesem Zweck wurden zunächst einige Dutzend Studenten rekrutiert, die sich bereits durch ihre Fähigkeit zu führen hervorgetan hatten. Diese wurden von Richardson durch Praktika und Stipendien gefördert. Im Gegenzug stellten sie sich für zahlreiche Persönlichkeitstests, Befragungen und psychologische Versuche zur Verfügung. Diese Forschung brachte mit die ersten wissenschaftlich belastbaren Erkenntnisse zum Thema Führung und schuf einen Teil der Grundlage, auf die CCL später seine Arbeit stützte. Das Center unterhielt zunächst drei Standorte in den USA. 1990, 20 Jahre nach Gründung der Organisation, wurde die Europazentrale in Brüssel eröffnet. 2008 kam ein weiteres Büro in Moskau dazu und 2010 folgte eine Niederlassung in Kapstadt.
Über die Jahre wurden die jährlichen CCL Learning Days ein Teil der europäischen Firmenkultur, zu denen viele Mitarbeiter, vor allem aber ein Großteil der externen Trainer und Coaches, für drei Tage zusammenkamen, um Neues zu lernen, sich auszutauschen und gemeinsam eine gute Zeit zu haben. Dieser Event wurde von dem damaligen Managing Director Rudi Plentix, einem belgischen Managementberater, befürwortet und gefördert, da er aus seiner Sicht wichtig für die kooperative Kultur und den Zusammenhalt der Organisation war. Was als kleine Veranstaltung begonnen hatte, wurde im Laufe der Zeit und mit fortschreitendem Wachstum der Organisation zu einem großen und kostspieligen Unterfangen mit jährlichen Kosten

weit jenseits von 100.000 Euro, eine enorme Summe für eine Non-Profit-Organisation, zumal es in den USA nichts Vergleichbares gab. Als 2008 die globale Wirtschaftskrise auch CCL traf, fielen die Kosten noch mehr ins Gewicht. Die Geschäfte in Europa liefen zunehmend schlechter und das Unternehmen schrieb über mehrere Jahre rote Zahlen. Dennoch hielt man an den Learning Days fest.
2012 übernahm der US-amerikanische Psychologe David Altman den Posten des Managing Directors. Er kannte das Konzept der Learning Days nicht, da es in den USA nicht existierte. Dort gab es nur wenige externe Trainer und Coaches, da die meisten festangestellt waren und in den Standorten arbeiteten. Altman sah sehr wohl die immensen Kosten, die die Learning Days verursachten, und die schlechte wirtschaftliche Lage. Die Verlockung war groß, Geld einzusparen, und so wurde auch ganz offen eine Aussetzung der Learning Days diskutiert. Nach zahlreichen Gesprächen war es Altman jedoch klar, dass dieses jährliche Zusammenkommen elementar wichtig für das Zugehörigkeitsgefühl und die Loyalität der zahlreichen externen Trainer und Coaches war. So hielt er daran fest.
Am 22. März 2016 kam es in Brüssel zu zwei Selbstmordattentaten am Flughafen und in der Innenstadt. Dabei wurden 35 Menschen getötet und mehr als 300 wurden verletzt. Brüssel wurde für mehrere Wochen in den Ausnahmezustand versetzt und zahlreiche Leadership-Programme mussten abgesagt werden, weil viele Kunden um ihre Sicherheit fürchteten und nicht nach Brüssel reisen wollten. Trotzdem fanden auch 2016 die Learning Days in großem Rahmen und mit vielen Teilnehmern statt. 2017 übernahm der britische Manager Hamish Madan die Position des Managing Directors. Trotz vieler grundlegender Reorganisationen behielt auch er diese traditionsreiche Veranstaltung bei. Mittlerweile haben sich die Zahlen nicht nur erholt, sondern sie sind wesentlich besser als jemals zuvor in der Geschichte von CCL Europa. Auch wenn die Kultur der Organisation sich über die letzten Jahrzehnte weiterentwickelt hat, sind die Learning Days eine wichtige Konstante geblieben, die dazu beiträgt, dass CCL nicht bloß eine beliebige Firma mit austauschbaren Mitarbeitern ist, sondern vielmehr ein Wirtschaftsunternehmen, das gleichzeitig eine recht verschworene internationale Gemeinschaft von Menschen ist, die durch ähnliche Werte und Interessen miteinander verbunden sind.

Kein Primärmotiv ist für sich gesehen besser oder wirkt sich positiver auf die Widerstandsfähigkeit von Organisationen aus als ein anderes. Es macht also aus Sicht der Unternehmensleitung wenig Sinn, eine vertikale Entwicklung anzustreben, um eine Organisation besser auf Krisen vorzubereiten. Auch für Organisationsformen, die gemäß anderer Primärmotive fungieren, gilt jedoch hinsichtlich der Auswirkungen auf die organisationale Resilienz, dass diese Motive nicht zum Selbstzweck werden dürfen. Vielmehr ist entscheidend, dass sie durch verschiedene Aspekte von Menschlichkeit moduliert und in die Grenzen gewiesen werden müssen. Diese Entwicklung hin zu einem Mehr an menschlichen Werten in der Zusammenarbeit innerhalb des Unternehmens und auch über seine Grenzen hinweg, lässt sich in der Grafik 089 als horizontale Entwicklung darstellen. Während die vertikale Entwicklung nur in schwachem Maße mit organisationaler Resilienz korreliert, ist dies bei der horizontalen Entwicklung anders. Ein Mehr an verschiedenen Aspekten der Menschlichkeit äußert sich hier beispielsweise in zunehmender Kooperationsfähigkeit, wachsendem Vertrauen, einer Aufweichung von starren Strukturen und schlussendlich in der wachsenden Fähigkeit, das eigene Ego zu überwinden. All dies haben wir bereits in den Kapiteln zuvor als allgemeine Resilienzprinzipien identifiziert.

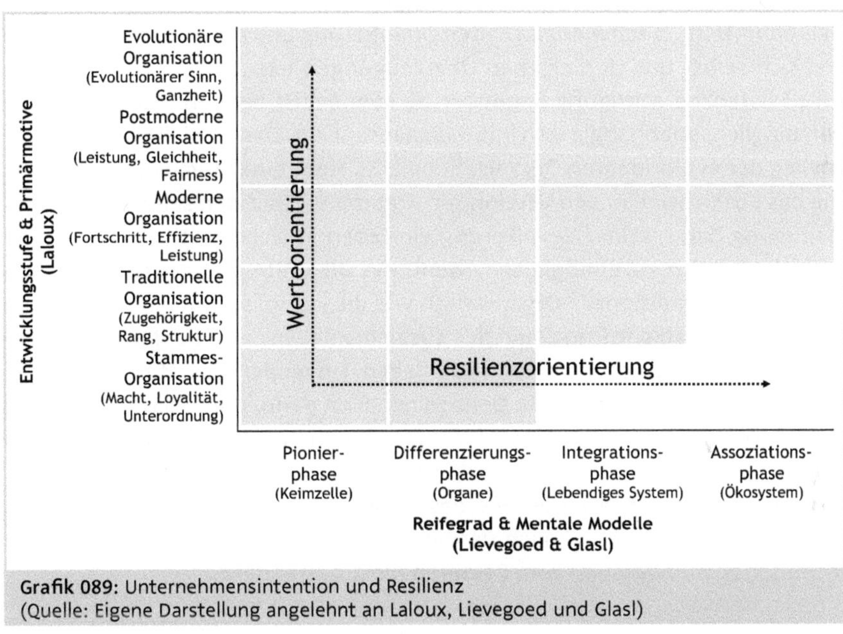

Grafik 089: Unternehmensintention und Resilienz
(Quelle: Eigene Darstellung angelehnt an Laloux, Lievegoed und Glasl)

3.6.3 Kontaktfläche Organisation-Kontext: »Sinnvolle Existenzberechtigung«

An dieser Schnittstelle geht es darum, inwiefern ein Unternehmen glaubhaft einen Sinn und eine Daseinsberechtigung artikulieren kann, die über das eigene Maß an Wachstum und wirtschaftlichem Erfolg hinausgeht. Es spielt dabei nicht so sehr eine Rolle, wie sich eine Firma nach außen werbewirksam darbietet, sondern vielmehr, was tief im Inneren ihr Denken und Handeln bestimmt. Im Gegensatz zu den anderen Aspekten organisationaler Resilienz handelt es sich beim Aspekt »Sinn« allerdings weniger um ein verpflichtendes Kriterium. Genau wie nicht jeder Mensch einen tieferen Sinn für sein Leben benennen kann, so fühlt sich auch nicht jede Organisation dazu berufen, dies für sich zu tun. So ist der US-amerikanische Tabakkonzern Philip Morris International seit nunmehr 118 Jahren höchst erfolgreich und kann von daher auch als resilient bezeichnet werden. Dennoch kann man dem nach modernem Paradigma funktionierenden Unternehmen nicht unterstellen, mit der Herstellung und dem Vertrieb von nachgewiesenermaßen gesundheitsschädlichen Suchtmitteln einen höheren Zweck zu verfolgen.

Gleichermaßen trifft es allerdings sowohl für Individuen als auch für Systeme zu, dass das von innen motivierte Verfolgen eines höheren, uneigennützigen Ziels dabei hilft, in schwierigen Zeiten Orientierung und Zuversicht zu behalten und sich selbst und den eigenen Überzeugungen treu zu bleiben. Eine sinnvolle Existenzberechtigung benennen zu können, ist dabei für jede Organisation möglich, unabhängig von ihren Primärmotiven. Das ist nicht etwa nur ein Privileg der evolutionären Organisationen. So sieht eine Stammesgesellschaft wie das Scheichtum in den Vereinigten Arabischen Emiraten seine Existenzberechtigung darin, seiner Bevölkerung ein Leben in Sicherheit und Wohlstand auch dann noch zu ermöglichen, wenn die Ölvorräte längst erschöpft sein werden. Eine traditionelle Organisation wie die katholische Kirche sieht ihren Sinn darin, christliche Prinzipien des Zusammenlebens und der Moral in unserer Gesellschaft zu etablieren und zu pflegen. Ein modernes Unternehmen wie der Elektroautohersteller Tesla sieht seinen Sinn darin, durch die Entwicklung von Autos, die ohne den Einsatz fossiler Brennstoffe funktionieren, einen Beitrag zur Lösung globaler Umweltprobleme zu liefern. Natürlich haben auch postmoderne Organisationen wie das Google-Unternehmen Alphabet einen klar artikulierten Sinn, nämlich das Leben von Menschen durch den Einsatz technischer Innovationen zum Besseren hin zu verändern.

Für all diese Organisationsformen gilt, dass die ethische Berechtigung ihrer Existenz nicht zwingend im Einklang mit der gelebten Unternehmenskultur stehen muss. Auch wenn der südafrikanische Unternehmer Elon Musk alles daransetzt, mit seinem Unternehmen Tesla die Menschheit vor einer Klimakatastrophe zu bewahren, ist sein Umgang mit Mitarbeitern mitunter alles andere als menschenfreundlich. Auch wenn die Emire in Abu Dhabi und Dubai das langfristige Wohl ihrer Bevölkerung im Auge haben, heißt das noch lange nicht, dass sie übertrieben zimperlich mit ihren Gastarbeitern umspringen. Auch wenn die US-amerikanischen ITler Larry Page, Sergey Brin und Eric Schmidt eigentlich stets das Richtige tun wollen, heißt das nicht, dass ihr Unternehmen Alphabet nicht auch als Datenkrake gilt, die das Bürgerrecht auf Privatsphäre missachtet.

Je lauter in einem postmodernen Unternehmen über Werte gesprochen wird, desto größer ist die potenzielle Ernüchterung, wenn sie nicht gelebt werden. Das gilt in noch sehr viel stärkerer Art und Weise auch für evolutionäre Systeme, wie die bereits beschriebenen kommunitären Lebensgemeinschaften der Archegemeinschaften und Ökodörfer. Hier ist die weitreichende Kongruenz von gelebten Werten und evolutionärem Sinn absolut zwingend für den inneren Zusammenhalt und für die Langlebigkeit der Kommunität. Natürlich gibt es aber auch hier immer wieder Kompromisse, denn eine hundertprozentige ethische Kongruenz ist dauerhaft nicht möglich. Aber es geht darum, dass die generelle Ausrichtung des Zusammenlebens und Wirtschaftens in die richtige Richtung weist, denn für ein solches Leben hat man schließlich Status, Sicherheit und Wohlstand der klassischen Lebensform »Karriere & Kleinfamilie« zurückgelassen.

Ein besonders beachtenswertes Beispiel für eine traditionelle Organisation mit einem sehr hehren Anspruch an sich selbst ist das Weltwirtschaftsforum, das am Genfer See beheimatet ist. Die Kultur dieser öffentlich-privaten Partnerschaft lässt sich dabei durchaus als hierarchisch bezeichnen und die Führung durch den charismatischen Präsidenten Klaus Schwab trägt deutlich patriarchale Züge. Das bedeutet aber keineswegs, dass man sich nicht an einer wirklich großen und zudem sehr sinnvollen Vision orientiert.

Beispiel: Klaus Schwab und seine Vision !

Klaus Schwab, ein deutscher Ingenieur und Wirtschaftswissenschaftler, hatte im Alter von 32 Jahren eine große Vision. Er wollte eine dauerhafte Plattform schaffen, auf der sich hochrangige Unternehmensvertreter international agierender Organisationen treffen und austauschen können, um miteinander und voneinander Neues zum Thema Führung zu lernen. Also lud Schwab, der zu dieser Zeit gerade angefangen hatte, an der Universität Genf Unternehmenspolitik zu lehren, im Januar 1971 zur ersten European Management Conference ein. Die Konferenz dauerte damals noch ganze 14 Tage und fand im Schweizer Skiort Davos statt. Um die 450 Topmanager folgten Schwabs Einladung. Wer schon einmal etwas Ähnliches organisiert hat, kann den Aufwand ermessen, der nötig ist, um selbst deutlich weniger VIPs zu mobilisieren. Das erste Symposium war ein voller Erfolg. 1973 kam es infolge des Jom-Kippur-Krieges zwischen Ägypten, Syrien und Israel zur ersten Erdölkrise, bei der die Fördermenge für Rohöl stark verknappt wurde, was große Auswirkungen auf die Volkswirtschaften der Industrienationen hatte. Im gleichen Jahr brach auch das Bretton-Woods-System auseinander, eine internationale Währungsordnung der Nachkriegszeit, bei der zentrale Währungen mit festen Wechselkurskorridoren am US-Dollar ausgerichtet waren. Der Gipfel in Davos wurde angesichts dieser Ereignisse, die auch die Unternehmen bewegten, ab 1973 thematisch um politische, soziale und wissenschaftliche Themen erweitert. Ab 1974 wurden erstmals auch ranghohe Politiker zur European Management Conference eingeladen. Hinzu kamen auch hochrangige Vertreter internationaler Organisationen wie der Weltbank, des Internationalen Währungsfonds, dem Vorläufer der Welthandelsorganisation, und der OECD. Im Laufe der Zeit wurde die jährliche Konferenz immer öfter auch dazu genutzt, informelle Treffen zwischen Unternehmen, Politikern und Vertretern internationaler Organisationen zu arrangieren. Aufgrund des zunehmend globalen Charakters des Zusammentreffens wurde die Konferenz 1987 schließlich in »World Economic Forum« umbenannt. Damit veränderte sich auch ihr Anspruch. Ziel war es jetzt, Unternehmertum einerseits und öffentliche, globale Interessen andererseits miteinander in Einklang zu bringen und die Triebfeder der Marktwirtschaft dafür zu nutzen, um gesellschaftliche, politische und ökologische Themen anzugehen, die für die gesamte Menschheit Relevanz haben. Eingeladen wurden nun zusätzlich auch Wissenschaftler und Vertreter sozialer Gruppen.

Mit der Konferenz war im Laufe der Jahre eine Organisation gewachsen, die ebenfalls World Economic Forum (WEF) hieß. Ihre Aufgabe war es einerseits, die jährlichen Konferenzen zu organisieren und andererseits die Mitgliedsunternehmen, Organisationsvertreter, Politiker und Wissenschaftler zu betreuen. In dieser in Cologny am Genfer See sowie ab 2006 auch durch Büros in New York, Peking und Tokio vertretenen Stiftung, arbeiten mehrere hundert Mitarbeiter daran, relevante Informationen zusammenzutragen, um für das nächste Forum ein inhaltliches Arbeitsprogramm zusammenzustellen. Einen Teil davon machen die Global Leadership Fellows aus, eine handverlesene Gruppe bestens ausgebildeter Nachwuchsführungskräfte aus den verschiedensten Ländern und Industrien, die für eine Dauer von mindestens drei Jahren für das Forum arbeiten und sein intellektuelles Rückgrat bilden. Aus diesem erweiterten Anspruch, nicht nur Entscheidungsträger zusammenzubringen, sondern auch relevante Themen zur Diskussion zu stellen, entwickelte sich der heutige Leitspruch der Organisation, der die Größe von Schwabs Vision deutlich macht: »Committed to Improving the State of the World«. Und das Forum wurde diesem Anspruch auch gerecht. Im Rahmen des Zypernkonfliktes zwischen Griechenland und der Türkei fanden 1988 in Davos wichtige Hintergrundgespräche statt, die dazu beitrugen, eine weitere militärische Eskalation zu verhindern. Zwei Jahre später kam es hier im Vorfeld der deutschen Wiedervereinigung zu wichtigen Verhandlungen. Die Liste lässt sich beliebig fortsetzen.

Es rückte nun immer mehr das Ziel in den Vordergrund, den Austausch, das gegenseitige Verständnis und die Zusammenarbeit von Staatschefs, Unternehmenslenkern, Experten und Organisationsvertretern zu fördern. Und so liest sich auch die Teilnehmerliste des alljährlichen Treffens wie ein »Who is Who« der globalen Elite aus Politik, Wirtschaft, Wissenschaft und Nichtregierungsorganisationen. Damit wurde das World Economic Forum auch zu einer treibenden Kraft der Globalisierung mit all ihren Folgen. So gehen die Verhandlungen über die Schaffung einer Welthandelsorganisation und die Liberalisierung der internationalen Finanzmärkte unter anderem auf das Forum zurück. Dies brachte der Organisation auch vielfältige Kritik von Globalisierungsgegnern ein. Nach jahrelangen gewaltsamen Protesten im Umfeld des Forums wurden ab 2004 Globalisierungsgegner aktiv in das jährlich stattfindende Forum und sein inhaltliches Programm eingebunden, was wesentlich dazu beitrug, die Situation zu entspannen. Auch werden seit mehreren Jahren regelmäßig regionale Konferenzen in verschiedenen Teilen der Welt angeboten, um Themen wie die Folgen der Globalisierung und den weltweiten Klimawandel vor Ort zu beleuchten. Um auch die Sichtweisen und Bedürfnisse von jüngeren Generationen an Führungskräften zu berücksichtigen, wurde 2005 die Community der

Young Global Leaders gegründet. Sie umfasst internationale Unternehmensgründer und Manager, die für einen Zeitraum von sechs Jahre berufen werden und zum Zeitpunkt der Berufung nicht älter als 40 Jahre sein dürfen. Um im Kontext der fortschreitenden Digitalisierung auch die Generation Y zu berücksichtigen, gründete das WEF 2011 zudem das weltweite Netzwerk der Global Shapers als eine Plattform für junge Menschen zwischen 20 und 30 Jahren, die aufgrund ihres Engagements großes Potenzial für zukünftige Führungsrollen in der Gesellschaft gezeigt haben. Heute ist das Weltwirtschaftsforum eine globale Instanz an der Schnittstelle zwischen Wirtschaft, Politik, Wissenschaft und Gesellschaft sowie eine fest etablierte Kommunikationsplattform, die ihresgleichen sucht. 2018 fand das nunmehr 48. World Economic Forum mit knapp 3.000 Teilnehmern aus rund 100 Nationen statt, darunter 70 Staats- und Regierungschefs.

Klaus Schwab ist heute 80 Jahre alt. Er musste sich in den letzten 50 Jahren viel Kritik von verschiedensten Seiten anhören, aber Fakt ist, dass es ohne ihn und seine Vision kein World Economic Forum geben würde. Der ehemalige deutsche Außenminister Hans-Dietrich Genscher, selbst seinerzeit regelmäßiger Gast beim Weltwirtschaftsforum, hat einmal gesagt: »Solange man miteinander redet, schießt man nicht aufeinander«. Vor diesem Hintergrund hat das WEF sicher so Einiges dazu beigetragen, diese unsere Welt ein bisschen besser zu machen.

Wie wir gesehen haben, ist organisationaler Sinn nicht zwingend erforderlich, aber sehr hilfreich, wenn man wirklich Großes erreichen will. Voraussetzung dafür ist allerdings, dass er nicht bloß als Marketingkampagne verstanden wird, so wie das bei vielen Aktivitäten im Bereich Corporate Social Responsibility der Fall ist. Die Daseinsberechtigung und der daraus resultierende Anspruch an sich selbst müssen im täglichen Erleben eines Unternehmens spürbar sein. Es ist dabei natürlich umso kraftvoller, wenn der Weg auch zugleich das Ziel ist und der Anspruch einer Organisation an sich selbst sich auch im gelebten alltäglichen Miteinander abzeichnet. Unbedingt nötig für die organisationale Widerstandsfähigkeit ist das jedoch nicht, denn eine starke Unternehmensvision kann auch trotz einer gewissen Inkongruenz ihre anziehende Wirkung entfalten. Die einzige Ausnahme bilden hier, wie bereits beschrieben, evolutionäre und in etwas eingeschränkter Form postmoderne Organisationen.

Zusammenfassung

Das FiRE-Modell der organisationalen Resilienz ist ein ganzheitlicher Ansatz zur Beschreibung der Wirkfaktoren für Langlebigkeit, Stabilität und Flexibilität in einem Unternehmenssystem. Es besteht aus allgemeinen und spezifischen Faktoren organisationaler Resilienz, die im Kontext von Systemen in sechs verschiedenen Manifestationen, nämlich Textur, Energie, Einsicht, Emergenz, Momentum und Intention, auftauchen. Diese zeichnen sich dabei jeweils an drei verschiedenen Kontaktflächen in einer Organisation ab, und zwar an den Übergängen von Individuum zu Umfeld sowie von Umfeld zu Organisation. Auch der Übergang von Organisation zu Kontext, also zu Gesellschaft und Maktumfeld, gehört dazu. Aus den sechs Manifestationen und den drei Kontaktflächen ergeben sich 18 verschiedene Gruppen von Resilienzprinzipien, die sich weiter in rund 140 Schutz- und Risikofaktoren auffächern lassen. Diese Vielfalt macht das Modell nicht gerade trivial, aber Unternehmen sind schließlich auch komplexe Systeme. Trotz all dieser Differenziertheit ist das FiRE-Modell sehr offen gestaltet. Es hat den Anspruch, alle aktuell bekannten und auch alle noch zukünftig zu identifizierenden Wirkfaktoren umfassend in einer leicht verständlichen Struktur abbilden zu können.

4 Wie sich die Resilienz von Unternehmen beeinflussen lässt

Führung ist die Fähigkeit, die Kultur zu verlassen, um evolutionäre Veränderungsprozesse in Gang zu bringen, die adaptiver sind.
(Edgar Schein, US-amerikanischer Sozialwissenschaftler)

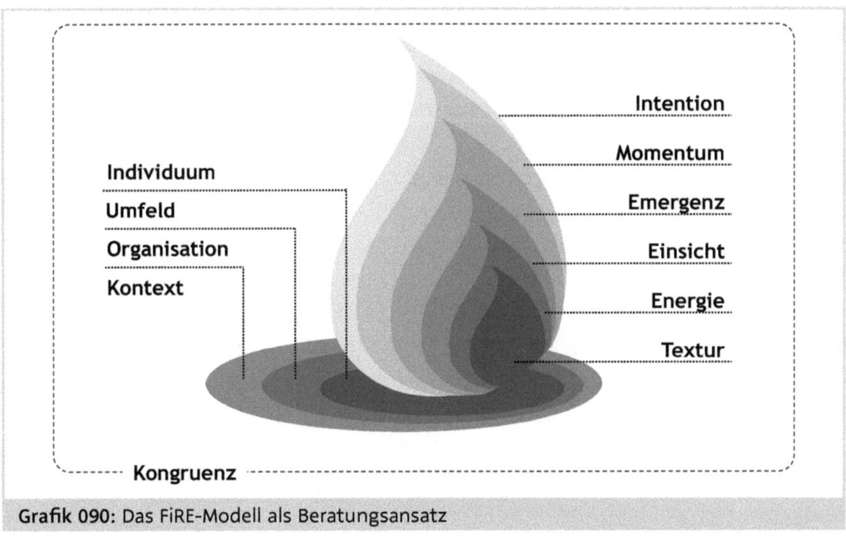

Grafik 090: Das FiRE-Modell als Beratungsansatz

Wie lässt sich das FiRE-Modell im Kontext von Unternehmen anwenden? Wie kann es dazu beitragen, dass Firmen beständiger und langlebiger werden? Im Kapitel »Bekannte Paradigmen greifen nicht mehr« haben wir gesehen, dass Unternehmen immer früher das Ende ihres Lebenszyklus erreichen. Amerikanische Großkonzerne, die im Aktienindex S&P 500 gelistet sind, werden heute im Durchschnitt gerade noch 26 Jahre alt, Tendenz fallend. In Deutschland sind es über alle Unternehmensgrößen hinweg sogar nur acht bis zehn Jahre. Und diese Organisationen sterben sicher nicht alle daran, dass sie von disruptiver Technologie marginalisiert werden oder ihre Geschäftsmodelle nicht mehr zeitgemäß sind. Sie müssen aufgeben, weil sie in Summe unbedacht geführt werden und dadurch zumeist in der Insolvenz enden. Doch wie lässt sich dieser Trend umkehren? Meine feste Überzeugung ist, dass hierfür ein Ansatz benötigt wird, der weit über den herkömmlichen Kanon von Führungsprinzipien hinausgeht, die in Managerschulungen typischerweise vermittelt werden. Gute umsichtige Führung und engagierte Mitarbeiter sind sicherlich ein Teil davon, aber eben nur ein Teil. Der Ansatz der organisationalen Resilienz ist im Kern ein Konzept, das eine ganzheitliche Form der Unternehmensführung beschreibt, die auf die Optimierung der Stabilität und Flexibilität einer Organisation ausgelegt ist. Betrachten wir im Folgenden verschiedene Möglichkeiten, wie wir mithilfe des FiRE-Modells positiv auf die Langlebigkeit von Organisation einwirken können.

4.1 Das FiRE-Modell als interdisziplinärer Beratungsansatz

Das Ganze ist mehr als die Summe seiner Teile.
(Aristoteles, griechischer Philosoph, 384 bis 322 v.Chr.)

Basierend auf dem empirischen Ansatz in der Herleitung der einzelnen Schutz- und Risikofaktoren ist mit dem FiRE-Modell eine ganzheitliche Struktur entstanden, die die unterschiedlichsten Aspekte organisationaler Resilienz berücksichtigt. Auch wenn ich mich bemüht habe, sehr umsichtig bei der Erhebung und Erarbeitung dieser Prinzipien zu sein, so möchte ich doch hier keinen Anspruch auf Vollständigkeit erheben. Es ist sehr gut möglich, dass weitere Studien noch anders geartete Zusammenhänge zwischen verschiedensten Unternehmensparametern und der Fähigkeit einer Organisation finden, effektiv mit den Unvorhersagbarkeiten einer VUKA-Zone umzugehen. Doch auch wenn die einzelnen Faktoren sich möglicherweise weiterentwickeln werden, hat das FiRE-Modell durchaus den Anspruch, eine umfassende Struktur zu sein, die die Stellhebel organisationaler Resilienz, die ich in diesem Buch als Manifestationen bezeichnet habe, umfassend beschreibt. Es hat dabei eine offene Bauweise, die es ermöglicht, auch weiterführende Erkenntnisse zu integrieren.

4.1.1 Die gesamte Organisation ist gefordert

Wenn man die bisher identifizierten 140 Schutz- und Risikofaktoren verschiedenen Management-Funktionen zuordnet, wird deutlich, wie interdisziplinär und fachbereichsübergreifend das Streben nach organisationaler Widerstandsfähigkeit verstanden werden muss. Wie in der folgenden Tabelle zu sehen ist, sind zahlreiche, genauer gesagt 54, verschiedene Funktionen nötig, von denen jede in ihrer Weise zur Langlebigkeit einer Organisation beitragen sollte. Die Pflege von Allianzen zu anderen Unternehmen gehört genauso dazu wie Mitarbeiterschulungen, die Finanzplanung und das adäquate Managen von Fehlern, die im laufenden Betrieb auftreten und aus denen es zu lernen gilt. Natürlich ließe sich all dies unter dem Überbegriff »Führung« zusammenfassen, aber das wäre wenig ausssagekräftig. Keinesfalls lässt sich dieser integrative und ganzheitliche Ansatz aber als ein Exklusiv-Programm der Personalabteilung verstehen, wie bei anderen Resilienzprogrammen üblich.

Übersicht involvierter Management-Funktionen

	Individuum-Umfeld	Umfeld-Organisation	Organisation-Kontext
Textur	▪ Personalplanung ▪ Talent-Management ▪ Personalauswahl ▪ Führungskräfte-selektion	▪ Finanzplanung ▪ Liquiditätsmanagement ▪ Ressourcenplanung ▪ Finanzielles Risikomanagement ▪ Lieferanten-management	▪ Portfolio-Management ▪ Allianz-Management ▪ Produktmanagement ▪ Shareholder Management ▪ Ökosystem-Management
Energie	▪ Organisationsentwicklung ▪ Change Management ▪ Führungskräfte-entwicklung ▪ Teamentwicklung	▪ Kulturentwicklung ▪ Organisations-entwicklung ▪ Mitarbeiter-zufriedenheit	▪ Öffentlichkeitsarbeit ▪ Marketing ▪ Lieferanten-zufriedenheit
Einsicht	▪ Gesundheits-management ▪ Mitarbeiter-schulungen ▪ Coaching	▪ Operations Management ▪ Kontinuitäts-management ▪ Mitarbeiterschulung ▪ Konflikt-management ▪ Interne Auditierung	▪ Vertriebssteuerung ▪ Kundenzufriedenheit ▪ Marktbeobachtung ▪ Lobbyarbeit ▪ Wettbewerbs-analyse ▪ Trendforschung
Emergenz	▪ Personal-entwicklung ▪ Teamentwicklung ▪ Teamleitung	▪ Interdisziplinäre Zusammenarbeit ▪ Wissens-management ▪ Fehlermanagement ▪ Lernkultur ▪ Kontinuitäts-management	▪ Innovations-management ▪ Performance Management ▪ Vertriebssteuerung ▪ Budgetplanung ▪ Co-Innovation
Momentum	▪ Führung ▪ Arbeitsmethodik ▪ Teamleitung ▪ Mitarbeiter-schulungen	▪ Führung ▪ Controlling ▪ Führungskräfte-entwicklung ▪ Investitions-steuerung	▪ Coaching ▪ Allianz Management ▪ Teamentwicklung ▪ Führungskräfte-selektion

	Individuum-Umfeld	Umfeld-Organisation	Organisation-Kontext
Intention	▪ Teamleitung ▪ Personal-entwicklung	▪ Führung ▪ Kulturentwicklung ▪ Leitbildentwicklung	▪ Führung ▪ Führungskräfte-entwicklung ▪ Mitarbeiterschulung ▪ Strategie-entwicklung ▪ Corporate Social Responsibility

Der interdisziplinäre Charakter organisationaler Resilienz wird noch deutlicher, wenn man diese zuvor dargestellten Management-Funktionen wiederum Unternehmensabteilungen zuordnet, die dafür typischerweise zuständig sind. Wie Sie in der folgenden Tabelle sehen können, lässt sich mit Fug und Recht behaupten, dass praktisch alle Abteilungen ihren Beitrag dazu leisten müssen, um die Widerstandsfähigkeit, Belastbarkeit und Flexibilität einer Organisation zu erhöhen. Insgesamt müssen hier mehr als ein Dutzend verschiedene Abteilungen koordiniert zusammenarbeiten. Das wird im Tagesgeschäft ohne unternehmerische Energie sowie umfangreiche Steuerung und Koordination nicht möglich sein.

Übersicht involvierter Abteilungen

Abteilung	Funktion
Unternehmensleitung	Führung
Unternehmensentwicklung	▪ Allianz-Management ▪ Lobbyarbeit ▪ Shareholder Management ▪ Strategieentwicklung ▪ Wettbewerbsanalyse ▪ Portfolio-Management ▪ Trendforschung
Unternehmenskommunikation	▪ Öffentlichkeitsarbeit ▪ Corporate Social Responsibility
Finanzen & Controlling	▪ Budgetplanung ▪ Controlling ▪ Finanzielles Risikomanagement ▪ Finanzplanung ▪ Investitionssteuerung ▪ Liquiditätsmanagement

Abteilung	Funktion
Organisationsentwicklung	▪ Change Management ▪ Interdisziplinäre Zusammenarbeit ▪ Kulturentwicklung ▪ Leitbildentwicklung ▪ Lernkultur ▪ Organisationsentwicklung
Forschung & Entwicklung	▪ Innovationsmanagement ▪ Co-Innovation
Marketing & Vertrieb	▪ Vertriebssteuerung ▪ Kundenzufriedenheit ▪ Marketing ▪ Marktbeobachtung ▪ Ökosystem-Management ▪ Performance Management ▪ Produktmanagement
Operations Management	▪ Arbeitsmethodik ▪ Fehlermanagement ▪ Interne Auditierung ▪ Kontinuitätsmanagement ▪ Operations Management ▪ Ressourcenplanung ▪ Wissensmanagement
Einkauf	▪ Lieferantenmanagement ▪ Lieferantenzufriedenheit
Personalwesen	▪ Führungskräfteselektion ▪ Personalauswahl ▪ Personalplanung ▪ Talent-Management
Personalentwicklung	▪ Konfliktmanagement ▪ Mitarbeiterschulungen ▪ Mitarbeiterzufriedenheit ▪ Personalentwicklung ▪ Teamentwicklung
Führungskräfteentwicklung	▪ Coaching ▪ Führungskräfteentwicklung ▪ Teamentwicklung ▪ Teamleitung
Gesundheitswesen	Gesundheitsmanagement

4.1.2 Ein modellhafter Ansatz

In erster Linie ist das FiRE-Modell organisationaler Resilienz ein Beratungsansatz, dessen Aufbau und Struktur dabei helfen kann, das aktuelle Maß an Widerstandsfähigkeit, Stabilität und Flexibilität, welches einer Organisation innewohnt, zu erfassen. Dazu braucht es ein Expertenteam. Um ein gewisses Maß an Objektivität zu gewährleisten, müssten in einem solchen Beratungsprojekt sowohl externe Berater als auch interne Mitarbeiter involviert sein, die einerseits mit dem Modell und andererseits mit der Funktionsweise von Unternehmen vertraut sind. Um die unterschiedlichen Aspekte des Modells zu erfassen, bietet sich ein gemischtes Team aus Strategieberatern, Orgnisationsentwicklern und eigenen Mitarbeitern an, die sich zuvor intensiv mit dem hier vorgestellten Konzept zur organisationalen Resilienz beschäftigt haben. Hierzu bietet Leadership Choices mit der LC Academy eine entsprechende Weiterbildungsplattform an. Deren Angebot richtet sich an erfahrene interne und externe Berater sowie Coaches und Führungskräfte, die sich im FiRE-Modell organisationaler Resilienz ausbilden und auf Wunsch auch zertifizieren lassen können.

1. Ein klassisches Beratungsprojekt beginnt mit einer Analysephase. Zur Datenerhebung bieten sich hier verschiedenste Methoden an, wie z.B. Mitarbeitergespräche, Marktbefragungen, Stakeholder-Interviews und Unternehmensbeobachtungen. Auch die Auswertung von Ergebnissen aus Mitarbeiterfeedbacks sowie externer Datenpunkte, wie die Bewertung des Unternehmens auf Jobportalen, lassen beispielsweise Rückschlüsse auf die *Energie* eines Unternehmens zu. Der Kreativität sind hier keine Grenzen gesetzt.
2. Im nächsten Schritt gilt es, diese Daten auszuwerten und zusammenzufassen. Hier sind unter anderem die *Primärmotive* und der *Reifegrad* der Organisation zu ermitteln, um so Rückschlüsse auf die Ausprägung spezieller Resilienzfaktoren zu ermöglichen. Die 18 verschiedenen Ebenen des Modells, bestehend aus sechs *Manifestationen* an drei *Kontaktflächen*, schaffen eine umfassende Struktur, um die Erkenntnisse aus der initialen Analysephase aufzubereiten. Durch diese Struktur wird auch sichergestellt, dass keine elementaren Aspekte in der Datenerhebung übersehen werden. Das Ergebnis dieser Phase ist ein Analysereport, der die gesammelten Erkenntnisse zu den 140 Resilienzfaktoren auf 18 Ebenen sowie eine Einschätzung des Beraterteams enthält. In dieser Einschätzung trifft das Team zu jedem überprüften Resilienzaspekt eine Aussage, ob dieser verbessert werden sollte oder ob bereits eine gute Ausprägung vorhanden ist.
3. Nach Fertigstellung des Reports wird dieser mit einem hierarchie- und fachbereichsübergreifenden Sounding Board, das sich aus verschiedenen Mitarbeitern des Unternehmens zusammensetzt, besprochen.

4. In mehreren Workshops werden die erhobenen Daten und Bewertungen gemeinsam durchgearbeitet und validiert. Außerdem werden geeignete Maßnahmen definiert, um dort, wo es nötig ist, korrigierend einzugreifen und die Ausprägung einzelner Resilienzfaktoren im Unternehmen zu verbessern. Es hängt von der Kultur des Unternehmens ab, ob der so entstehende Maßnahmenplan noch durch die Unternehmensleitung freigegeben werden muss. Idealerweise ist diese aber von Anfang an aktiv in das Projekt eingebunden und nicht nur als passiver Sponsor vertreten.
5. Der Aktionsplan wird nun durch eine fachbereichsübergreifende *Taskforce* umgesetzt, die zumeist aus internen Mitarbeitern besteht. Je nach Menge und Typ der identifizierten Maßnahmen kann es sich hier um ein Projekt von mehreren Monaten bis Jahren handeln. So ist es beispielsweise innerhalb mehrerer Wochen möglich, die Mitarbeiter in der Fertigung auf allen eingesetzten Maschinen- und Anlagentypen auszubilden, um so die Flexibilität ihrer Einsetzbarkeit zu erhöhen. Die Finanzierung des Unternehmens zu optimieren, insbesondere seine Fremdkapitalquote, nimmt dagegen eher Monate als Wochen in Anspruch. Und es wird Jahre dauern, um das Produktportfolio konkurrenzfähiger zu machen oder die Reputation des Unternehmens im Markt nachhaltig zu verbessern. Dies macht auch deutlich, dass die Taskforce mit einflussreichen Mitarbeitern und Führungskräften besetzt sein muss, die bei Bedarf auf die Unterstützung der Unternehmensleitung zurückgreifen können. Mit der Zeit könnte sich diese Taskforce zu einem Beratungsgremium für die Unternehmensleitung weiterentwickeln, das dauerhaft genutzt wird. Ein solches Unterfangen ist ohne Frage aufwendig, wäre aber sicher die Mühe wert, um die Aufstellung der Organisation zu verbessern und damit langfristig ihren Fortbestand zu sichern.

Wie wir im Kapitel »Was Wolkenkratzer mit Resilienz zu tun haben« gesehen haben, sind Unternehmen komplexe Systeme. Es ist daher auch nie völlig klar, ob ein bestimmter Input wie ein Steuerungsimpuls oder eine Verbesserungsmaßnahme auch den erwünschten Output, wie z.B. die Verbesserung eines Resilienzparameters, zur Folge hat. Dieses emergente Verhalten macht es gleichermaßen anspruchsvoll wie spannend, Organisationen zu steuern. Würde man ein Beratungsprojekt in der zuvor beschriebenen Art und Weise nur ein einziges Mal durchführen, so wäre das, als würde man im Kontrollraum eines Kernkraftwerks nach gründlicher Analyse gleichzeitig verschiedene Schalterstellungen verändern und dann auf das Beste hoffen. Wie wahrscheinlich ist es, dass alle Analysen und die abgeleiteten Maßnahmen zutreffen und tatsächlich die geeignete Wirkung erzielen? Wie gut werden die identifizierten Aktivitäten umgesetzt? Was sind die Wechselwirkungen zwischen den unterschiedlichen Maßnahmen? Welche Steuerungsimpulse verstärken oder hemmen sich gegenseitig? Die Antwort: Wir wissen es nicht, solange wir es nicht überprüft haben. Eine einmalige Erhebung von Resilienzfaktoren macht daher keinen oder nur wenig Sinn. Um die Erfolgschancen einer derartigen Maßnahme zu erhöhen, müsste diese Analyse in regelmäßigen Abständen, beispielsweise jährlich, wiederholt werden, was trotz unzweifelhaftem Nutzen einen nicht unerheblichen Aufwand für ein Unternehmen darstellt. Das bringt uns zu der Fragestellung, ob und, wenn ja, wie sich ein Ansatz zur Verbesserung der organisationalen Resilienz permanent in die Unternehmenssteuerung integrieren ließe.

!

Leadership Choices Academy

Unter https://mybook.haufe.de (Buchcode: BCP-4554) finden Sie eine Übersicht der Workshop- und Zertifizierungsprogramme im Bereich Resilienz.

4.2 Der FiRE-Index als evidenzgestützter Steuerungsansatz

Wenn man etwas nicht messen kann, kann man es auch nicht verbessern.
(Peter Drucker, US-amerikanischer Managementvordenker, 1909 bis 2005)

Wie wir gesehen haben, lässt sich das FiRE-Modell als Struktur für einen Beratungsansatz verwenden, mit dem die verschiedensten Faktoren organisationaler Resilienz durch die zeitlich begrenzte Analyse eines interdisziplinären Beraterteams und den dauerhaften Einsatz einer Taskforce verbessert werden können. Ein zentraler Aspekt des Modells ist, dass es verschiedene, teils komplementäre Managementdisziplinen umfasst und daher auch unterschiedliche Abteilungen konstruktiv zusammenwirken müssen. Damit wird auch deutlich, dass das Thema der organisationalen Resilienz nicht als Aufgabe einer Stabsstelle verstanden werden kann, sondern dass es sich hierbei um ein Konzept für nachhaltige, interdisziplinäre Unternehmensentwicklung handelt, allerdings mit klar umrissenen Parametern und Einflussfaktoren.

Wie ließe sich dieses Modell nun nutzen, um die Art der Unternehmenssteuerung und -entwicklung an sich zu verbessern, um in geeigneter Weise auf die Langlebigkeit einer Organisation einzuwirken? Wie könnte man damit die Umsetzung der Erkenntnisse und Verbesserungsmaßnahmen eines initial durchgeführten Beratungsprojekts langfristig flankieren? Um dies zu gewährleisten, müssen eine Vielzahl von stabilitäts- und flexibilitätsfördernden Faktoren auf intelligente und kongruente Weise miteinander kombiniert werden. Ohne technologische Unterstützung ist es meines Erachtens nicht möglich, das eigene Verhalten als Führungskraft, Leitungsteam oder als Organisation dauerhaft anhand von 18 verschiedenen Gruppen von Faktoren zu optimieren. Daher möchte ich in diesem Kapitel einen auf Technologie beruhenden Ansatz zur evidenzgestützten Unternehmensentwicklung vorschlagen und skizzieren. Dazu sei vorweg angemerkt, dass es heute noch keine funktionierende Technologie am Markt gibt, um ein Unternehmen fortwährend und in Echtzeit dabei zu unterstützen, sein Potenzial in Sachen Beständigkeit und Landlebigkeit zu entfalten. Aber es gibt erste vielversprechende Versatzstücke, die intelligent miteinander kombiniert werden können.

4.2.1 Vom Bauchgefühl zur Evidenz

Seien wir ehrlich: Die meisten Unternehmen werden heute »aus dem Bauch heraus« geführt. Natürlich werden Kenngrößen wie Umsatz, EBIT (Earnings before Interest and Taxes), Kundenzufriedenheit, die Anzahl der Produktinnovationen und auch die Krankentage der Belegschaft erhoben, um nur einige dieser Aspekte zu nennen. Geht man aber nur eine Ebene tiefer, beispielsweise mit der Frage: »Warum sind unsere Umsätze nur um 5% gewachsen und nicht um 10%?«, fängt auch schon das Mutmaßen an. Ist die Vertriebsmannschaft schlecht aufgestellt? Gibt es vielleicht Konflikte oder Probleme in der Führung? Liegt es an der Qualität oder Funktionalität der Produkte? Sind unsere Preise zu hoch? Das gleiche gilt für die anderen Kennzahlen. Es gibt viele Faktoren, die beispielsweise die Kundenzufriedenheit beeinträchtigen können. Ist es vielleicht der angebotene Mix an Produkten und Dienstleistungen, der ungenügend ist? Oder ist die Besuchsfrequenz des Außendienstes zu gering? Liegt es vielleicht an der Online-Plattform des Unternehmens, auf der Kunden Ware bestellen können? Diese Fragen ließen sich beliebig für andere Kennzahlen fortsetzen. Jede Führungskraft im Unternehmen hat eine andere Meinung und eine Erklärung zu den Zahlen. Fragt man fünf Manager, bekommt man meist ebenso viele unterschiedliche Einschätzungen, und zwar basierend auf ein und denselben Fakten. Tatsächlich ist es nicht die Datenanalyse, sondern es sind oft eher Intuition und Bauchgefühl, die eingesetzt werden, um weitreichende Entscheidungen zu treffen. Dieser Zusammenhang ist in der Grafik 091 dargestellt.

Wie hier zu sehen ist, werden unvollständige, uneindeutige oder gar widersprüchliche Daten, die sich zudem alle auf die Vergangenheit beziehen, hinzugezogen, um daraus basierend auf subjektiver Erfahrung und Intuition mitunter weitreichende Entscheidungen und Richtungsimpulse für die Zukunft abzuleiten. Interessanterweise werden diese Datenpunkte auch als Hard Facts bezeichnet, obwohl sie bezogen auf ihre Belastbarkeit alles andere als hart sind. Hingegen werden vermeintlich weiche Faktoren, also Soft Facts, wie beispielsweise

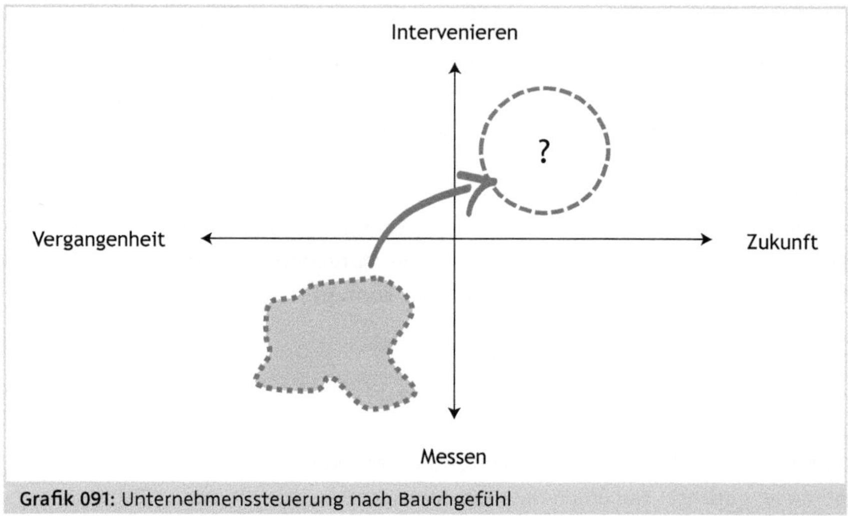

Grafik 091: Unternehmenssteuerung nach Bauchgefühl

die Einschätzung der Mitarbeiter zur aktuellen Umsatzlage oder zur Kundenzufriedenheit so gut wie gar nicht und wenn, dann nicht strukturiert, in diesen Enscheidungen berücksichtigt. Dies ist auch zugegebenermaßen komplex. Wie will man z.B. die sicherlich fachlich relevante Einschätzung von Hunderten von Außendienstmitarbeitern abfragen? Das ist extrem aufwendig und auch langwierig, was dazu führt, dass die Daten schon veraltet wären, wenn sie schließlich vorlägen. Stattdessen referenzieren Manager gerne auf Gespräche mit einem Mitarbeiter, den sie letzten Monat zufällig in der Kantine getroffen haben und den sie gefragt haben, wie es läuft. Aufgrund dieser fragmentierten Datenpunkte bildet man sich dann eine Meinung, die zu den vorliegenden Zahlen passt.

Und aus eigener Erfahrung kann ich berichten, dass noch ein weiterer Aspekt hinzukommt: Ist die finale Entscheidung erst einmal getroffen, wird meist nicht mehr überprüft, ob das gewünschte Ergebnis sich auch tatsächlich eingestellt hat. Viele Entscheidungen, die in den Managementteams von Unternehmen fallen, basieren auf sogenannten Business Cases. Hier wird rechnerisch nachgewiesen, warum beispielsweise eine Investition in ein neues Produkt unter bestimmten Rahmenbedingungen eine unternehmerisch sinnvolle Idee ist. Wird diese Investition dann beschlossen, wird dieser Business Case in 99% aller Fälle später nicht mehr nachgerechnet. Es wird nicht überprüft, ob die erwartete Umsatzsteigerung oder Kosteneinsparung tatsächlich eingetreten ist. Dafür bleibt auch gar keine Zeit, da es ständig so viel Neues zu entscheiden gibt. Und es ist zudem auch unerquicklich, denn man könnte sich ja geirrt haben. All dies bedeutet aber auch, dass es in den Führungsetagen vieler Unternehmen heute keinen Prozess des strukturierten Reflektierens und Lernens aus getroffenen Entscheidungen gibt. Das ist zwar eine nachvollziehbare, aber auch sehr fatale wie entscheidende Schwäche »moderner« Unternehmensführung. Hinzu kommt, dass Unternehmensführung heute auch immer noch eher als eine Kunstform angesehen wird denn als eine Wissenschaft, was zumindest teilweise erklärt, warum erfolgreiche Unternehmer und Manager viel Geld verdienen und mitunter Kultstatus haben.

Das wäre ja auch alles nicht schlimm, wenn es denn funktionieren würde. Allerdings reduziert sich die durchschnittliche Lebensdauer von Unternehmen immer mehr. Vielleicht ist dieser Ansatz der Führung aus dem Bauch heraus unter Vernachlässigung der menschlichen Faktoren und ohne Ergebnisüberprüfung also angesichts der von schnelllebigen Veränderungen gekennzeichneten VUKA-Zone, durch die unsere Gesellschaft gerade geht, nicht mehr zeitgemäß. Man kann dies nun mit Verweis auf die Komplexität der Sache schulterzuckend hinnehmen oder aber versuchen, den Ansatz zu überdenken und gegebenenfalls zu modifizieren. Dabei ist sicher, dass es nicht mehr Daten braucht als heute, sondern bessere und aussagekräftigere Informationen, aus denen sich sinnvolle Entscheidungen ableiten lassen. Klar ist auch, dass harte und weiche Faktoren gemeinsam betrachtet werden müsssen, um eine ganzheitliche Sichtweise zu erhalten, was auch die Einschätzung von Experten inkludiert. Zudem ist der Zeitfaktor wichtig; die Daten müssen also aktuell und noch relevant sein. Und ebenfalls zentral ist, dass einmal getroffene Entscheidungen regelmäßig daraufhin überprüft werden, ob sich hierdurch auch das gewünschte Ergebnis eingestellt hat. Wenn man all dies bewerkstelligen könnte, würde man sich sicherlich ein gutes Stück von einem reinen Bauchgefühl hin zu echter Evidenz bewegen, wie in der Grafik 092 zu sehen ist.

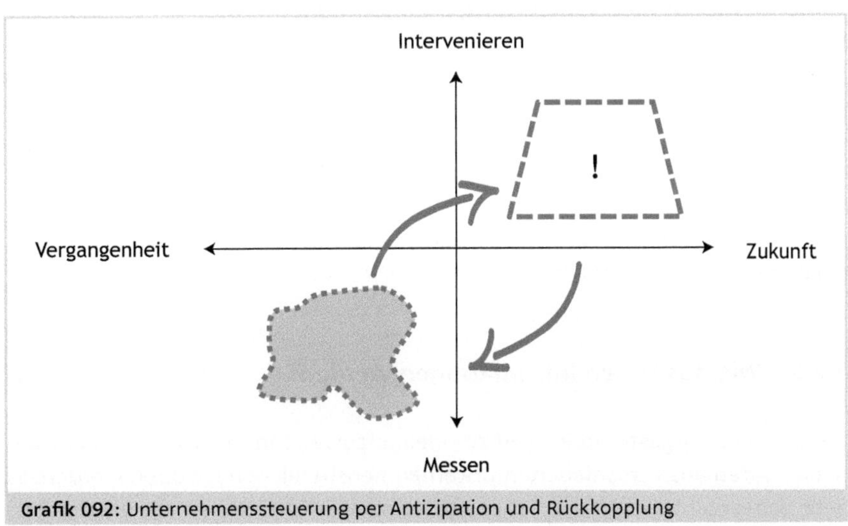

Grafik 092: Unternehmenssteuerung per Antizipation und Rückkopplung

Das Ergebnis könnten akkuratere Führungsimpulse sein, die zudem durch Feedbackschleifen regelmäßig überprüft werden. Durch diese Kalibrierung ließen sich weitere Entscheidungen noch besser auf die tatsächliche Sachlage anpassen und in ihrer Wirkung verfeinern. Noch wissen wir nicht, wie dies genau funktionieren kann. Mir geht es aktuell lediglich darum, gemeinsam mit Ihnen eine grobe Entwicklungsrichtung abzustecken, die hilfreich sein könnte, damit Unternehmen wieder langlebiger werden.

Auf meinen Vorträgen vor Kollegen wenden einige Coaches und Organisationsentwickler gerne ein, dass man ein Unternehmen mit einem Mehr an Technologie unmöglich besser führen oder gar langlebiger machen könne. Es komme vielmehr darauf an, dass die Manager den Menschen mehr zuhören und besser kommunizieren. Auch müsse schlichtweg besser geführt und das Lernen als Organisation gefördert werden. Ich stimme dieser Einschätzung prinzipiell zu. Technologie kann Kommunikation, Zuhören, Führen und Lernen natürlich nicht ersetzen. Allerdings zeigen die Entwicklungen der letzten Jahrzehnte auch, dass Ermunterungen zu besserer Führung und Kommunikation und zu einem Mehr an Fehlerkultur für sich allein genommen nicht ausgereicht haben, um Unternehmen widerstandsfähiger zu machen. Trotz aller Schulungen, Teamentwicklungen und Coachings schlittern viele Unternehmen heute mehr denn je von einer Krise zur nächsten. Hier hat der Berufsstand des Unternehmensberaters bisher nicht gehalten, was er eigentlich verspricht, nämlich Organisationen dabei zu helfen, besser und langlebiger zu werden. Auch hier geht es vielleicht nicht so sehr um eine Entscheidung im Sinne von »Entweder-oder«, sondern eher im Sinne von »Sowohl-als-auch«. Was wäre, wenn die Wirksamkeit von Kommunikation, Zuhören, Führen und Lernen durch den Einsatz von Technologie flankiert und unterstützt würde? Was passierte, wenn messbar würde, wie gut eine bestimmte Botschaft in der Belegschaft angekommen ist? Was wäre, wenn mithilfe von Technologie die Einschätzung von Experten zu einer bestimmten Sachlage strukturiert erhoben und in der Entscheidungsfindung berücksichtigt werden könnte? Was wäre, wenn es Daten gäbe, aus denen ersichtlich wird, wie gut die Organisation in den verschiedenen Teilen aus Fehlern lernt? Lassen Sie uns in den nächsten Kapiteln betrachten, wie dies funktionieren könnte.

4.2.2 Wie aus Daten Informationen werden

Um das hier vorgestellte Resilienzmodell anzuwenden, müssen parallel zahlreiche Daten aus verschiedenen Unternehmensbereichen erhoben werden. Es geht dabei nicht darum, die Tätigkeiten einzelner Funktionen wie die der Ressourcenplanung, Personalentwicklung oder Kundenzufriedenheit einseitig zu optimieren. Vielmehr kommt es darauf an, die einzelnen Faktoren wie Sensoren zu verstehen, die bei intelligenter Kombination und Auswertung ihrer Messwerte dabei helfen können, ein komplexes System, wie es ein Unternehmen ist, in Richtung Langlebigkeit und Widerstandsfähigkeit auszurichten. Hinzu kommt, dass dies mehr oder minder in Echtzeit geschehen muss, damit die Daten auch relevant und valide sind. Daten, die mehrere Monate oder gar Jahre alt sind, wie die meisten Befragungen zur Mitarbeiterzufriedenheit, sind meist nur sehr begrenzt für die Steuerung eines Unternehmens nützlich. Die Organisation hat sich seit der Befragung weiterentwickelt: Führungskräfte haben das Unternehmen verlassen, Teams haben sich neu formiert und möglicherweise wurde sogar zwischenzeitlich ein neues Bürogebäude eingeweiht. Diese und viele Entwicklungen mehr relativieren herkömmliche Umfrageergebnisse stark oder machen sie gänzlich obsolet. Damit aus den erhobenen Daten relevante und akkurate Steuerungsimpulse abgeleitet werden können, müssen sie in jedem Fall aktuell sein, idealerweise tagesaktuell. Um aus bloßen Daten sinnvolle Informationen zu machen, müssen sie zunächst aufbereitet und miteinander in geeigneter Weise verknüpft werden.

Nach einem solchen Prinzip funktioniert übrigens das sogenannte Internet of Things. Haushaltsgeräte, tragbare Devices wie Fitnessarmbänder und Industriemaschinen sind hier mit Sensoren ausgestattet, die in Echtzeit über das Internet Daten mit anderen Geräten wie beispielsweise Computern oder Mobiltelefonen austauschen. Diese Entwicklung ist möglich geworden, da Sensoren heute sehr klein sind und zudem kostengünstig hergestellt werden können. Die so gesammelten Daten werden durch Algorithmen zu Informationen verarbeitet und in Handlungsimpulse übersetzt. So kann beispielsweise eine Maschine ohne menschliches Zutun den Wartungstechniker rufen, wenn die Eigenvibrationen einen bestimmten Grenzwert überschreiten. Und der Drucker kann Tinte bestellen, wenn diese zur Neige geht. Nehmen wir einmal an, dass solche Funktionsprinzipien auch hilfreich sein könnten, um die komplexen und mannigfaltigen Informationen aus den verschiedenen Management-Funktionen und Abteilungen zu erfassen, zu konsolidieren und in sinnvolle Informationen und Entscheidungsempfehlungen zu übersetzen. Doch wie ließe sich das konkret realisieren?

4.2.3 Vom Pull zum Push

Sicherlich sind Ihnen schon einmal Feedback-Displays begegnet. Sie können hier Wertungen zu einer bestimmten Frage abgeben, indem Sie die entsprechenden Knöpfe drücken, so z.B. zur Frage: »Wie zufrieden waren Sie mit unserem heutigen Service?«. In der Grafik 093 ist solch ein Display dargestellt.

Grafik 093: Feedbackdisplay (Quelle: Fotolia; made_by_nana)

Diese kleinen Tools erfreuen sich großer Beliebtheit; ein Großteil der Kunden bzw. Gäste gibt damit Feedback. Auch ich nutze sie jedes Mal, wenn ich die Gelegenheit dazu habe. In der Tat ist der Nutzungsgrad dieser Push-Feedback-Methoden, die direkt am Point of Service zugänglich sind, sehr viel höher als beispielsweise der Rücklauf auf Fragebögen per E-Mail oder gar in Papierform, beides Formate des klassischen Pull-Feedbacks. Doch warum eigentlich? Es gibt ja offensichtlich keinen direkten, unmittelbaren Vorteil, den ein Kunde davon hat, dass er mittels Knöpfen Feedback gibt. Nun, der Vorgang ist einfach, kostet den Benutzer praktisch keine Zeit und, was noch wichtiger ist, es fühlt sich schlichtweg gut an, nach seiner Meinung gefragt zu werden. Als Kunde hegt man die Hoffnung, dass durch die eigene Rückmeldung der Service auf Dauer besser werden wird.

Erhält man denn über die Push-Methode ein objektives und vollständiges Feedback? Nein, sicherlich nicht. Aber es ist dennoch wesentlich besser und relevanter als die heute zur Verfügung stehenden Alternativen. Es gibt Kunden, die geben prinzipiell kein Feedback. Andere werten immer alles eher negativ und drücken den entsprechenden Knopf gleich fünf Mal. Wieder andere sind eher positiv gestimmt und bereits mit ganz wenigen Dingen zufriedenzustellen. Die absoluten Werte sind daher weder objektiv noch vollständig. Interessant ist aber, dass diese Methode Aussagen über den zeitlichen Verlauf und zur relativen Verbesserung oder Verschlechterung in Bezug auf einen Basiswert zulässt. Es wird also deutlich, ob beispielsweise die Kundenzufriedenheit über die Zeit steigt oder aber abfällt. Und diese relativen Aussagen über die zeitliche Entwicklung machen solche Daten in hohem Maße relevant. Kombiniert man sie nämlich mit anderen Datenquellen, wie z. B. dem Schichtplan, dann wird deutlich, welche Servicecrew ihre Kunden gut betreut und welche noch Verbesserungspotenzial hat und nachgeschult werden sollte. Haben die Servicemitarbeiter außerdem selbst und unmittelbar Zugriff auf die Daten, bekommen sie eine direkte Rückmeldung dazu, wie ihre Dienstleistung vom Kunden wahrgenommen wird.

Die Displays sind nichts anderes als einfache Sensoren, die mit dem Internet verbunden sind. Sie lassen sich dafür nutzen, Rückmeldungen auf alle möglichen Fragen zu erfassen, die man auf einer Skala von »sehr gut« bis »sehr schlecht« abbilden kann. So könnte beispielsweise in jedem Kundendienstfahrzeug ein Feedback-Display montiert sein, auf dem jeder Mitarbeiter die Kundenzufriedenheit erfasst, so wie er sie hautnah erlebt. Wichtig ist dabei vor allem, dass das Feedback freiwillig erfolgt und nicht zur Leistungskontrolle missbraucht wird. Ebenfalls sollten die Ergebnisse aus den Erhebungen im Unternehmen wahrnehmbar umgesetzt werden, sodass Mitarbeiter einen Mehrwert darin erkennen können, dass sie regelmäßig Feedback geben.

4.2.4 Von starr zu flexibel

Feedback-Displays sind zwar unkompliziert und für viele Zwecke einsetzbar, allerdings sind sie nicht für alle Anwendungsfälle geeignet. Sie sollten räumlich nahe an dem Ort platziert werden, an dem etwas Relevantes geschieht, was man als Reslienzfaktor erfassen möchte. So machen beispielsweise Displays auf einer Mitarbeiterversammlung Sinn, um die aktuelle Stimmungslage zu erfassen. Auch im Auto des Servicetechnikers oder an einer Kasse haben sie ihre Berechtigung, wenn es um die Erfassung der Kundenzufriedenheit geht.

Um jedoch eine Rückmeldung zum Vernetzungsgrad eines Unternehmens im Markt oder hinsichtlich des Ausbildungsstands der Fertigungsmitarbeiter zu erhalten, sind die Displays eher ungeeignet. Schauen wir uns also für solche Fälle nach einer Alternative um. Beschäftigen wir uns dazu zunächst mit der Frage, wie eine klassische Pull-Befragung zu Mitarbeiterzufriedenheit funktioniert. Diese beginnt meist damit, dass ein externer Lieferant ein Befragungstool mit einem Pool an möglichen Fragen zur Verfügung stellt. Diese werden dann auf das Unternehmen angepasst und nach meist aufwendiger und langwieriger Abstimmung mit dem Betriebsrat ausgerollt.

Ein großes Problem bei solchen Befragungen ist dabei die sogenannte Compliance, also die Tatsache, dass viele Mitarbeiter einen Feedback-Prozess zwar starten, ihn aber nicht abschließen, weil beispielsweise die Anzahl der Fragen die zur Verfügung stehende Zeit, die Konzentrationsspanne oder schlicht das Maß an Motivation überschreitet. Das führt dazu, dass meist nur maximal 80 Fragen gestellt werden können. Das klingt zwar aus Sicht des Mitarbeiters schon viel, ist aber tatsächlich sehr wenig, wenn man bedenkt, dass wir in den zurückliegenden Kapiteln alleine 140 Resilienzfaktoren ermittelt haben, die sich auch nicht immer jeweils mit einer einzelnen Frage umfassend erheben lassen.

Ein zweites Phänomen und auch Problem ist das der sozialen Erwünschtheit. Es ist in zahlreichen Studien erwiesen, dass Mitarbeiter von kleinen Teams eher so Feedback geben, dass es ihnen nicht zum Nachteil gereichen kann. Dadurch werden beispielsweise die Werte zum Führungsverhalten des Vorgesetzten zum Positiven hin verzerrt. Dies wird durch dominantes Führungsverhalten und wenig Vertrauen im Team noch verstärkt. Vor allem diejenigen Chefs, die negatives Feedback verdient hätten, bekommen es also eher nicht. Ist dann die Mitarbeiterbefragung abgeschlossen, wird sie aggregiert und ausgewertet. Dies passiert, indem die Werte mit dem Organigramm des Unternehmens abgeglichen werden. Dadurch erhält jeder Manager nur das Feedback aus seinem Team und gegebenenfalls der Ebenen darunter, wenn dies für ihn zutrifft. Dieser Prozess dauert oft mehrere Monate. Wenn dann die Daten schließlich vorliegen, müssen sie aufbereitet und analysiert werden. Diese Auswertung passiert typischerweise zunächst auf der Ebene der Unternehmensleitung. Je negativer das Feedback ausgefallen ist, desto längert dauert dieser Prozess für gewöhnlich. So ziehen weitere Monate ins Land. Anschließend werden die Ergebnisse an die Führungskräfte im Unternehmen verteilt, meist verbunden mit dem Auftrag, sie mit dem eigenen Team durchzusprechen, idealerweise unter Zuhilfenahme eines Coachs oder Moderators, und einen Aktionsplan zur Verbesserung zu entwickeln. Erfahrungsgemäß dauert es wieder einige Zeit, bis ein gemeinsamer Termin mit dem Team gefunden ist. Auch hier gehen also weitere Wochen und Monate ins Land. Es ist daher nicht verwunderlich, dass die Ergebnisse einer Mitarbeiterbefragung oft erst ein halbes Jahr später wieder bei den Mitarbeitern ankommen. Doch bis dahin ist mitunter viel im Unternehmen passiert: Teams wurden neu zusammengestellt, Mitarbeiter oder Führungskräfte haben das Unternehmen verlassen, ein neues Projekt kam hinzu und daher haben sich die Aufgaben geändert. Kurz, es gibt zahllose Gründe, warum die gewonnenen Erkenntnisse nicht mehr relevant sind und von daher zu keiner echten Verbesserung im Unternehmen führen. Und weil der Aufwand so hoch ist, wird eine solche Befragung nur alle 12 bis 24 Monate wiederholt. Viele Manager glauben zwar zu wissen, wie es um die Zufriedenheit in ihrem Bereich steht, doch basierend auf der Erfahrung zahlloser Coaching-Mandate kann ich berichten, dass dieser Eindruck nicht selten grundlegend täuscht und oft mehr mit Wunschdenken als mit objektiver Beobachtung zu tun hat.

Doch wie könnte ein Push-Szenario im Kontext von Mitarbeiter-Feedback aussehen? Zunächst kann Mitarbeiter-Feedback in einem Push-Szenario sehr viel mehr Faktoren umfassen, als dies in einem Pull-Szenario möglich ist. So können z.B. alle hier identifizierten Resilienzfaktoren abgebildet werden.

Im ersten Schritt wählt der Mitarbeiter auf einem Internet-Portal, das ins Firmenintranet eingebunden ist, aus, zu welcher Resilienzdimension er gerade Rückmeldung geben möchte. Über ein Freitextfeld kann er beispielsweise ein Feedback formulieren. Das Feedback-System schlägt anschließend durch intelligente Algorithmen die dazu passenden Resilienzfaktoren vor. Alternativ kann er auch erneut seine Einschätzung zu Faktoren zurückmelden, zu denen er bereits in der Vergangenheit Aussagen gemacht hat. Er kann sich auch via Menü einen Überblick über die verfügbaren Feedbackdimensionen verschaffen und dort dann die für ihn relevanten Faktoren auswählen. Dieses Feedback findet dabei nicht einmal pro Jahr statt und auch nicht einmal pro Monat, sondern wöchentlich. Das wird dadurch ermöglicht, dass der Mitarbeiter durch ein intelligentes and attraktives Systemdesign nur ein bis fünf Minuten Feedback gibt, ganz nach Verfügbarkeit und Interesse – und nicht zu allen Faktoren, sondern nur zu denen, die ihm jetzt gerade besonders wichtig sind. Das sind typischerweise entweder diejenigen, die in besonderer Weise erfüllt sind, oder aber solche, bei denen genau das Gegenteil der Fall ist und die ihm Sorgen bereiten. Auch hier geht es nicht um die Vollständigkeit und Richtigkeit der einzelnen Antworten, sondern um das sich dynamisch verändernde Gesamtbild, das über die Zeit entsteht, wenn viele hundert oder tausend Mitarbeiter wöchentlich Feedback geben. Mitarbeiter-Feedback, das auf einer solchen Big-Data-Lösung basiert, wird quasi in Echtzeit erhoben. Sollten die rückgemeldeten Daten einmal keine ausreichend eindeutigen Aussagen hinsichtlich möglicher Verbesserungsmaßnahmen zulassen, kann zudem auch ein Pull-Feedback in die Organisation gesendet werden. Dieses konzentriert sich dann auf solche Fragen, deren Beantwortung eindeutig Aufschluss darüber gibt, durch welche Interventionen sich ein bestimmter Resilienzfaktor verbessern lässt.

4.2.5 Von top-down zu bottom-up

Während die Ergebnisse klassischer Mitarbeiterbefragungen nach dem Pull-Prinzip zunächst immer an der Unternehmensspitze zusammenlaufen, dort analysiert und besprochen werden, um die Informationen dann wieder top-down, also von oben nach unten, weiterzureichen, funktioniert Mitarbeiter-Feedback nach dem Push-Prinzip gänzlich anders. Die Daten liegen hier nämlich permanent, für alle transparent und in Echtzeit vor. Jeder Mitarbeiter sieht, welches Feedback er gegeben hat und wie er die Ausprägung zentraler Resilienzfaktoren im Vergleich zu seinen Kollegen einschätzt. Die Teamwerte werden dabei aggregiert und anonymisiert dargestellt. Sieht man gewisse Resilienzfaktoren vielleicht deutlich positiver oder auch negativer als die Kollegen? Jeder Mitarbeiter im Team kann darüber hinaus auch erkennen, wie sich die Bewertung seines Teams im Unternehmensvergleich darstellt. Auch für den eigenen Bereich und das Gesamtunternehmen liegen die aggregierten Daten jederzeit in Echtzeit vor, was wiederum Transparenz zur inneren Energie im eigenen Team im Vergleich zur restlichen Organisation gibt. Die Daten lassen sich auch grafisch so aufbereiten, dass auf einen Blick sichtbar wird, in welchen Teilen des Unternehmens welche Resilienzfaktoren als kritisch angesehen werden. Damit liegen die Daten eines Teams und die Verantwortung für deren Ausprägung direkt und unmittelbar bei den Mitarbeitern jedes Teams, was sehr gut zu verschiedenen Formen der Selbstorganisation und zu agilen Arbeitsweisen passt. Das Team analysiert dabei regelmäßig, wie sich relevante Faktoren seit der letzten Woche entwickelt haben, und kann damit, ganz im Sinne von Bottom-up, selbstverantwortlich entscheiden, welche Maßnahmen hier zu treffen sind. Die Teammitglieder können zudem im Feedback-System erkennen, welche Teams sehr viel besser in einer bestimmten Resilienzdimension abschneiden als sie selbst. Sie können mit diesem Team in Kontakt treten, um von ihm zu lernen. Damit sind die Daten, die beim Mitarbeiter-Feedback anfallen, nicht mehr Hoheitswissen der Führungskräfte, sondern sie werden demokratisiert. Dies bedeutet allerdings auch, dass ein solcher Prozess nicht von oben beschlossen und dem Unternehmen übergestülpt werden kann. Ähnlich wie bei der Einführung agiler Arbeitsweisen ist hier ein behutsamer Veränderungsprozess mit viel Information und Austausch erforderlich. Die Einführung des Systems muss in jedem Team unbedingt auf Freiwilligkeit beruhen. Nur wenn die Mitarbeiter, die Führungskräfte und auch der Betriebsrat einen Mehrwert in dieser Transparenz sehen, werden sie diese Form der Rückmeldung auch wollen und aktiv nutzen. Wird es hingegen von oben verordnet, kann dies leicht als Überwachungsmaßnahme missverstanden werden.

4.2.6 Von isoliert zu integriert

Es gibt neben Feedback-Displays und Portalen für Bottom-up-Feedback noch weitere Methoden und Technologien des Push-Prinzips. Eine wesentliche Grundlage bei der Messung von organisationalen Resilienzfaktoren nach den Prinzipien des Internet of Things ist die intelligente und umsichtige Nutzung aller zur Verfügung stehenden Datenquellen. Statt einzelne Quellen und Systeme isoliert zu betrachten, geht es hier darum, Daten aus den verschiedensten Umgebungen miteinander in einer Cloud zu integrieren. In dieser laufen verschiedene Datenströme zusammen und werden dort verarbeitet und aufbereitet. Die Nutzer dieser Cloud-Lösung sehen lediglich eine Reihe von interaktiven Internet-Seiten, auf denen die für sie relevanten Daten übersichtlich aufbereitet werden.

In jedem größeren Unternehmen werden heute sogenannte ERP-Systeme eingesetzt. ERP steht für Enterprise Ressource Planning. Es umfasst alle zentralen Prozesse und Funktionen, die für die Abläufe in einem Unternehmen von Bedeutung sind. Diese steuern beispielsweise die Beschaffung von Material, die Personalplanung und die Fertigungsdisposition, wie in der Grafik 094 zu sehen ist.

Grafik 094: ERP-Systeme als Datenquelle für Resilienzfaktoren (Quelle: Fotolia/Trueffelpix)

Natürlich laufen auch alle Finanzdaten hier zusammen. Daher sind ERP-Systeme eine wichtige Datenquelle, aus der beispielsweise Resilienzfaktoren wie die Eigenkapitalquote, das Durchschnittsalter der Belegschaft oder die Attraktivität des Produktportfolios abgeleitet werden können.

Prinzipiell können auch alle weiteren Arten von digital anfallenden Messwerten eingebunden und in der Cloud zusammengefasst werden. So ließe sich beispielsweise mit Sensoren feststellen, wie schnell Mitarbeiter durch einen bestimmten Korridor gehen. Gehen sie eher gemächlich oder eher schnell? Wie ändert sich diese Geschwindigkeit mit der Zeit? Wenn man diese Daten anonymisiert und aggregiert auswertet, erhält man einen Indikator dafür, wie sehr Mitarbeiter unter Druck stehen. Kombiniert man dies mit aktuellen Ereignissen im Unternehmen, so lassen sich wichtige Rückschlüsse auf die Belastungssituation im Unternehmen ziehen. Es wäre auch möglich, Messwerte aus Fitnessarmbändern und ähnlichen Endgeräten anonymisiert und aggregiert anzubinden, um damit eine Rückmeldung dazu zu erhalten, in welchem Maße die Mitarbeiter eines Unternehmens sich bewegen und damit aktiv zur Aufrechterhaltung ihrer eigenen Gesundheit und Widerstandsfähigkeit beitragen. Auch diese Informationen wären für jeden Mitarbeiter in anonymisierter Form zugänglich und könnten einen Anreiz bieten, besser für sich und seinen Aktivitätslevel zu sorgen.

Es gibt also zahlreiche Möglichkeiten, über Sensoren, Feedbacks und die Anbindung von Systemen aller Art Datenströme zu erhalten, die Rückschlüsse auf die Ausprägung einer Vielzahl von Resilienzfaktoren zulassen. Diese digitalen Datenströme werden auch als Big Data bezeichnet. Allerdings wird es auch sicherlich einige wenige Parameter geben, die durch keine der vorher genannten Datenquellen digital erfasst werden können. Dies gilt beispielsweise für das Maß der strategischen Risikodiversifizierung oder für die Qualität des Stakeholder Managements. Diese Informationen müssen immer noch manuell im Feedback-System erfasst werden, wie in der Grafik 095 zu sehen ist.

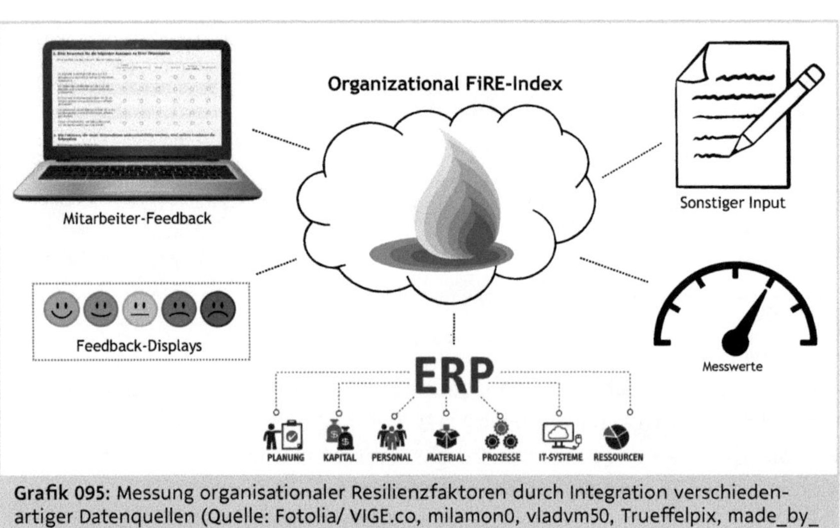

Grafik 095: Messung organisationaler Resilienzfaktoren durch Integration verschiedenartiger Datenquellen (Quelle: Fotolia/ VIGE.co, milamon0, vladvm50, Trueffelpix, made_by_nana)

Bisher ging es nur um die Einbindung unternehmenseigener Daten. Doch lassen Sie uns noch ein wenig größer denken. Als Cloud-Lösung steht unser Organizational FiRE-Index nicht nur unserer eigenen Organisation zur Verfügung. Er kann prinzipiell auch von vielen anderen verschiedenen Organisationen genutzt werden. Wenn alle angebundenen Organisationen das gleiche Datenmodell verwenden, also beispielsweise dieselben Resilienzprinzipien erheben, dann lassen sich diese Daten auch in anonymisierter und aggregierter Form miteinander vergleichen. Dadurch können die Werte für die Schutzfaktoren der eigenen Organisation mit den Werten von Unternehmen in derselben Industrie, mit einer ähnlichen Größe oder einer vergleichbaren regionalen Ausprägung abgeglichen werden. So wird sichtbar, in welchen Bereichen die eigene Firma gut aufgestellt ist und in welchen Handlungsbedarf besteht. Durch den Vergleich der aggregierten und anonymisierten Daten mit anderen Organisationen können die eigenen Werte in Relation gesetzt werden, was ihre Glaubwürdigkeit und Relevanz für die eigenen Mitarbeiter und Führungskräfte weiter erhöht und da, wo es nötig ist, zur Verbesserung anspornt. Je mehr Unternehmen dieselbe Cloud-Plattform nutzen, desto valider und aussagekräftiger werden diese Vergleichswerte.

4.2.7 Von der Erfahrung zum Machine Learning

Unsere Cloud-Plattform »Organizational FiRE-Index« wird nun mittels diverser digitaler Datenströme in Echtzeit mit den sich beständig verändernden Ausprägungen der Resilienzfaktoren versorgt. Dabei werden gleichermaßen »harte« Faktoren wie Zahlen und KPIs erfasst, aber auch weiche Faktoren wie die Einschätzung der Kundenzufriedenheit berücksichtigt. Diese werden mithilfe der Struktur des FiRE-Modells integriert, analysiert und optisch ansprechend in einem Resilienz-Cockpit aufbereitet. Außerdem werden sie mit den Werten anderer vergleichbarer Organisationen abgeglichen, sodass ein relativ gutes Bild davon entsteht, wie es um die Resilienz der eigenen Organisation im Vergleich zu ihrer Peergroup bestellt ist.

So weit, so gut. Doch wie kommen wir nun zu den Steuerungsimpulsen, die benötigt werden, um das Level an Widerstandsfähigkeit zu verbessern? Nehmen wir an, dass sich beispielsweise die Umsätze eines neuen, vielversprechenden Produkts nicht so stark entwickelt haben wie erwartet. Das Produkt wurde Anfang des Jahres eingeführt und sollte mit viel Druck in den Markt gebracht werden. Anhand der Analyse der Daten können wir sehen, dass die Ausprägung der inneren Energie in der Vertriebsmannschaft seitdem abgenommen hat. Auch die Werte zur Kundenzufriedenheit sind zurückgegangen. Die Vertriebsmitarbeiter berichten im Mitarbeiter-Feedback davon, dass die Schulungen zum Produkt und seinen Vorteilen nur unzureichend sind. Auch die Werte im Bereich umsichtige Führung sind leicht rückläufig. Welche Maßnahmen würden Sie aus dieser Datenlage ableiten? Weiter abwarten und beobachten? Mehr Produktschulungen? Unerfahrene mit erfahrenen Vertriebsmitarbeitern in Buddy-Teams zusammenfassen, damit die Neuen schneller lernen können? Ein Coaching für den Vertriebsleiter? Oder vielleicht eine ganz andere Maßnahme? Da die Vertriebsmannschaft selbst Zugriff auf die Daten hat, kann sie sich die Frage selbst stellen. Je nach Unternehmenskultur kann der Vertriebsleiter seine Mannschaft konsultieren, sich mit ihr beraten oder sie Maßnahmen diskutieren und beschließen lassen, um die Situation zu verbessern. In der ersten Phase wird es sicherlich einer externen Unterstützung bedürfen, um aus den vorliegenden Informationen sinnvolle Handlungen abzuleiten. Doch auch hier gilt: Übung macht den Meister. Die vereinbarten Handlungen, wie beispielsweise mehr oder bessere Produktschulungen und die Einführung eines Buddy-Systems, werden nun im System auf Ebene der Organisationseinheit »Vertrieb« festgehalten und parallel in der Organisation umgesetzt. In den nächsten Wochen und Monaten wird nun überprüft, inwieweit sich die Werte verbessert haben. Unter Umständen müssen weitere Maßnahmen eingeleitet werden, sollten die ersten nicht die erwünschte Wirkung erzielen. All diese Maßnahmen werden dabei im System erfasst und parallel dazu im Unternehmen durchgeführt. Dadurch wird das System befähigt, mithilfe von künstlicher Intelligenz zu lernen. Der Fachbegriff hierzu lautet Machine Learning. Hierbei werden Systeme wie der Organizational FiRE Index in die Lage versetzt, komplexe Datenmuster auszuwerten und durch Beobachtung des in der Vergangenheit eingesetzten Führungsverhaltens zahlreiche sinnvolle Steuerungsimpulse auf der Grundlage bestehender Datenbanken und Algorithmen zu erlernen. Das System analysiert also eine Reihe von bestimmten Resilienzfaktoren und erlernt, welche Maßnahmen von Teams in der Vergangenheit eingeleitet wurden, um die Ausprägung von Werten wie z.B. Kundenzufriedenheit zu verbessern. Je mehr Teams das System nutzen, desto mehr Zusammenhänge zwischen Ursache und Wirkung entstehen. Je mehr unterschiedliche Firmen das System nutzen, desto mehr Erfahrungswissen wird gespeichert. Die aus diesen Daten gewonnenen Erkenntnisse können dann vom System verallgemeinert und auf neue, unbekannte Problemstellungen angewendet werden.

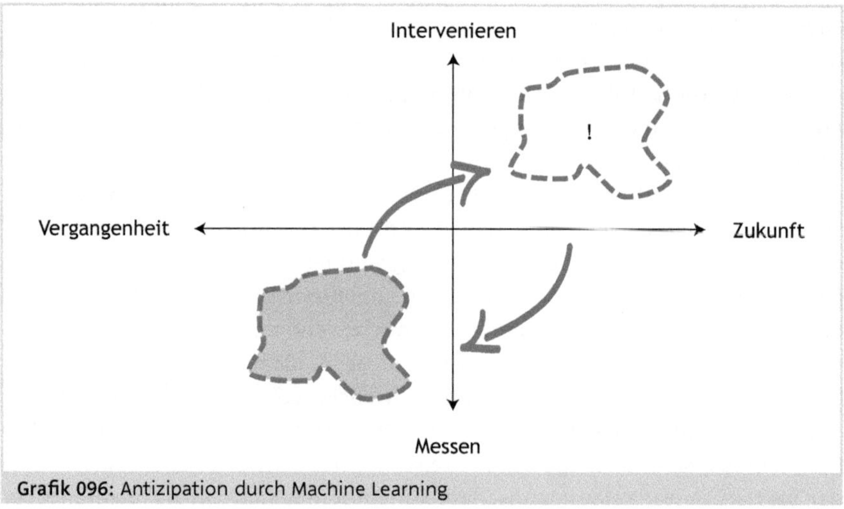

Grafik 096: Antizipation durch Machine Learning

Damit ein System lernen kann, eigenständig Lösungsmöglichkeiten für eine Gemengelage verschiedener Werte zu finden, sind immer zuerst Handlungen von Menschen nötig. Zum Beispiel müssen die Systeme zunächst mit den lernrelevanten Daten und Algorithmen versorgt werden. Darüber hinaus müssen Regeln für die Analyse des Datenbestands und die Erkennung der Muster aufgestellt werden. Dies versetzt das System in die Lage, Zusammenhänge in Datenströmen zu sehen, die für das menschliche Gehirn nicht erkennbar sind. Doch all dies geschieht im Hintergrund. Die Nutzer des Systems registrieren lediglich bestimmte Werteausprägungen im Resilienz-Cockpit und erhalten vom System Vorschläge für mögliche Steuerungsimpulse. Diese können vom Team entweder angenommen, modifiziert oder ignoriert werden. Je nach Führungskultur trifft entweder das Team oder die Führungskraft die Entscheidung, was genau als Nächstes zu tun ist. Auch diese Maßnahmen werden wieder im System festgehalten, das in der Folge zudem deren Auswirkungen auf die verschiedenen Resilienzfaktoren erfasst. Dadurch lernt es beständig weiter. Am Anfang werden die Vorschläge sicher eher trivial und holzschnittartig sein. Doch je mehr Zusammenhänge zwischen Anfangsdatenlage, Steuerungsimpulsen und Endergebnis vorliegen, desto besser werden auch die Vorschläge werden. Durch die Unterstützung von künstlicher Intelligenz können so immer bessere und umsichtigere Vorschläge für Führungsinterventionen abgeleitet werden, die Teams und Führungskräfte in die Lage versetzen, ganzheitlicher und intelligenter zu agieren. Durch die Rückmeldung in Echtzeit wird zudem binnen kürzester Zeit sichtbar, ob eine Entscheidung den gewünschten Effekt gebracht hat. Doch durch die Arbeit mit dem System lernen nicht nur die Algorithmen, sondern auch die Teams und deren Führungskräfte. Sie beschäftigen sich regelmäßig mit den eigenen Entscheidungen, dem beabsichtigten Ergebnis und den tatsächlich eingetretenen Auswirkungen. Wie wir im Kapitel »Von agilen Unternehmen lernen« gesehen haben, stellt allein die regelmäßige Reflexion des eigenen Führungsverhaltens bereits einen Resilienzfaktor dar, von den Auswirkungen auf eine verbesserte Steuerung der Organisation ganz zu schweigen.

4.2.8 Technologische Versatzstücke

Wie bereits erwähnt, gibt es den Organizational FiRE-Index derzeit noch nicht und es existieren auch noch keine anderen technologischen Lösungen, die heute dazu in der Lage wären, den zuvor beschriebenen Regelkreis aus Messen, Analysieren, Antizipieren und Intervenieren vollständig und quasi aus einer Hand umzusetzen. Das zurückliegende Kapitel skizziert daher nur grob, was meines Erachtens angesichts der Vielzahl gänzlich unterschiedlicher Resilienzfaktoren sinnvoll wäre und was heute aufgrund der technologischen Entwicklungen der aufkommenden vierten industriellen Revolution bereits technisch möglich ist.

Zum Teil umgesetzt ist eine solche Lösung bereits unter Regie von SAP. Als Co-Innovationspartner der deutschen Softwarefirma haben wir an einem Produkt mitgewirkt, das seit Ende 2017 auf dem Markt ist und unter dem Namen SAP Work-Life firmiert. In die initiale Entwicklung der Lösung sind nicht weniger als zehn Personenjahre geflossen und es wurden zahlreiche große internationale Unternehmen im Sinne von Co-Creation als Sparringspartner in den gesamten Definitions- und Entwicklungszyklus eingebunden.

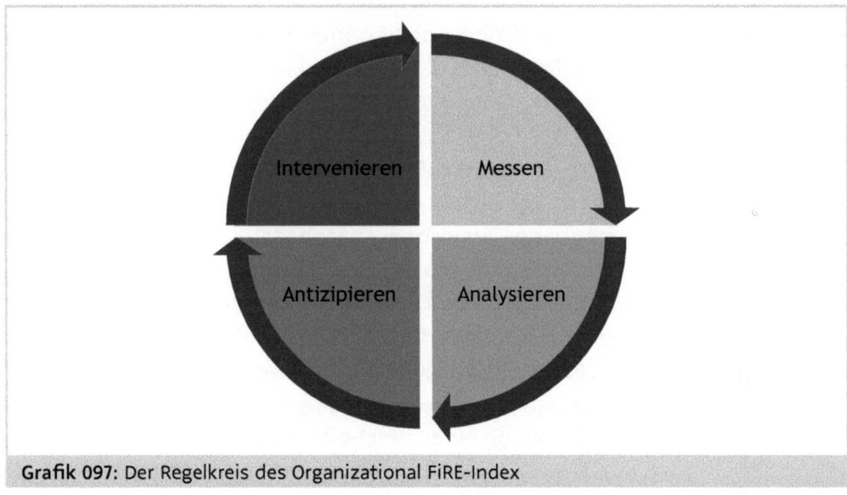

Grafik 097: Der Regelkreis des Organizational FiRE-Index

Die Cloud-Lösung von Work-Life basiert auf dem Push-Prinzip. Sie kann Mitarbeiter-Feedbacks zu den verschiedensten Dimensionen kontinuierlich erfassen: Aktuell betreffen diese vor allem verschiedene Aspekte der Mitarbeiterzufriedenheit, wie beispielsweise die Zufriedenheit mit dem Arbeitsinhalt oder dem Führungsverhalten des Vorgesetzten. Technisch wäre es jedoch ohne Weiteres möglich, das Datenmodell um die noch fehlenden Faktoren organisationaler Widerstandsfähigkeit zu erweitern. SAP Work-Life verfolgt ebenfalls die Idee der demokratisierten Bereitstellung der Daten in Echtzeit und auf Teamebene und unterstützt Benchmarking, also den Vergleich mit ähnlichen Unternehmen. In weiteren Releases ist auch die Integration von Ansätzen zu Machine Learning geplant. Auch andere Anbieter wie beispielsweise das deutsche Start-up Teambay oder die britische Firma Peacon haben vergleichbare Lösungen entwickelt, die in eine ganz ähnliche Richtung zielen, aber noch nicht über denselben Funktionsumfang verfügen.

Auch die beschriebenen Feedback-Displays sind bereits im Einsatz und werden von Unternehmen, wie dem Schweizer Start-up FeedbackNow entwickelt und vertrieben. Die Entwicklung und Anbindung beliebiger Sensoren, wie beispielsweise zur Messung der Ganggeschwindigkeit von Fußgängern, ist Tagesgeschäft vieler meist kleinerer Unternehmen, die sich im Bereich Internet of Things tummeln. Auch die Einbindung der Datenströme sogenannter Wearables, also beispielsweise von Fitnessarmbändern oder Smart Watches, die von US-amerikanischen Herstellern wie Garmin oder Apple oder von deutschen Unternehmen wie Fitbit hergestellt werden, ist technisch heute kein Problem. Auch künstliche Intelligenz im Allgemeinen und Machine Learning im Speziellen sind heute reale Bereiche der Informatik und längst nicht mehr bloße Konzepte. Was noch zu tun bleibt, ist lediglich, die bereits vorhandenen technologischen Versatzstücke zu einer integrierten Lösung zu kombinieren. Es dürfte eine Frage weniger Jahre sein, bis dies Realität wird.

4.2.9 Die Bedeutung der Primärmotive

Auf meine Vorträge zum Thema »Die resiliente Organisation« erhalte ich in der Regel dreierlei Arten von Feedback aus dem Publikum, wenn es um die hier skizzierte technologische Unterstützung von Organisationsentwicklung geht. Einige Mitarbeiter und Führungskräfte von Unternehmen verschiedenster Größe verstehen sofort das große Potenzial dieses Ansatzes und die Vielzahl von Möglichkeiten, die sich daraus ergeben. Dies resultiert häufig in Fragen zur konkreten Anwendung und zu möglichen Einführungsszenarien. Die Rückmeldungen einer zweiten, meist größeren Gruppe von Firmenmitarbeitern drehen sich im Wesentlichen um die Verträglichkeit einer solchen Lösung in ihrer aktuellen Unternehmenskultur. Und in der Tat spielen die Primärmotive der eigenen Organisation und die daraus resultierende Unternehmenskultur eine zentrale Rolle. So ist es nur schwer vorstellbar, dass eine Stammesorganisation wie die Yamaguchi-gumi ernsthaft über die Einführung einer technologischen Lösung zur evidenzgestützten Fortentwicklung ihrer Organisation nachdenkt. Auch für eine traditionelle Organisation wie eine Krankenhauskette oder die US Army ist eine solche Überlegung meines Erachtens eher unwahrscheinlich. Anders sieht es da schon bei modernen Organisationen wie der Boston Consulting Group oder General Electric aus. Die Herausforderungen sind hier jedoch nicht von der Hand zu weisen: Aufgrund der hohen Leistungsorientierung in der Kultur des Unternehmens ist die Wahrscheinlichkeit für einen Missbrauch des Systems zur Überwachung und Leistungsmessung der Belegschaft relativ hoch. Selbst wenn dieser Missbrauch faktisch ausbliebe, würde eine Einführung wahrscheinlich durch das mangelnde Vertrauen in die Vertraulichkeit und Anonymität der Daten erschwert werden. Diese Skepsis würde dabei sicherlich nicht nur von den Mitarbeitern ausgehen. Durch das Push-Feedback und die Demokratisierung der Daten werden ja auch auch die Qualität des Führungsverhaltens durch den Vorgesetzten transparent und zudem seine Wissenshoheit relativiert. Daher ist es durchaus wahrscheinlich, dass vor allem auch Manager dieser Transparenz eher skeptisch gegenüberstehen. Gänzlich anders stellt sich die Situation bei postmodernen Organisationen wie SAP, Google oder auch der Drogeriekette dm dar. Hier gibt es eine hohe Passung der Prinzipien einer evidenzbasierten Resilienz-Lösung und den Werten, die im Unternehmen vorherrschen. Auch ist hier am ehesten das Vertrauensklima vorhanden, das benötigt wird, um etwas derartig Neues zu wagen. Evolutionäre Organisationen wie die weltweiten Ökodörfer oder die Arche-Gemeinschaften dürften einer solchen Lösung aus anderen Gründen skeptisch gegenüberstehen, obwohl die zur Anwendung kommenden Prinzipien wie Transparenz und Vertrauen sowie die Integration harter und weicher Faktoren mit vielen der eigenen Organisationswerten übereinstimmen. Zum einen geht mit der dort praktizierten Erdverbundenheit oftmals eine gewisse Technikaversion einher. Zum anderen dürften dort in den allermeisten Fällen schlichtweg die finanziellen Mittel für eine solche Lösung fehlen. Ein dritter Aspekt ist die meist geringe Mitgliederzahl solcher Gemeinschaften, was eine permanente technologische Unterstützung in der Steuerung der Organisation als überflüssig erscheinen lässt. Die unterschiedlich ausgeprägte Offenheit von Organisationen mit verschiedenen Intentionen ist in der Grafik 098 dargestellt.

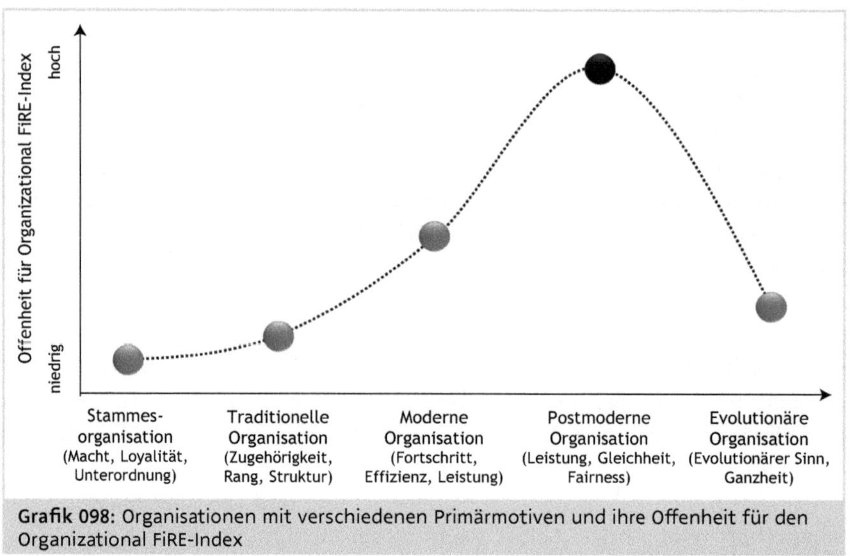

Grafik 098: Organisationen mit verschiedenen Primärmotiven und ihre Offenheit für den Organizational FiRE-Index

Vielleicht fragen Sie sich, was es denn nun mit der dritten Gruppe von Feedbackgebern auf sich hat. Während es sich bei den ersten beiden Gruppen um Mitarbeiter und Führungskräfte in Unternehmen handelt, setzt sich diese Gruppe meist aus freiberuflichen Coaches und Organisationsentwicklern zusammen. Diesen ist eine wie auch immer geartete technologische Unterstützung bei der Unternehmensentwicklung oft zutiefst suspekt. Dies mag zum einen an ihrem stark ausgeprägten Autonomiebedürfnis liegen, welches sie auch dazu gebracht hat, als Selbstständige zu arbeiten. Sicherlich spielen auch teilweise negative Erfahrungen eine Rolle, die sie in der Vergangenheit in und mit Unternehmen gesammelt haben, in denen ein Klima herrschte, das nicht mit den auf Vertrauen und Offenheit basierenden Prinzipien einer integrierten Resilienz-Lösung vereinbar ist. Und ein dritter Grund könnte in der Sorge begründet liegen, dass ein solcher Ansatz schlicht ihre Dienstleistung obsolet machen könnte. Ich bin mir sicher, dass diese Sorge unbegründet ist, aber es ist durchaus wahrscheinlich, dass die Arbeit von Organisationsberatern und Coaches sich dann ändern muss. Nach der Einführung einer solchen Resilienz-Lösung würde sie zwangsläufig auf den Analysedaten aufsetzen müssen, die durch das System erhoben worden sind. Ebenfalls würde die Anwendung eines Organizational FiRE-Index schnell transparent machen, ob eine bestimmte entwicklungsorientierte Intervention wie das Coaching einer Führungskraft, die Arbeit mit einem Team oder auch die Begleitung eines Veränderungsprozesses sich tatsächlich positiv auf einzelne Resilienzfaktoren in der Organisation auswirkt oder aber im Extremfall gänzlich wirkungslos bleibt. Damit wäre der Berufsstand des Beraters auch von den Auswirkungen der Digitalisierung betroffen. Wie wir in den zurückliegenden Kapiteln gesehen haben, verursachen solche VUKA-Zonen Stress und Verunsicherung bei den Betroffenen. Und warum sollte es bei diesem Berufsstand anders sein?

Zusammenfassung

Das FiRE-Modell organisationaler Resilienz ist eine Struktur, anhand derer sich in Beratungsprojekten die unterschiedlichen Resilienzfaktoren einer Organisation durch verschiedene Analysemethoden erheben lassen. Anschließend werden diese Erkenntnisse dann in einem mehrstufigen Abstimmungs- und Konsultationsprozess in Verbesserungsmaßnahmen übersetzt, die durch eine Taskforce begleitet werden. Dieser Prozess ist aufschlussreich, aber auch aufwendig, insbesondere, wenn er regelmäßig wiederholt wird.
Das FiRE-Modell kann aber auch die methodische Basis für eine evidenzbasierte Cloud-Lösung sein, mit der sich die unterschiedlichen Resilienzfaktoren aus verschiedenen digitalen Datenquellen ableiten und nach dem Prinzip der Datendemokratie auf Teamebene darstellen lassen. Da ein solches System auf Echtzeit-Daten angewiesen ist, müsste es konsequent nach dem Push-Prinzip arbeiten.
Durch Benchmarking mit anderen Unternehmen ließen sich die Ausprägungen der Resilienzfaktoren des eigenen Unternehmens in Relation zu einer Peergroup setzen und mittels der Anwendung von Machine Learning wäre das System mit der Zeit in der Lage, immer intelligentere Vorschläge für Steuerungsimpulse zu machen. Es ist davon auszugehen, dass vor allem postmoderne Organisationen einer solchen innovativen und transparenzfördernden Cloud-Lösung offen gegenüberstehen. Unternehmen mit andersgearteten Primärmotiven werden sich hier aus unterschiedlichen Gründen wohl eher zurückhaltend verhalten.

Quellen- und Literaturverzeichnis

Kapitel »Was Wolkenkratzer mit Resilienz zu tun haben«

Brand, Fridolin; Hoheisel, Deborah; Kirchhoff, Thomas: Der Resilienz-Ansatz auf dem Prüfstand. Laufener Spezialbeiträge 2011. Bayerische Akademie für Naturschutz und Landschaftspflege. Laufen 2011.

Drath, Karsten: Neuroleadership – Was Führungskräfte aus der Hirnforschung lernen können. Freiburg 2015.

Drath, Karsten: Resilienz in der Unternehmensführung – Was Manager und ihre Teams stark macht. Freiburg 2016.

Harari, Noah Yuval: Eine kurze Geschichte der Menschheit. München 2015.

Thönnessen, Johannes: Resiliente Organisationen? Warum Resilienztrainings keine oberste Priorität haben sollten. Managementwissen online. Dormagen 02/2018.

Weber, Birgit: Organisation von Unternehmen. Bundeszentrale für politische Bildung; Berlin 2007.

Kapitel »Die Welt, in der wir leben«

Bohler, Sébastien: In der Welt herrscht immer weniger Gewalt. www.spektrum.de. Heidelberg, 04/2018.

Bojanowski, Axel: Die 97-Prozent-Falle – Missglückter Forscher-Aufruf zum Uno-Klimagipfel. Spiegel Online 2014.

Cook, John et al.: Quantifying the consensus on anthropogenic global warming in the scientific literature. Environmental Research Letters 2013.

Drösser, Christoph: Haben Steinzeitmenschen nur vier Stunden am Tag gearbeitet? Zeit Online. Hamburg 03/2012.

Fritzen, Florentine: Weltbevölkerung – Die Grenzen des Wachstums. Frankfurter Allgemeine Zeitung. Frankfurt 01/2016.

Ford, E.S. et al.: Trends in Self-Reported Sleep Duration among US Adults from 1985 to 2012. US National Library of Medicine. Bethesda, USA, 05/2015.

Frühauf, Markus: In der Krise – Der Niedergang der Deutschen Bank. Frankfurter Allgemeine Zeitung. Frankfurt 02/2016.

Heisterkamp, Jens: Otto Scharmer legt weltweit Keime für eine neue Gesellschaft. Entrepreneur 4.0, Wittenstein AG. Igersheim 04/2012.

Harari, Noah Yuval: Eine kurze Geschichte der Menschheit. München 2015.

Herden, Rose-Elisabeth: Die Bevölkerungsentwicklung in der Geschichte. Berlin-Institut für Bevölkerung und Entwicklung. Berlin 2017.

Jarrett, Christian: Children of today are better at delaying grativication than previous generations. The British Psychological Society. London, UK, 09/2017.

Khokhar, Tariq: CO2 Emissions are Unprecedented. TheDataBlog. The World Bank. Washington D.C., USA, 04/2017.

Lubin, Gus: The world as 100 people glimpsed over 200 years of history. Business Insider. Hamburg 01/2017.

Müller-Jung, Joachim: Schrumpfendes Ozonloch – Der Kreis schließt sich. Frankfurter Allgemeine Zeitung. Frankfurt 01/2016.

N.N.: 2013 International Bedroom Poll. Summary of Findings. National Sleep Foundation. Arlington, USA, 2013.

N.N.: Hektik-Ranking – Singapur hat die schnellsten Fußgänger. Spiegel Online. Hamburg 05/2007.

N.N.: Klimawandel: Steigender Meeresspiegel gefährdet 500 Millionen Menschen. Sueddeutsche Zeitung. München 11/2015.

Pornpattananangkul, Narun et al.: The role of negativity bias in political judgment – A cultural neuroscience perspective. National Center for Biotechnology Information. Bethesda, USA, 06/2014.

Scharmer, Claus Otto: Vortrag: Theory U, Mindfulness and Global Change. Achtsamkeitsforum. Salzburg, Österreich, 03/2018.

Scharmer, Claus Otto & Käufer, Katrin: Führung vor der leeren Leinwand – Presencing als soziale Technik. OrganisationsEntwicklung. Handelsblatt Fachmedien. Düsseldorf 02/2008.

Schlanger, Zoe: Carbon dioxide in the atmosphere just set a new 800,000-year record. World Economic Forum. Genf, Schweiz, 11/2017.

Schwab, Klaus: Die Vierte Industrielle Revolution. Handelsblatt. Düsseldorf 01/2016.

Weller, Chris: The remarkable statistic that puts the fight against poverty into perspective. Business Insider. Hamburg 10/2017.

Kapitel »Aus der Geschichte lernen: von Megatrends und VUKA-Zonen«

Adenauer, Sibylle: Demografischer Wandel und Auswirkungen auf Unternehmen. Institut für angewandte Arbeitswissenschaft. Berlin/Heidelberg 2015.

Ankenbrand, Hendrik: Massenproduktion – Hundert Jahre Fließband. Frankfurter Allgemeine Zeitung. Frankfurt 03/2013.

Asendorpf, Dirk: Elektroflugzeuge – Wird Fliegen jemals öko sein?. Zeit Online. Hamburg 01/2018.

Bartels, Till: Hybrid-Flugzeuge – Was kommt nach dem Kerosin? Stern. Hamburg 08/2017.

Benz, Dominic: Vier Megatrends stellen die Weltwirtschaft auf den Kopf. Handelszeitung. Zürich, Schweiz 05/2015.

Cypionka, Heribert: Grundlagen der Mikrobiologie. Heidelberg 2006.

Dpa: Umweltregeln für Schiffe werden drastisch verschärft. Süddeutsche Zeitung. München 10/2016.

Drath, Karsten: Spielregeln des Erfolgs – Wie Führungskräfte an Rückschlägen wachsen. Freiburg 2016.

Drath, Karsten: Resilienz in der Unternehmensführung – Was Manager und ihre Teams stark macht. Freiburg 2016.

Friedman, Lindsay: The Findings of This Massive Global Social Entrepreneurship Study Will Surprise You. Entrepreneur.com. 06/2016.

Fuchs, Manuel: Folgen der Globalisierung für die Wirtschaft. GlobalisierungFakten. Donaueschingen 2017.

Götz, Sören et al: Unsere Vision ist nicht die menschenleere Fabrik. Zeit. Hamburg 10/2017.

Günterberg, Brigitte: Unternehmensgrößenstatistik – Unternehmen, Umsatz und sozialversicherungspflichtig Beschäftigte 2004 bis 2009 in Deutschland, Ergebnisse des Unternehmensregisters (URS 95). Institut für Mittelstandsforschung. Bonn 2012.

Hegmann, Gerhard: Das Flugzeug der Zukunft startet mit Elektroantrieb. Die Welt. Berlin 09/2015.

Horchler, Andreas: Koch-Brüder – Milliardäre mit politischem Einfluss und rechtem Erbe. Deutschlandfunk. 01/2016.

Hulverscheidt, Claus: Wie die US-Wirtschaftsbosse für den Klimaschutz kämpfen. Süddeutsche Zeitung. München 06/2017.

Jungmann, Uta: Generation Weichei? Kein Problem! Frankfurter Allgemeine Zeitung. Frankfurt 01/2016.

Malone, Dr. Thomas W.: The Future of Work – How the New Order of Business Will Shape Your Organization, Your Management Style and Your Life. Harvard Business Review. Cambridge, USA, 04/2004.

Mayer, Jane: Dark Money – The Hidden History of the Billionaires Behind the Rise of the Radical Right. New York City, USA, 2017.

Morgan, Jacob: The Future of Work – Attract New Talent, Build Better Leaders and Create a Competitive Organization. Hoboken, USA, 2014.

Müller, Eva: Das Internet der Sprünge. manager magazin. Hamburg 06/2017.

Menn, Andreas: Elektro-Schiffe – Warum auf hoher See bald weniger Diesel verbraucht wird. Wirtschaftswoche. Düsseldorf 11/2017.

N.N.: Against All Odds – The Emergence Of Generation Y. SIS International Research. New York City, USA, 2014.

N.N.: Amazon launcht eigene OTC-Marke. Lebensmittel-Zeitung. Frankfurt am Main 02/2018.

N.N.: Employment Trends. World Economic Forum. Genf, Schweiz, 2018.

N.N.: Arbeitest Du noch oder lebst Du schon? – Noch einmal unter die Lupe genommen: Die Karriereorientierung der Generation Y. Kienbaum Institut. Düsseldorf 2017.

N.N.: The 2017 Deloitte Millenial Survey. Winning over the next generation of leaders. London, UK, 2017.

Range, Thomas: Disruption, Plattform, Netzwerkeffekt – Die drei Zauberworte. Brand Eins. Hamburg 04/2015.

Rieck, Ingrid: Wie alt werden Unternehmen in Deutschland? Informationsdienst Wissenschaft. Deutschland 09/2016.

Sennett, Richard: The Culture of the New Capitalism. Yale University Press. New Haven, USA, 2007.

Turak, Natasha: The Millennial effect – How Generation Y is shaping the way the world does business. FDI Intelligence. Financial Times. London, UK,12/2015.

Voth, Joachim: Regelmäßige Arbeitszeiten – Wie die Menschen fleißig wurden. Frankfurter Allgemeine Zeitung. Frankfurt 11/2011.

Kapitel »Wie sich Unternehmen entwickeln«

Collins, Jim: How The Mighty Fall – And Why Some Companies Never Give In. Aurora, USA, 2009.

Glasl, Friedrich, Lievegoed, Bernard: Dynamische Unternehmensentwicklung – Wie Pionierbetriebe und Bürokratien zu schlanken Unternehmen werden. Organisationsentwicklung in der Praxis. Bern, Schweiz, 1993.

Kahneman, Daniel: Schnelles Denken, langsames Denken. New York City, USA, 2012.

Kaiser, Arvid: Die fünf größten Mächte der Schattenwirtschaft. manager magazin. Hamburg 09/2014.

Laloux, Frederic: Reinventing Organizations – Ein Leitfaden zur Gestaltung sinnstiftender Formen der Zusammenarbeit. München 2015.

Moldenhauer, Ralf et al.: Comeback Kids – Die Geheimnisse nachhaltiger Wertschaffung in Unternehmen. Boston Consulting Group. Frankfurt 2017.

N.N.: Aufstieg und Fall von Air Berlin. dpa. www.zdf.de. 12/2017.

N.N.: Fragmented Yamaguchi-gumi a Sign of Changing Yakuza Times. nippon.com. Japan 10/2017.

Narbeshuber, Johannes: OE 4.0 – Scharmer, Lievegoed, Laloux und die Organisation von morgen. Wien, Österreich, 2017.

Wüpper, Gesche: France Telekom – Ermittlungen gegen Chefs nach Selbstmord-Serie. Die Welt. Berlin 03/2010.

Kapitel »Von individueller zu organisationaler Resilienz«

Drath, Karsten: Resilienz in der Unternehmensführung – Was Manager und ihre Teams stark macht. Freiburg 2016.

Drath, Karsten: Die Kunst der Selbstführung – Was Führungskräfte über Resilienz wissen sollten. Freiburg 2017.

Edmondson, Amy C.: The Competitive Imperative of Learning. Harvard Business Review. Cambridge, USA, 2008.

Heller, Jutta; Huemer, Brigitte; Preissegger, Ingrid; Drath, Karsten; Zehetner, Fritz; Amann, Ella Gabriele: ORES-Resilienz Studie 2018. ores.online. 04/2018.

Hoffmann, Gregor Paul: Organisationale Resilienz – Kernressource moderner Organisationen. Berlin 2017.

Krause, Andreas: Interessierte Selbstgefährdung – Von der direkten zur indirekten Steuerung. ASU Arbeitsmedizin, Sozialmedizin, Umweltmedizin. Stuttgart 03/2015.

Patterson, Jerry L.; Goens, George A.; Reed, Diane E.: Resilient Leadership in Turbulent Times – A Guide to Thriving in the Face of Adversitiy, Plymouth, UK, 2009.

Reivich, Karen; Shatté, Andrew: The Resilience Factor, 7 Keys to Finding Your Inner Strength and Overcoming Life's Hurdles, New York, USA, 2002.

Senge, Peter M.: Die fünfte Disziplin – Kunst und Praxis der lernenden Organisation. Stuttgart 1997.

Schneider, Michael: Google Spent 2 Years Studying 180 Teams. The Most Successful Ones Shared These 5 Traits. Inc.com. New York City, USA, 07/2017.

Sheffi, Yossi: The Resilient Enterprise – Overcoming Vulnerability for Competitive Advantage. Cambridge, USA, 2007.

Wagner, Daniel: Global Risk Agility and Decision Making – Organizational Resilience in the Era of Man-Made Risk. Basingstoke, UK, 2016.

Rodin, Judith: The Resilience Dividend – Being Strong in a World Where Things Go Wrong. New York City, USA, 2014.

Kapitel »Was das Immunsystem von Unternehmen stärkt«

Aghina, Wouter & De Smet, Aaron: The five trademarks of agile organizations. McKinsey&Company. Amsterdam, Niederlande, 01/2015.

Bettoni, Margherita: Die Mafia, kurz erklärt: #2 – Die ›Ndrangheta. www.correctiv.org. Essen 05/2015.

Choi, Janet: The Science Behind Why Small Teams Work More Productively: Jeff Bezos' 2 Pizza Rule. San Francisco, USA, 07/ 2013.

Collins, Jim; Hansen, Morten T.: Great by Choice – Uncertainty, Chaos and Luck-Why Some Thrive Despite Them All. New York City, USA, 2001.

Collins, Jim; Porras, Jerry I.: Built to Last – Successful Habits of Visionary Companies. New York City, USA, 2004.

Crockett, Zachary: Why Are so Many of the World's Oldest Businesses in Japan? San Francisco, USA, 07/2015.

de Geus, Arie: The Living Company. Harvard Business Review. Cambridge, USA, 1997.

Denning, Steve: Explaining Agile. www.forbes.com. New York City, USA, 09/2016.

Ehringfeld, Klaus: Unterstützung für »Chapo« Guzmán: Warum ein Massenmörder als Wohltäter verehrt wird. Spiegel Online. Hamburg 03/2014.

Groll, Tina: Kleine Teams sind die besten. Zeit Online. Hamburg 12/2016.

Goodman, Marc: What Business Can Learn from Organized Crime. Harvard Business Review. Cambridge, USA, 11/2011.

Green, Alisha: Just how long do employees stay at Apple, Tesla, Facebook, Netflix and Google? www.bizjournal.com. Silicon Valley Business Journal. San Jose, USA, 04/2018.

Heller, Jutta: 30 Minuten – Resilienz für Unternehmen. Offenbach 2018.

Kleikamp, Antonia: So wurde aus dem Gottkaiser Hirohito ein Mensch. Welt.de. Berlin 08/2016.

Komus, Ayelt: Status Quo Agile 2016/2017 – Dritte Studie zu Verbreitung und Nutzen agiler Methoden. Hochschule Koblenz. Koblenz 2017.

Leonard L. Berry: Discovering the Soul of Service. The Nine Drivers of Sustainable Business. New York City, USA, 1999.

Mare, Christopher: Ecovillage Design Education – Ausbildung zur Nachhaltigkeit. www.gaiaeduction.org. 2017.

Matthews, Chris: Fortune 5 – The Biggest Organized Crime Groups in the World. www.fortune.com. USA 09/2014.

N.N.: Hintergrund – Mafiasysteme in Italien: Die Camorra (Neapel und Umland). www.tiamoitalia.de. 04/2018.

N.N.: Watch El Chapo's Exclusive Interview in Its 17-Minute Entirety – Kingpin videotaped responses to Sean Penn's questions while still in hiding. www.rollingstone.com. USA 01/2016.

N.N.: Corruption Perceptions Index 2017. www.transparency.org. Berlin 04/2018.

Reuter, Lisa: Ein Unternehmen baut sich um – Auf dem Weg zur selbstorganisierten (Zusammen-)Arbeit. www.zukunftderarbeit.de. 07/2017.

Rigby, Darrell K.; Sutherland, Jeff; Takeuchi, Hirotaka: The Secret History of Agile Innovation. Harvard Business Review. Cambridge, USA, 04/2016.

Robertson, Brian: Holacracy Constitution. www.holacracy.org. Spring City, USA, 06/2015.

Schäfer, Daniel: Weltwirtschaftsforum: Das bringt Tag 1 – Zusammen in die Zukunft. Handelsblatt. Düsseldorf 01/2018.

Schwartz, Hendrik: Was die über 1.000 Jahre alten japanischen Familienunternehmen uns lehren können. Munich Business School Insights. München 05/2017.

Weick, Karl E. & Sutcliffe, Kathleen M.: Managing the Unexpected – Sustained Performance in a Complex World. Hoboken, USA, 2007.

Zook, Chris & Allen, James: The 3 Things That Keep Companies Growing. Harvard Business Review. Cambridge, USA, 06/2016.

Kapitel »Das FiRE-Modell der organisationalen Resilienz«

Álvarez, Sonja: Friede Springer will ihre Nachfolge regeln. Der Tagesspiegel. Berlin 03/2016.

Backaler, Joel: Haier – A Chinese Company That Innovates. www.forbes.com. New York City, USA, 06/2010.

Baker, Mallen: Johnson & Johnson and Tylenol – Crisis Management Case Study. mallenbaker.net. 09/2008.

Bauer, David et al.: 47 Fakten und Anekdoten zum 47. WEF. Neue Zürcher Zeitung. Zürich, Schweiz, 01/2017.

Beer, Kistina: Intel streicht massiv Arbeitsplätze – bis zu 12.000 Jobs betroffen. Heise Online. Hannover 04/2016.

Buchenau, Martin W.: Analyse des Schlecker-Urteils – Warum die Kinder härter bestraft wurden. Handelsblatt. Düsseldorf 11/2017.

Busse, Caspar: Springer sammelt Beteiligungen. Süddeutsche Zeitung. München 06/2017.

Corkery, Michael; Charles P. Lazarus: Toys ‹R’ Us Founder Dies at 94. New York Times. New York City, USA, 03/2018.

D’Onfro, Jillian: Google`s `Jolly Good Fellow` retires so he can spend 3 hours a day meditating and help spread world peace. Business Insider. Hamburg 10/2015.

Dörfler-Dierken, Angelika: Führung in der Bundeswehr – Soldatisches Selbstverständnis und Führungskultur nach der ZDv 10/1 Innere Führung; Berlin 2013.

Drath, Karsten: Resilienz in der Unternehmensführung – Was Manager und ihre Teams stark macht. Freiburg 2016.

Isidore, Chris: Amazon didn’t kill Toys ‹R’ Us. Here’s what did. money.cnn.com. Atlanta, USA, 03/2018.

Dunsch, Jürgen: Die Geschichte von Davos – Umstrittener Marktplatz der Ideen. Frankfurter Allgemeine. Frankfurt 01/2010.

Gartmann, Fabian; Iwersen, Sönke: Das Schlecker-Drama – Der größenwahnsinnige König von Ehingen. Handelsblatt. Düsseldorf 06/2012.

Kaiser, Stefan: Größter Krisencheck der Geschichte – So funktioniert der Banken-Stresstest. SpiegelOnline. Hamburg, Deutschland, 10/2014.

Karabasz, Ina: Telekom-Personal: Hohe Kosten für künftige Ex-Mitarbeiter. Handelsblatt; Düsseldorf; Deutschland; 04/2018.

Kaufmann, Matthias; Götz Werner: Der Waldorf-Discounter. manager magazin. Hamburg 02/2004.

Köster, Burkhard: Bundeswehr – Staatsbürger in Uniform; Frankfurter Allgemeine Zeitung. Frankfurt 09/2017.

Krause, Andreas et al.: Interessierte Selbstgefährdung – von der direkten zur indirekten Steuerung. ASU Arbeitsmedizin, Sozialmedizin, Umweltmedizin. Stuttgart 03/2015.

Langton, James: Artificial intelligence can help humanity, UAE’s new minister says. The National. Abu Dhabi, VAE, 11/2017.

Lubin, Gus: BP CEO Tony Hayward Apologizes For His Idiotic Statement: »I’d Like My Life Back«. Business Insider. Hamburg 06/2010.

Merrick, Amy: How Toys ›R‹ Us Succumbed to its Nasty Debt Problem. The New Yorker. New York City, USA, 09/2017.

N.N.: Wie die Dax-Konzerne mit der alternden Belegschaft umgehen. Wirtschafts-Woche. Düsseldorf 09/2010.

N.N.: Axel Springer AG – Bundeszentrale für Politische Bildung. www.bpb.de. Berlin 09/2012.

N.N.: Chronik des Versagens. Der Spiegel. Hamburg 05/2010.

N.N.: SAP Integrated Report 2017 – Intelligent Enterprise. Walldorf 03/2018.

N.N.: Urteil im Schlecker-Prozess. Kinder von Anton Schlecker gehen in Revision. Zeit Online. Hamburg 11/2017.

Pelisson, Anaele: The average age of employees at all the top tech companies in one chart. Business Insider. Hamburg 09/2017.

Reiche, Lutz: Toys ›R‹ Us bricht unter Schuldenlast zusammen. manager magazin. Hamburg 09/2017.

Rief, Norbert: Lehman-Pleite: Der Tag, an dem die Krise begann. DiePresse. Wien, Österreich, 09/2013.

Seville, Erica: Resilient Organizations – How to survive, thirve and create opportunities through crisis and change. London, UK, 2017.

Sheffi, Yossi: The Resilient Enterprise – Overcoming Vulnerability for Competitive Advantage. Cambridge, USA, 2007.

Sundheim Doug: To Increase Innovation, Take the Sting Out of Failure. Harvard Business Review. Cambridge, USA, 01/2013.

Taylor, Bill: How Hewlett-Packard Lost the HP Way. Harvard Business Review, Cambridge, USA, 09/2011.

Thieme, Thomas: Was bleibt ein Jahr nach der Schlecker-Pleite? Stuttgarter Zeitung. Stuttgart 04/2013.

Välikangas, Liisa: The Resilient Organization – How Adaptive Cultures Thrive Even When Strategy Fails. New York City, USA, 2010.

Werner, Götz: Führungsstil – Mitarbeiter wollen den Sinn verstehen. Zeit Online. Hamburg 08/2012.

Stichwortverzeichnis

M

N

O

P

R

S

T

U

V

W

Y

Z

Danksagung

Wie die meisten meiner Bücher, ist auch dieses eine Gemeinschaftsproduktion von einem, der viele Fragen hat, und vielen anderen, die die Antworten darauf kennen. Der Akt des Schreibens besteht dann lediglich darin, Fragen und Antworten möglichst gut zu einem schlüssigen Text zu kombinieren. Und damit dies möglich wird, braucht es wiederum Menschen, die dem Schreiber den Rücken freihalten. Dieses Buch wäre nicht möglich gewesen, ohne die Unterstützung vieler Menschen, denen ich auf diesem Wege herzlich danken möchte. Zunächst wären da meine Kolleginnen und Kollegen von ORES, dem Verband für Organisationale Resilienz, die durch ihre Kompetenz und Erfahrung und den Willen, diese zu teilen, erheblich zu den Erkenntnissen beigetragen haben, die in dieses Buch eingeflossen sind. Besonders möchte ich hier Prof. Jutta Heller, Gabriele »Ella« Amann, Britt Huemer und Ingrid Preissegger danken. Ein besonderer Dank geht auch an Harri Morgenthaler, der mich im Prozess des Schreibens immer wieder freundschaftlich ermutigt und bestärkt hat. Johannes Narbeshuber von Trigon hat mir mit seinen Workshops einen roten Faden in die Hand gegeben, an dem ich mich monatelang entlanghangeln konnte. Vielen Dank dafür! Auch Stefan Stenzel von SAP hat kritische und wichtige Impulse beigesteuert, die in das FiRE-Modell eingeflossen sind. Mein langjähriger Freund Karsten Petersen vom Friedenshof gab mir wichtige Orientierung in der Theoriewelt der Kommunitäten und bestärkte mich durch sein Feedback. Mein Team bestehend aus Nadège Prack, Petra Dehn und Lars Maertins haben mir in der Schreibphase nach Kräften den Rücken freigehalten. Meine langjährige »Buchkomplizin« Nicole Jähnichen war wieder für das Lektorat zuständig und hat mit der gewohnten Kombination aus Sachverstand, Freundlichkeit und therapeutischem Geschick sowohl lose inhaltliche Enden verknüpft als auch blank liegende Nerven beruhigt. Ich danke meinen Kollegen von Leadership Choices, die mir in der heißen Phase ohne Murren den Rücken freigehalten und mir mit tatkräftiger Unterstützung zur Seite gestanden haben, allen voran Rolf Pfeiffer, Uwe Achterholt, Thomas Plingen und Dr. Holger Karsten.

Mein größter Dank gilt meiner Familie, die in den letzten Monaten auf mich verzichten musste und mir trotzdem während der gesamten Zeit der Recherche und des Schreibens mit großem Verständnis begegnet ist und die mich in den Phasen der Begeisterung wie auch in den Phasen der Frustration sowohl ausgehalten als auch in meinem Vorhaben bestärkt hat. Daher möchte ich Hannah, Kara, Samuel und Tabea und vor allem meiner Frau Carolin ganz besonders danken. Ohne eure Unterstützung hätte ich dieses Buch nicht bei guter Gesundheit fertigstellen können. Vielen herzlichen Dank dafür!

Über den Autor

Karsten Drath ist fasziniert von der menschlichen Fähigkeit, an Herausforderungen zu wachsen. Über mehr als 15 Jahre hat der Diplom-Ingenieur und Absolvent eines Executive MBA die Grenzen seiner eigenen Belastbarkeit ausgetestet: Als Unternehmensberater und Manager internationaler Einheiten bei namhaften globalen Konzernen wie Accenture, Bombardier und Perot Systems führte er große Unternehmensbereiche durch Veränderungsprozesse und war auch selbst von zahlreichen Umwälzungen betroffen. Bevor er sich hauptberuflich dem Thema Executive Coaching zuwandte, leitete er das europäische Beratungsgeschäft von Dell. Parallel zu einem äußerst fordernden Beruf absolvierte er außerdem über viele Jahre Marathons und Triathlons bis hin zum berühmten Ironman-Wettbewerb. Auf seinem Weg haben ihn vor allem auch berufliche, private und gesundheitliche Krisen entscheidend geprägt und ihn darin bestärkt, sich sowohl zum Coach als auch zum Psychotherapeuten ausbilden zu lassen. Seit 2006 unterstützt er Topmanager und deren Teams dabei, in Hochleistungsumgebungen nicht nur seelisch gesund, stabil und zufrieden zu bleiben, sondern auch ein positives Verhältnis zur Endlichkeit eigener Ressourcen zu entwickeln. Karsten Drath ist heute Unternehmer, Coach, Autor und ein gefragter Keynote Speaker. Er ist Managing Partner bei Leadership Choices, einem der führenden Anbieter im Bereich Executive Development in Europa. Als Coach ist er unter anderem akkreditiert bei der International Coach Federation, dem European Mentoring and Coaching Council und dem World Economic Forum. Als Autor hat er bereits zahlreiche Fachbücher zu den Themenfeldern Führung, Widerstandsfähigkeit und Neurobiologie veröffentlicht, darunter »Resilienz in der Unternehmensführung«. Als Referent spricht er vor internationalem Publikum über seine eigenen Erfahrungen als Manager und Coach und über Erkenntnisse der Forschung in Bezug auf gute Führung und nachhaltige Unternehmensentwicklung im Angesicht von Druck, Unsicherheit und Komplexität. Er lebt mit seiner großen Patchwork-Familie in der Nähe von Heidelberg.

Weitere Informationen zu Karsten Drath finden Sie unter
www.linkedin.com/in/coach2lead.

Über zis

Zwei Reisestipendien der »Stiftung für Studienreisen zis« haben Karsten Drath in seiner Jugend geholfen, seinen Horizont zu erweitern und mehr Selbstvertrauen zu entwickeln. Die Stiftung vermittelt Stipendien in Höhe von 600 Euro an junge Erwachsene zwischen 16 und 20 Jahren, damit diese fremde Kulturen kennenlernen können und dabei lernen, zu improvisieren und mit wenig Geld auszukommen. Akademische Leistungen und soziale Herkunft spielen bei der Förderung keine Rolle. Und trotzdem sind die Bedingungen durchaus anspruchsvoll. Die Bewerber müssen sich ein Thema und ein Reiseland überlegen, mit dem sie sich beschäftigen möchten, und mit ihrer Motivation eine Jury überzeugen. Die Jugendlichen müssen zudem alleine reisen und mindestens vier Wochen lang im Ausland bleiben. Eigenes Geld dürfen sie nicht mit auf die Reise nehmen. Jedes Jahr bekommen dank zis etwa 50 junge Erwachsene die Möglichkeit, über sich selbst hinauszuwachsen. Karsten Drath ist heute Mitglied des Kuratoriums von zis. Mit Spendenaktionen wie Radtouren quer durch Europa sammelt er jährlich Geld für die Finanzierung möglichst vieler Reisestipendien.

Weitere Informationen zur Stiftung finden Sie unter www.zis-reisen.de.

Über ORES

ores
Verband für Organisationale Resilienz e.V.
Association for Organizational Resilience

ORES ist ein Zusammenschluss führender internationaler Expertinnen und Experten im Bereich individueller und organisationaler Resilienz, der 2017 als interdisziplinärer Think Tank gegründet wurde. Ziel dieses Berufsverbands ist es, Theorie und Praxis zusammenzubringen, um das Konzept der Resilienz als zentrale Zukunftskompetenz für Unternehmen, ihre strategische Ausrichtung und die Gestaltung ihrer Kultur zu etablieren. Die internationale Vernetzung und der Austausch mit anderen Verbänden und Forschungseinrichtungen ist dabei sehr wichtig. In verschiedenen Fachgruppen werden internationale Studien und Anwendungsprojekte ausgewertet, um daraus beispielsweise praxistaugliche Diagnose-Instrumente zu entwickeln und das Konzept der organisationalen Resilienz weiter mit Leben zu füllen. Auch die Definition von Qualitätsstandards im Bereich der Ausbildung spielt eine wichtige Rolle.

Weitere Informationen zum Verband gibt es unter ores.online.

Über Leadership Choices

leadership choices Leadership Choices ist eine europäische Unternehmensberatung mit Partnern in sechs Ländern, die auf die Unterstützung von Topmanagern sowie ihren Teams und Organisationen bei der Bewältigung von herausfordernden Situationen spezialisiert ist. Das Team setzt sich dabei zusammen aus zertifizierten Executive Coaches und ausgebildeten Unternehmensberatern, die selbst über umfangreiche internationale Führungserfahrung verfügen. In der Leadership Choices Academy vermitteln internationale Dozenten unter anderem Modelle und praktisches Erfahrungswissen, um die Resilienz von Führungskräften und Mitarbeitern einerseits und die Zukunftsfähigkeit von Unternehmen andererseits zu stärken. Leadership Choices ist offizieller Co-Innovationspartner von SAP für das Produkt SAP Work-Life.

Weitere Informationen finden Sie unter www.leadership-choices.com.

PI13734628
9800582